中国国家标准汇编

2014年修订-26

中国标准出版社　编

中国标准出版社
北　京

图书在版编目(CIP)数据

中国国家标准汇编:2014年修订.26/中国标准出版社编.—北京:中国标准出版社,2015.10
ISBN 978-7-5066-7962-6

Ⅰ.①中… Ⅱ.①中… Ⅲ.①国家标准-汇编-中国-2014 Ⅳ.①T-652.1

中国版本图书馆CIP数据核字(2015)第179917号

中国标准出版社出版发行
北京市朝阳区和平里西街甲2号(100029)
北京市西城区三里河北街16号(100045)

网址 www.spc.net.cn
总编室:(010)68533533 发行中心:(010)51780238
读者服务部:(010)68523946
中国标准出版社秦皇岛印刷厂印刷
各地新华书店经销

*

开本 880×1230 1/16 印张 41 字数 1 241 千字
2015年10月第一版 2015年10月第一次印刷

*

定价 220.00 元

出 版 说 明

1.《中国国家标准汇编》是一部大型综合性国家标准全集。自1983年起，按国家标准顺序号以精装本、平装本两种装帧形式陆续分册汇编出版。它在一定程度上反映了我国建国以来标准化事业发展的基本情况和主要成就，是各级标准化管理机构，工矿企事业单位，农林牧副渔系统，科研、设计、教学等部门必不可少的工具书。

2.《中国国家标准汇编》收入我国每年正式发布的全部国家标准，分为"制定"卷和"修订"卷两种编辑版本。

"制定"卷收入上一年度我国发布的、新制定的国家标准，顺延前年度标准编号分成若干分册，封面和书脊上注明"20××年制定"字样及分册号，分册号一直连续。各分册中的标准是按照标准编号顺序连续排列的，如有标准顺序号缺号的，除特殊情况注明外，暂为空号。

"修订"卷收入上一年度我国发布的、被修订的国家标准，视篇幅分设若干分册，但与"制定"卷分册号无关联，仅在封面和书脊上注明"20××年修订-1，-2，-3，……"字样。"修订"卷各分册中的标准，仍按标准编号顺序排列(但不连续)；如有遗漏的，均在当年最后一分册中补齐。需提请读者注意的是，个别非顺延前年度标准编号的新制定的国家标准没有收入在"制定"卷中，而是收入在"修订"卷中。

读者配套购买《中国国家标准汇编》"制定"卷和"修订"卷则可收齐由我社出版的上一年度我国制定和修订的全部国家标准。

3.由于读者需求的变化，自1996年起，《中国国家标准汇编》仅出版精装本。

4.2014年我国制修订国家标准共1 611项。本分册为"2014年修订-26"，收入新制修订的国家标准1项。

中国标准出版社

2015年8月

目　　录

ICS 25.040
N 10

中华人民共和国国家标准

GB/T 25105.2—2014
代替 GB/Z 25105.2—2010

工业通信网络　现场总线规范
类型 10：PROFINET IO 规范
第 2 部分：应用层协议规范

**Industrial communication networks—Fieldbus specifications—
Type 10 PROFINET IO specifications—
Part 2: Application layer protocol specification**

(IEC 61158-6-10:2010, Industrial communication networks—
Fieldbus specifications—Part 6-10: Application layer protocol specification—
Type 10 elements, MOD)

2014-09-30 发布　　　　2015-04-01 实施

中华人民共和国国家质量监督检验检疫总局
中国国家标准化管理委员会　发布

前　言

GB/T 25105《工业通信网络　现场总线规范　类型10:PROFINET IO规范》分为以下3个部分:

——第1部分:应用层服务定义;

——第2部分:应用层协议规范;

——第3部分:PROFINE IO通信行规。

本部分为GB/T 25105的第2部分。

本部分按照GB/T 1.1—2009给出的规则起草。

本部分代替GB/Z 25105.2—2010《工业通信网络　现场总线规范　类型10:PROFINET IO规范　第2部分:应用层协议规范》。

本部分修改采用IEC 61158-6-10:2010《工业通信网　现场总线规范　第6-10部分:应用层协议规范　类型10》(英文版),在技术内容上与原国际标准没有差异,为方便我国用户使用,在文本结构编排上进行了适当调整,用我国已有标准部分代替了引用的国际标准,并按GB/T 1.1给出的规则进行编写。

本部分由中国机械工业联合会提出。

本部分由全国工业过程测量控制和自动化标准化技术委员会(SAC/TC 124)归口。

本部分起草单位:机械工业仪器仪表综合技术经济研究所、北京仪综测业科技发展有限公司、上海自动化仪表股份有限公司、中国科学院沈阳自动化研究所、中国石化集团上海工程有限公司、西南大学、郑州轻工业学院、北京和利时系统工程股份有限公司、北京奥斯汀科技有限公司、北京机械工业自动化研究所、西门子(中国)有限公司、菲尼克斯电气(南京)研发工程技术中心有限公司。

本部分主要起草人:高镜媚、谢素芬、史宝库、张桂玲、包伟华、杨志家、王永华、陈小枫、刘枫、刘丹、高欣、赵欣、张龙、惠敦炎、罗安、李百煌、李佳。

本部分的历次版本发布情况为:

——GB/Z 25105.2—2010。

引　言

应用层协议通过使用数据链路层或其他毗邻更低层可供利用的服务来提供应用服务。本部分的主要目的是提供一组通信规则，这些通信规则是依据对等应用实体(AE)在通信时刻要执行的步骤来表达的。这些通信规则试图为下列各种目的的开发提供可靠的基础：

——作为实现者和设计者的指南；

——在设备的测试和采购中使用；

——作为系统准入开放系统环境约定的一部分；

——作为对理解 OSI 内有严格时间要求的通信的明确表达。

本部分特别考虑了传感器、执行器和其他自动化设备的通信和相互协调工作。本部分与在 OSI 或现场总线参考模型内的其他标准一道使用，但随意组合在一起共同工作的系统可能是不兼容的。

工业通信网络　现场总线规范　类型 10:PROFINET IO 规范　第 2 部分:应用层协议规范

1　范围

1.1　概述

现场总线应用层(FAL)为用户程序提供访问现场总线通信环境的手段。在这方面,可将现场总线应用层(FAL)视为"相应的应用程序间的窗口"。

GB/T 25105 为在自动化环境中的应用程序间进行基本的有严格时间要求和无严格时间要求的报文通信提供通用元素和 PROFINET IO 现场总线特定资料。术语"严格时间要求"用以表示存在一个时窗,在此时窗内,要求以明确的确定性等级完成所需的一个或多个规定的动作。在此时窗内没有完成所规定的动作,会导致请求这些动作的应用失败的风险,甚至伴随造成仪器、设备和可能的人身危险。

GB/T 25105 的本部分从以下几方面以抽象方法定义由现场总线应用层提供的外部可视的行为:

a)　定义在通信应用实体之间传输的应用层协议数据单元的抽象语法;

b)　定义在通信应用实体之间传输的应用层协议数据单元的传送语法;

c)　定义在通信应用实体之间可视的应用服务行为的应用上下关系状态机;

d)　定义在通信应用实体之间可视的通信行为的应用关系状态机。

本部分的目的是定义用于以下用途的协议:

a)　定义在 PROFINET IO 服务文件中定义的服务原语的字节传输次序;

b)　定义与其传输有关的外部可视的行为。

本部分依据 OSI 基本参考模型(见 GB/T 9387)和 OSI 应用层结构(GB/T 17176)规定 PROFINET IO 现场总线应用层的协议。

1.2　规范

本部分的首要目标是规定应用层协议的语法和行为,该协议传送在 PROFINET IO 中定义的应用层服务。

第二个目标是提供与现有工业通信协议的升级途径。正是该目标造成了 IEC 61158 中标准化协议的多样性。

1.3　一致性

本部分不规定个别的实现或产品,也不限制工业自动化系统内的应用层实体的实现。可通过实现本应用层协议规范来实现一致性。

2　规范性引用文件

下列文件对于本文件的应用是必不可少的。凡是注日期的引用文件,仅注日期的版本适用于本文件。凡是不注日期的引用文件,其最新版本(包括所有的修改单)适用于本文件。

GB/T 1988　信息技术　信息交换用七位编码字符集(GB/T 1988—1998,eqv ISO/IEC 646:1991)

GB/T 7408 数据元和交换格式 信息交换 日期和时间表示法(GB/T 7408—2005,ISO 8601:2000,IDT)

GB/T 9387.1 信息技术 开放系统互连 基本参考模型 第1部分:基本模型(GB/T 9387.1—1998,ISO/IEC 7498-1:1994,IDT)

GB/T 15695 信息技术 开放系统互连 表示服务定义(GB/T 15695—2008,ISO/IEC 8822:1994,IDT)

GB/T 16262.1 信息技术 抽象语法记法一(ASN.1) 第1部分:基本记法规范(GB/T 16262.1—2006,ISO/IEC 8824-1:2002,IDT)

GB/T 17176 信息技术 开放系统互连 应用层结构(GB/T 17176—1997,ISO/IEC 9545:1994,IDT)

GB/T 17966 微处理器系统的二进制浮点运算(GB/T 17966—2000,idt IEC 60559:1989)

GB/T 17967 信息技术 开放系统互连 基本参考模型 OSI服务定义约定(GB/T 17967—2000,idt ISO/IEC 10731:1994)

GB/T 20540(所有部分) 测量和控制数字数据通信 工业控制系统用现场总线 类型3:PROFIBUS规范(GB/T 20540—2006,IEC 61158 Type3:2003,MOD)

IEC 61158(所有部分) 工业通信网络 现场总线规范(Industrial communication networks—Fieldbus specifications)

IEC 61784-3-3 工业通信网络 行规 功能安全现场总线 第3部分:用于CPF3的附加规范(Industrial communication networks—Profiles—Functional safety fieldbuses—Part 3-3: Additional specifications for CPF 3)

IEEE 802—2001 局域网和城域网 概述和体系结构(IEEE Standard for Local and Metropolitan Area Networks:Overview and Architecture)

IEEE 802.1AB—2005 局域网和城域网 站点和媒体访问控制连通性发现(IEEE Standards for Local and Metropolitan Networks:Station and Media Access Control Connectivity Discovery)

IEEE 802.1D—2004 局域网和城域网 媒体访问控制(MAC)桥(IEEE Standards for local and metropolitan area networks—Media access control(MAC) Bridges)

IEEE 802.1Q—2005 局域网和城域网 虚拟桥接局域网(IEEE Standards for Local and metropolitan area networks—Virtual Bridged Local Area Networks)

IEEE 802.3—2005 信息技术 系统间远程通信和信息交换 局域网和城域网 特定要求 第3部分:带碰撞检测的载波侦听多址访问(CSMA/CD)的访问方法和物理层规范(IEEE Standards for Information technology—Telecommunications and information exchange between systems—Local and metropolitan area networks—Specific requirements—Part 3: Carrier sense multiple access with collision detection(CSMA/CD) access method and Physical Layer specifications)

IEEE 802.11—1999 信息技术 系统间远程通信和信息交换 局域网和城域网 特定要求 第11部分:无线局域网媒体访问控制和物理层规范(IEEE Standards for Information technology—Telecommunications and information exchange between systems—Local and metropolitan area networks—Specific requirements—Part 11:Wireless LAN Medium Access,Control(MAC) and Physical Layer,(PHY) Specifications)

IEEE 802.15.1—2005 信息技术 系统间远程通信和信息交换 局域网和城域网 特定要求 第15.1部分:无线个域网的无线媒体访问控制和物理层规范(IEEE Standard for Information technology—Telecommunications and information exchange between systems—Local and metropolitan area networks—Specific requirements—Part 15.1: Wireless medium access control(MAC) and physical layer(PHY) specifications for wireless personal area networks(WPANs))

IETF RFC 768　用户数据报协议(User Datagram Protocol)

IETF RFC 791　因特网协议(Internet Protocol)

IETF RFC 792　因特网控制报文协议(Internet Control Message Protocol)

IETF RFC 826　以太网地址解析协议(Ethernet Address Resolution Protocol)

IETF RFC 1034　域名　概念和工具(Domain names-concepts and facilities)

IETF RFC 1112　IP 多播主机扩展(Host Extensions for IP Multicasting)

IETF RFC 2131　动态主机配置协议(Dynamic Host Configuration Protocol)

IETF RFC 2132　DHCP 选项和 BOOTP 制造商扩展(DHCP Options and BOOTP Vendor Extensions)

IETF RFC 2365　管理范围的 IP 多播(Administratively Scoped IP Multicast)

IETF RFC 2474　IPv4 和 IPv6 头中区分服务字段(DS Field)的定义(Definition of the Differentiated Services Field(DS Field) in the IPv4 and IPv6 Headers)

IETF RFC 2674　具有流量类别、多播过滤和虚拟局域网扩展的网桥管理对象定义(Definitions of Managed Objects for Bridges with Traffic Classes,Multicast Filtering and Virtual LAN Extensions)

IETF RFC 2737　实体 MIB(版本 2)(Entity MIB(Version 2))

IETF RFC 2863　接口组 MIB(The Interfaces Group MIB)

IETF RFC 3330　专用 IPv4 地址(Special-Use IPv4 Addresses)

IETF RFC 3418　简单网络管理协议(SNMP)的管理信息库(MIB)(Management Information Base(MIB) for the Simple Network Management Protocol(SNMP))

IETF RFC 3490　在应用程序中国际化域名(IDNA)(Internationalizing Domain Names in Applications(IDNA))

IETF RFC 3621　供电以太网 MIB(Power Ethernet MIB)

IETF RFC 3636　IEEE 802.3 媒体附属单元(MAU)管理对象定义(Definitions of Managed Objects for IEEE 802.3 Medium Attachment Units(MAUs))

开放组出版物 C706　技术标准 DCE1.1:远程过程调用(The Open Group—Publication C706, Technical standard DCE1.1:Remote Procedure Call)(available at＜http://www.opengroup.org/onlinepubs/9629399/toc.htm＞)

3　术语、定义、缩略语、符号和约定

3.1　引用的术语和定义

3.1.1　GB/T 9387.1 术语

a)　应用实体　application entity

b)　应用过程　application process

c)　应用协议数据单元　application protocol data unit

d)　应用服务元素　applicationservice element

e)　应用实体调用　application entity invocation

f)　应用过程调用　application process invocation

g)　应用事务处理　application transaction

h)　实际开放系统　real opensystem

i)　传输语法　transfersyntax

3.1.2 GB/T 15695 术语

a) 抽象语法 abstractsyntax

b) 表达上下关系 presentation context

3.1.3 GB/T 16262.1 术语

a) 对象标识符 object identifier

b) 类型 type

3.1.4 GB/T 17176 术语

a) 应用关联 application-association

b) 应用上下关系 application-context

c) 应用上下关系名称 application context name

d) 应用实体调用 application-entity-invocation

e) 应用实体类型 application-entity-type

f) 应用过程调用 application-process-invocation

g) 应用过程类型 application-process-type

h) 应用服务元素 application-service-element

i) 应用控制服务元素 application controlservice element

3.2 用于分布式自动化的附加术语和定义

注：本条为空，以保持与 IEC 61158-6-10 相同的条号。

3.3 用于分散外围设备的附加术语和定义

3.3.1

报警 alarm

指示临界状态(critical state)事件的激活。

3.3.2

报警确认 alarm ack

对指示临界状态事件的确认。

3.3.3

报警数据对象 alarm data object

由设备/槽/子槽/报警类型来引用的表示临界状态的对象。

3.3.4

分配 allocate

从公用区域取出一个资源，并将其分配给某特定实体专用。

3.3.5

应用 application

消费或生产数据的功能或数据结构。

3.3.6

应用层可互操作性 application layer interoperability

应用实体使用 FAL 服务来执行协调和协同操作的能力。

3.3.7

应用对象　application objects

在网络上和在网络设备内管理和提供运行期 PDU 交换的多种对象类。

3.3.8

应用过程　application process

网络中分布式应用的一部分，它位于一台设备内，并被唯一寻址。

3.3.9

应用过程标识符　application process identifier

用来区分在一台设备内使用的多个应用过程。

注：由 PROFIBUS&PROFINET 国际(PI)来分配应用过程标识符。

3.3.10

应用过程对象　application process object

应用过程的组件，通过 FAL 应用关系来标识和访问该组件。

注：应用过程对象定义由一组它们的类属性值组成(见应用过程对象类定义的定义)。可使用 FAL 对象管理 ASE 的服务来远程访问应用过程对象定义。FAL 对象管理服务可用来装载或更新对象定义、读对象定义、动态创建和删除应用对象及其相应定义。

3.3.11

应用过程对象类　application process object class

依据一组其网络可访问的属性和服务来定义的应用过程对象的类。

3.3.12

应用关系　application relationship

两个或多个应用实体调用之间的协同关联，用于交换信息和协调它们的联合操作。这种关系通过应用协议数据单元的交换来激活，或作为预组态活动的结果。

3.3.13

应用关系应用服务元素　application relationship application service element

为建立和终止所有应用关系而提供专用手段的应用服务元素。

3.3.14

应用关系端点　application relationship endpoint

由包含在此应用关系中的应用过程之一所看到和维护的应用关系的行为和上下关系。

注：包含在该应用关系中的每个应用过程维护其自己的应用关系端点。

3.3.15

属性　attribute

描述对象的一个外部可见的特征或特性。

注：对象的属性包含关于对象可变部分的信息。典型地，它们提供一个对象的状况信息，或者控制一个对象的操作。属性还可能影响一个对象的行为特性。属性分为类属性和实例属性。

3.3.16

备用　backup

IO AR 的状况，指示它正处于备用状态。

3.3.17

行为　behavior

指示一个对象如何响应特定的事件。

3.3.18

通道　channel

为了支持诊断信息的寻址，用来表示服务器的输入或输出应用对象到进程的单一物理或逻辑链路。

注：典型地，通道将单个连接器或接线夹描述为一个模块或子模块的真实接口。此引用用来在诊断 PDU 内标识失效点。

3.3.19

通道相关的诊断　channel related diagnosis

出于维护目的，所提供的关于一个输入或输出应用对象的特定元素的信息。

示例：开路。

3.3.20

类　class

一组对象，所有这些对象表达相同种类的系统组件。

注：类是指一种对象的概括，是定义变量和方法的模板。一个类中的所有对象在结构形式和行为特性上都是相同的，但在它们的属性中通常包含不同的数据。

3.3.21

类属性　class attributes

在同一类中所有对象所共有的属性。

3.3.22

类代码　class code

指定给每个对象类的唯一标识符。

3.3.23

类特定服务　class specific service

由特定的对象类定义的服务，以执行公共服务不能完成的所需要的功能。

注：一个类特定服务对于定义它的对象类是唯一的。

3.3.24

清除　clear

一种 IO 控制器的状况，指示该控制算法当前不运行。

3.3.25

客户机　client

a) 使用另一个(服务器)对象的服务来执行任务的对象；

b) PDU 的发起方，服务器对该 PDU 作出反应。

3.3.26

通用行规　common profile

独立于设备的信息和功能的集合，提供所有设备之间的一致性。

3.3.27

通信数据对象　communication data object

通信关系的参数，通过设备/槽/子槽/索引来引用。

3.3.28

组态检查　configuration check

在启动阶段，将所期望的客户机 IO-Data 对象结构与服务器的实际 IO-Data 对象结构进行比较。

3.3.29

组态错误　configuration fault

由服务器检测到的、所期望的 IO-Data 对象结构与实际 IO-Data 对象结构之间的、不可接受的差异。

3.3.30

组态标识符　configuration identifier

服务器的单个输入模块和/或输出模块的一部分 I/O 数据的表示。

3.3.31

消费　consume

从提供者接收数据的动作。

3.3.32

消费者　consumer

从提供者接收数据的节点或汇点。

3.3.33

上下关系管理　context management

支持管理现场总线系统运行(包括应用层)的网络可访问的信息(通信对象)。

注：管理包括控制、监视和诊断功能。

3.3.34

传送路径　conveyance path

在一个应用关系上的单向 APDU 流。

3.3.35

循环的　cyclic

以某种有规则的方式重复。

3.3.36

数据一致性　data consistency

在客户机和服务器之间以及它们的内部,一致传输和访问输入或输出数据对象的方式。

3.3.37

设备　device

连接到链路上的物理硬件。

注：一台设备可能包含多个节点。

3.3.38

设备 ID　device ID

制造商指定的设备类型标识符。

3.3.39

设备行规　device profile

设备相关的信息和功能的集合,在同一设备类型的类似设备之间提供一致性。

3.3.40

诊断数据对象　diagnosis data object

包含诊断信息的对象,通过设备/槽/子槽/索引来引用。

3.3.41

诊断信息　diagnosis information

在服务器方用于维护目的的所有可用的数据。

3.3.42

动态重组态　dynamic reconfiguration

改变 IO 数据对象而不中断已建立的应用关系,并且继续更新未改变的 IO 数据对象。

3.3.43

端点　endpoint

包含在一个连接中的通信实体之一。

3.3.44

工程　engineering

用来描绘负责组态自动化系统的客户应用或设备的抽象术语。

3.3.45

错误　error

计算、观察或测量的值或条件，与所规定或理论上的正确值或条件之间的差异。

3.3.46

错误类　error class

相关的错误定义和相应错误代码的通用分组。

3.3.47

错误代码　error code

在一个错误类内某个特定错误类型的标识。

3.3.48

事件　event

条件变更的实例。

3.3.49

扩展的通道相关诊断　extended channel related diagnosis

出于维护目的而提供的关于一个特定应用对象的特定元素的信息。

示例：链路失效。

3.3.50

帧　frame

链路上的数据传输单元。

3.3.51

标识数据对象　identification data object

包含有关设备、模块和子模块制造商及类型信息的对象，通过设备/槽/子槽/索引来引用。

3.3.52

隐式 AR 端点　implicit AR endpoint

在一个设备内本地定义的未使用创建服务的 AR 端点。

3.3.53

索引　index

在应用过程内一个记录数据对象的地址。

3.3.54

实例　instance

在一个类中的一个对象的实际物理呈现，它用于标识同一对象类内许多对象中的一个。

3.3.55

实例属性　instance attributes

某个对象实例的唯一属性，它不被此对象类共享。

3.3.56

实例化　instantiated

已在设备中创建的对象。

3.3.57

调用　invocation

使用一种服务或一个应用过程的其他资源的动作。

注：每一个调用代表一条独立的可由其上下关系描述的线程。一旦完成了此服务或释放了资源的使用，此调用就不复存在。对服务调用而言，已启用但未完成的服务被称为挂起的服务调用。另外，对服务调用而言，可使用 Invoke ID 无歧义地标识该服务调用，并可将它与其他挂起的服务调用相区别。

3.3.58

IO 控制器　IO controller

对若干个 IO 设备(现场设备)充当客户机的控制设备。

注：这通常是可编程控制器或分布式控制系统。

3.3.59

IO 数据对象　IO data object

出于处理目的被循环传输的对象，通过设备/槽/子槽来引用。

3.3.60

IO 设备　IO device

对 IO 操作充当服务器的现场设备。

3.3.61

IO 参数服务器　IO parameter server

IO 设备(客户机)应用参数的服务器。

注：这通常是一个用来备份参数数据和记录设备参数在线更改的设备。

3.3.62

IO 子系统　IO subsystem

由一个 IO 控制器和所有与其关联的 IO 设备组成的子系统。

3.3.63

IO 监视器　IO supervisor

管理 IO 系统的调试和诊断的工程设备。

3.3.64

IO 系统　IO system

由其所有 IO 子系统组成的系统。

注：例如，一个由具有多 IO 控制器(网络接口)的 PLC 所控制的 IO 系统。该 IO 系统由多个 IO 子系统组成，每个 IO 控制器控制一个子系统。

3.3.65

等时同步模式　isochronous mode

严格同步(抖动小于 1 μs)运行的 IO 系统。

3.3.66

成员　member

一个属性的一部分，它被构造为数组的一个元素。

3.3.67

报文　message

帧的同义词。

3.3.68

方法　method

操作服务的同义词，它由服务器 ASE 提供并由客户机调用。

3.3.69

模块　module

一个物理设备的硬件组件或逻辑组件。

3.3.70

网络　network

由某种类型的通信媒体连接的一组节点，包括插入其中的任何中继器、桥、路由器以及低层网关。

3.3.71

对象　object

设备内一个特定组件的抽象表达，通常是有关数据(以变量形式)和对该数据进行操作的方法(规程)的集合，对象具有明确定义的接口和行为。

3.3.72

对象特定服务　object specific service

对于定义该服务的对象类是唯一的服务。

3.3.73

运行　operate

IO 控制器的状况，它指出当前控制算法正在执行。

3.3.74

数据包　packet

帧(frame)

3.3.75

对等　peer

AR 端点的角色，它既可充当客户机又可充当服务器。

3.3.76

物理设备　physical device

自动化设备或其他网络设备。

3.3.77

点对点连接　point-to-point connection

仅在两个应用对象之间存在的连接。

3.3.78

主　primary

IO AR 的状况，指示它正处于运行状态。

注：除了主 IO AR 外，还存在备用 IO AR。例如，用于冗余和 IO 数据的动态重组态。

3.3.79

提供者　provider

给一个或多个消费者发送数据的节点或源。

3.3.80

PTCP 子域　PTCP subdomain

具有同步时钟的一组 DTE。

3.3.81

记录数据对象　record data object

为获取信息或进一步处理，已被预处理和非循环传输的对象，该对象通过设备/槽/子槽/索引来引用。

3.3.82

资源　resource

处理能力或信息容量。

3.3.83

运行　run

IO 控制器的状况，它指出控制算法当前正在执行。

3.3.84

服务器 server

a) AREP的角色，它向发起请求的客户机返回一个需证实的服务响应APDU；

b) 为另一个(客户机)对象提供服务的对象。

3.3.85

服务 service

一个对象和/或对象类根据另一个对象和/或对象类的请求而执行的操作或功能。

3.3.86

槽 slot

在IO设备内的一个结构单元的地址。

注：在模块化设备内，槽一般用来寻址物理模块；在紧凑型设备内，槽一般用来寻址逻辑功能或虚拟模块。

3.3.87

停止 stop

IO控制器的状况，它指示控制算法当前不在执行中。

3.3.88

子模块 submodule

模块的硬件组件或逻辑组件。

3.3.89

子槽 subslot

在槽内的一个结构单元的地址。

注：子槽可以寻址一个模块内子模块的物理接口。通常，子槽是一个设备内结构数据的第2级。

3.3.90

制造商ID vendor ID

集中管理的作为制造商标识符的数字。

注：由PROFIBUS&PROFINET国际组织(PI)分配制造商ID。

3.4 用于分布式自动化的附加缩略语和符号

注：本条为空，以保持与IEC 61158-6-10的条号相同。

3.5 用于分散式外围设备的附加缩略语和符号

AE	Application Entity	应用实体
AL	Application Layer	应用层
ALME	Application Layermanagement Entity	应用层管理实体
ALP	Application Layer Protocol	应用层协议
ALPMI	Alarm Protocolmachine Initiator	报警协议机发起方
ALPMR	Alarm Protocolmachine Responder	报警协议机响应方
AP	Application Process	应用过程
APDU	Application Protocol Data Unit	应用协议数据单元
API	Application Process Identifier	应用过程标识符
APO	Application Object	应用对象
AR	Application Relationship	应用关系
AREP	Application Relationship End Point	应用关系端点

ARP	Address Resolution Protocol	地址解析协议
ASCII	Americanstandard Code for Information Interchange	美国信息交换标准代码
ASE	Applicationservice Element	应用服务元素
BMC	Bestmaster Clock	最佳主时钟
CM	Contextmanagement	上下关系管理
Cnf	Confirmation	证实
CR	Communication Relationship	通信关系
CREP	Communication Relationship End Point	通信关系端点
DCE	OSF Distributed Computing Environment	OSF 分布式计算环境
DCP	Discovery and basic Configuration Protocol	发现和基本配置协议
DCPMCR	DCPmulticast Receive	DCP 多播接收方
DCPMCS	DCPmulticastsender	DCP 多播发送方
DCPUCR	DCP Unicast Receiver	DCP 单播接收方
DCPUCS	DCP Unicastsender	DCP 单播发送方
DHCP	Dynamic Host Configuration Protocol	动态主机配置协议
DIM	Device Interfacemodule	设备接口模块
DL-	(as a prefix)Data Link-	(用作前缀)数据链路-
DLC	Data Link Connection	数据链路连接
DLL	Data Link Layer	数据链路层
DLPDU	Data Link-Protocol Data Unit	数据链路协议数据单元
DLSDU	DL-service-data-unit	数据链路服务数据单元
DNS	Domain Nameservice	域名服务
DTE	Data Terminal Equipment	数据终端设备
FAL	Fieldbus Application Layer	现场总线应用层
FIFO	First In First Out	先进先出
GSDML	Genericstation Descriptionmarkup Language	通用站描述标记语言
I&M	Identification andmaintenance Profile	标识和维护行规
IANA	Internet Assigned Numbers Authority	因特网地址分配权威机构
ICMP	Internet Controlmessage Protocol	因特网控制报文协议
ID	Identifier	标识符
IEC	International Electrotechnical Commission	国际电工委员会
IFW	RT_CLASS_3 Forwarding Protocolmachine	RT_CLASS_3 转发协议机
Ind	Indication	指示
IOCS	Input Output Object ConsumerStatus	输入输出对象消费者状况
IOPS	Input Output Object ProviderStatus	输入输出对象提供者状况
IP	Internet Protocol	因特网协议
IR	Isochronous Relay	等时同步中继器
IRT	Isochronous Real Time Protocol	等时同步实时协议
ISO	International Organization forstandardization	国际标准化组织
IsoM	Isochronousmode	等时同步模式
LED	Light Emitting Diode	发光二极管

LLDP	Link Layer Discovery Protocol	链路层发现协议
LME	Layermanagement Entity	层管理实体
lsb	Leastsignificant Bit	最低有效位
LT	Length/Type	长度/类型
MAC	Medium Access Control	媒体访问控制
msb	Mostsignificant Bit	最高有效位
NCA	Network Computing Architecture	网络计算体系结构
OSF	Opensoftware Foundation	开放式软件基金会
OSI	Opensystems Interconnect	开放系统互连
PDU	Protocol Data Unit	协议数据单元
PI	PROFIBUS&PROFINET International	PI 组织
PL	Physical Layer	物理层
PTCP	Precision Transparent Clock Protocol	精确透明时钟协议
QoS	Quality ofservice	服务质量
Req	Request	请求
RPC	Remote Procedure Call	远程过程调用
Rsp	Response	响应
RT	Real Time Protocol	实时协议
RTA	Real Time Protocol Acyclic	实时协议非循环
RTC	Real Time Protocol Cyclic	实时协议循环
RTE	Real Time Ethernet	实时以太网
SDU	Service Data Unit	服务数据单元
TLV	Type Length Value(coding rule)	类型长度值(编码规则)
UDP	User Datagram Protocol	用户数据报协议
UUID	Universal Unique Identifier	通用唯一标识符
VLAN	Virtual Local Area Network	虚拟局域网

3.6 用于媒体冗余的附加缩略语和符号

MRC	Media Redundancy Client	媒体冗余客户机
MRM	Media Redundancymanager	媒体冗余管理器
MRP	Media Redundancy Protocol	媒体冗余协议

3.7 约定

3.7.1 一般概念

FAL 被定义为一组面向对象的 ASE。每个 ASE 在一个单独的条中规定。每个 ASE 规范由三个部分组成:类定义、服务和协议规范。前两项内容包含在 PROFINET IO 服务文件中。每个 ASE 的协议规范在本部分中进行定义。

类定义规定了每个 ASE 所支持的类属性。使用标准 PROFINET IO 服务文件中规定的管理 ASE (Management ASE)服务,可以从类的实例来访问这些属性。服务规范定义 ASE 所提供的服务。

本部分使用 GB/T 17967 中给出的描述性约定。

3.7.2 用于分布式自动化的约定

注：本条为空，以保持与 IEC 61158-6-10 的条号相同。

3.7.3 用于分散式外围设备的约定

3.7.3.1 抽象语法约定

3.7.3.1.1 PDU 用八位位组或八位位组的组来描述

a) 用逗号分隔传输中依次出现的八位位组的组，若可选的八位位组未出现，则后续的八位位组无间隙地出现；

b) 若八位位组或八位位组的组在"{ }"内分组，则次序是任意的；

c) 若八位位组或八位位组的组用"*"来标志，则它们可能出现多次；

若它在"{ }"部分内使用，则它们可能与这部分的其他八位位组或八位位组的组混合出现。

d) 八位位组可以在"()"内分组或赋值；

e) 若八位位组或八位位组的组在"[ ]"内分组，则该组可以被省略；

f) 复杂的 APDU 可以用替代(子结构)来构造；

g) 八位位组或八位位组的组的排他选择用"^"分开。

注 1：形式 PDU 示例：

AP_PDU=Octet1,OctetGroup1,[Octet2],[Octet3],{[OctGroup2*],OctetGroup3 ^ Octet4}

据此，以下的变型在线缆上是有效的(此处未完全列出)：

变型 1：Octet1,OctetGroup1,Octet2,Octet3,OctetGroup2,OctetGroup3

变型 2：Octet1,OctetGroup1,Octet2,Octet3,OctetGroup2,OctetGroup2,OctetGroup2,OctetGroup3

变型 3：Octet1,OctetGroup1,OctetGroup2,OctetGroup2,OctetGroup2,OctetGroup3,OctetGroup2

变型 4：Octet1,OctetGroup1,OctetGroup2,OctetGroup3,OctetGroup2,OctetGroup2,OctetGroup2,OctetGroup2

变型 5：Octet1,OctetGroup1,Octet3,Octet4

注 2：任意次序是指八位位组的组以在编码规则中描述的特殊首部为特征。

注 3：RTA-PDU 和 RTC-PDU 的 APDU 语法是指根据最大 DLSDU 长度，一个 APDU 的八位位组总数不应超过 1440。

注 4：CL RPC 的 APDU 语法是指 IO 控制器支持的 ASDU 八位位组总数范围为 4096～(2^{32}-64)个。最小 ASDU 八位位组总数是依据增强 IO 设备的组态数据、参数化数据和诊断数据的期望长度推导得来的。

3.7.3.2 对保留比特和保留八位位组编码的约定

术语"保留"可以被用来描述八位位组中的比特或整个八位位组。所有保留的比特或八位位组应在发送方设置为零，在接收方对它们不做检查，但有明确说明的或要由状态机进行检查的保留比特或八位位组除外。

术语"保留"也可被用来指示参数范围内的某些值保留为未来扩展用。在此情况下，所保留的值在发送方不应使用，在接收方对它们不做检查，但有明确说明的或要由状态机进行检查的保留值除外。

3.7.3.3 对特殊字段八位位组的通用编码约定

APDU 可以包含以原语和浓缩方式携带信息的一些特殊字段。应按图 1 中的次序来编码这些字段。

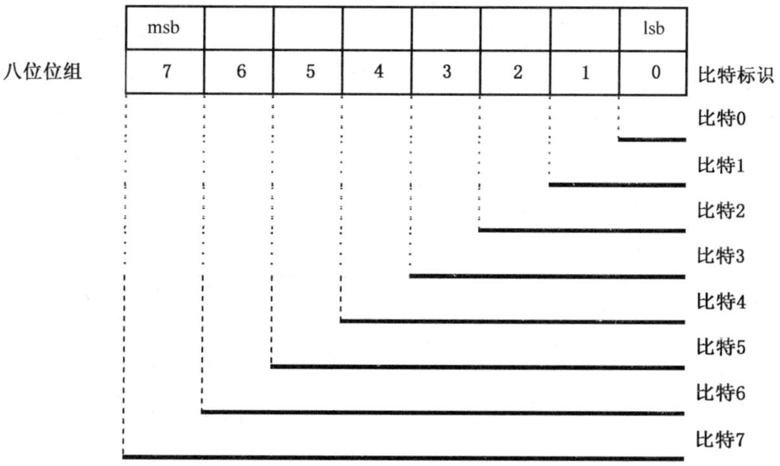

图 1　特殊字段的通用结构

可以将若干个比特分组为比特组。每个比特或比特组应使用它的比特标识(例如,比特 0、比特 1～比特 4)进行编址。在八位位组中的位置应符合图 1 的要求。对每个比特或比特组可以使用别名或把它们标注为"保留"。各比特的编组应按升序无间隔地进行。比特组的值可以表示为二进制、十进制或十六进制值。此值仅对被编组的比特有效,且仅当所有 8 个比特均被编组时才能代表整个八位位组。十进制或十六进制值应以二进制值来传输,因此,组里具有最高编号的比特代表相关分组比特的 msb。

示例 1:特殊字段八位位组的描述和关系

比特 0:保留;

比特 1～3:Reason_Code,Reason_Code 的十进制值 2 表示一般错误;

比特 4～7:应总是设置为 1。

根据以上描述构成的八位位组如下:

(msb)　比特 7=1;
比特 6=1;
比特 5=1;
比特 4=1;
比特 3=0;
比特 2=1;
比特 1=0;
(lsb)　比特 0=0。

比特 1～3 的比特组合"0-1-0"等于十进制值 2。

3.7.3.4　对由两个相随八位位组组成的特殊字段的通用编码约定

APDU 可以包含以原语和浓缩方式携带信息的一些特殊字段。应按图 2 和图 3 中的次序来编码这些字段。

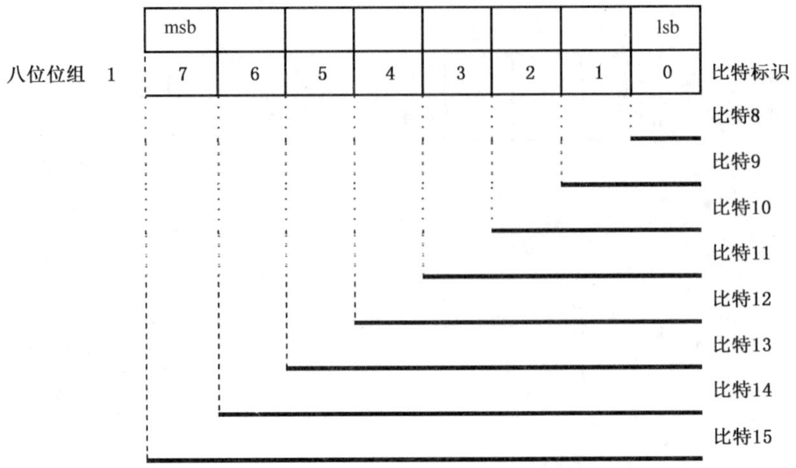

图 2　特殊字段八位位组 1(高)的通用结构

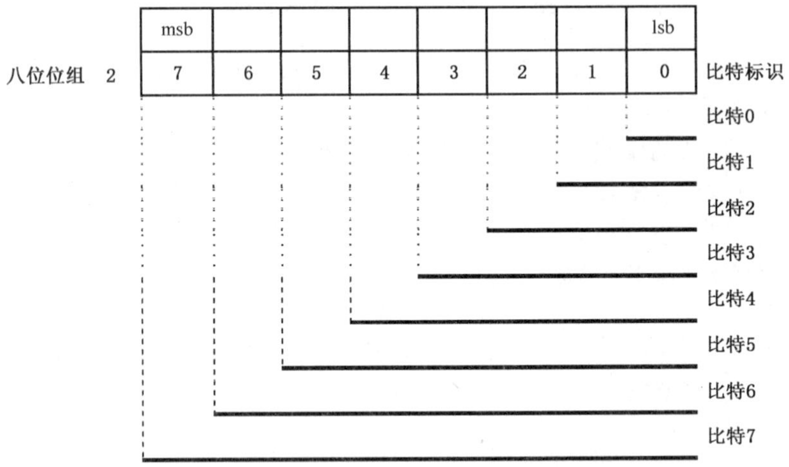

图 3　特殊字段八位位组 2(低)的通用结构

可以将若干个比特分组为比特组。每个比特或比特组应使用它的比特标识(例如,比特 0、比特 1～比特 4)进行编址。在八位位组中的位置应符合图 2 和图 3 的要求。对每个比特或比特组可以使用别名或把它们标注为“保留”。各比特的编组应按升序无间隔地进行。比特组的值可以表示为二进制、十进制或十六进制值。此值仅对被编组的比特有效,且仅当所有 16 个比特均被编组时才能代表整个八位位组。十进制或十六进制值应以二进制值来传输,因此,组里具有最高编号的比特代表相关分组比特的 msb。

3.7.3.5　对由四个相随的八位位组组成的特殊字段的通用编码约定

APDU 可以包含以原语和浓缩方式携带信息的一些特殊字段。应按图 4～图 7 中的次序编码这些字段。

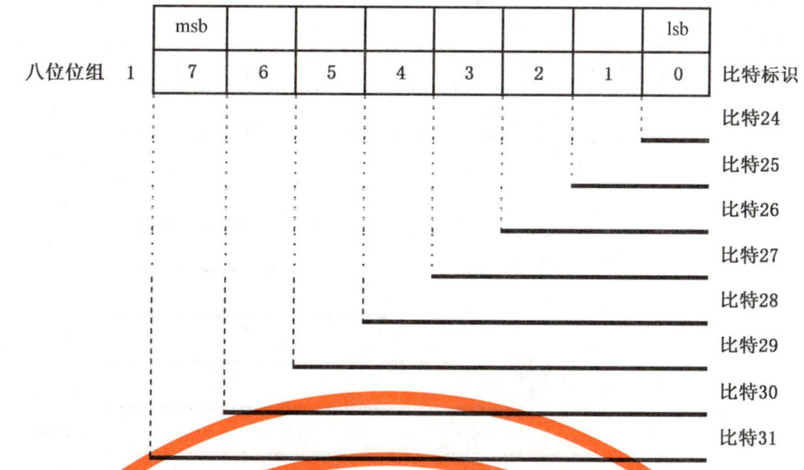

图 4 特殊字段八位位组 1(高)的通用结构

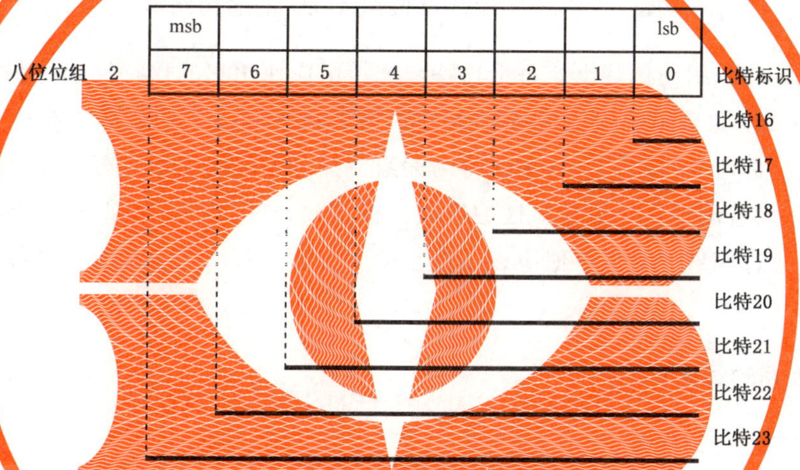

图 5 特殊字段八位位组 2 的通用结构

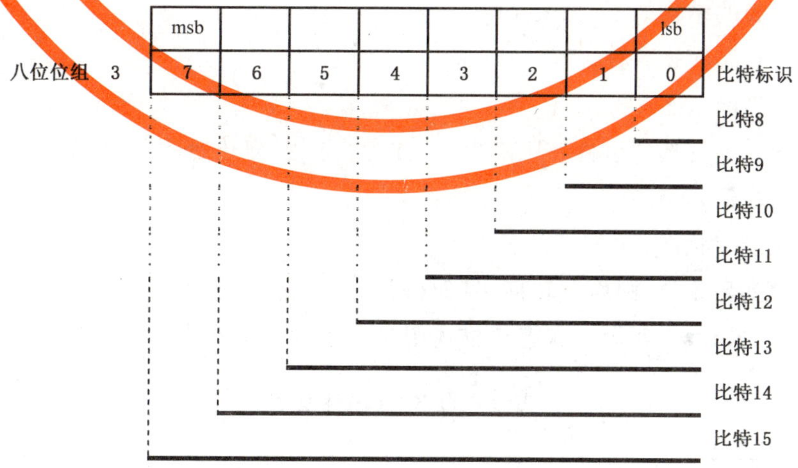

图 6 特殊字段八位位组 3 的通用结构

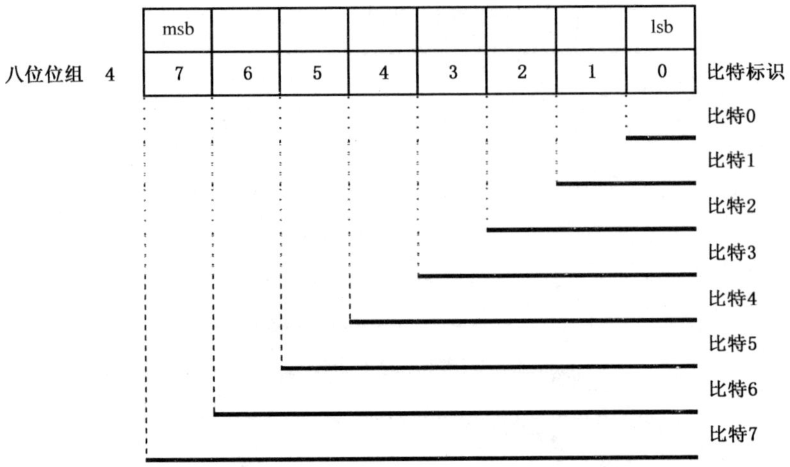

图 7 特殊字段八位位组 4(低)的通用结构

可以将若干个比特分组为比特组。每个比特或比特组应使用它的比特标识(例如:比特 0,比特 1～比特 4)进行编址。在八位位组中的位置应符合图 4、图 5、图 6 和图 7 的要求。对每个比特或比特组可以使用别名或把它们标注为“保留”。各个比特的编组应按升序无间隔地进行。比特组的值可以表示为二进制、十进制或十六进制值。此值仅对被编组的比特有效,且仅当所有 32 个比特均被编组时才能代表整个八位位组。十进制或十六进制值应以二进制值来传输,因此,组里具有最高编号的比特代表相关分组比特的 msb。

3.8 在状态机中使用的约定

借助状态机来描述协议序列。

在状态图中,状态用方框表示,状态转换用箭头表示。状态图的状态名称和状态转换名称对应于状态转换正文列表中的名称。

状态转换正文列表的结构如下(见表 1):

——第 1 列包含状态转换名称;

——第 2 列包含当前状态;

——第 3 列包含一个可选的事件并跟随以“/”作为行首字符开始的条件,最后是以“=〉”作为行首字符开始的动作;

——第 4 列包含下一状态。

如果事件发生且满足条件,则启动转换,例如执行一些动作并进入下一状态。

状态机描述的结构如表 1 所示。状态机描述中各要素的含义在表 2 中列出。

表 1 状态机描述要素

#	当前状态	事件或条件=〉动作	下一状态

表 2　状态机各要素的描述

描述要素	含　义
当前状态 下一状态	给定状态的名称
#	状态转换的名称或编号
事件	事件的名称或描述
/条件	布尔表达式。前面的“/”不属于条件
=〉动作	赋值、服务或函数调用的列表。前面的“=〉”不属于动作

在表 3 中列出了状态机中使用的约定。

表 3　状态机中使用的约定

约　定	含　义
:=	用右边项(item)的值来代替左边项的值。如果右边项是一个参数,则它来自表示为输入事件的原语
xxx	参数名称 例如: Identifier := reason 指将参数“reason”的值赋值给参数“Identifier”
“xxx”	指示固定值 例如: Identifier := "abc" 指将值“abc”赋值给参数“Identifier”
=	指示左边项等于右边项的逻辑条件
<	指示左边项小于右边项的逻辑条件
>	指示左边项大于右边项的逻辑条件
<>	指示左边项不等于右边项的逻辑条件
>>	具有含义“newer”的语义条件
<<	具有含义“older”的语义条件
&&	逻辑“AND”
||	逻辑“OR”

for(Identifier := start_value to end_value)
actions
endfor
	此结构允许在一个转换内循环地执行一序列动作。对于从 start_value 到 end_value 间的所有值执行该循环

If(condition)
actions
else
actions
	此结构允许在一个转换内依据某些条件(可能是某些标识符的值或前一动作的结果)执行二择一的动作
	如果条件不满足且没有动作,则以“else”开始的部分可以省略

为了理解协议机，应参考有关 AREP 和 CREP 属性定义、本地函数和 FAL-PDU 定义的条。

此外，使用下列的描述元素：

——在名称中的通配符

name_XXX："XXX"被用于所有以"name"开始的名称的通配符串。

通配符的典型使用是一个事件。在这种上下关系中，有多少用于表示通配符存在的可能事件就有多少状态转换。

——条件宏

<CONDITIONAL-MACRO-NAME>

<

CONDITION1：macrobody1

CONDITION2：macrobody2

…

>

CONDITION1，CONDITION2 等定义条件宏的所有可能的情况。依据条件的结果，"CONDITIONAL-MACRO-NAME"是"macrocode"的占位符。

——置换宏

<REPLACEMENT-MACRO-NAME>

<

XXX= Name1：macrobody1

XXX= Name2：macrobody2

…

>

Name1，Name2 等定义置换宏的所有可能的情况。依据通配符 XXX 的当前使用值，"REPLACEMENT-MACRO-NAME"是"macrocode"的占位符。

示例：

< SERVICE_REQ_PARA>

<

XXX=Read：Para1，Para2

XXX=Write：Para1，Para2，Para3

>

在 MSAB_XXX.req(< SERVICE_REQ_PARA>)

中调用时其结果将是

MSAB_Read.req(Para1，Para2)或 MSAB_Write.req(Para1，Para2，Para3)。

4 通用协议的应用层协议规范

4.1 FAL 语法描述

4.1.1 DLPDU 抽象语法引用

4.1.1.1 概述

表 4～表 6 给出了符合 IEEE 802.3—2005、IEEE 802.11—1999 和 IEEE 802.15.1—2005 的 DLPDU 抽象语法的概要。

4.1.1.2 IEEE 802.3

表 4 中各字段的编码和译码应符合 IEEE 802.3—2005 的 DLPDU 语法。

表 4 符合 IEEE 802.3—2005 的 DLPDU 语法

DLPDU 名称	DLPDU 结构
DLPDU	Preamble[a], startFrameDelimiter, DestinationAddress, sourceAddress, DLSDU[b], DLPDU_Padding* [c], FrameCheckSequence
DLSDU	[VLAN][d], LT, sAPDU ^ FIDAPDU
SAPDU	UDP-RTC-PDU ^ UDP-RTA-PDU ^ MRP-PDU[f] ^ CL-RPC-PDU ^ LLDP-PDU[e] ^ ICMP-PDU
FIDAPDU	FrameID, RTC-PDU ^ RTA-PDU ^ DCP-PDU ^ PTCP-PDUe ^ MRRT-PDU[f]
VLAN	LT(=0x8100), TagControlInformation

注 1：依据 IEEE 802.3—2005，DLPDU 的最小长度为 64 个八位位组(前导码，帧起始定界符除外)。

注 2：对于 IEEE 802.3—2005 具有 VLAN tag 的帧，其最小帧长度增加到 68 个八位位组，以确保通过桥去掉 VLAN tag 后的最小帧长度为 64 个八位位组。

[a] 该字段包含最少 7 个八位位组。

[b] 最小 DLSDU 的长度是 2 个八位位组。

[c] 依据 DLSDU 大小，填充八位位组的个数应在 0～46 范围内。填充的八位位组值应设为 0。

[d] 在优化 RT 传输的情况下，可以省略 VLAN 字段。字段 VLAN 可通过编码器来设置，但可能被中间桥丢弃。解码器应接受带或不带 VLAN 字段的 DLPDU。对于在 RED 时段(RED PERIOD)中传送的 RT_CLASS_3 PDU，应忽略 VLAN 字段。

[e] VLAN 字段应被忽略。

[f] VLAN 字段应被编码器忽略。

4.1.1.3 IEEE 802.11

表 5 中各字段的编码和解码应符合 IEEE 802.11—1999 的 DLPDU 语法。

表 5 符合 IEEE 802.11—1999 的 DLPDU 语法

DLPDU 名称	DLPDU 结构
DLPDU	DLPDU_1 ^ DLPDU_2 ^ DLPDU_3 ^ DLPDU_4
DLPDU_1	FrameControl, DestinationAddress, sourceAddress, BSSID, SequenceControl, [QoSControl][b], DLSDU, DLPDU_Padding* [a], FrameCheckSequence
DLPDU_2	FrameControl, DestinationAddress, BSSID, sourceAddress, SequenceControl, [QoSControl][b], DLSDU, DLPDU_Padding* [a], FrameCheckSequence
DLPDU_3	FrameControl, BSSID, sourceAddress, DestinationAddress, SequenceControl, [QoSControl][b], DLSDU, DLPDU_Padding* [a], FrameCheckSequence
DLPDU_4	FrameControl, ReceiverAddress, TransmitterAddress, DestinationAddress, SequenceControl, sourceAddress, [QoSControl][b], DLSDU, DLPDU_Padding* [a], FrameCheckSequence
DLSDU	LT, sAPDU ^ FIDAPDU

表 5（续）

DLPDU 名称	DLPDU 结构
SAPDU	UDP-RTC-PDU ^ UDP-RTA-PDU ^ MRP-PDU ^ CL-RPC-PDU ^ LLDP-PDU ^ ICMP-PDU
FIDAPDU	FrameID,RTC-PDU ^ RTA-PDU ^ DCP-PDU ^ PTCP-PDU ^ MRRT-PDU

注 1：FrameControl 的定义见 IEEE 802.11—1999。
注 2：BSSID 的定义见 IEEE 802.11—1999。
注 3：SequenceControl 的定义见 IEEE 802.11—1999。
注 4：QoSControl 的定义见 IEEE 802.11—1999。
注 5：ReceiverAddress 的定义见 IEEE 802.11—1999。
注 6：TransmitterAddress 的定义见 IEEE 802.11—1999。

[a] 依据 DLSDU 大小，填充八位位组的个数应在 0～46 范围内。填充的八位位组值应设为 0。
[b] 对于 UDP-RTC-PDU 和 UDP-RTA-PDU 以及对于 RTC-PDU 和 RTA-PDU 此字段应存在。

4.1.1.4 IEEE 802.15.1

表 6 中各字段的编码和译码应符合 IEEE 802.15.1—2005 的 DLPDU 语法。

表 6 符合 IEEE 802.15.1—2005 的 DLPDU 语法

DLPDU 名称	DLPDU 结构
DLPDUHEADER	Access Code,Packet Header,Payload Header,L2CAP Header,BNEPType(0)
DLPDU	DLPDUHEADER,DestinationAddress,sourceAddress,DLSDU[a],FrameCheckSequence
DLSDU	[VLAN][b],LT,sAPDU ^ FIDAPDU
SAPDU	UDP-RTC-PDU ^ UDP-RTA-PDU ^ MRP-PDU ^ CL-RPC-PDU ^ LLDP-PDU[c] ^ ICMP-PDU
FIDAPDU	FrameID,RTC-PDU ^ RTA-PDU ^ DCP-PDU ^ PTCP-PDU[c] ^ MRRT-PDU
VLAN	LT(=0x8100),TagControlInformation

注 1：Access Code 的定义见 IEEE 802.15.1—2005,8.6.3。
注 2：Packet Header 的定义见 IEEE 802.15.1—2005,8.6.4。
注 3：Payload Header 的定义见 IEEE 802.15.1—2005,8.6.6.2。
注 4：L2CAP Header 的定义见 IEEE 802.15.1—2005,14.3.1。
注 5：BNEPType 的定义见 IEEE 802.15.1—2005。

[a] 最小 DLSDU 的长度是 2 个八位位组。
[b] 对于 UDP-RTC-PDU 和 UDP-RTA-PDU 以及对于 RTC-PDU 和 RTA-PDU，此字段应存在。
[c] 应省略 VLAN 字段。

4.1.2 数据类型

4.1.2.1 布尔(Boolean)类型的表示法

Boolean ::= BOOLEAN ——TRUE，如果值非零。
——FALSE，如果值为零。

4.1.2.2 整数(Integer)类型的表示法

Integer8 ::= INTEGER(−128..+127) ——范围：$-2^{7} <= I <= 2^{7}-1$
Integer16 ::= INTEGER(−32 768..+32 767) ——范围：$-2^{15} <= I <= 2^{15}-1$
Integer32 ::= INTEGER ——范围：$-2^{31} <= I <= 2^{31}-1$
Integer64 ::= INTEGER ——范围：$-2^{63} <= I <= 2^{63}-1$

4.1.2.3 无符号(Unsigned)类型的表示法

Unsigned8 ::= INTEGER(0..255) ——范围：$0 <= I <= 2^{8}-1$
Unsigned16 ::= INTEGER(0..65535) ——范围：$0 <= I <= 2^{16}$-1
Unsigned32 ::= INTEGER ——范围：$0 <= I <= 2^{32}-1$
Unsigned64 ::= INTEGER ——范围：$0 <= I <= 2^{64}-1$

4.1.2.4 浮点(Floating Point)类型的表示法

Floating32 ::= BIT STRING SIZE(4) ——GB/T 17966，单精度
Floating64 ::= BIT STRING SIZE(8) ——GB/T 17966，双精度

4.1.2.5 八位位组串(OctetString)类型的表示法

OctetString ::= OCTET STRING ——通用

4.1.2.6 可视串(VisibleString)类型的表示法

VisibleString ::= VISIBLE STRING ——GB/T 1988：无字符“del”(编码 0x7F)的国际引用版本

4.1.2.7 二进制日期(BinaryDate)类型的表示法

BinaryDate ::= OctetString SIZE(7)

4.1.2.8 日时(TimeOfDay)类型的表示法

TimeOfDay with date indication ::= OctetString SIZE(6)
TimeOfDay without date indication ::= OctetString SIZE(4)

4.1.2.9 时差(TimeDifference)类型的表示法

TimeDifference with date indication ::= OctetString SIZE(6)
TimeDifference without date indication ::= OctetString SIZE(4)

4.1.2.10 网络时间(Network Time)类型的表示法

Network Time ::= OctetString SIZE(8)

4.1.2.11 网络时差(Network Time Difference)类型的表示法

Network Time Difference ::= OctetString SIZE(8)

4.2 传输语法

4.2.1 基本数据类型的编码

4.2.1.1 通用编码

如果没有明确的其他规定，这些值的编码应是大端模式(big endian)。

4.2.1.2 布尔(Boolean)值的编码

——Boolean 值的编码应采用基本格式。ContentsOctets 由单个八位位组组成。

——如果 Boolean 值是 FALSE,则 ContentsOctets 应为 0。如果 Boolean 值是 TRUE,则 ContentsOctets 应为 0xFF。

4.2.1.3 整数(Integer)值的编码

——Integer8、Integer16、Integer32 和 Integer64 类型的固定长度整数值的编码应采用基本格式,且 ContentsOctets 应准确地分别由 1 个、2 个、4 个或 8 个八位位组组成。

——ContentsOctets 应是等于此整数值的二进制数补码,其组成是:第一个八位位组比特 7 到比特 0,然后是第二个八位位组比特 7 到比特 0,依次跟随每个八位位组比特 7 到比特 0,直到并包含此 ContentsOctets 的最后八位位组比特 7 到比特 0。

注:通过以下方法得到二进制补码:首先对 ContentsOctets 中的比特进行编号,从其最后一个八位位组比特 0 开始编号作为 0,直到其第一个八位位组比特 7 作为末位编号,每个比特被赋予一个数字值 2N,其中 N 是此比特在上述编号序列中的位号。按位累加那些被设为 1 的每个比特所赋的数字值(第一个八位位组比特 7 除外)。如果第一个八位位组比特 7 被设为 1,则再从此结果中减去第一个八位位组比特 7 被赋的数字值。如此即得到一个整数值的二进制补码。

4.2.1.4 无符号(Unsigned)值的编码

——Unsigned8、Unsigned16、Unsigned32 和 Unsigned64 类型的固定长度无符号值的编码应采用基本格式,且 ContentsOctets 应分别由 1 个、2 个、4 个或 8 个八位位组组成。

——ContentsOctets 应是等于此无符号值的二进制数,其组成是:第一个八位位组比特 7 到比特 0,然后是第二个八位位组比特 7 到比特 0,依次跟随每个八位位组比特 7 到比特 0,直到并包含此 ContentsOctets 的最后八位位组比特 7 到比特 0。

注:通过以下方法得到二进制数值:首先对 ContentsOctets 中的比特进行编号,从其最后一个八位位组比特 0 开始编号作为 0,直到其第一个八位位组比特 7 作为末位编号,每个比特被赋予一个数字值 2N,其中 N 是此比特在上述编号序列中的位号。按位累加那些被设为 1 的每个比特所赋的数字值,如此即得到一个无符号二进制数值。

4.2.1.5 浮点(floating-point)值的编码

——Floating32 和 Floating64 类型固定长度浮点值的编码应采用基本格式,且 ContentsOctets 应准确地分别由 4 个或 8 个八位位组组成。

——ContentsOctets 应包含符合 GB/T 17966 定义的浮点值。第一个八位位组比特 7 用作符号的编码,其后从第一个八位位组比特 6 开始用作指数,然后从 Floating32 或 Floating64 的第二个八位位组比特 6 开始用作尾数。

4.2.1.6 可视串(VisibleString)值的编码

——可变长度的 VisibleString 值的编码应采用基本格式;

——无长度(Length)字段,其长度被隐含地编码。

——ContentsOctets 应是一个八位位组序列。最左边的串元素在第一个八位位组编码,其后续为第二个八位位组,并依次跟随后续八位位组,直到包含位于 ContentsOctets 最右边的最后八位位组。

4.2.1.7 八位位组串(OctetString)值的编码

——可变长度的 OctetString 值的编码应采用基本格式。

——无长度(Length)字段,其长度被隐含地编码。

——ContentsOctets 应是一个八位位组序列。最左边的串元素在第一个八位位组编码,其后续为第二个八位位组,并依次跟随后续八位位组,直到包含位于 ContentsOctets 最右边的最后八位位组。

4.2.1.8 二进制日期(BinaryDate)值的编码

——BinaryDate 值的编码应采用基本格式。

——长度(Length)字段应以二进制数指示在 BinaryDate 值中八位位组的个数。

——ContentsOctets 的值应等于这些八位位组的数据值,见图 8。

比特 八位位组	7	6	5	4	3	2	1	0	
1	2^{15}	2^{14}	2^{13}	2^{12}	2^{11}	2^{10}	2^{9}	2^{8}	0~59 999 毫秒(ms)
2	2^{7}	2^{6}	2^{5}	2^{4}	2^{3}	2^{2}	2^{1}	2^{0}	
3	RSV	RSV	2^{5}	2^{4}	2^{3}	2^{2}	2^{1}	2^{0}	0~59 分
4	SU	RSV	RSV	2^{4}	2^{3}	2^{2}	2^{1}	2^{0}	0~23 小时
	周日				月日				1 周内的 1~7 天
5	2^{2}	2^{1}	2^{0}	2^{4}	2^{3}	2^{2}	2^{1}	2^{0}	1 月内的 1~31 天
6	RSV	RSV	2^{5}	2^{4}	2^{3}	2^{2}	2^{1}	2^{0}	1~12 月
7	RSV	2^{6}	2^{5}	2^{4}	2^{3}	2^{2}	2^{1}	2^{0}	0~50 年从 2000~2050 年 51~99 年从 1951~1999 年
	msb							lsb	

注:为避免 Y2K 问题,在 0~50 范围内的值表示 2000~2050 年,在 51~99 范围内的值表示 1951~1999 年。

图 8 数据类型 BinaryDate 的编码

4.2.1.9 有和无日期指示的日时(Time of Day)值的编码

——有和无日期指示的 Time of Day 值的编码应采用基本格式。

——长度(Length)字段应以二进制数指示在有和无日期指示的 Time of Day 值中八位位组的个数。

——ContentsOctets 的值应等于这些八位位组的数据值,见图 9。

比特 八位位组	7	6	5	4	3	2	1	0	
1	0	0	0	0	2^{27}	2^{26}	2^{25}	2^{24}	从午夜开始的毫秒数
2	2^{23}	2^{22}	2^{21}	2^{20}	2^{19}	2^{18}	2^{17}	2^{16}	
3	2^{15}	2^{14}	2^{13}	2^{12}	2^{11}	2^{10}	2^{9}	2^{8}	
4	2^{7}	2^{6}	2^{5}	2^{4}	2^{3}	2^{2}	2^{1}	2^{0}	
5	2^{15}	2^{14}	2^{13}	2^{12}	2^{11}	2^{10}	2^{9}	2^{8}	仅用于有日期指示的从 01.01.84 开始的天数
6	2^{7}	2^{6}	2^{5}	2^{4}	2^{3}	2^{2}	2^{1}	2^{0}	
	msb							lsb	

图 9 Time of Day 值的编码

4.2.1.10 有和无日期指示的时差(Time Difference)值的编码

——有和无日期指示的 Time Difference 值的编码应采用基本格式。

——长度(Length)字段应以二进制数指示在有和无日期指示的 Time Difference 值中八位位组的个数。

——ContentsOctets 的值应等于这些八位位组的数据值，见图 10。

比特 八位位组	7	6	5	4	3	2	1	0	
1	2^{31}	2^{30}	2^{29}	2^{28}	2^{27}	2^{26}	2^{25}	2^{24}	毫秒(ms)
2	2^{23}	2^{22}	2^{21}	2^{20}	2^{19}	2^{18}	2^{17}	2^{16}	
3	2^{15}	2^{14}	2^{13}	2^{12}	2^{11}	2^{10}	2^{9}	2^{8}	
4	2^{7}	2^{6}	2^{5}	2^{4}	2^{3}	2^{2}	2^{1}	2^{0}	
5	2^{15}	2^{14}	2^{13}	2^{12}	2^{11}	2^{10}	2^{9}	2^{8}	仅用于有日期指示的天数
6	2^{7}	2^{6}	2^{5}	2^{4}	2^{3}	2^{2}	2^{1}	2^{0}	
	msb							lsb	

图 10 Time Difference 值的编码

4.2.1.11 网络时间(Network Time)值的编码

——Network Time 值的编码应采用基本格式。

——长度字段应以二进制数指示在 Network Time 值中八位位组的个数。

——ContentsOctets 的值应等于这些八位位组的数据值，见图 11。

比特 八位位组	7	6	5	4	3	2	1	0	
1	2^{31}	2^{30}	2^{29}	2^{28}	2^{27}	2^{26}	2^{25}	2^{24}	从 1.1.19000.00,00 开始的秒数，或当时间值小于 0x9dff4400. 00000000 时，从 7.2.20366.28,16 开始的秒数
2	2^{23}	2^{22}	2^{21}	2^{20}	2^{19}	2^{18}	2^{17}	2^{16}	
3	2^{15}	2^{14}	2^{13}	2^{12}	2^{11}	2^{10}	2^{9}	2^{8}	
4	2^{7}	2^{6}	2^{5}	2^{4}	2^{3}	2^{2}	2^{1}	2^{0}	
5	2^{31}	2^{30}	2^{29}	2^{28}	2^{27}	2^{26}	2^{25}	2^{24}	秒的小数部分 一个单位等于 $1/(2^{32})$ 秒
6	2^{23}	2^{22}	2^{21}	2^{20}	2^{19}	2^{18}	2^{17}	2^{16}	
7	2^{15}	2^{14}	2^{13}	2^{12}	2^{11}	2^{10}	2^{9}	2^{8}	
8	2^{7}	2^{6}	2^{5}	2^{4}	2^{3}	2^{2}	2^{1}	2^{0}	
	msb							lsb	

图 11 Network Time 值的编码

4.2.1.12 网络时差(Network Time Difference)值的编码

——Network Time Difference 值的编码应采用基本格式。

——长度字段应以二进制数指示在 Network Time Difference 值中八位位组的个数。

——ContentsOctets 的值应等于这些八位位组的数据值，见图 12。

比特 八位位组	7	6	5	4	3	2	1	0	
1	2^{31}	2^{30}	2^{29}	2^{28}	2^{27}	2^{26}	2^{25}	2^{24}	用 Integer32 表示的秒数
2	2^{23}	2^{22}	2^{21}	2^{20}	2^{19}	2^{18}	2^{17}	2^{16}	
3	2^{15}	2^{14}	2^{13}	2^{12}	2^{11}	2^{10}	2^{9}	2^{8}	
4	2^{7}	2^{6}	2^{5}	2^{4}	2^{3}	2^{2}	2^{1}	2^{0}	
5	2^{31}	2^{30}	2^{29}	2^{28}	2^{27}	2^{26}	2^{25}	2^{24}	秒的小数部分 一个单位等于 $1/(2^{32})$ 秒
6	2^{23}	2^{22}	2^{21}	2^{20}	2^{19}	2^{18}	2^{17}	2^{16}	
7	2^{15}	2^{14}	2^{13}	2^{12}	2^{11}	2^{10}	2^{9}	2^{8}	
8	2^{7}	2^{6}	2^{5}	2^{4}	2^{3}	2^{2}	2^{1}	2^{0}	
	msb							lsb	

图 12 Network Time Difference 值的编码

4.2.1.13 空(Null)值的编码

——Null 值的编码应采用基本格式。
——ContentsOctets 应省略。

4.2.1.14 零(NIL)值的编码

——NIL 值的编码应采用基本格式。
——每个 ContentsOctet 应设置为 0x00。

4.2.1.15 UUID 的编码

此数据类型的编码应符合开放组出版物 C706。

注：出版物 C706 的内容是技术标准 DCE 1.1。

4.2.2 通用基本字段相关的编码

4.2.2.1 概述

4.2.2 的通用字段是 RTC-PDU 和 RTA-PDU 的组成部分。

4.2.2.2 DLPDU 字段 SourceAddress 的编码

此字段应编码为数据类型 OctetString[6]。字段 SourceAddress 的值应符合 IEEE 802 MAC 地址以及 IEEE 802.1D—2004 中的第 7 章和表 7 的要求。

表 7 SourceAddress

PDU	含 义
RTC-PDU, RTA-PDU, UDP-RTC-PDU, UDP-RTA-PDU, CL-RPC-PDU, ICMP-PDU, DCP-PDU	使用接口 MAC 地址

表 7(续)

PDU	含义
MRP-PDU, MRRT-PDU, LLDP-PDU, PTCP-PDU	使用端口 MAC 地址

注 1:当端口处于 Portstate BLOCKED 状态时,使用端口 MAC 地址以避免所连接设备的过滤数据库的错误学习。过滤数据库参见附录 A。

注 2:端口 MAC 地址是 IEEE 802.1D—2004 的 7.12 中名为桥端口(Bridge Port)的单个 MAC 地址。

示例:具有 n 个端口的设备必须有一个接口 MAC 地址和 n 个端口 MAC 地址。

4.2.2.3 DLPDU 字段 DestinationAddress 的编码

此字段应编码为数据类型 OctetString[6]。字段 DestinationAddress 的值应符合 IEEE 802 MAC 地址。

对于 DCP-PDU,此字段应依据表 8 来编码。对于所有其他 DCP-PDU,不应使用多播或广播地址。

表 8 DCP_MulticastMACAdd

值 OUI(多播)(十六进制)	值 ExtensionIdentifier(十六进制)	含义
01-0E-CF	00-00-00	FrameID=0xFEFE 时,用于 DCP-Identify-ReqPDU
01-0E-CF	00-00-01	FrameID=0xFEFC 时,用于 DCP-Hello-ReqPDU
01-0E-CF	00-00-02～00-00-FF	保留用于其他应用

对于 PTCP-PDU,应依据表 9～表 16 来设置该值。

表 9 PTCP_MulticastMACAdd 范围 1

值 OUI(多播)(十六进制)	值 ExtensionIdentifier(十六进制)	含义
01-0E-CF	00-01-00～00-03-FF	保留用于其他应用

表 10 PTCP_MulticastMACAdd 范围 2

值 OUI(多播)(十六进制)	值 ExtensionIdentifier(十六进制)	含义
01-0E-CF	00-04-00	联合 PTCP-AnnouncePDU 和 FrameID(=0xFF00),用于时钟同步
01-0E-CF	00-04-01	联合 PTCP-AnnouncePDU 和 FrameID(=0xFF01),用于时间同步
01-0E-CF	00-04-xx	联合 PTCP-AnnouncePDU 和 FrameID(=0xFFxx),用于同步
01-0E-CF	00-04-1F	联合 PTCP-AnnouncePDU 和 FrameID(=0xFF1F),用于同步

表 11　PTCP_MulticastMACAdd 范围 3

值 OUI(多播)(十六进制)	值 ExtensionIdentifier(十六进制)	含　义
01-0E-CF	00-04-20	联合带后继的 PTCP-RTSyncPDU 和 FrameID(=0x0020),用于时钟同步
01-0E-CF	00-04-21	联合带后继的 PTCP-RTSyncPDU 和 FrameID(=0x0021),用于时间同步
01-0E-CF	00-04-xx	联合带后继的 PTCP-RTSyncPDU 和 FrameID(=0x00xx),用于同步
01-0E-CF	00-04-3F	联合带后继的 PTCP-RTSyncPDU 和 FrameID(=0x003F),用于同步

表 12　PTCP_MulticastMACAdd 范围 4

值 OUI(多播)(十六进制)	值 ExtensionIdentifier(十六进制)	含　义
01-0E-CF	00-04-40	联合 PTCP-FollowUpPDU 和 FrameID(=0xFF20),用于时钟同步
01-0E-CF	00-04-41	联合 PTCP-FollowUpPDU 和 FrameID(=0xFF21),用于时间同步
01-0E-CF	00-04-xx	联合 PTCP-FollowUpPDU 和 FrameID(=0xFFxx),用于同步
01-0E-CF	00-04-5F	联合 PTCP-FollowUpPDU 和 FrameID(=0xFF3F),用于同步

表 13　PTCP_MulticastMACAdd 范围 5

值 OUI(多播)(十六进制)	值 ExtensionIdentifier(十六进制)	含　义
01-0E-CF	00-04-60～00-04-7F	保留用于其他应用

表 14　PTCP_MulticastMACAdd 范围 6

值 OUI(多播)(十六进制)	值 ExtensionIdentifier(十六进制)	含　义
01-0E-CF	00-04-80	联合 PTCP-RTSyncPDU 和 FrameID(=0x0080),用于时钟同步
01-0E-CF	00-04-81	联合 PTCP-RTSyncPDU 和 FrameID(=0x0081),用于时间同步
01-0E-CF	00-04-xx	联合 PTCP-RTSyncPDU 和 FrameID(=0x00xx),用于同步
01-0E-CF	00-04-9F	联合 PTCP-RTSyncPDU 和 FrameID(=0x009F),用于同步

表 15　PTCP_MulticastMACAdd 范围 7

值 OUI(多播)(十六进制)	值 ExtensionIdentifier(十六进制)	含　义
01-0E-A0	00-04-40～FF-FF-FF	保留用于其他应用

表 16 PTCP_MulticastMACAdd 范围 8

值 OUI(多播)(十六进制)	值 ExtensionIdentifier(十六进制)	含义
01-80-C2	00-00-0E	联合 PTCP-DelayReqPDU 和 FrameID(=0xFF40),带后继的 PTCP-DelayResPDU 和 FrameID(=0xFF41),PTCP-DelayFuResPDU 和 FrameID(=0xFF42),无后继的 PTCP-DelayResPDU 和 FrameID(=0xFF43),用于延迟测量

注:Octet 1 包含单个/组地址比特(LSB)。

IEEE 组织分配给 MRP 的唯一标识符是 00-15-4E。应依据表 17 来设置。

表 17 MRP OUI

OUI 的值(十六进制)	含义
00-15-4E	全局管理的单个单播
01-15-4E	全局管理的组(多播)地址
02-15-4E	本地管理的单个单播
03-15-4E	本地管理的组(多播)地址

对于 MRP-PDU,应依据表 18 来设置值,而对于无冲突(bumpless)扩展应依据表 19 设置值。

表 18 MRPMulticastMACAdd

值 OUI(多播)(十六进制)	值 ExtensionIdentifier(十六进制)	含义
01-15-4E	00-00-00	保留
01-15-4E	00-00-01	MC_Test,用于媒体冗余测试帧
01-15-4E	00-00-02	MC_CONTROL,用于媒体冗余链路改变和拓扑改变帧
01-15-4E	00-00-03~FF-FF-FF	保留

注:八位位组 1 包含单个/组地址比特(LSB)。

表 19 MRRTMulticastMACAdd

值 OUI(多播)(十六进制)	值 ExtensionIdentifier(十六进制)	含义
01-0E-CF	00-05-00	MRP 扩展,用于无冲突媒体冗余(MRRT-PDU)

注:八位位组 1 包含单个/组地址比特(LSB)。

4.2.2.4 字段 LT 的编码

此字段应被编码数据类型 Unsigned16,其值符合 IEEE 802.3—2005。本部分使用符合表 20 的值。

表 20 LT(长度/类型)

值(十六进制)	含　义
0x0800	IP(UDP,RPC,SNMP,ICMP)
0x0806	ARP
0x8100	标签(Tag)控制信息
0x8892	RTC,RTA,DCP,PTCP,MRRT
0x88E3	MRP
0x88CC	LLDP

4.2.2.5 字段 TagControlInformation 的编码

此字段的编码应符合 3.7.3.4,各比特应具有以下的含义:

——比特 0~11:TagControlInformation.VLAN_Id。

此字段应依据 IEEE 802.1Q—2005 来编码。

注:建议使用 VLAN_Id 0(意指不使用 VLAN)。

——比特 12:TagControlInformation.CanonicalFormatIdentificator。

此字段应依据 IEEE 802.1Q—2005 来编码。

注:CFI 是常数 0。

——比特 13~15:TagControlInformation.Priority。

此字段应依据 IEEE 802.1Q—2005 来编码。

此字段应用符合表 21 的值来编码。

表 21 TagControlInformation.Priority

值(十六进制)	含　义
0x00	IP,DCP
0x01	保留
0x02	保留
0x03	保留
0x04	保留
0x05	低优先级 RTA_CLASS_1 或 RTA_CLASS_UDP
0x06	RT_CLASS_UDP,RT_CLASS_1,RT_CLASS_2 高优先级 RTA_CLASS_1 或 RTA_CLASS_UDP
0x07	保留

注:如果所使用的 IP 实现不提供标签控制信息,则发送不具有标签控制信息的 RTA_CLASS_UDP 和 RT_CLASS_UDP。

4.2.2.6 字段 FrameID 的编码

此字段应被编码为数据类型 Unsigned16,其值符合表 22~表 30。此字段标识 APDU 的结构和类型。

表 22 FrameID 范围 1

值(十六进制)	含义	用途
0x0000～0x001F	保留	保留
0x0020	PTCP-RTSyncPDU(有后继)	有后继 Send Clock 和 Phase Synchronization 的精确透明时钟协议同步
0x0021	PTCP-RTSyncPDU(有后继)	有后继 Time Synchronization 的精确透明时钟协议同步
0x0022～0x007F	保留	保留

表 23 FrameID 范围 2

值(十六进制)	含义	用途
0x0080	PTCP-RTSyncPDU	无后继 Send Clock 和 Phase Synchronization 的精确透明时钟协议同步
0x0081	PTCP-RTSyncPDU	无后继 Time Synchronization 的精确透明时钟协议同步
0x0082～0x009F	保留	保留
0x00A0～0x00FF	保留	保留

表 24 FrameID 范围 3

值(十六进制)	含义	用途
0x0100～0x7FFF	专用于 RT_CLASS_3 单播和多播	RT_CLASS_3

表 25 FrameID 范围 4

值(十六进制)	含义	用途
0x8000～0xBBFF	专用于 RT_CLASS_2 单播	RT_CLASS_2
0xBC00～0xBFFF	专用于 RT_CLASS_2 多播	RT_CLASS_2

表 26 FrameID 范围 5

值(十六进制)	含义	用途
0xC000～0xF7FF	专用于 RT_CLASS_UDP 单播	RT_CLASS_UDP(建议)和 RT_CLASS_1(继承); 如果在不同 AR 中同时用途,应使用分离的 Frame ID
0xF800～0xFBFF	专用于 RT_CLASS_UDP 多播	RT_CLASS_UDP(建议)和 RT_CLASS_1(继承); 如果在不同 AR 中同时使用,则应使用分离的 Frame ID

表 27 FrameID 范围 6

值(十六进制)	含义	用途
0xFC00	保留	—
0xFC01	Alarm High	RTA_CLASS_1 和 RTA_CLASS_UDP
0xFC02～0xFDFF	保留	—
0xFE00	保留	—
0xFE01	Alarm Low	RTA_CLASS_1 和 RTA_CLASS_UDP
0xFE02～0xFEFB	保留	—
0xFEFC	DCP-Hello-ReqPDU	DCP
0xFEFD	DCP-Get-ReqPDU,DCP-Get-ResPDU,DCP-Set-ReqPDU,DCP-Set-ResPDU	DCP
0xFEFE	DCP-Identify-ReqPDU	DCP
0xFEFF	DCP-Identify-ResPDU	DCP

表 28 FrameID 范围 7

值(十六进制)	含义	用途
0xFF00	PTCP-AnnouncePDU(clock)	精确透明时钟通告协议 等时同步应用、Send Clock 和 Phase Synchronization
0xFF01	PTCP-AnnouncePDU(time)	精确透明时钟通告协议 Time Synchronization
0xFF02～0xFF1F	保留	—
0xFF20	PTCP-FollowUpPDU(clock)	Send Clock 和 Phase Synchronization(PTCP-FollowUpPDU)
0xFF21	PTCP-FollowUpPDU(time)	Time Synchronization(PTCP-FollowUpPDU)
0xFF22～0xFF3F	保留	—
0xFF40	PTCP-DelayReqPDU	用于延迟测量
0xFF41	PTCP-DelayResPDU	用于有后继的延迟测量
0xFF42	PTCP-DelayFuResPDU	用于有后继的延迟测量
0xFF43	PTCP-DelayResPDU	用于无后继的延迟测量
0xFF44～0xFF5F	保留	—

表 29 FrameID 范围 8

值(十六进制)	含义	用途
0xFF60	MRRT	无冲突媒体冗余实时激活协议
0xFF61～0xFF6F	保留	—

表 30 **FrameID 范围 9**

值(十六进制)	含 义	用 途
0xFF70～0xFFFF	保留	—

4.3 发现和基本配置

4.3.1 DCP 语法描述

4.3.1.1 DLPDU 抽象语法引用

采用 4.1.1 中的 DLPDU 抽象语法。

4.3.1.2 DCP APDU 抽象语法

表 31 定义 DCP PDU(即 APDU)的抽象语法。所定义的八位位组次序应用于传递 APDU。

表 31 **DCP APDU 语法**

APDU 名称	APDU 结构
DCP-PDU	DCP-Get-ReqPDU ^ DCP-Set-ReqPDU ^ DCP-Get-ResPDU ^ DCP-Set-ResPDU ^ DCP-Identify-ReqPDU ^ DCP-Identify-ResPDU ^ DCP-Hello-ReqPDU
DCP-Identify-ReqPDU	DCP-IdentifyFilter-ReqPDU ^ DCP-IdentifyAll-ReqPDU
DCP-IdentifyFilter-ReqPDU	DCP-MC-Header,[NameOfStationBlock] ^ [AliasNameBlock],IdentifyReqBlock* [a]
DCP-IdentifyAll-ReqPDU	DCP-MC-Header,AllSelectorBlock
DCP-Hello-ReqPDU	DCP-UC-Header,NameOfStationBlockRes,{ IPParameterBlockRes,DeviceIDBlockRes,DeviceOptionsBlockRes,DeviceRoleBlockRes,DeviceInitiativeBlockRes }
DCP-Identify-ResPDU	DCP-UC-Header,{ IdentifyResBlock* [b],NameOfStationBlockRes[c],IPParameterBlockRes[c],DeviceIDBlockRes[c],DeviceOptionsBlockRes[c],DeviceRoleBlockRes[c],[DeviceInitiativeBlockRes][d]}
DCP-Get-ReqPDU	DCP-UC-Header,GetReqBlock*
DCP-Get-ResPDU	DCP-UC-Header,(GetResBlock ^ GetNegResBlock)*
DCP-Set-ReqPDU	DCP-UC-Header,[StartTransactionBlock,BlockQualifier],[FactoryResetBlock,BlockQualifier] ^ setReqBlock*,[StopTransactionBlock,BlockQualifier]
DCP-Set-ResPDU	DCP-UC-Header,(SetResBlock ^ setNegResBlock)*

[a] 该 PDU 的 IdentifyReqBlock 的字段值内容应被解释为在接收实例上的过滤器。所有包含的 DataBlock 都应使用逻辑“与”进行运算,如果所有过滤判据都匹配,则只应用 DCP-Identify-ResPDU 来响应。

[b] 该 PDU 的 IdentifyReqBlock 的字段值内容应包含 IdentifyReqBlock 中所请求的选项和子选项。

[c] 仅当该字段不是 IdentifyResBlock 的一部分时,它才出现。

[d] 仅当 DCP-Hello-ReqPDU 的使用被激活时,该字段才出现。

表 32 定义的结构用作表 31 中 APDU 结构元素的替代。

表 32　DCP 替代

替代名称	结　　构
DCP-MC-Header	ServiceID,ServiceType,Xid,ResponseDelayFactor,DCPDataLength
DCP-UC-Header	ServiceID,ServiceType,Xid,Padding* [a],DCPDataLength [a] 填充八位位组的个数应为 2。
IdentifyReqBlock	DeviceRoleBlock ∧ DeviceVendorBlock ∧ DeviceIDBlock ∧ DeviceOptionsBlock ∧ MACAddressBlock ∧ IPParameterBlock ∧ DHCPParameterBlock ∧ ManufacturerSpecificParameterBlock
IdentifyResBlock	NameOfStationBlockRes ∧ DeviceRoleBlockRes ∧ DeviceVendorBlockRes ∧ DeviceIDBlockRes ∧ DeviceOptionsBlockRes ∧ MACAddressBlockRes ∧ IPParameterBlockRes ∧ DHCPParameterBlockRes ∧ ManufacturerSpecificParameterBlockRes ∧ AliasNameBlockRes
GetReqBlock	NameOfStationType ∧ DeviceRoleType ∧ DeviceVendorType ∧ DeviceIDType ∧ DeviceOptionsType ∧ MACAddressType ∧ IPParameterType ∧ DHCPParameterType ∧ ManufacturerSpecificParameterType ∧ AllSelectorType
GetResBlock	NameOfStationBlockRes ∧ DeviceRoleBlockRes ∧ DeviceVendorBlockRes ∧ DeviceIDBlockRes ∧ DeviceOptionsBlockRes ∧ MACAddressBlockRes ∧ IPParameterBlockRes ∧ DHCPParameterBlockRes ∧ ManufacturerSpecificParameterBlockRes
GetNegResBlock	ControlOption,SuboptionResponse,DCPBlocklength,NameOfStationType ∧ DeviceRoleType ∧ DeviceVendorType ∧ DeviceIDType ∧ DeviceOptionsType ∧ MACAddressType ∧ IPParameterType ∧ DHCPParameterType ∧ ManufacturerSpecificParameterType,BlockError,[AddDataValue]
SetReqBlock	SignalType ∧ NameOfStationType ∧ DeviceRoleType ∧ DeviceVendorType ∧ DeviceIDType ∧ DeviceOptionsType ∧ IPParameterType ∧ DHCPParameterType ∧ ManufacturerSpecificParameterType, DCPBlocklength, BlockQualifier, SignalValue ∧ NameOfStationValue ∧ DeviceRoleValue ∧ DeviceVendorValue ∧ DeviceIDValue ∧ DeviceOptionsValue ∧ IPParameterValue ∧ DHCPParameterValue ∧ ManufacturerSpecificParameterValue
SetResBlock	ControlOption,SuboptionResponse,DCPBlocklength,NameOfStationType ∧ DeviceRoleType ∧ DeviceVendorType ∧ DeviceIDType ∧ DeviceOptionsType ∧ IPParameterType ∧ DHCPParameterType ∧ ManufacturerSpecificParameterType ∧ SignalType ∧ FactoryResetType ∧ StartTransactionType ∧ StopTransactionType,BlockError(=0),[AddDataValue]
SetNegResBlock	ControlOption,SuboptionResponse,DCPBlocklength,NameOfStationType ∧ DeviceRoleType ∧ DeviceVendorType ∧ DeviceIDType ∧ DeviceOptionsType ∧ IPParameterType ∧ DHCPParameterType ∧ ManufacturerSpecificParameterType ∧ SignalType ∧ FactoryResetType ∧ StartTransactionType ∧ StopTransactionType,BlockError(<>0),[AddDataValue]
DeviceInitiativeType	DeviceInitiativeOption,DeviceInitiativeSuboption
DeviceInitiativeBlock	DeviceInitiativeType,DCPBlocklength,DeviceInitiativeValue

表 32（续）

替代名称	结　构
DeviceInitiativeBlockRes	DeviceInitiativeType,DCPBlocklength,BlockInfo,DeviceInitiativeValue
StartTransactionType	ControlOption,SuboptionStart
StartTransactionBlock	StartTransactionType,DCPBlocklength
StopTransactionType	ControlOption,SuboptionStop
StopTransactionBlock	StopTransactionType,DCPBlocklength
SignalType	ControlOption,SuboptionSignal
FactoryResetType	ControlOption,SuboptionFactoryReset
FactoryResetBlock	FactoryResetType,DCPBlocklength
NameOfStationType	DevicePropertiesOption,SuboptionNameOfStation
NameOfStationBlock	NameOfStationType,DCPBlocklength,NameOfStationValue
NameOfStationBlockRes	NameOfStationType,DCPBlocklength,BlockInfo,NameOfStationValue
AliasNameType	DevicePropertiesOption,SuboptionAliasName
AliasNameBlock	AliasNameType,DCPBlocklength,AliasNameValue
AliasNameBlockRes	AliasNameType,DCPBlocklength,BlockInfo,AliasNameValue
DeviceRoleType	DevicePropertiesOption,SuboptionDeviceRole
DeviceRoleBlock	DeviceRoleType,DCPBlocklength,DeviceRoleValue
DeviceRoleBlockRes	DeviceRoleType,DCPBlocklength,BlockInfo,DeviceRoleValue
DeviceVendorType	DevicePropertiesOption,SuboptionDeviceVendor
DeviceVendorBlock	DeviceVendorType,DCPBlocklength,DeviceVendorValue
DeviceVendorBlockRes	DeviceVendorType,DCPBlocklength,BlockInfo,DeviceVendorValue
DeviceIDType	DevicePropertiesOption,SuboptionDeviceID
DeviceIDBlock	DeviceIDType,DCPBlocklength,DeviceIDValue
DeviceIDBlockRes	DeviceIDType,DCPBlocklength,BlockInfo,DeviceIDValue
DeviceIDValue	VendorIDHigh,VendorIDLow,DeviceIDHigh,DeviceIDLow
DeviceOptionsType	DevicePropertiesOption,SuboptionDeviceOptions
DeviceOptionsBlock	DeviceOptionsType,DCPBlocklength,DeviceOptionsValue
DeviceOptionsBlockRes	DeviceOptionsType,DCPBlocklength,BlockInfo,DeviceOptionsValue
DeviceOptionsValue	[NameOfStationType ^ DeviceRoleType ^ DeviceVendorType ^ DeviceIDType ^ DeviceOptionsType ^ MACAddressType ^ IPParameterType ^ DHCPParameterType ^ ManufacturerSpecificParameterType]*
MACAddressType	IPOption,SuboptionMACAddress
MACAddressBlock	MACAddressType,DCPBlocklength,MACAddressValue
MACAddressBlockRes	MACAddressType,DCPBlocklength,BlockInfo,MACAddressValue
IPParameterType	IPOption,SuboptionIPParameter

表 32（续）

替代名称	结　构
IPParameterBlock	IPParameterType,DCPBlocklength,IPParameterValue
IPParameterBlockRes	IPParameterType,DCPBlocklength,BlockInfo,IPParameterValue
DHCPParameterType	DHCPOption,SuboptionDHCP
DHCPParameterBlock	DHCPParameterType,DCPBlocklength,DHCPParameterValue
DHCPParameterBlockRes	DHCPParameterType,DCPBlocklength,BlockInfo,DHCPParameterValue
ManufacturerSpecificParameterType	ManufacturerSpecificOption,SuboptionManufacturerSpecific
ManufacturerSpecificParameterBlock	ManufacturerSpecificParameterType, DCPBlocklength, ManufacturerSpecificParameterValue
ManufacturerSpecificParameterBlockRes	ManufacturerSpecificParameterType, DCPBlocklength, BlockInfo, ManufacturerSpecificParameterValue
AllSelectorType	AllSelectorOption,SuboptionAllSelector
AllSelectorBlock	AllSelectorType,DCPBlocklength
DeviceRoleValue	DeviceRoleDetails,Padding
IPParameterValue	IPAddress,subnetmask,StandardGateway
DHCPParameterValue	SuboptionDHCP,DHCPParameterLength,DHCPParameterData
ManufacturerSpecificParameterValue	ManufacturerOUI,ManufacturerSpecificString

4.3.1.3　首部字段相关的编码

4.3.1.3.1　字段 ServiceID 的编码

此字段应编码为数据类型 Unsigned8,并应包含如表 33 中所描述的值。它们应在适当的 PDU 中进行设置。

表 33　ServiceID

值(十六进制)	含　义
0x00～0x02	保留
0x03	Get
0x04	Set
0x05	Identify
0x06	Hello
0x07～0xFF	保留

4.3.1.3.2　字段 ServiceType 的编码

此字段应编码为数据类型 Unsigned8,并应包含如表 34 和表 35 中所描述的值。它们应在适当的

PDU 中进行设置。

表 34 用于请求的 ServiceType

比特	用法	值(二进制)	含义
比特 0	Selection	0	请求
比特 1～7	保留	—	应设置为 0

表 35 用于响应的 ServiceType

比特	用法	值(二进制)	含义
比特 0	Selection	1	响应
比特 1	保留	—	应设置为 0
比特 2	Response	0	成功
		1	请求不被支持
比特 3～7	保留	—	应设置为 0

4.3.1.3.3 字段 Xid 的编码

此字段应编码为数据类型 Unsigned32。它应包含由客户机选择的事务标识,以实现客户机与服务器之间请求和响应的联系。

4.3.1.3.4 字段 DCPDataLength 的编码

此字段应编码为数据类型 Unsigned16。它应包含跟在 DCP-UC-Header 或 DCP-MC-Header 之后的数据的总长度(以八位位组计)。DCP 数据的最大长度是 1 432 字节。

4.3.1.3.5 字段 ResponseDelayFactor 的编码

此字段应编码为符合表 36 的数据类型 Unsigned16。它应包含延迟因子,该因子被服务器用来计算各自的响应延迟时间。最小响应延迟时间应在 10 ms～64 s。

表 36 ResponseDelayFactor

值(十六进制)	含义
0x0000	保留
0x0001	带延长(Spread)的允许值
0x0002～0x1900	不带延长(Spread)的允许值
0x1901～0xFFFF	保留

服务器应依据式(1)～式(3)计算响应延迟时间。

IEEE 802 MAC 地址的最后 2 个字节应被用作随机数 K。MAC 地址的八位位组 6 代表低字节,八位位组 5 代表高字节。

$$\text{Spread} = K \bmod \text{ResponseDelayFactor} \quad \cdots\cdots(1)$$

Spread ≠ 0：

$$\text{Minimal Response Delay}=10\ \text{ms}\times\text{spread} \quad \cdots\cdots(2)$$

Spread＝0：

$$\text{Minimal Response Delay}=0\ \text{ms} \quad \cdots\cdots(3)$$

客户机应依据以式(4)～式(6)计算响应延迟超时。

ResponseDelayFactor＝1：

$$\text{Response delay timeout}=400\ \text{ms} \quad \cdots\cdots(4)$$

ResponseDelayFactor ＞ 1：

$$\text{Intermediate value}=1\ \text{s}+\text{ResponseDelayFactor}\times 10\ \text{ms} \quad \cdots\cdots(5)$$

$$\text{Response delay timeout}=\text{Round up to nextsecond(Intermediate value)} \quad \cdots\cdots(6)$$

4.3.1.4 块(block)字段的编码

4.3.1.4.1 概论

块字段分为选项(option)、子选项(Suboption)、块长度(block length)、块信息(block info)和值(value)。每个块应确保为 Unsigned16 对齐方式。所加入的值为 0 的填充字节应计入 DCPDataLength 中，而不应计入 DCPBlocklength 中。表 37 列出可使用的选项列表，表 38～表 44 列出可使用的子选项列表。

表 37 选项表

值(十六进制)	含　义
0x00	保留
0x01	IPOption
0x02	DevicePropertiesOption
0x03	DHCPOption
0x04	保留
0x05	ControlOption
0x06	DeviceInitiativeOption
0x07～0x7F	保留
0x80～0xFE	ManufacturerSpecificOption
0xFF	AllSelectorOption

表 38 选项 IPOption 的子选项表

值(十六进制)	含　义	访问方式
0x01	SuboptionMACAddress	Read
0x02	SuboptionIPParameter	Read/Write
其他	保留	—

表 39 选项 **DevicePropertiesOption** 的子选项表

值(十六进制)	含　义	访问方式
0x01	SuboptionDeviceVendor	Read
0x02	SuboptionNameOfStation	Read/Write
0x03	SuboptionDeviceID	Read
0x04	SuboptionDeviceRole	Read
0x05	SuboptionDeviceOptions	Read
0x06	SuboptionAliasName	Read
其他	保留	

表 40 选项 **DHCPOption** 的子选项表

值(十六进制)	含　义	访问方式
见表 45	SuboptionDHCP	Read/Write

表 41 选项 **ControlOption** 的子选项表

值(十六进制)	含　义	访问方式
0x01	SuboptionStart	Write
0x02	SuboptionStop	Write
0x03	SuboptionSignal	Write
0x04	SuboptionResponse	—
0x05	SuboptionFactoryReset	Write
其他	保留	—

表 42 选项 **DeviceInitiativeOption** 的子选项表

值(十六进制)	含　义	访问方式
0x01	SuboptionDeviceInitiative	Read
其他	保留	—

表 43 选项 **AllSelectorOption** 的子选项列表

值(十六进制)	含　义	访问方式
0xFF	SuboptionAllSelector	—
其他	保留	—

表 44 选项 ManufacturerSpecificOption 的子选项表

值(十六进制)	含 义	访问方式
0x00～0xFF	SuboptionManufacturerSpecific	制造商特定

4.3.1.4.2 **IPOption 相关的编码**

4.3.1.4.2.1 **字段 IPOption 的编码**

此字段应编码为符合表 37 的数据类型 Unsigned8。

4.3.1.4.2.2 **字段 SuboptionMACAddress 的编码**

此字段应编码为符合表 38 的数据类型 Unsigned8。

4.3.1.4.2.3 **字段 SuboptionIPParameter 的编码**

此字段应编码为符合表 38 的数据类型 Unsigned8。

4.3.1.4.3 **DevicePropertiesOption 相关的编码**

4.3.1.4.3.1 **字段 DevicePropertiesOption 的编码**

此字段应编码为符合表 37 的数据类型 Unsigned8。

4.3.1.4.3.2 **字段 SuboptionDeviceVendor 的编码**

此字段应编码为符合表 39 的数据类型 Unsigned8。

4.3.1.4.3.3 **字段 SuboptionNameOfStation 的编码**

此字段应编码为符合表 39 的数据类型 Unsigned8。

4.3.1.4.3.4 **字段 SuboptionDeviceID 的编码**

此字段应编码为符合表 39 的数据类型 Unsigned8。

4.3.1.4.3.5 **字段 SuboptionDeviceRole 的编码**

此字段应编码为符合表 39 的数据类型 Unsigned8。

4.3.1.4.3.6 **字段 SuboptionDeviceOptions 的编码**

此字段应编码为符合表 39 的数据类型 Unsigned8。

4.3.1.4.3.7 **字段 SuboptionAliasName 的编码**

此字段应编码为符合表 39 的数据类型 Unsigned8。

4.3.1.4.4 **DHCPOption 相关的编码**

4.3.1.4.4.1 **字段 DHCPOption 的编码**

此字段应编码为符合表 37 的数据类型 Unsigned8。

4.3.1.4.4.2 字段 SuboptionDHCP 的编码

此字段应编码为数据类型 Unsigned8。允许值应符合表 45。

表 45 SuboptionDHCP

值(十进制)	数据长度	描述	引用
0～11	—	保留[a]	—
12	1+	主机名称[d]	RFC 2132
13～42	—	保留[a]	—
43	1+	制造商特定信息	RFC 2132
44～53	—	保留[a]	—
54	4	服务器标识符	RFC 2132
55	1+	参数请求列表[c]	RFC 2132
56～59	—	保留[a]	—
60	1+	类标识符	RFC 2132
61	2+	DHCP 客户机标识符	RFC 2132
62～80	—	保留[a]	—
81	1+	FQDN,完全合格域名[d]	—
82～96	—	保留[a]	—
97	可变的	基于 UUID/GUID 的客户机(=被寻址站)标识符	—
98～254	—	保留[a]	—
255	1	控制 DHCP 对地址解析 0:不使用 DHCP 1:不使用 DHCP,并复位所有 DHCP 选项 2:对地址解析,使用 DHCP[b]	—

[a] 保留的选项在使用时,其含义与它们在相应 RFC 中对 DHCP 的定义相同。
[b] 在一组请求中,此选项应是 DHCP 选项表中的最后一项。
[c] 在此选项中,至少应要求参数 1(子网掩码)和参数 3(路由器)。
[d] 这些子选项的使用还未固定,随以后版本的变化而变化。

4.3.1.4.5 ControlOption 相关的编码

4.3.1.4.5.1 字段 ControlOption 的编码

此字段应编码为符合表 37 的数据类型 Unsigned8。

4.3.1.4.5.2 字段 SuboptionStart 的编码

此字段应编码为符合表 41 的数据类型 Unsigned8,并带有符合表 46 的 DCPBlocklength。

表 46　与 SuboptionStart 联合的 DCPBlocklength 的编码

值(十六进制)	含　义
0x0000～0x0001	保留
0x0002	缺省
0x0003～0xFFFF	保留

此子选项无其他数据。

4.3.1.4.5.3　**字段 SuboptionStop 的编码**

此字段应编码为符合表 41 的数据类型 Unsigned8,并带有符合表 47 的 DCPBlocklength。

表 47　与 SuboptionStop 联合的 DCPBlocklength 的编码

值(十六进制)	含　义
0x0000～0x0001	保留
0x0002	缺省
0x0003～0xFFFF	保留

对于此子选项无其他数据。

4.3.1.4.5.4　**字段 SuboptionSignal 的编码**

此字段应编码为符合表 41 的数据类型 Unsigned8,并带有符合表 48 的 DCPBlocklength。

表 48　与 SuboptionSignal 联合的 DCPBlocklength 的编码

值(十六进制)	含　义
0x0000～0x0003	保留
0x0004	缺省
0x0005～0xFFFF	保留

4.3.1.4.5.5　**字段 SuboptionResponse 的编码**

此字段应编码为符合表 41 的数据类型 Unsigned8。

4.3.1.4.5.6　**字段 SuboptionFactoryReset 的编码**

此字段应编码为符合表 41 的数据类型 Unsigned8,并带有符合表 49 的 DCPBlocklength。

表 49　与 SuboptionFactoryReset 联合的 DCPBlocklength 的编码

值(十六进制)	含　义
0x0000～0x0001	保留
0x0002	缺省
0x0003～0xFFFF	保留

此子选项无其他数据。

Factory Reset 应为永久设置：

——NameOfStation 设置成“ ”；

——IP 地址、子网掩码和标准网关设置成 0.0.0.0；

——所有其他参数设置成制造商缺省值。

注：每个设备应支持在无工程设备条件下执行“reset to factory”的可能性。这可用交换机或其他手段来完成。

4.3.1.4.6 DeviceInitiativeOption 相关的编码

4.3.1.4.6.1 字段 DeviceInitiativeOption 的编码

此字段应编码为符合表 37 的数据类型 Unsigned8。

4.3.1.4.6.2 字段 SuboptionDeviceInitiative 的编码

此字段应编码为符合表 42 的数据类型 Unsigned8，并带有符合表 50 的 DCPBlocklength。

表 50 与 SuboptionDeviceInitiative 联合的 DCPBlocklength 的编码

值(十六进制)	含 义
0x0000～0x0003	保留
0x0004	缺省
0x0005～0xFFFF	保留

4.3.1.4.7 AllSelectorOption 相关的编码

4.3.1.4.7.1 字段 AllSelectorOption 的编码

此字段应编码为符合表 37 的数据类型 Unsigned8。

4.3.1.4.7.2 字段 SuboptionAllSelector 的编码

此字段应编码为符合表 43 的数据类型 Unsigned8。

4.3.1.4.8 ManufacturerSpecificOption 相关的编码

4.3.1.4.8.1 字段 ManufacturerSpecificOption 的编码

此字段应编码为符合表 37 的数据类型 Unsigned8。

4.3.1.4.8.2 字段 SuboptionManufacturerSpecific 的编码

此字段应编码为符合表 44 的数据类型 Unsigned8。

4.3.1.4.9 字段 DCPBlocklength 的编码

此字段应编码为数据类型 Unsigned16，并应包含该子选项的特定数据的长度，不包含 DCPBlocklength 本身和填充八位位组。

4.3.1.4.10 字段 BlockQualifier 的编码

此字段应编码为数据类型 Unsigned16。

带有选项 IP 的子选项 IP 参数的允许值应符合表 51。

表 51 带有选项 IP 的 BlockQualifier

比特	值(二进制)	含 义
比特 0	0	暂时使用 IP 地址、子网掩码和默认网关,删除永久的存储值。 将永久的 IP 地址、子网掩码和默认网关设置为 0.0.0.0
	1	永久保存 IP 地址、子网掩码和默认网关,并在重新启动后使用它
比特 1～15		保留

注:IP 子选项 MAC Address 不是通过 DCP 改变的,因此没有在此定义 BlockQualifier。

带有选项 DeviceProperties、DHCP 和 ManufacturerSpecific 的允许值应符合表 52。

表 52 带有选项 DeviceProperties、DHCP 和 ManufacturerSpecific 的 BlockQualifier

比特	值(二进制)	含 义
比特 0	0	暂时使用选项/子选项的值
	1	永久保存选项/子选项的值,并在重新启动后也使用它
比特 1～15		保留

4.3.1.4.11 字段 BlockError 的编码

此字段应编码为数据类型 Unsigned8,并应依据表 53 来进行设置。

表 53 BlockError

值(十六进制)	含 义	用 法
0x00	无错误	正响应 参数被传送和被接收
0x01	选项不被支持	当可选的选项不被支持时
0x02	子选项不被支持或无 DataSet 可供使用	当可选的子选项不被支持时
0x03	子选项未设置	当子选项因本地原因不能被设置时
0x04	资源错误	当在服务器内部存在暂时的资源错误时
0x05	因本地原因 SET 不可能	当因本地原因 Set 服务不可能时
0x06	在运行中,SET 不可能	当因应用运行 Set 服务不可能时
0x07～0xFF	保留	不应使用

4.3.1.4.12 字段 BlockInfo 的编码

此字段应编码为数据类型 Unsigned16。允许值应依据表 54～表 57 来进行设置。

表 54 用于 SuboptionIPParameter 的 BlockInfo

比特	含 义
比特 0～1	见表 55
比特 2～6	保留
比特 7	见表 56
比特 8～15	保留

表 55 用于 SuboptionIPParameter 的 BlockInfo 的比特 1 和比特 0

比特 1	比特 0	SuboptionIPParameter 的含义
0	0	无 IP 参数
0	1	设置 IP 参数
1	0	通过 DHCP 设置 IP 参数
1	1	保留

表 56 用于 SuboptionIPParameter 的 BlockInfo 的比特 7

比特 7	SuboptionIPParameter 的含义
0	未发现 IP 地址冲突
1	因为检测到 IP 地址冲突,故 IP 地址当前未激活

表 57 用于所有其他子选项的 BlockInfo

比特	含 义
比特 0～15	保留

4.3.1.4.13 字段 DeviceInitiativeValue 的编码

此字段的编码应符合 3.7.3.4,各比特应具有以下的含义:

——比特 0:DeviceInitiativeValue.Hello

此字段应依据表 58 来设置。

表 58 DeviceInitiativeValue

值(十六进制)	含 义	用 法
0x00	OFF	通电后,设备不发出 DCP-Hello-ReqPDU
0x01	ON	通电后,设备发出 DCP-Hello-ReqPDU

——比特 1～15：DeviceInitiativeValue.reserved

此字段应依据 3.7.3.2 来设置。

4.3.1.4.14 字段 SignalValue 的编码

此字段应编码为符合表 59 的数据类型 Unsigned16。

表 59 SignalValue

值(十六进制)	含义	用法
0x0100	闪烁一次	闪烁 Ethernet LINK LED 或另一个持续时间 3 s，频率 2 Hz 的可选择的信号(500 ms on，500 ms off)

4.3.1.4.15 字段 NameOfStationValue 的编码

4.3.1.4.15.1 编码

此字段应编码为数据类型 OctetString(具有 1～240 个八位位组)，采用下列语法：

——1 个标签或通过[.]分开的多个标签；

——总长度是 1～240；

——标签长度是 1～63；

——标签由[a～z，0～9]组成；

——标签不能以[-]开始；

——标签不能以[-]结束；

——第 1 个标签不能以具有 a，b，c，d，e，x，y，z＝0...9 的"port-xyz"或"port-xyz-abcde"开始；

——站名称不能具有形式 n.n.n.n，n＝0...999；

——如果采用 IETF RFC 3490，则标签只能以"xn-"开始。

此外，应采用 IETF RFC 3490 的定义。

示例 1："device-1.machine-1.plant-1.vendor"；

示例 2："device-1.bögeholz"被编码为"device-1.xn-bgeholz-90a"。

注：字段 NameOfStationValue 不得以 0 作为结束。

当一个设备装配了多个接口模块时，每个 NameOfStation 应是唯一的。

4.3.1.4.15.2 Identify 服务的语义

应采用以下规则：

——对长度为 1～240 八位位组的站名称：

只有已正确获得此名称的设备才回答。在比较两个名称的等同性时，应考虑 DNS 约定。

——对长度＝＝0 的站名称：

只有尚未接收到站名称的设备才回答。

NameOfStation 的网络表示法应符合 4.3.1.4.15.1。

4.3.1.4.15.3 Set 服务的语义

应采用以下规则：

——对长度为 1～240 八位位组的站名称：

该站应依据 NameOfStationValue 设置其名称。

——对长度==0 的站名称：

该站应删除其已存储的名称。

NameOfStation 的网络表示法应符合 4.3.1.4.15.1。

4.3.1.4.16 字段 AliasNameValue 的编码

4.3.1.4.16.1 编码

该字段应编码为 OctetString。内容是字段 LLDP_PortID 和 LLDP_ChassisID 内容的拼接，见式(7)。

$$AliasNameValue = LLDP\_PortID + \text{“.”} + LLDP\_ChassisID \quad \cdots\cdots(7)$$

4.3.1.4.16.2 Identify 服务的语义

应采用以下规则：

——对长度！=0 的别名：

只有已正确获得此附加别名(Alias name)的设备才回答。在比较两个名称的等同性时，应考虑 DNS 约定。该设备不应用别名回答。而应使用当前的 NameOfStation 回答(即使 NameOfStation 未被设置)。

——对长度==0 的站名称：

在请求中不允许。

注：对于一个设备来说，AliasName 是唯一的可替代名称。别名来源于拓扑或相邻设备的信息。站的别名不能通过 DCP 设置或获取。

4.3.1.4.17 字段 DeviceRoleDetails 的编码

此字段应编码为数据类型 Unsigned8，其值应符合表 60。

表 60 DeviceRoleDetails

比特	含　义	用　法
比特 0	PNIO 设备	设备具有特定角色
比特 1	PNIO 控制器	设备具有特定角色
比特 2	PNIO 多设备(multidevice)	设备具有特定角色
比特 3	PNIO 监视器	设备具有特定角色
比特 4～7	保留	—

4.3.1.4.18 字段 MACAddressValue 的编码

此字段应编码为数据类型 OctetString[6]。该字段的编码应符合 IEEE 802 MAC 地址。

4.3.1.4.19 字段 IPAddress 的编码

此字段应编码为数据类型 OctetString[4]。该字段的编码应符合 RFC 791、RFC 3330 和表 61。为删除当前设置的 IP 地址，在所有八位位组中应使用 0 值。

表 61 IPAddress

值(CIDR[a])	含　　义
0.0.0.0/32	无已分配的 IP 地址
127.0.0.0/8	保留 回送(Loopback)
224.0.0.0/4	保留 多播(Multicast)
其他	已分配的 IP 地址

[a] 符合在 IETF RFC 1518 和 IETF RFC 1519 中定义的无类别域间路由(CIDR)的符号。

4.3.1.4.20 字段 Subnetmask 的编码

此字段应编码为数据类型 OctetString[4]。该字段的编码应符合 RFC 791、RFC 3330 和表 62。

表 62 Subnetmask

值	主机数量	含　　义
255.255.255.255	1	分配的子网掩码
255.255.255.254	2	分配的子网掩码
255.255.255.252	4	分配的子网掩码
255.255.255.248	8	分配的子网掩码
255.255.255.240	16	分配的子网掩码
255.255.255.224	32	分配的子网掩码
255.255.255.192	64	分配的子网掩码
255.255.255.128	128	分配的子网掩码
255.255.255.000	256	分配的子网掩码
255.255.254.000	512	分配的子网掩码
255.255.252.000	1 024	分配的子网掩码
255.255.248.000	2 048	分配的子网掩码
255.255.240.000	4 096	分配的子网掩码
255.255.224.000	8 192	分配的子网掩码
255.255.192.000	16 384	分配的子网掩码
255.255.128.000	32 768	分配的子网掩码
255.255.000.000	65 536	分配的子网掩码
255.254.000.000	131 072	分配的子网掩码
255.252.000.000	262 144	分配的子网掩码
255.248.000.000	524 288	分配的子网掩码
255.240.000.000	1 048 576	分配的子网掩码

表 62（续）

值	主机数量	含　义
255.224.000.000	2 097 152	分配的子网掩码
255.192.000.000	4 194 304	分配的子网掩码
255.128.000.000	8 388 608	分配的子网掩码
255.000.000.000	16 777 216	分配的子网掩码
254.000.000.000	33 554 432	分配的子网掩码
252.000.000.000	67 108 864	分配的子网掩码
248.000.000.000	134 217 728	分配的子网掩码
240.000.000.000	268 435 456	分配的子网掩码
224.000.000.000	536 870 912	分配的子网掩码
192.000.000.000	1 073 741 824	分配的子网掩码
128.000.000.000	2 147 483 648	分配的子网掩码
000.000.000.000	4 294 967 296	分配的子网掩码
其他	保留	无效的子网掩码

4.3.1.4.21　字段 StandardGateway 的编码

此字段应编码为数据类型 OctetString[4]。该字段的编码应符合 RFC 791、RFC 3330 和表 63。如果未分配 IP 地址，则 IP 地址、子网掩码和标准网关的值应设置为 0。

表 63　StandardGateway

值(CIDR[a])	含　义
0.0.0.0/32	无已分配的标准网关 该应用应设立本地 IP 执行，以避免 IP 路由
127.0.0.0/8	保留 回送(Loopback)
224.0.0.0/4	保留 多播(Multicast)
其他	已分配的标准网关 应对照子网掩码字段检查
[a] 符合在 IETF RFC 1518 和 IETF RFC 1519 中定义的无类别域间路由的符号。	

4.3.1.4.22　使用 DHCP Option 61 字段的 DHCPParameterValue 的编码

DHCP 客户机可以使用客户机标识符从 DHCP 服务器请求其 IP 参数。一个设备应能够通过以下途径来使用数据集(dataset)中的客户机标识符：

4.3.1.4.22.1　字段 DHCPParameterLength 的编码

此字段应编码为数据类型 Unsigned16，并应包含特定的后续数据的长度。

4.3.1.4.22.2 将 MACAddress 用作客户机标识符

如果该设备使用 DHCP 协议获得其 IP 参数并使用 MACAddress 用作客户机标识符，则选项 61 应具有以下值：

SuboptionDHCP =61
DHCPParameterLength =1
DHCPParameterData =1

4.3.1.4.22.3 将 NameOfStation 用作客户机标识符

如果该设备使用 DHCP 协议获得其 IP 参数并使用 NameofStation 用作客户机标识符，则选项 61 应具有以下值(RFC 2132 除外)：

SuboptionDHCP =61
DHCPParameterLength =1
DHCPParameterData =0

如果该设备的站名称已被改变，则在下一个 DHCP 请求中 DHCP 请求应自动地使用新的 NameOfStation。

4.3.1.4.22.4 使用任意的客户机标识符

如果该设备使用 DHCP 协议获得其 IP 参数并使用一个任意字符串作为客户机标识符，则选项 61 应具有以下值：

SuboptionDHCP = 61
DHCPParameterLength =〉1
DHCPParameterData[first octet] = 0
DHCPParameterData[second octet ...n] =“NameOfStation”

4.3.1.4.23 字段 ManufacturerOUI 的编码

此字段应编码为具有由 IEEE 802—2001 定义的组织唯一标识符(OUI)的 OctetString[3]。

注：此集中管理号的值由 IEEE 注册管理委员会来给定。

4.3.1.4.24 字段 ManufacturerSpecificString 的编码

此字段应编码为数据类型 OctetString，并包含相关选项和子选项的值。如果 BlockValue 具有奇数长度，则填充的八位位组应被加在末端以保持 Unsigned16 对齐方式。填充的八位位组应具有值 0。

4.3.1.4.25 字段 DeviceVendorValue 的编码

此字段应编码为数据类型 VisibleString，并应包含与无空格结尾的字段 DeviceType 相同的内容。

4.3.1.4.26 字段 DHCPParameterData 的编码

此字段应编码为数据类型 OctetString，并包含相关选项和子选项的值。如果 BlockValue 具有奇数长度，则填充的八位位组应被加在末端以保持 Unsigned16 对齐方式。填充的八位位组应具有值 0。

4.3.1.4.27 字段 AddDataValue 的编码

此字段应编码为数据类型 OctetString，并包含相关选项和子选项的值。如果 BlockValue 具有奇数长度，则填充的八位位组应被加在末端以保持 Unsigned16 对齐方式。填充的八位位组应具有值 0。

4.3.2 DCP 状态协议机

4.3.2.1 应用关系监视

4.3.2.1.1 定时器

——UC Client Timeout

在请求方发送单播请求时重起的定时器,(超时后)将终止等待响应。其值应取自适当的 DCP ASE 属性。

——MC Client Timeout

在请求方发送多播请求时重起的定时器,(超时后)将终止等待响应。其值应取自适当的 DCP ASE 属性。

4.3.2.1.2 接收方的间隔

——Response Delay Time

此监视时间规定等待 DCP-IdentifyResPDUs 的时间段。

——Client Hold Time

此监视时间规定在响应与客户机的释放之间允许的最小时间段。这个时间被用于在没有其他节点中断的情况下允许单个源执行多个服务。其值应取自适当的 DCP ASE 属性。

4.3.2.2 应用关系协议机(ARPM)

4.3.2.2.1 DCPUCS

4.3.2.2.1.1 原语定义

——在 DCPUCS 与 DCP 用户之间交换的原语

这些服务原语及其相关参数在服务定义中以 DCP ASE 进行描述,它们由 DCP 用户发出并由 DCPUCS 接收,反之亦然。

——在 DCPUCS 与 LMPM 之间交换的原语

这些服务原语及其相关参数在服务定义中的 LMPM ASE 中进行描述,它们由 DCPUCS 发出并由 LMPM 接收,反之亦然。

4.3.2.2.1.2 状态机描述

状态机从 DCP ASE 属性获得其初始值。在 OPEN 状态内,由 DCP 用户发出的 DCP Get 和 Set 服务请求被转换为数据链路层服务。在发出数据传输后,WACK 状态被用来等待对 DCP 用户产生证实原语的 Response-PDU。

DCPUCS 本地变量:

——SXID

此本地变量包含用于唯一标识服务的 Transaction ID XID。初始值应来源于随机数发生器。

注:当前时间值(以 ns 计)可以被用作随机数。

——Pending

此本地变量含有 Set 服务或 Get 服务是否被挂起的信息。

——Retry

此本地变量包含重试计数器。最大值应取自适当的 DCP ASE 属性。

4.3.2.2.1.3 DCPUCS 状态表

表 64 包含 DCPUCS 状态表的完整描述。

表 64 DCPUCS 状态表

#	当前状态	事件/条件 =〉动作	下一状态
1	OPEN	**DCP_Get.req(CREP,DA,ListOfOptions)** =〉 Pending := GET DCP-UC-Header.Xid := SXID A_SDU := DCP-GetReqPDU Store A_SDU Retry := max Retry Limit StartTimer(UC Client Timeout) LMPM_A_Data.req(CREP,DA,SA,Prio=0,A_SDU)	WACK
2	OPEN	**DCP_Set.req(CREP,DA,ListOfData,ListOfControlCommands)** =〉 Pending := SET DCP-UC-Header.Xid := SXID A_SDU := DCP-SetReqPDU Store A_SDU Retry := max Retry Limit StartTimer(UC Client Timeout) LMPM_A_Data.req(CREP,DA,SA,Prio=0,A_SDU)	WACK
3	OPEN	**LMPM_A_Data.ind(CREP,DA,SA,Prio,A_SDU)** =〉 ignore	OPEN
4	OPEN	**LMPM_A_Data.cnf(CREP,LMPM_Status)** =〉 ignore	OPEN
5	OPEN	**Timeout** =〉 ignore	OPEN
6	WACK	**DCP_Get.req(CREP,DA,ListOfOptions)** =〉 ERRCLS := CTXT ERRCODE := INVALID_STATE DCP_Get.cnf(-)(ERRCLS,ERRCODE)	WACK
7	WACK	**DCP_Set.req(CREP,DA,ListOfData,ListOfControlCommands)** =〉 ERRCLS := CTXT ERRCODE := INVALID_STATE DCP_Set.cnf(-)(ERRCLS,ERRCODE)	WACK

表 64（续）

#	当前状态	事件/条件 =〉动作	下一状态
8	WACK	**LMPM_A_Data.ind(CREP,DA,SA,Prio,A_SDU)** /DCP-Get-ResPDU && Pending == GET && DCP-Header.xid == SXID =〉 SXID :=(SXID+1)& 0xFFFFFFFF DCP_Get.cnf(+)(ListOfData)	OPEN
9	WACK	**LMPM_A_Data.ind(CREP,DA,SA,Prio,A_SDU)** /DCP-Get-ResPDU &&(Pending ！= GET || DCP-Header.xid ！= SXID) =〉 ignore	WACK
10	WACK	**LMPM_A_Data.ind(CREP,DA,SA,Prio,A_SDU)** /DCP-Set-ResPDU && Pending == SET && DCP-Header.xid == SXID =〉 SXID :=(SXID+1)& 0xFFFFFFFF DCP_Set.cnf(+)(CREP,ListOfData,ListOfControlCommands)	OPEN
11	WACK	**LMPM_A_Data.ind(CREP,DA,SA,Prio,A_SDU)** /DCP-Set-ResPDU &&(Pending ！= SET || DCP-Header.xid ！= SXID) =〉 ignore	WACK
12	WACK	**LMPM_A_Data.cnf(CREP,LMPM_Status)** /LMPM_Status == OK =〉 ignore	WACK
13	WACK	**LMPM_A_Data.cnf(CREP,LMPM_Status)** /LMPM_Status ！= OK && Pending == GET =〉 ERRCLS := PROTOCOL ERRCODE := LMPM StopTimer() DCP_Get.cnf(−)(ERRCLS,ERRCODE)	CLOSED
14	WACK	**LMPM_A_Data.cnf(CREP,LMPM_Status)** /LMPM_Status ！= OK && Pending == SET =〉 ERRCLS := PROTOCOL ERRCODE := LMPM StopTimer() DCP_Set.cnf(−)(ERRCLS,ERRCODE)	CLOSED
15	WACK	**Timeout** /Retry ！= 0 =〉 A_SDU := fromstored A_SDU Retry := Retry−1 LMPM_A_Data.req(DA,SA,Prio,A_SDU)	WACK

表 64（续）

#	当前状态	事件/条件 =〉动作	下一状态
16	WACK	**Timeout** /Retry == 0 && Pending == GET =〉 ERRCLS := PROTOCOL ERRCODE := TIMEOUT DCP_Get.cnf(−)(ERRCLS,ERRCODE)	OPEN
17	WACK	**Timeout** /Retry == 0 && Pending == SET =〉 ERRCLS := PROTOCOL ERRCODE := TIMEOUT DCP_Set.cnf(−)(ERRCLS,ERRCODE)	OPEN
18	WACK	**LMPM_A_Data.ind(CREP,DA,SA,Prio,A_SDU)** /!(DCP-Set-ResPDU || DCP-Get-ResPDU) =〉 ignore	WACK

4.3.2.2.2 DCPUCR

4.3.2.2.2.1 原语定义

——在 DCPUCR 与 DCP 用户之间交换的原语

这些服务原语及其相关的参数在服务定义中以 DCP ASE 进行描述，它们由 DCP 用户发出并由 DCPUCR 接收，反之亦然。

——在 DCPUCR 与 LMPM 之间交换的原语

这些服务原语及其相关的参数在服务定义中以 LMPM ASE 进行来描述，它们由 DCPUCR 发出并由 LMPM 接收，反之亦然。

4.3.2.2.2.2 状态机描述

在 OPEN 状态内，状态机等待第 1 个 LMPM_A_Data 服务指示。当该指示传递给用户后，进入 WACK 状态。响应服务将激活 LMPM_A_Data 请求并使状态机返回 OPEN 状态。

DCPUCR 的本地变量：

——SAM

此本地变量包含上一个有效的 SA，该 SA 通过带有有效数据的 LMPM_A_Data 指示进行传送。

——SXID

此本地变量包含用于唯一标识服务的 Transaction ID XID。该值应取自请求 PDU。

4.3.2.2.2.3 DCPUCR 状态表

表 65 包含 DCPUCR 状态的完整描述。如果类型是 DCP-Get-ResPDU 或 DCP-Set-ResPDU，则应接受 LMPM_A_Data.ind 原语。

表 65 DCPUCR 状态表

#	当前状态	事件/条件 =〉动作	下一状态
1	OPEN	**DCP_Get.rsp(CREP, ListOfData)** =〉 ignore	OPEN
2	OPEN	**DCP_Set.rsp(CREP, ListOfResponse)** =〉 ignore	OPEN
3	OPEN	**LMPM_A_Data.ind(CREP, DA, SA, Prio, A_SDU)** /DCP-Get-ReqPDU && (SAM == NIL || SAM == SA) =〉 SAM := SA SXID := DCP_Header.xid StartTimer(Client Hold Time) DCP_Get.ind(SA, ListOfSelectors)	WACK
4	OPEN	**LMPM_A_Data.ind(CREP, DA, SA, Prio, A_SDU)** /DCP-Set-ReqPDU && (SAM == NIL ||SAM == SA) =〉 SAM := SA SXID := DCP_Header.xid StartTimer(Client Hold Time) DCP_Set.ind(SA, ListOfData)	WACK
5	OPEN	**LMPM_A_Data.ind(CREP, DA, SA, Prio, A_SDU)** /DCP-Get-ReqPDU && (SAM ! = NIL && SAM ! = SA) =〉 ignore	OPEN
6	OPEN	**LMPM_A_Data.ind(CREP, DA, SA, Prio, A_SDU)** /DCP-Set-ReqPDU && (SAM ! = NIL && SAM ! = SA) =〉 ignore	OPEN
7	OPEN	**LMPM_A_Data.cnf(CREP, LMPM_Status)** =〉 ignore	OPEN
8	OPEN	**Timeout** =〉 SAM := NIL	OPEN

表 65（续）

#	当前状态	事件/条件 =〉动作	下一状态
9	WACK	**DCP_Get.rsp（CREP，ListOfData）** =〉 DCP_Header.op ：= GET DCP_Header.xid ：= SXID DA ：= SAM A_SDU ：= DCP-Get-ResPDU StopTimer() LMPM_A_Data.req(CREP,DA,SA,Prio,A_SDU)	OPEN
10	WACK	**DCP_Set.rsp（CREP，ListOfResponse）** =〉 DCP_Header.op ：= SET DCP_Header.xid ：= SXID DA ：= SAM A_SDU ：= DCP-Set-ResPDU StopTimer() LMPM_A_Data.req(CREP,DA,SA,Prio,A_SDU)	OPEN
11	WACK	**LMPM_A_Data.ind(CREP,DA,SA,Prio,A_SDU)** =〉 ignore	WACK

4.3.2.2.3 DCPMCS

4.3.2.2.3.1 原语定义

——在 DCPMCS 与 DCP 用户之间交换的原语

这些服务原语及其相关参数在服务定义中以 DCP ASE 进行描述，它们由 DCP 用户发出并由 DCPMCS 接收，反之亦然。

——在 DCPMCS 与 LMPM 之间交换的原语

这些服务原语及其相关参数在服务定义中以 LMPM ASE 进行描述，它们由 DCPMCS 发出并由 LMPM 接收，反之亦然。

4.3.2.2.3.2 状态机描述

状态机在 OPEN 状态下等待 Identify 服务请求。当发起数据传输后，在某个特定时间之前，WACK 状态用于等待所有响应。超时将导致向 DCP 用户发出带有全部接收响应的 Identify 证实服务原语，并设置状态机为 OPEN 状态。

DCPMCS 的本地变量：

——SXID

此本地变量包含用于唯一标识服务的 Transaction ID XID。其初始值应取自随机数发生器。

4.3.2.2.3.3 DCPMCS 状态表

表 66 包含 DCPMCS 状态机的完整描述。如果类型是 DCP-IdentifyResPDU，则应接受 LMPM_A

_Data.ind 原语。

表 66 DCPMCS 状态表

#	当前状态	事件/条件 =〉动作	下一状态
1	OPEN	**DCP_Identify.req(ListOfFilter,ResponseDelayFactor,isASU)** =〉 DCP_Header.xid := SXID DA=01:0E:CF:00:00:00 A_SDU := DCP-Identify-ReqPDU StartTimer(Response delay timeout) First := TRUE LMPM_A_SDU.req(CREP,DA,SA,VLAN-Prio,A_SDU)	WACK
2	OPEN	**LMPM_A_Data.ind(CREP,DA,SA,Prio,A_SDU)** =〉 ignore	OPEN
3	OPEN	**LMPM_A_Data.cnf(CREP,LMPM_Status)** =〉 ignore	OPEN
4	OPEN	**Timeout** =〉 ignore	OPEN
5	WACK	**DCP_Identify.req(ListOfFilter,ResponseDelayFactor)** =〉 ERRCLS := CTXT ERRCODE := INVALID_STATE DCP_Identify.cnf(—)(CREP,ERRCLS,ERRCODE)	WACK
6	WACK	**LMPM_A_Data.ind(CREP,DA,SA,Prio,A_SDU)** /(DCP-Identify-ResPDU && DCP-Header.xid == SXID)&& ! (isASU && First) =〉 ListOfDevices.SA+=SA ListOfDevices.ListOfData+= A_SDU First := FALSE	WACK
7	WACK	**LMPM_A_Data.ind(CREP,DA,SA,Prio,A_SDU)** /(DCP-Identify-ResPDU && DCP-Header.xid == SXID)&& (isASU && First) =〉 ListOfDevices.SA+=SA ListOfDevices.ListOfData+= A_SDU First := FALSE DCP_Idendify.ind(SA,ListOfDevices)	WACK

表 66（续）

#	当前状态	事件/条件 =〉动作	下一状态
8	WACK	**LMPM_A_Data.ind(CREP,DA,SA,Prio,A_SDU)** /!（DCP-Identify-ResPDU && DCP-Header.xid == SXID) =〉 ignore	WACK
9	WACK	**LMPM_A_Data.cnf(CREP,LMPM_Status)** /LMPM_Status == OK =〉 ignore	WACK
10	WACK	**LMPM_A_Data.cnf(CREP,LMPM_Status)** /!（LMPM_Status == OK) =〉 ERRCLS := PROTOCOL ERRCODE := LMPM DCP_Identify.cnf(－)(ERRCLS,ERRCODE)	OPEN
11	WACK	**Timeout** =〉 SXID := SXID+1 mod 0xFFFFFFFF ListOfDevices=Stored ListOfDevices DCP_Identify.cnf(+)(ListOfDevices)	OPEN

4.3.2.2.4 DCPMCR

4.3.2.2.4.1 原语定义

——在 DCPMCR 与 DCP 用户之间交换的原语

这些服务原语及其相关参数在服务定义中以 DCP ASE 进行描述，它们由 DCP 用户发出并由 DCPMCR 接收，反之亦然。

——在 DCPMCR 与 LMPM 之间交换的原语

这些服务原语及其相关参数在服务定义中的 LMPM ASE 中进行描述，它们由 DCPMCR 发出并由 LMPM 接收，反之亦然。

4.3.2.2.4.2 状态机描述

状态机在 OPEN 状态下等待 DCP-IdentifyReqPDU。过滤表应被传递给 DCP 用户来检查过滤判据。在状态 WRSP 下，状态机等待通过客户机 Response Delay Factor 计算的某个时间，并在 DCP 用户认可其与本地数据匹配的情况下发送响应；否则，应不发送。

DCPMCR 的本地变量：

——SXID

此本地变量包含用于唯一标识服务的 Transaction ID XID。

4.3.2.2.4.3 DCPMCR 状态表

表 67 包含 DCPMCR 状态机的完整描述。如果类型是 DCP-IdentifyReqPDU,则应接受 LMPM_A_Data.ind 原语。

表 67 DCPMCR 状态表

#	当前状态	事件/条件 =〉动作	下一状态
1	OPEN	**DCP_Identify.rsp(ListOfData)** =〉 ignore	OPEN
2	OPEN	**LMPM_A_Data.ind(CREP,DA,SA,Prio,A_SDU)** /DCP-Identify-ReqPDU && Successful comparison with ListOfFilters =〉 ResponseDelay :=((SA[4]×256+SA[5])mod ResponseDelayFactor)×10ms StartTimer(ResponseDelay) DCP_Identify.ind(ListOfFilter)	WRSP
3	OPEN	**LMPM_A_Data.ind(CREP,DA,SA,Prio,A_SDU)** /! DCP-Identify-ReqPDU =〉 ignore	OPEN
4	OPEN	**LMPM_A_Data.cnf(CREP,LMPM_Status)** =〉 ignore	OPEN
5	WRSP	**Timeout** /Stored A_SDU =〉 A_SDU=Stored A_SDU LMPM_A_Data.req(CREP,DA,SA,Prio,A_SDU)	OPEN
6	WRSP	**Timeout** /! Stored A_SDU =〉	OPEN
7	WRSP	**DCP_Identify.rsp(ListOfData)** =〉 DCP_Header..op := IDENT DCP_Header.xid := SXID A_SDU := List of Data Store A_SDU	WRSP
8	WRSP	**LMPM_A_Data.ind(CREP,DA,SA,Prio,A_SDU)** =〉 ignore	WRSP
9	WRSP	**LMPM_A_Data.cnf(CREP,LMPM_Status)** =〉 ignore	WRSP

4.3.2.2.5 DCPHMCS

4.3.2.2.5.1 原语定义

——在 DCPHMCS 与 DCP 用户之间交换的原语

这些服务原语及其相关参数在服务定义中以 DCP ASE 进行描述，它们由 DCP 用户发出并由 DCPHMCS 接收，反之亦然。

——在 DCPHMCS 与 LMPM 之间交换的原语

这些服务原语及其相关参数在服务定义中以 LMPM ASE 进行描述，它们由 DCPHMCS 发出并由 LMPM 接收，反之亦然。

4.3.2.2.5.2 状态机描述

在 OPEN 状态下，状态机等待 Hello 服务请求。在发起数据传输后，用 WACK 状态等待证实。

DCPHMCS 的本地变量：

——SXID

此本地变量包含用于唯一标识服务的 Transaction ID XID。其初始值应取自随机数发生器。

4.3.2.2.5.3 DCPHMCS 状态表

表 68 包含 DCPHMCS 状态机的完整描述。如果类型是 DCP-Hello-ReqPDU，则应接受 LMPM_A_Data.ind 原语。

表 68 DCPHMCS 状态表

#	当前状态	事件/条件 =＞ 动作	下一状态
1	OPEN	**DCP_Hello.req(ListOfData)** =＞ DCP_Header.xid := SXID DA=01:0E:CF:00:00:01 A_SDU := DCP-Hello-ReqPDU LMPM_A_SDU.req(CREP,DA,SA,VLAN-Prio,A_SDU)	WACK
2	OPEN	**LMPM_A_Data.ind(CREP,DA,SA,Prio,A_SDU)** =＞ ignore	OPEN
3	OPEN	**LMPM_A_Data.cnf(CREP,LMPM_Status)** /LMPM_Status == OK =＞ ignore	OPEN
4	OPEN	**LMPM_A_Data.cnf(CREP,LMPM_Status)** /LMPM_Status ! = OK =＞ ignore	OPEN
5	WACK	**LMPM_A_Data.ind(CREP,DA,SA,Prio,A_SDU)** =＞ ignore	WACK

表 68（续）

#	当前状态	事件/条件 =〉动作	下一状态
6	WACK	**LMPM_A_Data.cnf（CREP，LMPM_Status）** /LMPM_Status == OK =〉 DCP_Hello.cnf（+）	OPEN
7	WACK	**LMPM_A_Data.cnf（CREP，LMPM_Status）** /LMPM_Status ！= OK =〉 ERRCLS ：= PROTOCOL ERRCODE ：= LMPM DCP_Hello.cnf（−）（ERRCLS，ERRCODE）	OPEN

4.3.2.2.6 DCPHMCR

4.3.2.2.6.1 原语定义

——在 DCPHMCR 与 DCP 用户之间交换的原语

这些服务原语及其相关参数在服务定义中 DCP ASE 进行描述，它们由 DCP 用户发出并由 DCPHMCR 接收，反之亦然。

——在 DCPHMCR 与 LMPM 之间交换的原语

这些服务原语及其相关参数在服务定义中以 LMPM ASE 进行描述，它们由 DCPHMCR 发出并由 LMPM 接收，反之亦然。

4.3.2.2.6.2 状态机描述

在 OPEN 状态下，状态机等待 DCP-Hello-ReqPDU。

4.3.2.2.6.3 DCPHMCR 状态表

表 69 包含 DCPHMCR 状态机的完整描述。如果类型是 DCP-Hello-ReqPDU，则应接受 LMPM_A_Data.ind 原语。

表 69 DCPHMCR 状态表

#	当前状态	事件/条件 =〉动作	下一状态
1	OPEN	**LMPM_A_Data.ind（CREP，DA，SA，Prio，A_SDU）** /DCP-Hello-ReqPDU && successful comparison with ListOfData =〉 DCP_Hello.ind（ListOfData）	OPEN
2	OPEN	**LMPM_A_Data.ind（CREP，DA，SA，Prio，A_SDU）** /！ DCP-Hello-ReqPDU =〉 ignore	OPEN
3	OPEN	**LMPM_A_Data.cnf（CREP，LMPM_Status）** =〉 ignore	OPEN

4.4 精确时间控制

4.4.1 FAL 语法描述

4.4.1.1 DLPDU 抽象语法引用

应采用 4.1.1 的 DLPDU 抽象语法。

4.4.1.2 APDU 抽象语法

表 70 定义了 PTCP PDU(称之为 APDU)的抽象语法。所定义的八位位组次序应用于传递 APDU。

表 70 PTCP APDU 语法

APDU 名称	APDU 结构
PTCP-PDU	PTCP-SYNC-PDU ^ PTCP-FUP-PDU ^ PTCP-ANNOUNCE-PDU ^ PTCP-DELAY-REQ-PDU ^ PTCP-DELAY-RSP-PDU ^ PTCP-DELAY-FU-RSP-PDU
PTCP-FUP-PDU	PTCP-Header-FUP,PTCP-FollowUpPDU
PTCP-SYNC-PDU	PTCP-Header-Sync,PTCP-RTSyncPDU
PTCP-ANNOUNCE-PDU	PTCP-Header-Announce,PTCP-AnnouncePDU
PTCP-DELAY-REQ-PDU	PTCP-Header-Delay,PTCP-DelayReqPDU
PTCP-DELAY-RSP-PDU	PTCP-Header-Delay,PTCP-DelayResPDU
PTCP-DELAY-FU-RSP-PDU	PTCP-Header-Delay,PTCP-DelayFuResPDU
PTCP-RTSyncPDU	PTCPSubdomain, PTCPTime, PTCPTimeExtension, PTCPMaster, [PTCPOption], PTCPEnd,[APDU_Status][a]
PTCP-AnnouncePDU	PTCPSubdomain,PTCPMaster,[PTCPOption],PTCPEnd
PTCP-FollowUpPDU	PTCPSubdomain,PTCPTime,[PTCPOption],PTCPEnd
PTCP-DelayReqPDU	PTCPDelayParameter,[PTCPOption],PTCPEnd
PTCP-DelayResPDU	PTCPDelayParameter,PTCPPortParameter,PTCPPortTime,[PTCPOption],PTCPEnd
PTCP-DelayFuResPDU	PTCPDelayParameter,[PTCPOption],PTCPEnd
[a] 如果在 RED 时段的最初传输,则应存在;如果在 ORANGE 或 GREEN 时段的最初传输,则可以省略。	

表 71 定义 APDU 结构元素的替代结构。

表 71 PTCP 替代

替代名称	结　构
PTCP-Header-Sync	PTCP_reserved_1, PTCP_reserved_2, PTCP_Delay10ns[e], PTCP_SequenceID, PTCP_Delay1ns_Byte[d],Padding[a],PTCP_Delay1ns
PTCP-Header-FUP	[HWPadding*][b],PTCP_SequenceID,[Padding*][c],PTCP_Delay1ns_FUP
PTCP-Header-Announce	[HWPadding*][b],PTCP_SequenceID,[Padding*][c]
PTCP-Header-Delay	[HWPadding*][b],PTCP_SequenceID,[Padding*][c],PTCP_Delay1ns
PTCPSubdomain	PTCP_TLVHeader,PTCP_MasterSourceAddress,PTCP_SubdomainUUID

表 71（续）

替代名称	结　　构
PTCPTime	PTCP_TLVHeader,PTCP_EpochNumber,PTCP_Seconds,PTCP_NanoSeconds
PTCPTimeExtension	PTCP_TLVHeader,PTCP_Flags,PTCP_CurrentUTCOffset,[Padding*][a]
PTCPMaster	PTCP_TLVHeader,PTCP_MasterPriority1,PTCP_MasterPriority2,PTCP_ClockClass,PTCP_ClockAccuracy,PTCP_ClockVariance,[Padding*][a]
PTCPDelayParameter	PTCP_TLVHeader,PTCP_PortMACAddress
PTCPPortParameter	PTCP_TLVHeader,[Padding*][a],PTCP_T2PortRxDelay,PTCP_T3PortTxDelay
PTCPPortTime	PTCP_TLVHeader,[Padding*][a],PTCP_T2TimeStamp
PTCPOption	PTCP_TLVHeader,PTCP_OUI,PTCP_SubType,Data* ,[Padding*][a]
PTCPEnd	PTCP_TLVHeader(0)

[a] 应确保 32 比特对齐方式；
[b] 12 个八位位组填充；
[c] 2 个八位位组填充；
[d] 继承以满足硬件需要；
[e] 6 个八位位组填充。

4.4.1.3　通用基本字段相关的编码

4.4.1.3.1　字段 PTCP_reserved_1 的编码

此字段应被编码为数据类型 Unsigned32。

4.4.1.3.2　字段 PTCP_reserved_2 的编码

此字段应被编码为数据类型 Unsigned32。

4.4.1.3.3　字段 HWPadding 的编码

此字段应被编码为数据类型 Unsigned8。

4.4.1.3.4　字段 PTCP_TLVHeader 的编码

此字段的编码应符合 3.7.3.4,各比特应具有以下含义：

——比特 0～8:PTCP_TLVHeader.Length

　该值包含相应块的连续八位位组的总数。

——比特 9～15:PTCP_TLVHeader.Type

　此字段应依据表 72 的值来编码。

表 72　PTCP_TLVHeader.Type

值(十六进制)	含　义	用　途
0x00	PTCPEnd	必备
0x01	PTCPSubdomain	必备

表 72（续）

值(十六进制)	含　义	用　途
0x02	PTCPTime	必备
0x03	PTCPTimeExtension	必备
0x04	PTCPMaster	必备
0x05	PTCPPortParameter	必备
0x06	PTCPDelayParameter	必备
0x07	PTCPPortTime	必备
0x08～0x7E	保留	—
0x7F	组织特定的	可选

4.4.1.3.5　PTCP-Header 相关的编码

这些字段包含传播延迟时间(按 ns 计)。它被分成 10 ns 部分的字段和 1 ns 部分的字段。所有延迟字段仅与 Sync、FollowUp、无 DelayFuRes 的 DelayRes 和 DelayFuRes 报文相关。

4.4.1.3.5.1　字段 PTCP_Delay10ns 的编码

此字段应被编码为数据类型 Unsigned32，并包含传播延迟时间的 10 ns 部分。此字段应依据表 73 的值来编码。

表 73　PTCP_Delay10ns

值(十六进制)	含　义
0x00000000～0xFFFFFFFE	有效，传播延迟时间的 10 ns 部分
0xFFFFFFFF	无效，此值指示溢出并标志延迟字段为无效

4.4.1.3.5.2　字段 PTCP_Delay1ns_Byte 的编码

此字段包含传播延迟时间的 1 ns 部分。

注：继承以满足硬件需要。

此字段的编码应符合 3.7.3.3，各比特应具有以下含义：

——比特 0～3：PTCP_Delay1ns_Byte.Value

此字段包含传播延迟时间的 1 ns 部分。此字段应依据表 74 的值来编码。

表 74　PTCP_Delay1ns_Byte.Value

值(十六进制)	含　义
0x00～0x09	ns 的数量
0x0A～0x0F	保留

——比特 4～7：PTCP_Delay1ns.reserved

此字段应依据 3.7.3.2 来设置。

注：仅在字段 PTCP_Delay1ns 被使用时，才替代这些字段。

4.4.1.3.5.3 字段 PTCP_Delay1ns 的编码

此字段应被编码为数据类型 Unsigned32，并包含传播延迟时间的 1 ns 部分。此字段应依据表 75 的值来编码。

表 75 PTCP_Delay1ns

值(十六进制)	含 义
0x00000000～0xFFFFFFFE	有效，传播延迟时间的 1 ns 部分
0xFFFFFFFF	无效，此值指示溢出并标志延迟字段为无效

4.4.1.3.5.4 字段 PTCP_Delay1ns_FUP 的编码

此字段应被编码为数据类型 Unsigned32，并包含传播延迟时间(1 ns)的校正(correction)。此字段应依据表 76 的值来编码。

表 76 PTCP_Delay1ns_FUP

值(十六进制)	含 义
0x00000000～0xFFFFFFFF	传播延迟时间的 ns 部分

4.4.1.3.5.5 字段 PTCP_SequenceID 的编码

应依据表 77 的值将此字段编码为数据类型 Unsigned16。

表 77 PTCP_SequenceID

含 义	用 法
同步(Sync)帧	PTCP 主时钟对每个同步帧增加这些字段
跟随(Follow up)帧	PTCP 主时钟或后继加入的 PTCP 转发者从同步帧映射该值
延迟请求(Delay request)帧	PTCP 延迟测量请求者对每个测量增加这些字段
延迟响应(Delay response)帧	响应者从延迟请求帧映射该值
延迟响应跟随(Delay response follow up)帧	响应者使用来自延迟响应帧的值

4.4.1.3.6 字段 PTCP_OUI 的编码

此字段应被编码为带有在 IEEE 802—2001 中定义的组织唯一标识符(OUI)的 OctetString[3]。

注：此集中管理号的值由 IEEE 注册授权委员会来给定。

4.4.1.3.7 字段 PTCP_SubType 的编码

此字段应被编码为 Unsigned8。该值是组织规定的。对于 OUI，参数 PTCP_SubType 应按表 78 来编码。

表 78 用于 OUI 的 PTCP_SubType(＝00-0E-CF)

值(十六进制)	含 义	用 法
0x00～0xFF	保留	—

4.4.1.3.8 字段 PTCP_Seconds 的编码

此字段应被编码为数据 Unsigned32。该值包含时间(分辨率为 1 s)。

4.4.1.3.9 字段 PTCP_NanoSeconds 的编码

此字段应被编码为数据 Unsigned32。此字段应依据表 79 中的值来编码。

表 79 PTCP_NanoSeconds

值(十六进制)	含 义
0x00000000～0x3B9AC9FF	按 ns 延迟
0x3B9ACA00～0xFFFFFFFF	保留

4.4.1.4 PTCP-PDU 特定字段的编码

4.4.1.4.1 字段 PTCP_MasterSourceAddress 的编码

此字段应被编码为数据类型 OctetString[6]。字段 Destination Address 的值应符合 IEEE 802 MAC 地址。

4.4.1.4.2 字段 PTCP_SubdomainUUID 的编码

此字段应被编码为数据类型 UUID。

4.4.1.4.3 字段 PTCP_Flags 的编码

此字段的编码应符合 3.7.3.4,各比特应具有以下含义:

——比特 0～7:PTCP_Flags.reserved_1

此字段应依据 3.7.3.2 来设置。

——比特 8～9:PTCP_Flags.LeapSecond

此字段应依据表 80 来设置。

表 80 PTCP_Flags.LeapSecond

值(十六进制)	含 义
0x00	无闰秒(leapsecond)
0x01	上一分钟有 61 s
0x02	上一分钟有 59 s
0x03	保留

——比特 10～15：PTCP_Flags.reserved_2

此字段应设置为 0。

4.4.1.4.4 字段 PTCP_EpochNumber 的编码

此字段应被编码为数据类型 Unsigned16，并包含时间的 0x100000000s 部分。字段 PTCP_EpochNumber 的值应是发出此报文时钟的全局时间特性数据集的 Epoch_number 的值，见表 81 和表 82。

表 81 MJD、UTC 和 PTCP_EpochNumber 之间相对应的时标

MJD (Modified Julian Day)	UTC (Universal Time Coordinated)	UTC Offset (Leapseconds)	值 PTCP_Seconds	值 PTCP_Epoch Number
0:00:00 15020	1900 年 1 月 1 日—00:00:00	0	—	0
0:00:00 40587	1970 年 1 月 1 日—00:00:00	—	0	0
0:00:00 41317	1972 年 1 月 1 日—00:00:00	10	63072000＋10	0
16:57:44 51357	1999 年 6 月 28 日—16:57:44	32	930589064＋32	0
—	2006 年 1 月 1 日—00:00:00	33	—	0

表 82 PTCP_EpochNumber、PTCP_Second、PTCP_Nanosecond、CycleCounter 和 SendClockFactor 之间相对应的时标

CycleCounter 值(十六进制)	PTCP_EpochNumber 值(十进制)	PTCP_Second 值(十进制)	PTCP_Nanosecond 值(十进制)	SendClockFactor 值(十进制)
0x0000000000000000	0	0	0	32
0x0000000000010000	0	65	536000000	32
0x0000000100000000	0	4294967	296000000	32
0x0001000000000000	65	2302102470	656000000	32

PTCP_Epoch 和 PTCP_Time 的计算见式(8)和式(9)。

$$\text{PTCP\_Epoch}=\text{PTCP\_EpochNumber}\times 0x100000000 \qquad \cdots\cdots(8)$$

$$\text{PTCP\_Time}=\text{PTCP\_Epoch}+\text{PTCP\_Second}+\text{PTCP\_Nanosecond} \qquad \cdots\cdots(9)$$

对于如图 13 中示出的 CycleCounter 的同步，应按式(10)～式(12)来计算，应接受 PTCP_Time 值和对该周期开始的偏移量。

$$\text{Cycle}=\text{PTCP\_Time div}(\text{SendClockFactor}\times 31.25\ \mu s) \qquad \cdots\cdots(10)$$

$$\text{CycleCounter}=\text{Cycle}\times\text{SendClockFactor} \qquad \cdots\cdots(11)$$

$$\text{CycleCounterOffset}=\text{PTCP\_Timemod}(\text{SendClockFactor}\times 31.25\ \mu s) \qquad \cdots\cdots(12)$$

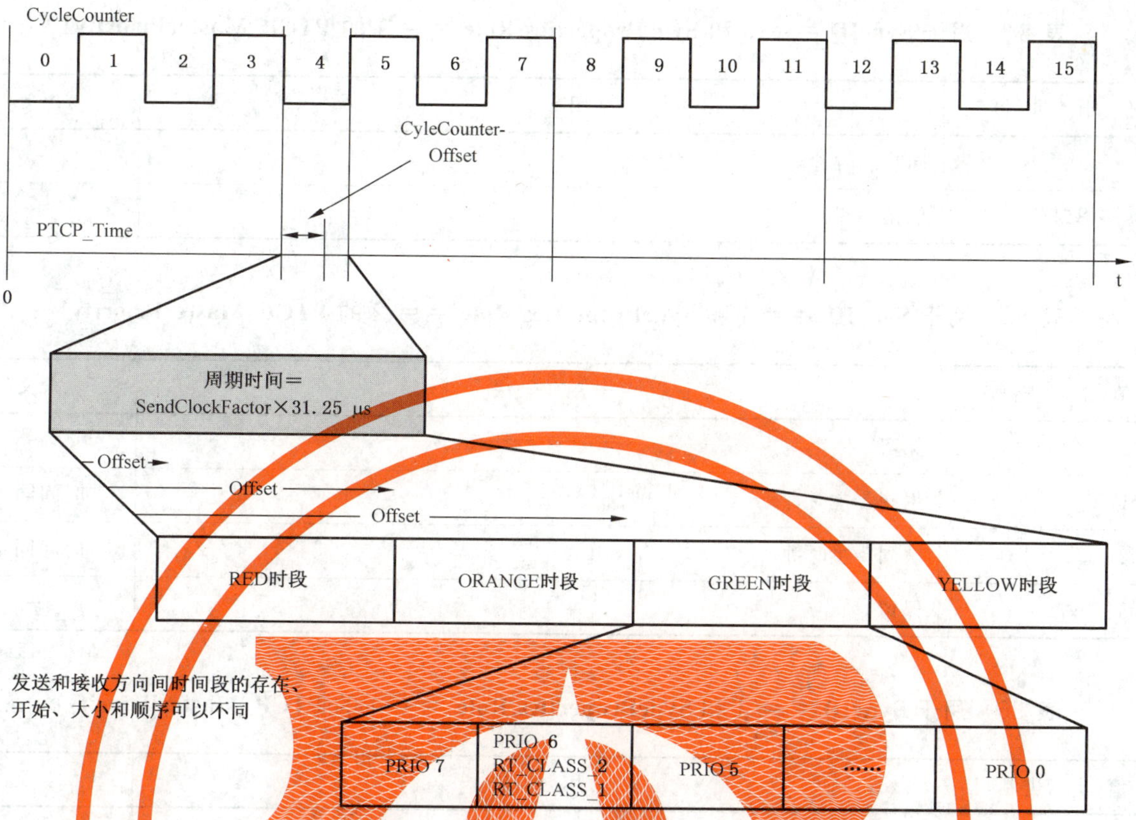

图 13 **PTCP_Time 和 CycleCounter 之间相对应的时标**

4.4.1.4.5 字段 PTCP_CurrentUTCOffset 的编码

此字段应被编码为数据类型 Integer16。当前 PTCP_CurrentUTCOffset 字段的值应是发出此报文的时钟的全局时间特性数据集中 current_utc_offset 的值，其值符合表 81。

4.4.1.4.6 字段 PTCP_MasterPriority1 的编码

在最佳主时钟算法的执行中使用 PTCP_MasterPriority1。此字段的编码依据 3.7.3.3，各比特应有以下含义：

——比特 0～6：PTCP_MasterPriority1.Priority

此字段应依据表 83～表 86 来设置。

表 83 用于 **SyncID ＝＝ 0 和 SyncProperties.Role ＝＝ 2 的 PTCP_MasterPriority1**

值(十六进制)	用　　法	含义
0x00	保留	—
0x01	主同步主时钟	时钟同步
0x02	次同步主时钟	时钟同步
0x03～0x7F	保留	—

表 84 用于 SyncID == 0 和 SyncProperties.Role == 1 的 PTCP_MasterPriority1

值(十六进制)	用法	含义
0x00	同步从时钟	—
0x01～0x7F	保留	—

表 85 用于 SyncID == 1 和 SyncProperties.Role == 2 的 PTCP_MasterPriority1

值(十六进制)	用法	含义
0x00	保留	—
0x01	主同步主时钟	时间同步
0x02	次同步主时钟	时间同步
0x03～0x7F	保留	—

表 86 用于 SyncID == 1 和 SyncProperties.Role == 1 的 PTCP_MasterPriority1

值(十六进制)	用法	含义
0x00	同步从时钟	—
0x01～0x7F	保留	—

——比特 7:PTCP_MasterPriority1.Active

对于 PDSyncData,此字段应设置为 0,对于 PTCP-SYNC-PDU,此字段应设置为 1。如果同步主时钟不传送 PTCP-SYNC-PDU,则对于 PTCP-ANNOUNCE-PDU 此字段应设置为 0,如果同步主时钟传送 PTCP-SYNC-PDU,则此字段应设置为 1。

4.4.1.4.7 字段 PTCP_MasterPriority2 的编码

此字段应被编码为数据类型 Integer8。在最佳主时钟算法的执行中使用 PTCP_MasterPriority2。较低值优先。PTCP_MasterPriority2 的值应是可组态的,其值符合表 87。

表 87 PTCP_MasterPriority2

值(十六进制)	用法	含义
0x00～0xFE	保留	—
0xFF	缺省	—

4.4.1.4.8 字段 PTCP_ClockClass 的编码

此字段应被编码为 Unsigned8。其值应符合表 88 和表 89。对于时间同步,应使用任意时标(ARB)。

表 88 用于 SyncID == 0(时钟同步)的 PTCP_ClockClass

值(十六进制)	用法	含义
0x00～0x0C	保留	—
0x0D	应指定一个 PTCP 时钟作为主基准,它与一个应用特定时间源同步。所发布的时标应是 ARB。时钟类 0x0D 的时钟不应是 PTCP 域中其他时钟的从时钟	缺省
0x0E	应指定一个 PTCP 时钟,它先前已被指定作为时钟类 0x0D,但已失去与一个应用特定时间源同步的能力,并处于延期(holdover)模式和延期规范内。所发布的时标应是 ARB。时钟类 0x0E 的时钟不应是 PTCP 域中其他时钟的从时钟	—
0x0F～0xBA	保留	—
0xBB	降级选择 B,用于不在延期规范内的时钟类 0x07 的 PTCP 时钟。时钟类 0xBB 的时钟可以是 PTCP 域中其他时钟的从时钟	—
0xBC～0xC0	保留	—
0xC1	降级选择 B,用于不在延期规范内的时钟类 0x0E 的 PTCP 时钟。时钟类 0XC1 的时钟可以是 PTCP 域中其他时钟的从时钟	—
0xC2～0xFE	保留	—
0xFF	应是仅从时钟(slave-only clock)的时钟类	—

表 89 用于 SyncID == 1(时间同步)的 PTCP_ClockClass

值(十六进制)	用法	含义
0x00～0x05	保留	—
0x06	应指定一个时钟作为主基准,它与公认的标准时间源同步。所发布的时标应是 PTCP。时钟类 0x06 的时钟不应是 PTCP 域中其他时钟的从时钟	时间同步
0x07	应指定一个 PTCP 时钟,它先前已被指定作为时钟类 0x06,但已失去与公认的标准时间源同步的能力,并处于延期(holdover)模式和延期规范内。所发布的时标应是 PTCP。时钟类 0x07 的时钟不应是 PTCP 域中其他时钟的从时钟	时间同步
0x08～0x0C	保留	—
0x0D	应指定一个 PTCP 时钟作为主基准,它与一个应用特定的时间源同步。所发布的时标应是 ARB。时钟类 0x0D 的时钟不应是 PTCP 域中其他时钟的从时钟	时间同步
0x0E	应指定一个 PTCP 时钟,它先前已被指定作为时钟类 0x0D,但已失去与应用特定的时间源同步的能力,并处于延期(holdover)模式和延期规范内。所发布的时标应是 ARB。时钟类 0x0E 的时钟不应是 PTCP 域中其他时钟的从时钟	时间同步
0x0F～0x33	保留	—
0x34	降级选择 A,用于不在延期规范内的时钟类 0x07 的 PTCP 时钟。时钟类 0x34 的时钟不应是 PTCP 域中其他时钟的从时钟	时间同步
0x35～0x39	保留	—

表 89（续）

值(十六进制)	用　　法	含义
0x3A	降级选择 A,用于不在延期规范内的时钟类 0x0E 的 PTCP 时钟。时钟类 0x3A 的时钟不应是 PTCP 域中其他时钟的从时钟	时间同步
0x3B～0xBA	保留	—
0xBB	降级选择 B,用于不在延期规范内的时钟类 0x07 的 PTCP 时钟。时钟类 0xBB 的时钟可以是 PTCP 域中其他时钟的从时钟	时间同步
0xBC～0xC0	保留	—
0xC1	降级选择 B,用于不在延期规范内的时钟类 0x0E 的 PTCP 时钟。时钟类 0XC1 的时钟可以是 PTCP 域中其他时钟的从时钟	时间同步
0xC2～0xFE	保留	—
0xFF	应是仅从时钟(slave-only clock)的时钟类	时间同步

4.4.1.4.9 字段 PTCP_ClockAccuracy 的编码

此字段应被编码为数据类型 Unsigned8,其值符合表 90。当是主时钟时,PTCP_ClockAccuracy 指示所期望的时钟精度。PTCP_ClockAccuracy 的值应表现其当前状况。

表 90　PTCP_ClockAccuracy

值(十六进制)	用　　法	含　义
0x00～0x1F	保留	—
0x20	时间精确到 25 ns 内	—
0x21	时间精确到 100 ns 内	缺省,用于时钟同步和时间同步
0x22	时间精确到 250 ns 内	—
0x23	时间精确到 1 μs 内	—
0x24	时间精确到 2.5 μs 内	—
0x25	时间精确到 10 μs 内	—
0x26	时间精确到 25 μs 内	—
0x27	时间精确到 100 μs 内	—
0x28	时间精确到 250 μs 内	—
0x29	时间精确到 1 ms 内	—
0x30～0xFD	保留	—
0xFE	未知	—
0xFF	保留	—

4.4.1.4.10 字段 **PTCP_ClockVariance** 的编码

此字段应被编码为数据类型 Unsigned16，其值符合表 91。该值表现时钟的质量。每个主时钟应保持其固有精度的估值。当该 PTCP 同步主时钟与另一个使用 PTCP 协议的 PTCP 同步主时钟不同步时，它表示包含在同步帧中时间戳的精度。

表 91 **PTCP_ClockVariance**

值(十六进制)	用法	含义
0x0000～0xFFFF	保留	—

4.4.1.4.11 字段 **PTCP_T2PortRxDelay** 的编码

此字段应被编码为 Unsigned32。该值包含端口接收延迟(按 ns 计)。

4.4.1.4.12 字段 **PTCP_T3PortTxDelay** 的编码

此字段应被编码为 Unsigned32。该值包含端口发送延迟(按 ns 计)。

4.4.1.4.13 字段 **PTCP_PortMACAddress** 的编码

此字段应被编码为 OctetString[6]。字段 PTCP_PortMACAddress 的值应符合 IEEE 802 MAC 地址。

4.4.1.4.14 字段 **PTCP_T2TimeStamp** 的编码

此字段应被编码为 Unsigned32，该值应符合表 92。

表 92 **PTCP_T2TimeStamp**

值(十六进制)	含义
0x00000000～0xFFFFFFFF	时间戳，以 ns 计

4.4.2 AP-Context 状态机

不存在为本协议定义的 AP-Context 状态机。

4.4.3 FAL 服务协议机(FSPM)

不存在为本协议定义的 FAL 服务协议机。

4.4.4 应用关系协议机(ARPM)

4.4.4.1 PTCP 的通用同步

4.4.4.1.1 时间戳

对于每个所接收和传输的同步报文、延迟请求或延迟响应报文，时间戳单元必须产生一个时间戳。PTCP 报文时间戳点应对应于 IEEE 802.3 帧起始定界符(Start Frame Delimiter)八位位组后紧接的八位位组第一个比特的前沿，如图 14 所示。

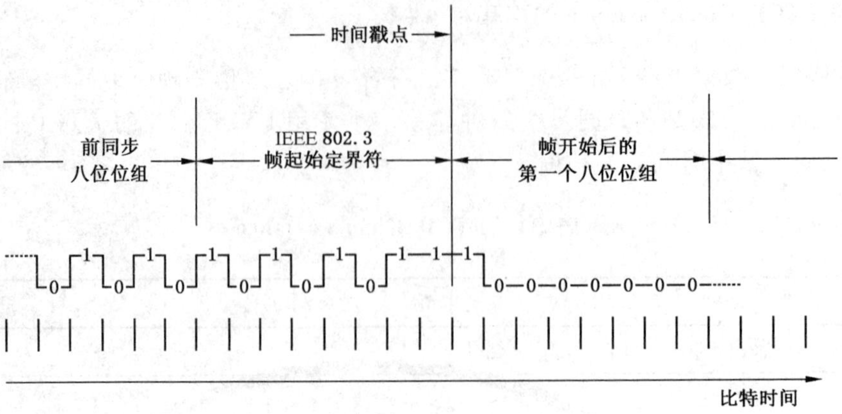

图 14　报文时间戳点

图 15 示出用于同步的 4 个时间戳。

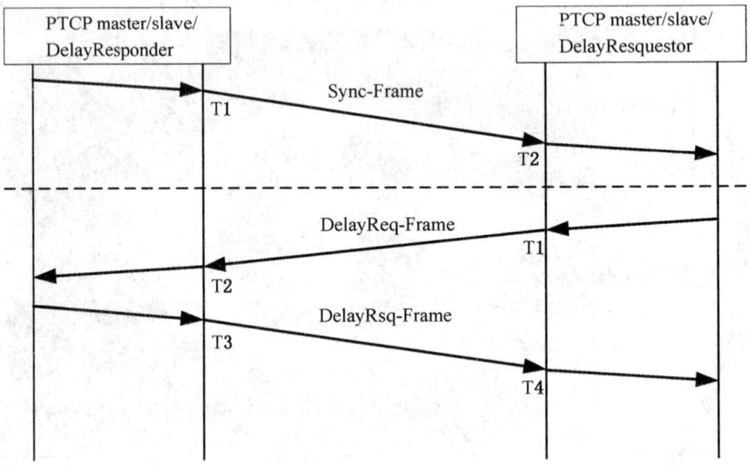

图 15　4 个报文时间戳

——SendTimeStamp T1

通过发送 Sync 帧或 DelayReq 帧的端口的本地时钟来测量。

——ReceiptTimeStamp T2

通过接收 Sync 帧或 DelayReq 帧的端口的本地时钟来测量。

——SendTimeStamp T3

通过发送 DelayRes 帧的端口的本地时钟来测量。

——ReceiptTimeStamp T4

通过接收 DelayRes 帧的端口的本地时钟来测量。

4.4.4.1.2　线延迟测量和对等速率补偿

在图 16 中描述了 DelayRequestor 与 DelayResponder 之间的线延迟测量和对等速率补偿(peer rate compensation)的计算。DelayReq-、DelayRes 和 DelayFuRes-messages 应被用于延迟测量,而不应被传播。使用 DelayFuRes 帧将 ResDelay 的值传输给 DelayRequestor。

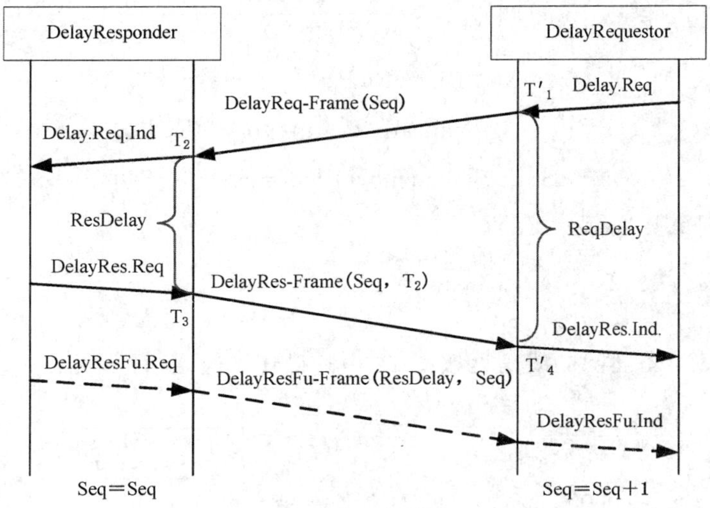

图 16　有后继的线延迟协议

如果时间戳单元能够在传送时(on the fly)计算响应延迟时间,并在延迟响应帧中插入该响应时间,则后继延迟报文是不必要的。

在图 17 中描述了 DelayRequestor 与 DelayResponder 之间没有 DelayFuRes-报文的线延迟测量。

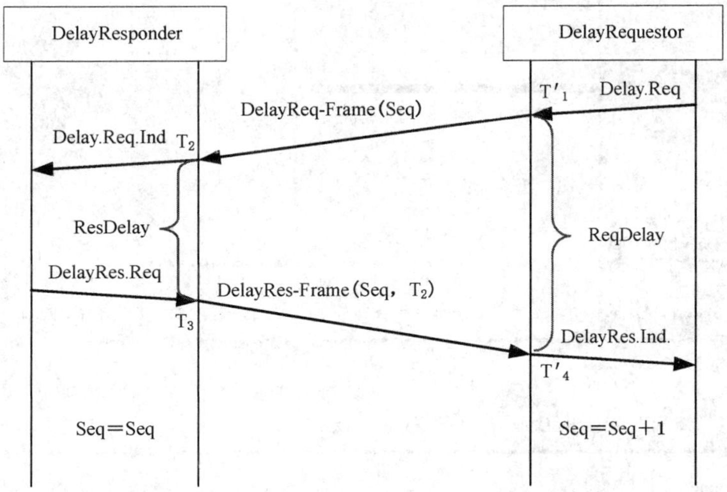

图 17　无后继的线延迟协议

式(13)～式(21)中列出了线延迟和对等速率补偿因子的计算。如果 DelayRes-PDU 包含子段 T_2,则应使用式(15);否则应使用式(16)。

$$ResDelay = T_3 - T_2 \qquad \cdots\cdots (13)$$

$$ReqDelay = T'_4 - T'_1 \qquad \cdots\cdots (14)$$

$$RCF_{peer} = \frac{T_2(Seq) - T_2(Seq-1)}{T'_1(Seq) - T'_1(Seq-1)} \qquad \cdots\cdots (15)$$

$$RCF_{peer} = 1 \qquad \cdots\cdots (16)$$

$$ResDelay_{peer} = \frac{ResDelay}{RCF_{peer}} \qquad \cdots\cdots (17)$$

$$\text{LineDelay}_{\text{peer}}=\frac{\text{ReqDelay}-\text{ResDelay}_{\text{peer}}}{2} \qquad (18)$$

$$\text{RCF}_{\text{Scal}}=(\text{RCF}_{\text{peer}}-1)\times 2^{30} \qquad (19)$$

$$\text{RCF}_{\text{Trunc}}=\text{Truncate\_to\_Integer32}(\text{RCF}_{\text{Scal}}) \qquad (20)$$

$$\text{ScaledFrequencyOffset}=\text{RCF}_{\text{Trunc}} \qquad (21)$$

延迟测量应按周期重复进行。

4.4.4.1.3 线延迟计算

两个支持 PTCP 的设备之间的线延迟按图 18 中的描述来决定,计算见式(22)~式(27)。

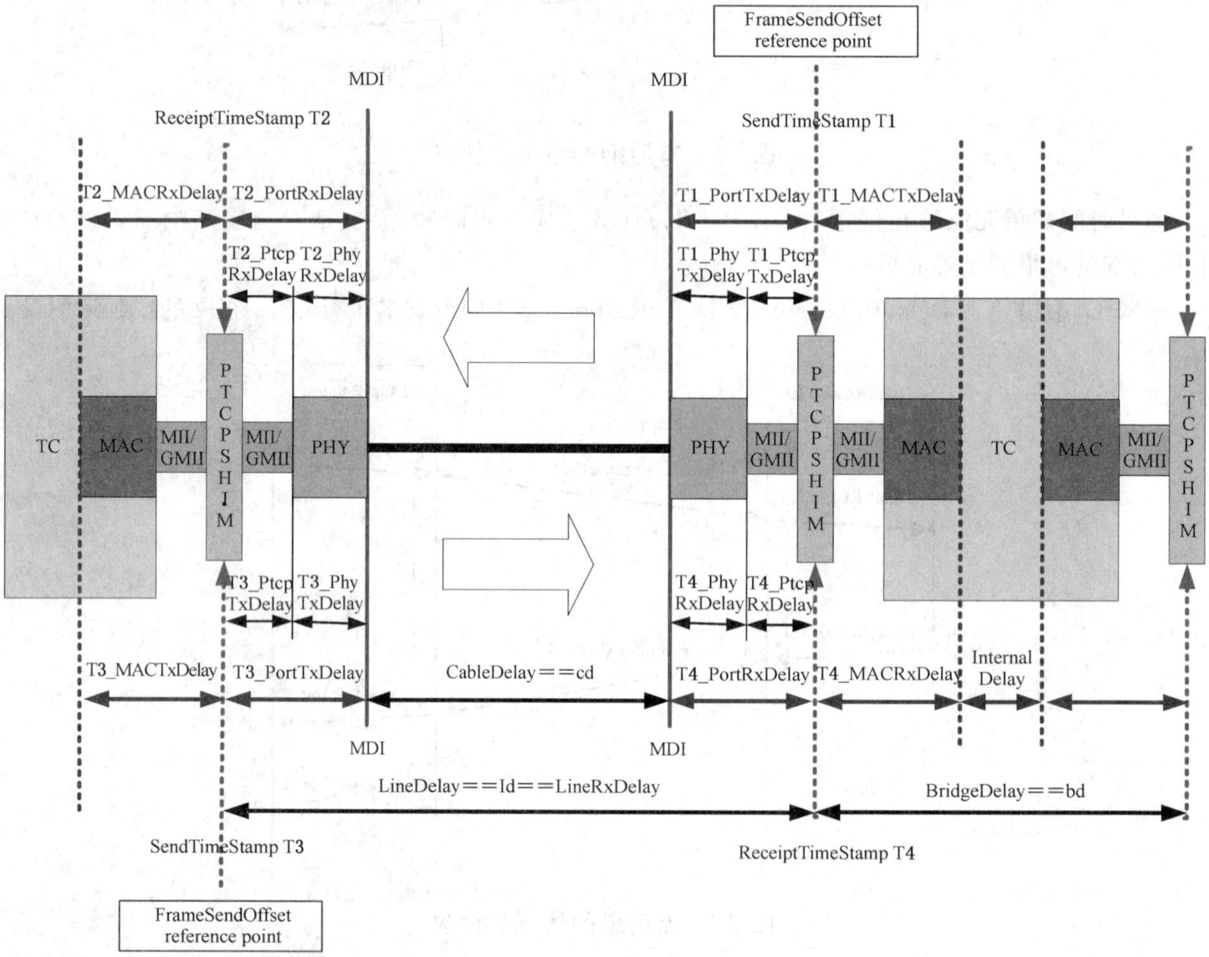

图 18 线延迟测量

注 1: 简化的媒体无关接口(RMII)使其内部的 50 MHz 时钟与 PHY 的 25 MHz 的时钟同步。它造成 20 ns 的量化误差。此抖动不能被补偿。媒体无关接口(MII)使用没有此误差的 PHY 时钟。

注 2: 对于电缆类型 Class D,每 100 m 电缆长度最大具有 45 ns 的延迟偏差。它造成 45 ns 的量化误差。此抖动不能被补偿。选择更好的电缆来减少此误差。

端口接收/传输延迟(例如,T1_PortTxDelay)包含所用 PHY 组件的线延迟和与参考时间戳的偏差。

$$T1\_PortTxDelay = T1\_PhyTxDelay + T1\_PtcpTxDelay \qquad (22)$$

$$T3\_PortTxDelay = T3\_PhyTxDelay + T3\_PtcpTxDelay \qquad (23)$$

$$T2\_PortRxDelay = T2\_PhyRxDelay + T2\_PtcpRxDelay \qquad (24)$$

$$T4\_PortRxDelay = T4\_PhyRxDelay + T4\_PtcpRxDelay \qquad (25)$$

$$CableDelay = (ReqDelay - ResDelay - T1\_PortTxDelay - T2\_PortRxDelay - T3\_PortTxDelay - T4\_PortRxDelay)/2 \qquad (26)$$

$$LineDelay = CableDelay + T3\_PortTxDelay + T4\_PortRxDelay \qquad (27)$$

LineSyncDelay 是 Sync 帧的线延迟。由于所包括的通信路径的不对称，以及由于时间戳的分辨率，要精确地确定线延迟基本上是不可能的。

PTCP 时钟通过检查节点之间的线延迟可以发现非 PTCP 邻居。交换机延迟在若干 μs(>2 μs)范围内，用 100 m 双绞线电缆(100 Base TX)连接的两个节点之间的延迟大约是 500 ns。

图 19 示出了 GSDML 用法的模型参数。参数 MaxBridgeDelay、MaxPortTXDelay 和 MaxPortRX-Delay 给工程工具提供用于 RT_CLASS_3 的计算基础。

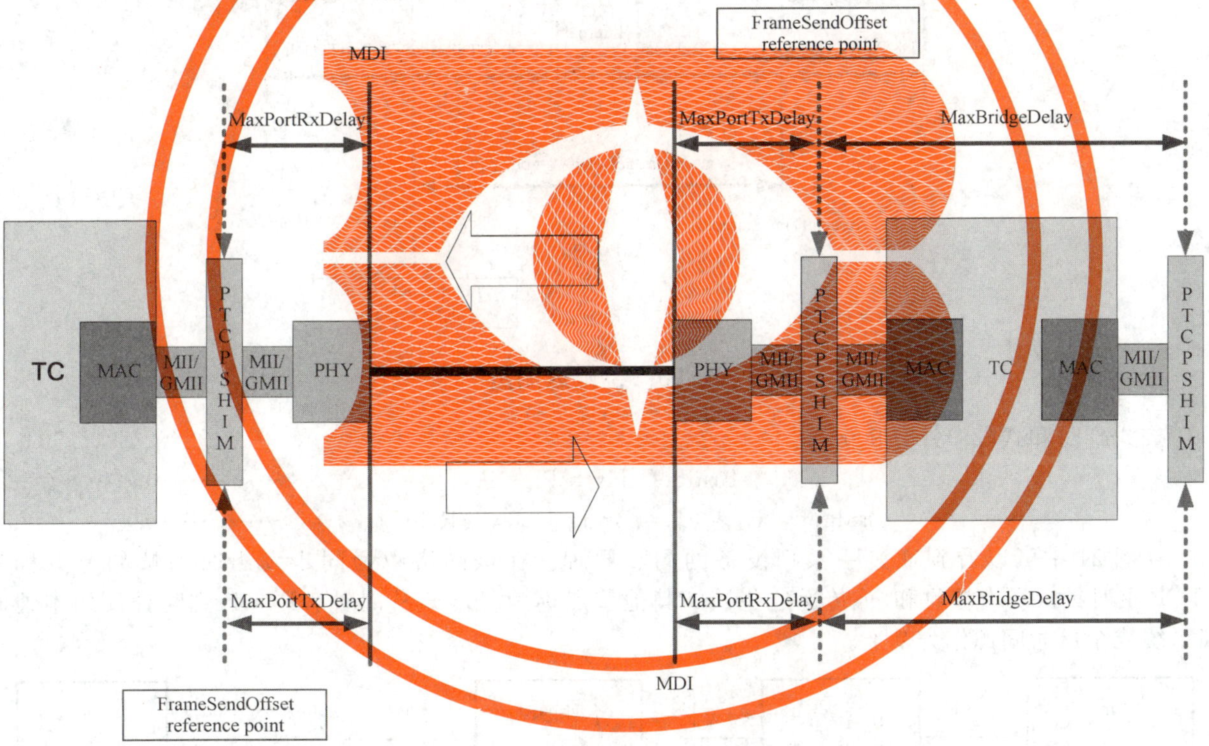

图 19 GSDML 用法的模型参数

4.4.4.1.4 Sync 帧转发

转发 PTCP 同步报文的设备测量桥延迟(如图 20 所示)，并将此时间加进同步或后继报文中的延迟字段。

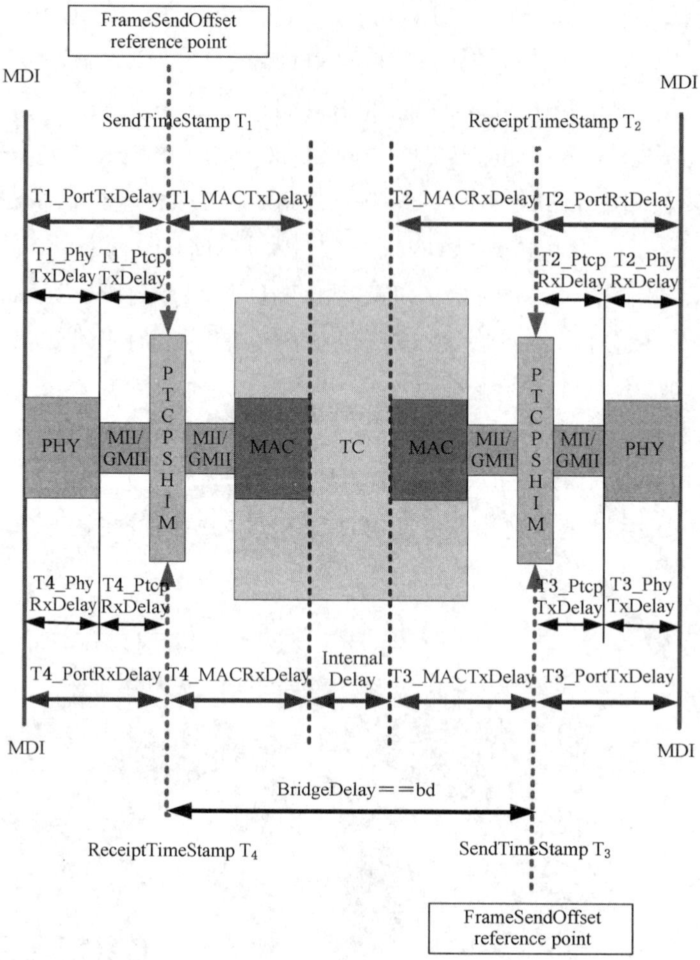

图 20　桥延迟测量

按式(28)和式(29)计算桥延迟：

$$BridgeDelay = T_3 - T_4 \quad \cdots\cdots(28)$$

$$BridgeDelay_{SyncMaster} = BridgeDelay \times RCF_{SyncMaster} \quad \cdots\cdots(29)$$

在图 21 中可以看到通过一系列设备的同步原理。在该网络中为同步发出时间帧的节点称为 PTCP 主时钟。所有接收和/或传递这些帧的其他节点称为 PTCP 从时钟。PTCP 主时钟使用本地时间系统或全局时间源作为基准。

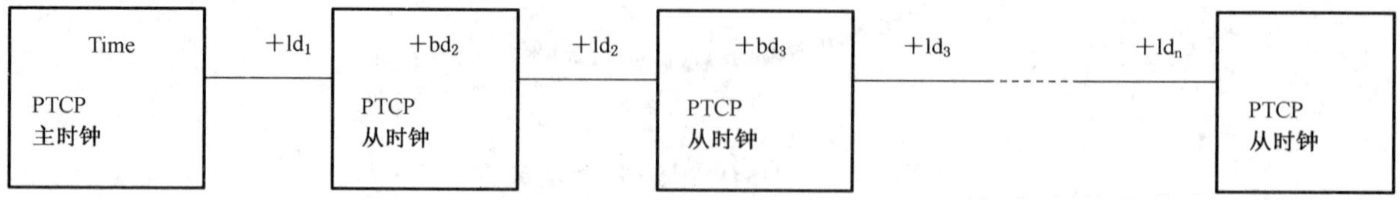

图 21　延迟积聚

Sync 帧作为对等的帧来转发。每个设备必须在 Sync 帧经过时，通过以下方法调整 Sync 帧的延迟字段。

——加上它的桥延迟 bd_x(桥延迟测量如图 20 所示)；

——加上线延迟 ld_x(线延迟测量如图 18 所示)。

每个 PTCP 从时钟知道 Sync 帧的传播延迟。当知道了到达时间 T_2 时，与 PTCP 主时钟的偏差(drift)也可以确定了。

4.4.4.1.5 速率补偿

4.4.4.1.5.1 桥延迟

如果桥延迟显著(几个 100 μs),则该值应通过速率补偿(rate compensation)来校正,以达到更精确的同步。

示例:如图 22 所示,如果要发出 12 000 倍比特时间的帧,则在快速以太网速度下后继时间帧的延迟约 120 μs。如果存在 10^{-4} 的时钟偏移,并且 PTCP 主时钟有 10^{-8} 的时钟偏移,则这将导致 24 ns 的误差。如果对于 PTCP 帧无任何优先级,且有 10 个帧排队等候,则这将可能导致额外 240 ns 的误差,这也许是不能接受的。也就是说,大的延迟值意味着较小的延迟值精度。每个时钟在节点上的取样总是与同步抖动有关联的。除此之外,对于每个桥总是存在控制误差。一个网络的任何两个节点之间的最大时间差取决于拓扑——级联的桥会导致一个与级联层次有关的误差。

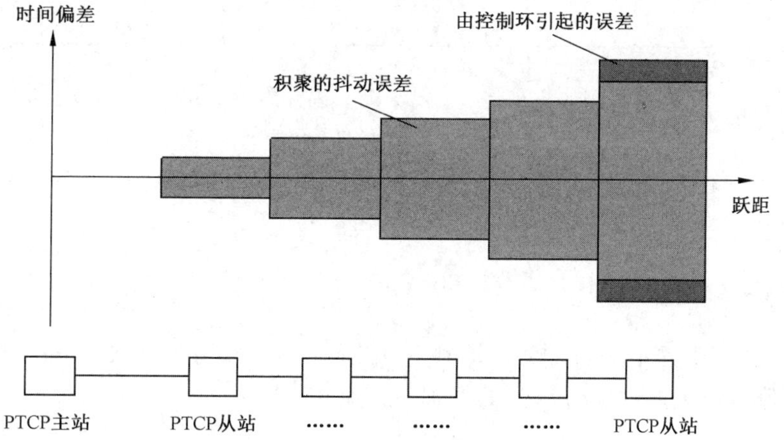

图 22 同步的积聚时间偏差最坏情况

同步的最高要求精确度仅适用于两个相邻节点。

4.4.4.1.5.2 线延迟测量

如果图 17 中给出的 ReqDelay 显著(若干 100 μs),则 ReqDelay 和 ResDelay 的值应通过速率补偿来校正,以实现高精确度的同步。

4.4.4.1.6 时间偏差测量

为了实现该偏差的测量,需要硬件发信号。对于每个所支持的 PTCP_SyncID,应产生一个信号。这只在测量实验室环境下才可能实现。

图 23 和图 24 示出了偏差测量的基本原理。

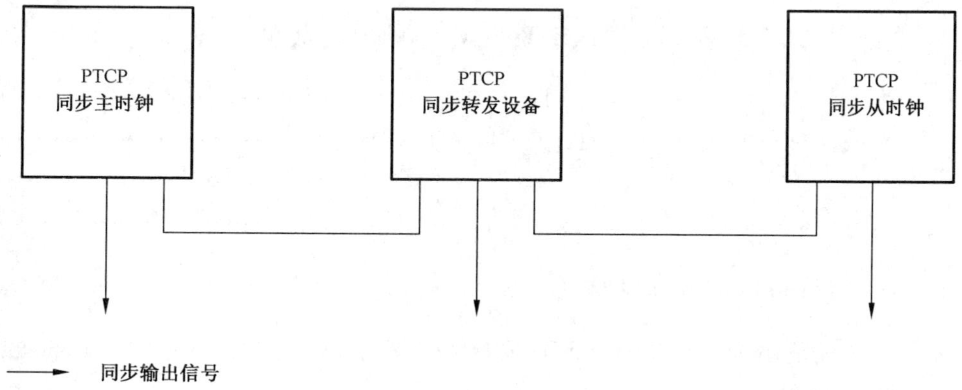

图 23 偏差测量的方案

对于时钟同步,应每个周期发送信号(如图 13 所示)。对于时间同步,应每秒发送信号。

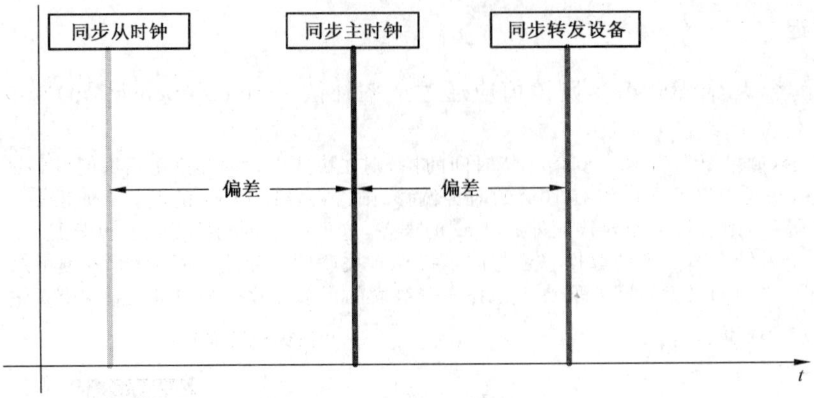

图 24 偏差的测量

4.4.4.1.7 同步协议

4.4.4.1.7.1 使用 Sync 帧同步

PTCP 主时钟周期性地发送 Sync 帧。如图 25 中描述的同步方案需要传输精确的 Sync 帧发送时间作为延迟的初始值。延迟时间的计算见式(30)~式(33)。

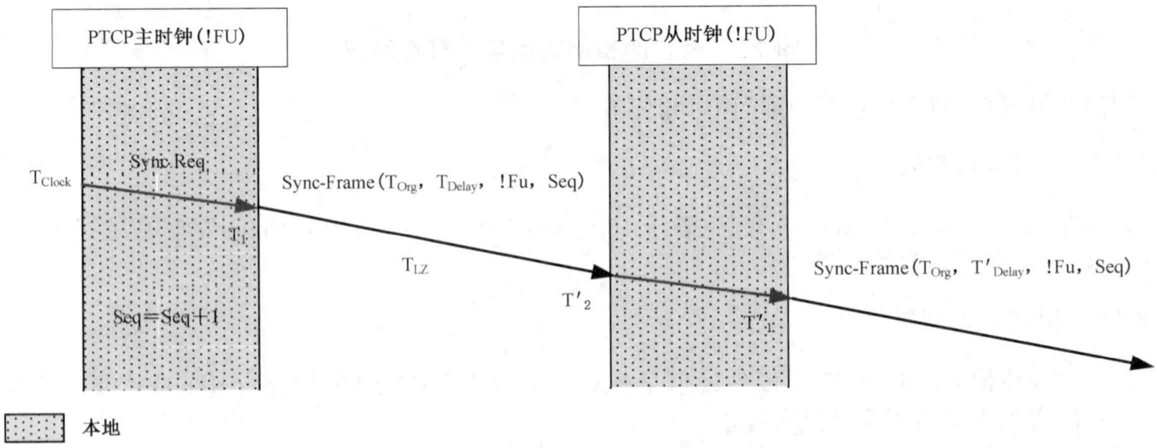

图 25 发送无 Follow Up 帧的 Sync 帧

$$T_{Org}=T_{Clock} \qquad (30)$$

$$T_{Delay}=T_1-T_{Clock} \qquad (31)$$

$$T'_{err}=T'_2-(T_{Org}+T_{Delay}+T_{LZ}) \qquad (32)$$

$$T'_{Delay}=T_{Delay}+T_{LZ}+(T'_1-T'_2) \qquad (33)$$

4.4.4.1.7.2 用 Sync 帧和 FollowUp 帧同步

图 26 表示了在传输前不能修改帧的 PTCP 主时钟。不能把确切发送时间放入 Sync 帧中的 PTCP 主时钟应使用 FollowUp 帧。

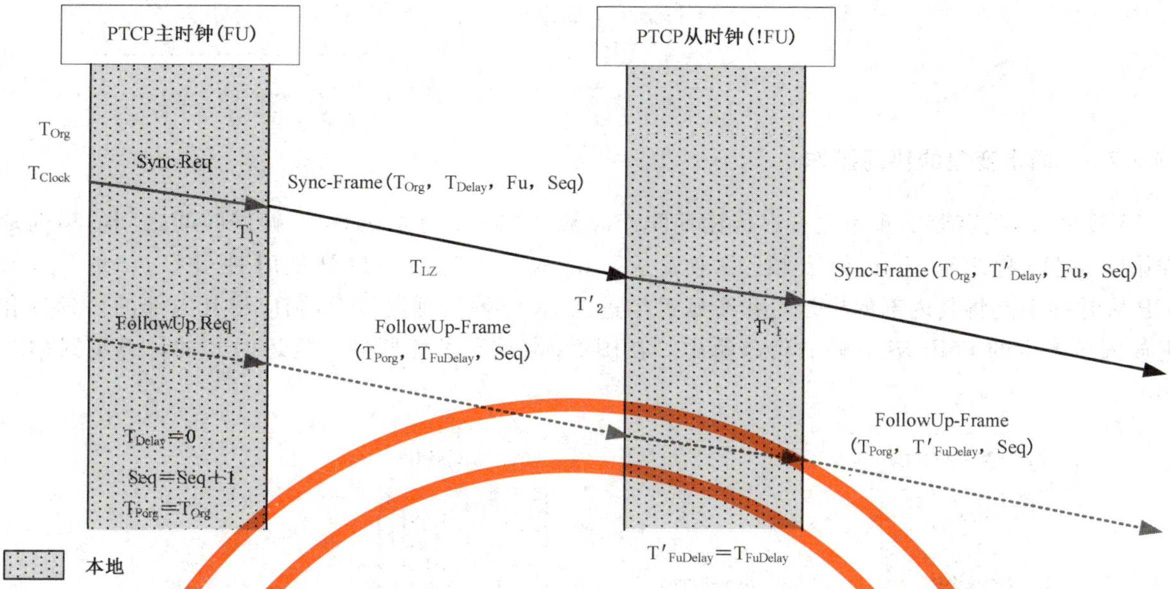

图 26　发送有 **FollowUp** 帧的 **Sync** 帧

在 Sync 帧中的延迟字段应设置为 0。在相关的 FollowUp 帧中的延迟($T_{FuDelay}$)包含延迟的初始值。延迟时间的计算见式(34)～式(37)。

$$T_{Org}=T_{Clock} \quad\cdots\cdots(34)$$

$$T_{FuDelay}=T_1-T_{Clock} \quad\cdots\cdots(35)$$

$$T_{err}=T'_2-(T_{Porg}+T'_{Delay}+T'_{FuDelay}+T'_{LZ}) \quad\cdots\cdots(36)$$

$$T'_{Delay}=T_{Delay}+T_{LZ}+(T'_1-T'_2) \quad\cdots\cdots(37)$$

如图 27 所示的 PTCP 从时钟在传输(! FU-Node)之前可以修改帧，它在通过时，将其内部的桥延迟和线延迟加进该 Sync 帧的延迟值中。无修改地转发 FollwUp 帧。延迟时间的计算见式(38)～式(41)。

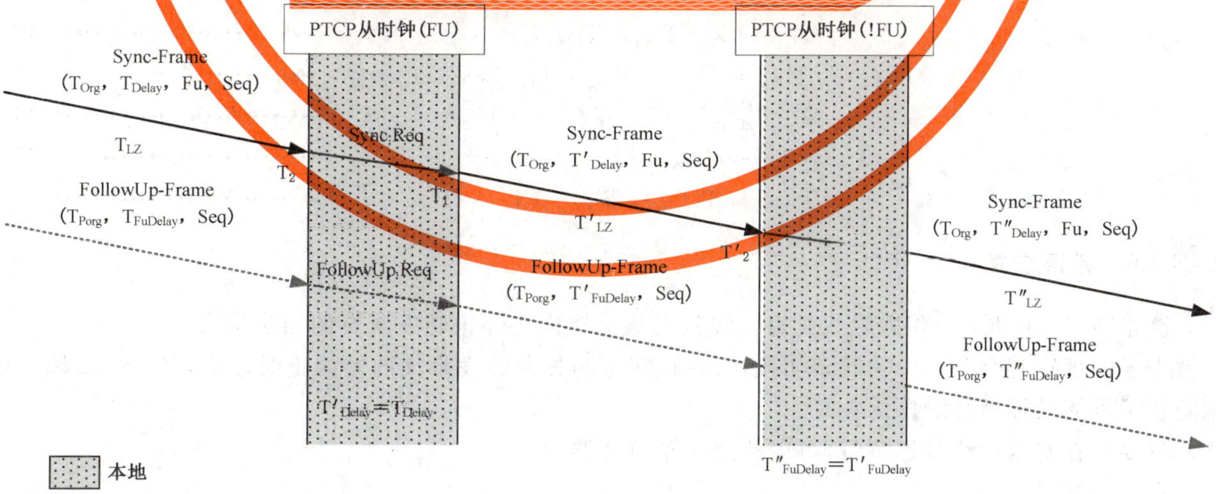

图 27　转发 **Sync** 帧和 **FollowUp** 帧

$$T_{err}=T_2-(T_{Porg}+T_{Delay}+T_{FuDelay}+T_{LZ}) \quad\cdots\cdots(38)$$

$$T'_{FuDelay}=T_{FuDelay}+T_{LZ}+(T_1-T_2) \quad\cdots\cdots(39)$$

$$T'_{err} = T'_2 - (T_{Porg} + T'_{Delay} + T'_{FuDelay} + T'_{LZ}) \quad \cdots\cdots(40)$$

$$T''_{Delay} = T'_{Delay} + T'_{LZ} + (T'_1 - T'_2) \quad \cdots\cdots(41)$$

4.4.4.1.7.3 同步变型的协同操作

IEEE 802.3 的有些实现不允许在传输期间修改帧。在 T_{Org} 与发送 Sync 帧的时间之间的精确延迟将在第 2 个帧(称之为 FollowUp 帧)中来发送。在 Sync 帧通过 PTCP 从时钟(FU-Node)时,如果 PTCP 从时钟不能将其内部的桥延迟和线延迟加进该 Sync 帧的延迟值中,则应将其内部的桥延迟和线延迟放入所产生的 FollowUp 帧的延迟值中。在图 28 中示出了此原理。延迟时间的计算见式(42)~式(46)。

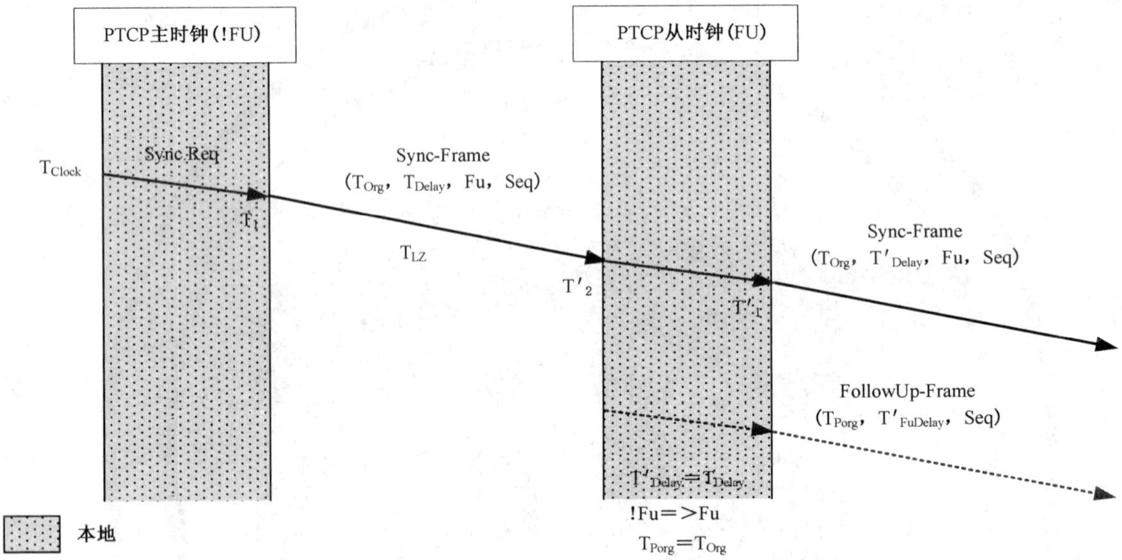

图 28 在同步变型之间的转换

$$T_{Org} = T_{Clock} \quad \cdots\cdots(42)$$

$$T_{Offset} = T'_2 - (T_{Org} + T_{Delay} + T_{LZ}) \quad \cdots\cdots(43)$$

$$T'_{FuDelay} = T_{LZ} + (T'_1 - T'_2) \quad \cdots\cdots(44)$$

$$T'_{err} = T'_2 - (T_{Porg} + T'_{Delay} + T'_{FuDelay} + T'_{LZ}) \quad \cdots\cdots(45)$$

$$T''_{Delay} = T'_{Delay} + T'_{LZ} + (T'_1 - T'_2) \quad \cdots\cdots(46)$$

4.4.4.1.8 错误恢复

链路断(Link down)将删除线延迟。线延迟测量错误将停止转发所有的同步报文。

为了处理在冗余路径中的冗余切换,仅在该序号与先前转发报文的差为正时才应转发 Sync 帧。这就防止了可能破坏后继顺序的重复。

只要存在有效的线延迟测量,可以使用一条可选路径。

有 2 个超时:

——延迟测量:在延迟请求与延迟响应之间所允许的时间;

——同步监视:在两个后继同步帧之间所允许的时间。

线延迟测量的超时应比时间主时钟的超时更高,并在每次线延迟更新时被独立计算。

由于资源限制,主时钟数据库的大小可能受到限制。在任何时候,都应存在两个主时钟。依据 BMA 算法,可能将取消某个同步主时钟的活动。

对于某些技术(例如,100 Base TX 的线延迟值低于 1 μs),线延迟值可能要受到限制。应报告错误,但对其反应不属本标准的范畴。

4.4.4.2 线延迟测量

4.4.4.2.1 线延迟请求协议机(DelayRequest)

4.4.4.2.1.1 原语定义

——在 DelayRequest 与 ASE 之间交换的原语

这些服务原语及其相关参数在服务定义中以 PTCP ASE 进行描述,它们由 DelayRequest 用户发出并由 DelayRequest 接收,反之亦然。

4.4.4.2.1.2 状态机描述

线延迟测量应由每个端口发起,并应按 8 s 的间隔重复。发送延迟请求帧的状态机被称为 Delay-Requestor。图 29 给出了延迟请求的状态转换图。

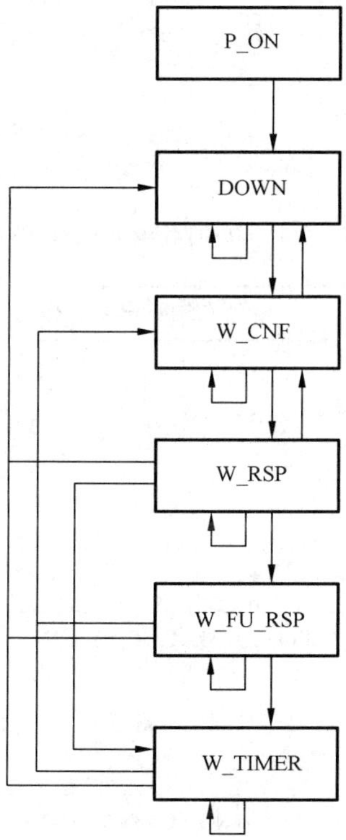

图 29 延迟请求的状态转换图

DelayRequest 的状态如下:

——P_ON

本地数据的初始化。

——DOWN

端口链路断。链路通(Link up)后,通过发送的延迟请求帧来发起线延迟测量。

——W_CNF

等待延迟请求的证实并存储该延迟请求报文的传送时间戳。

——W_RSP

等待来自 DelayResponder 的延迟响应帧。

——W_FU_RSP

等待延迟响应后继帧并计算线延迟。

——W_TIMER

等待超时以重复该线延迟测量。

DelayRquest 的本地变量如下：

——Tx_TStamp_T1

此本地变量包含该延迟请求帧的传送时间戳。

——Rx_TStamp_T4

此本地变量包含该延迟响应帧的接收时间戳。

——Rx_TStamp1_T2

此本地变量包含由延迟响应方接收延迟请求帧的时间戳。

——Rx_TStamp2_T2

此本地变量包含由延迟响应方接收延迟请求帧的时间戳。

——SequenceID

此本地变量包含该延迟请求报文的序号。该序号应因每次延迟测量而增加。

4.4.4.2.1.3 DelayRequest 状态表

表 93 包含 DelayRequest 所使用的状态表。

表 93 DelayRequest 状态表

#	当前状态	事件/条件 =〉动作	下一状态
1	P-ON	 =〉 NRepeat := 0 SequenceID := 0 RESET_RCF_PEER RESET_LINE_DELAY	DOWN
2	DOWN	**MAUType_Change.ind(—)(PortID,MAU_Type,LINK_Status)** /! LINK_OK =〉 ignore	DOWN
3	DOWN	**MAUType_Change.ind(+)(PortID,MAU_Type,LINK_Status)** /LINK_OK =〉 DelayT.start(DELAY_REQ_SHORT_INTERVAL) DelayReq_Req(Port,PTCP_DELAY_REQ_PDU)	W_CNF
4	W_CNF	**DelayReq_Cnf(—)(D_Port,TStamp,Status)** =〉 SequenceID++	W_TIMER
5	W_CNF	**DelayReq_Cnf(+)(D_Port,TStamp,Status)** /Status == OK =〉 Tx_TStamp_T1 := TStamp	W_RSP

表 93（续）

#	当前状态	事件/条件 =〉动作	下一状态
6	W_CNF	**MAUType_Change.ind(—)(PortID,MAU_Type,LINK_Status)** /! LINK_OK =〉 NRepeat := 0 DelayT.stop SequenceID++ RESET_RCF_PEER RESET_LINE_DELAY	DOWN
	W_CNF	**MAUType_Change.ind(+)(PortID,MAU_Type,LINK_Status)** /LINK_OK =〉 ignore	W_CNF
8	W_CNF	**DelayT.expired** =〉 SequenceID++ DelayT.start(DELAY_REQ_SHORT_INTERVAL) DelayReq_Req(Port,PTCP_DELAY_REQ_PDU)	W_CNF
9	W_CNF	**LineT.expired** =〉 RESET_LINE_DELAY	W_CNF
10	W_RSP	**DelayResp_Ind(—)(S_Port,TStamp,PTCP_DELAY_RES_PDU)** =〉 ignore	W_RSP
11	W_RSP	**DelayResp_Ind(+)(S_Port,TStamp,PTCP_DELAY_RES_PDU)** /CHECK_DELAY_RSP_VALID && CHECK_DELAY_RSP_WITH_FU_RSP =〉Rx_Tstamp2_T2 := Rx_Tstamp1_T2Rx_Tstamp1_T2 := PTCP_DELAY_RES_PDU.T2TimeStampDelay := PTCP_DELAY_RES_PDU.DelayRx_TStamp_T4 := Tstamp if(NRepeat > 0) CALC_RCF_PEER	W_FU_RSP

12	W_RSP	**DelayResp_Ind(+)(S_Port,TStamp,PTCP_DELAY_RES_PDU)**
		/CHECK_DELAY_RSP_VALID
		&& ! CHECK_DELAY_RSP_WITH_FU_RSP
		&& CHECK_DELAY_VALID
		=〉
		Rx_Tstamp2_T2 := Rx_Tstamp1_T2
		Rx_Tstamp1_T2 := PTCP_DELAY_RES_PDU.T2TimeStamp
		Rx_TStamp_T4 := Tstamp
		Delay := PTCP_DELAY_RES_PDU.Delay
		if(NRepeat > 0)
		  CALC_RCF_PEER
		  CALC_LINE_DELAY
		  LineT.start(TIMEOUT_LINE_DELAY)
		NRepeat++
			W_TIMER

表 93（续）

#	当前状态	事件/条件 =〉动作	下一状态
13	W_RSP	**DelayResp_Ind(+)(S_Port,TStamp,PTCP_DELAY_RES_PDU)** /CHECK_DELAY_RSP_VALID && ! CHECK_DELAY_RSP_WITH_FU_RSP && ! CHECK_DELAY_VALID =〉 SET_DUMMY_LINE_DELAY LineT.start(TIMEOUT_LINE_DELAY) DelayT.start(DELAY_REQ_SHORT_INTERVAL)	W_TIMER
14	W_RSP	**MAUType_Change.ind(−)(PortID,MAU_Type,LINK_Status)** /! LINK_OK =〉 NRepeat := 0 DelayT.stop SequenceID++ RESET_RCF_PEER RESET_LINE_DELAY	DOWN
15	W_RSP	**MAUType_Change.ind(+)(PortID,MAU_Type,LINK_Status)** /LINK_OK =〉 ignore	W_RSP
16	W_RSP	**DelayT.expired** =〉 SequenceID++ Nrepeat := 0 RESET_RCF_PEER DelayT.start(DELAY_REQ_LONG_INTERVAL)	W_TIMER
17	W_RSP	**LineT.expired** =〉 RESET_LINE_DELAY	W_RSP
18	W_FU_ RSP	**DelayResp_Ind(−)(S_Port,TStamp,PTCP_DELAY_RES_PDU)** =〉 ignore	W_FU_RSP
19	W_FU_ RSP	**DelayResp_Ind(+)(S_Port,TStamp,PTCP_DELAY_RES_PDU)** /CHECK_DELAY_RSP_VALID =〉 NRepeat := 0 DelayT.stop DelayT.start(DELAY_REQ_LONG_INTERVAL) RESET_LINE_DELAY	W_TIMER
20	W_FU_ RSP	**DelayFuResp_Ind(−)(S_Port,TStamp,PTCP_DELAY_FURES_PDU)** =〉 ignore	W_FU_RSP

表 93（续）

#	当前状态	事件/条件 =〉动作	下一状态

21	W_FU_
	RSP
		DelayFuResp_Ind(+)(S_Port,TStamp,PTCP_DELAY_RES_PDU)
		/CHECK_DELAY_FU_RSP_VALID
		=〉
		Delay := Delay+PTCP_DELAY_FURES_PDU.Delay
		if(NRepeat > 0)
		  CALC_LINE_DELAY
		  LineT.start(TIMEOUT_LINE_DELAY)
		NRepeat++
			W_TIMER

22	W_FU_ RSP	**MAUType_Change.ind(−)(PortID,MAU_Type,LINK_Status)** /! LINK_OK =〉 NRepeat := 0 DelayT.stop SequenceID++ RESET_LINE_DELAY	DOWN
23	W_FU_ RSP	**MAUType_Change.ind(+)(PortID,MAU_Type,LINK_Status)** /LINK_OK =〉 ignore	W_FU_RSP
24	W_FU_ RSP	**DelayT.expired** =〉 SequenceID++ DelayT.start(DELAY_REQ_SHORT_INTERVAL) DelayReq_Req(Port,PTCP_DELAY_REQ_PDU)	W_CNF
25	W_FU_ RSP	**LineT.expired** =〉 RESET_LINE_DELAY	W_FU_RSP
26	W_TIM- ER	**DelayResp_Ind(−)(S_Port,TStamp,PTCP_DELAY_RES_PDU)** =〉 ignore	W_TIMER
27	W_TIM- ER	**DelayResp_Ind(+)(S_Port,TStamp,PTCP_DELAY_RES_PDU)** /CHECK_DELAY_RSP_VALID =〉 NRepeat := 0 RESET_RCF_PEER RESET_LINE_DELAY DelayT.stop DelayT.start(DELAY_REQ_LONG_INTERVAL)	W_TIMER

表 93（续）

#	当前状态	事件/条件 =〉动作	下一状态
28	W_TIMER	**MAUType_Change.ind(－)(PortID,MAU_Type,LINK_Status)** /! LINK_OK =〉 NRepeat := 0 SequenceID++ DelayT.stop RESET_RCF_PEER RESET_LINE_DELAY	DOWN
29	W_TIMER	**MAUType_Change.ind(＋)(PortID,MAU_Type,LINK_Status)** /LINK_OK =〉 ignore	W_TIMER
30	W_TIMER	**DelayT.expired** /NRepeat < MAX_DELAY_REQ_REPEAT =〉 SequenceID++ DelayT.start(DELAY_REQ_SHORT_INTERVAL) DelayReq_Req(Port,PTCP_DELAY_REQ_PDU)	W_CNF
31	W_TIMER	**DelayT.expired** /NRepeat >= MAX_DELAY_REQ_REPEAT =〉 NRepeat := 0 RESET_RCF_PEER DelayT.start(DELAY_REQ_LONG_INTERVAL)	W_TIMER
32	W_TIMER	**LineT.expired** =〉 RESET_LINE_DELAY	W_TIMER

4.4.4.2.1.4 宏

表 94 包含 DelayRequest 所使用的宏。

表 94 DelayRequest 所使用的宏

名称	含义
CHECK_DELAY_RSP_VALID	检查 PTCP_DelayResPDU 的参数 PTCP_Sequence == SequneceID PTCP_RequestSourceAddress == Local_SA PTCP_RequestPortID == Port
CHECK_DELAY_RSP_WITH_FU_RSP	检查 FrameID == 0xFF41of PTCP_DelayResPDU

表 94（续）

名　　称	含　　义
CHECK_DELAY_RSP_HIGH_ACCURACY	检查 PTCP_DelayResPDU 的高精确度的参数 PTCP_SubdomainUUID := Subdomain UUID of PTCP_DelayReqPDU PTCP_MasterSourceAddress == Sync master source MAC of PTCP_DelayReqPDU PTCP_SyncID == SyncID of PTCP_DelayReqPDU
CALC_LINE_DELAY	线延迟是最后 8 个延迟测量的算术平均值
RESET_LINE_DELAY	设置线延迟为 0
SET_DUMMY_LINE_DELAY	设置线延迟为 0
CALC_RCF_PEER	计算对邻居的频繁偏差
RESET_RCF_PEER	设置 RCF_PEER 为 0

4.4.4.2.1.5　函数

表 95 包含 DelayRequest 所使用的函数。

表 95　DelayRequest 所使用的函数

名　　称	含　　义
DelayReq_Req(Port,PTCP_DELAY_REQ_PDU)	依据 PTCP_DELAY_REQ_PDU 创建 PTCP-PDU 赋值： D_Port := Port DA := PTCP_MulticastMACadd for PTCP_DELAY_REQ_PDU SA := local port address PTCP_DELAY_REQ_PDU.SequenceID := SequenceID PTCP_DELAY_REQ_PDU.PortMACAddress := local port address A_SDU := LT,FrameID,PTCP_DELAY_REQ_PDU LMPM_P_Data.req(CREP,D_Port,TStamp,DA,SA,A_SDU)
DelayReq_Cnf(D_Port,TStamp,Status)	LMPM_P_Data.conf(CREP,D_Port,TStamp,LMPM_Status) 赋值： Status := LMPM_Status
DelayResp_Ind(S_Port,TStamp,PTCP_DELAY_RSP_PDU)	依据 PTCP_DELAY_RSP_PDU 接收 PTCP-PDU LMPM_P_Data.ind(CREP,S_Port,TSamp,DA,SA,A_SDU) 赋值： PTCP_DELAY_RSP_PDU := A_SDU without LT and FrameID
DelayFuResp_Ind(S_Port,TStamp,PTCP_DELAY_FU_RSP_PDU)	依据 PTCP_DELAY_FU_RSP_PDU 接收 PTCP-PDU LMPM_P_Data.ind(CREP,D_Port,TSamp,DA,SA,A_SDU) 赋值： PTCP_DELAY_FU_RSP_PDU := A_SDU without LT and FrameID

——DelayReq_Req,DelayReq_Cnf,DelayResp_Ind 和 DelayFuResp_Ind

这些本地宏用于发送 PTCP_DelayReqPDU,或用于接收 PTCP_DelayResPDU 或 PTCP_DelayFuResPDU。

4.4.4.2.2 线延迟响应协议机(DelayResponse)

4.4.4.2.2.1 状态机描述

每个延迟请求报文应立即用一个延迟响应报文来响应。接收延迟请求帧的状态机被称为 DelayResponder。

图 30 示出了延迟响应状态机。

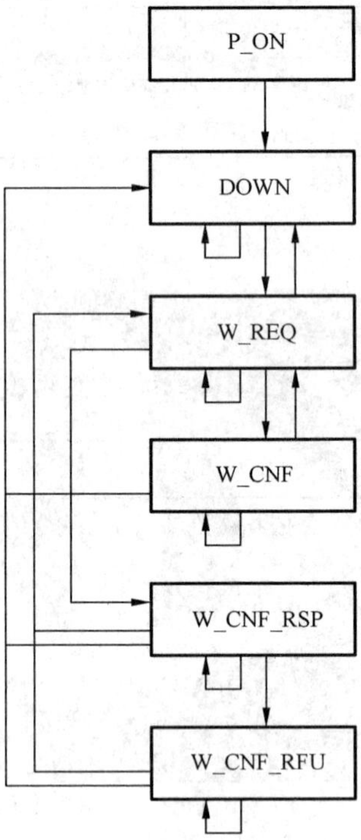

图 30 延迟响应的状态转换图

DelayResponse 的状态如下:

——P_ON

数据初始化。

——DOWN

端口链接断。等待链接通。

——W_REQ

如果接收到延迟请求报文,则接收时间戳将被存储,并且 DelayResonder 发送一个延迟响应报文。

——W_CNF

等待延迟响应请求的证实。

——W_CNF_RSP

等待延迟响应报文的证实,计算延迟响应时间并发送一个延迟响应后继报文。

——W_CNF_RFU

等待延迟响应后继报文的证实。

DelayResponse 的本地变量如下：

——Rx_TStamp_T2

此本地变量包含延迟请求报文的接收时间戳。

——Tx_TStamp_T3

此本地变量包含延迟响应报文的传送时间戳。

4.4.4.2.2.2 DelayResponse 状态表

表 96 包含 DelayResponse 所使用的状态表。

表 96 DelayResponse 状态表

#	当前状态	事件/条件 =〉动作	下一状态
1	P-ON	=〉	DOWN
2	DOWN	**MAUType_Change.ind(－)(PortID,MAU_Type,LINK_Status)** =〉 ignore	DOWN
3	DOWN	**MAUType_Change.ind(＋)(PortID,MAU_Type,LINK_Status)** /LINK_Status == Up && MAU_Type == FULL_DUPLEX =〉	W_REQ
4	W_REQ	**DelayReq_Ind(－)(S_Port,TStamp,PTCP_DELAY_REQ_PDU)** =〉 ignore	W_REQ
5	W_REQ	**DelayReq_Ind(＋)(S_Port,TStamp,PTCP_DELAY_REQ_PDU)** /FU_RES =〉 store PTCP_DELAY_REQ_PDU Rx_TStamp_T2 := Tstamp PTCP_DEALY_RES_PDU.T2TimeStamp := Rx_Tstamp_T2 DelayResp_Req(Port,PTCP_DELAY_RES_PDU)	W_CNF_RSP
6	W_REQ	**DelayReq_Ind(＋)(S_Port,TStamp,PTCP_DELAY_REQ_PDU)** /! FU_RES =〉 store PTCP_DELAY_REQ_PDU Rx_TStamp_T2 := Tstamp PTCP_DEALY_RES_PDU.T2TimeStamp := Rx_Tstamp_T2 DelayResp_Req(Port,PTCP_DELAY_RES_PDU)	W_CNF
7	W_REQ	**DelayReq_Ind(＋)(S_Port,TStamp,PTCP_DELAY_REQ_PDU)** /! FU_TIMESTAMP =〉 store PTCP_DELAY_REQ_PDU PTCP_DEALY_RES_PDU.Delay := 0 DelayResp_Req(Port,PTCP_DELAY_RES_PDU)	W_CNF

表 96（续）

#	当前状态	事件/条件 =〉动作	下一状态
8	W_REQ	**MAUType_Change.ind(－)(PortID,MAU_Type,LINK_Status)** =〉	DOWN
9	W_REQ	**MAUType_Change.ind(＋)(PortID,MAU_Type,LINK_Status)** /LINK_Status == Up && MAU_Type == FULL_DUPLEX =〉 ignore	W_REQ
10	W_CNF	**DelayResp_Cnf(－)(D_Port,TStamp,Status)** =〉	W_REQ
11	W_CNF	**DelayResp_Cnf(＋)(D_Port,TStamp,Status)** /Status == OK =〉	W_REQ
12	W_CNF	**MAUType_Change.ind(－)(PortID,MAU_Type,LINK_Status)** =〉	DOWN
13	W_CNF	**MAUType_Change.ind(＋)(PortID,MAU_Type,LINK_Status)** /LINK_Status == Up && MAU_Type == FULL_DUPLEX =〉 ignore	W_CNF
14	W_CNF_RSP	**DelayResp_Cnf(－)(D_Port,TStamp,Status)** =〉	W_REQ
15	W_CNF_RSP	**DelayResp_Cnf(＋)(D_Port,TStamp,Status)** /Status == OK =〉 Tx_TStamp_T3 := TStamp PTCP_DEALY_RES_PDU.Delay := CALC_RESIDENTIAL_TIME DelayFuResp_Req(Port,PTCP_DELAY_FU_RES_PDU)	W_CNF_RFU
16	W_CNF_RSP	**MAUType_Change.ind(－)(PortID,MAU_Type,LINK_Status)** =〉	DOWN
17	W_CNF_RSP	**MAUType_Change.ind(＋)(PortID,MAU_Type,LINK_Status)** /LINK_Status == Up && MAU_Type == FULL_DUPLEX =〉 ignore	W_CNF_RSP
18	W_CNF_RFU	**DelayFuResp_Cnf(－)(D_Port,TStamp,Status)** =〉	W_REQ

表 96（续）

#	当前状态	事件/条件 =〉动作	下一状态
19	W_CNF_RFU	**DelayFuResp_Cnf(+)(D_Port,TStamp,Status)** /Status == OK =〉	W_REQ
20	W_CNF_RFU	**MAUType_Change.ind(−)(PortID,MAU_Type,LINK_Status)** =〉	DOWN
21	W_CNF_RFU	**MAUType_Change.ind(PortID,MAU_Type,LINK_Status)** /LINK_Status == Up && MAU_Type == FULL_DUPLEX =〉 ignore	W_CNF_RFU

4.4.4.2.2.3 宏

表 97 包含 DelayResponse 所使用的宏。

表 97 DelayResponse 使用的宏

名　称	含　义
CALC_RESIDENTIAL_TIME	计算驻留(residential)时间 ResTime := (Tx_Stamp_T3 − Rx_Stamp_T2)

4.4.4.2.2.4 函数

表 98 包含 DelayResponse 所使用的函数。

表 98 DelayResponse 使用的函数

名　称	含　义
DelayResp_Req(Port,PTCP_DELAY_RSP_PDU)	依据 PTCP_DELAY_RSP_PDU 创建 PTCP-PDU 赋值: D_Port := Port DA := Multicast-MAC-Address for PTCP_DELAY_RSP_PDU SA := local port address PTCP_DELAY_RSP_PDU.SequenceID := PTCP_DELAY_REQ_PDU.SequenceID PTCP_DELAY_RSP_PDU.PortMACAddress := PTCP_DELAY_REQ_PDU.PortMACAddress PTCP_DELAY_REQ_PDU.T2PortRxDelay := T2_PortRxDelay PTCP_DELAY_REQ_PDU.T3PortTxDelay := T3_PortTxDelay PTCP_DELAY_REQ_PDU.T2TimeStamp := T2_TimeStamp A_SDU := LT,FrameID,PTCP_DELAY_RSP_PDU LMPM_P_Data.req(CREP,D_Port,TStamp,DA,SA,A_SDU)

表 98（续）

名　称	含　义
DelayFuResp_ Req (Port, ResTime, PTCP_ DELAY_RSP_PDU)	依据 PTCP_DELAY_FU_RSP_PDU 创建 PTCP-PDU 赋值： D_Port ：= Port DA ：= Multicast-MAC-Address for PTCP_DELAY_FU_RSP_PDU SA ：= local source address PTCP_Delay ：= ResTime A_SDU ：= LT,FrameID,PTCP_DELAY_FU_RSP_PDU LMPM_P_Data.req(CREP,D_Port,TStamp,DA,SA,A_SDU)
DelayResp_Cnf(D_Port,TStamp,Status)	LMPM_P_Data.conf(CREP,D_Port,TStamp,LMPM_Status) 赋值： Status ：= LMPM_Status
DelayFuResp_Cnf(D_Port,TStamp,Status)	LMPM_P_Data.conf(CREP,D_Port,TStamp,LMPM_Status) 赋值： Status ：= LMPM_Status
DelayReq_Ind(S_Port,TStamp,PTCP_DE-LAY_REQ_PDU)	依据 PTCP_DELAY_REQ_PDU 接收 PTCP-PDU LMPM_P_Data.ind(CREP,S_Port,TSamp,DA,SA,A_SDU) 赋值： PTCP_DELAY_REQ_PDU ：= A_SDU without LT and FrameID

——DelayResp_Req,DelayFuResp_Req,DelayResp_Cnf,DelayFuResp 和 DelayReq_Ind

这些宏用于发送 PTCP_DelayResPDU 和 PTCP_DelayFuResPDU,或用于接收 PTCP_DelayReqPDU。

4.4.4.3 主从状态表概述

图 31 示出了 PTCP 状态表之间的交互的概况。

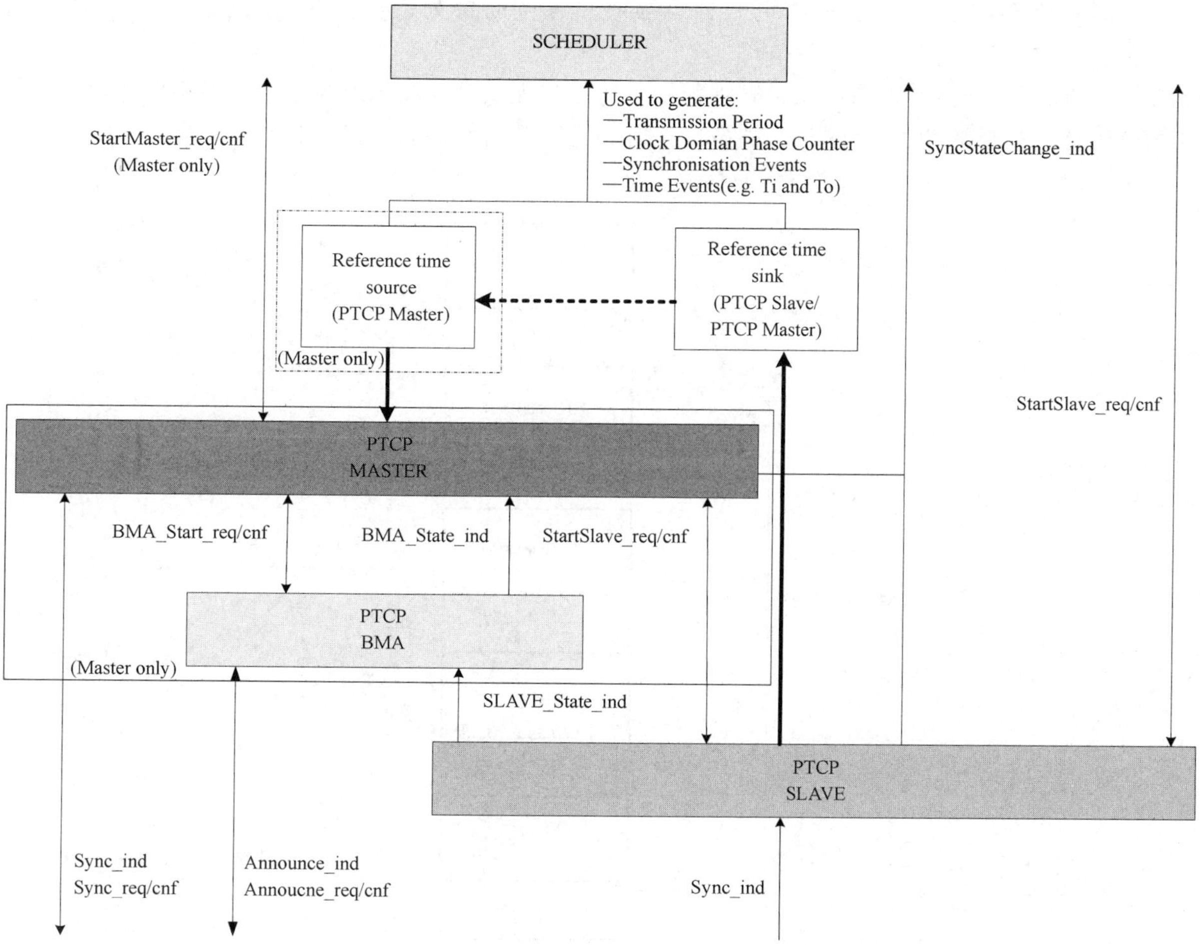

图 31　PTCP 概况

4.4.4.4　最佳主时钟算法(Best-Master-Algorithm)协议机(BMA)

4.4.4.4.1　原语定义

4.4.4.4.1.1　在 BMA 与 ASE 之间交换的原语

这些服务原语及其相关参数在服务定义中以 PTCP ASE 进行描述,它们由 BMA 用户发出并由 BMA 接收,反之亦然。

4.4.4.4.2　状态机描述

在启动期间,BMA 状态机应从所有通告具有主时钟能力的设备中选择最佳主时钟。这些决定通过每个主时钟本地来完成。对于每个 PTCPSyncID,都存在该状态机的一个实例。

实际上,不是每个设备都能成为主时钟或应成为主时钟,状态机的行为取决它的角色。角色是通过 PTCP 服务来设置的。角色是主时钟、备用主时钟或从时钟。主时钟也需要具备从时钟功能。

具有主时钟角色的设备是否能成为主时钟或备用主时钟,应在启动期间通过最佳主时钟算法来确定。每个潜在的主时钟都必须发送通告报文,以参与主时钟和备用主时钟的选择。

主时钟选择分两步来完成。依据第一个接收到的通告报文,潜在的主时钟将被存储在主时钟列表中。依据下一个接收到的通告报文,如果它是最佳主时钟,则 BMA 选择此主时钟。

在主时钟竞争期间，所有潜在的主时钟将被收集在主时钟列表中。选择之后，它们通过改变而放弃。

如果已选择了主时钟，则该最佳主时钟开始发送同步报文。其余的潜在主时钟停止发送通告报文，并作为从时钟。如果活动主时钟失败，则备用主时钟重新开始发送同步报文和通告报文。

图 32 示出了 BMA 状态机。

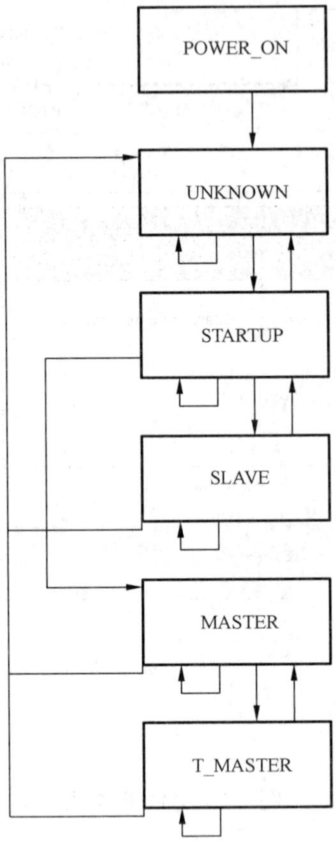

图 32 BMA 的状态转换图

BMA 的状态如下：

——POWER_ON

数据初始化。

——UNKNOWN

同步角色是未知的。应通过 PTCP 服务来设置角色。

——STARTUP

通过 PTCP 服务设置角色。潜在的主时钟开始发送通告(announce)报文。

——SLAVE

处于 SLAVE 状态的潜在主时钟应通过使用的同步报文(来自同步域中的活动主时钟)来同步化。

——MASTER

在此状态，该设备(由于其同步属性)被选择为最佳主时钟。

——T_MASTER

这是一个转换状态，指示正在接收来自同步域中另一个潜在主时钟的通告报文。

4.4.4.4.3 BMA 状态表

表 99、表 100 和表 101 包含 BMA 所使用的状态表。

表 99 BMA 状态表

#	当前状态	事件/条件 =〉动作	下一状态
1	POWER-ON	=〉 ini MasterList SequenceID := 0 BestMaster := FALSE ACTIVE_MASTER_FLAG := FALSE AGING_MASTER_LIST MasterListAgingT.start(MASTER_AGING_TIME)	UNKNOWN
2	UNKNOWN	**BMA_Start_req**() =〉 Status := OK AnnTimer.start(AnnInterval) StartupTimer.start(3xMasterStartupTime) BMA_Start_conf(Status) Announce_req(PTCP_ANNOUNCE_PDU)	STARTUP
3	UNKNOWN	**BMA_Stop_req**() =〉 AnnTimer.stop() Status := OK BMA_Stop_conf(Status)	UNKNOWN
4	UNKNOWN	**MasterListAgingT.expired**() =〉 AGING_MASTER_LIST MasterListAgingT.start(MASTER_AGING_TIME)	UNKNOWN
5	STARTUP	**BMA_Start_req**() =〉 Status := WRONG_SEQUENCE BMA_Start_conf(Status)	STARTUP
6	STARTUP	**BMA_Stop_req**() =〉 AnnTimer.stop() StartupTimer.stop() Status := OK BMS_Stop_conf(Status)	UNKNOWN
7	STARTUP	**Annouce_conf**(—) =〉 Announce_req(PTCP_ANNOUNCE_PDU)	STARTUP

表 99（续）

#	当前状态	事件/条件 =〉动作	下一状态
8	STARTUP	**Annouce_conf(＋)** =〉 ignore	STARTUP
9	STARTUP	**SLAVE_State_ind(State)** =〉 ignore	STARTUP
10	STARTUP	**Announce_ind(PTCP_ANNOUNCE_PDU)** /! VALID_SYNC_MASTER =〉 ignore	STARTUP
11	STARTUP	**Announce_ind(PTCP_ANNOUNCE_PDU)** /VALID_SYNC_MASTER && ! CHECK_IN_MASTER_LIST =〉 ADD_TO_MASTER_LIST	STARTUP
12	STARTUP	**Announce_ind(PTCP_ANNOUNCE_PDU)** /VALID_SYNC_MASTER && CHECK_IN_MASTER_LIST && ! VALID_ANNOUCE =〉	STARTUP
13	STARTUP	**Announce_ind(PTCP_ANNOUNCE_PDU)** /VALID_SYNC_MASTER && CHECK_IN_MASTER_LIST && VALID_ANNOUCE =〉 UPDATE_MASTER_ENTRY	STARTUP
14	STARTUP	**AnnTimer.expired()** /! LOCAL_IS_BEST_MASTER =〉 BestMaster := FALSE StartupTimer.stop() AnnTimer.start(AnnInterval) BMA_State_ind(SLAVE)	SLAVE
15	STARTUP	**AnnTimer.expired()** /LOCAL_IS_BEST_MASTER =〉 BestMaster := TRUE SequenceID++ AnnTimer.start(AnnInterval) BMA_State_ind(MASTER) Announce_req(PTCP_ANNOUNCE_PDU)	STARTUP

表 99（续）

#	当前状态	事件/条件 =〉动作	下一状态
16	STARTUP	**StartupTimer.expired()** =〉 ACTIVE_MASTER_FLAG := TRUE	MASTER
17	STARTUP	**MasterListAgingT.expired()** =〉 AGING_MASTER_LIST MasterListAgingT.start(MASTER_AGING_TIME)	STARTUP
18	SLAVE	**BMA_Start_req()** =〉 Status := WRONG_SEQUENCE BMA_Start_conf(Status)	SLAVE
19	SLAVE	**BMA_Stop_req()** =〉 AnnTimer.stop() Status := OK BMS_Stop_conf(Status)	UNKNOWN
20	SLAVE	**Annouce_conf()** =〉	SLAVE
21	SLAVE	**SLAVE_State_ind(State)** /State ! = MASTER_LOST =〉	SLAVE
22	SLAVE	**SLAVE_State_ind(State)** /State == MASTER_LOST && ! BestMaster =〉	SLAVE
23	SLAVE	**SLAVE_State_ind(State)** /State == MASTER_LOST && BestMaster =〉 SequenceID++ StartupTimer.start(MasterStartupTime) BMA_State_ind(MASTER) Announce_req(PTCP_ANNOUNCE_PDU)	STARTUP
24	SLAVE	**Announce_ind(PTCP_ANNOUNCE_PDU)** /! VALID_SYNC_MASTER =〉 ignore	SLAVE

表 99（续）

#	当前状态	事件/条件 =〉动作	下一状态
25	SLAVE	**Announce_ind(PTCP_ANNOUNCE_PDU)** /VALID_SYNC_MASTER && ! CHECK_IN_MASTER_LIST =〉 ADD_TO_MASTER_LIST	SLAVE
26	SLAVE	**Announce_ind(PTCP_ANNOUNCE_PDU)** /VALID_SYNC_MASTER && CHECK_IN_MASTER_LIST && ! VALID_ANNOUCE =〉	SLAVE
27	SLAVE	**Announce_ind(PTCP_ANNOUNCE_PDU)** /VALID_SYNC_MASTER && CHECK_IN_MASTER_LIST && VALID_ANNOUCE =〉 UPDATE_MASTER_ENTRY	SLAVE
28	SLAVE	**AnnTimer.expired()** /! LOCAL_IS_BEST_MASTER =〉 BestMaster := FALSE AnnTimer.start(AnnInterval)	SLAVE
29	SLAVE	**AnnTimer.expired()** /LOCAL_IS_BEST_MASTER =〉 BestMaster := TRUE AnnTimer.start(AnnInterval)	SLAVE
30	SLAVE	**MasterListAgingT.expired()** =〉 AGING_MASTER_LIST MasterListAgingT.start(MASTER_AGING_TIME)	SLAVE
31	MASTER	**BMA_Start_req()** =〉 Status := WRONG_SEQUENCE BMA_Start_conf(Status)	MASTER
32	MASTER	**BMA_Stop_req()** =〉 AnnTimer.stop() Status := OK BMS_Stop_conf(Status)	UNKNOWN

表 99（续）

#	当前状态	事件/条件 =〉动作	下一状态
33	MASTER	**Annouce_conf**() =〉	MASTER
34	MASTER	**SLAVE_State_ind**(**State**) =〉 ignore	MASTER
35	MASTER	**Announce_ind**(**PTCP_ANNOUNCE_PDU**) /! VALID_SYNC_MASTER =〉 ignore	MASTER
36	MASTER	**Announce_ind**(**PTCP_ANNOUNCE_PDU**) /VALID_SYNC_MASTER && ! CHECK_IN_MASTER_LIST =〉 ADD_TO_MASTER_LIST	MASTER
37	MASTER	**Announce_ind**(**PTCP_ANNOUNCE_PDU**) /VALID_SYNC_MASTER && CHECK_IN_MASTER_LIST && ! VALID_ANNOUCE =〉	MASTER
38	MASTER	**Announce_ind**(**PTCP_ANNOUNCE_PDU**) /VALID_SYNC_MASTER && CHECK_IN_MASTER_LIST && VALID_ANNOUCE =〉 UPDATE_MASTER_ENTRY	MASTER
39	MASTER	**AnnTimer.expired**() /! MASTER_LIST_EMPTY =〉 SequenceID++ AnnTimer.start(AnnInterval) StartupTimer.start(MasterStartupTime) Announce_req(PTCP_ANNOUNCE_PDU)	T_MASTER
40	MASTER	**AnnTimer.expired**() /MASTER_LIST_EMPTY =〉 AnnTimer.start(AnnInterval)	MASTER
41	MASTER	**MasterListAgingT.expired**() =〉 AGING_MASTER_LIST MasterListAgingT.start(MASTER_AGING_TIME)	MASTER

表 99（续）

#	当前状态	事件/条件 =〉动作	下一状态
42	T_MASTER	**BMA_Start_req**() =〉 Status := WRONG_SEQUENCE BMA_Start_conf(Status)	T_MASTER
43	T_MASTER	**BMA_Stop_req**() =〉 AnnTimer.stop() Status := OK BMS_Stop_conf(Status)	UNKNOWN
44	T_MASTER	**Annouce_conf**(−) =〉 Announce_req(PTCP_ANNOUNCE_PDU)	T_MASTER
45	T_MASTER	**Annouce_conf**(+) =〉 ignore	T_MASTER
46	T_MASTER	**SLAVE_State_ind(State)** =〉 ignore	T_MASTER
47	T_MASTER	**Announce_ind(PTCP_ANNOUNCE_PDU)** /! VALID_SYNC_MASTER =〉 ignore	T_MASTER
48	T_MASTER	**Announce_ind(PTCP_ANNOUNCE_PDU)** /VALID_SYNC_MASTER && ! CHECK_IN_MASTER_LIST =〉 ADD_TO_MASTER_LIST StartupTimer.restart(MasterStartupTime)	T_MASTER
49	T_MASTER	**Announce_ind(PTCP_ANNOUNCE_PDU)** /VALID_SYNC_MASTER && CHECK_IN_MASTER_LIST && ! VALID_ANNOUCE =〉	T_MASTER
50	T_MASTER	**Announce_ind(PTCP_ANNOUNCE_PDU)** /VALID_SYNC_MASTER && CHECK_IN_MASTER_LIST && VALID_ANNOUCE =〉 UPDATE_MASTER_ENTRY StartupTimer.restart(MasterStartupTime)	T_MASTER

表 99（续）

#	当前状态	事件/条件 =〉动作	下一状态
51	T_MASTER	**AnnTimer.expired()** /! MASTER_LIST_EMPTY =〉 SequenceID++ AnnTimer.start(AnnInterval) StartupTimer.restart(MasterStartupTime) Announce_req(PTCP_ANNOUNCE_PDU)	T_MASTER
52	T_MASTER	**AnnTimer.expired()** /MASTER_LIST_EMPTY =〉 SequenceID++ AnnTimer.start(AnnInterval) Announce_req(PTCP_ANNOUNCE_PDU)	T_MASTER
53	T_MASTER	**StartupTimer.expired()** =〉	MASTER
54	T_MASTER	**MasterListAgingT.expired()** =〉 AGING_MASTER_LIST MasterListAgingT.start(MASTER_AGING_TIME)	T_MASTER

表 100　BMA 最佳远程同步主时钟(RSM)状态表

#	当前状态	事件/条件 =〉动作	下一状态
1	IDLE	**GetBestRSM(SyncID, MasterList)** /MasterList.Entry{SyncID}.Num_entry == 0 =〉 Best_RSM_SA := NIL	IDLE
2	IDLE	**GetBestRSM(SyncID, MasterList)** /MasterList.Entry{SyncID}.Num_entry == 1 =〉 N_BestM := 0 Best_RSM_SA := MasterList.Entry{SyncID, N_BestM}.SA Result := OK	IDLE
3	IDLE	**GetBestRSM(SyncID, MasterList)** /MasterList.Entry{SyncID}.Num_entry > 1 =〉 N_BestM := 0 N_CmpM := 1	CMP_R_P1

表 100（续）

#	当前状态	事件/条件 =〉动作	下一状态
4	CMP_R_P1	 /N_CmpM < MasterList.Entry{SyncID}.Num_entry && MasterList.Entry{SyncID}[N_BestM].Priority1 > MasterList.Entry{SyncID}[N_CmpM].Priority1 =〉 N_CmpM++	CMP_R_P1
5	CMP_R_P1	 /N_CmpM < MasterList.Entry{SyncID}.Num_entry && MasterList.Entry{SyncID}[N_BestM].Priority1 < MasterList.Entry{SyncID}[N_CmpM].Priority1 =〉 N_BestM := N_CmpM N_CmpM++	CMP_R_P1
6	CMP_R_P1	 /N_CmpM < MasterList.Entry{SyncID}.Num_entry && MasterList.Entry{SyncID}[N_BestM].Priority1 == MasterList.Entry{SyncID}[N_CmpM].Priority1 =〉	CMP_R_A
7	CMP_R_P1	 /N_CmpM >= MasterList.Entry{SyncID}.Num_entry =〉 Best_RSM_SA := MasterList.Entry{SyncID,N_BestM }.SA	IDLE
8	CMP_R_A	 /MasterList.Entry{SyncID}[N_BestM].Accuracy > MasterList.Entry{SyncID}[N_CmpM].Accuracy =〉 N_CmpM++	CMP_R_P1
9	CMP_R_A	 /MasterList.Entry{SyncID}[N_BestM].Accuracy < MasterList.Entry{SyncID}[N_CmpM].Accuracy =〉 N_BestM := N_CmpM N_CmpM++	CMP_R_P1
10	CMP_R_A	 /MasterList.Entry{SyncID}[N_BestM].Accuracy == MasterList.Entry{SyncID}[N_CmpM].Accuracy =〉	CMP_R_V
11	CMP_R_V	 /N_CmpM < MasterList.Entry{SyncID}.Num_entry && MasterList.Entry{SyncID}[N_BestM].Variance > MasterList.Entry{SyncID}[N_CmpM].Variance =〉 N_CmpM++	CMP_R_P1

表 100（续）

#	当前状态	事件/条件 =〉动作	下一状态
12	CMP_R_V	/MasterList.Entry{SyncID}[N_BestM].Variance < MasterList.Entry{SyncID}[N_CmpM].Variance =〉 N_BestM := N_CmpM N_CmpM++	CMP_R_P1
13	CMP_R_V	/MasterList.Entry{SyncID}[N_BestM].Variance == MasterList.Entry{SyncID}[N_CmpM].Variance =〉	CMP_R_P2
14	CMP_R_P2	/N_CmpM < MasterList.Entry{SyncID}.Num_entry && MasterList.Entry{SyncID}[N_BestM].Priority2 > MasterList.Entry{SyncID}[N_CmpM].Priority2 =〉 N_CmpM++	CMP_R_P1
15	CMP_R_P2	/N_CmpM < MasterList.Entry{SyncID}.Num_entry && MasterList.Entry{SyncID}[N_BestM].Priority2 < MasterList.Entry{SyncID}[N_CmpM].Priority2 =〉 N_BestM := N_CmpM N_CmpM++	CMP_R_P1
16	CMP_R_P2	/N_CmpM < MasterList.Entry{SyncID}.Num_entry && MasterList.Entry{SyncID}[N_BestM].Priority2 == MasterList.Entry{SyncID}[N_CmpM].Priority2 =〉	CMP_R_MA
17	CMP_R_P2	/N_CmpM >= MasterList.Entry{SyncID}.Num_entry =〉 Best_RSM_SA := MasterList.Entry{SyncID,N_BestM }.SA	IDLE
18	CMP_R_MA	/MasterList.Entry{SyncID}[N_BestM].SA < MasterList.Entry{SyncID}[N_CmpM].SA =〉 N_CmpM++	CMP_R_P1

表 100（续）

#	当前状态	事件/条件 =〉动作	下一状态
19	CMP_R_MA	 /MasterList.Entry{SyncID}[N_BestM].SA > MasterList.Entry{SyncID}[N_CmpM].SA =〉 N_BestM := N_CmpM N_CmpM++	CMP_R_P1
20	CMP_R_MA	 /MasterList.Entry{SyncID}[N_BestM].SA == MasterList.Entry{SyncID}[N_CmpM].SA =〉 N_CmpM++	CMP_R_P1

表 101　BMA 获得最佳同步主时钟（GBSM）状态表

#	当前状态	事件/条件 =〉动作	下一状态
1	IDLE	**GetBestSM(SM_1,SM_2)** /SM_1 == NIL && SM_2.SA == NIL =〉 BetterSM_SA := NIL	IDLE
2	IDLE	**GetBestSM(SM_1,SM_2)** /SM_1 == NIL && SM_2.SA != NIL =〉 BetterSM_SA := SM_2.SA	IDLE
3	IDLE	**GetBestSM(SM_1,SM_2)** /SM_1 != NIL && SM_2.SA != NIL =〉	CMP_R_L_P1
4	CMP_R_L_P1	 /SM_1.Priority1 < SM_2.Priority1 =〉 BetterSM_SA := SM_1.SA	IDLE
5	CMP_R_L_P1	 /SM_1.Priority1 > SM_2.Priority1 =〉 BetterSM_SA := SM_2.SA	IDLE
6	CMP_R_L_P1	 /SM_1.Priority1 == SM_2.Priority1 =〉	CMP_R_L_A

表 101（续）

#	当前状态	事件/条件 =〉动作	下一状态
7	CMP_R_L_A	/SM_1.Accuracy < SM_2.Accuracy =〉 BetterSM_SA := SM_1.SA	IDLE
8	CMP_R_L_A	/SM_1.Accuracy > SM_2.Accuracy =〉 BetterSM_SA := SM_2.SA	IDLE
9	CMP_R_L_A	/SM_1.Accuracy == SM_2.Accuracy =〉	CMP_R_L_V
10	CMP_R_L_V	/SM_1.Variance < SM_2.Variance =〉 BetterSM_SA := SM_1.SA	IDLE
11	CMP_R_L_V	/SM_1.Variance > SM_2.Variance =〉 BetterSM_SA := SM_2.SA	IDLE
12	CMP_R_L_V	/SM_1.Variance == SM_2.Variance =〉	CMP_R_L_P2
13	CMP_R_L_P2	/SM_1.Priority1 < SM_2.Priority1 =〉 BetterSM_SA := SM_1.SA	IDLE
14	CMP_R_L_P2	/SM_1.Priority1 > SM_2.Priority1 =〉 BetterSM_SA := SM_2.SA	IDLE
15	CMP_R_L_P2	/SM_1.Priority1 == SM_2.Priority1 =〉	CMP_R_L_MA
16	CMP_R_L_MA	/SM_1.SA < SM_2.SA =〉 BetterSM_SA := SM_1.SA	IDLE
17	CMP_R_L_MA	/SM_1.SA > SM_2.SA =〉 BetterSM_SA := SM_2.SA	IDLE
18	CMP_R_L_MA	/SM_1.SA == SM_2.SA =〉 BetterSM_SA := SM_1.SA	IDLE

4.4.4.4.4 宏

表 102 包含 BMA 所使用的宏。

表 102 BMA 使用的宏

名　称	含　义
VALID_SYNC_MASTER	支持域 PTCP_ANNOUNCE_PDU.DomainUUID == DomainUUID
ini MasterList	初始化远程主时钟的数据集 MasterList.Num_entry := 0
CHECK_IN_MASTER_LIST	主时钟在主时钟表中 sm_sa := PTCP_ANNOUNCE_PDU.MasterSourceAddress sm_sa inMasterList
VALID_ANNOUNCE	检查广播帧 sm_sa := PTCP_ANNOUNCE_PDU.MasterSourceAddress MasterList.Entry{sm_sa}.SequenceID <= PTCP_ANNOUNCE_PDU.SequenceID
ADD_TO_MASTER_LIST	在远程同步主时钟表中插入同步主时钟 sm_sa := PTCP_ANNOUNCE_PDU.MasterSourceAddress if(MasterList.Num_entry < MAX_CNT_REMOTE_MASTER) MasterList.Insert(sm_sa) MasterList.Entry{sm_sa}.Priority1 := PTCP_ANNOUNCE_PDU.Priority1 MasterList.Entry{sm_sa}.Accuracy := PTCP_ANNOUNCE_PDU.Accuracy MasterList.Entry{sm_sa}.Variance := PTCP_ANNOUNCE_PDU.Variance MasterList.Entry{sm_sa}.Priority2 := PTCP_ANNOUNCE_PDU.Priority2 MasterList.Entry{sm_sa}.SA := sm_sa MasterList.Entry{sm_sa}.Receipt := 1 MasterList.Num_entry++
UPDATE_MASTER_ENTRY	更新远程同步主时钟表中的登录项 MasterList.Entry{sm_sa}.Priority1 := PTCP_ANNOUNCE_PDU.Priority1 MasterList.Entry{sm_sa}.Accuracy := PTCP_ANNOUNCE_PDU.Accuracy MasterList.Entry{sm_sa}.Variance := PTCP_ANNOUNCE_PDU.Variance MasterList.Entry{sm_sa}.Priority2 := PTCP_ANNOUNCE_PDU.Priority2 MasterList.Entry{sm_sa}.Receipt+= 1
REM_ENTRY	从远程次主时钟表中移去主时钟 MasterList.Num_entry-- MasterList.Remove(sm_sa)
AGING_MASTER_LIST	退化(Aging)远程同步主时钟表中的登录项 form := 0 to MasterList.Num_entry if(MasterList.Entry[m].Receipt == 0

4.4.4.4.5 函数

表 103 包含 BMA 所使用的函数。

表 103 BMA 使用的函数

名称	含义
BMA_Start_req()	激活最佳主时钟功能
BMA_Start_cnf()	证实最佳主时钟功能开始
BMA_Stop_req()	解除激活最佳主时钟功能
BMA_Stop_cnf()	证实最佳主时钟功能停止
BMA_State_ind(Role)	在启动阶段，BMA 选择最佳同步主时钟。 角色的允许值： ——MASTER ——SLAVE
SLAVE_State_ind(Status)	主时钟丢失指示。该事件由 SLAVE 产生。 ——MASTER_LOST
Announce_req()	依据 PTCP_ANNOUNCE_PDU 创建 PTCP-PDU 赋值： D_Port：＝AUTO DA：＝PTCP_MulticastMACadd for PTCP_ANNOUNCE_PDU SA：＝local source address PTCP_ANNOUNCE_PDU.SequenceID：＝SequenceID PTCP_ANNOUNCE_PDU.DomainUUID：＝DomainUUID PTCP_ANNOUNCE_PDU.MasterSourceAddress：＝local master address PTCP_ANNOUNCE_PDU.MasterPriority1：＝Priority PTCP_ANNOUNCE_PDU.ClockClass：＝Class PTCP_ANNOUNCE_PDU.ClockAccuracy：＝Accuracy PTCP_ANNOUNCE_PDU.ClockVarinace：＝Variance PTCP_ANNOUNCE_PDU.MasterPriority2：＝0xFF A_SDU：＝LT，FrameID，PTCP_ANNOUNCE_PDU LMPM_A_Data.req(CREP，D_Port，TStamp，DA，SA，A_SDU)
Announce_cnf(Status)	LMPM_A_Data.conf(CREP，D_Port，TStamp，LMPM_Status) 赋值： Status：＝LMPM_Status
Annouce_ind(PTCP_ANNOUNCE_PDU)	依据 PTCP_SYNC_PDU 接收 PTCP-PDU LMPM_A_Data.ind(CREP，S_Port，TSamp，DA，SA，A_SDU) 赋值： PTCP_SYNC_PDU：＝A_SDU without LT and FrameID

4.4.4.5 主时钟协议机(MPSM)

4.4.4.5.1 原语定义

4.4.4.5.1.1 在MPSM与ASE之间交换的原语

这些服务原语及其相关参数在服务定义中以PTCP ASE进行描述,它们由MPSM用户发出并由MPSM接收,反之亦然。

4.4.4.5.2 状态机描述

主时钟协议状态机控制主时钟角色与从时钟角色之间的转换。对于每个现有的PTCPSyncID,这些转换由每个主时钟本地来完成。因此,对于每个PTCPSyncID存在该状态机的实例。为了实现这些转换,MPSM必须发起同步报文和通告报文。为了通告主时钟能力并认可仅一个主时钟是活动的,应发送通告报文。同步报文只应在启动期间发送。

启动后,数据管理应被初始化(POWER-ON),同步角色必须被设置(IDLE)。主时钟角色由PTCP服务来设置。此后,该MPSM从状态IDLE到状态STARTUP并开始BMA状态机。

应通过状态STARTUP来防止多个活动的主时钟。作为主时钟角色,其MPSM发送若干通告报文。因此,从状态STARTUP到状态MASTER(主管理器)的转换需根据并存主时钟的大量信息来决定。

如果已存在一个活动的主时钟(具有较小的能力),并且在启动阶段后出现一个新的主时钟,则新主时钟必须与该活动主时钟同步。为了同步,该MPSM进到状态SLAVE。

图33示出了MPSM状态机。

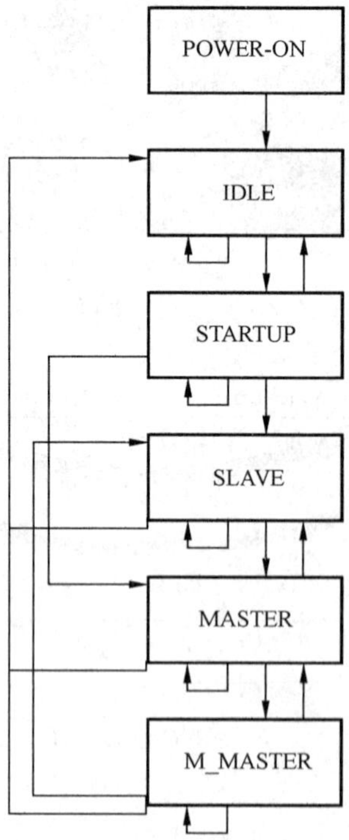

图33 MPSM状态转换图

MPSM的状态如下:

——POWER_ON

数据初始化。

——IDLE

ASE 服务“StartMaster_req”应开始该设备的主时钟功能。

——STARTUP

在启动周期期间，MPSM 处于状态 STARTUP。

——SLAVE

该主时钟被来自该同步域中另一个主时钟的同步报文同步化。

——MASTER

这是活动的主(primary)主时钟。因此它发送同步报文。

——M_MASTER

此状态处理多主时钟问题。

4.4.4.5.3 MPSM 状态表

表 104 包含 MPSM 使用的状态表。

表 104 MPSM 状态表

#	当前状态	事件/条件=〉动作	下一状态
1	POWER-ON	 =〉 SequenceID：=0 MultipleMaster：=FALSE	IDLE
2	IDLE	**StartMaster_req()** =〉 Status：=OK BMA_Start_req() StartMaster_conf(Status)	STARTUP
3	IDLE	**StopMaster_req()** =〉 Staus：=OK StopMaster_conf(Status)	IDLE
4	IDLE	**Sync_cnf()(D_Port)** =〉	IDLE
5	IDLE	**BMA_Stop_cnf()** =〉	IDLE
6	STARTUP	**StartMaster_req()** =〉 Status：=WRONG_SEQUENCE StartMaster_conf(Status)	STARTUP
7	STARTUP	**StopMaster_req()** =〉 Status：=OK StopMaster_conf(Status) BMA_Stop_req()	IDLE

表 104（续）

#	当前状态	事件/条件 =〉动作	下一状态
8	STARTUP	**Sync_cnf()(D_Port)** =〉	STARTUP
9	STARTUP	**BMA_State_ind(State)** /State==SLAVE =〉 Staus:=OK StartSlave_req()	SLAVE

10	STARTUP	**BMA_State_ind(State)**
		/State==MASTER
		=〉
		State:=SINGLE_MASTER
		SequenceID ++
		SyncTimer.start(SyncInterval)
		TimeoutT.start(SyncTimeOut)
		for i:=all op.D_Ports
		do
		  if !(EGRESS_BORDERLINE(D_Port))
		   sync_req(S_Port,PTCP_SYNC_PDU)
			MASTER

11	SLAVE	**StartMaster_req()** =〉 Status:=OK StartMaster_conf(Status) BMA_Start_req()	SLAVE
12	SLAVE	**StopMaster_req()** =〉 Staus:=OK BMA_Stop_req() StopMaster_conf(Status)	IDLE
13	SLAVE	**Sync_cnf()(D_Port)** =〉	SLAVE
14	SLAVE	**BMA_State_ind(State)** /State==SLAVE =〉	SLAVE

15	SLAVE	**BMA_State_ind(State)**
		/State==MASTER
		=〉
		State:=SINGLE_MASTER
		SequenceID ++
		SyncTimer.start(SyncInterval)
		TimeoutT.start(SyncTimeOut)
		StopSlave_req()
		for i:=all op.D_Ports
		do
		  if !(EGRESS_BORDERLINE(D_Port))
		   sync_req(i,PTCP_SYNC_PDU)
			MASTER

表 104（续）

#	当前状态	事件/条件 =〉动作	下一状态
16	MASTER	**StartMaster_req**() =〉 Status:=WRONG_SEQUENCE StartMaster_conf(Status)	MASTER
17	MASTER	**StopMaster_req**() =〉 Status:=OK BMA_Stop_req() StopMaster_conf(Status)	IDLE
18	MASTER	**BMA_State_ind**(State) /State==SLAVE =〉 SyncTimer.stop() TimeoutT.stop() StartSlave_req()	SLAVE
19	MASTER	**BMA_State_ind(State)** /State==MASTER =〉	MASTER
20	MASTER	**Sync_ind(−)(S_Port,PTCP_SYNC_PDU)** =〉 ignore	MASTER
21	MASTER	**Sync_ind(+)(S_Port,PTCP_SYNC_PDU)** /! VALID_SYNC =〉	MASTER
22	MASTER	**Sync_ind(+)(S_Port,PTCP_SYNC_PDU)** /VALID_SYNC && INGRESS_BORDERLINE =〉	MASTER
23	MASTER	**Sync_ind(+)(S_Port,PTCP_SYNC_PDU)** /VALID_SYNC && ! INGRESS_BORDERLINE =〉 MultipleMaster:=TRUE	MASTER
24	MASTER	**Sync_cnf(−)(D_Port)** =〉 Sync_req(D_Port,PTCP_SYNC_PDU)	MASTER
25	MASTER	**Sync_cnf(+)(D_Port)**=〉	MASTER

表 104（续）

#	当前状态	事件/条件 =〉动作	下一状态

26	MASTER	**SyncTimer.expired**()
		=〉
		SequenceID ++
		SyncTimer.start(SyncInterval)
		for i:=all op.D_Ports
		do
		  if !(EGRESS_BORDERLINE(D_Port))
		    sync_req(i,PTCP_SYNC_PDU)
			MASTER

27	MASTER	**TimeoutT.expired**() /! MultipleMaster =〉 TimeoutT.start(SyncTimeOut)	MASTER
28	MASTER	**TimeoutT.expired**() /MultipleMaster =〉 MultipleMaster:=FALSE TimeoutT.start(SyncTimeOut) SyncStateChange_ind(MULTIPLE_MASTER)	M_MASTER
29	M_MASTER	**StartMaster_req**() =〉 Status:=WRONG_SEQUENCE StartMaster_conf(Status)	M_MASTER
30	M_MASTER	**StopMaster_req**() =〉 Staus:=OK BMA_Stop_req() StopMaster_conf(Status)	IDLE
31	M_MASTER	**BMA_State_ind(State)** /State==SLAVE =〉 SyncTimer.stop() TimeoutT.stop() StartSlave_req()	SLAVE
32	M_MASTER	**BMA_State_ind(State)** /State==MASTER =〉	M_MASTER
33	M_MASTER	**Sync_ind(−)(S_Port,PTCP_SYNC_PDU)** =〉 ignore	M_MASTER
34	M_MASTER	**Sync_ind(+)(S_Port,PTCP_SYNC_PDU)** /! VALID_SYNC =〉	M_MASTER

表 104（续）

#	当前状态	事件/条件 =〉动作	下一状态
35	M_MASTER	**Sync_ind(+)(S_Port,PTCP_SYNC_PDU)** /VALID_SYNC && INGRESS_BORDERLINE =〉	M_MASTER
36	M_MASTER	**Sync_ind(+)(S_Port,PTCP_SYNC_PDU)** /VALID_SYNC && ! INGRESS_BORDERLINE =〉 MultipleMaster:=TRUE	M_MASTER
37	M_MASTER	**Sync_cnf(−)(D_Port)** =〉 Sync_req(D_Port,PTCP_SYNC_PDU)	M_MASTER
38	M_MASTER	**Sync_cnf(+)(D_Port)** =〉	M_MASTER

39	M_MASTER	**SyncTimer.expired()**
		=〉
		SequenceID ++
		SyncTimer.start(SyncInterval)
		for i:=all op.D_Ports
		do
		  if !(EGRESS_BORDERLINE(D_Port))
		    sync_req(i,PTCP_SYNC_PDU)
			M_MASTER

40	M_MASTER	**TimeoutT.expired()** /! MultipleMaster =〉 TimeoutT.start(SyncTimeOut) SyncStateChange_ind(SINGLE_MASTER)	MASTER
41	M_MASTER	**TimeoutT.expired()** /MultipleMaster =〉 MultipleMaster:=FALSE TimeoutT.start(SyncTimeOut)	M_MASTER

4.4.4.5.4 宏

表 105 包含 MPSM 使用的宏。

表 105　MPSM 使用的宏

名　　称	含　　义
VALID_SYNC	检查所接收的同步帧 PTCP_SYNC_PDU. DomainUUID==DomainUUID PTCP_SYNC_PDU.MasterSourceAddress ！ =local master address PTCP_SYNC_PDU.SequenceID>stored remotemasterSequenceID
EGRESS_BOUNDARY	同步帧的外出边界
INGRESS_BORDERLINE	同步帧的进入边界

4.4.4.5.5　函数

表 106 包含 MPSM 使用的函数。

表 106　MPSM 使用的函数

名　　称	含　　义
StartMaster_req()	激活主时钟功能
StartMaster_cnf()	证实主时钟开始
StopMaster_req()	解除激活主时钟功能
StopMaster_cnf()	证实主时钟停止
StartSlave_req()	激活从时钟功能
StartSlave_cnf()	证实从时钟开始
StopSlave_req()	解除激活从时钟功能
StopSlave_cnf()	证实从时钟停止
BMA_Start_req()	激活最佳主时钟功能
BMA_Start_cnf()	证实最佳主时钟功能开始
BMA_Stop_req()	解除激活最佳主时钟功能
BMA_Stop_cnf()	证实最佳主时钟功能停止
BMA_State_ind(Role)	在启动阶段,BMA 选择最佳同步主时钟 角色的允许值： ——MASTER ——SLAVE
SyncStateChange_ind(Status)	事件指示 ——SINGLE_MASTER ——MULTIPLE_MASTER

表 106（续）

名　　称	含　　义
Sync_req(D_Port,PTCP_SYNC_PDU)	依据 PTCP_SYNC_PDU 创建 PTCP-PDU 赋值： D_Port：＝D_Port DA：＝Multicast Address for PTCP_SYNC_PDU and corresponding SyncID SA：＝portsource address PTCP_SYNC_PDU.SequenceID：＝SequenceID PTCP_SYNC_PDU.DomainUUID：＝DomainUUID PTCP_SYNC_PDU.MasterSourceAddress：＝local master address PTCP_SYNC_PDU.Time：＝lacal time fromsource PTCP_SYNC_PDU.TimeExtension：＝CurrentUTCOffset：＝Current UTC Offset PTCP_SYNC_PDU.MasterPriority1：＝Priority PTCP_SYNC_PDU.ClockClass：＝Class PTCP_SYNC_PDU.ClockAccuracy：＝Accuracy PTCP_SYNC_PDU.ClockVarinace：＝Variance PTCP_SYNC_PDU.MasterPriority2：＝0xFF A_SDU：＝LT,FrameID,PTCP_SYNC_PDU LMPM_P_Data.req(CREP,D_Port,TStamp,DA,SA,A_SDU)
Sync_cnf(Status)(D_Port)	LMPM_P_Data.conf(CREP,D_Port,TStamp,LMPM_Status) 赋值： Status：＝LMPM_Status
Sync_ind(PTCP_SYNC_PDU)	依据 PTCP_SYNC_PDU 接收 PTCP-PDU LMPM_P_Data.ind(CREP,S_Port,TSamp,DA,SA,A_SDU) 赋值： PTCP_SYNC_PDU：＝A_SDU without LT and FrameID

4.4.4.6　从时钟协议机(SPSM)

4.4.4.6.1　原语定义

4.4.4.6.1.1　在 SPSM 与 ASE 之间交换的原语

这些服务原语及其相关参数在服务定义中以 PTCP ASE 进行描述，它们由 SPSM 用户发出并由 SPSM 接收，反之亦然。

4.4.4.6.2　状态机描述

从时钟协议机控制从时钟设备的转换。因此，对于每个 SyncID 存在该状态机的实例。

启动(start up)后，数据管理应被初始化(POWER-ON)，同步角色必须被设置(IDLE)。该角色由 PTCP 服务来设置。此后，SPSM 从状态 IDLE 到状态 WAIT_S。在状态 WAIT_S 下，从时钟等待同步报文以与活动主时钟同步化。在接收同步报文时，SPSM 从状态 WAIT_S 到状态 ASYNC。如果该从时钟被同步了,则 SPSM 应转换(switch)到状态 SYNC。如果在状态 SYNC 中,没有接收到同步报文,则 SPSM 应转换到状态 TSYNC。

图 34 示出了 SPSM 状态机。

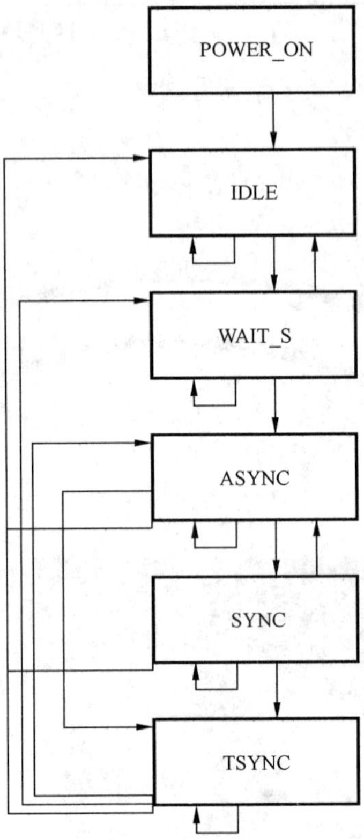

图 34 SPSM 状态转换图

SPSM 的状态如下:

——POWER_ON

数据初始化。

——IDLE

ASE 服务"StartSlave_req"应开始该设备的从时钟功能。

——WAIT_S

该从时钟在状态 WAIT_S 下等待接收同步报文。

——ASYNC

该从时钟未与同步域中的活动主时钟同步。

——SYNC

该从时钟已完成与同步域中的活动主时钟同步。

——TSYNC

该从时钟仍然在等待新的同步报文。

4.4.4.6.3 SPSM 状态表

表 107 包含 SPSM 使用的状态表。

表 107 SPSM 状态表

#	当前状态	事件/条件=〉动作	下一状态
1	POWER-ON	 =〉 M_SA:=NIL	IDLE
2	IDLE	**StartSlave_req**() =〉 store Parameter Status:=OK TakeoverTimeoutT.start(MasterTimeOut) StartSlave_cnf(Status)	WAIT_S
3	IDLE	**StopSlave_req**() =〉 Staus:=OK StopSlave_cnf(Status)	IDLE
4	WAIT_S	**StartSlave_req**() =〉 Staus:=WRONG_SEQUENCE StartSlave_cnf(Status)	WAIT_S
5	WAIT_S	**StopSlave_req**() =〉 TakeoverTimeoutT.stop() Staus:=OK StopSlave_cnf(Status)	IDLE
6	WAIT_S	**Sync_ind(—)(S_Port,LocalTime,PTCP_SYNC_DATA)** =〉 ignore	WAIT_S
7	WAIT_S	**Sync_ind(—)(S_Port,LocalTime,PTCP_SYNC_DATA)** /! VALID_DOMAIN_ID =〉	WAIT_S
8	WAIT_S	**Sync_ind(—)(S_Port,LocalTime,PTCP_SYNC_DATA)** /VALID_DOMAIN_ID && INGRESS_BORDERLINE =〉	WAIT_S
9	WAIT_S	**Sync_ind(+)(S_Port,LocalTime,PTCP_SYNC_DATA)** /VALID_DOMAIN_ID && ! INGRESS_BORDERLINE =〉 L_Time:=LocalTime M_Time:=PTCP_SYNC_DATA.Time M_Seq:=PTCP_SYNC_DATA.SequneceID M_SA:=PTCP_SYNC_DATA.MasterSourceAddress OFFSET_CTRL_START(L_Time,m_Time) OffsetContLoopT.start(SyncInterval) TakeoverTimeoutT.restart(MasterTimeOut) SyncTimeoutT.start(SyncTimeOut) SyncStateChange_ind(JITTER_OUT_OF_BOUNDARY)	ASYNC

表 107(续)

#	当前状态	事件/条件 =〉动作	下一状态
10	WAIT_S	**TakeoverTimeoutT.expired**() =〉 M_SA:=NIL SLAVE_State_ind(MASTER_LOST)	WAIT_S
11	ASYNC	**StartSlave_req**() =〉 Staus:=WRONG_SEQUENCE StartSlave_cnf(Status)	ASYNC
12	ASYNC	**StopSlave_req**() =〉 OFFSET_CTRL_STOP OffsetContLoopT.stop() TakeoverTimeoutT.stop() SyncTimeoutT.stop() Staus:=OK StopSlave_cnf(Status)	IDLE
13	ASYNC	**Sync_ind**(—)(**S_Port**,**LocalTime**,**PTCP_SYNC_DATA**) =〉 ignore	ASYNC
14	ASYNC	**Sync_ind**(+)(**S_Port**,**LocalTime**,**PTCP_SYNC_DATA**) /! VALID_DOMAIN_ID =〉 ignore	ASYNC
15	ASYNC	**Sync_ind**(+)(**S_Port**,**LocalTime**,**PTCP_SYNC_DATA**) /VALID_DOMAIN_ID && INGRESS_BORDERLINE =〉 ignore	ASYNC
16	ASYNC	**Sync_ind**(+)(**S_Port**,**LocalTime**,**PTCP_SYNC_DATA**) /VALID_DOMAIN_ID && ! INGRESS_BORDERLINE && ! VALID_SYNC_MASTER =〉 ignore	ASYNC
17	ASYNC	**Sync_ind**(+)(**S_Port**,**LocalTime**,**PTCP_SYNC_DATA**) /VALID_DOMAIN_ID && ! INGRESS_BORDERLINE && VALID_SYNC_MASTER =〉 L_Time:=LocalTime M_Time:=PTCP_SYNC_DATA.Time M_Seq:=PTCP_SYNC_DATA.SequneceID TakeoverTimeoutT.restart(MasterTimeOut) SyncTimeoutT.restart(SyncTimeOut)	ASYNC

表 107（续）

#	当前状态	事件/条件 =〉动作	下一状态
18	ASYNC	**OffsetContLoopT.expired()** /! OFFSET_CTRL_IS_SYNC =〉 OFFSET_CTRL_CALC(L_Time,m_Time) OffsetContLoopT.start(SyncInterval)	ASYNC
19	ASYNC	**OffsetContLoopT.expired()** /OFFSET_CTRL_IS_SYNC =〉 OFFSET_CTRL_CALC(L_Time,m_Time) OffsetContLoopT.start(SyncInterval) SyncStateChange_ind(SYNC)	SYNC
20	ASYNC	**TakeoverTimeoutT.expired()** =〉 M_SA:=NIL SLAVE_State_ind(MASTER_LOST)	TSYNC
21	SYNC	**StartSlave_req()** =〉 Staus:=WRONG_SEQUENCE StartSlave_cnf(Status)	SYNC
22	SYNC	**StopSlave_req()** =〉 OFFSET_CTRL_STOP OffsetContLoopT.stop() TakeoverTimeoutT.stop() SyncTimeoutT.stop() Staus:=OK StopSlave_cnf(Status)	IDLE
23	SYNC	**Sync_ind(—)(S_Port,LocalTime,PTCP_SYNC_DATA)** =〉 ignore	SYNC
24	SYNC	**Sync_ind(+)(S_Port,LocalTime,PTCP_SYNC_DATA)** /! VALID_DOMAIN_ID =〉	SYNC
25	SYNC	**Sync_ind(+)(S_Port,LocalTime,PTCP_SYNC_DATA)** /VALID_DOMAIN_ID && INGRESS_BORDERLINE =〉 ignore	SYNC
26	SYNC	**Sync_ind(+)(S_Port,LocalTime,PTCP_SYNC_DATA)** /VALID_DOMAIN_ID && ! INGRESS_BORDERLINE && ! VALID_SYNC_MASTER =〉 ignore	SYNC

表 107（续）

#	当前状态	事件/条件 =〉动作	下一状态
27	SYNC	**Sync_ind(+)(S_Port,LocalTime,PTCP_SYNC_DATA)** /VALID_DOMAIN_ID && ! INGRESS_BORDERLINE && VALID_SYNC_MASTER =〉 L_Time:=LocalTime M_Time:=PTCP_SYNC_DATA.Time M_Seq:=PTCP_SYNC_DATA.SequneceID TakeoverTimeoutT.restart(MasterTimeOut) SyncTimeoutT.restart(SyncTimeOut)	SYNC
28	SYNC	**OffsetContLoopT.expired()** /OFFSET_CTRL_IS_SYNC =〉 OFFSET_CTRL_CALC(L_Time,m_Time) OffsetContLoopT.start(SyncInterval)	SYNC
29	SYNC	**OffsetContLoopT.expired()** /! OFFSET_CTRL_IS_SYNC =〉 OFFSET_CTRL_CALC(L_Time,m_Time) OffsetContLoopT.start(SyncInterval) SyncStateChange_ind(JITTER_OUT_OF_BOUNDARY)	ASYNC
30	SYNC	**TakeoverTimeoutT.expired()** =〉 M_SA:=NIL SLAVE_State_ind(MASTER_LOST)	TSYNC
31	TSYNC	**StartSlave_req()** =〉 Staus:=WRONG_SEQUENCE StartSlave_cnf(Status)	TSYNC
32	TSYNC	**StopSlave_req()** =〉 OFFSET_CTRL_STOP OffsetContLoopT.stop() TakeoverTimeoutT.stop() SyncTimeoutT.stop() Staus:=OK StopSlave_cnf(Status)	IDLE
33	TSYNC	**Sync_ind(−)(S_Port,LocalTime,PTCP_SYNC_DATA)** =〉 ignore	TSYNC
34	TSYNC	**Sync_ind(+)(S_Port,LocalTime,PTCP_SYNC_DATA)** /! VALID_DOMAIN_ID =〉 ignore	TSYNC

表 107（续）

#	当前状态	事件/条件 =〉动作	下一状态
35	TSYNC	**Sync_ind(+)(S_Port,LocalTime,PTCP_SYNC_DATA)** /VALID_DOMAIN_ID && INGRESS_BORDERLINE =〉 ignore	TSYNC
36	TSYNC	**Sync_ind(+)(S_Port,LocalTime,PTCP_SYNC_DATA)** /VALID_DOMAIN_ID && ! INGRESS_BORDERLINE && ! VALID_SYNC_MASTER =〉 ignore	TSYNC
37	TSYNC	**Sync_ind(+)(S_Port,LocalTime,PTCP_SYNC_DATA)** /VALID_DOMAIN_ID && ! INGRESS_BORDERLINE && VALID_SYNC_MASTER =〉 L_Time:=LocalTime M_Time:=PTCP_SYNC_DATA.Time M_Seq:=PTCP_SYNC_DATA.SequneceID TakeoverTimeoutT.restart(MasterTimeOut) SyncTimeoutT.restart(SyncTimeOut)	ASYNC
38	TSYNC	**OffsetContLoopT.expired()** =〉 OffsetContLoopT.start(SyncInterval)	TSYNC
39	TSYNC	**SyncTimeoutT.expired()** =〉 OffsetContLoopT.stop() OFFSET_CTRL_STOP SyncStateChange_ind(NO_SYNC_MESSAGE_RECEIVED)	WAIT_S

4.4.4.6.4 宏

表 108 包含 SPSM 使用的宏。

表 108 SPSM 使用的宏

名　称	含　义
VALID_DOMAIN_ID	从所接收的同步帧检查域 UUID PTCP_SYNC_PDU.DomainUUID==DomainUUID
VALID_SYNC_MASTER	从当前的主时钟接收同步帧 PTCP_SYNC_PDU.SeqneuceID>M_Seq PTCP_SYNC_PDU.MasterSourceAddress==M_SA

表 108(续)

名　称	含　义
OFFSET_CTRL_START(L_Time,m_Time)	初始化控制环用于偏移量补偿(compenstation)
OFFSET_CTRL_CALC(L_Time,m_Time)	偏移量补偿
OFFSET_CTRL_STOP	停止偏移量补偿
OFFSET_CTRL_IS_SYNC	测量 PLL Window 中的同步错误
INGRESS_BORDERLINE	同步帧的进入边界
VALID_DOMAIN_ID	从所接收的同步帧检查域 UUID PTCP_SYNC_PDU.DomainUUID==DomainUUID
VALID_SYNC_MASTER	从当前的主时钟接收同步帧

4.4.4.6.5 函数

表 109 包含 SPSM 使用的函数。

表 109 SPSM 使用的函数

名　称	含　义
StartSlave_req()	激活从时钟功能
StartSlave_cnf()	证实从时钟开始
StopSlave_req()	解除激活从时钟功能
StopSlave_cnf()	证实从时钟停止
SyncStateChange_ind(Status)	事件指示: ——JITTER_OUT_OF_BOUNDARY ——NO_SYNC_MESSAGE_RECEIVED ——WRONG_PTCP_DOMAIN
SLAVE_State_ind(Status)	由最佳主时钟算法使用的事件指示 ——MASTER_LOST
Sync_ind(S_Port,TStamp,PTCP_SYNC_PDU)	依据 PTCP_SYNC_PDU 接收 PTCP-PDU LMPM_P_Data.ind(CREP,S_Port,TSamp,DA,SA,A_SDU) 赋值: PTCP_SYNC_PDU:=A_SDU without LT and FrameID

4.4.4.7 同步中继协议机(SRPM)

4.4.4.7.1 原语定义

4.4.4.7.1.1 在 SRPM 与 ASE 之间交换的原语

4.4.4.7.1.2 SRPM 原语的参数

这些服务原语及其相关参数在服务定义中以 PTCP ASE 进行描述,它们由 SRPM 用户发出并由

SRPM 接收,反之亦然。

4.4.4.7.2 状态机描述

同步中继协议机描述用于桥接的同步转发规则。同步中继协议机的描述假定桥的时间戳单元可以在传送时校正同步帧的桥延迟。通过发送同步帧来完成时间校正(桥延迟和线延迟)。为了避免在网络中出现同步报文的循环,同步中继协议机是必需的。

图 35 示出了 SRPM 状态机。

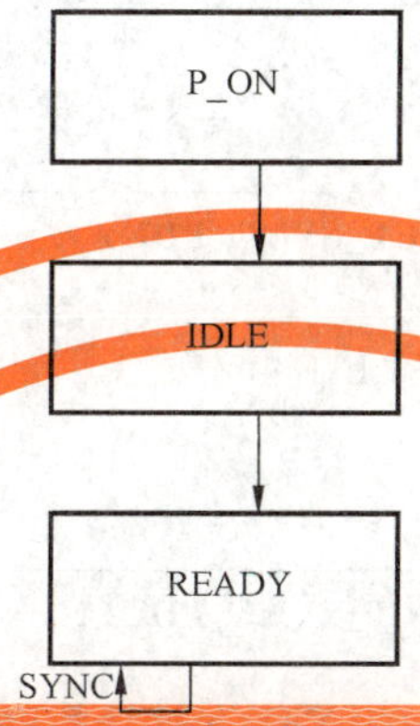

图 35 SRPM 状态转换图

SRPM 的状态如下:

——P_ON

用于同步帧的过滤数据库的初始化。

——IDLE

接收定时器开始,用于过滤数据库中登录项的时效处理(aging)。

——READY

状态 READY 描述转发同步和后继报文的规则。

4.4.4.7.3 SRPM 状态表

表 110 包含 SRPM 使用的状态表。

表 110 SRPM 状态表

#	当前状态	事件/条件=〉动作	下一状态
1	P-ON	=〉 ini RelayTable	IDLE
2	IDLE	=〉 ReceiptTimer.start(PTCP_RELAY_TIMEOUT)	READY
3	READY	**ReceiptTimer.expired**() =〉 AGING_RELAY_TABLE ReceiptTimer.start(PTCP_RELAY_TIMEOUT)	READY

表 110（续）

#	当前状态	事件/条件 =〉动作	下一状态
4	READY	**Sync_Ind(－)(S_Port,PTCP_SYNC_PDU)** =〉	READY
5	READY	**Sync_Ind(＋)(S_Port,PTCP_SYNC_PDU)** /! LINE_DELAY_VALID =〉 ignore	READY
6	READY	**Sync_Ind(＋)(S_Port,PTCP_SYNC_PDU)** /LINE_DELAY_VALID && INGRESS_BORDERLINE =〉 ignore	READY
7	READY	**Sync_Ind(＋)(S_Port,PTCP_SYNC_PDU)** /LINE_DELAY_VALID && ! INGRESS_BORDERLINE && ! MASTER_IN_PTCP_RELAY_TABLE && ! FREE_ENTRY =〉 ignore	READY
8	READY	**Sync_Ind(＋)(S_Port,PTCP_SYNC_PDU)** /LINE_DELAY_VALID && ! INGRESS_BORDERLINE && ! MASTER_IN_PTCP_RELAY_TABLE && FREE_ENTRY =〉 INSERT_NEW_MASTER	READY
9	READY	**Sync_Ind(＋)(S_Port,PTCP_SYNC_PDU)** /LINE_DELAY_VALID && ! INGRESS_BORDERLINE && MASTER_IN_PTCP_RELAY_TABLE && ! NEW_SYNC_FRAME =〉 ignore	READY
10	READY	**Sync_Ind(＋)(S_Port,PTCP_SYNC_PDU)** /LINE_DELAY_VALID && ! INGRESS_BORDERLINE && MASTER_IN_PTCP_RELAY_TABLE && NEW_SYNC_FRAME && ! MASTER_RCF_VALID =〉 UPDATE_MASTER_ENTRY CALC_MASTER_RCF	READY

表 110（续）

#	当前状态	事件/条件 =〉动作	下一状态
11	READY	**Sync_Ind(+)(S_Port,PTCP_SYNC_PDU)** /LINE_DELAY_VALID && ! INGRESS_BORDERLINE && MASTER_IN_PTCP_RELAY_TABLE && NEW_SYNC_FRAME && MASTER_RCF_VALID =〉 UPDATE_MASTER_ENTRY CALC_MASTER_RCF for i:=all op.D_Ports \S_Port do if(! EGRESS_BORDERLINE) sync_Req(i,PTCP_SYNC_PDU)	READY
12	READY	**Sync_Cnf()()** =〉 ignore	READY
13	READY	**Followup_Ind(−)(S_Port,PTCP_FUP_PDU)** =〉	READY
14	READY	**Followup_Ind(+)(S_Port,PTCP_FUP_PDU)** /! MASTER_IN_PTCP_RELAY_TABLE =〉 ignore	READY
15	READY	**Followup_Ind(+)(S_Port,PTCP_FUP_PDU)** /! MASTER_IN_PTCP_RELAY_TABLE && INGRESS_BORDERLINE =〉 ignore	READY
16	READY	**Followup_Ind(+)(S_Port,PTCP_FUP_PDU)** /MASTER_IN_PTCP_RELAY_TABLE && ! INGRESS_BORDERLINE && ! VALID_FU_FRAME =〉 ignore	READY
17	READY	**Followup_Ind(+)(S_Port,PTCP_FUP_PDU)** /MASTER_IN_PTCP_RELAY_TABLE && ! INGRESS_BORDERLINE && VALID_FU_FRAME =〉 SET_FU_RECEIVED for i:=all op.D_Ports \S_Port do if(! EGRESS_BORDERLINE) Followup_Req(i,PTCP_FUP_PDU)	READY

表 110（续）

#	当前状态	事件/条件 =〉动作	下一状态
18	READY	**Followup_Cnf**()() =〉 ignore	READY

4.4.4.7.4 宏

表 111 包含 SRPM 使用的宏。

表 111 SRPM 使用的宏

名　称	含　义
LINE_DELAY_VALID	在接收端口上的线延迟是有效的 Line Delay<> 0
INGRESS_BORDERLINE	sync 和 followup 帧的进入边界
EGRESS_BORDERLINE	sync 和 followup 帧的外出边界
MASTER_IN_PTCP_RELAY_TABLE	检查 RelayTable 中的主时钟 mac 地址 MasterAddress：=PTCP_SYNC_PDU.MasterSourceAddress SyncID：=sYNC_ID_MASK(FrameID) {MasterAddress，SyncID} in RelayTable
FREE_ENTRY	检查 RelayTable 中的空项 RelayTable.Num_entry< MAX_CNT_ENTRY
INSERT_NEW_MASTER	在 RelayTable 中插入新的同步主时钟 sm_sa：=PTCP_SYNC_PDU.MasterSourceAddress SyncID：=sYNC_ID_MASK(FrameID) RelayTable.Insert(sm_sa，SyncID) RelayTable.Entry{sm_sa，SyncID}.MasterAddress：=sm_sa RelayTable.Entry{sm_sa，SyncID}.seq：=PTCP_SYNC_PDU.SequenceID RelayTable.Entry{sm_sa，SyncID}.RcvPort：=S_Port RelayTable.Entry{sm_sa，SyncID}.FollowUp：=FALSE RelayTable.Entry{sm_sa，SyncID}.Receipt：=1 RelayTable.Num_entry ++
UPDATE_MASTER_ENTRY	更新 RelayTable 中同步主时钟的登录项 sm_sa：=PTCP_SYNC_PDU.MasterSourceAddress SyncID：=sYNC_ID_MASK(FrameID) RelayTable.Entry{sm_sa，SyncID}.seq：=PTCP_SYNC_PDU.SequenceID RelayTable.Entry{sm_sa，SyncID}.RcvPort：=S_Port RelayTable.Entry.{sm_sa，SyncID}.FollowUp：=FALSE RelayTable.Entry.{sm_sa，SyncID}.Receipt ++

表 111（续）

名　　称	含　　义

AGING_OF_FWSM_LIST	RelayTable 中登录项的时效处理(aging)
	form:=0 to RelayTable.Num_entry
	if(RelayTable.Entry(m).Receipt==0)
	SyncID:=sYNC_ID_MASK(RelayTable.Entry(m).FrameID)
	sm_sa:=RelayTable.Entry(m).MasterAddress
	RelayTable.Num_entry--
	Relay.Remove(sm_sa,SyncID)
	else
	RelayTable.Entry[m].Receipt:=0

VALID_FU_FRAME	检查接收端口和顺序号是有效的 sm_sa:=PTCP_FUP_PDU.MasterSourceAddress SyncID:=sYNC_ID_MASK(FrameID) RelayTable.Entry{sm_sa,SyncID}.RcvPort==S_Port RelayTable.Entry{sm_sa,SyncID}.seq==PTCP_FUP_PDU.SequenceID
SET_FU_RECEIVED	更新 RelayTable 中的登录项 sm_sa:=PTCP_FUP_PDU.MasterSourceAddress SyncID:=sYNC_ID_MASK(FrameID) RelayTable.Entry{sm_sa,SyncID}.FollowUp:=TRUE

4.4.4.7.5　函数

表 112 包含 SRPM 使用的函数。

表 112　SRPM 使用的函数

名　　称	含　　义
Sync_Req(D_Port,PTCP_SYNC_PDU)	依据 PTCP_SYNC_PDU 创建 PTCP-PDU 赋值: D_Port:=Port DA:=multicast address fo PTCP_SYNC_PDU SA:=local port address A_SDU:=LT,FrameID,PTCP_SYNC_PDU LMPM_P_Data.req(CREP,D_Port,TStamp,DA,SA,A_SDU)
Sync_Cnf(D_Port,Status)	LMPM_P_Data.conf(CREP,D_Port,TStamp,LMPM_Status) 赋值: Status:=LMPM_Status

表 112（续）

名　称	含　义
Sync_Ind(S_Port,PTCP_SYNC_PDU)	依据 PTCP_SYNC_PDU 接收 PTCP-PDU LMPM_P_Data.ind(CREP,D_Port,TSamp, DA,SA,A_SDU) 赋值： PTCP_SYNC_PDU:=A_SDU without LT and FrameID
Followup_Req(D_Port,PTCP_FUP_PDU)	依据 PTCP_FUP_PDU 创建 PTCP-PDU 赋值： D_Port:=Port DA:=multicast address fo PTCP_FUP_PDU SA:=local port address A_SDU:=LT,FrameID,PTCP_FUP_PDU LMPM_P_Data.req(CREP,D_Port,TStamp,DA,SA,A_SDU)
Followup_Cnf(D_Port,Status)	LMPM_P_Data.conf(CREP,D_Port,TStamp,LMPM_Status) 赋值： Status:=LMPM_Status
Followup_Ind(S_Port,PTCP_FUP_PDU)	依据 PTCP_FUP_PDU 接收 PTCP-PDU LMPM_P_Data.ind(CREP,D_Port,TSamp, DA,SA,A_SDU) 赋值： PTCP_FUP_PDU:=A_SDU without LT and FrameID

4.4.4.8 SCHEDULER 协议机

4.4.4.8.1 原语定义

4.4.4.8.1.1 在 SCHEDULER 与 ASE 之间交换的原语

4.4.4.8.1.2 SCHEDULER 原语的参数

这些服务原语及其相关参数在服务定义中以 PTCP ASE 进行描述，它们由 SCHEDULER 用户发出并由 SCHEDULER 接收，反之亦然。

4.4.4.8.2 状态机描述

SCHEDULER 产生用于时间事件本地处理的信号。

图 36 示出了 SCHEDULER 状态机。

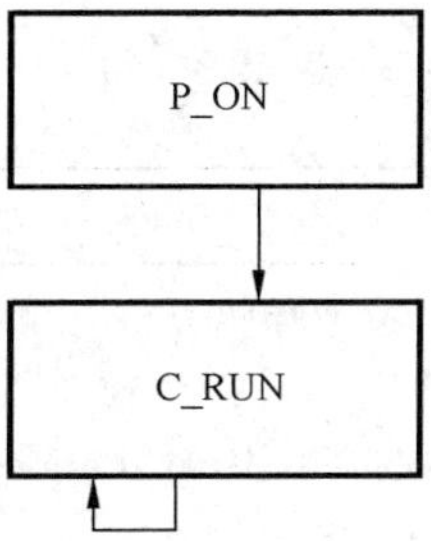

图 36　SCHEDULER 状态转换图

SCHEDULER 的状态如下：

——P_ON

数据初始化。

——C_RUN

具有活动速率控制的 PTCP-桥。

4.4.4.8.3　SCHEDULER 状态表

表 113 包含 SCHEDULER 使用的状态表。

表 113　SCHEDULER 状态表

#	当前状态	事件/条件=〉动作	下一状态
1	P_ON	 =〉 Tx_Period：=GREEN Rx_Period：=GREEN YELLOW_TransPeriod：=CycleLength － MAX_PACK_TANSMIT_TIME MUX_Schedule_req(Tx_Period) DMUX_Schedule_req(Rx_Period)	C_RUN
2	C_RUN	**TickEvent(CycleCounter,CycleOffset)** /Tx_Period<> RED && CycleOffset< Tx_RED_TransPeriod && Tx_RTC3_PortState==RUN =〉 Tx_Period：=RED MUX_Schedule_req(CyleCounter,Tx_Period)	C_RUN
3	C_RUN	**TickEvent(CycleCounter,CycleOffset)** /Tx_Period<> RED && CycleOffset< Tx_RED_TransPeriod && Tx_RTC3_PortState<> RUN =〉 Tx_Period：=RED	C_RUN
4	C_RUN	**TickEvent(CycleCounter,CycleOffset)** /Tx_Period<> ORANGE && CycleOffset >= Tx_RED_TransPeriod && Tx_RTC2_PortState==RUN =〉 Tx_Period：=ORANGE MUX_Schedule_req(CyleCounter,Tx_Period)	C_RUN

表 113（续）

#	当前状态	事件/条件=〉动作	下一状态
5	C_RUN	**TickEvent(CycleCounter,CycleOffset)** /Tx_Period<> ORANGE && CycleOffset >= Tx_RED_TransPeriod && Tx_RTC2_PortState<> RUN =〉 Tx_Period:=ORANGE	C_RUN
6	C_RUN	**TickEvent(CycleCounter,CycleOffset)** /Tx_Period<> GREEN && CycleOffset >= Tx_ORANGE_TransPeriod =〉 Tx_Period:=GREEN MUX_Schedule_req(CyleCounter,Tx_Period)	C_RUN
7	C_RUN	**TickEvent(CycleCounter,CycleOffset)** /Tx_Period<> YELLOW && CycleOffset >= YELLOW_TransPeriod =〉 Tx_Period:=YELLOW MUX_Schedule_req(CyleCounter,Tx_Period)	C_RUN
8	C_RUN	**MUX_Schedule_cnf()** =〉 ignore	C_RUN
9	C_RUN	**TickEvent(CycleCounter,CycleOffset)** /Rx_Period<> RED && CycleOffset< Rx_RED_TransPeriod && Rx_RTC3_PortState==RUN =〉 Rx_Period:=RED DMUX_Schedule_req(CyleCounter,Rx_Period)	C_RUN
10	C_RUN	**TickEvent(CycleCounter,CycleOffset)** /Rx_Period<> RED && CycleOffset< Rx_RED_TransPeriod && Rx_RTC3_PortState<> RUN =〉 Rx_Period:=RED	C_RUN
11	C_RUN	**TickEvent(CycleCounter,CycleOffset)** /Tx_Period<> GREEN && CycleOffset >= Rx_RED_TransPeriod =〉 Rx_Period:=GREEN DMUX_Schedule_req(CyleCounter,Rx_Period)	C_RUN

表 113（续）

#	当前状态	事件/条件=〉动作	下一状态
12	C_RUN	**DMUX_Schedule_cnf**() =〉 ignore	C_RUN

4.4.4.8.4 宏

SCHEDULER 未定义宏。

4.4.4.8.5 函数

SCHEDULER 未定义函数。

4.5 媒体冗余

4.5.1 MRP 的 FAL 语法描述

4.5.1.1 DLPDU 抽象语法引用

应采用 4.1.1 中的 DLPDU 抽象语法。

4.5.1.2 APDU 抽象语法

表 114 定义 MRP-PDU(称之为 APDU)的抽象语法。所定义的八位位组次序应用于传递 APDU。

表 114 MRP APDU 语法

APDU 名称	APDU 结构
MRP-PDU	MRP_Version(=0x0001),MRP_Type,MRP_Common,[MRP_Option],MRP_End,[Padding*][a]
[a] 如果该帧短于 64 个八位位组，则它将被填充扩展到 64 个八位位组。	

表 115 定义的结构用作表 114 中所示 APDU 结构元素的替代。

表 115 MRP 替代

替代名称	结构
MRP_Type	MRP_Test^ MRP_LinkChange^ MRP_TopologyChange^ MRP_Option
MRP_Common	MRP_TLVHeader,MRP_SequenceID,MRP_DomainUUID
MRP_Option	MRP_TLVHeader,MRP_ManufacturerOUI,Data* ,[Padding*][a]
MRP_End	MRP_TLVHeader(=0x0000)
MRP_Test	MRP_TLVHeader, MRP_Prio, MRP_SA[b], MRP_PortRole, MRP_RingState, MRP_Transition,MRP_TimeStamp,[Padding*][a]
MRP_TopologyChange	MRP_TLVHeader,MRP_Prio,MRP_SA[b],MRP_Interval,[Padding*][a]
MRP_LinkChange	MRP_LinkUp^ MRP_LinkDown

表 115（续）

替代名称	结　　构
MRP_LinkDown	MRP_TLVHeader，MRP_SA[b]，MRP_PortRole，MRP_Interval，MRP_Blocked，[Padding[a]][a]
MRP_LinkUp	MRP_TLVHeader，MRP_SA[b]，MRP_PortRole，MRP_Interval，MRP_Blocked，[Padding[a]][a]
[a] 应确保 32 比特对齐方式。 [b] 应是接口 MAC 地址。	

4.5.1.3 字段 MRP_TLVHeader 的编码

此字段的编码应依据 3.7.3.4，且单个比特应具有以下含义：

——比特 0～7：MRP_TLVHeader.Length

该值包含相符块的后续八位位组的总和。

——比特 8～15：MRP_TLVHeader.Type

此字段应依据表 116 中的值来编码。

表 116 MRP_TLVHeader.Type

值(十六进制)	含　　义	用法
0x00	MRP_End(MRP_TLVHeader.Length 应被设置为 0)	必备
0x01	MRP_Common	必备
0x02	MRP_Test	必备
0x03	MRP_TopologyChange	必备
0x04	MRP_LinkDown	必备
0x05	MRP_LinkUp	必备
0x06～0x7E	Reserved	—
0x7F	MRP_Option(组织特定的)	可选

4.5.1.4 字段 MRP_Version 的编码

此字段应编码为数据类型 Unsigned16。此字段应被设置为 1。

4.5.1.5 字段 MRP_SequenceID 的编码

此字段应编码为 Unsigned16。它被用来标识环中重复的 MRP 帧。范围从 0～65535。该请求的应用过程应对每个挂起的服务请求提供唯一的顺序号。

4.5.1.6 字段 MRP_SA 的编码

此字段应编码为数据类型 OctetString[6]。字段 MRP_SA 的值应符合 IEEE 802 的 MAC 地址。

4.5.1.7 字段 MRP_Prio 的编码

此字段应编码为 Unsigned16，并依据表 117 来设置。

表 117 MRP_Prio

值(十六进制)	含 义
0x0000	最高优先级冗余管理器
0x1000～0x7000	高优先级
0x8000	冗余管理器的缺省优先级
0x9000～0xE000	低优先级
0xF000	最低优先级冗余管理器
其他	保留

4.5.1.8 字段 MRP_PortRole 的编码

此字段应编码为数据类型 Unsigned16。编码应符合表 118。

表 118 MRP_PortRole

值(十六进制)	含 义	用 法
0x0000	主环端口	在主环端口上发送帧
0x0001	备用环端口	在备用环端口上发送帧
0x0002～0xFFFF	保留	—

4.5.1.9 字段 MRP_RingState 的编码

此字段应编码为 Unsigned16,其值符合表 119 。

表 119 MRP_RingState

值(十六进制)	含 义	用 法
0x0000	环打开	冗余管理器处于环打开状态
0x0001	环闭合	冗余管理器处于环闭合状态
0x0002～0xFFFF	保留	—

4.5.1.10 字段 MRP_Interval 的编码

此字段应编码为 Unsigned16,其值符合表 120。

表 120 MRP_Interval

值(十六进制)	含 义	用 法
0x0000～0x07D0	下次拓扑改变事件的时间间隔(ms)	必备
0x07D1～0xFFFF	下次拓扑改变事件的时间间隔(ms)	可选

4.5.1.11 字段 MRP_Transition 的编码

此字段应编码为 Unsigned16,其值符合表 121。

表 121 MRP_Transition

值(十六进制)	含　义	用　法
0x0000～0xFFFF	从媒体冗余 ok 转变为媒体冗余 lost 的次数	通过信息包探测器站用于监视此值

4.5.1.12 字段 MRP_TimeStamp 的编码

此字段应编码为 Unsigned32,其值符合表 122。

表 122 MRP_TimeStamp

值(十六进制)	含　义	用　法
0x00000000～0xFFFFFFFF	1ms 计数器的实际计数器值	MRM 使用该值来决定在环中测试帧的最大传播时间

4.5.1.13 字段 MRP_Blocked 的编码

此字段应编码为数据类型 Unsigned16。此字段应被设置为 1。

4.5.1.14 字段 MRP_ManufacturerOUI 的编码

此字段应编码为 OctetString[3],具有 IEEE 802 所定义的组织唯一标识符(OUI)。

注:此集中管理号的值由 IEEE 注册授权委员会来给定。

4.5.1.15 字段 MRP_DomainUUID 的编码

此字段应编码为 UUID,其值符合表 123。

表 123 MRP_DomainUUID

值(UUID)	含　义	用　法
00000000-0000-0000-0000-000000000000	—	保留
00000000-0000-0000-0000-000000000001～FFFFFFFF-FFFF-FFFF-FFFF-FFFFFFFFFFFE	MRP 冗余域的唯一 UUID	可选
FFFFFFFF-FFFF-FFFF-FFFF-FFFFFFFFFFFF	MRP 冗余域的缺省 UUID	必备

4.5.1.16 字段 MRP_LengthDomainName 的编码

此字段应编码为数据类型 Unsigned8。

4.5.1.17 字段 MRP_DomainName 的编码

此字段应编码为数据类型 OctetString,其长度为 1～240 八位位组(符合 4.3.1.4.15.1)。

注:字段 MRP_DomainName 不应以 0 作为终止。

4.5.2 MRRT 的 FAL 语法描述

4.5.2.1 DLPDU 抽象语法引用

应采用 4.1.1 中的 DLPDU 抽象语法。

4.5.2.2 APDU 抽象语法

表 124 定义 MRRT-PDU(称之为 APDU)的抽象语法。所定义的八位位组次序应被于传送 APDU。

表 124 MRRT APDU 语法

APDU 名称	APDU 结构
MRRT-PDU	MRRT_Version(1),MRRT_Type,MRRT_Common,[MRRT_Option],MRRT_End,[Padding[a]][a]

[a] 如果该帧短于 64 个八位位组,则它将被填充扩展到 64 个八位位组。

表 125 定义的结构用作表 124 中所示 APDU 结构元素的替代。

表 125 MRRT 替代

替代名称	结 构
MRRT_Type	MRRT_Test[a],MRRT_Option
MRRT_Common	MRRT_TLVHeader,MRRT_SequenceID,MRRT_DomainUUID
MRRT_Option	MRRT_TLVHeader,MRRT_ManufacturerOUI,Data[a],[Padding[a]][a]
MRRT_End	MRRT_TLVHeader(=0x0000)
MRRT_Test	MRRT_TLVHeader,MRRT_SA[b],[Padding[a]][a]

[a] 应确保 32 比特对齐方式。
[b] 应是接口 MAC 地址。

4.5.2.3 字段 MRRT_TLVHeader 的编码

此字段的编码应依据 3.7.3.4,各比特应具有以下含义:

——比特 0～7:MRRT_TLVHeader.Length

该值包含相符块的后续八位位组的总和。

——比特 8～15:MRRT_TLVHeader.Type

此字段应依据表 126 中的值来编码。

表 126 MRRT_TLVHeader.Type

值(十六进制)	含 义	用法
0x00	MRRT_End(MRRT_TLVHeader.Length 应被设置为 0)	必备
0x01	MRRT_Common	必备
0x02	MRRT_Test	必备
0x03～0x7E	保留	—
0x7F	MRRT_Option(组织特定的)	可选

4.5.2.4 字段 MRRT_Version 的编码

此字段应编码为数据类型 Unsigned16。此字段应被设置为 1。

4.5.2.5 字段 MRRT_SequenceID 的编码

此字段应编码为 Unsigned16。使用它来标识在环路中 MRRT 帧的重复。范围从 0 到 65535。该请求的应用过程应对每个挂起的服务请求提供唯一的顺序号。

4.5.2.6 字段 MRRT_SA 的编码

此字段应编码为数据类型 OctetString[6]。字段 MRRT_SA 的值应符合 IEEE 802 的 MAC 地址。

4.5.2.7 字段 MRRT_ManufacturerOUI 的编码

此字段应编码为 OctetString[3],具有 IEEE 802 所定义的组织唯一标识符(OUI)。

注：此集中管理号的值由 IEEE 注册授权委员会来给定。

4.5.2.8 字段 MRRT_DomainUUID 的编码

此字段应编码为符合表 127 的 UUID。

表 127 MRRT_DomainUUID

值(十六进制)	含　义	用法
0x00000000-0000-0000-0000-000000000000	保留	保留
0x00000000-0000-0000-0000-000000000001～ 0xFFFFFFFF-FFFF-FFFF-FFFF-FFFFFFFFFFFE	MRRT 冗余域的唯一 UUID	可选
0xFFFFFFFF-FFFF-FFFF-FFFF-FFFFFFFFFFFF	MRRT 冗余域的缺省 UUID	必备

4.5.3 AP 上下关系状态机

未对此协议定义 AP 上下关系(AP-Context)状态机。

4.5.4 FAL 服务协议机(FSPM)

4.5.4.1 用于 MRP 的 MRM 协议机

图 37 示出了用于媒体冗余管理器 MRM 的协议机的主要行为。

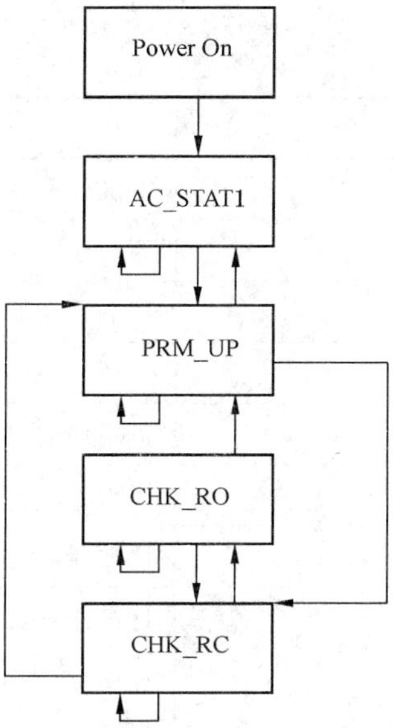

图 37 用于 MRP 的 MRM 协议机

该协议机各状态通常执行以下任务：

——Power On

初始化，MRM 的两个环端口 RPort_1 和 RPort_2 应以端口状态 BLOCKED 开始。生成静态 FDB 登录项，该登录项用于对主机的 MRP 多播地址 MC_TEST 和 MC_CONTROL。所有 MRP-PDU 都具有最高优先级(ORG)。

——AC_STAT1

启动，等待在其环端口之一(主环端口)上的第一个 Link Up，开始测试该环的监视并转换到 PRM_UP。

——PRM_UP(Primary Ring Port with Link Up，主环端口具有链路)

如果仅主环端口具有链路(备用环端口不具有链路)，则进入此状态。MRM 将周期性地通过两个环端口发送测试帧。

——CHK_RO(Check Ring，Ring Open State，检查环，环开路状态)

MRM 没有在预定时间内接收到其测试帧，MRP_RingState 进入环开路状态。

——CHK_RC(Check Ring，Ring Closed State，检查环，环闭合状态)

MRM 将发送其测试帧并检查其环端口的链路，MRP_RingState 进入环闭合状态。

表 128 中列出了 MRM 协议机的本地变量。

表 128 MRM 协议机的本地变量

名 称	类 型	含 义
SA_Port1	OctetString[6]	主机的环端口 RPort_1 的 MAC 源地址
SA_Port2	OctetString[6]	主机的环端口 RPort_2 的 MAC 源地址
SA_RPort	OctetString[6]	环端口 1 或环端口 2 的 MAC 源地址
PRIORITY	Unsigned8	符合 IEEE 802.1Q 的 MRP-PDU 优先级。应设置为 ORG
MRP_TS_Prio	Unsigned16	主机的 MRP_Prio

表 128（续）

名　称	类　型	含　义
MRP_TS_SA	OctetString[6]	主机的 MAC 源地址
RPort_1	Unsigned16	环端口 1 的端口标识
RPort_2	Unsigned16	环端口 2 的端口标识
PRM_RPort	Unsigned16	主环端口的端口标识
SEC_RPort	Unsigned16	备用环端口的端口标识
MRP_MRM_NRmax	Unsigned16	MRP_TEST-PDU 最大重发计数
MRP_MRM_NReturn	Unsigned16	计数器，范围 MRP_MRM_NRmax ... 0
TC_NReturn	Unsigned16	计数器，范围 MRP_TOPNRmax ... 0
AddTest	Boolean	如果 TRUE，在 MRP_TSTshortT 间隔后，发送附加的 MRP_Test 类型 MRP-PDU
MRP_LNK_UP	Unsigned16	指示 Link Up 的常数值
MRP_LNK_DOWN	Unsigned16	指示 Link Down 的常数值
NoTC	Boolean	当处于线型拓扑时（NoTC＝TRUE），禁止拓扑改变（TopologyChange）请求

MRM 状态机应符合表 129。

表 129　**MRM 状态机**

#	当前状态	事件/条件＝〉动作	下一状态
1	Power On	＝〉 INIT_FDB ADD_MAC_FDB({local},{MC_TEST,MC_CONTROL},ORG) PRM_RPort:＝RPort_1 SEC_RPort:＝RPort_2 MRP_MRM_NRmax:＝MRP_TSTNRmax－1 MRP_MRM_NReturn:＝0 AddTest:＝FALSE Set_Port_State.req(PRM_RPort,BLOCKED) Set_Port_State.req(SEC_RPort,BLOCKED)	AC_STAT1
2	AC_STAT1	**MAUType_Change.ind(RPort,Link_Status)** /RPort＝＝PRM_RPort && Link_Status＝＝MRP_LNK_UP ＝〉 Set_Port_State.req(PRM_RPort,FORWARDING) TestRingReq(MRP_TSTdefaultT)	PRM_UP

表 129（续）

#	当前状态	事件/条件 =〉动作	下一状态
3	AC_STAT1	**MAUType_Change.ind(RPort,Link_Status)** /RPort==PRM_RPort && Link_Status==MRP_LNK_DOWN =〉 ignore	AC_STAT1
4	AC_STAT1	**MAUType_Change.ind(RPort,Link_Status)** /RPort ! =PRM_RPort && Link_Status==MRP_LNK_UP =〉 SEC_RPort:=PRM_RPort PRM_RPort:=RPort Set_Port_State.req(PRM_RPort,FORWARDING) TestRingReq(MRP_TSTdefaultT)	PRM_UP
5	AC_STAT1	**MAUType_Change.ind(RPort,Link_Status)** /RPort ! =PRM_RPort && Link_Status==MRP_LNK_DOWN =〉 ignore	AC_STAT1
6	AC_STAT1	**TestTimer expired** =〉 ignore	AC_STAT1
7	PRM_UP	**TestTimer expired** =〉 AddTest:=FALSE TestRingReq(MRP_TSTdefaultT)	PRM_UP
8	PRM_UP	**MAUType_Change.ind(RPort,Link_Status)** /RPort==PRM_RPort && Link_Status==MRP_LNK_UP =〉 ignore	PRM_UP
9	PRM_UP	**MAUType_Change.ind(RPort,Link_Status)** /RPort==PRM_RPort && Link_Status==MRP_LNK_DOWN =〉 TestTimer.stop SetPortState.req(PRM_RPort,BLOCKED)	AC_STAT1
10	PRM_UP	**MAUType_Change.ind(RPort,Link_Status)** /RPort ! =PRM_RPort && Link_Status==MRP_LNK_DOWN =〉 ignore	PRM_UP

表 129（续）

#	当前状态	事件/条件 =〉动作	下一状态
11	PRM_UP	**MAUType_Change.ind(RPort,Link_Status)** /RPort ! =PRM_RPort && Link_Status==MRP_LNK_UP =〉 MRP_MRM_NRmax:=MRP_TSTNRmax−1 MRP_MRM_NReturn:=0 NoTC:=TRUE TestRingReq(MRP_TSTdefaultT)	CHK_RC
12	PRM_UP	**TestRingInd(MRP_SA,MRP_Prio)** /MRP_SA==MRP_TS_SA =〉 MRP_MRM_NRmax:=MRP_TSTNRmax−1 MRP_MRM_NReturn:=0 NoTC:=FALSE TestRingReq(MRP_TSTdefaultT)	CHK_RC
13	PRM_UP	**TestRingInd(MRP_SA,MRP_Prio)** /MRP_SA ! =MRP_TS_SA =〉 ignore	PRM_UP
14	PRM_UP	**LinkChangeInd(PortMode,Link_Status)** /! AddTest =〉 AddTest:=TRUE TestRingReq(MRP_TSTshortT)	PRM_UP
15	PRM_UP	**LinkChangeInd(PortMode,Link_Status)** /AddTest =〉 ignore	PRM_UP
16	PRM_UP	**TopologyChangeInd(MRP_SA,t)** =〉 ignore	PRM_UP
17	CHK_RO	**TestTimer expired** =〉 AddTest:=FALSE TestRingReq(MRP_TSTdefaultT)	CHK_RO
18	CHK_RO	**MAUType_Change.ind(RPort,Link_Status)** /RPort==PRM_RPort && Link_Status==MRP_LNK_UP =〉 ignore	CHK_RO

表 129（续）

#	当前状态	事件/条件 =〉动作	下一状态
19	CHK_RO	**MAUType_Change.ind(RPort,Link_Status)** /RPort==PRM_RPort && Link_Status==MRP_LNK_DOWN && ! NoTC =〉 PRM_RPort:=SEC_RPort SEC_RPort:=RPort TestRingReq(MRP_TSTdefaultT) TopologyChangeReq(MRP_ZOPchgT) SetPortState.req(SEC_RPort,BLOCKED)	PRM_UP
20	CHK_RO	**MAUType_Change.ind(RPort,Link_Status)** /RPort ! =PRM_RPort && Link_Status==MRP_LNK_UP =〉 ignore	CHK_RO
21	CHK_RO	**MAUType_Change.ind(RPort,Link_Status)** /RPort ! =PRM_RPort && Link_Status==MRP_LNK_DOWN =〉 SetPortState.req(SEC_RPort,BLOCKED)	PRM_UP
22	CHK_RO	**TestRingInd(MRP_SA,MRP_Prio)** /MRP_SA==MRP_TS_SA =〉 Set_Port_State.req(SEC_RPort,BLOCKED) MRP_MRM_NRmax:=MRP_TSTNRmax−1 MRP_MRM_NReturn:=0 NoTC:=FALSE TestRingReq(MRP_TSTdefaultT) TopologyChangeReq(MRP_TOPchgT)	CHK_RC
23	CHK_RO	**TestRingInd(MRP_SA,MRP_Prio)** /MRP_SA ! =MRP_TS_SA =〉 ignore	CHK_RO
24	CHK_RO	**LinkChangeInd(PortMode,Link_Status)** /! AddTest =〉 AddTest:=TRUE TestRingReq(MRP_TSTshortT)	CHK_RO
25	CHK_RO	**LinkChangeInd(PortMode,Link_Status)** /AddTest =〉 Ignore	CHK_RO

表 129（续）

#	当前状态	事件/条件 =〉动作	下一状态
26	CHK_RO	**TopologyChangeInd(MRP_SA,t)** =〉 Ignore	CHK_RO
27	CHK_RC	**TestTimer expired** /MRP_MRM_NReturn >= MRP_MRM_NRmax && ! NoTC =〉 Set_Port_State.req(SEC_RPort,FORWARDING) MRP_MRM_NRmax:=MRP_TSTNRmax−1 MRP_MRM_NReturn:=0 AddTest:=FALSE TopologyChangeReq(MRP_TOPchgT) TestRingReq(MRP_TSTdefaultT)	CHK_RO
28	CHK_RC	**TestTimer expired** /MRP_MRM_NReturn< MRP_MRM_NRmax =〉 MRP_MRM_NReturn:=MRP_MRM_NReturn+1 AddTest:=FALSE TestRingReq(MRP_TSTdefaultT)	CHK_RC
29	CHK_RC	**MAUType_Change.ind(RPort,Link_Status)** /RPort==PRM_RPort && Link_Status==MRP_LNK_UP =〉 ignore	CHK_RC
30	CHK_RC	**MAUType_Change.ind(RPort,Link_Status)** /RPort==PRM_RPort && Link_Status==MRP_LNK_DOWN && ! NoTC =〉 PRM_RPort:=SEC_RPort SEC_RPort:=RPort Set_Port_State.req(SEC_RPort,BLOCKED) Set_Port_State.req(PRM_RPort,FORWARD) TestRingReq(MRP_TSTdefaultT) TopologyChangeReq(MRP_TOPchgT)	PRM_UP
31	CHK_RC	**MAUType_Change.ind(RPort,Link_Status)** /RPort ! =PRM_RPort && Link_Status==MRP_LNK_UP =〉 ignore	CHK_RC

表 129（续）

#	当前状态	事件/条件 =〉动作	下一状态
32	CHK_RC	**MAUType_Change.ind(RPort,Link_Status)** /RPort ！ =PRM_RPort && Link_Status==MRP_LNK_DOWN =〉 ignore	PRM_UP
33	CHK_RC	**TestRingInd(MRP_SA,MRP_Prio)** /MRP_SA==MRP_TS_SA =〉 MRP_MRM_NRmax:=MRP_TSTNRmax−1 MRP_MRM_NReturn:=0 NoTC:=FALSE	CHK_RC
34	CHK_RC	**TestRingInd(MRP_SA,MRP_Prio)** /MRP_SA ！ =MRP_TS_SA =〉 ignore	CHK_RC
35	CHK_RC	**LinkChangeInd(PortMode,Link_Status)** /AddTest =〉 ignore	CHK_RC
36	CHK_RC	**LinkChangeInd(PortMode,Link_Status)** /！ AddTest =〉 AddTest:=TRUE TestRingReq(MRP_TSTshortT)	CHK_RC
37	CHK_RC	**TopologyChangeInd(MRP_SA,t)** =〉 ignore	CHK_RC
38	AC_STAT1	**LinkChangeInd(PortMode,Link_Status)** =〉 ignore	AC_STAT1
39	CHK_RO	**MAUType_Change.ind(RPort,Link_Status)** /RPort==PRM_RPort && Link_Status==MRP_LNK_DOWN && NoTC =〉 PRM_RPort:=SEC_RPort SEC_RPort:=RPort TestRingReq(MRP_TSTdefaultT) SetPortState.req(SEC_RPort,BLOCKED)	PRM_UP

表 129（续）

#	当前状态	事件/条件 =〉动作	下一状态
40	CHK_RC	**TestTimer expired** /MRP_MRM_NReturn >= MRP_MRM_NRmax && NoTC =〉 Set_Port_State.req(SEC_RPort,FORWARDING) MRP_MRM_NRmax:=MRP_TSTNRmax−1 MRP_MRM_NReturn:=0 AddTest:=FALSE TestRingReq(MRP_TSTdefaultT)	CHK_RO
41	CHK_RC	**MAUType_Change.ind(RPort,Link_Status)** /RPort==PRM_RPort && Link_Status==MRP_LNK_DOWN && NoTC =〉 PRM_RPort:=SEC_RPort SEC_RPort:=RPort Set_Port_State.req(SEC_RPort,BLOCKED) Set_Port_State.req(PRM_RPort,FORWARD) TestRingReq(MRP_TSTdefaultT)	PRM_UP

4.5.4.2 用于 MRP 的 MRC 协议机

图 38 示出了用于媒体冗余客户机 MRC 的协议机的主要行为。

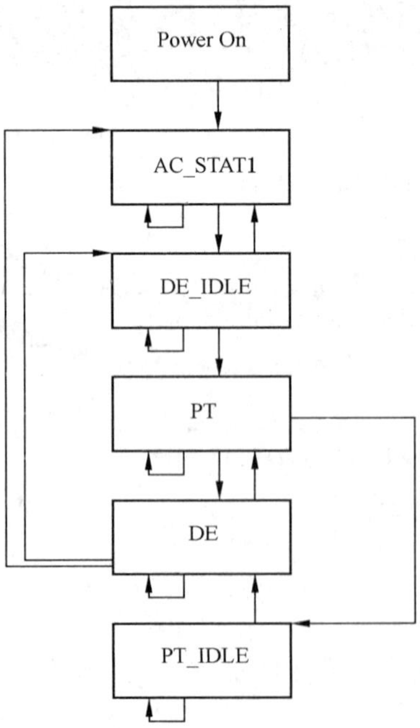

图 38 MRC 协议机

该协议机各状态通常执行下列任务：

——Power On

初始化状态，MRC 的两个环端口 RPort_1 和 RPort_2 应以端口状态 BLOCKED 开始。生成静态 FDB 登录项，该登录项用于 MRP 的多播地址 MC_TEST 和 MC_CONTROL：在环端口之间转发 MRP 帧给 MC_TEST 和 MC_CONTROL，转发给 MC_CONTROL 的帧也要转发给主机。所有 MRP-PDU 具有最高优先级(ORG)。

——AC_STAT1

启动状态，等待该环端口之一的 Link Up。

——DE_IDLE(Data Exchange idle state，数据交换空闲状态)

如果仅一个环端口(主端口)具有链路且被设置为 FORWARDING，则应进入此状态。

——PT(Pass Through，通过)

通知链路改变时的临时状态。

——DE(Data Exchange，数据交换)

通知链路改变时的临时状态。

——PT_IDLE(Pass Through idle state，通过空闲状态)

如果两个环端口都具有链路且都被设置为 FORWARDING，则应进入此状态。

表 130 中列出了 MRC 协议机的本地变量。

表 130 MRC 协议机的本地变量

名 称	类 型	含 义
SA_RPort	OctetString[6]	环端口 1 或环端口 2 的 MAC 源地址
PRIORITY	Unsigned8	符合 IEEE 802.1Q 的 MRP-PDU 优先级。应设置为 ORG。
RPort_1	Unsigned16	环端口 1 的端口标识
RPort_2	Unsigned16	环端口 2 的端口标识
PRM_RPort	Unsigned16	主环端口的端口标识
SEC_RPort	Unsigned16	备用环端口的端口标识
MRP_LNKNReturn	Unsigned16	计数器，范围 MRP_LNKNRmax ... 0
MRP_LNK_UP	Unsigned16	指示 Link Up 的常数值
MRP_LNK_DOWN	Unsigned16	指示 Link Down 的常数值

MRC 状态机应符合表 131。

表 131 MRC 状态机

#	当前状态	事件/条件=〉动作	下一状态
1	Power On	 =〉 INIT_FDB ADD_MAC_FDB({RPort_1, RPort_2}, {MC_TEST, MC_CONTROL}, ORG) ADD_MAC_FDB({local}, {MC_CONTROL}, ORG) PRM_RPort:=RPort_1 SEC_RPort:=RPort_2 Set_Port_State.req(PRM_RPort, BLOCKED) Set_Port_State.req(SEC_RPort, BLOCKED) UpTimer.ini DownTimer.ini	AC_STAT1
2	AC_STAT1	**MAUType_Change.ind(RPort, Link_Status)** /RPort==PRM_RPort && Link_Status==MRP_LNK_UP =〉 Set_Port_State.req(PRM_RPort, FORWARDING)	DE_IDLE
3	AC_STAT1	**MAUType_Change.ind(RPort, Link_Status)** / Link_Status==MRP_LNK_DOWN =〉 ignore	AC_STAT1
4	AC_STAT1	**MAUType_Change.ind(RPort, Link_Status)** /RPort ! =PRM_RPort && Link_Status==MRP_LNK_UP =〉 SEC_RPort:=PRM_RPort PRM_RPort:=RPort Set_Port_State.req(PRM_RPort, FORWARDING)	DE_IDLE
5	AC_STAT1	**TopologyChangeInd(MRP_SA, t)** =〉 ignore	AC_STAT1
6	DE_IDLE	**MAUType_Change.ind(RPort, Link_Status)** /RPort ! =PRM_RPort && Link_Status==MRP_LNK_UP =〉 MRP_LNKNReturn:=MRP_LNKNRmax UpTimer.start(MRP_LNKupT) LinkChangeReq(PRM_RPort, MRP_LNK_UP, MRP_LNKNReturn* MRP_LNKupT)	PT

表 131（续）

#	当前状态	事件/条件 =〉动作	下一状态
7	DE_IDLE	**MAUType_Change.ind(RPort,Link_Status)** /RPort ! =PRM_RPort && Link_Status==MRP_LNK_DOWN =〉 ignore	DE_IDLE
8	DE_IDLE	**MAUType_Change.ind(RPort,Link_Status)** /RPort==PRM_RPort && Link_Status==MRP_LNK_DOWN =〉 Set_Port_State.req(PRM_RPort,BLOCKED)	AC_STAT1
9	DE_IDLE	**MAUType_Change.ind(RPort,Link_Status)** /RPort==PRM_RPort && Link_Status==MRP_LNK_UP =〉 ignore	DE_IDLE
10	DE_IDLE	**TopologyChangeInd(MRP_SA,t)** =〉 CLEAR_FDB(t)	DE_IDLE
11	PT	**UpTimer expired** /MRP_LNKNReturn==0 =〉 MRP_LNKNReturn:=MRP_LNKNRmax Set_Port_State.req(SEC_RPort,FORWARDING)	PT_IDLE
12	PT	**UpTimer expired** /MRP_LNKNReturn>0 =〉 MRP_LNKNReturn:=MRP_LNKNReturn−1 UpTimer.start(MRP_LNKupT) LinkChangeReq(PRM_RPort,MRP_LNK_UP,MRP_LNKNReturn* MRP_LNKupT)	PT
13	PT	**MAUType_Change.ind(RPort,Link_Status)** /RPort ! =PRM_RPort && Link_Status==MRP_LNK_UP =〉 ignore	PT
14	PT	**MAUType_Change.ind(RPort,Link_Status)** /RPort ! =PRM_RPort && Link_Status==MRP_LNK_DOWN =〉 MRP_LNKNReturn:=MRP_LNKNRmax UpTimer.stop Set_Port_State.req(SEC_RPort,BLOCKED) DownTimer.start(MRP_LNKdownT) LinkChangeReq(PRM_RPort ,MRP_LNK_DOWN,MRP_LNKNReturn* MRP_LNKdownT)	DE

表 131（续）

#	当前状态	事件/条件 =〉动作	下一状态
15	PT	**MAUType_Change.ind(RPort,Link_Status)** /RPort==PRM_RPort && Link_Status==MRP_LNK_DOWN =〉 MRP_LNKNReturn:=MRP_LNKNRmax UpTimer.stop PRM_RPort:=SEC_RPort SEC_RPort:=RPort Set_Port_State.req(SEC_RPort,BLOCKED) DownTimer.start(MRP_LNKdownT) LinkChangeReq(PRM_RPort ,MRP_LNK_DOWN, MRP_LNKNReturn* MRP_LNKdownT)	DE
16	PT	**MAUType_Change.ind(RPort,Link_Status)** /RPort==PRM_RPort && Link_Status==MRP_LNK_UP =〉 ignore	PT
17	PT	**TopologyChangeInd(MRP_SA,t)** =〉 MRP_LNKNReturn:=MRP_LNKNRmax UpTimer.stop Set_Port_State.req(SEC_RPort,FORWARDING) CLEAR_FDB(t)	PT_IDLE
18	DE	**DownTimer expired** /MRP_LNKNReturn==0 =〉 MRP_LNKNReturn:=MRP_LNKNRmax	DE_IDLE
19	DE	**DownTimer expired** /MRP_LNKNReturn>0 =〉 MRP_LNKNReturn:=MRP_LNKNReturn−1 DownTimer.start(MRP_LNKdownT) LinkChangeReq(PRM_RPort, MRP_LNK_DOWN, MRP_LNKNReturn* MRP_LNKdownT)	DE
20	DE	**MAUType_Change.ind(RPort,Link_Status)** /RPort ! =PRM_Rport && Link_Status==MRP_LNK_UP =〉 MRP_LNKNReturn:=MRP_LNKNRmax DownTimer.stop UpTimer.start(MRP_LNKupT) LinkChangeReq(PRM_RPort ,MRP_LNK_UP,MRP_LNKNReturn* MRP_LNKupT)	PT

表 131（续）

#	当前状态	事件/条件 =〉动作	下一状态
21	DE	**MAUType_Change.ind(RPort,Link_Status)** /RPort ! =PRM_RPort && Link_Status==MRP_LNK_DOWN =〉 ignore	DE
22	DE	**MAUType_Change.ind(RPort,Link_Status)** /RPort==PRM_RPort && Link_Status==MRP_LNK_DOWN =〉 MRP_LNKNReturn:=MRP_LNKNRmax Set_Port_State.req(PRM_RPort,BLOCKED) DownTimer.stop	AC_STAT1
23	DE	**MAUType_Change.ind(RPort,Link_Status)** /RPort==PRM_RPort && Link_Status==MRP_LNK_UP =〉 ignore	DE
24	DE	**TopologyChangeInd(MRP_SA,t)** =〉 MRP_LNKNReturn:=MRP_LNKNRmax DownTimer.stop CLEAR_FDB(t)	DE_IDLE
25	PT_IDLE	**MAUType_Change.ind(RPort,Link_Status)** /RPort ! =PRM_RPort && Link_Status==MRP_LNK_UP =〉 ignore	PT_IDLE
26	PT_IDLE	**MAUType_Change.ind(RPort,Link_Status)** /RPort ! =PRM_RPort && Link_Status==MRP_LNK_DOWN =〉 MRP_LNKNReturn:=MRP_LNKNRmax Set_Port_State.req(SEC_RPort,BLOCKED) DownTimer.start(MRP_LNKdownT) LinkChangeReq(PRM_RPort ,MRP_LNK_DOWN,MRP_LNKNReturn* MRP_LNKdownT)	DE
27	PT_IDLE	**MAUType_Change.ind(RPort,Link_Status)** /RPort==PRM_Rport && Link_Status==MRP_LNK_DOWN =〉 MRP_LNKNReturn:=MRP_LNKNRmax PRM_RPort:=SEC_RPort SEC_RPort:=RPort Set_Port_State.req(SEC_RPort,BLOCKED) DownTimer.start(MRP_LNKdownT) LinkChangeReq(PRM_RPort,MRP_LNK_DOWN,MRP_LNKNReturn* MRP_LNKdownT)	DE

表 131（续）

#	当前状态	事件/条件 =〉动作	下一状态
28	PT_IDLE	**MAUType_Change.ind(RPort,Link_Status)** /RPort==PRM_RPort && Link_Status==MRP_LNK_UP =〉 ignore	PT_IDLE
29	PT_IDLE	**TopologyChangeInd(MRP_SA,t)** =〉 CLEAR_FDB(t)	PT_IDLE

4.5.4.3 用于 MRP 的 MRM 和 MRC 函数

表 132 定义了这些函数。

表 132 函数

函数名称	操 作
TestRingReq(t)	SETUP_TEST_RING_REQ TestTimer.start(t)
SETUP_TEST_RING_REQ	依据 MRP_Test 创建 MRP-PDU 赋值： MRP_Type:=MRP_Test MRP_Prio:=MRP_TS_Prio MRP_SA:=MRP_TS_SA MRP_PortRole:=ring port role of the used port MRP_RingState:=actual ringstate MRP_Type:=MRP_Common MRP_SequenceID:=next SequenceID MRP_DomainUUID:=assigned domain UUID MRP_Type:=MRP_END LMPM_N_Data.req(RPort_1,mC_TEST,SA_Port1,PRIORITY,LT,MRP-PDU) LMPM_N_Data.req(RPort_2,mC_TEST,SA_Port2,PRIORITY,LT,MRP-PDU)
TestRingInd(MRP_SA,MRP_Prio)	LMPM_N_Data.ind(S_Port,,DA,SA,,,N_SDU) MRP-PDU:=N_SDU 依据 MRP_Test 接收 MRP-PDU MRP_SA:=MRP_SA from MRP-PDU MRP_Prio:=MRP_Prio from MRP-PDU

表 132（续）

函数名称	操　　作
TopologyChangeReq(time)	SETUP_TOPOLOGY_CHANGE_REQ(MRP_TOPNRmax* time) if time==0 CLEAR_LOCAL_FDB else TopTimer.start(MRP_TOPchgT)
SETUP_TOPOLOGY_CHANGE_REQ(t)	依据 MRP_TopologyChange 创建 MRP-PDU 赋值： MRP_Type:=MRP_TopologyChange MRP_Prio:=MRP_TS_Prio MRP_SA:=MRP_TS_SA MRP_Interval:=t MRP_Type:=MRP_Common MRP_SequenceID:=next SequenceID MRP_DomainUUID:=assigned domain UUID MRP_Type:=MRP_END LMPM_N_Data.req(RPort_1,MC_CONTROL,SA_Port1,PRIORITY,LT,MRP-PDU) LMPM_N_Data.req(RPort_2,MC_CONTROL,SA_Port2,PRIORITY,LT,MRP-PDU)
TopologyChangeInd(MRP_SA,t)	LMPM_N_Data.ind(S_Port,,DA,SA,,,N_SDU) MRP-PDU:=N_SDU 依据 MRP_TopologyChange 接收 MRP-PDU MRP_SA:=MRP_SA from MRP-PDU t:=MRP_Interval from MRP-PDU
LinkChangeReq(RPort,LinkStatus,time)	依据 MRP_LinkUp 或 MRP_LinkDown 创建 MRP-PDU 赋值： if LinkStatus==MRP_LNK_UP MRP_Type:=MRP_LinkUp elseMRP_Type:=MRP_LinkDown MRP_SA:=MRP_TS_SA MRP_PortRole:=ring port role of the used port MRP_RingState:=actual ringstate MRP_Interval:=time MRP_Type:=MRP_Common MRP_SequenceID:=next SequenceID MRP_DomainUUID:=assigned domain UUID MRP_Type:=MRP_END LMPM_N_Data.req(RPort,mC_TEST,SA_RPort,PRIORITY,LT,MRP-PDU)

表 132（续）

函数名称	操　作
LinkChangeInd(PortMode,LinkStatus)	LMPM_N_Data.ind(S_Port,,DA,SA,,,N_SDU) MRP-PDU:=N_SDU 依据 MRP_LinkDown 或 MRP_LinkUp 接收 MRP-PDU PortMode:=MRP_Blocked from MRP-PDU(shall beset to 1) ifMRP_Type==MRP_LinkUp LinkStatus:=MRP_LNK_UP else LinkStatus:=MRP_LNK_DOWN
CLEAR_FDB(Time)	FDBClearTimer.start(t)
CLEAR_LOCAL_FDB	此函数清除本地 FDB
INIT_FDB	此函数初始化过滤数据库(Filtering Data Base)
ADD_MAC_FDB(Destination,MAC_Address,Priroty)	此函数在过滤数据库中增加 MAC 地址
SetPortState.req(RPort,state)	此函数设置环端口的端口状态

4.5.4.4 用于 MRP 的 FDB 清除定时器(FDB Clear Timer)

表 133 中定义了该状态表。

表 133 FDB 清除定时器

#	当前状态	事件/条件=〉动作	下一状态
1	Power On	 =〉 FDBClearTimer.ini	IDLE
2	IDLE	**FDBClearTimer .expired** =〉 CLEAR_LOCAL_FDB	IDLE

4.5.4.5 用于 MRP 的拓扑改变定时器(Topology Change Timer)

表 134 中定义了该状态表。

表 134 拓扑改变定时器

#	当前状态	事件/条件=〉动作	下一状态
1	Power On	 =〉 TopTimer.ini TC_NReturn:=MRP_TOPNRmax−1	IDLE

表 134（续）

#	当前状态	事件/条件=〉动作	下一状态
2	IDLE	TopTimer expired /TC_NReturn＞0 =〉 SETUP_TOPOLOGY_CHANGE_REQ(TC_NReturn* MRP_TOPchgT) TC_NReturn—— TopTimer.start(MRP_TOPchgT)	IDLE
3	IDLE	TopTimer expired /TC_NReturn≤= 0 =〉 TC_NReturn:=MRP_TOPNRmax−1 CLEAR_LOCAL_FDB SETUP_TOPOLOGY_CHANGE_REQ(0)	IDLE

4.5.4.6 用于 MRRT 激活的 MRM 协议机

图 39 示出了用于媒体冗余实时激活的 MRM 协议机的主要行为。

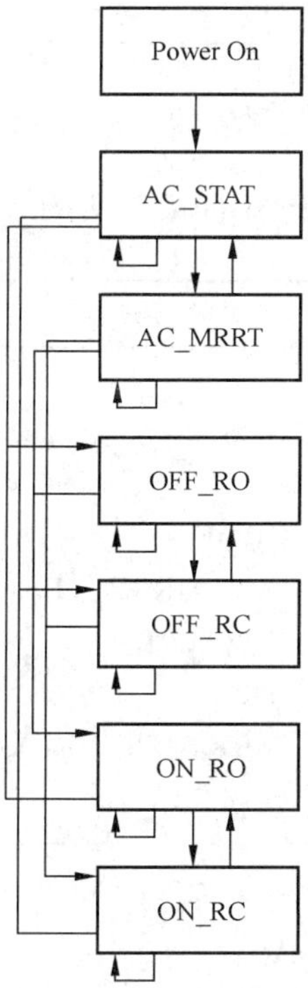

图 39 MRM 协议机

该协议机各状态通常执行下列任务：

——Power On

初始化，MRM 应以停用实时媒体冗余开始，桥转发模式设置到直通(cut through)模式，并应丢弃寻址到 MC_MRRT_TEST 目的地址的帧。

——AC_STAT

启动，等待 MRP 环状态改变指示或 MRRT 模式改变请求。

——AC_MRRT

在发生了 MRRT 模式改变请求后启动。

——OFF-RO

如果 MRRT 模式是 DISABLED 并且环处于开路状态，则应进入此状态。

——OFF-RC

如果 MRRT 模式是 DISABLED 并且环处于闭合状态，则应进入此状态。

——ON-RO

如果 MRRT 模式是 ENABLED 并且环处于开路状态，则应进入此状态。

——ON-RC

如果 MRRT 模式是 ENABLED 并且环处于闭合状态，则应进入此状态。MRRT 测试监视被激活，仅当测试监视成功时，在此状态下环端口上的 MRRT 模式被启用（环上所有 MRC 的 MRRT 模式都被启用）。

表 135 中列出了用于 MRRT 激活协议的 MRM 协议机的本地变量。

表 135　用于 MRRT 激活的 MRM 协议机的本地变量

名　称	类　型	含　义
MRRT_RingClosed	Boolean	环是闭合的（TRUE）或开路的（FALSE）

用于 MRRT 激活的 MRM 状态机应符合表 136。

表 136　用于 MRRT 激活的 MRM 状态机

#	当前状态	事件/条件=〉动作	下一状态
1	Power On	=〉 MRRT_RingClosed:=False Set_Bridge_State(CUT_THROUGH) ADD_MAC_FDB({NIL},{MC_MRRT_TEST},ORG) Set_RPort_State(RPort_1,DISABLE) Set_RPort_State(RPort_2,DISABLE) MRRT_MRM_NRmax:=MRRT_TSTNRmax−1 MRRT_MRM_NReturn:=0	AC_STAT
2	AC_STAT	MRRTTestTimer expired =〉 ignore	AC_STAT
3	AC_STAT	MRP_StateInd(RingState) /RingState==OPEN =〉	OFF_RO
4	AC_STAT	MRP_StateInd(RingState) /RingState==CLOSED =〉	OFF_RC

表 136（续）

#	当前状态	事件/条件=〉动作	下一状态
5	AC_STAT	MRRT_Set_StateInd(State) /State==ENABLE =〉	AC_MRRT
6	AC_STAT	MRRT_Set_StateInd(State) /State==DISABLE =〉 ignore	AC_STAT
7	AC_STAT	MRRT_TestRingInd(MRRT_SA) =〉 ignore	AC_STAT
8	AC_MRRT	MRRTTestTimer expired =〉 ignore	AC_MRRT
9	AC_MRRT	MRP_StateInd(RingState) /RingState==OPEN =〉 ADD_MAC_FDB({local},{MC_MRRT_TEST},ORG) Set_RPort_State(RPort_1,ENABLE) Set_RPort_State(RPort_2,ENABLE)	ON_RO
10	AC_MRRT	MRP_StateInd(RingState) /RingState==CLOSED =〉 MRRT_RingClosed:=False Set_Bridge_State(STORE_AND_FORWARD) ADD_MAC_FDB({local},{MC_MRRT_TEST},ORG) MRRT_TestRingReq(MRRT_TSTdefaultT)	ON_RC
11	AC_MRRT	MRRT_Set_StateInd(State) /State==DISABLE =〉	AC_STAT
12	AC_MRRT	MRRT_Set_StateInd(State) /State==ENABLE =〉 ignore	AC_MRRT
13	AC_MRRT	MRRT_TestRingInd(MRRT_SA) =〉 ignore	AC_MRRT
14	OFF_RO	MRRTTestTimer expired =〉 ignore	OFF_RO

表 136（续）

#	当前状态	事件/条件=〉动作	下一状态
15	OFF_RO	MRP_StateInd(RingState) /RingState==OPEN =〉 ignore	OFF_RO
16	OFF_RO	MRP_StateInd(RingState) /RingState==CLOSED =〉	OFF_RC
17	OFF_RO	MRRT_Set_StateInd(State) /State==DISABLE =〉 ignore	OFF_RO
18	OFF_RO	MRRT_Set_StateInd(State) /State==ENABLE =〉 ADD_MAC_FDB({local},{MC_MRRT_TEST},ORG) Set_RPort_State(RPort_1,ENABLE) Set_RPort_State(RPort_2,ENABLE)	ON_RO
19	OFF_RO	MRRT_TestRingInd(MRRT_SA) =〉 ignore	OFF_RO
20	OFF_RC	MRRTTestTimer expired =〉 ignore	OFF_RC
21	OFF_RC	MRP_StateInd(RingState) /RingState==CLOSED =〉 ignore	OFF_RC
22	OFF_RC	MRP_StateInd(RingState) /RingState==OPEN =〉	OFF_RO
23	OFF_RC	MRRT_Set_StateInd(State) /State==DISABLE =〉 ignore	OFF_RC
24	OFF_RC	MRRT_Set_StateInd(State) /State==ENABLE =〉 MRRT_RingClosed:=False Set_Bridge_State(STORE_AND_FORWARD) ADD_MAC_FDB({local},{MC_MRRT_TEST},ORG) MRRT_TestRingReq(MRRT_TSTdefaultT)	ON_RC

表 136（续）

#	当前状态	事件/条件=〉动作	下一状态
25	OFF_RC	MRRT_TestRingInd(MRRT_SA) =〉 ignore	OFF_RC
26	ON_RO	MRRTTestTimer expired =〉 ignore	ON_RO
27	ON_RO	MRP_StateInd(RingState) /RingState==OPEN =〉 ignore	ON_RO
28	ON_RO	MRP_StateInd(RingState) /RingState==CLOSED =〉 MRRT_RingClosed:=False Set_Bridge_State(STORE_AND_FORWARD) Set_RPort_State(RPort_1,DISABLE) Set_RPort_State(RPort_2,DISABLE) MRRT_TestRingReq(MRRT_TSTdefaultT)	ON_RC
29	ON_RO	MRRT_Set_StateInd(State) /State==DISABLE =〉 Set_RPort_State(RPort_1,DISABLE) Set_RPort_State(RPort_2,DISABLE) REM_MAC_FDB({local},{MC_MRRT_TEST},ORG)	OFF_RO
30	ON_RO	MRRT_Set_StateInd(State) /State==ENABLE =〉 ignore	ON_RO
31	ON_RO	MRRT_TestRingInd(MRRT_SA) =〉 ignore	ON_RO
32	ON_RC	MRRTTestTimer expired /! MRRT_RingClosed =〉 Set_RPort_State(RPort_1,DISABLE) Set_RPort_State(RPort_2,DISABLE) MRRT_TestRingReq(MRRT_TSTdefaultT)	ON_RC
33	ON_RC	MRRTTestTimer expired /MRRT_RingClosed && MRRT_MRM_NReturn< MRRT_MRM_NRmax =〉 MRRT_MRM_NReturn:=MRRT_MRM_NReturn+1 MRRT_TestRingReq(MRRT_TSTdefaultT)	ON_RC

表 136（续）

#	当前状态	事件/条件=〉动作	下一状态
34	ON_RC	MRRTTestTimer expired /MRRT_RingClosed && MRRT_MRM_NReturn >= MRRT_MRM_NRmax =〉 MRRT_MRM_NReturn:=0 MRRT_RingClosed:=False MRRT_TestRingReq(MRRT_TSTdefaultT)	ON_RC
35	ON_RC	MRP_StateInd(RingState) /RingState==CLOSED =〉 ignore	ON_RC
36	ON_RC	MRP_StateInd(RingState) /RingState==OPEN =〉 Set_Bridge_State(CUT_THROUGH) Set_RPort_State(RPort_1,ENABLE) Set_RPort_State(RPort_2,ENABLE)	ON_RO
37	ON_RC	MRRT_Set_StateInd(State) /State==DISABLE =〉 Set_Bridge_State(CUT_THROUGH) Set_RPort_State(RPort_1,DISABLE) Set_RPort_State(RPort_2,DISABLE) REM_MAC_FDB({local},{MC_MRRT_TEST},ORG)	OFF_RC
38	ON_RC	MRRT_Set_StateInd(State) /State==ENABLE =〉 ignore	ON_RC
39	ON_RC	MRRT_TestRingInd(MRRT_SA) /! MRRT_RingClosed && MRRT_SA==MRRT_TS_SA =〉 MRRT_RingClosed:=True MRRT_MRM_NReturn:=0 Set_RPort_State(RPort_1,ENABLE) Set_RPort_State(RPort_2,ENABLE)	ON_RC
40	ON_RC	MRRT_TestRingInd(MRRT_SA) /MRRT_RingClosed && MRRT_SA==MRRT_TS_SA =〉 ignore	ON_RC

表 136（续）

#	当前状态	事件/条件=〉动作	下一状态
41	ON_RC	MRRT_TestRingInd(MRRT_SA) /MRRT_SA ！ =MRRT_TS_SA =〉 ignore	ON_RC

4.5.4.7 用于 MRRT 激活的 MRC 协议机

图 40 示出了用于媒体冗余实时激活的 MRC 协议机主要行为。

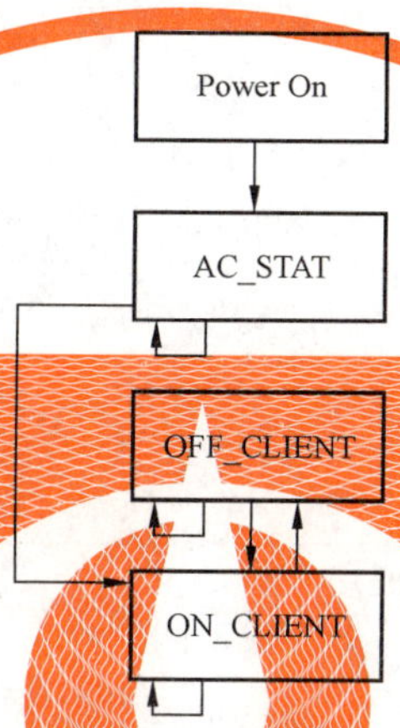

图 40 MRRT 的 MRC 协议机

该协议机状态通常执行下列任务：

——Power On

初始化，MRC 应以停用实时媒体冗余开始，桥转发模式设置到直通，并应丢弃寻址到 MC_MRRT_TEST 目的地址的帧。

——AC_STAT

启动，等待 MRRT 模式启用请求。

——ON-CLIENT

如果 MRRT 模式是 ENABLED，应进入此状态。寻址到 MC_MRRT_TEST 目的地址的帧应在环端口之间转发。

——OFF-CLIENT

如果 MRRT 模式是 DISABLED，应进入此状态。寻址到 MC_MRRT_TEST 目的地址的帧应被丢弃。

表 137 中列出了 MRRT 激活的 MRC 状态机。

表 137 MRRT 激活的 MRC 状态机

#	当前状态	事件/条件=〉动作	下一状态
1	Power On	 =〉 Set_Bridge_State(CUT_THROUGH) ADD_MAC_FDB({NIL},{MC_MRRT_TEST},ORG) Set_RPort_State(RPort_1,DISABLE) Set_RPort_State(RPort_2,DISABLE)	AC_STAT
2	AC_STAT	**MRRT_Set_StateInd(State)** /State==ENABLE =〉 Set_RPort_State(RPort_1,ENABLE) Set_RPort_State(RPort_2,ENABLE) ADD_MAC_FDB({RPort_1,RPort_2},{MC_MRRT_TEST},ORG)	ON_CLIENT
3	AC_STAT	**MRRT_Set_StateInd(State)** /State==DISABLE =〉 ignore	AC_STAT
4	OFF_CLIENT	**MRRT_Set_StateInd(State)** /State==DISABLE =〉 ignore	OFF_CLIENT
5	OFF_CLIENT	**MRRT_Set_StateInd(State)** /State==ENABLE =〉 Set_RPort_State(RPort_1,ENABLE) Set_RPort_State(RPort_2,ENABLE) ADD_MAC_FDB({RPort_1,RPort_2},{MC_MRRT_TEST},ORG)	ON_CLIENT
6	ON_CLIENT	**MRRT_Set_StateInd(State)** /State==DISABLE =〉 REM_MAC_FDB({RPort_1,RPort_2},{MC_MRRT_TEST},ORG) Set_RPort_State(RPort_1,DISABLE) Set_RPort_State(RPort_2,DISABLE)	OFF_CLIENT
7	ON_CLIENT	**MRRT_Set_StateInd(State)** /State==ENABLE =〉 ignore	ON_CLIENT

4.5.4.8 用于 MRRT 激活的 MRM 和 MRC 函数

表 138 中定义了这些函数。

表 138 MRM 和 MRC 函数

函数名称	操作
MRRT_TestRingReq(t)	MRRT_SETUP_TEST_RING_REQ MRRTTestTimer.start(t)
MRRT_SETUP_TEST_RING_REQ	依据 MRRT_Test 创建 MRRT-PDU 赋值: MRRT_Type:=MRRT_Test MRRT_SA:=MRRT_TS_SA(same as MRP_TS_SA) MRRT_Type:=MRRT_Common MRRT_SequenceID:=next SequenceID MRRT_DomainUUID:=MRP_DomainUUID of ring ports MRRT_Type:=MRRT_END LMPM_ A _ Data. req (RPort _ 1, MC _ MRRT _ TEST, SA _ Port1, PRIORITY,LT,MRRT-PDU) LMPM_ A _ Data. req (RPort _ 2, MC _ MRRT _ TEST, SA _ Port2, PRIORITY,LT,MRRT-PDU)

MRRT_TestRingInd(MRRT_SA)	LMPM_A_Data.ind(S_Port,,DA,SA,,,N_SDU)
	MRRT-PDU:=N_SDU
	
	依据 MRRT_Test 接收 MRRT-PDU
	if S_Port is ring port
	{
	MRRT_SA:=MRRT_SA fromMRRT-PDU
	}
	else discard MRRT-PDU

ADD_ MAC _ FDB (Destination, MAC — Address,Priority)	此函数在转发数据库(Forwarding Data Base)中增加 MAC 地址
REM_ MAC _ FDB (Destination, MAC — Address,Priority)	此函数从转发数据库中删除 MAC 地址
STORE_AND_FORWARD	此函数设置桥转发模式为存储转发(store & forward)
CUT_THROUGH	此函数设置桥转发模式为直通(cut through)
Set_RPort_State(Port,MRRT_Mode)	此函数在端口上启用或停用 MRRT 模式
RPort_1,RPort_2	环端口(等于 MRP 环端口)
MRRT_Set_StateInd(State)	MRRT 模式改变请求(ENABLE 或 DISABLE)
MRP_StateInd(RingState)	MRP 环状态改变指示(MRP_RingState 从环开路改变到环闭合)

4.5.4.9 RRT 中继协议机(RRT_RELAY)

4.5.4.9.1 原语定义

4.5.4.9.1.1 在 RRT_RELAY 和 ASE 之间交换的原语

4.5.4.9.1.2 RRT_RELAY 原语的参数

在服务定义中以 MRP ASE 描述了这些服务原语及其相关参数，它们由 RRT_RELAY 用户发出并由 RRT_RELAY 接收，反之亦然。

4.5.4.9.2 状态机描述

RRT 中继协议机描述在桥中的 RRT 帧处理。

图 41 示出 RRT_RELAY 状态机。

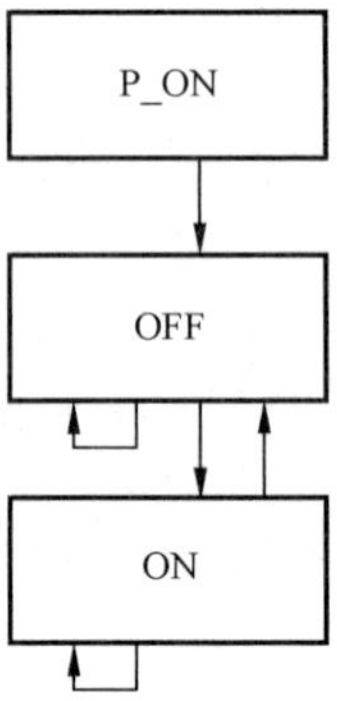

图 41 RRT_RELAY 状态转换图

RRT_RELAY 的状态如下：

——P_ON

初始化。

——OFF

解除激活。

——ON

激活。

4.5.4.9.3 RRT_RELAY 状态表

表 139 包含 RRT_RELAY 使用的状态表。

表 139 RRT_RELAY 状态表

#	当前状态	事件/条件=〉动作	下一状态
1	P_ON	=〉 R_Port1：=NIL R_Port2：=NIL	OFF

表 139（续）

#	当前状态	事件/条件=〉动作	下一状态
2	OFF	**RRT_Start.req(RingPort_1,RingPort_2)** =〉 R_Port1:=RingPort_1 R_Port2:=RingPort_2 RRT_Start.cnf(OK)	ON
3	OFF	**RRT_Stop.req()** =〉 R_Port1:=NIL R_Port2:=NIL RRT_Stop.cnf(OK)	OFF
4	OFF	**DEMUX_RRT_RELAY.ind(CREP,S_Port,DA,SA,VLANPrio,VLNAID,C_SDU,APDU_Status)** =〉 MAC_RelayData.req(CREP,DA,SA,VLANPrio,VLNAID,C_SDU,APDU_Status)	OFF
5	ON	**RRT_Start.req(RingPort_1,RingPort_2)** =〉 RRT_Start.cnf(WRONG_SEQUENCE)	ON
6	ON	**RRT_Stop.req()** =〉 R_Port1:=NIL R_Port2:=NIL RRT_Stop.cnf(OK)	OFF
7	ON	**DEMUX_RRT_RELAY.ind(CREP,S_Port,DA,SA,VLANPrio,VLNAID,C_SDU,APDU_Status)** /S_Port==LOCAL =〉 for i:=R_Port1 to R_Port_2 PUT_IN_LIST_RT_Lo(i)	ON
8	ON	**DEMUX_RRT_RELAY.ind(CREP,S_Port,DA,SA,VLANPrio,VLNAID,C_SDU,APDU_Status)** /S_Port<> LOCAL &&(S_Port<> R_Port1 && S_Port<> R_Port2) =〉 MAC_RelayData.req(CREP,DA,SA,VLANPrio,VLNAID,C_SDU,APDU_Status)	ON
9	ON	**DEMUX_RRT_RELAY.ind(CREP,S_Port,DA,SA,VLANPrio,VLNAID,C_SDU,APDU_Status)** /S_Port<> LOCAL && !(S_Port<> R_Port1 && S_Port<> R_Port2) && LOCAL_IS_SOURCE =〉	ON

表 139（续）

#	当前状态	事件/条件=〉动作	下一状态
10	ON	**DEMUX_RRT_RELAY.ind(CREP,S_Port,DA,SA,VLANPrio,VLNAID,C_SDU,APDU_Status)** /S_Port<> LOCAL && ! LOCAL_IS_SOURCE && LOCAL_IS_UNIQUE_DESTINATION =〉 RRT_RelayData.ind(CREP,DA,SA,LT,VLANPrio,VLANID,C_SDU,APDU_Status)	ON
11	ON	**DEMUX_RRT_RELAY.ind(CREP,S_Port,DA,SA,VLANPrio,VLNAID,C_SDU,APDU_Status)** /S_Port<> LOCAL && ! (S_Port <> R_Port1 && S_Port <> R_Port2) && ! LOCAL_IS_SOURCE && ! LOCAL_IS_UNIQUE_DESTINATION =〉 RRT_RelayData.ind(CREP,DA,SA,LT,VLANPrio,VLANID,C_SDU,APDU_Status)	ON
12	ON	**DEMUX_RRT_RELAY.ind(CREP,S_Port,DA,SA,VLANPrio,VLNAID,C_SDU,APDU_Status)** /S_Port<> LOCAL && ! (S_Port<> R_Port1 && S_Port<> R_Port2) && ! LOCAL_IS_SOURCE && ! LOCAL_IS_UNIQUE_DESTINATION && LOCAL_IS_DESTINATION && S_Port==R_Port1 =〉 PUT_IN_LIST_RT_Lo(R_Port2) RRT_RelayData.ind(CREP,DA,SA,LT,VLANPrio,VLANID,C_SDU,APDU_Status)	ON
13	ON	**DEMUX_RRT_RELAY.ind(CREP,S_Port,DA,SA,VLANPrio,VLNAID,C_SDU,APDU_Status)** /S_Port<> LOCAL && ! (S_Port<> R_Port1 && S_Port<> R_Port2) && ! LOCAL_IS_SOURCE && ! LOCAL_IS_UNIQUE_DESTINATION && LOCAL_IS_DESTINATION && S_Port==R_Port2 =〉 PUT_IN_LIST_RT_Lo(R_Port1) RRT_RelayData.ind(CREP,DA,SA,LT,VLANPrio,VLANID,C_SDU,APDU_Status)	ON

表 139(续)

#	当前状态	事件/条件=〉动作	下一状态
14	ON	**DEMUX_RRT_RELAY.ind(CREP,S_Port,DA,SA,VLANPrio,VLNAID,C_SDU,APDU_Status)** /S_Port<> LOCAL && !(S_Port<> R_Port1 && S_Port<> R_Port2) && !LOCAL_IS_SOURCE && !LOCAL_IS_UNIQUE_DESTINATION && !LOCAL_IS_DESTINATION && S_Port==R_Port1 =〉 PUT_IN_LIST_RT_Lo(R_Port2)	ON
15	ON	**DEMUX_RRT_RELAY.ind(CREP,S_Port,DA,SA,VLANPrio,VLNAID,C_SDU,APDU_Status)** /S_Port<> LOCAL && !(S_Port<> R_Port1 && S_Port<> R_Port2) && !LOCAL_IS_SOURCE && !LOCAL_IS_UNIQUE_DESTINATION && !LOCAL_IS_DESTINATION && S_Port==R_Port2 =〉 PUT_IN_LIST_RT_Lo(R_Port1)	ON

4.5.4.9.4 宏

表 140 包含 RRT_RELAY 使用的宏。

表 140 RRT_RELAY 使用的宏

名　称	功　能
LOCAL	来自本地接口的请求(LMPM)
LOCAL_IS_SOURCE	来自自己设备的帧 SA==local address
LOCAL_IS_UNIQUE_DESTINATION	目的地址是本地地址 DA==local address
LOCAL_IS_DESTINATION	目的多播帧被设计用于设备
FrameInIngressFilter	该入口过滤器条件适合此帧。该帧被放弃。
PUT_IN_LIST_RT_Lo(Port)	TX_RT_Lo_List.Insert() TX_RT_Lo_List.Last_Entry.Function:=RT_Lo TX_RT_Lo_List.First_Entry.CREP:=NIL TX_RT_Lo_List.Last_Entry.S_Port:=Port TX_RT_Lo_List.Last_Entry.D_Port:=NIL 此功能将帧在 QueueHandler 的相应队列中进行排队。

4.5.4.9.5 函数

RRT_RELAY 未定义函数。

4.6 实时循环

4.6.1 FAL 语法描述

4.6.1.1 DLPDU 抽象语法引用

应采用 4.1.1 中的 DLPDU 抽象语法。

4.6.1.2 RTC APDU 抽象语法

表 141 定义应用层 PDU(称之为 APDU)的抽象语法。所定义的八位位组次序应用于传递 APDU。表 141 的 APDU 应表示表 4 中 DLSDU 的内容。

表 141 RTC APDU 语法

APDU 名称	APDU 结构
RTC-PDU	C_SDU^ CBA_SDU,APDU_Status
UDP-RTC-PDU	IPHeader,UDPHeader,FrameID,RTC-PDU

表 142 定义的结构用于替代表 141 中所示的 APDU 结构元素。

表 142 RTC 替代

替代名称	结　　构
C_SDU	{[DataItem],[GAP*]}* ,[RTCPadding*][a,b] 最大 C_SDU 长度不应大于 1440 个八位位组
DataItem	{[IOCS*],[DataObjectElement*]}*
SubstituteDataItem	{[IOCS*][c],[SubstituteDataObjectElement*]}*
DataObjectElement	[Data*],IOPS
SubstituteDataObjectElement	[Data*],substituteDataValid
CBA_SDU	CBAHeader,CBADataSet* ,[RTCPadding*][a,b]
CBAHeader	CBAVersion,CBAFlags,CBACount
CBADataSet	CBALength,CBAQualityCode,CBAValue
APDU_Status	CycleCounter,DataStatus,TransferStatus

[a] 在 RTC-PDU 情况下,填充的八位位组数应根据 DataItem 的大小在 0...40 范围内。在 UDP-RTC-PDU 情况下,填充的八位位组数应根据 DataItem 的大小在 0...12 范围内。

[b] 在 RT_CLASS_3 传输情况下,填充的八位位组数由工程系统给出。

[c] 该值应包含与字段 DataItem.IOCS 相同的值。

4.6.2 FAL 传输语法

4.6.2.1 Data-RTC-PDU 特定字段的编码

4.6.2.1.1 概述

字段 Data 和 IOxS 也应使用来编码所有其他 PDU 类型的用户数据。

4.6.2.1.2 字段 CycleCounter 的编码

此字段应编码为数据类型 Unsigned16。一个增量表示的时间值:对于 RTC-PDU 是 31.25 μs,对于 UDP-RTC-PDU 是 1 ms。每个 RTC-PDU 包含其本地 CycleCounter。RTC-PDU 的接收方应使用此字段来检查帧的重复、丢失以及数据的时效性。

表 143 依据上次接收的 RTC-PDU 或 UDP-RTC-PDU 的 CycleCounter 与当前接收 PDU 的值之间的差值来规定消费者的动作。

表 143　CycleCounter 的差值

值(十六进制)	含　义	应用
0x0000～0x0FFF	消费者表决所接收到的帧比已存储的帧更旧	帧被丢弃
0x1000～0xFFFF	消费者表决所接收到的帧比已存储的帧更新	帧被处理

CycleCounter 定义新、旧帧之间的时窗:对于表决作为新的 RTC-PDU 是 1.92 s,对于表决作为新的 UDP-RTC-PDU 是 61.44 s。

注:如有必要,本地 CycleCounter 可以在该网络中紧密地全局同步。

设备应维持具有增量 31.25 μs 的本地 64 比特的计数器。比特 0～比特 15 应用于 RTC-PDUs 中的 CycleCounter。比特 5～比特 20 应用于 UDP-RTC-PDU 中的 CycleCounter,如图 42 所示。

该差应用 16 比特算法来计算,见式(47)。

IF(CycleCounter(NEW) >=CycleCounter(STORED))　　　　…………… (47)

Difference=CycleCounter(NEW)－CycleCounter(STORED)

ELSE

Difference=0xFFFF－CycleCounter(STORED)＋CycleCounter(NEW)

如果该差值==0,则该 CycleCounter(NEW)是更旧的。

如果该差值>0xF000,则该 CycleCounter(NEW)是更旧的。

如果该差值<= 0xF000,则该 CycleCounter(NEW)是更新的。

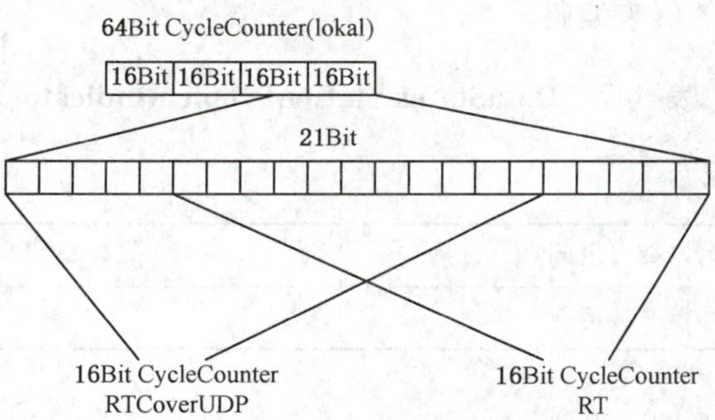

图 42　CycleCounter 的结构

4.6.2.1.3 字段 DataStatus 的编码

此字段的编码应依据 3.7.3.3,各比特应具有以下含义:

——比特 0:DataStatus.State

此字段应依据表 144 中的值来编码。

表 144 DataStatus.State

值(十六进制)	含 义
0x00	IOCR 状态是 backup
0x01	IOCR 状态是 primary

——比特 1:DataStatus.reserved_1

此字段应依据 3.7.3.2 来设置。

——比特 2:DataStatus.DataValid

——此字段应依据表 145 中的值来编码。

表 145 DataStatus.DataValid

值(十六进制)	含 义
0x00	无效的 DataItem
0x01	有效的 DataItem

——比特 3:DataStatus.reserved_2

此字段应设置为 0,但不被接收方检查。

——比特 4:DataStatus.ProviderState

此字段应依据表 146 中的值来编码。

表 146 DataStatus.ProviderState

值(十六进制)	含 义
0x00	Stop
0x01	Run

——比特 5:DataStatus.StationProblemIndicator

此字段应依据表 147 中的值来编码。

表 147 DataStatus.StationProblemIndicator

值(十六进制)	含 义
0x00	检查出问题
0x01	正常运行

——比特 6:DataStatus.reserved_3

此字段应设置为 0,但不被接收方检查。

——比特 7:DataStatus.reserved_4

此字段应设置为0,但不被接收方检查。

4.6.2.1.4 字段 TransferStatus 的编码

此字段应编码为数据类型 Unsigned8。对于 RT_CLASS_UDP、RT_CLASS_1 和 RT_CLASS_2 帧,此字段应设置为0。对于 RT_CLASS_3,此值应依据表148来设置。

表148 RT_CLASS_3 的 TransferStatus

比特位置	名 称	值	含 义
0	AlignmentOrFrameChecksum-Error	0	没有帧校验和错误或对齐错误
		1	帧校验和错误或对齐错误,没有 MAC 接收缓冲器溢出
1	WrongLengthError	0	没有长度错误
		1	长度错误
2	MACReceiveBufferOverflow	0	没有 MAC 接收缓冲器溢出
		1	MAC 接收缓冲器溢出
3	RT_CLASS_3 Error	0	没有 RT_CLASS_3 错误
		1	RT_CLASS_3 错误,例如,该帧没有被及时接收,或不是所期望的帧类型,或不是所期望的帧 ID,或不是所期望的源 MAC 地址(这是可选的检查),或出现残缺帧(underrun)(如,桥接收到首部,但数据没有及时到达)
其他	None	保留	保留

4.6.2.1.5 有关分散式外围设备的编码

4.6.2.1.5.1 字段 Data 的编码

对于每个 Data 字段,应使用下列数据类型之一:

——Boolean;

——Integer;

——Unsigned;

——Floating Point;

——Visiblestring;

——OctetString;

——Binary Date;

——Time of Day;

——Time-Difference;

——Network Time;

——Network Time Difference。

4.6.2.1.5.2 IOxS(IOPS、IOCS、SubstituteDataValid)相关的编码

——字段 IOPS 的编码

这些字段的编码应依据3.7.3.3,各比特应具有以下含义:

- 比特0:IOxS.Extension

此字段应依据表149中的值来编码。

表149 IOxS.Extension

值(十六进制)	含义
0x00	随后无IOxS八位位组
0x01	随后有多个IOxS八位位组

- 比特1～4:IOxS.Reserved

此字段应依据3.7.3.2来设置。

- 比特6～5:IOxS.Instance

如果IOxS.DataState比特被设置为坏(bad),此字段应依据表150中的值来编码。如果IOxS.DataState比特被设置为好(good),则不关心IOxS.Instance比特,并应将其设为0。

表150 IOCS.Instance

值(十六进制)	含义
0x00	由子槽检查
0x01	由槽检查
0x02	由IO设备检查
0x03	由IO控制器检查

- 比特7:IOxS.DataState

此字段应依据表151中的值来编码。

表151 IOxS.DataState

值(十六进制)	含义
0x00	Bad 数据字段可能不包含有效的用户数据-接收方应使用其预设定的值(0,上次有效的值或缺省值)代替所传输的数据字段的值 SubstituteDataValid=FALSE
0x01	Good 数据字段应包含有效的用户数据 SubstituteDataValid=TRUE

——字段IOCS的编码

这些字段的编码应符合字段IOPS的编码。

——字段SubstituteDataValid的编码

这些字段的编码应符合字段IOPS的编码。

4.6.2.1.6 有关分布式自动化的编码

注:本条为空,以保持与IEC 61158-6-10的条号相同。

4.6.3 应用关系协议机(ARPM)

4.6.3.1 提供者协议机(PPM)

4.6.3.1.1 原语定义

4.6.3.1.1.1 在 PPM 与 PPM 用户之间交换的原语

这些服务原语及其相关参数在服务定义中以 RTC ASE 进行描述,它们由 PPM 用户发出并由 PPM 接收,反之亦然。

4.6.3.1.1.2 在 PPM 与 LMPM 之间交换的原语

这些服务原语及其相关参数在服务定义中以 LMPM ASE 进行描述,它们由 PPM 发出并由 LMPM 接收,反之亦然。

4.6.3.1.1.3 PPM 原语的参数

在 PPM 用户与 PPM 之间交换的原语所使用的参数在 FAL 服务定义中描述。

4.6.3.1.2 状态机描述

W-START 状态表示需要进行初始化。Activate 服务设置该协议机在 RUN 状态以等待提供者数据(Provider Data)服务请求和时间(Time)事件。在发出数据传输后,使用 CRUN 状态以等待证实。接收的证实将使该协议机回到 RUN 状态。一个错误或 Close 服务请求将导致重新进入 W-START 状态。在进入 W-START 之前,处于 CRUN 中的 Close 必须等待处于 WCON 状态中未完成的(outstanding)证实。

PPM 的本地变量如下:

——Buffer_Data(OctetString)

此本地变量包含数据(编码为 DataItem*),该数据应存储专用于以 NDRDataCyclic 传输的下一次 Data-RTC-PDU 或 CL-RPC-PDU 的数据。

注:DataItem* 包含该专用 PDU 的所有 DataItems。

——Buffer_Status(Unsigned16)

此本地变量包含状况(编码为 APDU_STatus),该状况应存储专用于以 NDRDataCyclic 传输的下一次 Data-RTC-PDU 或 CL-RPC-PDU 的状况。

——New_Stat(Boolean)

此本地变量用来指示在 Open 之后第一次成功的数据传输。

4.6.3.1.3 PPM 状态表

表 152 包含 PPM 状态表的完整描述。

表 152 **PPM 状态表**

#	当前状态	事件/条件=〉动作	下一状态
1	W-START	**PPM_Activate.req(CREP,DA,SA,FrameID,Prio,VLAN,TxOption,ReductionRatio,Phase,Sequence,Default_Values,Default_Status)** =〉 New_Stat:=FALSE; Buffer_Data:=Default_Values Buffer_Status:=Default_Status LMPM_Schedule_add.req(CREP,ReductionRatio,Phase,Sequence) PPM_Activate.cnf(+)(CREP)	RUN
2	W-START	**PPM_Close.req(CREP)** =〉 PPM_Close.cnf(+)(CREP)	W-START
3	W-START	**PPM_Set_Prov_Data.req(CREP,Data)** =〉 ERRCLS:=CTXT ERRCODE:=INVALID_STATE PPM_Set_Prov_Data.cnf(−)(CREP,ERRCLS,ERRCODE)	W-START
4	W-START	**PPM_Set_Prov_Status.req(CREP,D_Status)** =〉 ERRCLS:=CTXT ERRCODE:=INVALID_STATE PPM_Set_Prov_Status.cnf(−)(CREP,ERRCLS,ERRCODE)	W-START
5	W-START	**C_Data_cnf** =〉 ignore	W-START
6	RUN	**PPM_Activate.req(CREP,DA,SA,FrameID,Prio,VLAN,TxOption,ReductionRatio,Phase,Sequence,Default_Values,Default_Status)** =〉 ERRCLS:=CTXT ERRCODE:=INVALID_STATE PPM_Activate.cnf(−)(CREP,ERRCLS,ERRCODE)	RUN
7	RUN	**PPM_Close.req(CREP)** =〉 LMPM_Schedule_remove.req(CREP) PPM_Close.cnf(+)(CREP)	W-START
8	RUN	**PPM_Set_Prov_Data.req(CREP,Data)** =〉 Buffer_Data:=Data PPM_Set_Prov_Data.cnf(+)(CREP)	RUN
9	RUN	**PPM_Set_Prov_Status.req(CREP,D_Status)** =〉 Buffer_Status:=D_Status PPM_Set_Prov_Status.cnf(+)(CREP)	RUN

表 152（续）

#	当前状态	事件/条件=〉动作	下一状态
10	RUN	**C_Data_cnf** =〉 ignore	RUN
11	RUN	**LMPM_Time_Event.ind(CREP,PortList)** /PortList==NIL =〉 C_SDU:=Buffer_Data, APDU_Status:=(Cycle_Count,Buffer_Status) C_Data_req(PortList)	CRUN
12	RUN	**LMPM_Time_Event.ind(CREP,PortList)** /PortList !=NIL =〉 C_SDU:=Buffer_Data, APDU_Status:=(Cycle_Count,Buffer_Status) C_Data_req(PortList)	CRUN
13	CRUN	**PPM_Activate.req(CREP,DA,SA,FrameID,Prio,VLAN,TxOption,Reduction-Ratio,Phase,Sequence,Default_Values,Default_Status)** =〉 ERRCLS:=CTXT ERRCODE:=INVALID_STATE PPM_Activate.cnf(-)(CREP,ERRCLS,ERRCODE)	CRUN
14	CRUN	**PPM_Close.req(CREP)** =〉 LMPM_Schedule_remove.req(CREP) PPM_Close.cnf(+)(CREP)	WCON
15	CRUN	**C_Data_cnf** /LMPM_Status !=LS/IV && ! New_Stat =〉 New_Stat:=TRUE PPM_Start.ind(CREP)	RUN
16	CRUN	**C_Data_cnf** /LMPM_Status !=LS/IV && New_Stat =〉	RUN
17	CRUN	**C_Data_cnf** /LMPM_Status==LS/IV =〉 PPM_Error.ind(CREP,No_Data_Send)	RUN
18	CRUN	**LMPM_Time_Event.ind(CREP,PortList)** =〉 PPM_Error.ind(CREP,No_Data_Send)	CRUN

表 152（续）

#	当前状态	事件/条件=〉动作	下一状态
19	CRUN	**PPM_Set_Prov_Data.req(CREP,Data)** =〉 Buffer_Data:=Data PPM_Set_Prov_Data.cnf(+)(CREP)	CRUN
20	CRUN	**PPM_Set_Prov_Status.req(CREP,D_Status)** =〉 Buffer_Status:=D_Status PPM_Set_Prov_Status.cnf(+)(CREP)	CRUN
21	WCON	**PPM_Activate.req(CREP,DA,SA,FrameID,Prio,VLAN,TxOption,ReductionRatio,Phase,Sequence,Default_Values,Default_Status)** =〉 New_Stat:=FALSE; Buffer_Data:=Default_Values Buffer_Status:=Default_Status LMPM_Schedule_add.req(CREP,ReductionRatio,Phase,Sequence) PPM_Activate.cnf(+)(CREP)	CRUN
22	WCON	**PPM_Close.req(CREP)** =〉 ERRCLS:=CTXT ERRCODE:=INVALID_STATE PPM_Close.cnf(−)(CREP,ERRCLS,ERRCODE)	WCON
23	WCON	**C_Data_cnf** /LMPM_Status ! =LS/IV =〉	W-START
24	WCON	**C_Data_cnf** /LMPM_Status==LS/IV =〉 PPM_Error.ind(CREP,No_Data_Send)	W-START
25	WCON	**LMPM_Time_Event.ind(CREP,PortList)** =〉 PPM_Error.ind(CREP,No_Data_Send)	WCON
26	WCON	**PPM_Set_Prov_Data.req(CREP,Data)** =〉 ERRCLS:=CTXT ERRCODE:=INVALID_STATE PPM_Set_Prov_Data.cnf(−)(CREP,ERRCLS,ERRCODE)	WCON
27	WCON	**PPM_Set_Prov_Status.req(CREP,D_Status)** =〉 ERRCLS:=CTXT ERRCODE:=INVALID_STATE PPM_Set_Prov_Status.cnf(−)(CREP,ERRCLS,ERRCODE)	WCON

4.6.3.1.4 函数

表 153 包含 PPM 使用的函数或宏及其变元和描述。

表 153 PPM 使用的函数

函数名称	描述
C_Data_cnf	if (txOption==RTC) LMPM_C_Data.cnf(CREP,LMPM_Status,Cycle) if (txOption==UDP) UDP_C_Data.cnf(IPPort,CREP,LMPM_Status,Cycle)
C_Data_req(PortList)	if (txOption==RTC) LMPM_C_Data.req(CREP,PortList,DA,SA,Prio,C_SDU,APDU_Status) if (txOption==UDP) UDP_C_Data.req(IPPort,CREP,DA,SA,Prio,C_SDU,APDU_Status)

4.6.3.2 消费者协议机(CPM)

4.6.3.2.1 原语定义

4.6.3.2.1.1 在 CPM 与 CPM 用户之间交换的原语

这些服务原语及其相关参数在服务定义中以 RTC ASE 进行描述，它们由 CPM 用户发出并由 CPM 接收，反之亦然。

4.6.3.2.1.2 在 CPM 与 LMPM 之间交换的原语

这些服务原语及其相关参数在服务定义中以 LMPM ASE 进行描述，它们由 CPM 发出并由 LMPM 接收，反之亦然。

4.6.3.2.1.3 CPM 原语的参数

在 CPM 用户与 CPM 之间交换的原语所使用的参数在 FAL 服务定义中描述。

4.6.3.2.2 状态机描述

W-START 状态表示需要进行初始化。Activate 服务设置状态机处于 RUN 状态或 FRUN 状态。状态机处于这些状态以等待第一个 LMPM_C_Data 服务指示。将 Start 指示传递给用户后，协议机进入 RUN 状态。超时将迫使状态转换回到 FRUN 状态(连同一个 Stop 指示)。重新进入 W-START 状态需要一个 Close 服务请求。

每次接收到有效的 C_Data.ind 后，读取时间并将它与标志(Flag)一起存储在本地变量中。

CPM 的本地变量如下：

——Cycle(Unsigned16)

此本地变量包含上次有效的 Cycle Counter，它是通过带有有效数据的 LMPM_C_Data 指示传送的。

——RecvCnt(Unsigned16)

此本地变量包含自上次 ConsStatus 请求以来所接收到的循环 PDU 的计数器值。

——Buffer_Data(Octedstring)

此本地变量包含上次有效的服务数据单元(unit),它是通过 LMPM_C_Data 指示传送的。

——Buffer_Status(Unsigned16)

此本地变量包含上次有效的 APDU_Status,它是通过 LMPM_C_Data 指示传送的。

——New_Data(Boolean)

此本地变量发出信号告知接收到有效的 LMPM_C_Data 指示(由 Get_Cons_Data 请求设置为 FALSE)。

——WDt(Unsigned16)

此本地变量包含自上次 LMPM_C_Data 指示以来时间事件的计数器值。

——DHt(Unsigned16)

此本地变量包含自上次带有有效数据的 LMPM_C_Data 指示以来时间事件的计数器值。

4.6.3.2.3 CPM 状态表

表 154 包含 CPM 状态表的完整描述。

表 154 CPM 状态表

#	当前状态	事件/条件=〉动作	下一状态
1	W-START	**CPM_ Activate. req (CREP, DA, SA, FrameID, Prio, VLAN, Exp _ Length, startTon, Timeout _ Base, WatchdogFactor, DataHoldFactor, Default _ Value, Default_Status)** /StartTon=TRUE =〉 InitCy:=TRUE Store DA,SA,FrameID,Prio,VLAN,Timeout_Base,WatchDogFactor,DataHoldFactor,Default_Value,Default_Status New_Data:=FALSE, Intime:=FALSE, for all ports of interface do: RxA(Port) ,RxP(Port):=FALSE WDt:=0,DHt:=0 Cycle:=0, RecvCnt:=0, Buffer_Data,AuxBuffer_Data:=Default_Value, Buffer_Status,AuxBuffer_Status:=Default_Status Primary:=TRUE LMPM_Schedule_add.req(CREP,ReductionRatio:=Timeout_Base, Phase:=0,Sequence:=0) CPM_Activate.cnf(+)(CREP)	RUN

表 154（续）

#	当前状态	事件/条件=〉动作	下一状态
2	W-START	**CPM_Activate.req（CREP，DA，SA，FrameID，Prio，VLAN，Exp_Length，startTon，Timeout_Base，WatchdogFactor，DataHoldFactor，Default_Value，Default_Status）** /StartTon=FALSE =〉 Store DA，SA，FrameID，Prio，VLAN，Timeout_Base，WatchDogFactor，DataHoldFactor，Default_Value，Default_Status New_Data：=FALSE， Intime：=FALSE， for all ports of interface do： RxA(Port) ，RxP(Port)=FALSE WDt：=0，DHt：=0 Cycle：=0， RecvCnt：=0， Buffer_Data，AuxBuffer_Data：=Default_Value， Buffer_Status，AuxBuffer_Status：=Default_Status Primary：=TRUE LMPM_Schedule_add.req(CREP，ReductionRatio：=Timeout_Base，Phase：=0，Sequence：=0) CPM_Activate.cnf(+)(CREP)	FRUN
3	W-START	**CPM_Close.req(CREP)** =〉 CPM_Close.cnf(+)(CREP)	W-START
4	W-START	**CPM_Get_Cons_Status.req(CREP)** =〉 ERRCLS：=CTXT ERRCODE：=INVALID_STATE CPM_Get_Cons_Status.cnf(−)(CREP，ERRCLS，ERRCODE)	W-START
5	W-START	**CPM_Set_RedRole.req(CREP，RedRole)** =〉 Primary：=RedRole CPM_Set_RedRole.cnf(CREP)	W-START
6	W-START	**CPM_Get_Cons_Data.req(CREP)** =〉 ERRCLS：=CTXT ERRCODE：=INVALID_STATE CPM_Get_Cons_Data.cnf(−)(CREP，ERRCLS，ERRCODE)	W-START
7	W-START	**C_Data_ind**=〉ignore	W-START

表 154（续）

#	当前状态	事件/条件=〉动作	下一状态
8	FRUN	**CPM_ Activate. req（CREP，DA，SA，FrameID，Prio，VLAN，Exp _ Length，startTon，Timeout _ Base，WatchdogFactor，DataHoldFactor，Default _ Value，Default_Status）** =〉 ERRCLS:=CTXT ERRCODE:=INVALID_STATE CPM_Activate.cnf(−)(CREP,ERRCLS,ERRCODE)	FRUN
9	FRUN	**CPM_Close.req(CREP)** =〉 LMPM_Schedule_remove.req(CREP) CPM_Close.cnf(+)(CREP)	W-START
10	FRUN	**CPM_Get_Cons_Status.req(CREP)** =〉 Status:=Cycle,Buffer_Status, RecvCounter:=RecvCnt, RecvCnt:=0 CPM_Get_Cons_Status.cnf(+)(CREP,Status,RecvCounter)	FRUN
11	FRUN	**CPM_Set_RedRole.req(CREP,RedRole)** =〉 Primary:=RedRole CPM_Set_RedRole.cnf(CREP)	FRUN
12	FRUN	**CPM_Get_Cons_Data.req(CREP)** =〉 Data:=Buffer_Data, New_Flag:=New_Data, New_Data:=FALSE CPM_Get_Cons_Data.cnf(+)(CREP,Data,New_Flag)	FRUN
13	FRUN	**C_Data_ind** /APDU_Status.DataStatus.DataValid && CHECK_PAR_C =〉 InitCy:=FALSE, New_Data:=TRUE, RxA(Port):=TRUE, DHt:=0,WDt:=0, Cycle:=APDU_Status.Cycle_Counter, Buffer_Data:=Filter(Data) Buffer_Status:=APDU_Status RecvCnt:=RecvCnt+1 CPM_Start.ind(CREP) CPM_New_Cons_Data.ind(CREP,APDU_Status)	RUN

表 154（续）

#	当前状态	事件/条件=〉动作	下一状态
14	FRUN	**C_Data_ind** / ! APDU_Status.DataStatus.DataValid && ! Primary && CHECK_PAR_C =〉 InitCy:=FALSE, RxA(Port):=TRUE, DHt:=0,WDt:=0, Buffer_Status:=APDU_Status RecvCnt:=RecvCnt+1 CPM_Start.ind(CREP)	RUN
15	FRUN	**C_Data_ind** /! APDU_Status.DataStatus.DataValid && Primary && CHECK_PAR_C =〉 RxA(Port):=TRUE, WDt:=0, Buffer_Status:=APDU_Status RecvCnt:=RecvCnt+1	FRUN
16	FRUN	**C_Data_ind** /! CHECK_PAR_C =〉 ignore	FRUN
17	FRUN	**LMPM_Path_Check_Event.ind(CREP)** /for all Port RxA(Port)==RxP(Port) =〉 ignore	FRUN
18	FRUN	**LMPM_Path_Check_Event.ind(CREP)** /! (for all Port RxA(Port)==RxP(Port)) =〉 for all Port RxC(Port):=RxP(Port) XOR RxA(Port) RxP(Port):=RxA(Port) CPM_Path_Change(list of RxC,list of RxA)	FRUN
19	RUN	**CPM_Activate.req(CREP, DA, SA, FrameID, Prio, VLAN, Exp_Length, startTon, Timeout_Base, WatchdogFactor, DataHoldFactor, Default_Value, Default_Status)** =〉 ERRCLS:=CTXT ERRCODE:=INVALID_STATE CPM_Activate.cnf(-)(CREP,ERRCLS,ERRCODE)	RUN

表 154（续）

<table>
<tr><th>#</th><th>当前状态</th><th>事件/条件=〉动作</th><th>下一状态</th></tr>
<tr><td>20</td><td>RUN</td><td>CPM_Close.req（CREP）
=〉
LMPM_Schedule_remove.req（CREP）
CPM_Close.cnf（+）（CREP）</td><td>W-START</td></tr>
<tr><td>21</td><td>RUN</td><td>CPM_Get_Cons_Status.req（CREP）
=〉
Status：=Cycle，Buffer_Status，
RecvCounter：=RecvCnt，
RecvCnt：=0
CPM_Get_Cons_Status.cnf（+）（CREP，Status，RecvCounter）</td><td>RUN</td></tr>
<tr><td>22</td><td>RUN</td><td>CPM_Set_RedRole.req（CREP，RedRole）
=〉
Primary：=RedRole
CPM_Set_RedRole.cnf（CREP）</td><td>RUN</td></tr>
<tr><td>23</td><td>RUN</td><td>CPM_Get_Cons_Data.req（CREP）
=〉
Data：=Buffer_Data，
New_Flag：=New_Data，
New_Data：=FALSE
CPM_Get_Cons_Data.cnf（+）（CREP，Data，New_Flag）</td><td>RUN</td></tr>
<tr><td>24</td><td>RUN</td><td>C_Data_ind
/（（APDU_Status.CycleCounter−Cycle）>> || InitCy） &&（APDU_Status.DataStatus.DataValid ） && CHECK_PAR_C && INTIME
=〉
Intime：=TRUE，
Intm：=TRUE，
InitCy：=FALSE，
New_Data：=TRUE，
RxA（Port）：=TRUE，
DHt：=0，WDt：=0，
Cycle：=APDU_Status.Cycle_Counter，
Buffer_Data：=Filter（Data）
Buffer_Status：=APDU_Status
RecvCnt：=RecvCnt+1
CPM_New_Cons_Data.ind（CREP，APDU_Status，Intm）</td><td>RUN</td></tr>
<tr><td>25</td><td>RUN</td><td>C_Data_ind
/（（APDU_Status.CycleCounter−Cycle）>> || InitCy） &&（APDU_Status.DataStatus.DataValid ） && CHECK_PAR_C && ！ INTIME && ！ Intime
=〉
InitCy：=FALSE，
New_Data：=TRUE，
RxA（Port）：=TRUE，
DHt：=0，WDt：=0，
Cycle：=APDU_Status.Cycle_Counter，
AuxBuffer_Data：=Filter（Data）
AuxBuffer_Status：=APDU_Status
RecvCnt：=RecvCnt+1
CPM_New_Cons_Data.ind（CREP，APDU_Status，Intm）</td><td>RUN</td></tr>
</table>

表 154（续）

#	当前状态	事件/条件=〉动作	下一状态
26	RUN	**C_Data_ind** /((APDU_Status.CycleCounter−Cycle)>> || InitCy) &&(APDU_Status.DataStatus.DataValid) && CHECK_PAR_C && ! INTIME && Intime =〉 ignore	RUN
27	RUN	**C_Data_ind** /((APDU_ Status. CycleCounter − Cycle) >> || InitCy) && ! APDU_Status.DataStatus.DataValid && ! Primary && CHECK_PAR_C =〉 InitCy:=FALSE, RxA(Port):=TRUE, DHt:=0,WDt:=0, Buffer_Status:=APDU_Status RecvCnt:=RecvCnt+1	RUN
28	RUN	**C_Data_ind** /((APDU_Status.CycleCounter−Cycle) >> || InitCy) &&(! APDU_Status.DataStatus.DataValid && Primary)) && CHECK_PAR_C =〉 InitCy:=FALSE, RxA(Port):=TRUE, WDt:=0, Buffer_Status:=APDU_Status RecvCnt:=RecvCnt+1	RUN
29	RUN	**C_Data_ind** /((APDU_Status.CycleCounter−Cycle) << && ! InitCy) && CHECK_PAR_C =〉 RxA(Port):=TRUE	RUN
30	RUN	**C_Data_ind** /! CHECK_PAR_C =〉 ignore	RUN
31	RUN	**LMPM_Time_Event.ind(CREP)** /DHt >(DataHoldTime−1) && WDt>(WatchDogTime−1) =〉 Intime:=FALSE DHt:=0,WDt:=0 CPM_NoData.ind(CREP) CPM_Stop.ind(CREP)	FRUN

表 154（续）

#	当前状态	事件/条件=〉动作	下一状态
32	RUN	**LMPM_Time_Event.ind(CREP)** /DHt >(DataHoldTime−1) && WDt< (WatchDogTime) =〉 DHt:=0,WDt:=WDt+1 CPM_Stop.ind(CREP)	FRUN
33	RUN	**LMPM_Time_Event.ind(CREP)** /DHt<(DataHoldTime) && WDt>(WatchDogTime−1) =〉 Intime:=FALSE DHt:=DHt+1,WDt:=0 CPM_NoData.ind(CREP)	RUN
34	RUN	**LMPM_Time_Event.ind(CREP)** /DHt<(DataHoldTime) && WDt< (WatchDogTime) =〉 DHt:=DHt+1,WDt:=WDt+1	RUN
35	RUN	**LMPM_Path_Check_Event.ind(CREP)** /for all Port RxA(Port)==RxP(Port) =〉 ignore	RUN
36	RUN	**LMPM_Path_Check_Event.ind(CREP)** /!(for all Port RxA(Port)==RxP(Port)) =〉 for all Port RxC(Port):=RxP(Port) XOR RxA(Port) RxP(Port):=RxA(Port) CPM_Path_Change(list of RxC,list of RxA)	RUN

4.6.3.2.4 函数

表 155 包含 CPM 使用的函数或宏及其变元和描述。

表 155 CPM 使用的函数

函数名称	描　述
C_Data_ind	if(txOption==RTC) LMPM_C_Data.ind(CREP,Port,DA,SA,Prio,C_SDU,APDU_Status) if(txOption==UDP) UDP_C_Data.ind(IPPort,CREP,DA,SA,Prio,C_SDU,APDU_Status)
<<	两个 16 位无符号整数相减的结果，在−0xFFF 与 0 之间 不考虑符号(Sign)溢出
>>	意指非<<(结果在 0x8000 与 0x1000 之间或在 1 与 0x7FFF 之间)

表 155（续）

函数名称	描　述
CHECK_PAR_C	C_SDU.Length＝＝Exp_Length && SA＝＝storedsA && APDU_Status.TransferStatus＝＝0 && if(txOption＝＝UDP) IPPort＝＝Exp_IPPort
INTIME	OperationMode ! ＝sync || Data received in Red interval

4.7 实时非循环

4.7.1 RTA 语法描述

4.7.1.1 DLPDU 抽象语法引用

应采用 4.1.1 中的 DLPDU 抽象语法。

4.7.1.2 RTA APDU 抽象语法

表 156 定义应用层 PDU(称为 APDU)的抽象语法。所定义的八位位组次序应用于传递 APDU。表 156 的 APDU 应表示表 4 中 DLSDU 的内容。

表 156 RTA APDU 语法

APDU 名称	APDU 结构
RTA-PDU	DATA-RTA-PDU^ACK-RTA-PDU^NACK-RTA-PDU^ERR-RTA-PDU
UDP-RTA-PDU	IPHeader,UDPHeader,FrameID,RTA-PDU

表 157 定义的结构用作表 156 中所示 APDU 结构元素的替代。

表 157 RTA 替代

替代名称	结　构
Reference	AlarmDstEndpoint,AlarmSrcEndpoint
FlagsSequence	AddFlags,sendSeqNum,AckSeqNum
DATA-RTA-PDU	Reference,PDUType(＝1),FlagsSequence,VarPartLen(1～1432)[a],RTA－SDU,RTAPadding*,[b]
ACK-RTA-PDU	Reference,PDUType(＝3),FlagsSequence,VarPartLen(＝0),RTAPadding*,[c]
NACK-RTA-PDU	Reference,PDUType(＝2),FlagsSequence,VarPartLen(＝0),RTAPadding*,[d]
ERR-RTA-PDU	Reference,PDUType(＝4),FlagsSequence,VarPartLen(＝4),PNIOStatus,RTA-Padding*,[e]

[a] 计算最大的 VarPartLen 以符合 RTA-PDU 和 UDP-RTA-PDU。

[b] 根据 RTA－SDU 大小，填充的八位位组数应在 0～31 范围内。

[c] 填充的八位位组数应是 32(用于 RTA_CLASS_1)和 4(用于 RTA_CLASS_UDP)。

[d] 填充的八位位组数应是 32(用于 RTA_CLASS_1)和 4(用于 RTA_CLASS_UDP) 。

[e] 填充的八位位组数应是 28(用于 RTA_CLASS_1)和 0(用于 RTA_CLASS_UDP) 。

4.7.2 RTA 传输语法

4.7.2.1 RTA-PDU 特定字段相关的编码

4.7.2.1.1 字段 AlarmDstEndpoint 的编码

此字段应编码为数据类型 Unsigned16。

4.7.2.1.2 字段 AlarmSrcEndpoint 的编码

此字段应编码为数据类型 Unsigned16。

注：为目的地址引用的该字段值由接收方来提供。为源地址引用的该字段值由发送方来提供。这些字段在上下关系管理操作期间专用于连接和交换。

4.7.2.1.3 字段 PDUType 的编码

此字段的编码应符合 3.7.3.3，各比特应具有以下含义：

——比特 0～3：PDUType.Type

此字段应依据表 158 中的值来编码。

表 158 **PDUType.Type**

值(十六进制)	含　义	用　法
0x00	保留	—
0x01	RTA_TYPE_DATA	仅应用来编码 DATA-RTA-PDU
0x02	RTA_TYPE_NACK	仅应用来编码 NACK-RTA-PDU
0x03	RTA_TYPE_ACK	仅应用来编码 ACK-RTA-PDU
0x04	RTA_TYPE_ERR	仅应用来编码 ERR－RT A-PDU
0x05～0x0F	保留	—

——比特 4～7：PDUType.Version

此字段应依据表 159 中的值来编码。

表 159 **PDUType.Version**

值(十六进制)	含　义
0x00	保留
0x01	协议版本 1
0x02～0x0F	保留

4.7.2.1.4 字段 AddFlags 的编码

此字段的编码应符合 3.7.3.3，各比特应具有以下含义：

——比特 0～3：AddFlags.WindowSize

此字段应设置为 1。

——比特4:AddFlags.TACK

此字段应由发送方设置在RTA-PDU内以控制接收方的确认行为。

对于在DATA-RTA-PDU中的立即确认,应设置值1。

对于ERR-RTA-PDUACK-RTA-PDU和NACK-RTA-PDU,应设置值0,但接收方应不检查它。

——比特5～7:AddFlags.reserved

此字段应依据3.7.3.2来设置。

4.7.2.1.5 字段 SendSeqNum 的编码

此字段应编码为数据类型Unsigned16,并具有下列值:

——Hexadecimal(0x0000～0x7FFF)

包含DATA-RTA-PDU的有效的SendSeqNum.

此字段包含DATA-RTA-PDU的编号。第1个发出的DATA-RTA-PDU应包含SendSeqNum 0。使用模 2^{15} 操作来完成此编号的增量和比较。

——Hexadecimal(0xFFFE,0xFFFF)

在应用关系建立后,这些值被用来使发送方和接收方同步。值0xFFFF指示第1个DATA-RTA-PDU。值0xFFFE指示之前没有DATA-RTA-PDU的接收。

注:第1个DATA-RTA-PDU设置SendSeqNum＝0xFFFF和AckSeqNum＝0xFFFE。它用SendSeqNum＝0xFFFE和AckSeqNum＝0xFFFF来确认。第2个DATA-RTA-PDU设置SendSeqNum＝0和AckSeqNum＝0xFFFE。由于非循环协议未定义任何连接监视,因此同步是必需的。

4.7.2.1.6 字段 AckSeqNum 的编码

此字段应编码为数据类型Unsigned16,并具有下列值:

——Hexadecimal(0x0000～0x7FFF)

包含有效的AckSeqNum。

此字段包含期望被确认的或被确认的DATA-RTA-PDU的编号。

——Hexadecimal(0xFFFF,0xFFFE)

包含初始的AckSeqNum。

值0xFFFE指示之前没有DATA-RTA-PDU被接收。值0xFFFF指示确认第1个DATA-RTA-PDU的接收。

4.7.2.1.7 字段 VarPartLen 的编码

此字段应编码为数据类型Unsigned16,并具有下列值:

——Decimal(0～1432)

包含以下用户数据的八位位组个数。

在DATA-RTA-PDU内不应使用值0。

如果DATA-RTA-PDU包含Alarm-Ack-PDU,则该值应是18。

如果DATA-RTA-PDU包含没有附加数据的Alarm-Notification-PDU,则该值应是22。

如果DATA-RTA-PDU包含具有数据的Alarm-Notification-PDU,则该值应在25～1432范围内。

值4应被使用在ERR-RTA-PDU中。

值0应被使用在ACK-RTA-PDU和NACK-RTA-PDU中。

注:填充的八位位组不影响字段VarPartLen。

4.7.3 应用关系协议机(ARPM)

4.7.3.1 APMS

4.7.3.1.1 原语定义

4.7.3.1.1.1 在 APMS 与 APMS 用户之间交换的原语

这些服务原语及其相关参数在服务定义中以 RTA ASE 进行描述,它们由 APMS 用户发出并由 APMS 接收,反之亦然。

4.7.3.1.1.2 在 APMS 与 LMPM 之间交换的原语

这些服务原语及其相关参数在服务定义中以 Common DLmapping ASE 进行描述,它们由 APMS 发出并由 LMPM 接收,反之亦然。

4.7.3.1.1.3 APMS 原语的参数

在 APMS 用户与 APMS 之间交换的原语的参数在 FAL 服务定义中被描述。

4.7.3.1.2 状态机描述

CLOSED 状态指示需要初始化。Activate 服务将协议机设为处于 OPEN 状态以等待 A-Data 服务请求。发出数据传输后,处于 WACK 状态以等待确认。接收到确认将使协议机设为回到 OPEN 状态。Close 服务请求重新设置协议机到 CLOSED 状态。

APMS 的本地变量如下:

——PDU

根据传送方式,该本地变量表示 UDP-RTA-PDU 或 RTA-PDU。该变量显示 RTA 字段的协议特定设置和确认(validation),而不显示附加 PDU 参数(例如,IP-header)的设置和确认。

PDUType:1=DATA,2=NACK,3=ACK,4=ERR

——Seq_Count(Unsigned16)

该本地变量包含在下次 DATA-RTA-PDU 传输时应使用的计数器值。

——Seq_CountO(Unsigned16)

该本地变量包含 Seq_Count 变量的先前计数器值。

——Retry(Unsigned8)

该本地变量用 MRetry 来装载,并在每次重传帧时减 1。值 0 指示那次事务处理失败。需要用新的 Activate 服务来重新建立对等提供者之间的通信。

——TimeAct(Boolean)

该本地变量将被用来发现在发送或接收一个 PDU 之后的第一个完整定时器周期。

4.7.3.1.3 APMS 状态表

表 160 包含 APMS 状态机的完整描述。如果 PDUType.Type 字段的值是 DATARTA-PDU、ACK-RTA-PDU 或 NACK-RTA-PDU,且 PDUType.Version 是 RTA_VERS=1,则将接受 LMPM_A_Data.ind 原语。

APMS 状态机规定异常中止顺序,并示出相应的 ERRRTA-PDU。只从 APMS 发送这些 PDU,用于来自连接两侧的低优先级报警。

表 160 APMS 状态表

#	当前状态	事件/条件=〉动作	下一状态
1	CLOSED	**APMS_Activate.req(CREP, DA, SA, FrameID, VLANPrio, VLANID, RTATimeoutFactor, mretry, Transport, DstIP, SrcIP)** =〉 Seq_Count:=0xFFFF Seq_CountO:=0xFFFE Store DA, SA, FrameID, VLANPrio, VLAN, mretry, Transport, DstIP, SrcIP A_Timer_add.req(CREP, RTATimeoutFactor) APMS_Activate.cnf(+)(CREP)	OPEN
2	CLOSED	**APMS_Close.req(CREP)** =〉 APMS_Close.cnf(+)(CREP)	CLOSED
3	CLOSED	**APMS_A_Data.req(CREP, Data)** =〉 ERRCLS:=APMS ERRCODE:=INVALID_STATE APMS_A_Data.cnf(−)(CREP, ERRCLS, ERRCODE)	CLOSED
4	CLOSED	**A_Data_ind** =〉 ignore	CLOSED
5	CLOSED	**A_Data_cnf** =〉 ignore	CLOSED
6	OPEN	**APMS_Activate.req(CREP, DA, SA, FrameID, VLANPrio, VLANID, RTATimeoutFactor, MRetry, Transport, DstIP, SrcIP)** =〉 ERRCLS:=APMS ERRCODE:=INVALID_STATE APMS_Activate.cnf(−)(CREP, ERRCLS, ERRCODE)	OPEN
7	OPEN	**APMS_Close.req(CREP, ErrCode)** /VLANPrio==Low =〉 PDU.Version:=1 PDU.PDUType:=ERR PDU.AddFlags.TACK:=0 PDU.AddFlags.WindowSize:=1 PDU.SendSeqNum:=Seq_Count PDU.AckSeqNum:=Seq_CountO of APMR PDU.PNIOStatus.ErrorCode=0xCF PDU.PNIOStatus.ErrorDecode=0x81 PDU.PNIOStatus.ErrorCode1=0xFD PDU.PNIOStatus.ErrorCode2=ErrCode A_Data_req A_Timer_remove.req(CREP) APMS_Close.cnf(+)(CREP)	CLOSED

表 160（续）

#	当前状态	事件/条件=〉动作	下一状态
8	OPEN	**APMS_Close.req(CREP)** /VLANPrio==High =〉 A_Timer_remove.req(CREP) APMS_Close.cnf(+)(CREP)	CLOSED
9	OPEN	**APMS_A_Data.req(CREP,Data)** =〉PDU.Version:=1 PDU.PDUType:=DATA PDU.AddFlags.TACK:=Tack PDU.AddFlags.WindowSize:=1 PDU.SendSeqNum:=Seq_Count PDU.AckSeqNum:=Seq_CountO of APMR PDU.RTA-SDU:=Data Store PDU.Flags PDU.RTA-SDU Retry:=M_Retry+1 A_Data_req	WACK
10	OPEN	**A_Data_ind** /PDU.PDUType==DATA || PDU.PDUType==NAK || PDU.PDUType==ACK =〉 ignore	OPEN
11	OPEN	**A_Data_ind** /PDU.Type==ERR =〉 ERRCLS:=PDU.PNIOStatus.ErrorCode1 ERRCODE:=PDU.PNIOStatus.ErrorCode2 APMS_Error.ind(CREP,ERRCLS,ERRCODE)	OPEN
12	OPEN	**A_Data_cnf** =〉 ignore	OPEN
13	OPEN	**A_Timer_event.ind(CREP)** =〉 ignore	OPEN
14	WACK	**APMS_Activate.req(CREP,DA,SA,FrameID,VLANPrio,VLANID,RTATimeoutFactor,MRetry,Transport,DstIP,SrcIP)** =〉 ERRCLS:=APMS ERRCODE:=INVALID_STATE APMS_Activate.cnf(-)(CREP,ERRCLS,ERRCODE)	WACK

表 160（续）

#	当前状态	事件/条件=〉动作	下一状态
15	WACK	**APMS_Close.req(CREP,ErrCode)** /VLANPrio==Low =〉 PDU.Version:=1 PDU.PDUType:=ERR PDU.AddFlags:=0 PDU.Window:=1 PDU.SendSeqNum:=Seq_Count PDU.AckSeqNum:=Seq_CountO of APMR PDU.PNIOStatus.ErrorCode=0xCF PDU.PNIOStatus.ErrorDecode=0x81 PDU.PNIOStatus.ErrorCode1=0xFD PDU.PNIOStatus.ErrorCode2=ErrCode A_Data_req A_Timer_remove.req(CREP) APMS_Close.cnf(+)(CREP)	CLOSED
16	WACK	**APMS_Close.req(CREP)** /VLANPrio==High =〉 A_Timer_remove.req(CREP) APMS_Close.cnf(+)(CREP)	CLOSED
17	WACK	**APMS_A_Data.req(CREP,Data)** =〉 ERRCLS:=APMS ERRCODE:=INVALID_STATE APMS_A_Data.cnf(−)(CREP,ERRCLS,ERRCODE)	WACK
18	WACK	**A_Data_ind** /(PDU.PDUType==DATA || PDU.PDUType==ACK) && PDU.AckSeqNum==Seq_Count =〉 Seq_CountO=Seq_Count Seq_Count:=(Seq_Count+1) & 0x7fff APMS_A_Data.cnf(+)(CREP)	OPEN
19	WACK	**A_Data_ind** /(PDU.PDUType==DATA || PDU.PDUType==ACK) && PDU.AckSeqNum==Seq_CountO =〉 ignore	WACK
20	WACK	**A_Data_ind** /(PDU.PDUType==DATA || PDU.PDUType==ACK) && PDU.AckSeqNum ! =Seq_Count && PDU.AckSeqNum ! =Seq_CountO =〉 ignore	WACK

表 160（续）

#	当前状态	事件/条件=〉动作	下一状态
21	WACK	**A_Data_ind** /PDU.Type==ERR =〉 APMS_Error.ind(CREP,ERRCLS,ERRCODE)	WACK
22	WACK	**A_Data_ind** /PDU.PDUType==NAK =〉 ignore	WACK
23	WACK	**A_Data_cnf** /LMPM_Status==OK =〉 ignore	WACK
24	WACK	**A_Data_cnf** /LMPM_Status ！=OK =〉 ERRCLS:=APMS ERRCODE:=LMPM APMS_Error.ind(CREP,ERRCLS,ERRCODE)	WACK
25	WACK	**A_Timer_event.ind(CREP)** / Retry ！ =0 =〉 PDU.Version:=1 PDU.PDUType:=DATA PDU.AddFlags.TACK:=fromstored PDU.AddFlags PDU.AddFlags.WindowSize:=1 PDU.SendSeqNum:=Seq_Count PDU.AckSeqNum:=Seq_CountO of APMR PDU.RTA−SDU:=fromstored PDU.RTA−SDU Retry:=Retry−1 A_Data_req	WACK
26	WACK	**A_Timer_event.ind(CREP)** /Retry=0 =〉 ERRCLS:=APMS ERRCODE:=TIMEOUT APMS_Error.ind(CREP,ERRCLS,ERRCODE)	OPEN

4.7.3.1.4 函数

表 161 包含 APMS 和 APMR 使用的函数及其变元和描述。

表 161 APMS 和 APMR 使用的函数

名称	功能

A_Data_ind	if(Transport==RTC)
	LMPM_A_Data.ind(CREP,S_Port,TStamp,DA,SA,VLANPrio,VLANID,A_SDU)
	PDU:=A_SDU
	
	if(Transport==UDP)
	LMPM_N_Data.ind(CREP,DA,SA,VLANPrio,VLANId,N_SDU)
	PDU:=N_SDU

A_Data_cnf	if(Transport==RTC) LMPM_A_Data.cnf(CREP,D_Port,TStamp,LMPM_Status) if(Transport==UDP) LMPM_N_Data.cnf(CREP,D_Port,TStamp,LMPM_Status))

A_Data_req	if(Transport==RTC)
	A_SDU:=PDU
	LMPM_A_Data.req(CREP,D_Port:=AUTO,DA,SA,VLANPrio,VLANID,A_SDU)
	
	if(Transport==UDP)
	N_SDU:=PDU
	LMPM_N_Data.req(CREP,D_Port:=AUTO,DA,SA,VLANPrio,VLANID,N_SDU)

A_Timer_add	增加循环计时器
A_Timer_event	发信号通知循环计时器事件
A_Timer_remove	除去循环计时器

4.7.3.1.4.1 **A_Data_ind、A_Data_cnf 和 A_Data_req**

根据 RTA 或 UDP 传送方式，此本地宏用来发送和接收 UDP-RTA-PDU 或 RTA-PDU。通过 A_Data_req 将 D_Port 设为 AUTO，因此 LMPM 将选择适当的输出端口。不使用 Tstamp 和 S_Port。

4.7.3.1.4.2 **A_Timer_add**

此本地服务应被用来添加一个循环定时器，以指示具有指定 TimeFactor 的循环定时器事件(A_Timer_event.ind)，如表 162 所示。该定时器事件应存在直到“A_Timer_remove”服务删除该定时器为止。

表 162 A_Timer_add

参数名称	Req
Argument	M
CREP	M
TimeFactor	M

——Argument

该变元应传送该服务请求的服务特定参数。

——CREP

该参数标识待使用的定时器。

属性类型:Unsigned32。

——TimeFactor

该参数规定定时器周期为若干倍 100 ms。

属性类型:Unsigned16。

时间基数:100 ms。

4.7.3.1.4.3 A_Timer_event

如果某个定时器定时时间到,则调用此本地服务,如表 163 所示。

表 163 A_Timer_event

参数名称	Ind
Argument	M
CREP	M

——Argument

该变元应传送该服务请求的服务特定参数。

——CREP

此参数标识定时器。

属性类型:Unsigned32。

4.7.3.1.4.4 A_Timer_remove

此本地服务应被用来删除某个循环定时器,如表 164 所示。在删除某个循环定时器后,"A_Timer_event"不再出现。

表 164 A_Timer_remove

参数名称	Req
Argument	M
CREP	M

——Argument

该变元应传送该服务请求的服务特定参数。

——CREP

此参数标识要被删除的定时器。

属性类型:Unsigned32。

4.7.3.2 APMR

4.7.3.2.1 原语定义

4.7.3.2.1.1 在 APMR 与 APMR 用户之间交换的原语

这些服务原语及其相关参数在服务定义中以 RTA ASE 进行描述,它们由 APMR 用户发出并由 APMR 接收,反之亦然。

4.7.3.2.1.2 在 APMR 与 LMPM 之间交换的原语

这些服务原语及其相关参数在服务定义中以 Common DLmapping ASE 进行描述，它们由 APMR 发出并由 LMPM 接收，反之亦然。

4.7.3.2.1.3 APMR 原语的参数

在 FAL 服务定义中描述了在 APMR 用户与 APMR 之间交换的原语所使用的参数。

4.7.3.2.2 状态机描述

CLOSED 状态指示需要初始化。Activate 服务将设置该状态机在 OPEN 状态，等待 LMPM_A_Data 服务指示。在给该用户传递数据指示后，WACK 状态被用来等待 APMR 用户的确认。接收确认将状态机设置为 OPEN 状态。Close 服务请求将设置该状态机到 CLOSED 状态。

APMR 的本地变量如下：

——PDU

根据传送方式，此本地变量表示 UDP-RTA-PDU 或 RTA-PDU。该变量显示 RTA 字段的协议特定设置和确认(validation)，而不显示附加 PDU 参数(例如，IP-header)的设置和确认。

PDUType：1＝DATA，2＝NACK，3＝ACK，4＝ERR

——Seq_Count(Unsigned16)

该本地变量包含在下次 DATA-RTA-PDU 接收时应被使用的计数器值。

——Seq_CountO(Unsigned16)

该本地变量包含 Seq_Count 变量的先前计数器值。

——Retry(Unsigned16)

该本地变量计算剩余的定时器节拍(ticks)直到发送重试为止。

4.7.3.2.3 APMR 状态表

表 165 包含 APMR 状态机的完整描述。在以下情况，将接受 LMPM_A_Data.ind 原语：

——如果 PDUType.Type 字段是 DATA-RTA-PDU，PDUType.Version 字段为 1，VarPartLen 大于 0，且 AddFlagsWindow 为 1；

——如果 PDUType.Type 字段是 ERR-RTA-PDU，PDUType.Version 字段为 1，且 VarPartLen 为 4。

表 165 APMR 状态表

#	当前状态	事件/条件＝〉动作	下一状态
1	CLOSED	**APMR_Activate.req(CREP，DA，SA，FrameID，VLANPrio，VLANID，Transport，DstIP，SrcIP)** ＝〉 Seq_Count：＝0xFFFF Seq_CountO：＝0xFFFE Store DA，SA，FrameId，VLANPrio，VLAN，Mretry，Transport，DstIP，SrcIP APMR_Activate.cnf(＋)(CREP)	OPEN

表 165（续）

#	当前状态	事件/条件=〉动作	下一状态
2	CLOSED	**APMR_Close.req(CREP)** =〉 APMR_Close.cnf(+)(CREP)	CLOSED
3	CLOSED	**APMR_ACK.req(CREP)** =〉 ERRCLS:=APMR ERRCODE:=INVALID_STATE APMR_ACK.cnf(−)(CREP,ERRCLS,ERRCODE)	CLOSED
4	CLOSED	**A_Data_ind** =〉 ignore	CLOSED
5	CLOSED	**A_Data_cnf** =〉 ignore	CLOSED
6	OPEN	**APMR_Activate.req(CREP,DA,SA,FrameID,VLANPrio,VLANID,Transport,DstIP,SrcIP)** =〉 ERRCLS:=APMR ERRCODE:=INVALID_STATE APMR_Activate.cnf(−)(CREP,ERRCLS,ERRCODE)	OPEN
7	OPEN	**APMR_Close.req(CREP)** =〉 APMR_Close.cnf(+)(CREP)	CLOSED
8	OPEN	**APMR_ACK.req(CREP)** =〉 ERRCLS:=APMR ERRCODE:=INVALID_STATE APMR_ACK.cnf(−)(CREP,ERRCLS,ERRCODE)	OPEN
9	OPEN	**A_Data_ind** /PDU.Type==ERR =〉 ERRCLS:=PDU.PNIOStatus.ErrorCode1 ERRCODE:=PDU.PNIOStatus.ErrorCode2 APMR_Error.ind(CREP,ERRCLS,ERRCODE)	OPEN
10	OPEN	**A_Data_ind** /PDU.Type==DATA && PDU.AddFlags.Tack && PDU.SendSeqNum==Seq_Count =〉 Data:=PDU.RTA−SDU APMR_A_Data.ind(CREP,Data)	WACK

表 165（续）

#	当前状态	事件/条件=〉动作	下一状态
11	OPEN	**A_Data_ind** /PDU.Type==DATA && PDU.AddFlags.Tack && PDU.SendSeqNum==Seq_Count() =〉 PDU.Version:=1 PDU.Type:=ACK PDU.AddFlags.TACK:=0 PDU.AddFlags.WindowSize:=1 PDU.SendSeqNum:=Seq_Count() of APMS PDU.AckSeqNum:=Seq_Count() A_Data_req	OPEN
12	OPEN	**A_Data_ind** /PDU.Type==DATA && PDU.AddFlags.Tack && PDU.SendSeqNum !=Seq_Count && PDU.SendSeqNum ! =Seq_Count() =〉 ERRCLS:=RTA_ERR_CLS_PROTOCOL ERRCODE:=RTA_ERR_CODE_SEQ PDU.Version:=1 PDU.Type:=NAK PDU.AddFlags.TACK:=0 PDU.AddFlags.Window:=1 PDU.SendSeqNum:=Seq_Count() of APMS PDU.AckSeqNum:=Seq_Count() A_Data_req	OPEN
13	OPEN	**A_Data_ind** /(PDU.Type==DATA && ! PDU.AddFlags.Tack) =〉 ignore	OPEN
14	OPEN	**A_Data_ind** /PDU.Type==ACK || PDU.Type==NAK =〉 ignore	OPEN
15	OPEN	**A_Data_cnf** /LMPM_Status==OK =〉 ignore	OPEN
16	OPEN	**A_Data_cnf** /LMPM_Status ! =OK =〉 ERRCLS:=APMR ERRCODE:=LMPM APMR_Error.ind(CREP,ERRCLS,ERRCODE)	OPEN

表 165（续）

#	当前状态	事件/条件=〉动作	下一状态
17	WACK	**APMR_Activate.req(CREP,DA,SA,FrameID,VLANPrio,VLANID,Transport,DstIP,SrcIP)** =〉 ERRCLS:=APMR ERRCODE:=INVALID_STATE APMR_Activate.cnf(-)(CREP,ERRCLS,ERRCODE)	WACK
18	WACK	**APMR_Close.req(CREP)** =〉 APMR_Close.cnf(+)(CREP)	CLOSED
19	WACK	**APMR_ACK.req(CREP)** =〉 Seq_CountO:=Seq_Count Seq_Count:=(Seq_Count+1) & 0x7fff PDU.Version:=1 PDU.Type:=ACK PDU.AddFlags.TACK:=0 PDU.AddFlags.WindowSize:=1 PDU.SendSeqNum:=Seq_CountO of APMS PDU.AckSeqNum:=Seq_CountO A_Data_req APMR_ACK.cnf(+)(CREP)	OPEN
20	WACK	**A_Data_ind** /PDU.Type ! =ERR =〉 ignore	WACK
21	WACK	**A_Data_ind** /PDU.Type==ERR =〉 APMR_Error.ind(CREP,ERRCLS,ERRCODE)	WACK
22	WACK	**A_Data_cnf** /LMPM_Status==OK =〉 ignore	WACK
23	WACK	**A_Data_cnf** /LMPM_Status ! =OK =〉 ERRCLS:=APMR ERRCODE:=LMPM APMR_Error.ind(CREP,ERRCLS,ERRCODE)	WACK

4.7.3.2.4 函数

表 161 包含 APMS 和 APMR 使用的函数或宏及其变元和描述。

4.8 远程过程调用

4.8.1 RPC 语法描述

4.8.1.1 DLPDU 抽象语法引用

应采用 4.1.1 中的 DLPDU 抽象语法。

4.8.1.2 RPC APDU 抽象语法

表 166 列出开放组出版物 C706 的使用,并定义应用层 PDU(称之为 APDU)的抽象语法。所定义的八位位组次序应用于传递 APDU。表 166 的 APDU 应表示表 4 中 DLSDU 的内容。

表 166 RPC APDU 语法

APDU 名称	APDU 结构
CL-RPC-PDU	IPHeader, UDPHeader, RPCHeader, NDRDataRequest^ NDRDataResponse^ NDREPMapLookupReq^ NDREPMapLookupRes^ NDREPMapLookupFreeReq^ NDREPMapLookupFreeRes^ NDRAck^ NDRQuAck^ NDRQuit^ NDRFack^ NDRFault^ NDRNoCall^ NDRWorking^ NDRPing^ NDRReject

表 167 定义的结构用作表 166 中所示 APDU 结构元素的替代。

表 167 RPC 替代

替代名称	结　构
RPCHeader	RPCVersion (4), RPCPacketType, RPCFlags, RPCFlags2, RPCDRep, RPCSerialHigh, RPCObjectUUID[a], RPCInterfaceUUID[b], RPCActivityUUID, RPCServerBootTime, RPCInterfaceVersion, RPCSequenceNmb, RPCOperationNmb[c], RPCInterfaceHint, RPCActivityHint, RPCLengthOfBody, RPCFragmentNmb, RPCAuthenticationProtocol, RPCSerialLow
NDRDataRequest	ArgsMaximum, ArgsLength, maximumCount, Offset(0), ActualCount, PROFINETIOServiceReqPDU
NDRDataResponse	PNIOStatus, ArgsLength, maximumCount, Offset(0), ActualCount, [PROFINETIOServiceResPDU]
NDRFault	RPCNCAFaultStatus
NDRAck	NULL
NDRQuAck	NULL^ (RPCCancelVersion(0), RPCCancelID, RPCServerIsAccepting)
NDRQuit	NULL^ (RPCCancelVersion(0), RPCCancelID)
NDRFack	NULL^ (RPCVersionFack (0), RPCPad1, RPCWindowSize, RPCMaxTsdu, RPCMaxFragSize, RPCSerialNumber, RPCSelAckLen, RPCArrayOfSelAck*)
NDRNoCall	NULL^ NDRFack

表 167（续）

替代名称	结　　构
NDRWorking	NULL
NDRPing	NULL
NDRReject	RPCNCARejectStatus
NDREPMapLookupReq	RPCInquiryType，RPCObjectReference（1），RPCObjectUUID，RPCInterfaceReference（2），RPCInterfaceUUID，RPCInterfaceVersionMajor，RPCInterfaceVersionMinor，RPCVersionOption(1)，RPCEntryHandleAttribute(0)，RPCEntryHandleUUID，RPCMaxEntries
NDREPMapLookupRes	RPCEntryHandleAttribute（0），RPCEntryHandleUUID，RPCNumberOfEntries，RPCMaxEntries，RPCEntriesOffset，RPCEntriesCount，[(RPCObjectUUID，RPCTowerReference，RPCAnnotationOffset，RPCAnnotationLength，RPCAnnotation，[RPCGap*]，RPCTowerLength，RPCTowerOctetStringLength，[RPCTowerOctetString*]，[RPCGap*])*]，RPCEPMapStatus
RPCTowerOctetString	RPCFloorCount，[RPCFloor*]
RPCFloor	RPCLHSByteCount，[RPCProtocolIdentifierString*]，RPCRHSByteCount，[RPCRelatedData*]
RPCProtocolIdentifierString	(RPCID，RPCInterfaceUUID，RPCInterfaceVersionMajor)^(RPCID，RPCDataRepresentationUUID，RPCInterfaceVersionMajor)^ RPCProtocolIdentifier^ RPCServerUDPPort^ RPCHostAddress
RPCRelatedData	RPCInterfaceVersionMinor^ RPCPortNumber^ RPCIPAddress
NDREPMapLookupFreeReq	RPCEntryHandleAttribute，RPCEntryHandleUUID
NDREPMapLookupFreeRes	RPCEntryHandleAttribute，RPCEntryHandleUUID，RPCEPMapStatus
RPCAnnotation	DeviceType，Blank，OrderID，Blank，HWRevision，Blank，sWRevisionPrefix，sWRevision，EndTerm

[a] 标识 IO 设备、IO 控制器、IO 监视器。

[b] 标识 PNIO 接口类型。

[c] 标识服务类型，例如，Connect、Release、Read、Write 和 Control。

4.8.2 RPC 传输语法

4.8.2.1 CL-RPC-PDU 相关的编码

4.8.2.1.1 字段 RPCVersion 的编码

此字段应编码为数据类型 Unsigned8。值应是 4。

4.8.2.1.2 字段 RPCPacketType 的编码

此字段应编码为数据类型 Unsigned8。

这些值应依据表 168 来编码。

表 168 RPCPacketType

值(十六进制)	含　义
0x00	请求
0x01	Ping
0x02	响应
0x03	故障
0x04	工作
0x05	无调用,对 Ping 响应
0x06	拒绝
0x07	确认
0x08	无连接取消
0x09	片段确认(FACK-PDU)
0x0A	取消确认
0x0B～0xFF	保留

解码器仅检查 5 个最低有效比特。

4.8.2.1.3 字段 RPCFlags 的编码

此字段应编码为符合 3.7.3.3 的数据类型。
这些值应依据表 169 来编码。

表 169 RPCFlags

比　特	含义(如果设置为 1)
比特 0	实现特定,应设为 0
比特 1	上一个片段
比特 2	片段
比特 3	无片段确认请求
比特 4	可能(Maybe)
比特 5	幂等(Idempotent)
比特 6	广播
比特 7	实现特定,应设为 0

4.8.2.1.4 字段 RPCFlags2 的编码

此字段应编码为符合 3.7.3.3 的数据类型。
这些值应依据表 170 来编码。

表 170 **RPCFlags2**

比特	含义(如果设置为1)
比特 0	实现特定,应设为 0
比特 1	在调用结束时有挂起的取消(Cancel)
比特 2	保留
比特 3	保留
比特 4	保留
比特 5	保留
比特 6	保留
比特 7	保留

4.8.2.1.5 字段 **RPCDRep** 的编码

此字段应编码为数据类型 OctetString[3]。

——RPCDRep 的八位位组 1

第 1 个八位位组的编码应符合 3.7.3.3 的数据类型,各比特应具有表 171 中定义的含义。

表 171 **RPCDRep.CharacterEncoding 和 IntegerEncoding**

比特	字段名称	值	含义
0～3	RPCDRep.CharacterEncoding[a]	0	ASCII
		1	EBCDIC
4～7	RPCDRep.IntegerEncoding[b]	0	大端模式
		1	小端模式

[a] 在类型 10 内使用。

[b] 作为 3.7.3.5 的例外,RPC 编码规则适用于类型 10 范围内的 RPCHeader、NDR 替代和 NDREPMap 替代。在那里它仅使用 Unsigned8、Unsigned16 或 Unsigned32。因为所有那些都是不透明的八位位组串(OctetString),所以类型 10 服务定义的用户数据不受影响。

——RPCDRep 八位位组 2

第 2 个八位位组的值应依据表 172 来编码。

表 172 **RPCDRep Octet 2—浮点表示法**

值(十六进制)	含义
0x00	IEEE
0x01	VAX
0x02	CRAY
0x03	IBM
0x04～0xFF	保留

——RPCDRep 八位位组 3

第 3 个八位位组的值应是 0。

4.8.2.1.6 字段 **RPCSerialHigh** 的编码

此字段应编码为数据类型 Unsigned8。该值包含该调用的片段号的高字节。

4.8.2.1.7 字段 **RPCSerialLow** 的编码

此字段应编码为数据类型 Unsigned8。该值包含该调用的片段号的低字节。

注：不同于字段 FragmentNmb，对于每次传送（即使重复传送），这些字段的值也被加 1。

4.8.2.1.8 字段 **RPCObjectUUID** 的编码

此字段应编码为包含下列元素的数据类型结构：

——Data1，Unsigned32；

——Data2，Unsigned16；

——Data3，Unsigned16；

——Data4，8 个 Unsigned8（Octet 1 到 Octet 8）的数组。

字节传输次序应符合字段 RPCDRep（小端模式或大端模式）的值。

表 173 中列出了 Data4 的八位位组的次序。

表 173 RPCObjectUUID.Data4

八位位组	含 义
1	值见表 174
2	值见表 174
3	实例高字节（Instance High）
4	实例低字节（Instance Low）
5	设备 ID 高宗教（DeviceID High）
6	设备 ID 低字节（DeviceID Low）
7	供应商 ID 高字节（VendorID High）
8	供应商 ID 低字节（VendorID Low）

表 174 中列出了 PNIO 项的规定值。这些值应与表 175 中的值联合使用。

表 174 PNIO 的 RPCObjectUUID

<table>
<tr><th>值</th><th colspan="2">描 述</th></tr>
<tr><td rowspan="4">UUID_IO_ObjectInstance_XYZ
DEA00000-6C97-11D1-8271-{xxxxyyyyzzzz}</td><td colspan="2">标识物理设备内的某个特殊对象实例（在多个对象实例的情况下）</td></tr>
<tr><td>Xxxx</td><td>表示该实例编号或节点编号</td></tr>
<tr><td>Yyyy</td><td>标识该 Device ID 为某设备类的制造商特定编号</td></tr>
<tr><td>Zzzz</td><td>表示该 Vendor ID 为由用户组织分配的集中管理号</td></tr>
</table>

4.8.2.1.9 字段 RPCInterfaceUUID 的编码

此字段应编码为包含下列元素的数据类型结构：

——Data1,Unsigned32；

——Data2,Unsigned16；

——Data3,Unsigned16；

——Data4,8 个 Unsigned8 的数组。

字节传输次序应符合字段 RPCDRep(小端模式或大端模式)的值。

表 175 中列出了 PNIO 数据项的规定值。

表 175 PNIO 的 RPCInterfaceUUID

值	描　述
UUID_IO_DeviceInterface DEA00001-6C97-11D1-8271-00A02442DF7D	唯一地标识 IO 设备的接口
UUID_IO_ControllerInterface DEA00002-6C97-11D1-8271-00A02442DF7D	唯一地标识 IO 控制器的接口
UUID_IO_SupervisorInterface DEA00003-6C97-11D1-8271-00A02442DF7D	唯一地标识 IO 监视器的接口
UUID_IO_ParameterServerInterface DEA00004-6C97-11D1-8271-00A02442DF7D	唯一地标识 IO 参数服务器的接口

表 176 中列出了 RPC 端点映射器(mapper)的规定值。

表 176 RPC 端点映射器的 RPCInterfaceUUID

值	描　述
UUID_EPMap_Interface E1AF8308-5D1F-11C9- 91A4-08002B14A0FA	标识端点映射器的接口。RPCInterfaceVersion 应是 0x00030000

4.8.2.1.10 字段 RPCActivityUUID 的编码

此字段应编码为包含下列元素的数据类型结构：

——Data1,Unsigned32；

——Data2,Unsigned16；

——Data3,Unsigned16；

——Data4,8 个 Unsigned8 的数组。

注：该响应是请求字段内容的镜像。

字节传输次序应符合字段 RPCDRep(小端模式或大端模式)的值。

4.8.2.1.11 字段 RPCServerBootTime 的编码

此字段应编码为数据类型 Unsigned32。字节传输次序应符合字段 RPCDRep(小端模式或大端模式)的值。

注：不需要 Idempotent 功能来维持此值。仅允许端点映射器(endpointmapper)以 0 来应答。

4.8.2.1.12 字段 RPCInterfaceVersion 的编码

此字段应编码为数据类型 Unsigned32。该值应设置为 0x00010000。字节传输次序应符合字段“RPCDRep.IntegerEncoding”中的值。

对于此版本，主版本应设置为 1(高位字)。

对于此版本，次版本应设置为 0(低位字)。

注：其他值可以用于兼容的扩展。

4.8.2.1.13 字段 RPCSequenceNmb 的编码

此字段应编码为数据类型 Unsigned32。字节传输次序应符合字段 RPCDRep(小端模式或大端模式)的值。

4.8.2.1.14 字段 RPCOperationNmb 的编码

此字段应编码为数据类型 Unsigned16。RPCOperationNmb 标识 PNIO 接口所支持的 PNIO 服务：

——IO 设备；

——IO 控制器；

——IO 监视器。

字节传输次序应符合字段 RPCDRep(小端模式或大端模式)的值。

在表 177 中定义了 PNIO 服务的值。

表 177 RPCOperationNmb(IO 设备、IO 控制器和 IO 监视器)

值(十进制)	服 务	用 法
0	Connect	—
1	Release	—
2	Read	仅对 ARUUID<>0 有效
3	Write	仅对 ARUUID<>0 有效
4	Control	—
5	Read Implicit	仅对 ARUUID=0 有效
6～65535	保留	—

端点映射器服务的值应依据表 178 来使用。

表 178 端点映射器的 RPCOperationNmb

值(十进制)	语 法	服 务
0	可选	Insert
1	可选	Delete
2	必备	Lookup
3	可选	Map

表 178（续）

值(十进制)	语法	服务
4	必备	LookupHandleFree
5	可选	InqObject
6	可选	MgmtDelete
7～65535	—	保留

4.8.2.1.15 字段 RPCInterfaceHint 的编码

此字段应编码为数据类型 Unsigned16。对于本版本该值应设置为 0xFFFF。字节传输次序应符合字段 RPCDRep(小端模式或大端模式)的值。

4.8.2.1.16 字段 RPCActivityHint 的编码

此字段应编码为数据类型 Unsigned16。对于本版本该值应设置为 0xFFFF。字节传输次序应符合字段 RPCDRep(小端模式或大端模式)的值。

4.8.2.1.17 字段 RPCLengthOfBody 的编码

此字段应编码为数据类型 Unsigned16。该值应设置为当前帧的 NDRData 的八位位组数。字节传输次序应符合字段 RPCDRep(小端模式或大端模式)的值。

注：NDRData 的传输可能需要多个帧。在此情况下，RPCLengthOfBody 仅包含当前帧的八位位组数。

4.8.2.1.18 字段 RPCFragmentNmb 的编码

此字段应编码为数据类型 Unsigned16。该值应设置为当前分段的个数。字节传输次序应符合字段 RPCDRep(小端模式或大端模式)的值。

4.8.2.1.19 字段 RPCAuthenticationProtocol 的编码

此字段应编码为数据类型 Unsigned8。不需要鉴定时，该值应设置为 0。

4.8.2.1.20 字段 RPCCancelVersion 的编码

此字段应编码为数据类型 Unsigned32。该值应设置为 0。字节传输次序应符合字段 RPCDRep(小端模式或大端模式)的值。

4.8.2.1.21 字段 RPCCancelID 的编码

此字段应编码为数据类型 Unsigned32。字节传输次序应符合字段 RPCDRep(小端模式或大端模式)的值。

4.8.2.1.22 字段 RPCServerIsAccepting 的编码

此字段应编码为数据类型 Unsigned8。

4.8.2.1.23 字段 RPCVersionFack 的编码

此字段应编码为数据类型 Unsigned8。该值应设置为 0。

4.8.2.1.24 字段 RPCPad1 的编码

此字段应编码为数据类型 Unsigned8。

4.8.2.1.25 字段 RPCWindowSize 的编码

此字段应编码为数据类型 Unsigned16。字节传输次序应符合字段 RPCDRep(小端模式或大端模式)的值。

4.8.2.1.26 字段 RPCMaxTsdu 的编码

此字段应编码为数据类型 Unsigned32。字节传输次序应符合字段 RPCDRep(小端模式或大端模式)的值。

4.8.2.1.27 字段 RPCMaxFragSize 的编码

此字段应编码为数据类型 Unsigned32。字节传输次序应符合字段 RPCDRep(小端模式或大端模式)的值。

4.8.2.1.28 字段 RPCSerialNumber 的编码

此字段应编码为数据类型 Unsigned16。字节传输次序应符合字段 RPCDRep(小端模式或大端模式)的值。

4.8.2.1.29 字段 RPCSelAckLen 的编码

此字段应编码为数据类型 Unsigned16。字节传输次序应符合字段 RPCDRep(小端模式或大端模式)的值。

4.8.2.1.30 字段 RPCArrayOfSelAck 的编码

此字段应编码为数据类型 Unsigned32。字节传输次序应符合字段 RPCDRep(小端模式或大端模式)的值。

4.8.2.1.31 字段 RPCDataRepresentationUUID 的编码

此字段应编码为包含下列元素的数据类型结构：

——Data1 为 Unsigned32；

——Data2 为 Unsigned16；

——Data3 为 Unsigned16；

——Data4 为 8 个 Unsigned8 的数组。

字节传输次序应符合字段 RPCDRep(小端模式或大端模式)的值。

表 179 中列出了所定义的值。

表 179 RPCDataRepresentationUUID 定义的值

值[UUID]	值	描 述
8A885D04-1CEB-11C9-9FE8-08002B104860	Data representation	唯一地标识 RPC 数据表示

4.8.2.2 NDREPMapPDU 相关的编码

4.8.2.2.1 字段 DeviceType 的编码

此字段应编码为数据类型 VisibleString[25],并应设为制造商特定的值,如果不满 25 个八位位组,则用空格填充。

注:与字段 DeviceVendorValue 存在交叉引用。

4.8.2.2.2 字段 OrderID 的编码

此字段应编码为数据类型 VisibleString[20],并应设为制造商特定的值,如果不满 20 个八位位组,则用空格填充。

4.8.2.2.3 字段 HWRevision 的编码

此字段应编码为数据类型 VisibleString[5],并使用字符"0"~"9"和"＜空格＞"的制造商特定的值。该范围从"＜空格＞＜空格＞＜空格＞＜空格＞0"到"99999"。

注:作为示例,HWRevision 可能是"＜空格＞＜空格＞＜空格＞＜空格＞2"、"＜空格＞5714"或"61214"。

4.8.2.2.4 字段 SWRevisionPrefix 的编码

此字段应编码为数据类型 VisibleString[1],并应使用下列字符设为制造商特定的值:

——"V",用于正式发布的版本;

——"R",用于修订版本(Revision);

——"P",用于样机(Prototype);

——"U",用于在测版(现场测试);

——"T",用于测试设备。

4.8.2.2.5 字段 SWRevision 的编码

此字段应编码为数据类型 VisibleString[9],并应使用字符"0"~"9"和"＜空格＞"的制造商特定的值。该范围从"＜空格＞＜空格＞0＜空格＞＜空格＞0＜空格＞＜空格＞0"~"999999999"。

注:作为示例,SWRevision 可能是"＜空格＞＜空格＞1＜空格＞＜空格＞0＜空格＞＜空格＞0"。在每 3 个八位位组之后,应插入一个".",以使其可视。

4.8.2.2.6 字段 Blank 的编码

此字段应编码为具有 1 个八位位组的数据类型 OctetString。该值应设置为 0x20。

4.8.2.2.7 字段 RPCInquiryType 的编码

此字段应编码为数据类型 Unsigned32。字节传输次序应符合字段 RPCDRep(小端模式或大端模式)的值。该编码应符合表 180。

表 180 RPCInquiryType

值(十六进制)	含义	使用
0x00000000	读所有已注册的具有对象的接口	必备
0x00000001	读一个已注册接口的所有对象	可选

表 180（续）

值(十六进制)	含　　义	使　用
0x00000002	读包括某个专用对象的所有接口	可选
0x00000003	读具有一个专用对象的一个专用接口	可选
0x00000004～0xFFFFFFFF	保留	—

4.8.2.2.8　字段 RPCObjectReference 的编码

此字段应编码为数据类型 Unsigned32。字节传输次序应符合字段 RPCDRep(小端模式或大端模式)的值。该值应设置为 1。

4.8.2.2.9　字段 RPCInterfaceReference 的编码

此字段应编码为数据类型 Unsigned32。字节传输次序应符合字段 RPCDRep(小端模式或大端模式)的值。该值应设置为 2。

4.8.2.2.10　字段 RPCInterfaceVersionMajor 的编码

此字段应编码为数据类型 Unsigned16。字节传输次序应符合字段 RPCDRep(小端模式或大端模式)的值。

4.8.2.2.11　字段 RPCInterfaceVersionMinor 的编码

此字段应编码为数据类型 Unsigned16。字节传输次序应符合字段 RPCDRep(小端模式或大端模式)的值。

4.8.2.2.12　字段 RPCVersionOption 的编码

此字段应编码为数据类型 Unsigned32。字节传输次序应符合字段 RPCDRep(小端模式或大端模式)的值。该值应设置为 1。

4.8.2.2.13　字段 RPCEntryHandleAttribute 的编码

此字段应编码为数据类型 Unsigned32。字节传输次序应符合字段 RPCDRep(小端模式或大端模式)的值。该值应设置为 0。

4.8.2.2.14　字段 RPCEntryHandleUUID 的编码

此字段应编码为数据类型 UUID。字节传输次序应符合字段 RPCDRep(小端模式或大端模式)的值。

4.8.2.2.15　字段 RPCMaxEntries 的编码

此字段应编码为数据类型 Unsigned32。字节传输次序应符合字段 RPCDRep(小端模式或大端模式)的值。该值应至少设置为 1。

4.8.2.2.16　字段 RPCNumberOfEntries 的编码

此字段应编码为数据类型 Unsigned32。字节传输次序应符合字段 RPCDRep(小端模式或大端模式)的值。

4.8.2.2.17 字段 RPCEntriesOffset 的编码

此字段应编码为数据类型 Unsigned32。字节传输次序应符合字段 RPCDRep(小端模式或大端模式)的值。该值应设置为 0。

4.8.2.2.18 字段 RPCEntriesCount 的编码

此字段应编码为数据类型 Unsigned32。字节传输次序应符合字段 RPCDRep(小端模式或大端模式)的值。

4.8.2.2.19 字段 RPCTowerReference 的编码

此字段应编码为数据类型 Unsigned32。字节传输次序应符合字段 RPCDRep(小端模式或大端模式)的值。该值应设置为 3。

4.8.2.2.20 字段 RPCAnnotationOffset 的编码

此字段应编码为数据类型 Unsigned32。字节传输次序应符合字段 RPCDRep(小端模式或大端模式)的值。该值应设置为 0。

4.8.2.2.21 字段 RPCAnnotationLength 的编码

此字段应编码为数据类型 Unsigned32。字节传输次序应符合字段 RPCDRep(小端模式或大端模式)的值。该值应设置为从 0～64。

4.8.2.2.22 字段 EndTerm 的编码

此字段应编码为数据类型 Unsigned8。该值应设置为 0。

4.8.2.2.23 字段 RPCGap 的编码

此字段应编码为数据类型 Unsigned8。

4.8.2.2.24 字段 RPCTowerLength 的编码

此字段应编码为数据类型 Unsigned32。字节传输次序应符合字段 RPCDRep(小端模式或大端模式)的值。

4.8.2.2.25 字段 RPCTowerOctetStringLength 的编码

此字段应编码为数据类型 Unsigned32。字节传输次序应符合字段 RPCDRep(小端模式或大端模式)的值。

4.8.2.2.26 字段 RPCEPMapStatus 的编码

此字段应编码为数据类型 Unsigned32。字节传输次序应符合字段 RPCDRep(小端模式或大端模式)的值。该编码应符合表 181。

表 181 RPCEPMapStatus

值(十六进制)	含　义
0x00000000	RPC okay
0x16C9A0D6	端点未注册
其他	保留

4.8.2.2.27 字段 RPCFloorCount 的编码

此字段应编码为数据类型 Unsigned16。该值应设置为 5。该编码应与字段 RPCDRep 无关,总是为小端模式。

4.8.2.2.28 字段 RPCLHSByteCount 的编码

此字段应编码为数据类型 Unsigned16。该编码应与字段 RPCDRep 无关,总是为小端模式。

4.8.2.2.29 字段 RPCRHSByteCount 的编码

此字段应编码为数据类型 Unsigned16。该编码应与字段 RPCDRep 无关,总是为小端模式。

4.8.2.2.30 字段 RPCID 的编码

此字段应编码为数据类型 Unsigned8。该值应设置为 0x0D。

4.8.2.2.31 字段 RPCProtocolIdentifier 的编码

此字段应编码为数据类型 Unsigned8。该值应设置为 0x0A。

4.8.2.2.32 字段 RPCServerUDPPort 的编码

此字段应编码为数据类型 Unsigned8。该值应设置为 0x08。

4.8.2.2.33 字段 RPCHostAddress 的编码

此字段应编码为数据类型 Unsigned8。该值应设置为 0x09。

4.8.2.2.34 字段 RPCPortNumber 的编码

此字段应编码为数据类型 Unsigned16。该编码应与字段 RPCDRep 无关,总是为大端模式。

4.8.2.2.35 字段 RPCIPAddress 的编码

此字段应编码为数据类型 Unsigned32。该编码应与字段 RPCDRep 无关,总是为大端模式。

4.8.2.3 NDRData 相关的编码

4.8.2.3.1 字段 ArgsMaximum 的编码

此字段应编码为数据类型 Unsigned32。字节传输次序应符合字段 RPCDRep(小端模式或大端模式)的值。该值应设置为最大缓冲器大小,可供响应使用。

4.8.2.3.2 字段 ArgsLength 的编码

此字段应编码为数据类型 Unsigned32。字节传输次序应符合字段 RPCDRep(小端模式或大端模式)的值。该值应设置为在 PROFINETIOServiceReqPDU 或 PROFINETIOServiceResPDU 内的八位位组数。

4.8.2.3.3 字段 MaximumCount 的编码

此字段应编码为数据类型 Unsigned32。字节传输次序应符合字段 RPCDRep(小端模式或大端模式)的值。在请求的情况下,该值应设置为与字段 ArgsMaximum 相同的值。

在响应中,该值应从相应请求的字段 ArgsMaximum 来获得。

4.8.2.3.4 字段 Offset 的编码

此字段应编码为数据类型 Unsigned32。字节传输次序应符合字段 RPCDRep(小端模式或大端模式)的值。该值应设置为 0。

4.8.2.3.5 字段 ActualCount 的编码

此字段应编码为数据类型 Unsigned32。字节传输次序应符合字段 RPCDRep(小端模式或大端模式)的值。该值应设置为与字段 ArgsLength 相同的值。

4.8.2.3.6 字段 PNIOStatus 的编码

此字段应编码为数据类型 Unsigned32。字节传输次序应符合在 NDRDataResponse 的第 1 个字段中的字段 RPCDRep(小端模式或大端模式)的值。在所有其他情况下,字节传输次序应是大端模式。

在 6.2.4.68 中定义了该内容。应用式(48)来计算 PNIOStatus。

$$\begin{aligned} \text{PNIOStatus} = {} & \text{ErrorCode} \times 16\ 777\ 216 + \text{ErrorDecode} \times 65\ 536 + \\ & \text{ErrorCode1} \times 256 + \text{ErrorCode2} \end{aligned} \qquad (48)$$

4.8.2.4 RPC 相关的编码(NCA 代码)

4.8.2.4.1 字段 RPCNCAFaultStatus 的编码

RPC 特定的 NCA 错误代码应编码为 Unsigned32,其值符合表 182。

表 182 NCAFaultStatus 的值

值(十六进制)	定　义
0x1C000001	NCA_s_fault_int_div_by_zero
0x1C000002	NCA_s_fault_addr_error
0x1C000003	NCA_s_fault_fp_div_zero
0x1C000004	NCA_s_fault_fp_underflow
0x1C000005	NCA_s_fault_fp_overflow
0x1C000006	NCA_s_fault_invalid_tag
0x1C000007	NCA_s_fault_invalid_bound
0x1C000008	NCA_s_rpc_version_mismatch
0x1C000009	NCA_s_unspec_reject
0x1C00000A	NCA_s_bad_actid
0x1C00000B	NCA_s_who_are_you_failed

表 182（续）

值(十六进制)	定　　义
0x1C00000C	NCA_s_manager_not_entered
0x1C00000D	NCA_s_fault_chancel
0x1C00000E	NCA_s_fault_ill_inst
0x1C00000F	NCA_s_fault_fp_error
0x1C000010	NCA_s_fault_int_overflow
0x1C000012	NCA_s_fault_unspec
0x1C000013	NCA_s_fault_remote_comm_failure
0x1C000014	NCA_s_fault_pipe_empty
0x1C000015	NCA_s_fault_pipe_closed
0x1C000016	NCA_s_fault_pipe_order
0x1C000017	NCA_s_fault_pipe_discipline
0x1C000018	NCA_s_fault_pipe_comm_error
0x1C000019	NCA_s_fault_pipe_memory
0x1C00001A	NCA_s_fault_context_mismatch
0x1C00001B	NCA_s_fault_remote_no_memory
0x1C00001C	NCA_s_invalid_pres_context_id
0x1C00001D	NCA_s_unsupported_authn_level
0x1C00001F	NCA_s_invalid_checksum
0x1C000020	NCA_s_invalid_crc
0x1C000021	NCA_s_fault_user_defined
0x1C000022	NCA_s_fault_tx_open_failed
0x1C000023	NCA_s_fault_codeset_conv_error
0x1C010001	NCA_s_comm_failure
0x1C010015	NCA_s_fault_string_too_long

4.8.2.4.2　字段 RPCNCARejectStatus 的编码

RPC 特定的 NCA 错误代码应编码为 Unsigned32，其值符合表 183。

表 183　NCARejectStatus 的值

值(十六进制)	定　　义
0x1C000008	NCA_rpc_version_mismatch
0x1C000009	NCA_unspec_reject
0x1C00000A	NCA_s_bad_actid
0x1C00000B	NCA_who_are_you_failed

表 183（续）

值(十六进制)	定　义
0x1C00000C	NCA_manager_not_entered
0x1C010002	NCA_op_rng_error
0x1C010003	NCA_unk_if
0x1C010006	NCA_wrong_boot_time
0x1C010009	NCA_s_you_crashed
0x1C01000B	NCA_proto_error
0x1C010013	NCA_out_args_too_big
0x1C010014	NCA_server_too_busy
0x1C010017	NCA_unsupported_type
0x1C00001D	NCA_unsopported_authn_level
0x1C00001F	NCA_invalid_checksum
0x1C000020	NCA_invalid_crc

4.8.3 应用关系协议机(ARPM)

4.8.3.1 RPCPM

4.8.3.1.1 原语定义

4.8.3.1.1.1 在 RPCPM 与 RPCPM 用户之间交换的原语

这些服务原语及其相关参数在服务定义中以 RPC ASE 进行描述，它们由 RPCPM 用户发出并由 RPCPM 接收，反之亦然。

4.8.3.1.1.2 在 RPCPM 与 LMPM 之间交换的原语

这些服务原语及其相关参数在服务定义中以 RPC ASE 进行描述，它们由 RPCPM 发出并由 LMPM 接收，反之亦然。

4.8.3.1.1.3 RPCPM 原语的参数

在 FAL 服务定义中描述了在 RPCPM 用户与 RPCPM 之间交换的原语所使用的参数。

4.8.3.1.2 状态机描述

4.8.3.1.3 RPC 状态表

4.8.3.1.4 函数

4.8.3.2 服务的监视

调用由服务请求方发起的 Ping 服务，以监视响应方的“健康”状况。Cancel 服务最多可以重复 3 次。

——Timeout Ping

该值应是 2 s。

注：如果请求已完全发送了，而响应仍然是挂起的，则使用 Ping 服务。

——Timeout FRAG

该值应是 2 s。

注：如果在 2 s 后没有确认，则某个片段的传输将被最多重复 3 次。

——Timeout Cancel

该值应是 1 s。

注：如果在 1 s 后没有反应，则 Cancel 服务将被最多重复 3 次。

——Timeout Resend，Timeout Ack，Timeout Broadcast，Timeout IDLE，Timeout WAIT

不关心这些值。

注：以上描述的参数用其在 DCE RPC 中的值来定义。

4.9 链路层发现

4.9.1 FAL 通用语法描述

4.9.1.1 DLPDU 抽象语法引用

应采用 4.1.1 中的 DLPDU 抽象语法。

4.9.1.2 LLDP APDU 抽象语法

表 184 定义 LLDP PDU(称之为 APDU)的抽象语法。所定义的八位位组次序应用于传递 APDU。表 184 的 APDU 应表示表 4 中 DLSDU 的内容。

表 184 LLDP APDU 语法

APDU 名称	APDU 结构
LLDP-PDU	LLDPChassis，LLDPPort，LLDPTTL，LLDP-PNIO-PDU，LLDPEnd
LLDP-PNIO-PDU	{ LLDP_PNIO_DELAY[a]，LLDP_PNIO_PORTSTATUS，[LLDP_PNIO_ALIAS]，LLDP_PNIO_MRPPORTSTATUS[b]，LLDP_PNIO_CHASSIS_MAC，LLDP8023MACPHY，LLDP-Management，LLDP_PNIO_PTCPSTATUS[c]，[LLDPOption*]，[LLDP8021*]，[LLDP8023*]}
[a] 如果支持 LineDelay 测量，则才应存在。 [b] 如果对于此端口 MRP 被激活了，则才应存在。 [c] 如果 PTCP 被激活了，则才应存在。	

表 185 定义的结构用作表 184 中所示 APDU 结构元素的替代。

表 185 LLDP 替代

替代名称	结　构
LLDPChassis	LLDPChassisStationName^ LLDPChassisMacAddress[a]
LLDPChassisStationName	LLDP_TLVHeader[b]，LLDP_ChassisIDSubType(7)[b]，LLDP_ChassisID
LLDPChassisMacAddress	LLDP_TLVHeader[b]，LLDP_ChassisIDSubType(4)[b]，(CMResponderMacAdd^ CMInitiatorMacAdd)[d]

表 185（续）

替代名称	结　构
LLDPPort	LLDP_TLVHeader[b],LLDP_PortIDSubType(7)[b],LLDP_PortID[c]
LLDPTTL	LLDP_TLVHeader[b],LLDP_TimeToLive(20)[b]
LLDP_PNIO_Header	LLDP_TLVHeader[b],LLDP_OUI(00-0E-CF)
LLDP_PNIO_DELAY	LLDP_PNIO_Header,LLDP_PNIO_SubType(0x01),PTCP_PortRxDelayLocal,PTCP_PortRxDelayRemote PTCP_PortTxDelayLocal,PTCP_PortTxDelayRemote,CableDelayLocal
LLDP_PNIO_PORTSTATUS	LLDP_PNIO_Header,LLDP_PNIO_SubType(0x02),RTClass2_PortStatus,RTClass3_PortStatus
LLDP_PNIO_ALIAS	LLDP_PNIO_Header,LLDP_PNIO_SubType(0x03),LLDP_PortID,LLDP_POINT,LLDP_ChassisID
LLDP_PNIO_MRPPORTSTATUS	LLDP_PNIO_Header,LLDP_PNIO_SubType(0x04),MRP_DomainUUID,MRRT_PortStatus
LLDP_PNIO_CHASSIS_MAC	LLDP_PNIO_Header,LLDP_PNIO_SubType(0x05),(CMResponderMacAdd∧ CMInitiatorMacAdd)[d]
LLDP_PNIO_PTCPSTATUS	LLDP_PNIO_Header,LLDP_PNIO_SubType(0x06),PTCP_MasterSourceAddress[e],PTCP_SubdomainUUID[f],IRDataUUID[g],LLDP_LengthOfPeriod[g],LLDP_RedPeriodBegin[g],LLDP_OrangePeriodBegin[g],LLDP_GreenPeriodBegin[g]
LLDPEnd	LLDP_TLVHeader[b](0)
LLDP8021	LLDP_TLVHeader[b],LLDP_OUI(00-80-C2)[h],LLDP_8021_SubType[h],Data[h]
LLDP8023	LLDP_TLVHeader[b],LLDP_OUI(00-12-0F)[i],LLDP_8023_SubType[i],Data[i]
LLDP8023MACPHY	LLDP_TLVHeader[b],LLDP_OUI(00-12-0F)[i],LLDP_8023_SubType(1)[i],LLDP_8023_AUTONEG[i],LLDP_8023_PMDCAP[i],LLDP_8023_OPMAU[i]
LLDPManagement	LLDP_TLVHeader[b],LLDP_ManagementData[j]

注：存在不同种类的 MAC 地址。用作 SourceAddress 的端口 MAC 地址和用作 CMResponderMacAdd 或 CMInitiatorMacAdd 的接口 MAC 地址。

[a] 如果没有分配 NameOfStation,则应使用 LLDPChassisMacAddress。

[b] 此字段的编码应依据 IEEE 802.1AB—2005。

[c] 应是 8 或 14。

[d] 应是接口 MAC 地址。

[e] 如果不可知,则应设置为 0。

[f] 应是 PTCP_SubdomainUUID of PTCP_SyncID:=0。否则该值应是 0。

[g] 如果不可知,则应设置为 0

[h] 应依据 IEEE 802.1AB—2005 Annex F 来设置。

[i] 应依据 IEEE 802.1AB—2005 Annex G 来设置。

[j] 应依据 IEEE 802.1AB—2005 的 9.5.9 来设置。建议依据 4.15.2 来设置对象标识符。

4.9.2 LLDP 传输语法

4.9.2.1 概要

作为 IEEE 802.1AB-2005 的 10.5.3.1 的扩展，本部分定义字段 txDelayWhile 的值应为 0。在此情况下，每个节点在数据变化时发送 LLDP PDU。

4.9.2.2 字段 LLDP_ChassisID 的编码

此字段应依据 4.3.1.4.15.1 编码为具有 1～240 个八位位组的数据类型 OctetString。

注：字段 LLDP_ChassisID 不能用 0 来终止。

4.9.2.3 字段 LLDP_PortID 的编码

此字段应编码为具有 8 个或 14 个八位位组的数据类型 OctetString。

此字段包含本地端口的名称，该端口应被用作符合 IEEE 802.1AB—2005 分配的本地 Port ID 子类型。该值应是“port-xyz”或“port-xyz-rstuv”，其中：xyz 的取值范围是 001～255，x、y、z 取值“0”～“9”；rstuv 的取值范围是 00000～65535，r、s、t、u、v 取值“0”～“9”。值 xyz 应用来标识端口号。值 rstuv 应用来标识包含该端口的槽。

值“port-001-00000”应用于槽 0 内接口的第 1 个端口子模块(如果有任何其他的槽可能包含另外的端口子模块)。

值“port-001”应用于接口的第 1 个端口子模块(如果没有其他的槽可能包含另外的端口子模块)。

此外，应采用 RFC 3490 的定义。

注：字段 LLDP_PortID 不能用 0 来终止。

4.9.2.4 字段 LLDP_PNIO_SubType 的编码

此字段应编码为数据类型 Unsigned8，并应依据表 186 来设置。

表 186 LLDP_PNIO_SubType

值(十六进制)	含　义
0x00	保留
0x01	测得的延迟值
0x02	端口状况(Status)
0x03	别名
0x04	MRP 端口状况
0x05	接口 MAC 地址
0x06	PTCP 状况
0x07～0xFF	保留

4.9.2.5 字段 PTCP_PortRxDelayLocal 的编码

此字段应编码为数据类型 Unsigned32，时间基数应是 1 ns，并应依据表 187 来设置。

表 187 **PTCP_PortRxDelayLocal**

值(十六进制)	含　义
0x00	不可知
0x01～0x00000FFF	本地 RX 端口延迟
0x00001000～0xFFFFFFFF	保留

4.9.2.6 字段 PTCP_PortRxDelayRemote 的编码

此字段应编码为数据类型 Unsigned32,时间基数应是 1 ns,并应依据表 188 来设置。

表 188 **PTCP_PortRxDelayRemote**

值(十六进制)	含　义
0x00	不可知
0x01～0x00000FFF	远程 RX 端口延迟
0x00001000～0xFFFFFFFF	保留

4.9.2.7 字段 PTCP_PortTxDelayLocal 的编码

此字段应编码为数据类型 Unsigned32,时间基数应是 1 ns,并应依据表 189 来设置。

表 189 **PTCP_PortTxDelayLocal**

值(十六进制)	含　义
0x00	不可知
0x01～0x00000FFF	本地 TX 端口延迟
0x00001000～0xFFFFFFFF	保留

4.9.2.8 字段 PTCP_PortTxDelayRemote 的编码

此字段应编码为数据类型 Unsigned32,时间基数应是 1 ns,并应依据表 190 来设置。

表 190 **PTCP_PortTxDelayRemote**

值(十六进制)	含　义
0x00	不可知
0x01～0x00000FFF	远程 TX 端口延迟
0x00001000～0xFFFFFFFF	保留

4.9.2.9 字段 CableDelayLocal 的编码

此字段应编码为数据类型 Unsigned32,时间基数应是 1 ns,并应依据表 191 来设置。

表 191 CableDelayLocal

值(十六进制)	含　义
0x00	不可知
0x01～0x000FFFFF	测量的电缆延迟
0x00100000～0xFFFFFFFF	保留

4.9.2.10 字段 RTClass2_PortStatus 的编码

此字段的编码应符合 3.7.3.4,各比特应具有以下的含义:

——比特 0～1:RTClass2_PortStatus.State

此字段应依据表 192 来设置。

表 192 RTClass2_PortStatus.State

值(十六进制)	含　义	用　法
0x00	OFF	未使用或未组态,如果 LLDP_OrangePeriodBegin.Valid 等于 1
0x01	保留	—
0x02	RTCLASS2_RUN	ORANGE Phase 已激活,用于 RTClass 2 帧的传输和接收
0x03	保留	—

——比特 2～15:RTClass2_PortStatus.reserved

此字段应依据 3.7.3.2 来设置。

4.9.2.11 字段 RTClass3_PortStatus 的编码

此字段的编码应符合 3.7.3.4,各比特应具有以下含义:

——比特 0～2:RTClass3_PortStatus.State

此字段应依据表 193 来设置。

表 193 RTClass3_PortStatus.State

值(十六进制)	含　义	用　法
0x00	OFF	未使用或未组态,如果 LLDP_RedPeriodBegin.Valid 等于 1。RED Phase 被解除激活
0x01	保留	—
0x02	RTCLASS3_UP	RED Phase 已激活,用于 RTClass 3 帧的传输期待下一状态:RTCLASS3_RUN
0x03	保留	—
0x04	RTCLASS3_RUN	RED Phase 已激活,用于 RTClass 3 帧的传输和接收
0x05～0x07	保留	—

——比特 3～15:RTClass3_PortStatus.reserved

此字段应依据 3.7.3.2 来设置。

4.9.2.12 字段 MRRT_PortStatus 的编码

此字段的编码应符合 3.7.3.4,各比特应具有以下的含义:

——比特 0～1:MRRT_PortStatus.State

此字段应依据表 194 来设置。

表 194 MRRT_PortStatus.State

值(十六进制)	含义	用法
0x00	OFF	未使用/未组态
0x01	MRRT_CONFIGURED	已组态
0x02	MRRT_UP	已激活并运行
0x03	保留	—

——比特 2～15:MRRT_PortStatus.reserved

此字段应依据 3.7.3.2 来设置。

4.9.2.13 字段 IRDataUUID 的编码

此字段应编码为数据类型 UUID。

4.9.2.14 字段 LLDP_RedPeriodBegin 的编码

按照 RT_CLASS_3 的定义,一个端口的使用被分成不同的时间段。同样,一个端口的使用也被分成发送和接收方向。此字段的编码应符合 3.7.3.5 和图 13,各比特应具有以下的含义:

——比特 0～30:LLDP_RedPeriodBegin.Offset

此字段应依据表 195 来设置。

表 195 LLDP_RedPeriodBegin.Offset

值(十六进制)	含义	用法
0x00000000～0x003D08FF	相对于该周期开始的偏移量,以 ns 为单位	该端口接收方向的 RT_CLASS_3 时段的开始
0x003D0900～0x7FFFFFFF	保留	—

——比特 31:LLDP_RedPeriodBegin.Valid

此可选字段应依据表 196 来设置。

表 196 LLDP_RedPeriodBegin.Valid

值(十六进制)	含义	用法
0x00	无效	LLDP_RedPeriodBegin.Offset 的值是无效的。它应被设为 0
0x01	有效	LLDP_RedPeriodBegin.Offset 的值是有效的

4.9.2.15 字段 LLDP_OrangePeriodBegin 的编码

按照 RT_CLASS_2 的定义，一个端口的使用被分成不同的时间段。同样，一个端口的使用也被分成发送和接收方向。此字段的编码应符合 3.7.3.5 和图 13，各比特应具有以下的含义：

——比特 0～30：LLDP_OrangePeriodBegin.Offset

此字段应依据表 197 来设置。

表 197 LLDP_OrangePeriodBegin.Offset

值(十六进制)	含义	用法
0x00000000～0x003D08FF	相对于该周期开始的偏移量，以 ns 为单位	该端口接收方向的 RT_CLASS_2 时段的开始
0x003D0900～0x7FFFFFFF	保留	—

——比特 31：LLDP_OrangePeriodBegin.Valid

此可选字段应依据表 198 来设置。

表 198 LLDP_OrangePeriodBegin.Valid

值(十六进制)	含 义	用 法
0x00	无效	LLDP_OrangePeriodBegin.Offset 的值是无效的。它应被设置为 0
0x01	有效	LLDP_OrangePeriodBegin.Offset 的值是有效的

4.9.2.16 字段 LLDP_GreenPeriodBegin 的编码

按照 RT_CLASS_1、RT_CLASS_UDP 和其他协议的定义，一个端口的使用被分成不同的时间段。同样，一个端口的使用也被分成发送和接收方向。此字段的编码应符合 3.7.3.5 和图 13，各比特应具有以下的含义：

——比特 0～30：LLDP_GreenPeriodBegin.Offset

此字段应依据表 199 来设置。

表 199 LLDP_GreenPeriodBegin.Offset

值(十六进制)	含 义	用 法
0x00000000～0x003D08FF	相对于该周期开始的偏移量，以 ns 为单位	该端口接收方向的无限制时段的开始
0x003D0900～0x7FFFFFFF	保留	—

——比特 31：LLDP_GreenPeriodBegin.Valid

此可选字段应依据表 200 来设置。

表 200 LLDP_GreenPeriodBegin.Valid

值(十六进制)	含 义	用 法
0x00	无效	LLDP_GreenPeriodBegin.Offset 的值是无效的。它应被设置为 0
0x01	有效	LLDP_GreenPeriodBegin.Offset 的值是有效的

4.9.2.17 字段 LLDP_LengthOfPeriod 的编码

一个端口被分成不同的时间段。所有时间段的持续时间通过此字段来示出。此字段的编码应符合 3.7.3.5 和图 13,各比特应具有以下的含义:

——比特 0～30:LLDP_LengthOfPeriod.Length

此字段应依据表 201 来设置。

表 201 LLDP_LengthOfPeriod.Length

值(十六进制)	含 义	用 法
0x00007A12～0x003D0900	一个周期的持续时间,以 ns 为单位	该值应是 31250ns 的倍数。见 6.2.4.62
0x003D0900～0x7FFFFFFF	保留	—

——比特 31:LLDP_LengthOfPeriod.Valid

此可选字段应依据表 202 来设置。

表 202 LLDP_LengthOfPeriod.Valid

值(十六进制)	含 义	用 法
0x00	无效	LLDP_LengthOfPeriod.Length 是无效的。它应被设置为 0
0x01	有效	LLDP_LengthOfPeriod.Length 是有效的

4.9.2.18 字段 LLDP_POINT 的编码

此字段应编码为具有 1 个八位位组的数据类型 OctetString。其值应是"."。

注:字段 LLDP_POINT 不能用 0 来终止。

4.9.2.19 字段 LLDP_TimeToLive 的编码

此字段应依据 IEEE 802.1AB—2005 来编码。

4.9.2.20 字段 LLDP_TLVHeader 的编码

此字段应依据 IEEE 802.1AB—2005 来编码。

4.9.2.21 字段 LLDP_ChassisIDSubType 的编码

此字段应依据 IEEE 802.1AB—2005 来编码。

4.9.2.22 字段 LLDP_PortIDSubType 的编码

此字段应依据 IEEE 802.1AB—2005 来编码。

4.9.2.23 字段 LLDPOption 的编码

此字段应依据 IEEE 802.1AB—2005 的 9.4 来编码。

4.9.2.24 字段 LLDP_OUI 的编码

此字段应依据 IEEE 802.1AB—2005 来编码。

4.9.2.25 字段 LLDP_8021_SubType 的编码

此字段应依据 IEEE 802.1AB—2005 来编码。

4.9.2.26 LLDP_Management 相关的编码

4.9.2.26.1 字段 LLDP_ManagementData 的编码

此字段应依据 IEEE 802.1AB—2005 来编码。

4.9.2.27 LLDP_8023 相关的编码

4.9.2.27.1 字段 LLDP_8023_SubType 的编码

此字段应依据 IEEE 802.1AB—2005 来编码。

4.9.2.27.2 字段 LLDP_8023_AUTONEG 的编码

此字段应依据 IEEE 802.1AB—2005 来编码。

4.9.2.27.3 字段 LLDP_8023_PMDCAP 的编码

此字段应依据 IEEE 802.1AB—2005 来编码。

4.9.2.27.4 字段 LLDP_8023_OPMAU 的编码

此字段应依据 IEEE 802.1AB—2005 来编码。

4.10 MAC 桥

4.10.1 概述

采用符合 IEEE 802.1D—2004 标准的概念。本部分定义 IEEE 802.1D—2004 标准的使用。它包括对有关转发帧的 RT_CLASS_3 阶段的扩展。在 RT_CLASS_3 阶段内应暂时停用 IEEE 802.1D—2004 的路由机制。在此情况下，RT_CLASS_3 帧的路由应依据由相应的 ASE 所定义的属性来完成。这些属性的值定义所使用的特殊路由表。

除 IEEE 802.1D—2004 标准行为外，本部分定义下列协议机以提供特殊的转发动作：

——RT_CLASS_3 转发协议机(RED_RELAY)；

——时间同步转发协议机(SYNC_RELAY)；

——mMRT 转发协议机(RRT_RELAY)。

4.10.2 RT_CLASS_3 端口状态机(RTC3PSM)

4.10.2.1 原语定义

4.10.2.1.1 在 LLDP 与 RTC3PSM 之间交换的原语

表 203 列出了由 LLDP 用户发给 RTC3PSM 的原语。

表 203 由 LLDP 发给 RTC3PSM 的原语

原语名称	相关参数
Remotesystems Data Change.ind	Local Port ID, List of Neighbours

4.10.2.1.2 在 IEEE 802.3—2005 与 RTC3PSM 之间交换的原语

表 204 列出了由 IEEE 802.3—2005 发给 RTC3PSM 的原语。

表 204 由 IEEE 802.3—2005 发给 RTC3PSM 的原语

原语名称	相关参数
MAU Type Change.ind	Local Port ID LocalmAU Type Local LinkStatus

4.10.2.1.3 在 PTCP 与 RTC3PSM 之间交换的原语

表 205 列出由 PTCP 发给 RTC3PSM 的原语。

表 205 由 PTCP 发给 RTC3PSM 的原语

原语名称	相关参数
Syncstate Change.ind	Syncstate

4.10.2.1.4 在 IEEE 802.1D—2004 与 RTC3PSM 之间交换的原语

表 206 列出由 IEEE 802.1D—2004 发给 RTC3PSM 的原语。

表 206 由 IEEE 802.1D—2004 发给 RTC3PSM 的原语

原语名称	相关参数
Portstate Change.ind	Local PortState

表 207 列出由 RTC3PSM 发给 IEEE 802.1D—2004 的原语。

表 207 由 RTC3PSM 发给 IEEE 802.1D—2004 的原语

原语名称	相关参数
Set Portstate.req	Local RTC3 PortState

4.10.2.2 RTC3PSM 状态表

在表 208 中列出了 RTC3PSM 状态表。

表 208　RTC3PSM 状态表

#	当前状态	事件/条件=〉动作	下一状态
1	INIT	 =〉 REMOTEPORTSTATE:=OFF RT_CLASS_3_FAULT:=FALSE	OFF
2	INIT	**OTHERS ignore** =〉 ignore	INIT
3	OFF	**Something changed**() /CHECK_LOCAL_OK==FALSE || CHECK_NEIGHBOR_OK==FALSE || CHECK_SYNC_OK==FALSE =〉 ignore	OFF
4	OFF	**Something changed**() /REMOTEPORTSTATE==OFF && OPTIMIZED_MODE==OFF && CHECK_LOCAL_OK==TRUE && CHECK_NEIGHBOR_OK==TRUE && CHECK_SYNC_OK==TRUE =〉 SetPortState.req(Local RT_CLASS_3 PortState==RTCLASS3_UP)	RTCLASS3_UP
5	OFF	**Something changed**() /REMOTEPORTSTATE==OFF && OPTIMIZED_MODE==ON && CHECK_LOCAL_OK==TRUE && CHECK_NEIGHBOR_OK==TRUE && CHECK_SYNC_OK==TRUE =〉 SetPortState.req(Local RT_CLASS_3 PortState==RTCLASS3_RUN)	RTCLASS3_RUN
6	OFF	**Something changed**() /REMOTEPORTSTATE==RTCLASS3_UP && CHECK_LOCAL_OK==TRUE && CHECK_NEIGHBOR_OK==TRUE && CHECK_SYNC_OK==TRUE =〉 SetPortState.req(Local RT_CLASS_3 PortState==RTCLASS3_RUN)	RTCLASS3_RUN
7	OFF	**Something changed**() /REMOTEPORTSTATE==RTCLASS3_RUN && CHECK_LOCAL_OK==TRUE && CHECK_NEIGHBOR_OK==TRUE && CHECK_SYNC_OK==TRUE =〉 SetPortState.req(Local RT_CLASS_3 PortState==RTCLASS3_RUN)	RTCLASS3_RUN

表 208（续）

#	当前状态	事件/条件=〉动作	下一状态
8	OFF	**OTHERS ignore** =〉 ignore	OFF
9	RTCLASS3 _UP	**Something changed**() /CHECK_LOCAL_OK==FALSE || CHECK_NEIGHBOR_OK==FALSE || CHECK_SYNC_OK==FALSE =〉 SetPortState.req(Local RT_CLASS_3 PortState==OFF)	OFF
10	RTCLASS3 _UP	**Something changed**() /REMOTEPORTSTATE==OFF && CHECK_LOCAL_OK==TRUE && CHECK_NEIGHBOR_OK==TRUE && CHECK_SYNC_OK==TRUE =〉 ignore	RTCLASS3 _UP
11	RTCLASS3 _UP	**Something changed**() /REMOTEPORTSTATE==RTCLASS3_UP && CHECK_LOCAL_OK==TRUE && CHECK_NEIGHBOR_OK==TRUE && CHECK_SYNC_OK==TRUE =〉 SetPortState.req(Local RT_CLASS_3 PortState==RTCLASS3_RUN)	RTCLASS3 _RUN
12	RTCLASS3 _UP	**Something changed**() /REMOTEPORTSTATE==RTCLASS3_RUN && CHECK_LOCAL_OK==TRUE && CHECK_NEIGHBOR_OK==TRUE && CHECK_SYNC_OK==TRUE =〉 SetPortState.req(Local RT_CLASS_3 PortState==RTCLASS3_RUN)	RTCLASS3 _RUN
13	RTCLASS3 _UP	**OTHERS ignore** =〉 ignore	RTCLASS3 _UP
14	RTCLASS3 _RUN	**Something changed**() /CHECK_LOCAL_OK==FALSE || CHECK_NEIGHBOR_OK==FALSE || CHECK_SYNC_OK==FALSE =〉 SetPortState.req(Local RT_CLASS_3 PortState==OFF)	OFF

表 208（续）

#	当前状态	事件/条件=〉动作	下一状态
15	RTCLASS3 _RUN	**Something changed()** /REMOTEPORTSTATE==OFF && OPTIMIZED_MODE==OFF && CHECK_LOCAL_OK==TRUE && CHECK_NEIGHBOR_OK==TRUE && CHECK_SYNC_OK==TRUE =〉 SetPortState.req(Local RT_CLASS_3 PortState==RTCLASS3_UP)	RTCLASS3 _UP
16	RTCLASS3 _RUN	**Something changed()** /REMOTEPORTSTATE==OFF && OPTIMIZED_MODE==ON && CHECK_LOCAL_OK==TRUE && CHECK_NEIGHBOR_OK==TRUE && CHECK_SYNC_OK==TRUE =〉 ignore	RTCLASS3 _RUN
17	RTCLASS3 _RUN	**Something changed()** /REMOTEPORTSTATE==RTCLASS3_UP && CHECK_LOCAL_OK==TRUE && CHECK_NEIGHBOR_OK==TRUE && CHECK_SYNC_OK==TRUE =〉 ignore	RTCLASS3 _RUN
18	RTCLASS3 _RUN	**Something changed()** /REMOTEPORTSTATE==RTCLASS3_RUN && CHECK_LOCAL_OK==TRUE && CHECK_NEIGHBOR_OK==TRUE && CHECK_SYNC_OK==TRUE =〉 ignore	RTCLASS3 _RUN
19	RTCLASS3 _RUN	**OTHERS ignore** =〉 ignore	RTCLASS3 _RUN
20	ANY	**Remotesystems Data Change(Local Port ID, List of Neighbours)** /Does the remote RT_CLASS_3_Port_State exist and contain a value out of the following list {OFF, RTCLASS3_UP, RTCLASS3_RUN} =〉 REMOTEPORTSTATE:=RT_CLASS_3_Port_State Something changed()	ANY

表 208（续）

#	当前状态	事件/条件=〉动作	下一状态

21	ANY	**Remotesystems Data Change(Local Port ID,List of Neighbours)**
		/(
		// physical
		EXPECTED_REMOTE(LLDP_ChassisID) ! =REMOTE(LLDP_ChassisID)
		OR EXPECTED_REMOTE(LLDP_PortID) ! =REMOTE(LLDP_PortID)
		OR if activated (EXPECTED_REMOTE(MAUType) ! = REMOTE(LLDP_MAUType))
		OR if activated (EXPECTED_REMOTE(CableDelay)＜ REMOTE(LLDP_CableDelay))
		OR
		// logical
		EXPECTED_REMOTE(IRDataUUID) ! =REMOTE(LLDP_IRDataUUID)
		OR EXPECTED_REMOTE(PTCP_SuddomainUUID) ! = REMOTE(LLDP_PTCP_SuddomainUUID)
		)
		=〉
		CHECK_NEIGHBOR_OK:=FALSE
		Something changed()
			ANY

22	ANY	**Remotesystems Data Change(Local Port ID,List of Neighbours)**
		/! (
		// physical
		EXPECTED_REMOTE(LLDP_ChassisID) ! =REMOTE(LLDP_ChassisID)
		OR EXPECTED_REMOTE(LLDP_PortID) ! =REMOTE(LLDP_PortID)
		OR if activated (EXPECTED_REMOTE(MAUType) ! = REMOTE(LLDP_MAUType))
		OR if activated (EXPECTED_REMOTE(CableDelay)＜ REMOTE(LLDP_CableDelay))
		OR
		// logical
		EXPECTED_REMOTE(IRDataUUID) ! =REMOTE(LLDP_IRDataUUID)
		)
		=〉
		CHECK_NEIGHBOR_OK:=TRUE
		Something changed()
			ANY

23	ANY	**MAU Type Change.ind(Local Port ID,LocalmAU Type,Local LinkStatus)**
		/(
		// physical
		LOCAL(MAUType) ! =VALID
		OR LOCAL(PortState)==DISCARDING
		OR LOCAL(LinkStatus) ! =UP
		OR
		// logical
		LOCAL(GET_DOMAIN_BOUNDARY_VALUE(DomainBoundary))==TRUE
		)
		=〉
		CHECK_LOCAL_OK:=FALSE
		Something changed()
			ANY

表 208（续）

#	当前状态	事件/条件=〉动作	下一状态

24	ANY	**MAU Type Change.ind(Local Port ID,LocalmAU Type,Local LinkStatus)**
		/!（
		// physical
		LOCAL(MAUType) ! =VALID
		OR LOCAL(PortState)==DISCARDING
		OR LOCAL(LinkStatus) ! =UP
		OR
		// logical
		LOCAL(GET_DOMAIN_BOUNDARY_VALUE(DomainBoundary))= =TRUE
		)
		=〉
		CHECK_LOCAL_OK:=TRUE
		Something changed()
			ANY

25	ANY	**Syncstate Change.ind(Syncstate)**
		/(
		// physical
		LOCAL(SYNC)==FALSE
		OR
		// logical
		if activated (DIFFERENCE_FAULT(LOCAL(CableDelay),REMOTE(Ca-bleDelay)))
		OR EXPECTED_REMOTE(PTCP_SuddomainUUID) ! = REMOTE(LLDP_PTCP_SuddomainUUID)
		)
		=〉
		CHECK_SYNC_OK:=FALSE
		Something changed()
			ANY

26	ANY	**Syncstate Change.ind(Syncstate)**
		/!（
		// physical
		LOCAL(SYNC)==FALSE
		OR
		// logical
		if activated (DIFFERENCE_FAULT(LOCAL(CableDelay),REMOTE(Ca-bleDelay)))
		OR EXPECTED_REMOTE(PTCP_SuddomainUUID) ! =REMOTE(LLDP_PTCP_SuddomainUUID)
		)
		=〉
		CHECK_SYNC_OK:=TRUE
		Something changed()
			ANY

表 208（续）

#	当前状态	事件/条件=〉动作	下一状态

27	ANY	**Portstate Change.ind(Local PortState)**
		/(
		// physical
		LOCAL(MAUType) ! =VALID
		OR LOCAL(PortState)==DISCARDING
		OR LOCAL(LinkStatus) ! =UP
		OR
		// logical
		LOCAL(GET _ DOMAIN _ BOUNDARY _ VALUE (DomainBoundary)) ==TRUE
		)
		=〉
		CHECK_LOCAL_OK:=FALSE
		Something changed()
			ANY

28	ANY	**Portstate Change.ind(Local PortState)**
		/! (
		// physical
		LOCAL(MAUType) ! =VALID
		OR LOCAL(PortState)==DISCARDING
		OR LOCAL(LinkStatus) ! =UP
		OR
		// logical
		LOCAL(GET _ DOMAIN _ BOUNDARY _ VALUE (DomainBoundary)) ==TRUE
		)
		=〉
		CHECK_LOCAL_OK:=TRUE
		Something changed()
			ANY

4.10.2.3 函数

在表 209 中概述了 RTC3PSM 的所有函数。

表 209 **RTC3PSM 函数表**

函数名称	操　　作
LOCAL()	此函数传送本地信息
REMOTE()	此函数传送本地存储的远程信息
EXPECTED_REMOTE()	此函数传送期望由远程发送来的本地存储的信息
Something changed()	此函数被用作一个触发器

4.10.2.4 事件的产生

RTC3PSM 示出了为建立 RT_CLASS_3 对等(peer to peer)通信所需要的状态转换。附加的图 43 示出了依据 RTC3PSM 的状态转换所产生的诊断事件。表 210 定义了相关事件的编码。

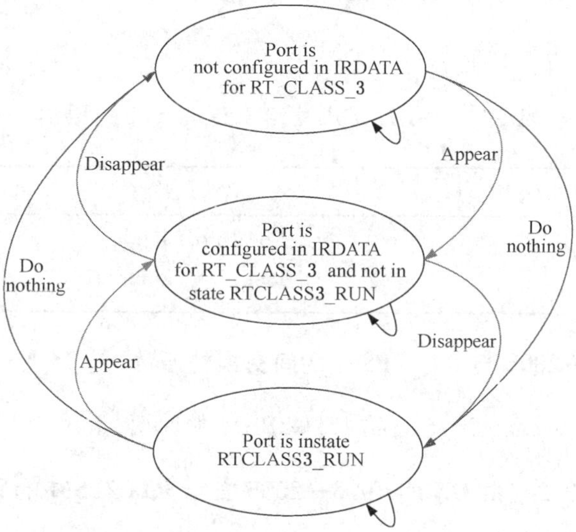

图 43 产生事件的状态转换图

表 210 事件功能表

功能名称	操　　作
Appear	Alarm Priority:=ALARM_HIGH or ALARM_LOW Alarm Type:=Port Data Change Notification Alarm Userstructure Identifier:=0x8002 ChannelNumber:=0x8000 ChannelProperties.Specifier:=Appears ChannelErrorType:="Remotemismatch" ExtChannelErrorType:="RT Class3mismatch" Alarm Notification.req(AREP, API, Alarm Priority, Alarm Type, slot Number, subslot Number, Alarmspecifier, module Ident Number, submodule Ident Number, Alarm Item)
Disappear	Alarm Priority:=ALARM_HIGH or ALARM_LOW Alarm Type:=Port Data Change Notification Alarm Userstructure Identifier:=0x8002 ChannelNumber:=0x8000 ChannelProperties.Specifier:=Disappears ChannelErrorType:="Remotemismatch" ExtChannelErrorType:="RT Class3mismatch" Alarm Notification.req(AREP, API, Alarm Priority, Alarm Type, slot Number, subslot Number, Alarmspecifier, module Ident Number, submodule Ident Number, Alarm Item)
Do nothing	此状态改变应不指示一个事件

4.10.3 RT_CLASS_2 端口状态机(RTC2PSM)

4.10.3.1 原语定义

4.10.3.1.1 在 LLDP 与 RTC2PSM 之间交换的原语

表 211 列出了由 LLDP 用户发给 RTC2PSM 的原语。

表 211 由 LLDP 发给 RTC2PSM 的原语

原语名称	相关参数
Remotesystems Data Change.ind	Local Port ID, List of Neighbours

4.10.3.1.2 在 IEEE 802.3—2005 与 RTC2PSM 之间交换的原语

表 212 列出了由 IEEE 802.3—2005 发给 RTC2PSM 的原语。

表 212 由 IEEE 802.3—2005 发给 RTC2PSM 的原语

原语名称	相关参数
MAU Type Change.ind	Local Port ID LocalmAU Type Local LinkStatus

4.10.3.1.3 在 PTCP 与 RTC2PSM 之间交换的原语

表 213 列出了由 PTCP 发给 RTC2PSM 的原语。

表 213 由 PTCP 发给 RTC2PSM 的原语

原语名称	相关参数
Syncstate Change.ind	Syncstate

4.10.3.1.4 在 IEEE 802.1D—2004 与 RTC2PSM 之间交换的原语

表 214 列出了由 IEEE 802.1D—2004 发给 RTC2PSM 的原语。

表 214 由 IEEE 802.1D—2004 发给 RTC2PSM 的原语

原语名称	相关参数
Portstate Change.ind	Local PortState

表 215 列出了由 RTC2PSM 发给 IEEE 802.1D—2004 的原语。

表 215 由 RTC2PSM 发给 IEEE 802.1D—2004 的原语

原语名称	相关参数
Set Portstate.req	Local RTC2 PortState

4.10.3.2 RTC2PSM 状态表

在表 216 中列出了 RTC2PSM 状态表。

表 216 RTC2PSM 状态表

#	当前状态	事件/条件=〉动作	下一状态
1	IDLE	**Something changed()** /CHECK_LOCAL_OK==TRUE && CHECK_NEIGHBOR_OK==TRUE && CHECK_SYNC_OK==TRUE =〉 SetPortState.req(Local RT_CLASS_2 PortState==RTCLASS2_RUN)	IDLE
2	IDLE	**Something changed()** /CHECK_LOCAL_OK==FALSE || CHECK_NEIGHBOR_OK==FALSE || CHECK_SYNC_OK==FALSE =〉 SetPortState.req(Local RT_CLASS_2 PortState==OFF)	IDLE
3	IDLE	**OTHERS ignore** =〉 ignore	IDLE

4	IDLE	**Remotesystems Data Change.ind(Local Port ID,List of Neighbours)**
		/(
		// physical
		// logical
		EXPECTED_REMOTE(PTCP_SuddomainUUID) ! =REMOTE(LLDP_
		PTCP_SuddomainUUID)
		OR REMOTE(LLDP_OrangePeriodBegin.Valid)==FALSE
		)
		=〉
		CHECK_NEIGHBOR_OK:=FALSE
		Something changed()
			IDLE

5	IDLE	**Remotesystems Data Change.ind(Local Port ID,List of Neighbours)**
		/! (
		// physical
		// logical
		EXPECTED_REMOTE(PTCP_SuddomainUUID) ! =REMOTE(LLDP_
		PTCP_SuddomainUUID)
		OR REMOTE(LLDP_OrangePeriodBegin.Valid)==FALSE
		)
		=〉
		CHECK_NEIGHBOR_OK:=TRUE
		Something changed()
			IDLE

表 216（续）

#	当前状态	事件/条件=〉动作	下一状态

6	IDLE	**MAU Type Change.ind(Local Port ID,LocalmAU Type,Local LinkStatus)**
		/(// physical LOCAL(MAUType) ! =VALID
		OR LOCAL(PortState)==DISCARDING
		OR if MRP is not used LOCAL(PortState)==BLOCKED
		OR LOCAL(LinkStatus) ! =UP
		OR
		// logical
		LOCAL(LLDP_OrangePeriodBegin.Valid)==FALSE)
		)
		=〉
		CHECK_LOCAL_OK:=FALSE
		Something changed()
			IDLE

7	IDLE	**MAU Type Change.ind(Local Port ID,LocalmAU Type,Local LinkStatus)**
		/! (
		// physical
		LOCAL(MAUType) ! =VALID
		OR LOCAL(PortState)==DISCARDING
		OR if MRP is not used LOCAL(PortState)==BLOCKED
		OR LOCAL(LinkStatus) ! =UP
		OR
		// logical
		LOCAL(LLDP_OrangePeriodBegin.Valid)==FALSE
		)
		=〉
		CHECK_LOCAL_OK:=TRUE
		Something changed()
			IDLE

8	IDLE	**Syncstate Change.ind(Syncstate)** /(// physical LOCAL(SYNC)==FALSE) =〉 CHECK_SYNC_OK:=FALSE Something changed()	IDLE
9	IDLE	**Syncstate Change.ind(Syncstate)** /! (// physical LOCAL(SYNC)==FALSE) =〉 CHECK_SYNC_OK:=TRUE Something changed()	IDLE

表 216（续）

#	当前状态	事件/条件=〉动作	下一状态

10	IDLE	**Portstate Change.ind（Local PortState）**
		/
		（
		// physical
		LOCAL（MAUType）！ =VALID
		OR LOCAL（PortState）==DISCARDING
		OR if MRP is not used LOCAL（PortState）==BLOCKED
		OR LOCAL（LinkStatus）！ =UP
		OR
		// logical
		LOCAL（LLDP_OrangePeriodBegin.Valid）==FALSE）
		）
		=〉
		CHECK_LOCAL_OK：=FALSE
		Something changed（）
			IDLE

11	IDLE	**Portstate Change.ind（Local PortState）**
		/！（
		// physical
		LOCAL（MAUType）！ =VALID
		OR LOCAL（PortState）==DISCARDING
		OR if MRP is not used LOCAL（PortState）==BLOCKED
		OR LOCAL（LinkStatus）！ =UP
		OR
		// logical
		LOCAL（LLDP_OrangePeriodBegin.Valid）==FALSE
		）
		=〉
		CHECK_LOCAL_OK：=TRUE
		Something changed（）
			IDLE

4.10.3.3 函数

在表 217 中概述了 RTC2PSM 的所有函数。

表 217 RTC2PSM 函数表

函数名称	操　　作
LOCAL（）	此函数传送本地信息
REMOTE（）	此函数传送本地存储的远程信息
EXPECTED_REMOTE（）	此函数传送期望由远程发送来的本地存储的信息
Something changed（）	此函数被用作触发器

4.10.4 RT_CLASS_3 转发协议机(RED RELAY)

4.10.4.1 原语定义

这些服务原语及其相关参数在服务定义中以 MAC 桥 ASE 进行描述,它们由 RED RELAY 用户发出并由 RED RELAY 接收,反之亦然。

在图 44 中示出了 RED RELAY 的状态转换图。

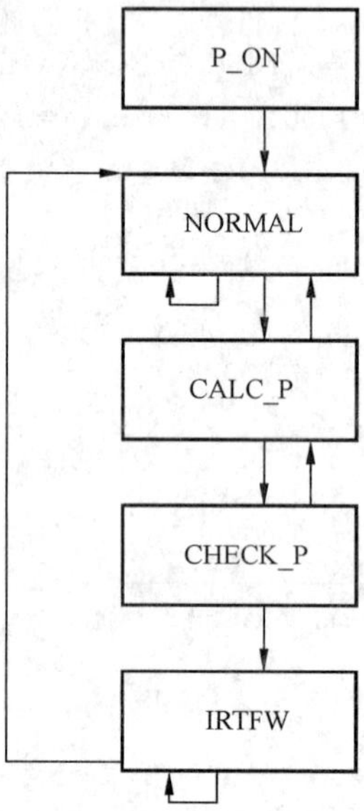

图 44 RED RELAY 的状态转换图

RED RELAY 的状态如下:

——P_ON

数据初始化。

——NORMAL

正常操作。

——CALC_P

计算阶段。

——CHECK_P

检查阶段。

——IRTFW

IRT 转发活动。

4.10.4.2 RED RELAY 状态表

在表 218 中列出了 RED RELAY 状态表。

表 218 RED RELAY 状态表

#	当前状态	事件/条件 =〉动作	下一状态
1	P_ON	=〉	NORMAL
2	NORMAL	**RED_RELAY_Schedule_Req(Port, ClockTime, Period, Len)** /Period == Red && sched_List(Port) <> NIL =〉 RedRatio := 1 L_ClockTime := ClockTime	CALC_P
3	NORMAL	**RED_RELAY_Schedule_Req(Port, ClockTime, Period, Len)** /Period == Red && sched_List(Port) == NIL =〉	NORMAL
4	CALC_P	/RedRatio <= MAX_REDUCTION_RATIO =〉 i := 1 L_Phase := (L_ClockTimermOD RedRatio) + 1	CHECK_P
5	CALC_P	/RedRatio >MAX_REDUCTION_RATIO =〉	NORMAL
6	CHECK_P	/Sched_List(Port)(RedRatio)(L_Phase)(i) <> NIL =〉 Start IRT_Timer(Sched_List(Port)(RedRatio)(L_Phase)(i).TimeOffset)	IRTFW
7	CHECK_P	/Sched_List(Port)(RedRatio)(L_Phase)(i) == NIL =〉 RedRatio ++	CALC_P
8	IRTFW	**DMUX_RED_RELAY.ind(Port, DA, SA, FrameID, DLSDU)** /Sched_List(Port)(RedRatio)(L_Phase)(i) <> NIL && FrameID == sched_List(Port)(RedRatio)(L_Phase)(i).FrameID && DLSDU.Len == sched_List(Port)(RedRatio)(L_Phase)(i).Len =〉 for n := all Ports insched_List(Port)(RedRatio)(L_Phase)(i).PortList PUT_TO_RED_Q(n) get next RedRatio, i Start IRT_Timer(Sched_List(Port)(RedRatio)(L_Phase)(i).TimeOffset)	IRTFW
9	IRTFW	**DMUX_RED_RELAY.ind(Port, DA, SA, FrameID, DLSDU)** /Sched_List(Port)(RedRatio)(L_Phase)(i) == NIL =〉 DMUX_MAC_RELAY.ind(Port, DA, SA, FrameID, DLSDU)	IRTFW

表 218（续）

#	当前状态	事件/条件 =〉动作	下一状态
10	IRTFW	**DMUX_RED_RELAY.ind(Port，DA，SA，FrameID，DLSDU)** /Sched_List(Port)(RedRatio)(L_Phase)(i) <> NIL && FrameID == sched_List(Port)(RedRatio)(L_Phase)(i).FrameID && DLSDU.Len ! = sched_List(Port)(RedRatio)(L_Phase)(i).Len && ! Optimized =〉 DLSDU.Len := sched_List(Port)(RedRatio)(L_Phase)(i).Len DLSDU.FrameID := sched_List(Port)(RedRatio)(L_Phase)(i).FrameID ErrCode := WRONG_LENGTH APDU_Status.TransferStatus := WRONG_LENGTH for n := all Ports insched_List(Port)(RedRatio)(L_Phase)(i).PortList PUT_TO_RED_Q(n) -----------------------------C_SDU is undefined get next RedRatio，i Start IRT_Timer(Sched_List(Port)(RedRatio)(L_Phase)(i).TimeOffset) RED_RELAY_Schedule_Error_Ind(CREP，ErrCode)	IRTFW
11	IRTFW	**DMUX_RED_RELAY.ind(Port，DA，SA，FrameID，DLSDU)** /Sched_List(Port)(RedRatio)(L_Phase)(i) <> NIL && FrameID == sched_List(Port)(RedRatio)(L_Phase)(i).FrameID && DLSDU.Len ! = sched_List(Port)(RedRatio)(L_Phase)(i).Len && Optimized =〉 RED_RELAY_Schedule_Error_Ind(CREP，ErrCode) DMUX_MAC_RELAY.ind(Port，DA，SA，FrameID，DLSDU)	IRTFW
12	IRTFW	**DMUX_RED_RELAY.ind(Port，DA，SA，FrameID，DLSDU)** /Sched_List(Port)(RedRatio)(L_Phase)(i) <> NIL && FrameID ! = sched_List(Port)(RedRatio)(L_Phase)(i).FrameID && ! Optimized =〉 DLSDU.Len := sched_List(Port)(RedRatio)(L_Phase)(i).Len DLSDU.FrameID := sched_List(Port)(RedRatio)(L_Phase)(i).FrameID ErrCode := WRONG_FRAMEID APDU_Status.TransferStatus := WRONG_FRAMEID for n := all Ports insched_List(Port)(RedRatio)(L_Phase)(i).PortList PUT_TO_RED_Q(n) -----------------------------C_SDU is undefined get next RedRatio，i Start IRT_Timer(Sched_List(Port)(RedRatio)(L_Phase)(i).TimeOffset) RED_RELAY_Schedule_Error_Ind(CREP，ErrCode)	IRTFW

表 218（续）

#	当前状态	事件/条件 =〉动作	下一状态
13	IRTFW	**DMUX_RED_RELAY.ind(Port，DA，SA，FrameID，DLSDU)** /Sched_List(Port)(RedRatio)(L_Phase)(i) <> NIL && FrameID ! = sched_List(Port)(RedRatio)(L_Phase)(i).FrameID && Optimized =〉 RED_RELAY_Schedule_Error_Ind(CREP，ErrCode) DMUX_MAC_RELAY.ind(Port，DA，SA，FrameID，DLSDU)	IRTFW
14	IRTFW	**DMUX_RED_RELAY.ind(Port，DA，SA，FrameID，DLSDU)** /Sched_List(Port)(RedRatio)(L_Phase)(i) == NIL && ! Optimized =〉 RED_RELAY_Schedule_Error_Ind(CREP，ErrCode)	NORMAL
15	IRTFW	**DMUX_RED_RELAY.ind(Port，DA，SA，FrameID，DLSDU)** /Sched_List(Port)(RedRatio)(L_Phase)(i) == NIL && Optimized =〉 RED_RELAY_Schedule_Error_Ind(CREP，ErrCode) DMUX_MAC_RELAY.ind(Port，DA，SA，FrameID，DLSDU)	NORMAL
16	IRTFW	**IRT_Timer expired** /Sched_List(Port)(RedRatio)(L_Phase)(i) == NIL =〉 ignore	NORMAL
17	IRTFW	**RED_RELAY_Schedule_Req(Port，ClockTime，Period，Len)** =〉 ErrCode := RUNNING_RED_PERIOD RED_RELAY_Schedule_Error_Ind(CREP，ErrCode)	IRTFW
18	IRTFW	**IRT_Timer expired** /Sched_List(Port)(RedRatio)(L_Phase)(i) ! = NIL =〉 DLSDU.Len := sched_List(Port)(RedRatio)(L_Phase)(i).Len DLSDU.FrameID := sched_List(Port)(RedRatio)(L_Phase)(i).FrameID ErrCode := IRT_ERROR APDU_Status.TransferStatus := IRT_ERROR for n := all Ports insched_List(Port)(RedRatio)(L_Phase)(i).PortList PUT_TO_RED_Q(n) ----------------------------C_SDU is undefined get next RedRatio，i Start IRT_Timer(Sched_List(Port)(RedRatio)(L_Phase)(i).TimeOffset)	NORMAL

4.10.4.3 函数

在表219中概述了RED RELAY的所有函数。

表219 RED RELAY函数表

函数名称	功　　能
Sched_List	寻找相应的帧
RED_RELAY_Schedule_Error_Ind	检测到一个故障并发信号
PUT_TO_RED_Q	此函数将该帧放入QueueHandler的RED队列中。MUX将该帧从队列取出并交给MAC

4.10.4.4 宏

在表220中概述了RED RELAY的所有宏。

表220 RED RELAY宏表

宏　名　称	功　　能
Optimized	如果为TRUE,则可以对"out of band"帧的优化进行处理

4.11 虚拟桥

4.11.1 概述

采用符合IEEE 802.1Q—2005标准的概念。本部分定义IEEE 802.1Q—2005标准的使用。它包括对有关转发帧的RT_CLASS_3阶段的扩展。在RT_CLASS_3阶段内应暂时停用IEEE 802.1Q—2005的路由机制。在此情况下,RT_CLASS_3帧的路由应依据由相应的ASE所定义的属性来完成。这些属性的值定义所使用的特殊路由表。

除IEEE 802.1Q—2005标准行为外,本部分定义下列协议机以提供特殊的MAC动作:

——队列处理器协议机;

——多路MAC协议机(MUX)。

4.11.2 MUX

4.11.2.1 原语定义

4.11.2.1.1 在MUX与MAC之间交换的原语

表221列出了由MUX发出、MAC接收的服务原语及其相关的参数。

表 221　由 MUX 发给 MAC 的原语

原语名称	源	相关参数	功能
M_UNITDATA.req	MUX	frame_type, mac_action, destination_address, source_address, mac_service_data_unit, user_priority, access_priority, frame_check_Sequence, canonical_format_indicator, vlan_classification, rif_information(optional), include_tag	

表 222 列出了由 MAC 发出、MUX 接收的服务原语及其相关的参数。

表 222　由 MAC 发给 MUX 的原语

原语名称	源	相关参数	功能
M_UNITDATA.cnf	MAC	—	—

4.11.2.1.2　DMPM 原语的参数

为了产生 M_UNITDATA.request 原语来调用数据请求原语，如同在 IEEE 802.3 的内部子层服务中的定义。

按照对内部子层服务的 M_UNITDATA.req 原语的定义来定义参数 frame_type、mac_action、destination_address、source_address、mac_service_data_unit、user_priority、access_priority 和 frame_check_sequence。

按照对 E-ISS 数据指示的定义来定义参数 canonical_format_indicator。参数 vlan_classification 携带依据入口(Ingress)规则分配给该帧的 VLAN 分类。参数 rif_information(如果存在的话)携带与该请求相关的任何 RIF 信息的值。参数 include_tag 携带一个 Boolean 值。True 向服务提供者指示，数据请求的参数 mac_service_data_unit 应包括 Tag Header；False 指示不应包括 Tag Header。参数 frame_type、mac_action、destination_address、source_address 和 frame_check_sequence 所携带的值与所接收的数据指示中对应参数的值相等。

4.11.2.2　状态机描述

MUX 负责将 LMPM、RED_RELAY、MAC_RELAY(IEEE 802.1D—2004)和 RRT_RELAY 服务映射到 MAC。

图 47 中所示的附加队列处理器用于管理优先级队列。

图 45 示出 MUX 状态机。

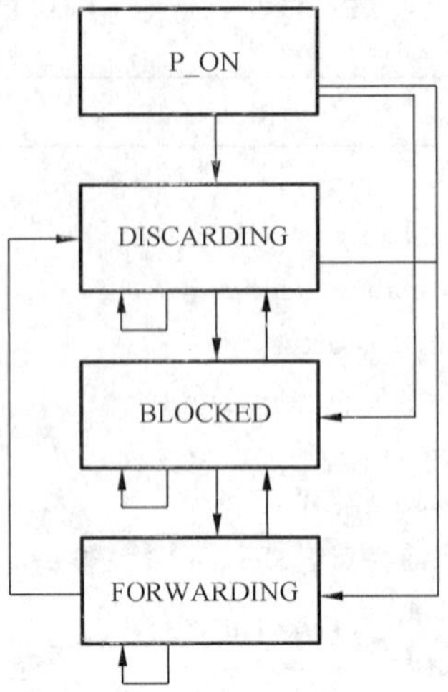

图 45　**MUX 的状态转换图**

4.11.2.3　MUX 状态表

在表 223 中列出了 MUX 状态表。

表 223　**MUX 状态表**

#	当前状态	事件/条件 =〉动作	下一状态
1	P_ON	/Link_State == UP && Port_State == FORWARDING =〉 Period := GREEN MRRT_ON := False	FOR-WARDING
2	P_ON	/Link_State == UP && Port_State == BLOCKED =〉 Period := GREEN MRRT_ON := False	BLOCKED
3	P_ON	/Port_State == DISCARDING || Link_State ! = UP =〉 Period := GREEN MRRT_ON := False	DISCARD-ING
4	DISCARD-ING	**LinkStateChange**() /Link_State == UP && Port_State == BLOCKED =〉 ignore	BLOCKED
5	DISCARD-ING	**PortStateChange**() /Link_State == UP && Port_State == FORWARDING =〉 ignore	FOR-WARDING

表 223（续）

#	当前状态	事件/条件 =〉动作	下一状态
6	DISCARD-ING	**MUX_Schedule_req(CyleCounter，Tx_Period)** =〉 Period ：= GREEN	DISCARD-ING
7	DISCARD-ING	**Queues_not_empty()** =〉 GET_FRAME_FROM_QUEUE(NwC_Hi，NwC_Lo，PRIO7，RED，ORANGE，PRIO6，…，PRIOR2-1) DISCARD_FRAME()	DISCARD-ING
8	BLOCKED	**Queues_not_empty()** /Period == YELLOW && ! MRRT_ON && FRAME_SIZE_FITS(NwC_Hi，NwC_Lo) =〉 GET_FRAME_FROM_QUEUE(NwC_Hi，NwC_Lo) M_UNITDATA.req(frame_type，mac_action，destination_address，source_address，mac_service_data_unit，user_priority，access_priority，frame_check_Sequence，canonical_format_indicator，vlan_classification，include_tag)	BLOCKED
9	BLOCKED	**Queues_not_empty()** /Period == YELLOW && MRRT_ON && FRAME_SIZE_FITS(NwC_Hi，NwC_Lo，RED，ORANGE) =〉 GET_FRAME_FROM_QUEUE(NwC_Hi，NwC_Lo，RED，ORANGE) M_UNITDATA.req(frame_type，mac_action，destination_address，source_address，mac_service_data_unit，user_priority，access_priority，frame_check_Sequence，canonical_format_indicator，vlan_classification，include_tag)	BLOCKED
10	BLOCKED	**Queues_not_empty()** /Tx_Period == YELLOW && MRRT_ON && ! FRAME_SIZE_FITS(NwC_Hi，NwC_Lo，RED，ORANGE) =〉 ignore	BLOCKED
11	BLOCKED	**Queues_not_empty()** /Tx_Period == YELLOW && ! MRRT_ON && ! FRAME_SIZE_FITS(NwC_Hi，NwC_Lo) =〉 ignore	BLOCKED

表 223（续）

#	当前状态	事件/条件 =〉动作	下一状态
12	BLOCKED	**Queues_not_empty**() /Period == GREEN && ! MRRT_ON =〉 GET_FRAME_FROM_QUEUE(NwC_Hi, NwC_Lo) M_UNITDATA.req(frame_type, mac_action, destination_address, source_address, mac_service_data_unit, user_priority, access_priority, frame_check_Sequence, canonical_format_indicator, vlan_classification, include_tag)	BLOCKED
13	BLOCKED	**Queues_not_empty**() /Period == GREEN && MRRT_ON =〉 GET_FRAME_FROM_QUEUE(NwC_Hi, NwC_Lo, RED, ORANGE) M_UNITDATA.req(frame_type, mac_action, destination_address, source_address, mac_service_data_unit, user_priority, access_priority, frame_check_Sequence, canonical_format_indicator, vlan_classification, include_tag)	BLOCKED
14	BLOCKED	**Queues_not_empty**() /Period == ORANGE && ! MRRT_ON =〉 GET_FRAME_FROM_QUEUE(NwC_Hi) M_UNITDATA.req(frame_type, mac_action, destination_address, source_address, mac_service_data_unit, user_priority, access_priority, frame_check_Sequence, canonical_format_indicator, vlan_classification, include_tag)	BLOCKED
15	BLOCKED	**Queues_not_empty**() /Period == ORANGE && MRRT_ON =〉 GET_FRAME_FROM_QUEUE(NwC_Hi, RED, ORANGE) M_UNITDATA.req(frame_type, mac_action, destination_address, source_address, mac_service_data_unit, user_priority, access_priority, frame_check_Sequence, canonical_format_indicator, vlan_classification, include_tag)	BLOCKED
16	BLOCKED/ FOR- WARDING	**Queues_not_empty**() /Period == RED =〉 GET_FRAME_FROM_QUEUE(RED) M_UNITDATA.req(frame_type, mac_action, destination_address, source_address, mac_service_data_unit, user_priority, access_priority, frame_check_Sequence, canonical_format_indicator, vlan_classification, include_tag)	BLOCKED/ FOR- WARDING

表 223（续）

#	当前状态	事件/条件 =〉动作	下一状态
17	FOR- WARDING	**Queues_not_empty**() /Period == YELLOW && FRAME_SIZE_FITS(NwC_Hi，NwC_Lo，PRIO7，RED，ORANGE，PRIO6，…，PRIOR2-1) =〉 GET_FRAME_FROM_QUEUE(NwC_Hi，NwC_Lo，PRIO7，RED，ORANGE，PRIO6，…，PRIOR2-1) M_UNITDATA.req(frame_type，mac_action，destination_address，source_address，mac_service_data_unit，user_priority，access_priority，frame_check_Sequence，canonical_format_indicator，vlan_classification，include_tag)	FOR- WARDING
18	FOR- WARDING	**Queues_not_empty**() /Period == YELLOW && ! FRAME_SIZE_FITS(NwC_Hi，NwC_Lo，PRIO7，RED，ORANGE，PRIO6，…，PRIOR2-1) =〉 ignore	FOR- WARDING
19	FOR- WARDING	**Queues_not_empty**() /Period == GREEN =〉 GET_FRAME_FROM_QUEUE(NwC_Hi，NwC_Lo，PRIO7，RED，ORANGE，PRIO6，…，PRIOR2-1) M_UNITDATA.req(frame_type，mac_action，destination_address，source_address，mac_service_data_unit，user_priority，access_priority，frame_check_Sequence，canonical_format_indicator，vlan_classification，include_tag)	FOR- WARDING
20	FOR- WARDING	**Queues_not_empty**() /Period == ORANGE =〉 GET_FRAME_FROM_QUEUE(NwC_Hi，RED，ORANGE) M_UNITDATA.req(frame_type，mac_action，destination_address，source_address，mac_service_data_unit，user_priority，access_priority，frame_check_Sequence，canonical_format_indicator，vlan_classification，include_tag)	FOR- WARDING
21	BLOCKED/ FOR- WARDING	**MUX_Schedule_req(CycleCounter，Tx_Period)** =〉 Period := Tx_Period	BLOCKED/ FOR- WARDING
22	BLOCKED/ FOR- WARDING	/Period ! = RED && FrameEgressFilter =〉 GET_FRAME_FROM_QUEUE() DISCARD_FRAME()	BLOCKED/ FOR- WARDING

表 223（续）

#	当前状态	事件/条件 =〉动作	下一状态
23	ANY	**LinkStateChange()** /Link_State ! = UP =〉 Period := GREEN	DISCARD-ING
24	ANY	**PortStateChange()** /Port_State == Discarding =〉 Period := GREEN	DISCARD-ING
25	ANY	**PortStateChange()** /Link_State == UP && Port_State == FORWARDING =〉 ignore	FOR-WARDING
26	ANY	**PortStateChange()** /Link_State == UP && Port_State == BLOCKED =〉 ignore	BLOCKED
27	ANY	**PortStateChange()** /MRRT_Port_State == ON =〉 MRRT_ON := True	SAME
28	ANY	**PortStateChange()** /MRRT_Port_State == OFF =〉 MRRT_ON := False	SAME
29	ANY	**M_UNITDATA.cnf** =〉 ignore	SAME

4.11.2.4 函数

表 224 给出了 MUX 的所有函数。

表 224 MUX 函数表

名 称	功 能
Queues_not_empty()	如果有登录项存在，则 QueueHandler 返回 TRUE
Queues_empty()	如果无登录项存在，则 QueueHandler 返回 TRUE
FRAME_SIZE_FITS(…)	检查所发现的帧是否适合剩余的 YELLOW 时段。它仅在(…)队列中从最高优先级到最低优先级进行搜索。第 1 个不合适的帧停止搜索并返回 FALSE
GET _ FRAME _ FROM _ QUEUE(…)	从(…)队列中传送出一个帧。从队列中取出帧的工作总是按照队列的最高优先级到最低优先级进行

4.11.2.5 宏

MUX 未定义宏。

4.11.3 DEMUX

4.11.3.1 原语定义

表 225 列出了由 MAC 发出、DEMUX 接收的服务原语及其相关的参数。

表 225 由 MAC 发给 DEMUX 的原语

原语名称	源	相关参数	功能
M_UNITDATA.ind	MAC	frame_type, mac_action, destination_address, source_address, mac_service_data_unit, user_priority, frame_check_Sequence, canonical_format_indicator, vlan_identifier, rif_information(optional)	

4.11.3.1.1 DMPM 原语的参数

为了产生 M_UNITDATA.request 原语来调用数据请求原语,如同在 IEEE 802.3—2005 的内部子层服务中的定义。

按照对内部子层服务的 M_UNITDATA.req 原语的定义来定义参数 frame_type、mac_action、destination_address、source_address、mac_service_data_unit、user_priority、access_priority 和 frame_check_Sequence。

按照对 E-ISS 数据指示的定义来定义参数 canonical_format_indicator。参数 vlan_classification 携带依据入口规则分配给该帧的 VLAN 分类。参数 rif_information(如果存在的话)携带与该请求相关的任何 RIF 信息的值。参数 include_tag 携带一个 Boolean 值。True 向服务提供者指示,该数据请求的参数 mac_service_data_unit 应包括 Tag Header;False 指示不应包括 Tag Header。参数 frame_type、mac_action、destination_address、source_address 和 frame_check_sequence 携带的值与所接收的数据指示中对应参数的值相等。

4.11.3.2 状态机描述

DEMUX 负责将 MAC 服务映射到 LMPM、RED_RELAY、MAC_RELAY(IEEE 802.1D—2004)和 RRT_RELAY。

图 46 示出 DEMUX 状态机。

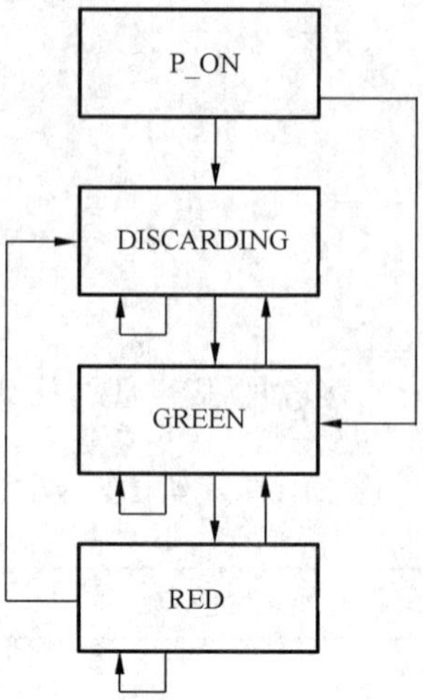

图 46　DEMUX 的状态转换图

4.11.3.3　DEMUX 状态表

在表 226 中列出 DEMUX 状态表。

表 226　DEMUX 状态表

#	当前状态	事件/条件 =〉动作	下一状态
1	P_ON	/Port_State ！ = Discarding =〉 ignore	GREEN
2	P_ON	/Port_State == Discarding =〉 ignore	DISCARDING
3	DISCARDING	**PortStateChange( )** /Port_State ！ = Discarding =〉 ignore	GREEN
4	DISCARDING	**M_UNITDATA.ind(Port，frame_type，mac_action，destination_address，source_address，mac_service_data_unit，user_priority，frame_check_Sequence，canonical_format_indicator，vlan_identifier)** =〉 ignore	DISCARDING
5	GREEN	**PortStateChange( )** /Port_State ！ = Discarding =〉 ignore	GREEN

表 226（续）

#	当前状态	事件/条件 =〉动作	下一状态
6	GREEN	**M_UNITDATA.ind(Port，frame_type，mac_action，** **destination_address，source_address，mac_service_data_unit，** **user_priority，frame_check_Sequence，** **canonical_format_indicator，vlan_identifier)** /RRT && MRRT_ON =〉 DMUX_RRT_RELAY.ind(Port，TStamp，DA，SA，N_SDU)	GREEN
7	GREEN	**M_UNITDATA.ind(Port，frame_type，mac_action，** **destination_address，source_address，mac_service_data_unit，** **user_priority，frame_check_Sequence，** **canonical_format_indicator，vlan_identifier)** /OTHER || RED ||(RRT && ！ MRRT_ON) =〉 DMUX_MAC_RELAY.ind(Port，TStamp，DA，SA，N_SDU)	GREEN
8	GREEN	**M_UNITDATA.ind(Port，frame_type，mac_action，** **destination_address，source_address，mac_service_data_unit，** **user_priority，frame_check_Sequence，** **canonical_format_indicator，vlan_identifier)** /CTRL =〉 Get_Receive_TimeStamp() DMUX_P_Data.ind(Port，TStamp，DA，SA，N_SDU)	GREEN
9	GREEN	**M_UNITDATA.ind(Port，frame_type，mac_action，** **destination_address，source_address，mac_service_data_unit，** **user_priority，frame_check_Sequence，** **canonical_format_indicator，vlan_identifier)** /FrameIngressFilter \ Checking the ingress filter is allways the first check! =〉 ignore	GREEN
10	RED	**PortStateChange()** /Port_State ！ = Discarding =〉 ignore	RED
11	RED	**M_UNITDATA.ind(Port，frame_type，mac_action，** **destination_address，source_address，mac_service_data_unit，** **user_priority，frame_check_Sequence，** **canonical_format_indicator，vlan_identifier)** /RED =〉 DMUX_RED_RELAY.ind(Port，TStamp，DA，SA，N_SDU)	RED

表 226（续）

#	当前状态	事件/条件 =〉动作	下一状态
12	RED	**M_UNITDATA.ind(Port，frame_type，mac_action，destination_address，source_address，mac_service_data_unit，user_priority，frame_check_Sequence，canonical_format_indicator，vlan_identifier)** /RRT && MRRT_ON =〉 DMUX_RRT_RELAY.ind(Port，TStamp，DA，SA，N_SDU)	RED
13	RED	**M_UNITDATA.ind(Port，frame_type，mac_action，destination_address，source_address，mac_service_data_unit，user_priority，frame_check_Sequence，canonical_format_indicator，vlan_identifier)** /OTHER ||(RRT && ！MRRT_ON) =〉 DMUX_MAC_RELAY.ind(Port，TStamp，DA，SA，N_SDU)	RED
14	RED	**M_UNITDATA.ind(Port，frame_type，mac_action，destination_address，source_address，mac_service_data_unit，user_priority，frame_check_Sequence，canonical_format_indicator，vlan_identifier)** /CTRL =〉 Get_Receive_TimeStamp() DMUX_P_Data.ind(Port，TStamp，DA，SA，N_SDU)	RED
15	ANY	**PortStateChange()** /Port_State == Discarding =〉 ignore	DISCARDING
16	ANY	**PortStateChange()** /MRRT_Port_State == ON =〉 MRRT_ON := True	SAME
17	ANY	**PortStateChange()** /MRRT_Port_State == OFF =〉 MRRT_ON := False	SAME
18	ANY	**DMUX_Schedule_req(Rx_Period)** /Rx_Period == GREEN =〉 ignore	GREEN
19	ANY	**DMUX_Schedule_req(Rx_Period)** /Rx_Period == RED =〉 ignore	RED

4.11.3.4 函数

在表227中列出DEMUX的所有函数。

表227 DEMUX函数表

名　称	功　能
Get_Receive_TimeStamp()	获得接收时间戳,以构成该帧的 Timestamp Shim

4.11.3.5 宏

表228列出DEMUX的所有宏。

表228 DEMUX宏表

名　称	功　能
RED	在RED时段中接收RT_CLASS_3帧和具有“RT_CLASS_3”属性的PTCP同步帧
CTRL	网络控制/管理,例如:没有“RT_CLASS_3 attribute”的PTCP同步帧,LLDP、PTCP线延迟测量,PTCP通告,媒体冗余……
OTHER	任何帧
RRT	在RED时段之外接收的RT_CLASS_1、RT_CLASS_2帧和RT_CLASS_3帧
MRRT_ON	如果为TRUE,则启用此端口的MRRT模式

4.12 IP协议族

4.12.1 概述

本部分定义RFC 768(UDP)、RFC 791(IP)、RFC 792(ICMP)、RFC 826(ARP)、RFC 1112(IPmulticasting)、RFC 2474(IP Extensions)标准的使用。它包括用于UDP端口和IP多播地址的定义以及用于RT_CLASS_UDP的IP header字段的使用。

4.12.2 IP/UDP语法描述

4.12.2.1 DLPDU抽象语法引用

应采用4.1.1中的DLPDU抽象语法。

4.12.2.2 IP/UDP APDU抽象语法

表229定义该应用层PDU(称之为APDU)的抽象语法。所定义的八位位组次序用于传递该APDU。表229的APDU应表示表4中DLSDU的内容。

表229 IP/UDP APDU语法

APDU名称	APDU结构
ICMP-PDU	IPHeader[a],ICMPHeader,Data
[a] IPHeader.IP_Protocol的值应设置为1以指示ICMP。	

表 230 定义的结构用作表 229 中所示 APDU 结构元素的替代。

表 230 IP/UDP 替代

替代名称	结构
IPHeader	IP_VersionIHL(0x45)，IP_TypeOfService，IP_TotalLength，IP_Identification，IP_Flags_FragOffset[a]，IP_TTL，IP_Protocol，IP_HeaderChecksum，IP_SrcIPAddress，IP_DstIPAddress，[IP_Options][b] The encoding of the fieldsshall be according to RFC 791.
ICMPHeader	ICMP_Type，ICMP_Code，ICMP_HeaderChecksum
UDPHeader	UDP_SrcPort，UDP_DstPort，UDP_DataLength，UDP_Checksum[c]

[a] 对于 UDP-RTC-PDU 和 UDP-RTA-PDU，不应使用 IP 分段(fragmentation)。

[b] 对于 UDP-RTC-PDU 和 UDP-RTA-PDU，应省略字段 IP_Options。

[c] 对于 RT_CLASS_UDP 和 RTA_CLASS_UDP，UDP_Checksum 应被设置为 0，以改进性能。对于接收器，不必要检查 UDP-RTC-PDU 和 UDP-RTA-PDU 的 UDP_Checksum。

4.12.3 IP/UDP 传输语法

4.12.3.1 IP、ICMP 和 UDP 相关的编码

4.12.3.1.1 ICMP 相关的编码

4.12.3.1.1.1 字段 ICMP_Type 的编码

该字段的编码应符合 RFC 792。

4.12.3.1.1.2 字段 ICMP_Code 的编码

该字段的编码应符合 RFC 792。

4.12.3.1.1.3 字段 ICMP_HeaderChecksum 的编码

该字段的编码应符合 RFC 792。

4.12.3.1.2 UDP 相关的编码

4.12.3.1.2.1 字段 UDP_DataLength 的编码

该字段的编码应符合 RFC 768。

4.12.3.1.2.2 字段 UDP_Checksum 的编码

该字段的编码应符合 RFC 768。

4.12.3.1.2.3 字段 UDP_SrcPort 的编码

该字段的编码应符合 RFC 768。在表 231 中列出了定义的值。

表 231 UDP_SrcPort

值(十六进制)	含　义	用　法
0x8892	IANA_PNIO_UDP_UNICAST_PORT	UDP-RTC-PDU 和 UDP-RTA-PDU
0x8893	IANA_PNIO_UDP_MULTICAST_PORT	保留
0x8894	IANA_PNIO_EPM_PORT	NDREPMapLookupReq 或 NDREPMapLookupFreeReq

4.12.3.1.2.4 字段 UDP_DstPort

该字段的编码应符合 RFC 768。在表 232 中列出了定义的值。

表 232 UDP_DstPort

值(十六进制)	含　义	用　法
0x8892	IANA_PNIO_UDP_UNICAST_PORT	UDP-RTC-PDU 和 UDP-RTA-PDU
0x8893	IANA_PNIO_UDP_MULTICAST_PORT	保留
0x8894	IANA_PNIO_EPM_PORT	NDREPMapLookupReq 或 NDREPMapLookupFreeReq,也可能用于每个 RPC 调用

4.12.3.1.3 IP 相关的编码

4.12.3.1.3.1 字段 IP_DstIPAddress 的编码

该字段的编码应符合 RFC 791、RFC 1112 和 RFC 2365。在表 233 和表 234 中列出了定义的值。

表 233 IP_DstIPAddress

IP 地址	范　围	含　义
224.0.0.34	subnet	SUBNET_MULTICAST_IP_ADDRESS_FOR_DISCOVERY
tbd	site	SITE_MULTICAST_IP_ADDRESS_FOR_DISCOVERY

表 234 符合 RFC 2365 的 IPmulticast DstIPAddress

Multicast IP 地址	与 MulticastMAC 地址相关	与 FrameID 相关	用法
239.0.0.0～239.192.247.255	—	—	不使用
239.192.248.0	01-00-5E-40-F8-00	0xF800	与 RT_CLASS_UDP 联合使用于多播通信关系
239.192.248.1～239.192.251.254	01-00-5E-40-F8-01～01-00-5E-40-FB-FE	0xF801～0xFBFE	与 RT_CLASS_UDP 联合使用于多播通信关系
239.192.251.255	01-00-5E-40-FB-FF	0xFBFF	与 RT_CLASS_UDP 联合使用于多播通信关系
239.193.252.0～239.255.255.255	—	—	不使用

4.12.3.1.3.2 字段 IP_VersionIHL 的编码

该字段的编码应符合 RFC 791。

4.12.3.1.3.3 字段 IP_TypeOfService 的编码

该字段的编码应符合 RFC 791 和 RFC 2474。

4.12.3.1.3.4 字段 IP_TotalLength 的编码

该字段的编码应符合 RFC 791。

4.12.3.1.3.5 字段 IP_Identification 的编码

该字段的编码应符合 RFC 791。

4.12.3.1.3.6 字段 IP_Flags_FragOffset 的编码

该字段的编码应符合 RFC 791。

4.12.3.1.3.7 字段 IP_TTL 的编码

该字段的编码应符合 RFC 791。

4.12.3.1.3.8 字段 IP_Protocol 的编码

该字段的编码应符合 RFC 791。

4.12.3.1.3.9 字段 IP_HeaderChecksum 的编码

该字段的编码应符合 RFC 791。

4.12.3.1.3.10 字段 IP_SrcIPAddress 的编码

该字段的编码应符合 RFC 791。

4.12.3.1.3.11 字段 IP_Options 的编码

该字段的编码应符合 RFC 791。

4.13 域名系统

本标准定义 RFC 1034(DNS)标准的使用。它包括域名(domain name)的用法和内容语法。

4.14 动态主机配置

本标准定义 RFC 2131(DHCP)标准的使用。它包括 Client ID 的用法和内容语法。

4.15 简单网络管理

4.15.1 概述

本标准定义 RFC 2674(Bridges with traffic classes)、RFC 2737(MIB 2)、RFC 2863(IFMIB)、RFC 3418(SNMP)、RFC 3621(Power over EthernetMIB)和 RFC 3636(MAUMIB)标准的使用。它包括不同 MIBs 的用法。

此外，在 4.15.3 中规定了 PNIO MIB，在 4.15.4 中规定了 LLDP EXTMIB。

4.15.2 Enterprise number

字段 Enterprise number 的编码作为 PROFIBUS International MIB 标识符。该值应符合表 235 。

表 235 Enterprise number

值(十进制)	含　义
24686	用于 PI 国际组织 MIB 的企业编号(Enterprise number)

4.15.3 PNIO MIB

注：PNIO MIB 由 PI 国际组织来管理。

4.15.4 LLDP EXT MIB

```
LLDP-EXT-PNO-MIB DEFINITIONS ::= BEGIN

IMPORTS
    SnmpAdminString                 FROMsNMP-FRAMEWORK-MIB
    Unsigned32,
    mODULE-IDENTITY,
    OBJECT-TYPE                     FROMsNMPv2-SMI
    macAddress,
    DisplayString,
    TruthValue                      FROMsNMPv2-TC
    mODULE-COMPLIANCE,
    OBJECT-GROUP                    FROMsNMPv2-CONF
    lldpExtensions,
    lldpRemTimeMark,
    lldpRemLocalPortNum,
    lldpRemIndex,
    lldpPortConfigEntry,
    lldpLocPortNum                  FROM LLDP-MIB;

lldpXPnoMIB                         MODULE-IDENTITY
    LAST-UPDATED              "200730090000Z" --september 30, 2007
    ORGANIZATION              "PROFIBUS International(PNO)"
    CONTACT-INFO              "
                              URL:      http://www.profibus.com
                              email:    info@profibus.com

                              Postal:   Haid-und-Neu-Strasse 7
                                        D-76131 Karlsruhe
```

```
                              Tel:      + + 49 721 9658 - 590
                              "
    DESCRIPTION               "
                           The LLDPmanagement Information Base extensionmodule for
                           PROFINET organizationally defined discovery information.

                           Copyright(C) PROFIBUS Nutzerorganisation e.V.(2005).
                              "
    REVISION               "200612300000Z" -- December 30, 2006
    DESCRIPTION               "initial version"
-- OUI for PNO 3791(00-0E-CF)
    ::= { lldpExtensions 3791 }

--------------------------------------------------------------------------
--
--Organizationally Defined Information Extension - PNO
--
--------------------------------------------------------------------------

lldpXPnoObjects            OBJECT IDENTIFIER ::= { lldpXPnoMIB 1 }

-- LLDP PNO extensionMIB groups
lldpXPnoConfig             OBJECT IDENTIFIER ::= { lldpXPnoObjects 1 }
lldpXPnoLocalData          OBJECT IDENTIFIER ::= { lldpXPnoObjects 2 }
lldpXPnoRemoteData         OBJECT IDENTIFIER ::= { lldpXPnoObjects 3 }

--------------------------------------------------------------------------
--PNO - Configuration
--------------------------------------------------------------------------

lldpXPnoConfigTable        OBJECT-TYPE
    sYNTAX              SEQUENCE OF LldpXPnoConfigEntry
    mAX-ACCESS             not-accessible
    sTATUS                 current
    DESCRIPTION            "
                           A table that controlsselection of LLDP
                           TLVs to be transmitted on individual ports.
                              "
    ::= { lldpXPnoConfig 1 }

lldpXPnoConfigEntry           OBJECT-TYPE
    sYNTAX                    LldpXPnoConfigEntry
    mAX-ACCESS                not-accessible
```

```
    sTATUS                                current
     DESCRIPTION                          "
                                  LLDP configuration information that controls the
                                  transmission of PNO organizationally defined TLVs
                                  on LLDP transmission capable ports.

                                  This configuration object augments the
                                  lldpPortConfigEntry of the LLDP-MIB, therefore it
                                  is only present along with the port configuration
                                  defined by the associated lldpPortConfigEntry entry.

                                  Each active lldpXPnoConfigEntrymust be restored
                                  from non-volatilestorage(along with the corresponding
                                  lldpPortConfigEntry) after a re-initialization of the
                                  managementsystem.
                                      "
    AUGMENTS                    {    lldpPortConfigEntry}
    ::= { lldpXPnoConfigTable 1 }

LldpXPnoConfigEntry ::=                   SEQUENCE {
    lldpXPnoConfigSPDTxEnable             TruthValue,
    lldpXPnoConfigPortStatusTxEnable      TruthValue,
    lldpXPnoConfigAliasTxEnable           TruthValue,
    lldpXPnoConfigMrpTxEnable             TruthValue,
    lldpXPnoConfigPtcpTxEnable            TruthValue
}

lldpXPnoConfigSPDTxEnable         OBJECT-TYPE
    sYNTAX                                TruthValue
    mAX-ACCESS                            read-write
    sTATUS                                current
     DESCRIPTION                          "
                                  The lldpXPnoConfigSPDTxEnable, which is defined as
                                  a truth value and configured by the networkmanagement,
                                  determines whether the PNO organizationally defined
                                  signal propagation delay TLV transmission is allowed on
                                  a given LLDP transmission capable port.

                                  The signal propagation delay is composed of the port
                                  transmission delay, the port receiving delay and the line
                                  delay. These values can't be transmitted independently of
                                  each other.
```

```
                                     The value of this objectmust be restored from non-volatile
                                     storage after a re-initialization of themanagementsystem.
                                        "
    DEFVAL                                  { true }
    ::= { lldpXPnoConfigEntry 1 }

lldpXPnoConfigPortStatusTxEnable   OBJECT-TYPE
    sYNTAX                              TruthValue
    mAX-ACCESS                          read-write
    sTATUS                              current
     DESCRIPTION                        "
                                     The lldpXPnoConfigPortStatusTxEnable, which is defined as
                                     a truth value and configured by the networkmanagement,
                                     determines whether the PNO organizationally defined
                                     RT portStatus TLV transmission is allowed on a given
                                     LLDP transmission capable port.

                                     The value of this objectmust be restored from non-volatile
                                     storage after a re-initialization of themanagementsystem.
                                        "
    DEFVAL                                  { true }
    ::= { lldpXPnoConfigEntry 2 }

lldpXPnoConfigAliasTxEnable        OBJECT-TYPE
    sYNTAX                           TruthValue
    mAX-ACCESS                       read-write
    sTATUS                           current
     DESCRIPTION                     "
                                     The lldpXPnoConfigAliasTxEnable, which is defined as
                                     a truth value and configured by the networkmanagement,
                                     determines whether the PNO organizationally defined
                                     alias TLV(chassisId) transmission is allowed on a given
                                     LLDP transmission capable port.

                                     The value of this objectmust be restored from non-volatile
                                     storage after a re-initialization of themanagementsystem.
                                     "
    DEFVAL                               { true }
    ::= { lldpXPnoConfigEntry 3 }

lldpXPnoConfigMrpTxEnable       OBJECT-TYPE
    sYNTAX                           TruthValue
    mAX-ACCESS                       read-write
```

```
    sTATUS                             current
    DESCRIPTION                        "
                                       The lldpXPnoConfigMrpTxEnable, which is defined as
                                       a truth value and configured by the networkmanagement,
                                       determines whether the PNO organizationally defined
                                       MRP TLV transmission is allowed on a given
                                       LLDP transmission capable port.

                                       The value of this objectmust be restored from non-volatile
                                       storage after a re-initialization of themanagementsystem.
                                       "
    DEFVAL                                 { true }
    : : = { lldpXPnoConfigEntry 4 }

lldpXPnoConfigPtcpTxEnable             OBJECT-TYPE
    sYNTAX                             TruthValue
    mAX-ACCESS                         read-write
    sTATUS                             current
     DESCRIPTION                       "
                                       The lldpXPnoConfigPtcpTxEnable, which is defined as
                                       a truth value and configured by the networkmanagement,
                                       determines whether the PNO organizationally defined
                                       PTCP TLV transmission is allowed on a given
                                       LLDP transmission capable port.

                                       The value of this objectmust be restored from non-volatile
                                       storage after a re-initialization of themanagementsystem.
                                       "
    DEFVAL                                 { true }
    : : = { lldpXPnoConfigEntry 5 }

--------------------------------------------------------------------------
--PNO - Localsystem Information
--------------------------------------------------------------------------

lldpXPnoLocTable                       OBJECT-TYPE
    sYNTAX                             SEQUENCE OF LldpXPnoLocEntry
    mAX-ACCESS                         not-accessible
    sTATUS                             current
     DESCRIPTION                       "
                                       This table contains one row per port for PNO
                                       organizationally defined LLDP extension on the
                                       localsystem known to this agent.
```

```
                                        "
    ::= { lldpXPnoLocalData 1 }

lldpXPnoLocEntry                  OBJECT-TYPE
    sYNTAX                            LldpXPnoLocEntry
    mAX-ACCESS                        not-accessible
    sTATUS                            current
     DESCRIPTION                      "
                                      Additional information about a particular port
                                      component.

                                      This object is indexed by the lldpLocPortNum
                                      of the LLDP-MIB, therefore it is only present
                                      along with the port entry defined by the
                                      associated lldpLocPortEntry entry.

                                      Each active lldpXPnoLocEntrymust be restored
                                      from non-volatilestorage(along with the
                                      corresponding lldpLocPortEntry) after a
                                      re-initialization of themanagementsystem.
                                      "
    INDEX                             { lldpLocPortNum }
    ::= { lldpXPnoLocTable 1 }

LldpXPnoLocEntry ::=                  SEQUENCE {
    lldpXPnoLocLPDValue             Unsigned32,
    lldpXPnoLocPortTxDValue         Unsigned32,
    lldpXPnoLocPortRxDValue         Unsigned32,
    lldpXPnoLocPortStatusRT2          INTEGER,
    lldpXPnoLocPortStatusRT3          INTEGER,
    lldpXPnoLocPortNoS                DisplayString,
    lldpXPnoLocPortMrpUuId            OCTETsTRING,
    lldpXPnoLocPortMrrtStatus         INTEGER,
    lldpXPnoLocPortPtcpMaster         MacAddress,
    lldpXPnoLocPortPtcpSubdomainUUID OCTETsTRING,
    lldpXPnoLocPortPtcpIRDataUUID  OCTETsTRING,
    lldpXPnoLocPortModeRT3            INTEGER,
    lldpXPnoLocPortPeriodLength Unsigned32,
    lldpXPnoLocPortPeriodValidity  TruthValue,
    lldpXPnoLocPortRedOffset          Unsigned32,
    lldpXPnoLocPortRedValidity        TruthValue,
    lldpXPnoLocPortOrangeOffset       Unsigned32,
    lldpXPnoLocPortOrangeValidity   TruthValue,
```

```
    lldpXPnoLocPortGreenOffset      Unsigned32,
    lldpXPnoLocPortGreenValidity    TruthValue
}

lldpXPnoLocLPDValue                 OBJECT-TYPE
    sYNTAX                          Unsigned32
    UNITS                           "ns"
    mAX-ACCESS                      read-only
    sTATUS                          current
    DESCRIPTION                     "
                                    This integer value represents the line propagation
                                    delay in nanoseconds which wasmeasured by the local
                                    system on the corresponding port.

                                    A value of zeroshall be used if thesystem either
                                    could not accomplish themeasurement or does notsupport
                                    such ameasurement.
                                    "
    DEFVAL                          { 0 }
    ::= { lldpXPnoLocEntry 1 }

lldpXPnoLocPortTxDValue             OBJECT-TYPE
    sYNTAX                          Unsigned32
    UNITS                           "ns"
    mAX-ACCESS                      read-only
    sTATUS                          current
    DESCRIPTION                     "
                                    This integer value represents the PortTxDelay
                                    in nanoseconds which wasmeasured by the local
                                    system on the corresponding port.

                                    A value of zeroshall be used if thesystem either
                                    could not accomplish themeasurement or does not
                                    supportsuch ameasurement.
                                    "
    DEFVAL                          { 0 }
    ::= { lldpXPnoLocEntry 2 }

    lldpXPnoLocPortRxDValue         OBJECT-TYPE
    sYNTAX                          Unsigned32
    UNITS                           "ns"
    mAX-ACCESS                      read-only
    sTATUS                          current
```

```
    DESCRIPTION                         "
                                        This integer value represents the PortRxDelay
                                        in nanoseconds which wasmeasured by the local
                                        system on the corresponding port.

                                        A value of zeroshall be used if thesystem either
                                        could not accomplish themeasurement or does not
                                        supportsuch ameasurement.
                                        "
    DEFVAL                                  { 0 }
    ::= { lldpXPnoLocEntry 3 }

lldpXPnoLocPortStatusRT2                OBJECT-TYPE
    sYNTAX                              INTEGER {
                                            off(0),
                                            configured(1),
                                            running(2)
                                        }
    mAX-ACCESS                          read-only
    sTATUS                              current
    DESCRIPTION                         "
                                        This value represents theStatus of the corresponding
                                        port of the localsystem according to RT class 2.

                                        A value of off(0)means that there isn't any RT2
                                        capability available for this port. When the port is
                                        configured for RT2mode, but themode isn't active yet
                                        the value will be configured(1). If the RT2mode is
                                        configured for this port and themode is active, the
                                        value will be running(2).
                                        "
    ::= { lldpXPnoLocEntry 4 }

lldpXPnoLocPortStatusRT3                    OBJECT-TYPE
    sYNTAX                              INTEGER {
                                            off(0),
                                            configured(1),
                                            up(2),
                                            down(3),
                                            running(4)
                                        }
    mAX-ACCESS                          read-only
    sTATUS                              current
```

```
    DESCRIPTION                  "
                                 This value represents theStatus of the corresponding
                                 port of the localsystem according to RT class 3.

                                 A value of off(0)means that there isn't any RT3
                                 capability available for this port. When the port is
                                 configured for RT3mode, but themode isn't active yet
                                 the value will be configured(1).
                                 When the port is ready for transmission and reception
                                 of RT3 traffic, the portStatus will be running(4).
                                 "
    ::= { lldpXPnoLocEntry 5 }

lldpXPnoLocPortNoS               OBJECT-TYPE
    sYNTAX                       DisplayString
    mAX-ACCESS                   read-only
    sTATUS                       current
    DESCRIPTION                  "
                                 The local PROFINET NameofStation. If thestation isn't
                                 configured yet, the value of this object will be the
                                 MAC address of the device as astring.
                                 "
    ::= { lldpXPnoLocEntry 6 }

lldpXPnoLocPortMrpUuId           OBJECT-TYPE
    sYNTAX                       OCTETsTRING(SIZE(16))
    mAX-ACCESS                   read-only
    sTATUS                       current
    DESCRIPTION                  "
                                 The UUID of theMRP domain to which this port belongs
                                 to. If the port doesn't belong to aMRP domain, the value
                                 must be NIL('0000000000000000').
                                 "
    ::= { lldpXPnoLocEntry 7 }

lldpXPnoLocPortMrrtStatus        OBJECT-TYPE
    sYNTAX                       INTEGER {
                                     off(0),
                                     configured(1),
                                     up(2)
                                 }
    mAX-ACCESS                   read-only
    sTATUS                       current
```

```
    DESCRIPTION                                  "
                                                 This object reports theStatus of theMRRT entity of the
                                                 corresponding port.

                                                 A value of off(0)means that there isn't anyMRRT
                                                 capability available for this port or it isswitched off.
                                                 The value configured(1) indicates thatMRRT is configured
                                                 for the port. WhenMRRT is active on the port, the value
                                                 will be up(2).
                                                 "
    ::= { lldpXPnoLocEntry 8 }

lldpXPnoLocPortPtcpMaster                        OBJECT-TYPE
    sYNTAX                                       macAddress
    mAX-ACCESS                                   read-only
    sTATUS                                       current
    DESCRIPTION                                  "
                                                 The interfaceMAC address of the PTCPsyncmaster device
                                                 of the PTCPSubdomain. If unknown itshall beset to zero.
                                                 "
    ::= { lldpXPnoLocEntry 9 }

lldpXPnoLocPortPtcpSubdomainUUID OBJECT-TYPE
    sYNTAX                                       OCTETsTRING(SIZE(16))
    mAX-ACCESS                                   read-only
    sTATUS                                       current
    DESCRIPTION                                  "
                                                 The UUID of the PTCPSubdomain to which this port belongs
                                                 to. If the port doesn't belong to a PTCPSubdomain or theSubdomain
                                                 is invalid or unknown the value of this objectmust be
                                                 NIL('0000000000000000').
                                                 "
    ::= { lldpXPnoLocEntry 10 }

lldpXPnoLocPortPtcpIRDataUUID                    OBJECT-TYPE
    sYNTAX                                       OCTETsTRING(SIZE(16))
    mAX-ACCESS                                   read-only
    sTATUS                                       current
    DESCRIPTION                                  "
                                                 The UUID of the IR data domain to which this port belongs
                                                 to. If the port doesn't belong to a IR data domain or the domain
                                                 is invalid or unknown the value of this objectmust be
                                                 NIL('0000000000000000').
```

```
                              "
    ::= { lldpXPnoLocEntry 11 }

lldpXPnoLocPortModeRT3        OBJECT-TYPE
    sYNTAX                    INTEGER
                              {
                                  standard(1),
                                  optimized(0)
                              }
    mAX-ACCESS                read-only
    sTATUS                    current
    DESCRIPTION               "
                              Themode in which the RT3Status is given. If the object is in
                              standardmode all five values of RT3Status are valid, else only
                              ...
                              "
    ::= { lldpXPnoLocEntry 12 }

lldpXPnoLocPortPeriodLength   OBJECT-TYPE
    sYNTAX                    Unsigned32(31250..4000000)
    UNITS                     "ns"
    mAX-ACCESS                read-only
    sTATUS                    current
    DESCRIPTION               "
                              This integer value represents the duration of a cycle
                              in nanoseconds on the corresponding port.
                              The valueshall be amultiply of 31250 nanoseconds.
                              "
    ::= { lldpXPnoLocEntry 13 }

lldpXPnoLocPortPeriodValidity OBJECT-TYPE
    sYNTAX                    TruthValue
    mAX-ACCESS                read-only
    sTATUS                    current
    DESCRIPTION               "
                              The value of this object indicates whether the value of
                              lldpXPnoLocPortPeriodLength of the according table entry is
                              valid or not.
                              "
    ::= { lldpXPnoLocEntry 14 }

lldpXPnoLocPortRedOffset      OBJECT-TYPE
    sYNTAX                    Unsigned32(0..3999999)
```

```
    UNITS                        "ns"
    mAX-ACCESS                   read-only
    sTATUS                       current
     DESCRIPTION                 "
                                 This integer value represents the begin of the RT_CLASS_3 period
                                 of the cycle of the receive direction on the corresponding port
                                 as an offset relative to the begin of the cycle in nanoseconds.
                                  "
    ::= { lldpXPnoLocEntry 15 }

lldpXPnoLocPortRedValidity      OBJECT-TYPE
    sYNTAX                       TruthValue
    mAX-ACCESS                   read-only
    sTATUS                       current
    DESCRIPTION                  "
                                 The value of this object indicates whether the value of
                                 lldpXPnoLocPortRedOffset of the according table entry is
                                 valid or not.
                                  "
    ::= { lldpXPnoLocEntry 16 }

lldpXPnoLocPortOrangeOffset      OBJECT-TYPE
    sYNTAX                       Unsigned32(0..3999999)
     UNITS                       "ns"
    mAX-ACCESS                   read-only
    sTATUS                       current
     DESCRIPTION                 "
                                 This integer value represents the begin of the RT_CLASS_2 period
                                 of the cycle of the receive direction on the corresponding port
                                 as an offset relative to the begin of the cycle in nanoseconds.
                                  "
    ::= { lldpXPnoLocEntry 17 }

lldpXPnoLocPortOrangeValidity    OBJECT-TYPE
    sYNTAX                       TruthValue
    mAX-ACCESS                   read-only
    sTATUS                       current
     DESCRIPTION                 "
                                 The value of this object indicates whether the value of
                                 lldpXPnoLocPortOrangeOffset of the according table entry is
                                 valid or not.
                                  "
    ::= { lldpXPnoLocEntry 18 }
```

```
lldpXPnoLocPortGreenOffset        OBJECT-TYPE
    sYNTAX                        Unsigned32(0..3999999)
     UNITS                        "ns"
    mAX-ACCESS                    read-only
    sTATUS                        current
     DESCRIPTION                  "
                                  This integer value represents the begin of the unrestricted period
                                  of the cycle of the receive direction on the corresponding port
                                  as an offset relative to the begin of the cycle in nanoseconds.
                                  "
    : : = { lldpXPnoLocEntry 19 }

lldpXPnoLocPortGreenValidity      OBJECT-TYPE
    sYNTAX                        TruthValue
    mAX-ACCESS                    read-only
    sTATUS                        current
     DESCRIPTION                  "
                                  The value of this object indicates whether the value of
                                  lldpXPnoLocPortGreenOffset of the according table entry is
                                  valid or not.
                                   "
    : : = { lldpXPnoLocEntry 20 }

------------------------------------------------------------------------------
--PNO - Remotesystem Information
------------------------------------------------------------------------------

lldpXPnoRemTable                  OBJECT-TYPE
    sYNTAX                        SEQUENCE OF LldpXPnoRemEntry
    mAX-ACCESS                    not-accessible
    sTATUS                        current
     DESCRIPTION                      "
                                   This table contains one ormore rows per physical network
                                   connection known to this agent. The agentmay wish to
                                   ensure that only one lldpXPnoRemEntry is present for
                                   each local port, or itmay choose tomaintainmultiple
                                   lldpXPnoRemEntries for thesame local port.
                                   "
    : : = { lldpXPnoRemoteData 1 }

lldpXPnoRemEntry                  OBJECT-TYPE
    sYNTAX                        LldpXPnoRemEntry
```

```
    mAX-ACCESS                     not-accessible
    sTATUS                         current
     DESCRIPTION                   "
                                   Each entry represents the received information of the
                                   communication partner on this physical connection.

                                   The entries featuremultiple indices from the
                                   lldpRemEntry of the LLDP-MIB, therefore it is
                                   only present along with the description defined
                                   by the associated lldpRemEntry entry.
                                   "
    INDEX                          { lldpRemTimeMark, lldpRemLocalPortNum, lldpRemIndex }
    ::= { lldpXPnoRemTable 1 }

LldpXPnoRemEntry ::=               SEQUENCE {
    lldpXPnoRemLPDValue            Unsigned32,
    lldpXPnoRemPortTxDValue        Unsigned32,
    lldpXPnoRemPortRxDValue        Unsigned32,
    lldpXPnoRemPortStatusRT2       INTEGER,
    lldpXPnoRemPortStatusRT3       INTEGER,
    lldpXPnoRemPortNoS             DisplayString,
    lldpXPnoRemPortMrpUuId         OCTETsTRING,
    lldpXPnoRemPortMrrtStatus      INTEGER,
    lldpXPnoRemPortPtcpMaster      MacAddress,
    lldpXPnoRemPortPtcpSubdomainUUID OCTETsTRING,
    lldpXPnoRemPortPtcpIRDataUUID  OCTETsTRING,
    lldpXPnoRemPortModeRT3         INTEGER,
    lldpXPnoRemPortPeriodLength Unsigned32,
    lldpXPnoRemPortPeriodValidity  TruthValue,
    lldpXPnoRemPortRedOffset       Unsigned32,
    lldpXPnoRemPortRedValidity     TruthValue,
    lldpXPnoRemPortOrangeOffset    Unsigned32,
    lldpXPnoRemPortOrangeValidity  TruthValue,
    lldpXPnoRemPortGreenOffset     Unsigned32,
    lldpXPnoRemPortGreenValidity   TruthValue
}

lldpXPnoRemLPDValue                OBJECT-TYPE
    sYNTAX                         Unsigned32
     UNITS                         "ns"
    mAX-ACCESS                     read-only
    sTATUS                         current
     DESCRIPTION                   "
```

```
                                This integer value represents the line propagation
                                delay in nanoseconds which wasmeasured by the remote
                                system on the corresponding port.

                                A value of zeroshall be used if the remotesystem either
                                could not accomplish themeasurement or does notsupport
                                such ameasurement.
                                 "
   ::= { lldpXPnoRemEntry 1 }

lldpXPnoRemPortTxDValue         OBJECT-TYPE
   sYNTAX                       Unsigned32
    UNITS                       "ns"
   mAX-ACCESS                   read-only
   sTATUS                       current
    DESCRIPTION                 "
                                This integer value represents the PortTxDelay in
                                nanoseconds which wasmeasured by the remote
                                system on the corresponding port.

                                A value of zeroshall be used if the remotesystem either
                                could not accomplish themeasurement or does notsupport
                                such ameasurement.
                                 "
   ::= { lldpXPnoRemEntry 2 }

lldpXPnoRemPortRxDValue         OBJECT-TYPE
   sYNTAX                       Unsigned32
    UNITS                       "ns"
   mAX-ACCESS                   read-only
   sTATUS                       current
    DESCRIPTION                 "
                                This integer value represents the PortRxDelay in
                                nanoseconds which wasmeasured by the remote
                                system on the corresponding port.

                                A value of zeroshall be used if the remotesystem either
                                could not accomplish themeasurement or does notsupport
                                such ameasurement.
                                "
   ::= { lldpXPnoRemEntry 3 }

lldpXPnoRemPortStatusRT2        OBJECT-TYPE
```

```
    sYNTAX                              INTEGER {
                                            off(0),
                                            configured(1),
                                            running(2)
                                        }
    mAX-ACCESS                          read-only
    sTATUS                              current
     DESCRIPTION                        "
                                        This value represents theStatus of the corresponding
                                        port of the remotesystem according to RT class 2.

                                        A value of off(0)means that there isn't any RT2
                                        capability available for this port. When the port is
                                        configured for RT2mode, but themode isn't active yet
                                        the value will be configured(1). If the RT2mode is
                                        configured for this port and themode is active, the
                                        value will be running(2).
                                        "
    ::= { lldpXPnoRemEntry 4 }

lldpXPnoRemPortStatusRT3                OBJECT-TYPE
    sYNTAX                              INTEGER {
                                            off(0),
                                            configured(1),
                                            up(2),
                                            down(3),
                                            running(4)
                                        }
    mAX-ACCESS                          read-only
    sTATUS                              current
     DESCRIPTION                        "
                                        This value represents theStatus of the corresponding
                                        port of the remotesystem according to RT class 3.

                                        A value of off(0)means that there isn't any RT3
                                        capability available for this port. When the port is
                                        configured for RT3mode, but themode isn't active yet
                                        the value will be configured(1).
                                        When the port is ready for transmission and reception
                                        of RT3 traffic, the portStatus will be running(4).
                                        "
    ::= { lldpXPnoRemEntry 5 }
```

```
lldpXPnoRemPortNoS              OBJECT-TYPE
    sYNTAX                      DisplayString
    mAX-ACCESS                  read-only
    sTATUS                      current
     DESCRIPTION                "
                                The PROFINET NameofStation of the remote partner. If the
                                station isn't configured yet, the value of this object
                                will be theMAC address of the device as astring.
                                "
    ::= { lldpXPnoRemEntry 6 }

lldpXPnoRemPortMrpUuId          OBJECT-TYPE
    sYNTAX                      OCTETsTRING(SIZE(16))
    mAX-ACCESS                  read-only
    sTATUS                      current
     DESCRIPTION                "
                                The UUID of theMRP domain to which the corresponding port
                                of the remotesystem belongs to. If the port doesn't belong
                                to aMRP domain, the valuemust be NIL('0000000000000000').
                                 "
    ::= { lldpXPnoRemEntry 7 }

lldpXPnoRemPortMrrtStatus       OBJECT-TYPE
    sYNTAX                      INTEGER {
                                    off(0),
                                    configured(1),
                                    up(2)
                                }
    mAX-ACCESS                  read-only
    sTATUS                      current
     DESCRIPTION                "
                                This object reports theStatus of theMRRT entity of the
                                corresponding port.

                                A value of off(0)means that there isn't anyMRRT
                                capability available for this port or it isswitched off.
                                The value configured(1) indicates thatMRRT is configured
                                for the port. WhenMRRT is active on the port, the value
                                will be up(2).
                                "
    ::= { lldpXPnoRemEntry 8 }

lldpXPnoRemPortPtcpMaster       OBJECT-TYPE
```

```
    sYNTAX                          macAddress
    mAX-ACCESS                      read-only
    sTATUS                          current
     DESCRIPTION                    "
                                    The interfaceMAC address of the PTCPsyncmaster device
                                    of the PTCPSubdomain. If unknown itshall beset to zero.
                                    "
    ::= { lldpXPnoRemEntry 9 }

lldpXPnoRemPortPtcpSubdomainUUID OBJECT-TYPE
    sYNTAX                          OCTETsTRING(SIZE(16))
    mAX-ACCESS                      read-only
    sTATUS                          current
     DESCRIPTION                    "
                                    The UUID of the PTCPSubdomain to which this port belongs to.
                                    If the port doesn't belong to a PTCPSubdomain or theSubdomain
                                    is invalid or unknown the value of this objectmust be
                                    NIL('0000000000000000').
                                     "
    ::= { lldpXPnoRemEntry 10 }

lldpXPnoRemPortPtcpIRDataUUID       OBJECT-TYPE
    sYNTAX                          OCTETsTRING(SIZE(16))
    mAX-ACCESS                      read-only
    sTATUS                          current
     DESCRIPTION                    "
                                    The UUID of the IR data domain to which this port belongs to.
                                    If the port doesn't belong to a IR data domain or the domain
                                    is invalid or unknown the value of this objectmust be
                                    NIL('0000000000000000').
                                     "
    ::= { lldpXPnoRemEntry 11 }

lldpXPnoRemPortModeRT3              OBJECT-TYPE
    sYNTAX                          INTEGER
                                    {
                                        standard(1),
                                        optimized(0)
                                    }
    mAX-ACCESS                      read-only
    sTATUS                          current
     DESCRIPTION                    "
                                    Themode in which the RT3Status is given. If the object is in
```

```
                                 standardmode all five values of RT3Status are valid, else only
                                 ...
                                 "
    ::= { lldpXPnoRemEntry 12 }

lldpXPnoRemPortPeriodLength      OBJECT-TYPE
    SYNTAX                       Unsigned32(31250..4000000)
    UNITS                        "ns"
    MAX-ACCESS                   read-only
    STATUS                       current
    DESCRIPTION                  "
                                 This integer value represents the duration of a cycle
                                 in nanoseconds on the corresponding port.
                                 The valueshall be amultiply of 31250 nanoseconds.
                                 "
    ::= { lldpXPnoRemEntry 13 }

lldpXPnoRemPortPeriodValidity    OBJECT-TYPE
    SYNTAX                       TruthValue
    MAX-ACCESS                   read-only
    STATUS                       current
    DESCRIPTION                  "
                                 The value of this object indicates whether the value of
                                 lldpXPnoRemPortPeriodLength of the according table entry is
                                 valid or not.
                                 "
    ::= { lldpXPnoRemEntry 14 }

lldpXPnoRemPortRedOffset         OBJECT-TYPE
    SYNTAX                       Unsigned32(0..3999999)
    UNITS                        "ns"
    MAX-ACCESS                   read-only
    STATUS                       current
    DESCRIPTION                  "
                                 This integer value represents the begin of the RT_CLASS_3 period
                                 of the cycle of the receive direction on the corresponding port
                                 as an offset relative to the begin of the cycle in nanoseconds.
                                 "
    ::= { lldpXPnoRemEntry 15 }

lldpXPnoRemPortRedValidity       OBJECT-TYPE
    SYNTAX                       TruthValue
    MAX-ACCESS                   read-only
```

```
    sTATUS                              current
     DESCRIPTION                        "
                                        The value of this object indicates whether the value of
                                        lldpXPnoRemPortRedOffset of the according table entry is
                                        valid or not.
                                        "
    ::= { lldpXPnoRemEntry 16 }

lldpXPnoRemPortOrangeOffset             OBJECT-TYPE
    sYNTAX                              Unsigned32(0..3999999)
     UNITS                              "ns"
    mAX-ACCESS                          read-only
    sTATUS                              current
     DESCRIPTION                        "
                                        This integer value represents the begin of the RT_CLASS_2 period
                                        of the cycle of the receive direction on the corresponding port
                                        as an offset relative to the begin of the cycle in nanoseconds.
                                        "
    ::= { lldpXPnoRemEntry 17 }

lldpXPnoRemPortOrangeValidity           OBJECT-TYPE
    sYNTAX                              TruthValue
    mAX-ACCESS                          read-only
    sTATUS                              current
     DESCRIPTION                        "
                                        The value of this object indicates whether the value of
                                        lldpXPnoRemPortOrangeOffset of the according table entry is
                                        valid or not.
                                        "
    ::= { lldpXPnoRemEntry 18 }

lldpXPnoRemPortGreenOffset              OBJECT-TYPE
    sYNTAX                              Unsigned32(0..3999999)
     UNITS                              "ns"
    mAX-ACCESS                          read-only
    sTATUS                              current
     DESCRIPTION                        "
                                        This integer value represents the begin of the unrestricted period
                                        of the cycle of the receive direction on the corresponding port
                                        as an offset relative to the begin of the cycle in nanoseconds.
                                        "
    ::= { lldpXPnoRemEntry 19 }
```

```
lldpXPnoRemPortGreenValidity  OBJECT-TYPE
    sYNTAX                        TruthValue
    mAX-ACCESS                    read-only
    sTATUS                        current
     DESCRIPTION"

                                  The value of this object indicates whether the value of
                                  lldpXPnoRemPortGreenOffset of the according table entry is
                                  valid or not.
                                  "

    ::= { lldpXPnoRemEntry 20 }

------------------------------------------------------------------------------
--Conformance Information
------------------------------------------------------------------------------

lldpXPnoConformance               OBJECT IDENTIFIER ::= { lldpXPnoMIB 2 }
lldpXPnoCompliances               OBJECT IDENTIFIER ::= { lldpXPnoConformance 1 }
lldpXPnoGroups                    OBJECT IDENTIFIER ::= { lldpXPnoConformance 2 }

-- compliancestatements

lldpXPnoCompliance                MODULE-COMPLIANCE
    sTATUS                        current
     DESCRIPTION                      "
                                  The compliancestatement forsNMP entities which
                                  implement the PNO organizationally defined LLDP
                                  extensionMIB.
                                  "

    mODULE                        -- compliant to thismodule
      MANDATORY-GROUPS            { lldpXPnoConfigGroup, lldpXPnoLocGroup, lldpXPnoRemGroup }
      GROUP                           lldpXPnoMrpGroup
      DESCRIPTION                     "Required if thesystem providesMRP."
      GROUP                           lldpXPnoPtcpGroup
      DESCRIPTION                     "Required if thesystem provides PTCP."
    ::= { lldpXPnoCompliances 1 }

--MIB groupings

lldpXPnoConfigGroup               OBJECT-GROUP
    OBJECTS                           {
                                      lldpXPnoConfigSPDTxEnable,
                                      lldpXPnoConfigPortStatusTxEnable,
                                      lldpXPnoConfigAliasTxEnable
```

```
                                    }
    sTATUS                          current
     DESCRIPTION                    "
                                    The collection of objects which are used to configure the PNO
                                    organizationally defined LLDP extension implementation behavior.

                                    This group ismandatory for agents which implement the PNO
                                    organizationally defined LLDP extension, because the information
                                    about thesignal propagation delay is necessary to configure
                                    PROFINET domains.
                                     "
    ::= { lldpXPnoGroups 1 }

lldpXPnoLocGroup                    OBJECT-GROUP
    OBJECTS                             { lldpXPnoLocLPDValue,
                                      lldpXPnoLocPortTxDValue,
                                      lldpXPnoLocPortRxDValue,
                                      lldpXPnoLocPortStatusRT2,
                                      lldpXPnoLocPortStatusRT3,
                                      lldpXPnoLocPortNoS,
                                      lldpXPnoLocPortModeRT3,
                                      lldpXPnoLocPortPeriodLength,
                                      lldpXPnoLocPortPeriodValidity,
                                      lldpXPnoLocPortRedOffset,
                                      lldpXPnoLocPortRedValidity,
                                      lldpXPnoLocPortOrangeOffset,
                                      lldpXPnoLocPortOrangeValidity,
                                      lldpXPnoLocPortGreenOffset,
                                      lldpXPnoLocPortGreenValidity
                                    }
    sTATUS                          current
     DESCRIPTION                    "
                                    The collection of objects which are used to configure the PNO
                                    organizationally defined LLDP extension implementation behavior.

                                    This group ismandatory for agents which implement the PNO
                                    organizationally defined LLDP extension, because the information
                                    about thesignal propagation delay is necessary to configure
                                    PROFINET domains.
                                     "
    ::= { lldpXPnoGroups 2 }

lldpXPnoRemGroup                    OBJECT-GROUP
```

```
OBJECTS          { lldpXPnoRemLPDValue,
                   lldpXPnoRemPortTxDValue,
                   lldpXPnoRemPortRxDValue,
                   lldpXPnoRemPortStatusRT2,
                   lldpXPnoRemPortStatusRT3,
                   lldpXPnoRemPortNoS,
                   lldpXPnoRemPortModeRT3,
                   lldpXPnoRemPortPeriodLength,
                   lldpXPnoRemPortPeriodValidity,
                   lldpXPnoRemPortRedOffset,
                   lldpXPnoRemPortRedValidity,
                   lldpXPnoRemPortOrangeOffset,
                   lldpXPnoRemPortOrangeValidity,
                   lldpXPnoRemPortGreenOffset,
                   lldpXPnoRemPortGreenValidity
                 }
sTATUS           current
 DESCRIPTION     "
                 The collection of objects which are used to configure the PNO
                 organizationally defined LLDP extension implementation behavior.

                 This group ismandatory for agents which implement the PNO
                 organizationally defined LLDP extension, because the information
                 about thesignal propagation delay is necessary to configure
                 PROFINET domains.
                 "
::= { lldpXPnoGroups 3 }

lldpXPnoMrpGroup OBJECT-GROUP
   OBJECTS       { lldpXPnoConfigMrpTxEnable,
                   lldpXPnoLocPortMrpUuId,
                   lldpXPnoLocPortMrrtStatus,
                   lldpXPnoRemPortMrpUuId,
                   lldpXPnoRemPortMrrtStatus
                 }
sTATUS           current
 DESCRIPTION     "
                 The collection of objects which are used to configure the PNO
                 organizationally defined LLDP extension implementation behavior.

                 This group ismandatory for agents which implement the PNO
                 organizationally defined LLDP extension, because the information
                 about thesignal propagation delay is necessary to configure
```

```
                                        PROFINET domains.
                                        "
    ::= { lldpXPnoGroups 4 }

lldpXPnoPtcpGroup                       OBJECT-GROUP
    OBJECTS                                 { lldpXPnoConfigPtcpTxEnable,
                                          lldpXPnoLocPortPtcpMaster,
                                          lldpXPnoLocPortPtcpSubdomainUUID,
                                          lldpXPnoLocPortPtcpIRDataUUID,
                                          lldpXPnoRemPortPtcpMaster,
                                          lldpXPnoRemPortPtcpSubdomainUUID,
                                          lldpXPnoRemPortPtcpIRDataUUID
                                        }
    sTATUS                              current
     DESCRIPTION                        "
                                        The collection of objects which are used to configure the PNO
                                        organizationally defined LLDP extension implementation behavior.

                                        This group ismandatory for agents which implement the PNO
                                        organizationally defined LLDP extension, because the information
                                        about thesignal propagation delay is necessary to configure
                                        PROFINET domains.
                                         "
    ::= { lldpXPnoGroups 5 }

END
```

4.16 通用 DLL 映射协议机

4.16.1 概述

DLL 映射协议机(DMPM)由若干协议机组成：

——由其他应用层实体调用的服务处理(LMPM)；

——用于 RT_CLASS_3(RED_Relay)和无冲突媒体冗余(RRT_Relay)的转发；

注：标准帧的转发依据 IEEE 802.1D—2004，因此这里就不作规定了。

——映射到媒体访问接口(MMAC)和同步报文的发送/接收功能，

注：MAC 的调用依据 IEEE 802.3—2005，因此这里就不作规定了。

——SYNC_SHIMP 对同步增加精确的时间戳(timestamps)。

服务处理程序(LMPM)、转发机制与到媒体访问控制的映射(MMAC)之间的接口由一组队列和全局数据组成。

图 47 说明了一个设备的 DMPM 协议机的结构。

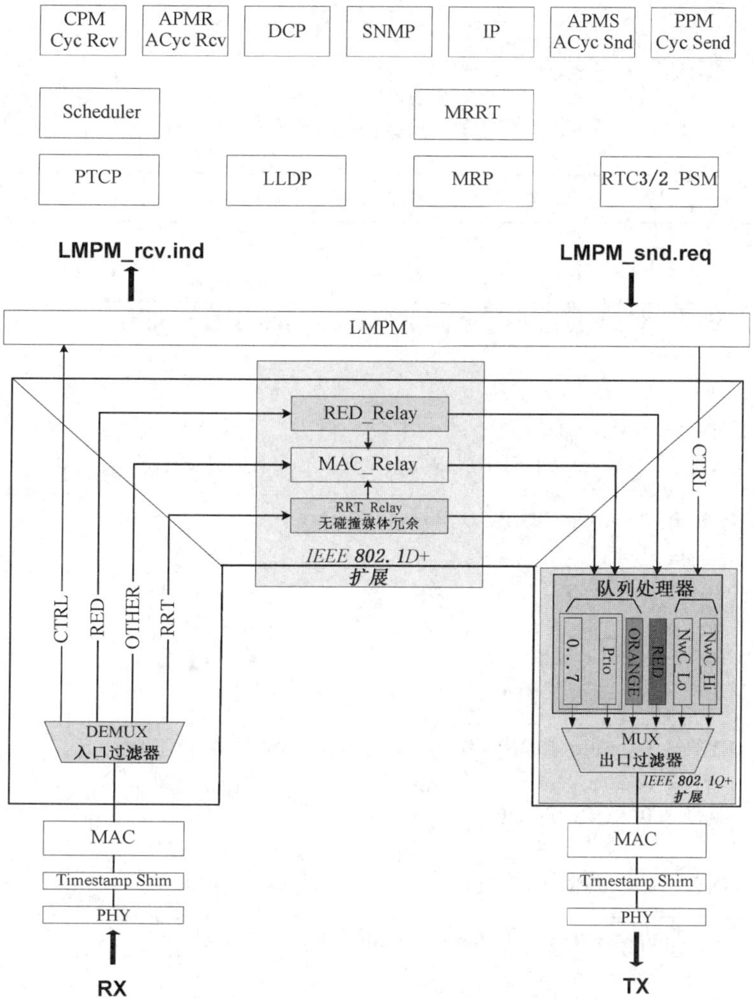

图 47　在 DMPM 内的协议机的结构(桥)

4.16.2　LMPM

4.16.2.1　原语定义

这些服务原语及其相关参数在服务定义中以 LMPM ASE 进行描述,它们由 LMPM 用户发出并由 LMPM 接收,反之亦然。

4.16.2.2　状态机描述

LMPM 形成 MMAC 与 LMPM-User 之间的接口用于各种数据和管理服务。在 READY-State 中处理所有这些服务。

首先应验证(validate)该服务请求。一个否定验证将导致一个负证实。否则,该服务将被放入适当优先级的服务队列。由 MMAC 执行了的服务将被从请求队列移进证实队列。所有有效的进入(incoming)服务应被放入指示队列。

——本地变量

LMPM 不使用本地变量。

4.16.2.3 LMPM 状态表

表 236 中列出了 LMPM 状态表。

表 236 LMPM 状态表

#	当前状态	事件/条件 =〉动作	下一状态
1	PON	 =〉	READY
2	READY	**LMPM_P_Data.req(CREP, D_Port, Tstamp, DA, SA, N_SDU)** /! CHECK_PAR =〉 LMPM_Status := IV LMPM_P_Data.cnf(CREP, D_Port, TStamp, LMPM_Status)	READY
3	READY	**LMPM_P_Data.req(CREP, D_Port, TStamp, DA, SA, N_SDU)** /CHECK_PAR && ! RESOURCE(N_SDU.Len) =〉 LMPM_Status := LS LMPM_P_Data.cnf(CREP, D_Port, TStamp, LMPM_Status)	READY
4	READY	**LMPM_P_Data.req(CREP, D_Port, TStamp, DA, SA, N_SDU)** /CHECK_PAR && RESOURCE(N_SDU.Len) =〉 MUX_Data.req(CREP, D_Port, TStamp, N_SDU)	READY
5	READY	**MUX_Data.cnf(CREP, D_Port, TStamp, Status)** =〉 LMPM_Status := Status LMPM_P_Data.cnf(CREP, D_Port, TStamp, LMPM_Status)	READY
6	READY	**LMPM_N_Data.req(CREP, DA, SA, VLANPrio, VLANID, N_SDU)** /! CHECK_PAR =〉 LMPM_Status := IV LMPM_N_Data.cnf(CREP, LMPM_Status)	READY
7	READY	**LMPM_N_Data.req(CREP, DA, SA, VLANPrio, VLANID, N_SDU)** /CHECK_PAR && ! RESOURCE(N_SDU.Len) =〉 LMPM_Status := LS LMPM_N_Data.cnf(CREP, LMPM_Status)	READY
8	READY	**LMPM_N_Data.req(CREP, DA, SA, VLANPrio, VLANID, N_SDU)** /CHECK_N_PAR && RESOURCE(N_SDU.Len) =〉 LMPM_Status := OK LMPM_N_Data.cnf(CREP, LMPM_Status) MAC_RelayData.req(CREP, DA, SA, VLANPrio, VLANID, N_SDU)	READY

表 236（续）

#	当前状态	事件/条件 =〉动作	下一状态
9	READY	**MAC_RelayData.cnf（CREP，Status）** =〉 ignore	READY
10	READY	**LMPM_A_Data.req（CREP，DA，SA，VLANPrio，VLANID，A_SDU）** /！CHECK_A_PAR =〉 LMPM_Status ：= IV LMPM_A_Data.cnf（CREP，LMPM_Status）	READY
11	READY	**LMPM_A_Data.req（CREP，DA，SA，Prio，VLAN_Tag，LT，A_SDU）** /CHECK_A_PAR && ！RESOURCE（A_SDU.Len） =〉 LMPM_Status ：= LS LMPM_A_Data.cnf（CREP，LMPM_Status）	READY
12	READY	**LMPM_A_Data.req（CREP，DA，SA，VLANPrio，VLANID，A_SDU）** /CHECK_A_PAR && RESOURCE（A_SDU.Len） =〉 LMPM_Status ：= OK LMPM_A_Data.cnf（CREP，LMPM_Status） MAC_RelayData.req（CREP，DA，SA，VLANPrio，VLANID，A_SDU）	READY
13	READY	**MAC_RelayData.cnf（CREP，Status）** =〉 ignore	READY
14	READY	**LMPM_C_Data.req（CREP，DA，SA，VLANPrio，VLANID，C_SDU，APDU_Status）** /！CHECK_RTC2 ||！CHECK_RTC3 =〉 LMPM_Status ：= IV LMPM_C_Data.cnf（CREP，LMPM_Status）	READY
15	READY	**LMPM_C_Data.req（CREP，DA，SA，VLANPrio，VLANID，C_SDU，APDU_Status）** /CHECK_RTC2 && ！RESOURCE（C_SDU.Len） =〉 LMPM_Status ：= LS LMPM_C_Data.cnf（CREP，LMPM_Status）	READY
16	READY	**LMPM_C_Data.req（CREP，DA，SA，VLANPrio，VLANID，C_SDU，APDU_Status）** /CHECK_RTC3 && ！RESOURCE（C_SDU.Len） =〉 LMPM_Status ：= LS LMPM_C_Data.cnf（CREP，LMPM_Status）	READY

表 236（续）

#	当前状态	事件/条件 =〉动作	下一状态
17	READY	**LMPM_C_Data.req(CREP, DA, SA, VLANPrio, VLANID, C_SDU, APDU_Status)** /CHECK_RTC2 && RESOURCE(C_SDU.Len) && ! MRRT_ON =〉 LMPM_Status := OK LMPM_C_Data.cnf(CREP, LMPM_Status) MAC_RelayData.req(CREP, DA, SA, VLANPrio, VLNAID, C_SDU, APDU_Status)	READY
18	READY	**LMPM_C_Data.req(CREP, DA, SA, VLANPrio, VLANID, C_SDU, APDU_Status)** /CHECK_RTC2 && RESOURCE(C_SDU.Len) && MRRT_ON =〉 S_Port := LOCAL LMPM_Status := OK LMPM_C_Data.cnf(CREP, LMPM_Status) RRT_RelayData.req(CREP, S_Port, DA, SA, VLANPrio, VLNAID, C_SDU, APDU_Status)	READY
19	READY	**LMPM_C_Data.req(CREP, DA, SA, VLANPrio, VLANID, C_SDU, APDU_Status)** /CHECK_RTC3 && RESOURCE(C_SDU.Len) =〉 LMPM_Status := OK LMPM_C_Data.cnf(CREP, LMPM_Status) RED_RelayData.req(CREP, DA, SA, VLANPrio, VLNAID, C_SDU, APDU_Status)	READY
20	READY	**MAC_RelayData.cnf(CREP, Status)** =〉 ignore	READY
21	READY	**RRT_RelayData.cnf(CREP, Status)** =〉 ignore	READY
22	READY	**RED_RelayData.cnf(CREP, Status)** =〉 ignore	READY
23	READY	**DMUX_P_Data.ind(CREP, S_Port, TStamp, DA, SA, N_SDU)** =〉 LMPM_P_Data.ind(CREP, S_Port, TStamp, DA, SA, N_SDU)	READY

表 236（续）

#	当前状态	事件/条件 =〉动作	下一状态
24	READY	**RED_RelayData.ind(CREP, DA, SA, LT, VLANPrio, VLANID, C_SDU, APDU_Status)** =〉 LMPM_C_Data.ind(CREP, DA, SA, VLANPrio, VLANID, C_SDU, APDU_Status)	READY
25	READY	**RRT_RelayData.ind(CREP, DA, SA, LT, VLANPrio, VLANID, C_SDU, APDU_Status)** =〉 LMPM_C_Data.ind(CREP, DA, SA, VLANPrio, VLANID, C_SDU, APDU_Status)	READY
26	READY	**MAC_RelayData.ind(CREP, DA, SA, LT, VLANPrio, VLANID, C_SDU, APDU_Status)** /RTC =〉 LMPM_C_Data.ind(CREP, DA, SA, VLANPrio, VLANID, C_SDU, APDU_Status)	READY
27	READY	**MAC_RelayData.ind(CREP, DA, SA, LT, VLANPrio, VLANID, C_SDU, APDU_Status)** /RTA =〉 LMPM_A_Data.ind(CREP, DA, SA, VLANPrio, VLANID, A_SDU)	READY
28	READY	**MAC_RelayData.ind(CREP, DA, SA, LT, VLANPrio, VLANID, N_SDU)** /! RTA =〉 LMPM_N_Data.ind(CREP, DA, SA, VLANPrio, VLANID, N_SDU)	READY
29	READY	**LMPM_RED_ScheduleAdd.req(CREP, Port, ReductionRatio, Phase)** /Phase == 0 =〉 LMPM_Status := PHASE_ERROR LMPM_RED_ScheduleAdd.cnf(CREP, Port, LMPM_Status)	READY
30	READY	**LMPM_RED_ScheduleAdd.req(CREP, Port, ReductionRatio, Phase)** /Phase ! = 0 &&(Phase < ReductionRatio) &&(ReductionRatio > 0) &&(ReductionRatio <= MAX_REDACTION_RATIO) =〉 RED_RelayScheduleAdd.req(CREP, Port, ReductionRatio, Phase)	READY

表 236（续）

<table>
<tr><th>#</th><th>当前状态</th><th>事件/条件 =〉动作</th><th>下一状态</th></tr>
<tr><td>31</td><td>READY</td><td>**LMPM_RED_ScheduleAdd.req(CREP，Port，ReductionRatio，Phase)**
/Phase ！= 0
&&((Phase >= ReductionRatio)
||(ReductionRatio == 0)
||(ReductionRatio >MAX_REDACTION_RATIO))
=〉
LMPM_Status := RATIO_ERROR
LMPM_RED_ScheduleAdd.cnf(CREP，Port，LMPM_Status)</td><td>READY</td></tr>
<tr><td>32</td><td>READY</td><td>**RED_RelayScheduleAdd_Cnf(CREP，Port，Status)**
=〉
LMPM_Status := Status
LMPM_RED_ScheduleAdd.cnf(CREP，Port，LMPM_Status)</td><td>READY</td></tr>
<tr><td>33</td><td>READY</td><td>**LMPM_RED_ScheduleRemove.req(CREP，Port，ReductionRatio，Phase)**
=〉
RED_RelayScheduleRemove.req(CREP，Port，ReductionRatio，Phase)</td><td>READY</td></tr>
<tr><td>34</td><td>READY</td><td>**RED_RelayScheduleRem.cnf(CREP，Port，Status)**
=〉
LMPM_Status := Status
LMPM_RED_ScheduleRemove.cnf(CREP，Port，LMPM_Status)</td><td>READY</td></tr>
<tr><td>35</td><td>READY</td><td>**RED_RelayScheduleError.ind(CREP，ErrCode)**
=〉
LMPM_Status := ErrCode
LMPM_IRT_Schedule_Error.ind(CREP，LMPM_Status)</td><td>READY</td></tr>
</table>

4.16.2.4 宏

表 237 中概括了 LMPM 的宏。

表 237 LMPM 宏表

名　称	操　作
RESOURCE	检查本地资源是可使用的，以处理所请求的数据
MRRT_Mode	MRRT 是活动的
CHECK_PAR	检查服务 LMPM_N_Data.req 或 LMPM_P_Data.req 的所有参数是有效的。 N_SDU.Len：0 .. 1500 N_SDU.Data：according to DLSDU.Len
CHECK_A_PAR	检查服务 LMPM_A_Data.req 的所有参数是有效的。 A_SDU.LT == RT 在 RT 非循环范围内的 FrameID A_SDU.Len：0 .. 1440 A_SDU.Data：依据 DLSDU.Len

表 237（续）

名　称	操　作
CHECK_RTC2	检查服务 LMPM_C_Data.req 的所有参数是有效的。 C_SDU.LT == RT 在 RT Class 2 范围内的 FrameID C_SDU.Len：0 .. 1440 C_SDU.Data：依据 DLSDU.Len
CHECK_RTC3	检查服务 LMPM_C_Data.req 的所有参数是有效的。 参数的数量必须是 7。 C_SDU.LT == RT 在 RT Class 3 范围内的 FrameID C_SDU.Len：0 .. 1440 C_SDU.Data：依据 DLSDU.Len
RTC	循环的 RT 帧
RTA	非循环的 RT 帧

4.16.2.5 函数

表 238 中包含 LMPM 使用的函数及其描述。

表 238 LMPM 函数表

名　称	含　义
LMPM_A_Data	处理 RTA_CLASS_x 请求、证实和指示及其排队
LMPM_N_Data	处理其他的请求、证实和指示及其排队
LMPM_C_Data	处理 RT_CLASS_x 请求、证实和指示及其排队
LMPM_P_Data	处理 Network Control 请求、证实和指示及其排队
LMPM_RED_ScheduleAdd	为每个端口处理 RT_CLASS_3 请求
LMPM_RED_ScheduleRemove	为每个端口处理 RT_CLASS_3 请求
LMPM_IRT_Schedule_Error	为每个端口处理 RT_CLASS_3 错误
MUX_Data	—
RED_RelayScheduleAdd	—
RED_RelayScheduleRemove	—

5 分布式自动化的应用层协议规范

注：本章为空，以保持与 IEC 61158-6-10 的条号相同。

6 分散式外围设备的应用层协议规范

6.1 FAL 语法描述

6.1.1 DLPDU 抽象语法引用

应采用 4.1.1 中的 DLPDU 抽象语法。

6.1.2 APDU 抽象语法

表 239 定义该应用层 PDU(称之为 APDU)的抽象语法。应使用所定义的八位位组次序来传递 APDU。表 239 的 APDU 应代表表 4 中 DLSDU 的内容。

表 239 IO APDU 替代

替代名称	结构
RTA-SDU	AlarmNotification-PDU ^ AlarmAck-PDU
BlockHeader	BlockType，BlockLength，BlockVersionHigh，BlockVersionLow
AlarmNotification-PDU	BlockHeader，AlarmType，API，slotNumber，subslotNumber，moduleIdentNumber，submoduleIdentNumber，AlarmSpecifier，[MaintenanceItem]，[AlarmItem] ^ [Upload&RetrievalItem] ^ [iParameterItem] 在 BlockHeader 内的字段 BlockType，应依据表 240 设置为 AlarmNotification high 或 AlarmNotification low
AlarmAck-PDU	BlockHeader，AlarmType，API，slotNumber，subslotNumber，AlarmSpecifier，PNIOStatus 在 BlockHeader 内的字段 BlockType，应依据表 240 设置为 AlarmAck high 或 AlarmAck low。 特例："No Error"： PNIOStatus(＝0x00，0x00，0x00，0x00) 特例："Alarm Type Notsupported"或如果所保留的 Alarm Type 被使用： PNIOStatus(＝0xDA，0x81，0x3C，0x00) 特例："Wrongsubmodulestate"： PNIOStatus(＝0xDA，0x81，0x3C，0x01)
MaintenanceItem	UserStructureIdentifier，BlockHeader，Padding，Padding，maintenanceStatus
Upload&RetrievalItem	UserStructureIdentifier，BlockHeader，Padding，Padding，(URRecordIndex，URRecordLength) * 特例："Retrieve allstored records"： UserStructureIdentifier，BlockHeader(＝0x0F04)，Padding，Padding，URRecordIndex(＝0)，URRecordLength(＝0)
iParameterItem	UserStructureIdentifier，BlockHeader，Padding，Padding，iPar_Req_Header，max_Segm_Size，Transfer_Index，Total_iPar_Size

表 239（续）

替代名称	结　构
AlarmItem	UserStructureIdentifier，Data* ∧ ChannelDiagnosisData* ∧ DiagnosisData* ExtChannelDiagnosisData* ∧ QualifiedChannelDiagnosisData* 特例：ChannelDiagnosisData： UserStructureIdentifier(＝0x8000)，ChannelDiagnosisData* 特例：Multiple 用于 AlarmType Diagnosis： UserStructureIdentifier(＝0x8001)，DiagnosisData* 特例：ExtChannelDiagnosisData： UserStructureIdentifier(＝0x8002)，ExtChannelDiagnosisData* 特例：QualifiedChannelDiagnosisData： UserStructureIdentifier(＝0x8003)， QualifiedChannelDiagnosisData*
PROFINETIOServiceReqPDU	IODConnectReq ∧ IODWriteReq ∧ IODWriteMultipleReq ∧ IODReadReq ∧ IODControlReq ∧ IODReleaseReq ∧ IOXControlReq
PROFINETIOServiceResPDU	IODConnectRes ∧ IODWriteRes ∧ IODWriteMultipleRes ∧ IODReadRes ∧ IODControlRes ∧ IODReleaseRes ∧ IOXControlRes
IODConnectReq	ARBlockReq，{[IOCRBlockReq*]，[AlarmCRBlockReq]，[ExpectedSubmoduleBlockReq*][b]，[PrmServerBlock]，[MCRBlockReq*][a]，[ARRPCBlockReq]} 特例："IOCAR"或"IOSAR"： ARBlockReq，{IOCRBlockReq*，AlarmCRBlockReq，ExpectedSubmoduleBlockReq*，[PrmServerBlock]，[MCRBlockReq*][a]，[ARRPCBlockReq]} 特例："IOSAR 具有 ARProperties.DeviceAccess ：＝ 1"： ARBlockReq[c] 特例："IOCARSingle using RT_CLASS_3"： ARBlockReq，{IOCRBlockReq* [d]，AlarmCRBlockReq，ExpectedSubmoduleBlockReq*，[PrmServerBlock]，[MCRBlockReq*][a]，[ARRPCBlockReq]} [a] 至少有一个 IOCRBlockReq 包含值 MULTICAST_CONSUMER_CR 作为 IO CR Type 时，才应出现字段 MCRBlockReq。 [b] 字段 ExpectedSubmoduleBlockReq 应仅包含至少在一个 IOCRBlockReq 中被引用的子模块。 [c] 字段 CMInitiatorActivityTimeoutFactor 规定 WDT(watchdog time)时间。 [d] 为了建立"IOCARSingle using RT_CLASS_3"与 RT_CLASS_3 输入和输出之间的通信关系，应存在一个输入与一个输出通信关系。

表 239（续）

替代名称	结　　构
IODConnectRes	ARBlockRes，{[IOCRBlockRes*]，[AlarmCRBlockRes]，[ModuleDiffBlock]，[ARRPCBlockRes][a]} 特例:“IOCAR” 或 “IOSAR”： ARBlockRes，{IOCRBlockRes* ，AlarmCRBlockRes，[ModuleDiffBlock]，[ARRPCBlockRes][a]} 特例:“IOSAR with ARProperties.DeviceAccess=1”： ARBlockRes [a] 在 IODConnectReq 包含 ARRPCBlockReq 时，才应出现字段 ARRPCBlockRes。
IODWriteMultipleReq	IODWriteReqHeader[a]，(IODWriteReqHeader，RecordDataWrite，[Padding*][b])* [a] 参数 index 的值应是 0xE040。 [b] 填充的八位位组数(value=0)应是 0、1、2、3，以便对下一个 IODWriteReqHeader 具有 32 比特对齐。
IODWriteReq	IODWriteReqHeader，RecordDataWrite
IODWriteReqHeader	BlockHeader，seqNumber，ARUUID，API，slotNumber，subslotNumber，Padding* [a]，Index，RecordDataLength，RWPadding* [b] [a] 在该 write 请求中填充的八位位组数(value=0)应是 2。 [b] 在该 write 请求中填充的八位位组数(value=0)应是 24。
IODWriteRes	IODWriteResHeader
IODWriteMultipleRes	IODWriteResHeader[a]，(IODWriteResHeader)* [a] 参数 index 的值应是 0xE040。
IODWriteResHeader	BlockHeader，seqNumber，ARUUID，API，slotNumber，subslotNumber，Padding* [a]，Index，RecordDataLength，AdditionalValue1，AdditionalValue2，PNIOStatus[b]，RWPadding* [c] [a] 在该 write 响应中填充的八位位组数(value=0)应是 2。 [b] 在 IODWriteRes PNIOStatus(=0，0，0，0)的情况下。 [c] 在该 write 响应中填充的八位位组数(value=0)应是 16。
IODReadReq	IODReadReqHeader，[RecordDataReadQuery]
IODReadReqHeader	BlockHeader，seqNumber，ARUUID，API，slotNumber，subslotNumber，Padding* [a]，Index，RecordDataLength，[TargetARUUID][b]，RWPadding* [c] [a] 在该 read 请求中填充的八位位组数(value=0)应是 2。 [b] 可选字段 TargetARUUID 应仅与 ARUUID(Implicit AR)的值 0 一起使用。 [c] 在该 read 请求中填充的八位位组数(value=0)应是 24 或 8。

表 239（续）

替代名称	结　　构
RecordDataReadQuery	BlockHeader，Data*[a] [a] 应对以下方面定义用法、结构和值： a) 制造商特定索引范围(通过制造商)； b) 行规特定索引范围(通过行规)； c) 所有其他索引范围(通过本部分)。
IODReadRes	IODReadResHeader，RecordDataRead
IODReadResHeader	BlockHeader，seqNumber，ARUUID，API，slotNumber，subslotNumber，Padding*[a]，Index，RecordDataLength，AdditionalValue1，AdditionalValue2，RWPadding*[b] [a] 在该 read 响应中填充的八位位组数(value=0)应是 2。 [b] 在该 read 响应中填充的八位位组数(value=0)应是 20。
IODControlReq	ControlBlockConnect ^ ControlBlockPlug
IODControlRes	ControlBlockConnect ^ ControlBlockPlug ^ NULL[a] [a] 在负响应情况下，应传输 NULL。
IODReleaseReq	ReleaseBlock
IODReleaseRes	ReleaseBlock ^ NULL[a] [a] 在负响应情况下，应传输 NULL。
IOXControlReq	(ControlBlockConnect，[ModuleDiffBlock]) ^ (ControlBlockPlug，[ModuleDiffBlock]) ^ ControlBlockRFC ^ ControlBlockRTC 仅在 Application Ready 必须发错误信号时，才应出现字段 ModuleDiffBlock
IOXControlRes	ControlBlockConnect ^ ControlBlockPlug ^ NULL[a] [a] 在负响应情况下，应传输 NULL。
ARBlockReq	BlockHeader，ARType，ARUUID，sessionKey，CMInitiatorMacAdd，CMInitiatorObjectUUID，ARProperties，CMInitiatorActivityTimeoutFactor，InitiatorUDPRTPort，stationNameLength，CMInitiatorStationName 在 BlockHeader 内的字段 BlockType，应依据表 240 设置为 ARBlockReq
ARBlockRes	BlockHeader，ARType，ARUUID，sessionKey，CMResponderMacAdd，ResponderUDPRTPort 在 BlockHeader 内的字段 BlockType，应依据表 240 设置为 ARBlockRes

表 239（续）

替代名称	结构
IOCRBlockReq	BlockHeader，IOCRType，IOCRReference，LT，IOCRProperties，DataLength，FrameID[a]，SendClockFactor，ReductionRatio，Phase，Sequence，FrameSendOffset，WatchdogFactor，DataHoldFactor，IOCRTagHeader，IOCRMulticastMACAdd，NumberOfAPIs，(API，NumberOfIODataObjects，(SlotNumber，subslotNumber，IODataObjectFrameOffset)*，NumberOfIOCS，(SlotNumber，subslotNumber，IOCSFrameOffset)*)* 在 BlockHeader 内的字段 BlockType，应依据表 240 设置为 IOCRBlockReq。 [a] 如果字段 IOCRType 包含值 Output CR，则不应关心字段 FrameID。 特例：IOCRType= MULTICAST_CONSUMER_CR 字段 FrameID 应包含已定义的多播范围内的一个 FrameID。组态工具应确保此 FrameID 在该项目上下关系内是唯一的。 特例：IOCRType=OUTPUT_CR and IOCRProperties=RT_CLASS_3 字段 FrameID 应包含在相应 PDIRData 中所使用的 FrameID
MCRBlockReq	BlockHeader，IOCRReference，AddressResolutionProperties，mCITimeoutFactor，stationNameLength，ProviderStationName，[Padding*][a] [a] 填充的八位位组数应适合构成块 Unsigned32 对齐。
IOCRBlockRes	BlockHeader，IOCRType，IOCRReference，FrameID 在 BlockHeader 内的字段 BlockType，应依据表 240 设置为 IOCRBlockRes
ExpectedSubmoduleBlockReq	BlockHeader，NumberOfAPIs，(API，slotNumber[a]，moduleIdentNumber，moduleProperties，NumberOfSubmodules，(SubslotNumber，submoduleIdentNumber，SubmoduleProperties[b]，(DataDescription，submoduleDataLength，LengthIOPS，LengthIOCS)*)*)* 在 BlockHeader 内的字段 BlockType，应依据表 240 设置为 ExpectedSubmoduleBlockReq。 [a] 对于一个 ExpectedSubmoduleBlockReq 的所有 APIs，此参数的值应是同样的。 [b] 字段 SubmoduleProperties.Type 决定后续数据描述块的个数。
ModuleDiffBlock	BlockHeader，NumberOfAPIs，(API，NumberOfModules，(SlotNumber，moduleIdentNumber，moduleState[a]，NumberOfSubmodules，[(SubslotNumber，submoduleIdentNumber，SubmoduleState)*])*)* [a] 如果 ModuleState=NO_MODUL，则 NumberOfSubmodules 应是 0。后续部分应被省略。对于所有其他 ModuleState，仅 SubmoduleState 应被用来决定该子模块是否应参数化。 在 BlockHeader 内的字段 BlockType，应依据表 240 设置为 ModuleDiffBlock

表 239（续）

替代名称	结　　构
AlarmCRBlockReq	BlockHeader，AlarmCRType，LT，AlarmCRProperties，RTATimeoutFactor，RTARetries，LocalAlarmReference，maxAlarmDataLength，AlarmCRTagHeaderHigh，AlarmCRTagHeaderLow 在 BlockHeader 内的字段 BlockType，应依据表 240 设置为 AlarmCRBlockReq
AlarmCRBlockRes	BlockHeader，AlarmCRType，LocalAlarmReference，maxAlarmDataLength 在 BlockHeader 内的字段 BlockType，应依据表 240 设置为 AlarmCRBlockRes
PrmServerBlock	BlockHeader，ParameterServerObjectUUID，ParameterServerProperties，CMInitiatorActivityTimeoutFactor，stationNameLength，ParameterServerStationName 在 BlockHeader 内的字段 BlockType，应依据表 240 设置为 PrmServerBlock
ARRPCBlockReq	BlockHeader，InitiatorRPCServerPort
ARRPCBlockRes	BlockHeader，ResponderRPCServerPort
ControlBlockConnect	BlockHeader，Padding* [a]，ARUUID，sessionKey，Padding* [a]，ControlCommand，ControlBlockProperties [a] 填充的八位位组数应 2。 在 BlockHeader 内的字段 BlockType，应依据表 240 设置为 IODBlockReq、IODBlockRes、IOXBlockReq 和 IOXBlockRes
ControlBlockPlug	BlockHeader，Padding* [a]，ARUUID，sessionKey，AlarmSequenceNumber，ControlCommand，ControlBlockProperties [a] 填充的八位位组数应是 2。 在 BlockHeader 内的字段 BlockType，应依据表 240 设置为 IOXBlockReq、IOXBlockRes。 字段 AlarmSequenceNumber 应包含相应 AlarmNotification-PDU 的子字段 AlarmSpecifier.SequenceNumber 的值
ControlBlockRFC	BlockHeader，Padding* [a]，ARUUID，sessionKey，Padding* [a]，ControlCommand，ControlBlockProperties [a] 填充的八位位组数应是 2。 在 BlockHeader 内的字段 BlockType，应依据表 240 设置为 ReadyForCompanionBlock

表 239（续）

替代名称	结构
ControlBlockRTC	BlockHeader，Padding*[a]，ARUUID，sessionKey，Padding*[a]，ControlCommand，ControlBlockProperties [a] 填充的八位位组数应是 2。 在 BlockHeader 内的字段 BlockType，应依据表 240 设置为 ReadyForRTCLASS3Block
ReleaseBlock	BlockHeader，Padding*[a]，ARUUID，sessionKey，Padding*[a]，ControlCommand，ControlBlockProperties [a] 填充的八位位组数应是 2。 在 BlockHeader 内的字段 BlockType，应依据表 240 设置为 ReleaseBlock
RecordDataRead	DiagnosisData* ^ ExpectedIdentificationData* ^ RealIdentificationData* ^ substituteValue ^ RecordInputDataObjectElement ^ RecordOutputDataObjectElement ^ Data* ^ ARData ^ IMData ^ LogData ^ ModuleDiffBlock ^ APIData ^ PDPortDataAdjust* ^ PDPortDataCheck* ^ PDPortDataReal* ^ PDIRData ^ PDSyncData* ^ PDevData ^ IsochronousModeData* ^ PDInterfaceMrpDataAdjust* ^ PDInterfaceMrpDataCheck* ^ PDInterfaceMrpDataReal* ^ PDPortMrpDataAdjust ^ PDPortMrpDataReal ^ PDPortFODataReal ^ PDPortFODataAdjust ^ PDPortFODataCheck ^ PDRealData* ^ PDExpectedData* ^ PDNCDataCheck ^ I&M0FilterData ^ ARFSUDataAdjust ^ PDInterfaceFSUDataAdjust ^ PDInterfaceDataReal ^ NULL[a] [a] 如果所请求的已知数据记录是空的(例如，Diagnosis，ModuleDiffBlock，ARData，…)，则应使用 NULL
RecordDataWrite	SubstituteValue ^ Data* ^ IMDataWrite ^ PDPortDataAdjust ^ PDPortDataCheck ^ PDIRData ^ PDSyncData ^ IsochronousModeData ^ PDInterfaceMrpDataAdjust ^ PDInterfaceMrpDataCheck ^ PDPortMrpDataAdjust ^ PDPortFODataAdjust ^ PDPortFODataCheck ^ PDNCDataCheck ^ ARFSUDataAdjust ^ PDInterfaceFSUDataAdjust
DiagnosisData with BlockVersionLow=0	BlockHeader，ChannelDiagnosis ^ ManufacturerSpecificDiagnosis ^ ExtChannelDiagnosis IO 控制器和 IO 监视器应支持 BlockVersionLow=0。它不应由 IO 设备产生
DiagnosisData with BlockVersionLow=1	BlockHeader，API，ChannelDiagnosis ^ ManufacturerSpecificDiagnosis ^ ExtChannelDiagnosis ^ QualifiedChannelDiagnosis BlockVersionLow=1 应由 IO 设备产生，并被 IO 控制器和 IO 监视器支持

表 239（续）

替代名称	结构
ChannelDiagnosis	SlotNumber, subslotNumber, ChannelNumber(0x8000), ChannelProperties[a], UserStructureIdentifier(0x8000), ChannelDiagnosisData* [a] 字段 ChannelProperties.Type、字段 ChannelProperties.Direction、字段 ChannelProperties.Maintenance 应设置为 0。如果结合 ChannelProperties.Maintenance(=diagnosis)在 ChannelDiagnosisData 中至少有一个 ChannelProperties.Specifier 被设置为出现(appear)，则字段 ChannelProperties.Specifier 应设置为出现。否则，字段 ChannelProperties.Specifier 应设置为消失(disappear)
ChannelDiagnosisData	ChannelNumber, ChannelProperties, ChannelErrorType
ManufacturerSpecificDiagnosis	SlotNumber, subslotNumber, ChannelNumber, ChannelProperties, UserStructureIdentifier, Data* 在 BlockHeader 内的字段 BlockType，应依据表 240 设置为 ManufacturerSpecificDiagnosis
ExtChannelDiagnosis	SlotNumber, subslotNumber, ChannelNumber(0x8000), ChannelProperties[a], UserStructureIdentifier(0x8002), ExtChannelDiagnosisData* [a] 字段 ChannelProperties.Type、字段 ChannelProperties.Direction、字段 ChannelProperties.Maintenance 应设置为 0。如果结合 ChannelProperties.Maintenance(=diagnosis)且在 ExtChannelDiagnosisData 中至少有一个 ChannelProperties.Specifier 被设置为出现(appear)，则字段 ChannelProperties.Specifier 应设置为出现。否则，字段 ChannelProperties.Specifier 应设置为消失(disappear)
ExtChannelDiagnosisData	ChannelNumber, ChannelProperties, ChannelErrorType, ExtChannelErrorType, ExtChannelAddValue
QualifiedChannelDiagnosis	SlotNumber, subslotNumber, ChannelNumber(0x8000), ChannelProperties[a], UserStructureIdentifier(0x8003), QualifiedChannelDiagnosisData* [a] 字段 ChannelProperties.Type、字段 ChannelProperties.Direction、字段 ChannelProperties.Maintenance 应设置为 0。如果结合 ChannelProperties.Maintenance(=diagnosis)且在 QualifiedChannelDiagnosisData 中至少有一个 ChannelProperties.Specifier 被设置为出现(appear)，则字段 ChannelProperties.Specifier 应设置为出现。否则，字段 ChannelProperties.Specifier 应设置为消失(disappear)
QualifiedChannelDiagnosisData	ChannelNumber, ChannelProperties, ChannelErrorType, ExtChannelErrorType, ExtChannelAddValue, QualifiedChannelQualifier
ExpectedIdentificationData with BlockVersionLow=0	BlockHeader, NumberOfSlots,(SlotNumber, moduleIdentNumber, NumberOfSubslots,(SubslotNumber, submoduleIdentNumber)*)*

表 239（续）

替代名称	结构
ExpectedIdentificationData with BlockVersionLow=1	BlockHeader，NumberOfAPIs，(API，NumberOfSlots，(SlotNumber，moduleIdentNumber，NumberOfSubslots，(SubslotNumber，submoduleIdentNumber)*)*)*
RealIdentificationData with BlockVersionLow=0	BlockHeader，NumberOfSlots，(SlotNumber，moduleIdentNumber，NumberOfSubslots，(SubslotNumber，submoduleIdentNumber)*)*
RealIdentificationData with BlockVersionLow=1	BlockHeader，NumberOfAPIs，(API，NumberOfSlots，(SlotNumber，moduleIdentNumber，NumberOfSubslots，(SubslotNumber，submoduleIdentNumber)*)*)*
PDIRData	BlockHeader，Padding，Padding，slotNumber，subslotNumber，PDIRGlobalData，PDIRFrameData
PDSyncData with BlockVersionLow=2	BlockHeader，Padding，Padding，PTCPSubdomainID，ReservedIntervalBegin，ReservedIntervalEnd，PLLWindow，syncSendFactor，SendClockFactor，PTCPTimeoutFactor，PTCPTakeoverTimeoutFactor，PTCPMasterStartupTime，syncProperties，PTCP_MasterPriority1，PTCP_MasterPriority2，PTCPLengthSubdomainName，PTCPSubdomainName，[Padding*][a] [a] 填充的八位位组数应适合构成块 Unsigned32 对齐
PDevData	BlockHeader，Padding，Padding，[PDIRData]，[PDSyncData*]
PDRealData	MultipleBlockHeader，{[PDPortDataReal][b]，[PDInterfaceMrpDataReal]，[PDPortMrpDataReal]，[PDPortFODataReal][a]，[PDInterfaceDataReal]} [a] 应没有 FiberOpticManufacturerSpecific 信息。 [b] 字段 Slotnumber 和 Subslotnumber 应被忽略
PDExpectedData	MultipleBlockHeader，{[PDPortDataCheck][a]，[PDPortDataAdjust][a]，[PDInterfaceMrpDataAdjust]，[PDInterfaceMrpDataCheck]，[PDPortMrpDataAdjust]，[PDPortFODataAdjust]，[PDPortFODataCheck]，[PDNCDataCheck]，[PDInterfaceFSUDataAdjust]} [a] 字段 Slotnumber 和 Subslotnumber 应被忽略。
PDPortDataReal	BlockHeader，Padding，Padding，slotNumber，subslotNumber，LengthOwnPortID，OwnPortID，NumberOfPeers，[Padding*][a]，[LengthPeerPortID，PeerPortID，LengthPeerChassisID，PeerChassisID，[Padding*][a]，LineDelay，PeerMACAddress[b]]*，[Padding*][a]，mAUType[c]，[Padding*][a]，Reserved[d]，multicastBoundary，LinkState，[Padding*][a]，mediaType [a] 填充的八位位组数应适合构成块 Unsigned32 对齐。 [b] 此字段包含对等(peer)的接口 MAC 地址。 [c] 见表 378。 [d] 保留的八位位组数应是 4。

表 239（续）

替代名称	结　构
PDInterfaceDataReal	BlockHeader，LengthOwnChassisID，OwnChassisID，[Padding*][a]，MACAddressValue[b]，[Padding*][a]，IPParameterValue，[Padding*][a] [a] 填充的八位位组数应适合构成块 Unsigned32 对齐。 [b] 此字段包含接口 MAC 地址。
TxPortGroup	NumberOfTxPortGroups，TxPortGroupArray
SubstituteValue	BlockHeader，substitutionMode，substituteDataItem
RecordInputDataObjectElement	BlockHeader，LengthIOCS，IOCS，LengthIOPS，IOPS，LengthData，Data 特例：对输出子模块的响应 PNIOStatus(=0xDE，0x80，0xB0，0x00)
RecordOutputDataObjectElement	BlockHeader，substituteActiveFlag，LengthIOCS，LengthIOPS，LengthData，DataItem[a]，substituteValue 特例：对输入子模块的响应 PNIOStatus(=0xDE，0x80，0xB0，0x00) [a] 对于此记录，DataItem 应被编码为 IOCS,Data,IOPS。
ARData	BlockHeader，NumberOfARs，(ARUUID，ARType，ARProperties，CMInitiatorObjectUUID，stationNameLength，CMInitiatorStationName，NumberOfIOCRs，(IOCRType，IOCRProperties，FrameID，APDU_Status[a]，InitiatorUDPRTPort，ResponderUDPRTPort)*，AlarmCRType，LocalAlarmReference，RemoteAlarmReference，ParameterServerObjectUUID[b]，stationNameLength[c]，[ParameterServerStationName]，NumberOfAPIs，API*)* 特例："IOSAR 具有 ARProperties.DeviceAccess=1"： NumberOfIOCRs := 0 AlarmCRType := 0 NumberOfAPIs := 0 [a] APDU_Status.CycleCounter 和 APDU_Status.TransferStatus 可以是 0； [b] ParameterServerObjectUUID 应是 NIL(如果不使用的话)； [c] stationNameLength 应是 0(如果不使用的话)。在此情况下，字段 ParameterServerStationName 应被省略。
APIData	BlockHeader，NumberOfAPIs，API*
LogData	BlockHeader，ActualLocalTimeStamp，NumberOfLogEntries，(LocalTimeStamp，ARUUID，PNIOStatus，EntryDetail)*
CMInitiatorObjectUUID	PROFINETIOConstantValue，InstanceHigh，InstanceLow，DeviceIdentNumber
ParameterServerObjectUUID	PROFINETIOConstantValue，InstanceHigh，InstanceLow，DeviceIdentNumber

表 239（续）

替代名称	结　　构
DeviceIdentNumber	DeviceIDHigh，DeviceIDLow，VendorIDHigh，VendorIDLow
IMDataWrite	[I&M1] ^ [I&M2] ^ [I&M3] ^ [I&M4]
IMData	I&M0 ^ [I&M1] ^ [I&M2] ^ [I&M3] ^ [I&M4]
I&M0	BlockHeader，VendorIDHigh，VendorIDLow，OrderID，IM_Serial_Number，IM_Hardware_Revision，IM_Software_Revision，IM_Revision_Counter，IM_Profile_ID，IM_Profile_Specific_Type，IM_Version，IM_Supported
I&M1	BlockHeader，IM_Tag_Function，IM_Tag_Location
I&M2	BlockHeader，IM_Date
I&M3	BlockHeader，IM_Descriptor
I&M4	BlockHeader，IM_Signature
I&M0FilterData	{I&M0FilterDataSubmodul[a]，[I&M0FilterDataModul][b]，[I&M0FilterDataDevice][c]} [a] 应包含具有离散 IMData 的所有子模块； [b] 应(如果存在)仅包含模块引用(reference)； [c] 应(如果存在)仅包含设备引用。
I&M0FilterDataSubmodul	BlockHeader，NumberOfAPIs，(API，NumberOfModules，(SlotNumber，moduleIdentNumber，NumberOfSubmodules，(SubslotNumber，submoduleIdentNumber)*)*)*
I&M0FilterDataModul	BlockHeader，NumberOfAPIs，(API，NumberOfModules，(SlotNumber，moduleIdentNumber，NumberOfSubmodules，(SubslotNumber，submoduleIdentNumber)*)*)*
I&M0FilterDataDevice	BlockHeader，NumberOfAPIs，(API，NumberOfModules，(SlotNumber，moduleIdentNumber，NumberOfSubmodules，(SubslotNumber，submoduleIdentNumber)*)*)*
IM_Version	IM_Version_Major，IM_Version_Minor
IM_Software_Revision	SWRevisionPrefix，IM_SWRevision_Functional_Enhancement，IM_SWRevision_Bug_Fix，IM_SWRevision_Internal_Change
MultipleBlockHeader	BlockHeader，Padding，Padding，API，slotNumber，subslotNumber
PDIRGlobalData with BlockVersionLow=1	BlockHeader，Padding，Padding，IRDataUUID，maxBridgeDelay，NumberOfPorts，(MaxPortTxDelay，maxPortRxDelay)*
PDIRFrameData	BlockHeader，Padding，Padding，(FrameSendOffset，DataLength，ReductionRatio，Phase，FrameID，EtherType，RxPort，FrameDetails，TxPortGroup，[Padding*][a])* [a] 填充的八位位组数应适合构成块 Unsigned32 对齐。
IsochronousModeData	BlockHeader，Padding，Padding，slotNumber，subslotNumber，ControllerApplicationCycleFactor，TimeDataCycle，TimeIOInput，TimeIOOutput，TimeIOInputValid，TimeIOOutputValid

表 239（续）

替代名称	结　构
PDPortDataAdjust	BlockHeader，Padding，Padding，slotNumber，subslotNumber，{ [AdjustDomainBoundary]，[AdjustMulticastBoundary]，[AdjustMAUType ^ AdjustLinkState]，[AdjustPeerToPeerBoundary]，[AdjustDCPBoundary] }
PDPortDataCheck	BlockHeader，Padding，Padding，slotNumber，subslotNumber，{ [CheckPeers]，[CheckLineDelay]，[CheckMAUType]，[CheckLinkState]，[CheckSyncDifference]，[CheckMAUTypeDifference] }
AdjustDomainBoundary with BlockVersionLow=1	BlockHeader，Padding，Padding，DomainBoundaryIngress，DomainBoundaryEgress，AdjustProperties，[Padding*][a] [a] 填充的八位位组数应适合构成块 Unsigned32 对齐。
AdjustMulticastBoundary	BlockHeader，Padding，Padding，multicastBoundary，AdjustProperties，[Padding*][a] [a] 填充的八位位组数应适合构成块 Unsigned32 对齐。
AdjustMAUType	BlockHeader，Padding，Padding，mAUType，AdjustProperties
AdjustLinkState	BlockHeader，Padding，Padding，LinkState，AdjustProperties
AdjustPeerToPeer-Boundary	BlockHeader，Padding，Padding，PeerToPeerBoundary，AdjustProperties，[Padding*][a] [a] 填充的八位位组数应适合构成块 Unsigned32 对齐。
AdjustDCPBoundary	BlockHeader，Padding，Padding，DCPBoundary，AdjustProperties，[Padding*][a] [a] 填充的八位位组数应适合构成块 Unsigned32 对齐。
CheckPeers	BlockHeader，NumberOfPeers，(LengthPeerPortID，PeerPortID，LengthPeerChassisID，PeerChassisID) * ，[Padding*][a] [a] 填充的八位位组数应适合构成块 Unsigned32 对齐。
CheckLineDelay	BlockHeader，Padding，Padding，LineDelay
CheckMAUType	BlockHeader，mAUType
CheckLinkState	BlockHeader，LinkState
CheckSyncDifference	BlockHeader，CheckSyncMode
CheckMAUTypeDifference	BlockHeader，mAUTypeMode
PDInterfaceMrpDataAdjust	BlockHeader，Padding，Padding，MRP_DomainUUID，MRP_Role，[Padding*][a]，MRP_LengthDomainName，MRP_DomainName，[Padding*][a]，{ [(MrpManagerParams，[MrpRTModeManagerData]) ^ (MrpClientParams，[MrpRTModeClientData])] } [a] 填充的八位位组数应适合构成块 Unsigned32 对齐。

表 239（续）

替代名称	结　构
PDInterfaceMrpDataReal	BlockHeader，Padding，Padding，MRP_DomainUUID，MRP_Role，MRP_LengthDomainName，MRP_DomainName，[Padding*][a]，MRP_Version，{ [(MrpManagerParams，[MrpRTModeManagerData]) ^ (MrpClientParams，[MrpRTModeClientData])]，[MrpRingStateData]，[MrpRTStateData] } [a] 填充的八位位组数应适合构成块 Unsigned32 对齐。
PDInterfaceMrpDataCheck	BlockHeader，Padding，Padding，MRP_DomainUUID，MRP_Check
PDPortMrpDataAdjust	BlockHeader，Padding，Padding，MRP_DomainUUID
PDPortMrpDataReal	BlockHeader，Padding，Padding，MRP_DomainUUID
MrpManagerParams	BlockHeader，MRP_Prio，MRP_TOPchgT，MRP_TOPNRmax，MRP_TST-shortT， MRP_TSTdefaultT，MRP_TSTNRmax，[Padding*][a] [a] 填充的八位位组数应适合构成块 Unsigned32 对齐。
MrpClientParams	BlockHeader，MRP_LNKdownT，MRP_LNKupT，MRP_LNKNRmax
MrpRTModeManagerData	BlockHeader，MRRT_TSTNRmax，MRRT_TSTdefaultT，[Padding*][a]，MRP_RTMode [a] 填充的八位位组数应适合构成块 Unsigned32 对齐。
MrpRTModeClientData	BlockHeader，[Padding*][a]，MRP_RTMode [a] 填充的八位位组数应适合构成块 Unsigned32 对齐。
MrpRingStateData	BlockHeader，MRP_RingState
MrpRTStateData	BlockHeader，MRP_RTState
PDPortFODataReal	BlockHeader，Padding，Padding，FiberOpticType，FiberOpticCableType，[FiberOpticManufacturerSpecific*]
FiberOpticManufacturerSpecific	BlockHeader，VendorIDHigh，VendorIDLow，VendorBlockType，Data*，[Padding*][a] [a] 填充的八位位组数应适合构成块 Unsigned32 对齐。
PDPortFODataAdjust	BlockHeader，Padding，Padding，FiberOpticType，FiberOpticCableType
PDPortFODataCheck	BlockHeader，Padding，Padding，MaintenanceRequiredPowerBudget，MaintenanceDemandedPowerBudget，ErrorPowerBudget
MaintenanceRequiredPowerBud-get	FiberOpticPowerBudgetType
MaintenanceDemandedPower-Budget	FiberOpticPowerBudgetType
ErrorPowerBudget	FiberOpticPowerBudgetType
PDNCDataCheck	BlockHeader，Padding，Padding，maintenanceRequiredDropBudget，maintenanceDemandedDropBudget，ErrorDropBudget

表 239（续）

替代名称	结构
MaintenanceRequiredDropBudget	NCDropBudgetType
MaintenanceDemandedDropBudget	NCDropBudgetType
ErrorDropBudget	NCDropBudgetType
PDInterfaceFSUDataAdjust	BlockHeader，[Padding*][a]，{ [FSHelloBlock]，[FastStartUpBlock] }[b] [a] 填充的八位位组数应适合构成块 Unsigned32 对齐。 [b] 至少一个可选择的块存在。
ARFSUDataAdjust	BlockHeader，[Padding*][a]，{ [FSParameterBlock]，[FastStartUpBlock] }[b] [a] 填充的八位位组数应适合构成块 Unsigned32 对齐。 [b] 至少一个可选择的块存在。
FSHelloBlock	BlockHeader，[Padding*][a]，FSHelloMode，FSHelloInterval，FSHelloRetry，FSHelloDelay，[Padding*][a] [a] 填充的八位位组数应适合构成块 Unsigned32 对齐。
FSParameterBlock	BlockHeader，[Padding*][a]，FSParameterMode，FSParameterUUID，[Padding*][a] [a] 填充的八位位组数应适合构成块 Unsigned32 对齐。
FastStartUpBlock	BlockHeader，[Padding*][a]，Data* ，[Padding*][a] [a] 填充的八位位组数应适合构成块 Unsigned32 对齐。

6.2 传输语法

6.2.1 BlockHeader 特定字段相关的编码

6.2.1.1 字段 BlockType 的编码

此字段应编码为数据类型 Unsigned16 且其值符合表 240。此字段标识 PDU 或数据块类型。

表 240 BlockType

值(十六进制)	含义	使用
0x0000	保留	未使用
0x0001	AlarmNotification High	AlarmNotification-PDU
0x0002	AlarmNotification Low	AlarmNotification-PDU
0x0008	IODWriteReqHeader	RecordDataWrite
0x8008	IODWriteResHeader	RecordDataWrite
0x0009	IODReadReqHeader	RecordDataRead

表 240（续）

值(十六进制)	含　义	使　用
0x8009	IODReadResHeader	RecordDataRead
0x0010	DiagnosisData	RecordDataRead， AlarmNotification-PDU
0x0012	ExpectedIdentificationData	RecordDataRead
0x0013	RealIdentificationData	RecordDataRead
0x0014	SubstituteValue	RecordDataRead， RecordDataWrite
0x0015	RecordInputDataObjectElement	RecordDataRead
0x0016	RecordOutputDataObjectElement	RecordDataRead
0x0017	保留	
0x0018	ARData	RecordDataRead
0x0019	LogData	RecordDataRead
0x001A	APIData	RecordDataRead
0x0020	I&M0	RecordDataRead
0x0021	I&M1	RecordDataRead RecordDataWrite
0x0022	I&M2	RecordDataRead RecordDataWrite
0x0023	I&M3	RecordDataRead RecordDataWrite
0x0024	I&M4	RecordDataRead RecordDataWrite
0x0025～0x002F	I&M5～15[a] [a] 保留用于另外的标识和维护数据	RecordDataRead RecordDataWrite
0x0030	I&M0FilterDataSubmodul	I&M0FilterData
0x0031	I&M0FilterDataModul	I&M0FilterData
0x0032	I&M0FilterDataDevice	I&M0FilterData
0x8001	Alarm Ack High	AlarmAck-PDU
0x8002	Alarm Ack Low	AlarmAck-PDU
0x0101	ARBlockReq	IODConnectReq
0x8101	ARBlockRes	IODConnectRes
0x0102	IOCRBlockReq	IODConnectReq
0x8102	IOCRBlockRes	IODConnectRes
0x0103	AlarmCRBlockReq	IODConnectReq
0x8103	AlarmCRBlockRes	IODConnectRes
0x0104	ExpectedSubmoduleBlockReq	IODConnectReq

表 240（续）

值(十六进制)	含　义	使　用
0x8104	ModuleDiffBlock	IODConnectRes, RecordDataRead, IOCControlReq, IOSControlReq
0x0105	PrmServerBlockReq	IODConnectReq
0x8105	PrmServerBlockRes	IODConnectRes
0x0106	MCRBlockReq	IODConnectReq
0x0110	IODBlockReq,仅应与连接建立阶段一起来使用	IODControlReq (Prm End.req)
0x8110	IODBlockRes,仅应与连接建立阶段一起来使用	IODControlRes (Prm End.rsp)
0x0111	IODBlockReq,仅应与插头(plug)报警事件一起来使用	IODControlReq (Prm End.req)
0x8111	IODBlockRes,仅应与插头(plug)报警事件一起来使用	IODControlRes (Prm End.rsp)
0x0112	IOXBlockReq,仅应与连接建立阶段一起来使用	IOXControlReq (Application Ready.req)
0x8112	IOXBlockRes,仅应与连接建立阶段一起来使用	IOXControlRes (Application Ready.rsp)
0x0113	IOXBlockReq,仅应与插头(plug)报警事件一起来使用	IOCControlReq, IOSControlReq (Application Ready.req)
0x8113	IOXBlockRes,仅应与插头(plug)报警事件一起来使用	IOCControlRes IOSControlRes (Application Ready.rsp)
0x0114	ReleaseBlockReq	IODReleaseReq
0x8114	ReleaseBlockRes	IODReleaseRes
0x0115	ARRPCServerBlockReq	IODConnectReq
0x8115	ARRPCServerBlockRes	IODConnectRes
0x0116	IOXBlockReq,仅应与连接建立阶段一起来使用	IOXControlReq (Ready for Companion.req)
0x8116	IOXBlockRes,仅应与连接建立阶段一起来使用	IOXControlRes (Ready for Companion.rsp)
0x0117	IOXBlockReq，仅应与连接建立阶段一起来使用	IOXControlReq (Ready for RT_CLASS_3.req)
0x8117	IOXBlockRes，仅应与连接建立阶段一起来使用	IOXControlRes (Ready for RT_CLASS_3.rsp)

表 240（续）

值(十六进制)	含　义	使　用
0x0200	PDPortDataCheck	RecordDataRead RecordDataWrite
0x0201	PDevData	RecordDataRead
0x0202	PDPortDataAdjust	RecordDataRead RecordDataWrite
0x0203	PDSyncData	RecordDataRead RecordDataWrite
0x0204	IsochronousModeData	RecordDataRead RecordDataWrite
0x0205	PDIRData	RecordDataRead RecordDataWrite
0x0206	PDIRGlobalData	RecordDataRead RecordDataWrite
0x0207	PDIRFrameData	RecordDataRead RecordDataWrite
0x0209	用于调整 DomainBoundary 的子块(Sub block)	PDPortDataAdjust
0x020A	用于检查对等的子块	PDPortDataCheck
0x020B	用于检查 LineDelay 的子块	PDPortDataCheck
0x020C	用于检查 MAUType 的子块	PDPortDataCheck
0x020E	用于调整 MAUType 的子块	PDPortDataAdjust
0x020F	PDPortDataReal	RecordDataRead RecordDataWrite
0x0210	用于调整 MulticastBoundary 的子块	PDPortDataAdjust
0x0211	PDInterfaceMrpDataAdjust	RecordDataRead RecordDataWrite
0x0212	PDInterfaceMrpDataReal	RecordDataRead
0x0213	PDInterfaceMrpDataCheck	RecordDataRead RecordDataWrite
0x0214	PDPortMrpDataAdjust	RecordDataRead RecordDataWrite
0x0215	PDPortMrpDataReal	RecordDataRead
0x0216	用于媒体冗余管理器参数的子块	PDInterfaceMrpDataAdjust PDInterfaceMrpDataReal
0x0217	用于媒体冗余客户机参数的子块	PDInterfaceMrpDataAdjust PDInterfaceMrpDataReal
0x0218	用于管理器媒体冗余 RT 模式的子块	PDInterfaceMrpDataAdjust PDInterfaceMrpDataReal

表 240（续）

值(十六进制)	含　义	使　用
0x0219	用于媒体冗余环状态数据的子块	PDInterfaceMrpDataReal
0x021A	用于媒体冗余 RT 环状态数据的子块	PDInterfaceMrpDataReal
0x021B	用于调整 PortState 的子块	PDPortDataAdjust
0x021C	用于检查 PortState 的子块	PDPortDataCheck
0x021D	用于客户机媒体冗余 RT 模式的子块	PDInterfaceMrpDataAdjust PDInterfaceMrpDataReal
0x021E	用于检查 LLDP 发现的本地和远程 CableDelay 的子块，以发现同步差异	PDPortDataCheck， CheckSyncDifference
0x021F	用于检查 LLDP 发现的本地和远程 MAUType 的子块	PDPortDataCheck， CheckMAUTypeDifference
0x0220	PDPortFODataReal	RecordDataRead
0x0221	用于读实际光纤制造商特性数据的子块	RecordDataRead
0x0222	PDPortFODataAdjust	RecordDataRead RecordDataWrite
0x0223	PDPortFODataCheck	RecordDataRead RecordDataWrite
0x0224	用于调整 PeerToPeerBoundary 的子块	PDPortDataAdjust
0x0225	用于调整 DCPBoundary 的子块	PDPortDataAdjust
0x0230	PDNCDataCheck	RecordDataRead RecordDataWrite
0x0240	PDInterfaceDataReal	RecordDataRead
0x0400	MultipleBlockHeader	RecordDataRead
0x0500	RecordDataReadQuery	RecordDataRead
0x0600	FSHelloBlock	PDInterfaceFSUDataAdjust
0x0601	FSParameterBlock	ARFSUDataAdjust
0x0602～0x607	Reserved for FastStartUp	RecordDataRead RecordDataWrite
0x0608	PDInterfaceFSUDataAdjust	RecordDataRead RecordDataWrite
0x0609	ARFSUDataAdjust	RecordDataRead RecordDataWrite
0x060A～0x60F	Reserved for FastStartUp	RecordDataRead RecordDataWrite
0x0F00	MaintenanceItem	Alarmnotification-PDU
0x0F01	在 Upload&RetrievalItem 内装载所选择的记录	Alarmnotification-PDU
0x0F02	iParameterItem	Alarmnotification-PDU

表 240（续）

值(十六进制)	含　义	使　用
0x0F03	在 Upload&RetrievalItem 内恢复所选择的记录	Alarmnotification-PDU
0x0F04	在 Upload&RetrievalItem 内恢复所有存储的记录	Alarmnotification-PDU
其他	保留	未使用

6.2.1.2　字段 BlockLength 的编码

此字段应编码为数据类型 Unsigned16。此字段应包含未计算字段 BlockType 和 BlockLength 在内的八位位组数。

6.2.1.3　字段 BlockVersionHigh 的编码

此字段应编码为数据类型 Unsigned8。该值应设置为 0x01。

6.2.1.4　字段 BlockVersionLow 的编码

此字段应编码为数据类型 Unsigned8。该值应设置为 0x00 以指示版本 0。如果传输多个 APIs 的数据，则对于 ExpectedIdentificationData、RealIdentificationData 和 DiagnosisData，该值应设置为 0x01。

6.2.2　RTA-SDU 特定字段相关的编码

6.2.2.1　字段 AlarmType 的编码

此字段应编码为数据类型 Unsigned16。此字段应依据表 241 中的值来编码。

表 241　AlarmType

值(十六进制)	含　义
0x0000	保留
0x0001	诊断
0x0002	过程
0x0003	拔[a]
0x0004	插
0x0005	状况
0x0006	更新
0x0007	冗余
0x0008	被监视器控制
0x0009	释放
0x000A	插入错误子模块
0x000B	子模块的返回
0x000C	诊断消失
0x000D	多播通信失配通知

表 241（续）

值(十六进制)	含　义
0x000E	端口数据改变通知
0x000F	同步数据改变通知
0x0010	等时同步模式问题通知
0x0011	网络部件问题通知
0x0012	时间数据改变通知
0x0013～0x001D	保留
0x001E	上载和取回通知
0x001F	拔出模块[b]
0x0020～0x007F	制造商特定
0x0080～0x00FF	保留用于行规
0x0100～0xFFFF	保留

[a] 由于 ARProperties.PullModuleAlarmAllowed(=0)，子槽号 0x0001～0x8FFF 被用作"Pull submodule"以及子槽号 0 被用作"Pull module"。

[b] 由于 ARProperties.PullModuleAlarmAllowed(=1)，AlarmType(Pull)应通知拔出子模块以及 AlarmType(Pull module)应通知拔出模块。

6.2.2.2 字段 AlarmSpecifier 的编码

此字段的编码应依据 3.7.3.4，各比特应具有以下含义：

——比特 0～10：AlarmSpecifier.SequenceNumber

此字段应因每个 AlarmNotification 而增加。允许值范围是：0～2047。借助 SequenceNumber，接收方检查重复并在 AlarmAck 中反映该字段的值。

——比特 11：AlarmSpecifier.ChannelDiagnosis

此字段应依据表 242 中值来编码。对于所有其他的 AlarmTypes，此字段应设置为 0。

表 242　AlarmSpecifier.ChannelDiagnosis

值(十六进制)	含　义	在 AlarmType 中的用法
0x00	意味着 SubslotNumber 不包含具有 Channel-Properties.Maintenance(=diagnosis)和 Channel-Properties.Specifier(=appear)的 ChannelDiagnosis、ExtChannelDiagnosis 或 QualifiedChannelDiagnosis	诊断、冗余、多播通信失配、端口数据改变通知、同步数据改变通知、等时同步模式问题通知、网络部件问题通知、时间数据改变通知
0x01	意味着 SubslotNumber 至少包含一个具有 Channel-Properties.Maintenance(=diagnosis)和 Channel-Properties.Specifier(=appear)的 ChannelDiagnosis、ExtChannelDiagnosis 或 QualifiedChannelDiagnosis	

——比特 12:AlarmSpecifier.ManufacturerSpecificDiagnosis

此字段应依据表 243 中值来编码。对于所有其他的 AlarmTypes,此字段应设置为 0。

表 243 AlarmSpecifier.ManufacturerSpecificDiagnosis

值(十六进制)	含 义	在 AlarmType 中的用法
0x00	意味着 SubslotNumber 不包含具有 Channel-Properties.Maintenance(=diagnosis)和 Channel-Properties.Specifier(=appear 或 disappear)的 ManufacturerSpecificDiagnosis	诊断、冗余、多播通信失配、端口数据改变通知、同步数据改变通知、等时同步模式问题通知、网络部件问题通知、时间数据改变通知
0x01	意味着 SubslotNumber 至少包含一个具有 ChannelProperties.Maintenance(=diagnosis)和 ChannelProperties.Specifier(=appear 或 disappear)的 ManufacturerSpecificDiagnosis	

——比特 13:AlarmSpecifier.SubmoduleDiagnosisState

此字段应依据表 244 中值来编码。对于所有其他的 AlarmTypes,此字段应设置为 0。

表 244 AlarmSpecifier.SubmoduleDiagnosisState

值(十六进制)	含 义	在 AlarmType 中的用法
0x00	无错误 在该子模块上不存在具有 ChannelProperties.Maintenance(=diagnosis)和 ChannelProperties.Specifier(=appear)的 DiagnosisData 此外,它指示所有报告的诊断已被清除。个别的"disappears"通知可以被省略。但是,即使在此情况下,具有 ChannelProperties. Maintenance(= diagnosis)和 ChannelProperties. Specifier(= disappear)的 Manufacturerspecific Diagnosis 可能出现	诊断、冗余、多播通信失配、端口数据改变通知、同步数据改变通知、等时同步模式问题通知、网络部件问题通知、时间数据改变通知
0x01	在该子模块中至少存在一个具有 Channel-Properties. Maintenance(= diagnosis)和 Channel-Properties. Specifier(=appear)的 DiagnosisData	

——比特 14:AlarmSpecifier.reserved

此字段应设置为 0。

——比特 15:AlarmSpecifier.ARDiagnosisState

此字段应依据表 245 中值来编码。对于所有其他的 AlarmTypes,此字段应设置为 0。

表 245 **AlarmSpecifier.ARDiagnosisState**

值(十六进制)	含　　义	在 AlarmType 中的用法
0x00	无错误 在该 AR 上不存在具有 ChannelProperties.Maintenance(=diagnosis)和 ChannelProperties.Specifier(=appear)的 DiagnosisData。 此外,它指示所有报告的诊断已被清除。个别的"disappears"通知可以被省略。 但是,即使在此情况下,具有 ChannelProperties.Maintenance(=diagnosis)和 ChannelProperties.Specifier(=disappear)的 Manufacturerspecific Diagnosis 可能出现	诊断、冗余、多播通信失配、端口数据改变通知、同步数据改变通知、等时同步模式问题通知、网络部件问题通知、时间数据改变通知
0x01	在该 AR 上至少存在一个具有 ChannelProperties.Maintenance(=diagnosis)和 ChannelProperties.Specifier(=appear)的 DiagnosisData	

6.2.3 通用地址字段相关的编码

6.2.3.1 字段 API 的编码

此字段应编码为数据类型 Unsigned32,符合表 246。

表 246 **API**

值(十六进制)	含　　义
0	缺省
0x00000001～0x0000FFFF	用于适合 6.2.4.83.8 的行规定义
0x00010000～0xFFFFFFFF	用于 6.2.4.83.8 以外的行规定义

注 1:API 由 PROFIBUS & PROFINET 国际(PI)来分配。

注 2:API 即应用过程标识符(Application Process Identifier)。

6.2.3.2 字段 SlotNumber 的编码

此字段应编码为数据类型 Unsigned16。该编码应依据表 247。

表 247 **SlotNumber**

值(十六进制)	含　　义
0～0x7FFF	模块的第 1 个可使用的槽是 0。最后一个使用的槽是 0x7FFF。它可以包含间隔(gaps)
0x8000～0xFFFF	保留

6.2.3.3 字段 SubslotNumber 的编码

此字段应编码为数据类型 Unsigned16。该编码应依据表 248。

表 248 SubslotNumber

值(十六进制)	含义	
0	ARProperties.PullModuleAlarmAllowed(=0)	应联合 AlarmType(Pull)用来编码"Pullmodule"
	ARProperties.PullModuleAlarmAllowed(=1)	可使用的子槽
0x0001～0x7FFF	子模块的第1个可使用的子槽是1。子模块的最末1个可使用的子槽是0x7FFF。可能有间隔	
0x8000～0x8FFF	用于具有多达255端口的16个接口模块。可能有间隔	
0x9000～0xFFFF	保留	

Subslotnumber 应以 0x8IPP 来求值,具有 I(计算的接口(I :=00 意味着接口自己))和 P(计算的端口)。

6.2.3.4 字段 Index 的编码

6.2.3.4.1 概要

此字段应编码为数据类型 Unsigned16。从 0 到 0x7FFF 的范围应用来编址用户特定记录数据对象。从 0x8000 到 0x0xFFFF 的范围应用于协议特定功能或其他协议扩展。从 0x8000 到 0xFFFF 的范围被分成 4 个部分。对于每一部分,它规定字段 ARUUID、SlotNumber 和 SubslotNumber 应被忽略还是被使用。可选字段 TargetARUUID 仅应与所定义的索引一起出现和求值。

此外,所有具有写访问的服务仅应使用 established AR 上下关系的有效地址空间。读服务可以寻址此上下关系以外的记录数据。

6.2.3.4.2 地址参数的语法

以下的表达式示出符合索引范围的地址参数的计算。

——Expression 1(子槽特定)

应采用以下规则计算地址参数:

a) RPCOperationNmb == implicit Read
   1) ARUUID == NIL(implicit AR)
      i) TargetARUUID == NIL
         API,Slot Number,Subslot Number,Index 应被计算
      ii) TargetARUUID ! = NIL
         API,Slot Number,Subslot Number,Index 应被计算
   2) ARUUID ! = NIL(explicit AR)
      不允许
b) RPCOperationNmb == explicit Read / Write
   1) ARUUID == NIL(implicit AR)
      不允许
   2) ARUUID ! = NIL(established AR)
      API,Slot Number,Subslot Number,Index 应被计算

——Expression 2(槽特定)

应采用以下规则计算地址参数:

a) RPCOperationNmb == implicit Read
   1) ARUUID == NIL(implicit AR)

i) TargetARUUID == NIL

API,Slot Number,Index 应被计算

ii) TargetARUUID ! = NIL

API,Slot Number,Index 应被计算

2) ARUUID ! = NIL(explicit AR)

不允许

b) RPCOperationNmb == explicit Read / Write

1) ARUUID == NIL(implicit AR)

不允许

2) ARUUID ! = NIL(established AR)

API,Slot Number,Index 应被计算

——Expression 3(AR 特定)

应采用以下规则计算地址参数:

a) RPCOperationNmb == implicit Read

1) ARUUID == NIL(implicit AR)

i) TargetARUUID == NIL

不允许

ii) TargetARUUID ! = NIL

Index 应被计算

2) ARUUID ! = NIL(explicit AR)

不允许

b) RPCOperationNmb == explicit Read / Write

1) ARUUID == NIL(implicit AR)

不允许

2) ARUUID ! = NIL(established AR)

Index 应被计算

——Expression 4(API 特定)

应采用以下规则计算地址参数:

a) RPCOperationNmb == implicit Read

1) ARUUID == NIL(implicit AR)

API,Index 应被计算

2) ARUUID ! = NIL(explicit AR)

不允许

b) RPCOperationNmb == explicit Read / Write

1) ARUUID == NIL(implicit AR)

不允许

2) ARUUID ! = NIL(established AR)

API,Index 应被计算

——Expression 5(设备特定)

应采用以下规则计算地址参数:

a) RPCOperationNmb == implicit Read

1) ARUUID == NIL(implicit AR)

Index 应被计算

2) ARUUID ! = NIL(explicit AR)

不允许

b) RPCOperationNmb == explicit Read / Write

1) ARUUID == NIL(implicit AR)

不允许

2) ARUUID ! = NIL(established AR)

Index 应被计算

6.2.3.4.3 诊断记录的 DiagnosisData 分组

诊断记录依据索引包含不同的数据。分组应依据表 249。在表 251～表 255 中使用标识符。

表 249 DiagnosisData 的分组

标识符	含义
Diagnosis in channel coding	ChannelDiagnosisData，ExtChannelDiagnosisData，和 QualifiedChannelDiagnosis with ChannelProperties.Maintenance(= diagnosis)和 ChannelProperties.Specifier(=appear)
Diagnosis in all codings	ChannelDiagnosisData，ExtChannelDiagnosisData，QualifiedChannelDiagnosis，和 ManufacturerSpecificDiagnosis with ChannelProperties.Maintenance(=diagnosis)和 ChannelProperties.Specifier(=appear)
Maintenance required in channel coding	ChannelDiagnosisData，ExtChannelDiagnosisData，和 QualifiedChannelDiagnosis with ChannelProperties.Maintenance(= MaintenanceRequired)和 ChannelProperties.Specifier(=appear)
Maintenance required in all codings	ChannelDiagnosisData，ExtChannelDiagnosisData，QualifiedChannelDiagnosis，和 ManufacturerSpecificDiagnosis with ChannelProperties.Maintenance(= MaintenanceRequired)和 ChannelProperties.Specifier(=appear)
Maintenance demanded in channel coding	ChannelDiagnosisData，ExtChannelDiagnosisData，和 QualifiedChannelDiagnosis with ChannelProperties.Maintenance(= MaintenanceDemanded)和 ChannelProperties.Specifier(=appear)
Maintenance demanded in all codings	ChannelDiagnosisData，ExtChannelDiagnosisData，QualifiedChannelDiagnosis，和 ManufacturerSpecificDiagnosis with ChannelProperties.Maintenance(= MaintenanceDemanded)和 ChannelProperties.Specifier(=appear)
Diagnosis，maintenance，Qualified andStatus	ChannelDiagnosisData，ExtChannelDiagnosisData，QualifiedChannelDiagnosis，ManufacturerSpecificDiagnosis with ChannelProperties.Maintenance(=any)和 ChannelProperties.Specifier(=appear)，andManufacturerSpecificDiagnosis with ChannelProperties.Maintenance(=diagnosis)和 ChannelProperties.Specifier(=disappear)

6.2.3.4.4 分配编码

对于用户特定的记录数据的编码应符合表 250。

表 250 **Index(用户特定)**

值(十六进制)	含　　义	字段 ARUUID，API，slotNumber，SubslotNumber 和 TargetARUUID 的含义
0～0x7FFF	用户特定的 RecordData	采用 Expression 1

对于子模块特定定义的记录数据的编码应符合表 251。

表 251 **Index(子槽特定)**

值(十六进制)	含　　义	字段 ARUUID，API，slotNumber，SubslotNumber 和 TargetARUUID 的含义
0x8000	ExpectedIdentificationData，用于一个子槽	采用 Expression 1
0x8001	RealIdentificationData，用于一个子槽	采用 Expression 1
0x8002～0x8009	保留	保留
0x800A	以通道编码形式给出的 Diagnosis，用于一个子槽	采用 Expression 1
0x800B	以全编码形式给出的 Diagnosis，用于一个子槽	采用 Expression 1
0x800C	Diagnosis、Maintenance、Qualified 和 Status，用于一个子槽	采用 Expression 1
0x800D～0x800F	保留	保留
0x8010	以通道编码形式给出的 Maintenance required，用于一个子槽	采用 Expression 1
0x8011	以通道编码形式给出的 Maintenance demanded，用于一个子槽	采用 Expression 1
0x8012	以全编码形式给出的 Maintenance required，用于一个子槽	采用 Expression 1
0x8013	以全编码形式给出的 Maintenance demanded，用于一个子槽	采用 Expression 1
0x8014～0x801D	保留	保留
0x801E	SubstituteValues，用于一个子槽	采用 Expression 1
0x801F～0x8027	保留	保留
0x8028	RecordInputDataObjectElement，用于一个子槽	采用 Expression 1
0x8029	RecordOutputDataObjectElement，用于一个子槽	采用 Expression 1
0x802A	PDPortDataReal，用于一个子槽	采用 Expression 1
0x802B	PDPortDataCheck，用于一个子槽	采用 Expression 1
0x802C	PDIRData，用于一个子槽	采用 Expression 1
0x802D	Expected PDSyncData，用于一个 SyncID 值为 0 的子槽	采用 Expression 1
0x802E	保留	采用 Expression 1
0x802F	PDPortDataAdjust，用于一个子槽	采用 Expression 1
0x8030	IsochronousModeData，用于一个子槽	采用 Expression 1
0x8031	Expected PDSyncData，用于一个 SyncID 值为 1 的子槽	采用 Expression 1
0x8032～0x804E	Expected PDSyncData，用于一个 SyncID 值为 2.30 的子槽	采用 Expression 1

表 251(续)

值(十六进制)	含　义	字段 ARUUID, API, slotNumber, SubslotNumber 和 TargetARUUID 的含义
0x804F	Expected PDSyncData,用于一个 SyncID 值为 31 的子槽	采用 Expression 1
0x8050	PDInterfaceMrpDataReal,用于一个子槽	采用 Expression 1
0x8051	PDInterfaceMrpDataCheck,用于一个子槽	采用 Expression 1
0x8052	PDInterfaceMrpDataAdjust,用于一个子槽	采用 Expression 1
0x8053	PDPortMrpDataAdjust,用于一个子槽	采用 Expression 1
0x8054	PDPortMrpDataReal,用于一个子槽	采用 Expression 1
0x8055～0x805F	保留	保留
0x8060	PDPortFODataReal,用于一个子槽	采用 Expression 1
0x8061	PDPortFODataCheck,用于一个子槽	采用 Expression 1
0x8062	PDPortFODataAdjust,用于一个子槽	采用 Expression 1
0x8063～0x806F	保留	保留
0x8070	PDNCDataCheck,用于一个子槽	采用 Expression 1
0x8071～0x807F	保留	保留
0x8080	PDInterfaceDataReal,用于一个子槽	采用 Expression 1
0x8081～0xAFEF	保留	保留
0xAFF0	I&M0	采用 Expression 1
0xAFF1	I&M1	采用 Expression 1
0xAFF2	I&M2	采用 Expression 1
0xAFF3	I&M3	采用 Expression 1
0xAFF4	I&M4	采用 Expression 1
0xAFF5～0xAFFF	I&M5～I&M15[a] [a] 保留用于其他的标识和维护数据	采用 Expression 1
0xB000～0xBFFF	保留用于行规	采用 Expression 1

对于模块特定定义的记录数据的编码应符合表 252。

表 252　**Index**(槽特定)

值(十六进制)	含　义	字段 ARUUID, API, slotNumber, SubslotNumber 和 TargetARUUID 的含义
0xC000	ExpectedIdentificationData,用于一个槽	采用 Expression 2
0xC001	RealIdentificationData,用于一个槽	采用 Expression 2

表 252（续）

值(十六进制)	含　义	字段 ARUUID，API，slotNumber，SubslotNumber 和 TargetARUUID 的含义
0xC002～0xC009	保留	保留
0xC00A	以通道编码形式给出的 Diagnosis，用于一个槽	采用 Expression 2
0xC00B	以全编码形式给出的 Diagnosis，用于一个槽	采用 Expression 2
0xC00C	Diagnosis、Maintenance、Qualified 和 Status，用于一个槽	采用 Expression 2
0xC00D～0xC00F	保留	保留
0xC010	以通道编码形式给出的 Maintenance required，用于一个槽	采用 Expression 2
0xC011	以通道编码形式给出的 Maintenance demanded，用于一个槽	采用 Expression 2
0xC012	以全编码形式给出的 Maintenance required，用于一个槽	采用 Expression 2
0xC013	以全编码形式给出的 Maintenance demanded，用于一个槽	采用 Expression 2
0xC014～0xCFFF	保留	保留
0xD000～0xDFFF	保留用于行规	采用 Expression 2

对于 AR 特定定义的记录数据的编码应符合表 253。

表 253　**Index(AR 特定)**

值(十六进制)	含　义	字段 ARUUID，API，slotNumber，SubslotNumber 和 TargetARUUID 的含义
0xE000	ExpectedIdentificationData，用于一个 AR	采用 Expression 3
0xE001	RealIdentificationData，用于一个 AR	采用 Expression 3
0xE002	ModuleDiffBlock，用于一个 AR	采用 Expression 3
0xE003～0xE009	保留	保留
0xE00A	以通道编码形式给出的 Diagnosis，用于一个 AR	采用 Expression 3
0xE00B	以全编码形式给出的 Diagnosis，用于一个 AR	采用 Expression 3
0xE00C	Diagnosis、Maintenance、Qualified 和 Status，用于一个 AR	采用 Expression 3
0xE00D～0xE00F	保留	保留
0xE010	以通道编码形式给出的 Maintenance required，用于一个 AR	采用 Expression 3
0xE011	以通道编码形式给出的 Maintenance demanded，用于一个 AR	采用 Expression 3
0xE012	以全编码形式给出的 Maintenance required，用于一个 AR	采用 Expression 3
0xE013	以全编码形式给出的 Maintenance demanded，用于一个 AR	采用 Expression 3
0xE014～0xE02F	保留	保留
0xE030	IsochronousModeData，用于一个 AR	采用 Expression 3

表 253（续）

值(十六进制)	含　义	字段 ARUUID，API，slotNumber，SubslotNumber 和 TargetARUUID 的含义
0xE031～0xE03F	保留	保留
0xE040	MultipleWrite	采用 Expression 3
0xE041～0xE04F	保留	保留
0xE050	ARFastStartUp data，用于一个 AR	采用 Expression 3
0xE051～0xE05F	保留用于 FastStartUp	采用 Expression 3
0xE060～0xEBFF	保留	保留
0xEC00～0xEFFF	保留用于行规	采用 Expression 3

如果没有已建立的 AR，对于 API 特定定义的记录数据的编码应符合表 254。

表 254　**Index(API 特定)**

值(十六进制)	含　义	字段 ARUUID，API，slotNumber，SubslotNumber 和 TargetARUUID 的含义
0xF000	RealIdentificationData，用于一个 API	采用 Expression 4
0xF001～0xF009	保留	保留
0xF00A	以通道编码形式给出的 Diagnosis，用于一个 API	采用 Expression 4
0xF00B	以全编码形式给出的 Diagnosis，用于一个 API	采用 Expression 4
0xF00C	Diagnosis、Maintenance、Qualified 和 Status，用于一个 API	采用 Expression 4
0xF00D～0xF00F	保留	保留
0xF010	以通道编码形式给出的 Maintenance required，用于一个 API	采用 Expression 4
0xF011	以通道编码形式给出的 Maintenance demanded，用于一个 API	采用 Expression 4
0xF012	以全编码形式给出的 Maintenance required，用于一个 API	采用 Expression 4
0xF013	以全编码形式给出的 Maintenance demanded，用于一个 API	采用 Expression 4
0xF014～0xF01F	保留	保留
0xF020	ARData 用于一个 API	采用 Expression 4
0xF021～0xF3FF	保留	保留
0xF400～0xF7FF	保留用于行规	采用 Expression 4

对于设备特定定义的记录数据的编码应符合表 255。

表 255　Index(设备特定)

值(十六进制)	含　义	字段 ARUUID, API, slotNumber, SubslotNumber 和 TargetARUUID 的含义
0xF800～0xF80B	保留	保留
0xF80C	Diagnosis、Maintenance、Qualified 和 Status,用于一个设备	采用 Expression 5
0xF80D～0xF81F	保留	保留
0xF820	ARData	采用 Expression 5
0xF821	APIData	采用 Expression 5
0xF822～0xF82F	保留	保留
0xF830	LogData	采用 Expression 5
0xF831	PDevData	采用 Expression 5
0xF832～0xF83F	保留	保留
0xF840	I&M0FilterData	采用 Expression 5
0xF841	PDRealData	采用 Expression 5
0xF842	PDExpectedData	采用 Expression 5
0xF843～0xFBFF	保留	保留
0xFC00～0xFFFF	保留用于行规	采用 Expression 5

6.2.4　AL 服务相关的编码

6.2.4.1　字段 RecordDataLength 的编码

此字段应编码为数据类型 Unsigned32。字段 RecordDataLength 仅应包含用户八位位组的个数。

6.2.4.2　字段 SeqNumber 的编码

此字段应编码为数据类型 Unsigned16。

6.2.4.3　字段 ARType 的编码

此字段应编码为数据类型 Unsigned16 且其值符合表 256。

表 256　ARType

值(十六进制)	含　义	用　途
0x0000	保留	
0x0001	IOCARSingle	
0x0002	保留	

表 256（续）

值(十六进制)	含　义	用　途
0x0003	IOCARCIR	用于未来版本
0x0004	IOCAR_IOControllerRedundant	用于未来版本
0x0005	IOCAR_IODeviceRedundant	用于未来版本
0x0006	IOSAR	监视器 AR 是 IOCARSingle 的特殊形式
0x0007～0x000F	保留	
0x0010	使用 RT_CLASS_3 的 IOCARSingle	
0x0011～0xFFFF	保留	

6.2.4.4 字段 SessionKey 的编码

此字段应编码为数据类型 Unsigned16。对于每一个连接，应由 CMInitiator 将字段 SessionKey 的值增加 1。对于在此会话内的每个后续 PROFINETIOServiceReqPDU 和 PROFINETIOServiceResPDU，CMResponder 应使用此值。

注：在 AR 的建立和释放阶段期间，SessionKey 允许 CMInitiator 检查顺序错误。

对于 implicit AR，此字段应包含值 0。

6.2.4.5 字段 CMInitiatorMacAdd 的编码

此字段应编码为数据类型 OctetString[6]。字段 CMInitiatorMacAdd 的值应符合 IEEE 802 MAC 地址。

6.2.4.6 字段 IOCRMulticastMACAdd 的编码

此字段应编码为数据类型 OctetString[6]。字段 IOCRMulticastMACAdd 的值应依据 IEEE 802 MAC 地址、依据表 257 和表 258 来设置。

对于使用 RT_CLASS_UDP 的多播通信关系所用的 IP 多播地址应依据 RFC 2365 来设置。

表 257　使用 RT_CLASS_UDP 的 IOCRMulticastMACAdd

IP 多播地址	值 OUI（多播）（十六进制）	值 ExtensionIdentifier（十六进制）	相关的 FrameID	用法
239.192.248.0	01-00-5E	40-F8-00	0xF800	与 RT_CLASS_UDP 联合用于播通信关系
239.192.248.1～239.192.251.254	01-00-5E	40-F8-01～40-FB-FE	0xF801～0xFBFE	与 RT_CLASS_UDP 联合用于多播通信关系
239.192.251.255	01-00-5E	40-FB-FF	0xFBFF	与 RT_CLASS_UDP 联合用于多播通信关系

表 258 使用 RT_CLASS_2 或 RT_CLASS_3 的 IOCRMulticastMACAdd

值 OUI (多播)(十六进制)	值 ExtensionIdentifier (十六进制)	含　义
01-0E-CF	00-00-00～00-00-FF	保留用于其他应用
01-0E-CF	00-01-00	保留用于类型 10 上下关系内未来的多播地址
01-0E-CF	00-01-01	RT_CLASS_3 目的多播地址
01-0E-CF	00-01-02	RT_CLASS_3 无效帧多播地址
01-0E-CF	00-01-03～00-01-FF	保留用于类型 10 上下关系内未来的多播地址
01-0E-CF	00-02-00～00-02-FF	RT_CLASS_2 多播通信地址
01-0E-CF	00-03-00～00-03-FF	保留用于类型 10 上下关系内未来的多播地址
01-0E-CF	保留用于其他应用	保留用于其他应用

注：八位位组 1 包含单个/组地址比特(LSB)。

类型 10 的 IEEE 组织唯一标识符是 00-0E-CF。

它应依据表 259 来设置。

表 259 Type 10 OUI

值(十六进制)	含　义
00-0E-CF	全局管理的单个单播
01-0E-CF	全局管理的组(多播)地址
02-0E-CF	本地管理的单个单播
03-0E-CF	本地管理的组(多播)地址

6.2.4.7 字段 CMResponderMacAdd 的编码

此字段应编码为数据类型 OctetString[6]。字段 CMResponderMacAdd 的值应符合 IEEE 802 MAC 地址。

注：八位位组 1 包含单个/组地址比特(LSB)。

6.2.4.8 字段 ARProperties 的编码

此字段的编码应符合 3.7.3.5，各比特应具有以下含义：

——比特 0～2：ARProperties.State

此字段应依据表 260 来设置。

表 260 ARProperties.State

值(十六进制)	含　义
0x00	备用(Backup)
0x01	主(Primary)
0x02～0x07	保留

——比特 3:ARProperties.SupervisorTakeoverAllowed

此字段应依据表 261 来设置。

表 261 ARProperties.SupervisorTakeoverAllowed

值(十六进制)	含义
0x00	不允许
0x01	允许

——比特 4:ARProperties.ParametrizationServer

此字段应依据表 262 来设置。

表 262 TARProperties.ParametrizationServer

值(十六进制)	含义
0x00	外部的 PrmServer
0x01	CM 发起方

——比特 5~7:ARProperties.reserved_1

此字段应依据 3.7.3.2 来设置。

——比特 8:ARProperties.DeviceAccess

此字段应依据表 263 来设置。

表 263 ARProperties.DeviceAccess

值(十六进制)	含义
0x00	仅 ExpectedSubmoduleBlock 的子模块是可访问的
0x01	子模块访问由 IO 设备应用来控制

——比特 9~10:ARProperties.CompanionAR

此字段应依据表 264 来设置。

表 264 ARProperties.CompanionAR

值(十六进制)	含义	用途
0x00	单一 AR	RT_CLASS_1，RT_CLASS_2，RT_CLASS_3 或 RT_CLASS_UDP 连接建立
0x01	同伴对的第 1 个 AR,且同伴 AR 应跟随	未来使用
0x02	同伴 AR	未来使用
0x03	保留	—

——比特 11:ARProperties.AcknowledgeCompanionAR

此字段应依据表 265 来设置。

表 265 **ARProperties.AcknowledgeCompanionAR**

值(十六进制)	含　义	用　途
0x00	对于所要求的同伴 AR,无同伴 AR 或无确认	RT_CLASS_1, RT_CLASS_2, RT_CLASS_3 或 RT_CLASS_UDP 连接建立
0x01	有确认的同伴 AR	未来使用

——比特 12~23:ARProperties.reserved_2

此字段应依据 3.7.3.2 来设置。

——比特 24~30:ARProperties.reserved_3

此字段应设置为 0。

——比特 31:ARProperties.PullModuleAlarmAllowed

此字段应依据表 266 来设置。

表 266 **ARProperties.PullModuleAlarmAllowed**

值(十六进制)	含　义	用途
0x00	AlarmType(=Pull)应通知拔出子模块和模块。子槽号 0 应与 AlarmType(=Pull) 结合一起对模块的拔出编码	必备
0x01	AlarmType(=Pull)应通知拔出子模块。AlarmType(=Pull) 应通知拔出模块。子槽号 0~0x8FFF 应与 AlarmType(=Pull) 结合一起对子模块的拔出编码	可选

6.2.4.9 字段 IOCRProperties 的编码

此字段的编码应符合 3.7.3.5,各比特应具有以下含义:

——比特 0~3:IOCRProperties.RTClass

此字段应依据表 267 来设置。

表 267 **IOCRProperties.RTClass**

值(十六进制)	含　义	用　途
0x00	保留	—
0x01	RT_CLASS_1	Data-RTC-PDU
0x02	RT_CLASS_2	Data-RTC-PDU
0x03	RT_CLASS_3	Data-RTC-PDU
0x04	RT_CLASS_UDP	UDP-RTC-PDU
0x05~0x07	保留	—

——比特 4~10:IOCRProperties.reserved_1

此字段应设置为 0。

——比特 11:IOCRProperties.MediaRedundancy

此字段应依据表 268 来设置。

表 268 **IOCRProperties.MediaRedundancy**

值(十六进制)	含义
0x00	无媒体冗余帧传送
0x01	媒体冗余帧传送

——比特 12～23:IOCRProperties.reserved_2

此字段应依据 3.7.3.2 来设置。

——比特 24～31:IOCRProperties.reserved_3

此字段应设置为 0。

6.2.4.10 字段 NumberOfIODataObjects 的编码

此字段应编码为数据类型 Unsigned16。

6.2.4.11 字段 NumberOfIOCS 的编码

此字段应编码为数据类型 Unsigned16。

6.2.4.12 字段 IOCRReference 的编码

此字段应编码为数据类型 Unsigned16。它是 CR 的标识标签,并在 IOCBlockReq 和 IOCBlockRes 内被用来引用 DataItem。此外,在物理设备 ASE 的 PDIRData 中使用它。

6.2.4.13 字段 IOCRTagHeader 的编码

此字段的编码应符合 3.7.3.4,各比特应具有以下含义:

——比特 0～11:IOCRTagHeader.IOCRVLANID

此字段应依据表 269 来设置。

表 269 **IOCRTagHeader.IOCRVLANID**

值(十六进制)	含义
0x000	无 VLAN
0x001	缺省 VLAN
0x002～0xFFF	依据 IEEE 802.1Q—2005

——比特 12:IOCRTagHeader.reserved

此字段应设置为 0。

——比特 13～15:IOCRTagHeader.IOUserPriority

此字段应依据表 270 来设置。

表 270 **IOCRTagHeader.IOUserPriority**

值(十六进制)	含义
0x00～0x05	保留
0x06	IO CR Priority
0x07	保留

6.2.4.14 字段 IOCRType 的编码

此字段应编码为数据类型 Unsigned16 且其值符合表 271。

表 271 IOCRType

值(十六进制)	含　义
0x0000	保留
0x0001	Input CR
0x0002	Output CR
0x0003	Multicast Provider CR
0x0004	Multicast Consumer CR
0x0005～0xFFFF	保留

6.2.4.15 字段 CMInitiatorActivityTimeoutFactor 的编码

此字段应编码为数据类型 Unsigned16 且其值符合表 272 和表 273。

表 272 具有 ARProperties.DeviceAccess ：= 0 的 CMInitiatorActivityTimeoutFactor

值(十进制)	含　义	用　途
0	保留	—
1～1 000	具有时间基数 100 ms	IO 设备监视 IO 控制器的 Connect 响应与后续第 1 个活动之间的时间
1 001～65 535	保留	—

表 273 具有 ARProperties.DeviceAccess ：= 1 的 CMInitiatorActivityTimeoutFactor

值(十进制)	含　义	用　途
0～99	保留	—
100～1 000	具有时间基数 100 ms	IO 设备监视 IO 控制器的 Connect 响应与后续 Read 和 Write 记录活动之间的时间
1 001～65 535	保留	—

6.2.4.16 字段 StationNameLength 的编码

此字段应编码为数据类型 Unsigned16。

6.2.4.17 字段 CMInitiatorStationName 的编码

此字段应编码为数据类型 OctetString，依据 4.3.1.4.15.1 具有 1～240 个八位位组。

注：字段 CMInitiatorStationName 不能用 0 来终止。

6.2.4.18 字段 ParameterServerStationName 的编码

此字段应按 6.2.4.17 来编码。

6.2.4.19 字段 ProviderStationName 的编码

此字段应按 6.2.4.17 来编码。

6.2.4.20 字段 IODataObjectFrameOffset 的编码

此字段应编码为数据类型 Unsigned16。它在 IOCRBlockReq 内被用来引用 DataItem 的偏移量。它应在 0～1439 的范围内。所使用的最大八位位组个数应不超过最大的 C_SDU 大小。

6.2.4.21 字段 IOCSFrameOffset 的编码

此字段应编码为数据类型 Unsigned16。它在 IOCRBlockReq 内被用来引用 IOCS 的偏移量。它应在 0～1439 的范围内。所使用的最大八位位组个数应不超过最大的 C_SDU 大小。

6.2.4.22 字段 LengthIOCS 的编码

此字段应编码为数据类型 Unsigned8，并依据表 274 来设置。

表 274 LengthIOCS

值(十六进制)	含 义
0x00	保留
0x01	用于 IOCS 的 1 个八位位组
0x02～0xFF	保留

6.2.4.23 字段 LengthIOPS 的编码

此字段应编码为数据类型 Unsigned8，并应依据表 275 来设置。

表 275 LengthIOPS

值(十六进制)	含 义
0x00	保留
0x01	用于 IOPS 的 1 个八位位组
0x02～0xFF	保留

6.2.4.24 字段 LengthData 的编码

此字段应编码为数据类型 Unsigned16。该值应在 0～1439 的范围内。

6.2.4.25 字段 NumberOfAPIs 的编码

此字段应编码为数据类型 Unsigned16。

注：值 0 仅与 ARProperties.DeviceAccess＝1 结合一起使用。

6.2.4.26 字段 AlarmCRProperties 的编码

此字段的编码应符合 3.7.3.5,各比特应具有以下含义:

——比特 0:AlarmCRProperties.Priority

此字段应依据表 276 来设置。

表 276 AlarmCRProperties.Priority

值(十六进制)	含 义
0x00	用户优先级(缺省),使用用户特定的优先级,并有 2 个报警资源可使用
0x01	仅使用低优先级,用户优先级被忽略,且仅有 1 个报警资源可使用

——比特 1:AlarmCRProperties.Transport

此字段应依据表 277 来设置。

表 277 AlarmCRProperties.Transport

值(十六进制)	含 义	用 法
0x00	RTA_CLASS_1	Alarm CR 使用 DATA-RTA-PDU
0x01	RTA_CLASS_UDP	Alarm CR 使用 UDP-RTA-PDU

——比特 2~23:AlarmCRProperties.reserved_1

此字段应依据 3.7.3.2 来设置。

——比特 24~31:AlarmCRProperties.reserved_2

此字段应设置为 0。

6.2.4.27 字段 AlarmCRTagHeaderHigh 的编码

此字段的编码应符合 3.7.3.4,各比特应具有以下含义:

——比特 0~11:AlarmCRTagHeaderHigh.AlarmCRVLANID

此字段应依据表 278 来设置。

表 278 AlarmCRTagHeaderHigh.AlarmCRVLANID

值(十六进制)	含 义
0x000	无 VLAN
0x001	缺省 VLAN
0x002~0xFFF	依据 IEEE 802.1Q—2005

——比特 12:AlarmCRTagHeaderHigh.reserved

此字段应设置为 0。

——比特 13~15:AlarmCRTagHeaderHigh.AlarmUserPriority

此字段应依据表 279 来设置。

表 279 **AlarmCRTagHeaderHigh.AlarmUserPriority**

值(十六进制)	含 义
0x00～0x05	保留
0x06	Alarm CR Priority High
0x07	保留

6.2.4.28 字段 AlarmCRTagHeaderLow 的编码

此字段的编码应符合 3.7.3.4,各比特应具有以下含义:

——比特 0～11:AlarmCRTagHeaderLow.AlarmCRVLANID

此字段应依据表 280 来设置。

表 280 **AlarmCRTagHeaderLow.AlarmCRVLANID**

值(十六进制)	含 义
0x000	无 VLAN
0x001	缺省 VLAN
0x002～0xFFF	依据 IEEE 802.1Q—2005

——比特 12:AlarmCRTagHeaderLow.reserved

此字段应设置为 0。

——比特 13～15:AlarmCRTagHeaderLow.AlarmUserPriority

此字段应依据表 281 来设置。

表 281 **AlarmCRTagHeaderLow.AlarmUserPriority**

值(十六进制)	含 义
0x00～0x04	保留
0x05	Alarm CR Priority Low
0x06～0x07	保留

6.2.4.29 字段 AlarmSequenceNumber 的编码

此字段应编码为数据类型 Unsigned16,且其值符合表 282。

表 282 **AlarmSequenceNumber**

值(十六进制)	含 义	用 途
0x000～0x7FF	插报警通知(Plug Alarm Notification)顺序号的镜像	在 Application Ready 内它提供 Plug Alarm notification 与 ControlBlockPlug 之间的关系
0x800～0xFFFF	保留	—

6.2.4.30 字段 AlarmCRType 的编码

此字段应编码为数据类型 Unsigned16，且其值符合表 283。

表 283 AlarmCRType

值(十六进制)	含 义
0x0000	保留
0x0001	Alarm CR
0x0002～0xFFFF	保留

6.2.4.31 字段 RTATimeoutFactor 的编码

此字段应编码为数据类型 Unsigned16，且其值符合表 284。时间基数是 100ms。RTATimeout 的计算见式(49)。

$$RTATimeout = RTATimeoutFactor \times 100\ ms \tag{49}$$

表 284 RTATimeoutFactor

值(十六进制)	含 义	用 途
0x0000	保留	—
0x0001～0x0064	必备	DATA-RTA-PDU 或 UDP-RTA-PDU 确认监视
0x0065～0xFFFF	可选	DATA-RTA-PDU 或 UDP-RTA-PDU 确认监视

注：RTATimeoutFactor 的值取决于在两个对等体之间 DATA-RTA-PDU 或 UDP-RTAPDU 的传输时间。

6.2.4.32 字段 RTARetries 的编码

此字段应编码为数据类型 Unsigned16，且其值符合表 285。

表 285 RTARetries

值(十六进制)	含 义
0x0000～0x0002	保留
0x0003～0x000F	必备
0x0010～0xFFFF	保留

6.2.4.33 字段 PROFINETIOConstantValue 的编码

此字段应编码为包含下列元素的数据类型 Structure：

——Data1，数据类型 Unsigned32(0xDEA00000)；

——Data2，数据类型 Unsigned16(0x6C97)；

——Data3，数据类型 Unsigned16(0x11D1)；

——Data4，数据类型 Array，具有 2 个 Unsigned8，Octet 1(0x82)到 Octet 2(0x71)。

注：如果 Unsigned32 或 Unsigned16 值是 RPCHeader 或 NDREPMapPDU 的部分，则它的传输次序依据 RPC Flag Drep(小端模式或大端模式)。如果它是 NDRDataxxx PDUs 的部分，则仅使用大端模式。

字段 PROFINETIOConstantValue 的值应是 DEA00000-6C97-11D1-8271。

6.2.4.34 字段 AddressResolutionProperties 的编码

此字段的编码应符合 3.7.3.5，各比特具有以下的含义：

——比特 0～2：AddressResolutionProperties.Protocol

此字段应依据表 286 来设置。

表 286 AddressResolutionProperties.Protocol

值(十六进制)	含 义	用 途
0x00	保留	—
0x01	DNS	多播消费者使用 DNS 来解析多播提供者源 MAC 地址
0x02	DCP	多播消费者使用 DCP 来解析多播提供者源 MAC 地址
0x03～0x07	保留	—

——比特 3～7：AddressResolutionProperties.reserved_1

此字段应依据 3.7.3.2 来设置。

——比特 8～15：AddressResolutionProperties.reserved_2

此字段应设置为 0。

——比特 16～31：AddressResolutionProperties.Factor

此字段应依据表 287 中的值来编码。时间基数是 1 s。

AddressResolutionInterval 的计算见式(50)。

$$\text{AddressResolutionInterval} = \text{AddressResolutionProperties.Factor} \times 1\ \text{s} \qquad (50)$$

表 287 AddressResolutionProperties.Factor

值(十六进制)	含 义
0x0000	保留
0x0001～0x0064	必备
0x0065～0xFFFF	可选

6.2.4.35 字段 MCITimeoutFactor 的编码

此字段应编码为具有表 288 中值的数据类型 Unsigned16。时间基数是 100 ms。

MCIMonitoringInterval 的计算见式(51)。

$$\text{MCIMonitoringInterval} = \text{MCITimeoutFactor} \times 100\ \text{ms} \qquad (51)$$

表 288 MCITimeoutFactor

值(十六进制)	含 义
0x0000～0x0064	必备
0x0065～0xFFFF	保留

6.2.4.36 Instance，DeviceID，VendorID 相关的编码

6.2.4.36.1 概要

数据类型为 Unsigned16 的字段 Instance、DeviceID 和 VendorID 被分成两个 Unsigned8 的字段，以定义 ObjectUUID OctetString 内部的字节的次序。

6.2.4.36.2 字段 InstanceLow 的编码

此字段应编码为数据类型 Unsigned8。

6.2.4.36.3 字段 InstanceHigh 的编码

此字段应编码为数据类型 Unsigned8。

注：对于单实例设备，建议 InstanceHigh 和 InstanceLow 二者都为值 0。

6.2.4.36.4 字段 DeviceIDLow 的编码

此字段应编码为数据类型 Unsigned8。

6.2.4.36.5 字段 DeviceIDHigh 的编码

此字段应编码为数据类型 Unsigned8。

注：InstanceHigh 和 InstanceLow 二者的值 0 被保留。

6.2.4.36.6 字段 VendorIDLow 的编码

此字段应编码为数据类型 Unsigned8。

6.2.4.36.7 字段 VendorIDHigh 的编码

此字段应编码为数据类型 Unsigned8。值 0xFF 被保留用于行规。

注：VendorIDHigh 和 VendorIDLow 二者的值 0 被保留用于 PROFIBUS 设备。

6.2.4.37 字段 ModuleIdentNumber 的编码

此字段应编码为数据类型 Unsigned32。此字段应依据表 289 中的值来编码。

表 289 ModuleIdentNumber

值(十六进制)	含　义
0x00000000	保留
0x00000001～0xFFFFFFFF	制造商特定

6.2.4.38 字段 SubmoduleIdentNumber 的编码

此字段应编码为数据类型 Unsigned32。此字段应依据表 290 中的值来编码。

表 290 SubmoduleIdentNumber

值(十六进制)	含　义
0x00000000	仅分配给子槽 0,子槽大于 0 的供制造商特定
0x00000001～0xFFFFFFFF	制造商特定

设备标识的编号是分层的。顶层是 DeviceIdentNumber,它包含管理唯一的指定号。第 2 层是 ModuleIdentNumber,它在 DeviceIdentNumber 的范围内是唯一的。第 3 层是 SubmoduleIdentNumber,它在 ModuleIdentNumber 的范围内是唯一的。

6.2.4.39 字段 NumberOfARs 的编码

此字段应编码为数据类型 Unsigned16。

6.2.4.40 字段 NumberOfIOCRs 的编码

此字段应编码为数据类型 Unsigned16。

6.2.4.41 字段 SubmoduleDataLength 的编码

此字段应编码为数据类型 Unsigned16。其值的范围是 0～1439。

6.2.4.42 字段 NumberOfModules 的编码

此字段应编码为数据类型 Unsigned16。

6.2.4.43 字段 NumberOfSlots 的编码

此字段应编码为数据类型 Unsigned16。

6.2.4.44 字段 NumberOfSubmodules 的编码

此字段应编码为数据类型 Unsigned16。

6.2.4.45 字段 NumberOfSubslots 的编码

此字段应编码为数据类型 Unsigned16。

6.2.4.46 字段 ARUUID 的编码

此字段应编码为数据类型 UUID。值 NIL 指示 implicit AR 的使用。所有其他值标识所建立的 AR。

6.2.4.47 字段 TargetARUUID 的编码

此字段应编码为数据类型 UUID。值 NIL 指示 implicit AR 的使用。所有其他值标识所建立的 AR。

6.2.4.48 字段 ActualLocalTimeStamp 的编码

此字段应编码为数据类型 Unsigned64。该值包含当前的周期计数。

6.2.4.49 字段 LocalTimeStamp 的编码

此字段应编码为数据类型 Unsigned64。该值包含周期计数。

6.2.4.50 字段 NumberOfLogEntries 的编码

此字段应编码为数据类型 Unsigned16。该值包含日志登录项的个数。对于 IO 设备最小数应是 16,而对于每个 IO 控制器最小数应是 4K 字节。

6.2.4.51 字段 EntryDetail 的编码

此字段应编码为符合协议机行为的数据类型 Unsigned32。值 0 表示无其他信息。

6.2.4.52 字段 AdditionalValue1 和 AdditionalValue2 的编码

此字段应编码为数据类型 Unsigned16。该值应包含在负响应内的附加用户信息。值 0 表示无其他信息。

6.2.4.53 字段 ControlBlockProperties 的编码

此字段的编码应符合 3.7.3.4、表 291 和表 292。

表 291 与 ControlCommand.ApplicationReady 联合的 ControlBlockProperties

比特位置	值(十六进制)	含义
比特 0	0x00	等待显性的 ControlCommand.ReadyForCompanion
	0x01	隐性的 ControlCommand.ReadyForCompanion
比特 1	0x00	等待显性的 ControlCommand.ReadyForRT_CLASS_3
	0x01	隐性的 ControlCommand.ReadyForRT_CLASS_3
比特 2～15	—	应依据 3.7.3.2 来设置

表 292 与字段 ControlCommand 的其他值联合的 ControlBlockProperties

比特位置	值(十六进制)	含义
比特 0～15	—	应依据 3.7.3.2 来设置

6.2.4.54 字段 ControlCommand 的编码

此字段的编码应符合 3.7.3.4。仅应设置以下比特中的 1 个。各比特应具有以下含义:

——比特 0:ControlCommand.PrmEnd

此字段应依据表 293 来设置。

表 293 ControlCommand.PrmEnd

值(十六进制)	含义	用途
0x00	无 PrmEnd	—
0x01	IO 控制器已完成所存储的启动参数的传输	IODControlReq

——比特 1:ControlCommand.ApplicationReady

此字段应依据表 294 来设置。

表 294 ControlCommand.ApplicationReady

值(十六进制)	含　义	用　途
0x00	应用未准备就绪	—
0x01	IO 设备已完成其应用的启动,或一个新模块或子模块已被插入并准备就绪操作。	IOCControlReq, IOSControlReq

——比特 2:ControlCommand.Release

此字段应依据表 295 来设置。

表 295 ControlCommand.Release

值(十六进制)	含　义	用　途
0x00	未释放	—
0x01	IO 控制器终止该 AR	IODReleaseReq

——比特 3:ControlCommand.Done

此字段应依据表 296 来设置。

表 296 ControlCommand.Done

值(十六进制)	含　义	用　途
0x00	挂起	—
0x01	确认被发送	IODReleaseRes, IOXControlRes, IODControlRes

——比特 4:ControlCommand.ReadyForCompanion

此字段应依据表 297 来设置。

表 297 ControlCommand.ReadyForCompanion

值(十六进制)	含　义	用　途
0x00	未为同伴准备就绪	—
0x01	IO 设备已完成其应用的启动,并为同伴 AR 准备就绪	IOCControlReq, IOSControlReq

——比特 5:ControlCommand.ReadyForRT_CLASS_3

此字段应依据表 298 来设置。

表 298 ControlCommand.ReadyForRT_CLASS_3

值(十六进制)	含　义	用　途
0x00	未为 RT_CLASS_3 准备就绪	—
0x01	IO 设备已完成其应用的启动,并为 RT_CLASS_3 通信准备就绪	IOCControlReq, IOSControlReq

——比特 6～15:ControlCommand.reserved

此字段应设置为 0。

6.2.4.55 字段 DataDescription 的编码

此字段的编码应符合 3.7.3.4,各比特应具有以下含义:

——比特 0～1:DataDescription.Type

此字段应依据表 299 来设置。

表 299 DataDescription.Type

值(十六进制)	含　义
0x00	保留
0x01	Input
0x02	Output
0x03	保留

——比特 2～15:DataDescription.reserved

此字段应设置为 0。

6.2.4.56 字段 DataLength 的编码

此字段应编码为数据类型 Unsigned16。该值应包含 C_SDU 的长度。用于 RT_CLASS_1 和 RT_CLASS_2 的范围是 40～1440。用于 RT_CLASS_3 的范围是 0～1440。用于 RT_CLASS_UDP 的范围是 12～1440。

注:字段 DataLength 是最小的所有 DataItems 的和。它也可以是更大的。

6.2.4.57 字段 GAP 的编码

此字段应编码为数据类型 Unsigned8。这些值应设置为 0。

6.2.4.58 字段 Padding 的编码

此字段应编码为数据类型 Unsigned8。这些值应设置为 0。

6.2.4.59 字段 RTCPadding 的编码

此字段应编码为数据类型 Unsigned8。

6.2.4.60 字段 RTAPadding 的编码

此字段应编码为数据类型 Unsigned8。

6.2.4.61 字段 RWPadding 的编码

此字段应编码为数据类型 Unsigned8。这些值应设置为 0。

6.2.4.62 字段 SendClockFactor 的编码

这些字段应编码为数据类型 Unsigned16,符合表 300。时间基数是 31.25 μs。

表 300 SendClockFactor 的值

值(十进制)	含 义	周期长度	用 途
0	—	—	保留
1～7	可选	—	—
8	可选	250 μs	—
9～15	可选	—	—
16	可选	500 μs	—
17～31	可选	—	—
32	必备	1 ms	与 ReductionRatio 的有效结合,见表 301
33～63	可选	—	—
64	可选	2 ms	—
65～127	可选	—	—
128	可选	4 ms	—
129～65 535	—	—	保留

注:LengthOfPeriod 相应的值范围是 31.25 μs～4 000 μs。最大的以太网帧 1 518 字节或 1 522 字节。为了以 100 Mbit/s 数据速率传输这类帧,LengthOfPeriod 应大于 122.24 μs,而以 1 Gbit/s 数据速率传输这类帧时,LengthOfPeriod 应大于 12.224 μs。

LengthOfPeriod 的值应依据式(52)来计算。

$$LengthOfPeriod = SendClockFactor \times 31.25\ \mu s \qquad (52)$$

在 PDSyncData 块内使用,此字段只当字段 SyncProperties.SyncID 包含值时才应是有效的。

6.2.4.63 字段 ReductionRatio 的编码

这些字段应编码为符合表 301 的数据类型 Unsigned16。值的范围是 1～16384(按不连续的步长)。

表 301 ReductionRatio 的值

值(十进制)	含 义	适用于	用 途
1	必备	RT_CLASS_x, 可选的用于 RT_CLASS_UDP	具有所有 SendClockFactor 值
2	必备	RT_CLASS_x, optional for RT_CLASS_UDP	具有所有 SendClockFactor 值

表 301（续）

值(十进制)	含义	适用于	用　途
4	必备	RT_CLASS_x, 可选的用于 RT_CLASS_UDP	具有所有 SendClockFactor 值
8	必备	RT_CLASS_x, 可选的用于 RT_CLASS_UDP	具有所有 SendClockFactor 值
16	必备	RT_CLASS_x, 可选的用于 RT_CLASS_UDP	具有所有 SendClockFactor 值
32	必备[a]	RT_CLASS_x, 可选的用于 RT_CLASS_UDP	具有所有 SendClockFactor 值
64	必备[a]	RT_CLASS_x, 可选的用于 RT_CLASS_UDP	具有所有 SendClockFactor 值
128	必备[a]	RT_CLASS_x, RT_CLASS_UDP	具有所有 SendClockFactor 值
256	必备[b]	RT_CLASS_x, RT_CLASS_UDP	对于 RT_CLASS_UDP 具有所有 SendClockFactor 值
512	必备[c]	RT_CLASS_x, RT_CLASS_UDP	对于 RT_CLASS_UDP 具有所有 SendClockFactor 值
1 024	必备	RT_CLASS_UDP	具有所有 SendClockFactor 值
2 048	必备	RT_CLASS_UDP	具有所有 SendClockFactor 值
4 096	必备	RT_CLASS_UDP	具有所有 SendClockFactor 值
8 192	必备	RT_CLASS_UDP	仅具有小于或等于 64 的 SendClockFactor 值
16 384	必备	RT_CLASS_UDP	仅具有小于或等于 32 的 SendClockFactor 值
16 385～65 535	保留	—	—
其他	可选	—	—

[a] 对于 RT_CLASS_3 和对于具有 SendClockFactors 不等于{1, 2, 4, 8, 16, 32, 64, 128}的 RT_CLASS_x,可选。

[b] 对于 RT_CLASS_3 和对于具有 SendClockFactors 不等于 {1, 2, 4, 8, 16, 32, 64}的 RT_CLASS_x,可选。

[c] 对于 RT_CLASS_3 和对于具有 SendClockFactors 不等于{1, 2, 4, 8, 16, 32}的 RT_CLASS_x,可选。

6.2.4.64　字段 Phase 的编码

这些字段应编码为符合表 302 的数据类型 Unsigned16。它应小于或等于有关的 ReductionRatio。

表 302 **Phase 的值**

值(十进制)	含 义	用 途
0	保留	—
1～16 384	必备	但应不超过 ReductionRatio 的值
16 385～65 535	保留	—

6.2.4.65 字段 Sequence 的编码

这些字段应编码为符合表 303 的数据类型 Unsigned16。

表 303 **Sequence 的值**

值(十六进制)	含 义	用 途
0	必备,Sequence 未定义	提供者协议机定义每个阶段的 Sequence
0x0001～0xFFFF	可选,Sequence 已定义	提供者协议机使用指定给每个阶段的 Sequence

6.2.4.66 字段 DataHoldFactor 和 WatchdogFactor 的编码

这些字段应编码为数据类型 Unsigned16。时间基数是 SendClockFactor 乘以监控消费者的 ReductionRatio。

WatchdogTime 和 DataHoldTime 的计算见式(53)和式(54)。

$$\text{WatchdogTime} = \text{WatchdogFactor} \times \text{SendClockFactor} \times \text{ReductionRatio} \times 31.25\ \mu\text{s} \quad \cdots(53)$$

$$\text{DataHoldTime} = \text{DataHoldFactor} \times \text{SendClockFactor} \times \text{ReductionRatio} \times 31.25\ \mu\text{s} \quad \cdots(54)$$

Data-RTC-PDU 的值范围是 0x0003～0x1E00。DataHoldTime 和 WatchdogTime 应等于或小于 1.92 s。

UDP-RTC-PDU 的值范围是 0x0003～0xF000。DataHoldTime 和 WatchdogTime 应等于或小于 61.44 s。

在表 304 中定义了 DataHoldFactor 的用法。

表 304 **DataHoldFactor**

值(十六进制)	含 义	描 述
0x0000	保留	—
0x0001～0x0002	可选	超时导致 AR 终止
0x0003～0x00FF	必备	超时导致 AR 终止
0x0100～0x1E00	可选	超时导致 AR 终止
0x1E01～0xFFFF	保留	—

在表 305 中定义了 WatchdogFactor 的用法。

表 305 WatchdogFactor

值(十六进制)	含 义	描 述
0x0000	保留	—
0x0001～0x0002	可选	对于一个遗失的帧,值“1”导致 AR 终止
0x0003～0x00FF	必备	超时导致检查相应的 DataHoldFactor
0x0100～0x1E00	可选	超时导致检查相应的 DataHoldFactor
0x1E01～0xFFFF	保留	—

6.2.4.67 字段 FrameSendOffset 的编码

这些字段应编码为数据类型 Unsigned32,并依据表 306、图 48 和式(55)来设置。时间基数是 1 ns。

注:在两个 RT_CLASS_3 帧之间的最小间隔是 1 120 ns。

表 306 FrameSendOffset 的值

值(十进制)	含 义	用 途
0～0x00001388	对有关周期开始的相对发送偏移量	可选
0x00001389～0x003B28FF	对有关周期开始的相对发送偏移量	对于 RT_CLASS_3,必备对于 RT_CLASS_1、RT_CLASS_2 和 RT_CLASS_UDP,可选
0x003B2900～0x003D08FF	对有关周期开始的相对发送偏移量仅当帧大小满足等式(55)时才可使用	对于 RT_CLASS_3,必备对于 RT_CLASS_1、RT_CLASS_2 和 RT_CLASS_UDP,可选
0x003D0900～0xFFFFFFFE	保留	未使用
0xFFFFFFFF	最大努力 提供者协议机尽可能快地发送该帧	必备

$$\text{FrameSendOffset}[\text{Frame}] + \text{Duration}[\text{Frame}] < \text{SendClockFactor} \times 31.25\ \mu\text{s} \qquad (55)$$

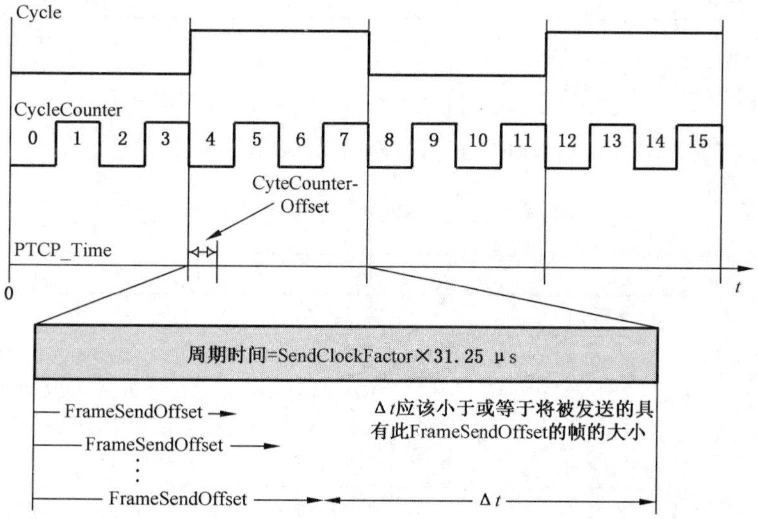

图 48 FrameSendOffset 与周期时间

6.2.4.68 PNIOStatus 相关的编码

6.2.4.68.1 概要

通常，值 ErrorCode＝0、ErrorDecode＝0、ErrorCode1＝0 和 ErrorCode2＝0 应被用来指示“okay”。

此外，在 IODReadReq 内的地址参数有非法组合的情况下，值 ErrorCode＝“IODReadRes”、ErrorDecode＝“PNIORW”、ErrorCode1＝“access-invalid area”和 ErrorCode2 可以用来指示有错误的参数。

注：一个非法地址组合的示例是，在 ReadExpectedIdentification 服务中，TargetARUUID＝NULL 和 ARUUID＝NULL。

6.2.4.68.2 字段 ErrorCode 的编码

此字段应编码为数据类型 Unsigned8。在表 307 中定义了用法。

表 307 负响应的 ErrorCode 值

值(十六进制)	含　　义	用　　途
0x00～0x80	保留	—
0x81	PNIO	LogData
0x82～0xCE	保留	—
0xCF	RTA error	在 ERR-RTA-PDU 和 UDP-RTA-PDU 内
0xD0～0xD9	保留	—
0xDA	AlarmAck	在 DATA-RTA-PDU 和 UDP-RTA-PDU 内
0xDB	IODConnectRes	在 CL-RPC-PDU 内
0xDC	IODReleaseRes	在 CL-RPC-PDU 内
0xDD	IODControlRes， IOCControlRes， IOSControlRes	在 CL-RPC-PDU 内
0xDE	IODReadRes	在 CL-RPC-PDU 内仅使用 ErrorDecode＝PNIORW
0xDF	IODWriteRes	在 CL-RPC-PDU 内仅使用 ErrorDecode＝PNIORW
0xE0～0xEF	保留	—
0xF0～0xFF	保留	—

6.2.4.68.3 字段 ErrorDecode 的编码

此字段应编码为数据类型 Unsigned8。在表 308 中定义了用法。

表 308 ErrorDecode 的值

值(十六进制)	含　　义	用　　途
0x00～0x7F	保留	—
0x80	PNIORW a	在与服务 Read、Write、Read Input Data、Read Output Data、Read Device Diagnosis、Read AR Data、Read Logbook、Read Expected Identification、Read Real Identification 的用户错误代码的上下关系中使用
0x81	PNIO	在与其他服务或内部(例如，RPC)错误的上下关系中使用
0x82～0xFF	保留	—
[a] 相当于 PROFIBUS(DPV1)。		

6.2.4.68.4 字段 ErrorCode1 和 ErrorCode2 的编码

这些字段应编码为数据类型 Unsigned8。

字段 ErrorDecode 定义 ErrorCode1 和 ErrorCode2 的编码和含义。

ErrorDecode 值 PNIORW 指示应依据表 309 来设置参数 ErrorCode1。ErrorCode1 由 ErrorClass 和 ErrorDecode 组成。

表 309 用于 ErrorDecode 值为 PNIORW 的 ErrorCode1 编码

ErrorCode1		
ErrorClass(十进制) 比特 7～4	含义	ErrorCode(十进制) 比特 3～0
0～9	未规定	保留
10	应用	0＝读错误 1＝写错误 2＝模块失效 3＝未规定 4＝未规定 5＝未规定 6＝未规定 7＝忙 8＝版本冲突 9＝特性不被支持 10＝用户特定 1 11＝用户特定 2 12＝用户特定 3 13＝用户特定 4 14＝用户特定 5 15＝用户特定 6
11	访问	0＝无效的索引 1＝写长度错误 2＝无效的槽/子槽 3＝类型冲突 4＝无效的区域/API 5＝状态冲突 6＝访问被拒绝 7＝无效的范围 8＝无效的参数 9＝无效的类型 10＝备用 11＝用户特定 7 12＝用户特定 8 13＝用户特定 9 14＝用户特定 10 15＝用户特定 11

表 309（续）

ErrorCode1		
ErrorClass(十进制) 比特 7～4	含义	ErrorCode(十进制) 比特 3～0
12	资源	0＝读约束冲突 1＝写约束冲突 2＝资源忙 3＝资源不可使用 4＝未规定 5＝未规定 6＝未规定 7＝未规定 8＝用户特定 12 9＝用户特定 13 10＝用户特定 14 11＝用户特定 15 12＝用户特定 16 13＝用户特定 17 14＝用户特定 18 15＝用户特定 19
13～15	用户特定	用户特定
注：未规定的值被用于继承代码，并被不改变地传递到应用。		

ErrorDecode 值 PNIORW 指示参数 ErrorCode2 应被设置为用户特定的。

ErrorDecode 值 PNIO 指示应依据表 310 来设置参数 ErrorCode1。

表 310　用于 ErrorDecode 值为 PNIO 的 ErrorCode1 和 ErrorCode2 的值

值 ErrorCode1 （十进制）	含义	值 ErrorCode2 （十进制）	含义/用法
0	保留	0～255	保留
1	Connect 参数错误 错误的 ARBlockReq	0	参数 BlockType 错误
		1	参数 Length 错误
		…	…
		13	参数 NameOfStation 错误
		14～255	保留
2	Connect 参数错误 错误的 IOCRBlockReq	0	参数 BlockType 错误
		1	参数 Length 错误
		…	…
		23	参数 IOCSFrameOffset 错误
		24～255	保留

表 310（续）

值 ErrorCode1 （十进制）	含义	值 ErrorCode2 （十进制）	含义/用法
3	Connect 参数错误 错误的 ExpectedSubmoduleBlockReq	0	参数 BlockType 错误
		1	参数 Length 错误
		…	…
		7	参数 SubmoduleLength 错误
		8～255	保留
4	Connect 参数错误 错误的 AlarmCRBlockReq	0	参数 BlockType 错误
		1	参数 Length 错误
		…	…
		15	参数 AlarmCRTagHeaderLow 错误
		16～255	保留
5	Connect 参数错误 错误的 PrmServerBlockReq	0	参数 BlockType 错误
		1	参数 Length 错误
		…	…
		8	参数 ParameterServerStationName 错误
		9～255	保留
6	Connect 参数错误 错误的 MCRBlockReq	0	参数 BlockType 错误
		1	参数 Length 错误
		…	…
		8	参数 ProviderStationName 错误
		9～255	保留
7	Connect 参数错误 错误的 ARRPCBlockReq	0	参数 BlockType 错误
		1	参数 Length 错误
		…	…
		4	参数 InitiatorRPCServerPort 错误
		5～255	保留
8	Read Write Record 参数错误 错误的 Record	0	参数 BlockType 错误
		1	参数 Length 错误
		…	…
		12	参数 TargetARUUID 错误
		13～255	保留
9～19	保留	0～255	保留

表 310（续）

值 ErrorCode1 （十进制）	含义	值 ErrorCode2 （十进制）	含义/用法
20	IODControl 参数错误 错误的 ControlBlockConnect	0	参数 BlockType 错误
		1	参数 Length 错误
		…	…
		9	参数 ControlBlockProperties 错误
		10～255	保留
21	IODControl 参数错误 错误的 ControlBlockPlug	0	参数 BlockType 错误
		…	…
		9	参数 ControlBlockProperties 错误
		10～255	保留
22	IOXControl 参数错误 在连接建立后，错误的 ControlBlock	0	参数 BlockType 错误
		…	…
		7	参数 ControlBlockProperties 错误
		8～255	保留
23	IOXControl 参数错误 在插报警（Pull Alarm）后，错误的 ControlBlock	0	参数 BlockType 错误
		1	参数 Length 错误
		…	…
		7	参数 ControlBlockProperties 错误
		8～255	保留
24～39	保留	0～255	保留
40	Release 参数错误 错误的 ReleaseBlock	0	参数 BlockType 错误
		1	参数 Length 错误
		…	…
		7	参数 ControlBlockProperties 错误
		8～255	保留
41～49	保留	0～255	保留
50	Response 参数错误 错误的 ARBlockRes	0	参数 BlockType 错误
		1	参数 Length 错误
		…	…
		8	参数 ResponderUDPRTPort 错误
		9～255	保留

表 310（续）

值 ErrorCode1 （十进制）	含义	值 ErrorCode2 （十进制）	含义/用法
51	Response 参数错误 错误的 IOCRBlockRes	0	参数 BlockType 错误
		1	参数 Length 错误
		…	…
		6	参数 FrameID 错误
		7～255	保留
52	Response 参数错误 错误的 AlarmCRBlockRes	0	参数 BlockType 错误
		1	参数 Length 错误
		…	…
		6	参数 MaxAlarmDataLengt 错误
		7～255	保留
53	Response 参数错误 错误的 ModuleDiffBlock	0	参数 BlockType 错误
		1	参数 Length 错误
		…	…
		13	参数 SubmoduleState 错误
		14～255	保留
54	Response 参数错误 错误的 ARRPCBlockRes	0	参数 BlockType 错误
		1	参数 Length 错误
		…	…
		4	参数 ResponderRPCServerPort 错误
		5～255	保留
55～59	保留	0～255	保留
60	AlarmAck 错误代码	0	不支持的报警类型
		1	错误的子模块状态
		2～255	保留
61	CMDEV	0	状态冲突
		1	资源
		2～255	用法见协议机，并存储为日志条目
62	CMCTL	0	状态冲突
		1	超时
		2	无数据发送
		3～255	保留

表 310（续）

值 ErrorCode1 （十进制）	含义	值 ErrorCode2 （十进制）	含义/用法
63	NRPM	0	无 DCP 活动
		1	DNS Unknown_RealStationName
		2	DCP No_RealStationName
		3	DCPmultiple_RealStationName
		4	DCP No_StationName
		5	No_IP_Addr
		6	DCP_Set_Error
		7～255	保留
64	RMPM	0	ArgsLength 无效
		1	未知块
		2	IOCR 丢失
		3	错误的 AlarmCRBlock 计数
		4	AR 资源不足
		5	AR UUID 未知
		6	状态冲突
		7	提供者、消费者或报警资源不足
		8	内存不足
		9～255	保留
65	ALPMI	0	无效的状态
		1	错误的 ACK-PDU
		2～255	保留
66	ALPMR	0	无效的状态
		1	错误的 Notification PDU
		2～255	保留
67	LMPM	0～255	用法见协议机，并存储为日志登录项
68	MMAC	0～255	用法见协议机，并存储为日志登录项
69	RPC	0～255	见表 311
70	APMR	0	无效的状态
		1	LMPM 通知一个错误
		2～255	保留

表 310（续）

值 ErrorCode1 （十进制）	含义	值 ErrorCode2 （十进制）	含义/用法
71	APMS	0	无效的状态
		1	LMPM 通知一个错误
		2	超时
		3～255	保留
72	CPM	0	无效的状态
		1～255	保留
73	PPM	0	无效的状态
		1～255	保留
74	由 DCPUCS 使用	0	无效的状态
		1	LMPM 通知一个错误
		2	超时
		3～255	保留
75	由 DCPUCR 使用	0	无效的状态
		1	LMPM 通知一个错误
		2～255	保留
76	由 DCPMCS 使用	0	无效的状态
		1	LMPM 通知一个错误
		2～255	保留
77	由 DCPMCR 使用	0	无效的状态
		1	LMPM 通知一个错误
		2～255	保留
78	FSPM	0～255	用法见协议机，并存储为日志登录项
79～252	保留	0～255	保留
253	由 RTA 用于协议错误 (RTA_ERR_CLS_PROTOCOL)	0	保留
		1	顺序号协调错误 (RTA_ERR_CODE_SEQ)错误
		2	实例关闭 (RTA_ERR_ABORT)
		3	AR 内存不足 (RTA_ERR_ABORT)
		4	AR 增加提供者或消费者失败 (RTA_ERR_ABORT)
		5	AR 消费者 DHT/WDT 超时 (RTA_ERR_ABORT)

表 310（续）

值 ErrorCode1 （十进制）	含义	值 ErrorCode2 （十进制）	含义/用法
253	由 RTA 用于协议错误 （RTA_ERR_CLS_PROTOCOL）	6	AR cmi 超时 （RTA_ERR_ABORT）
		7	AR alarm-open 失败 （RTA_ERR_ABORT）
		8	AR alarm-send.cnf(-) （RTA_ERR_ABORT）
		9	AR alarm-ack-send.cnf(-) （RTA_ERR_ABORT）
		10	AR 报警数据太长 （RTA_ERR_ABORT）
		11	AR alarm.ind(err) （RTA_ERR_ABORT）
		12	AR rpc-client call.cnf(-) （RTA_ERR_ABORT）
		13	AR abort.req （RTA_ERR_ABORT）
		14	存在 AR re-run aborts （RTA_ERR_ABORT）
		15	接收 AR release.ind （RTA_ERR_ABORT）
		16	使 AR 设备不活动 （RTA_ERR_ABORT）
		17	AR 移出 （RTA_ERR_ABORT）
		18	违背 AR 协议 （RTA_ERR_ABORT）
		19	AR 名称解析错误 （RTA_ERR_ABORT）
		20	AR RPC-Bind 错误 （RTA_ERR_ABORT）
		21	AR RPC-Connect 错误 （RTA_ERR_ABORT）
		22	AR RPC-Read 错误 （RTA_ERR_ABORT）
		23	AR RPC-Write 错误 （RTA_ERR_ABORT）

表 310（续）

值 ErrorCode1 （十进制）	含义	值 ErrorCode2 （十进制）	含义/用法
253	由 RTA 用于协议错误 （RTA_ERR_CLS_PROTOCOL）	24	AR RPC-Control 错误 （RTA_ERR_ABORT）
		25	在 check.rsp 之后且 in-data.ind 之前，AR 禁止插拔 （RTA_ERR_ABORT）
		26	AR AP 移出 （RTA_ERR_ABORT）
		27	AR 链路断 （RTA_ERR_ABORT）
		28	AR 不能登记多播 MAC 地址 （RTA_ERR_ABORT）
		29	不同步（不能启动 companion-ar） （RTA_ERR_ABORT）
		30	错误拓扑（不能启动 companion-ar） （RTA_ERR_ABORT）
		31	DCP，站名称更改 （RTA_ERR_ABORT）
		32	DCP，复位工厂设置 （RTA_ERR_ABORT）
		33	不能启动 companion-AR，因为在第 1 个 AR 中有一个 0x8ipp 子模块… （RTA_ERR_ABORT）
		34	还没有 irdata 记录 （RTA_ERR_ABORT）
		35	PDEV （RTA_ERROR_ABORT）
		36	PDEV，没有端口提供要求的速度/双工 （RTA_ERROR_ABORT）
		37～200	保留
		201～255	制造商特定
254	保留	0～255	保留
255	用户特定	0～255	用户特定

表 311　用于 ErrorCode1＝RPC 的 ErrorCode2 值

值（十进制）	定　　义	含　　义
0	保留	—
1	CLRPC_ERR_REJECTED	端点映射器或服务器拒绝该调用。更多细节见表 182 和 183

表 311（续）

值(十进制)	定　义	含　义
2	CLRPC_ERR_FAULTED	服务器在执行该调用时有故障。更多细节见表 182 和 183。
3	CLRPC_ERR_TIMEOUT	端点映射器或服务器不响应
4	CLRPC_ERR_IN_ARGS	广播或"ndr_data"太大
5	CLRPC_ERR_OUT_ARGS	服务器发送返回的数据比"alloc_len"更多
6	CLRPC_ERR_DECODE	由于端点映射器"lookup"不能被解码
7	CLRPC_ERR_PNIO_OUT_ARGS	输出没有"PN IO 签名"，或太短，或不一致
8	CLRPC_ERR_PNIO_APP_TIMEOUT	在 RPC 应用超时后，RPC 调用被终止
9～255	保留	—

6.2.4.69　字段 ModuleState 的编码

此字段应编码为数据类型 Unsigned16。此字段应依据表 312 中的值来编码。

表 312　**ModuleState**

值(十六进制)	含　义	用　途
0x0000	无模块	例如，模块未插入
0x0001	错误的模块	例如，ModuleIdentNumber 错误
0x0002	正确的模块	模块是正确的，但至少有一个子模块被锁住、错误或丢失
0x0003	替代	与所要求的模块不同，但兼容。IO 设备能够通过自己的抉择来适配
0x0004～0xFFFF	保留	—

6.2.4.70　字段 SubmoduleState 的编码

此字段的编码应符合 3.7.3.4，各比特应具有以下含义：

6.2.4.70.1　SubmoduleState.FormatIndicator == 1 时的编码

——比特 0～2：SubmoduleState.AddInfo
此字段应依据表 313 来设置。

表 313　**SubmoduleState.AddInfo**

值(十六进制)	含　义	描　述
0x00	无	—
0x01	不允许接管	此子模块不可以由 IOSAR 接管
0x02～0x07	保留	—

——比特 3：SubmoduleState.QualifiedInfo
此字段应依据表 314 来设置。

表 314 **SubmoduleState.QualifiedInfo**

值(十六进制)	含　义	描　述
0x00	没有 QualifiedInfo 可利用	没有子模块的通道包含 QualifiedChannelDiagnosis
0x01	QualifiedInfo 可利用	至少有一个子模块的通道包含 QualifiedChannelDiagnosis

——比特 4:SubmoduleState.MaintenanceRequired

此字段应依据表 315 来设置。

表 315 **SubmoduleState.MaintenanceRequired**

值(十六进制)	含　义	描　述
0x00	没有 MaintenanceRequired 可用	没有子模块的通道需要的维护
0x01	MaintenanceRequired 可用	至少有一个子模块的通道需要的维护

——比特 5:SubmoduleState.MaintenanceDemanded

此字段应依据表 316 来设置。

表 316 **SubmoduleState.MaintenanceDemanded**

值(十六进制)	含　义	描　述
0x00	没有 MaintenanceDemanded 可用	没有子模块的通道要求维护
0x01	MaintenanceDemanded 可用	至少有一个子模块的通道要求维护

——比特 6:SubmoduleState.DiagInfo

此字段应依据表 317 来设置。

表 317 **SubmoduleState.DiagInfo**

值(十六进制)	含　义	描　述
0x00	没有 DiagnosisData 可用	对于此子模块没有 DiagnosisData 可用/存储
0x01	DiagnosisData 可用	对于此子模块有 DiagnosisData 可用:它可以用相应的记录来读取

——比特 7～10:SubmoduleState.ARInfo

此字段应依据表 318 来设置。

表 318 **SubmoduleState.ARInfo**

值(十六进制)	含　义	描　述
0x00	拥有	此 AR 是该子模块的持有者
0x01	应用就绪挂起(ApplicationReadyPending,ARP)	此 AR 是该子模块的持有者,但它被锁住,例如,参数检查未完成
0x02	高级锁住(Superordinated Locked,SO)	此 AR 是该子模块的持有者。它被高级的手段锁住

表 318（续）

值(十六进制)	含　义	描　述
0x03	被IO控制器锁住(IOC)	此AR不是该子模块的持有者。它被一个另外的IOAR持有
0x04	被IO监视器锁住(IOS)	此AR不是该子模块的持有者。它被一个另外的IOSAR持有
0x05～0x0F	保留	保留

——比特11～14:SubmoduleState.IdentInfo
此字段应依据表319来设置。

表 319　**SubmoduleState.IdentInfo**

值(十六进制)	含　义
0x00	正确
0x01	代替(SU)
0x02	错误(WR)
0x03	无子模块(NO)
0x04～0x0F	保留

——比特15:SubmoduleState.FormatIndicator
此字段应依据表320来设置。

表 320　**SubmoduleState.FormatIndicator**

值(十六进制)	含　义	用　途
0x00	编码使用SubmoduleState.Detail	应被IO控制器和IO监视器支持
0x01	编码使用SubmoduleState.IdentInfo,.ARInfo和.AddInfo	应被IO设备、IO控制器和IO监视器使用

6.2.4.70.2　SubmoduleState.FormatIndicator ＝＝ 0时的编码

——比特0～14:SubmoduleState.Detail
此字段应依据表321来设置。

表 321　**SubmoduleState.Detail**

值(十六进制)	含　义	用　途
0x0000	无子模块	—
0x0001	错误的子模块	—
0x0002	被IO控制器锁住	—
0x0003	保留	—

表 321（续）

值(十六进制)	含　义	用　途
0x0004	应用准备未完成	仅应与 IOXControl 请求(应用就绪)联合使用
0x0005	保留	—
0x0006	保留	—
0x0007	代替	子模块与所要求的不同,但兼容,而且该 IO 设备能够适应。 在此情况下,该 IO 设备必须适应(例如,对新的输入或输出长度)
0x0008～0x7FFF	保留	—

注：如果所期望的组态数据与实际的组态数据之间存在差别,字段 SubmoduleState 才被响应。SubmoduleState "GOOD"未被详细说明,因为在 ExpectedSubmoduleRes 中对于这样的子模块没有状况被报告。

——比特 15：SubmoduleState.FormatIndicator

此字段应依据表 320 来设置。

6.2.4.71　字段 SubmoduleProperties 的编码

此字段的编码应符合 3.7.3.4,各比特应具有以下含义：

——比特 0～1：SubmoduleProperties.Type

此字段应依据表 322 来设置。

表 322　SubmoduleProperties.Type

值(十六进制)	含　义	用　途
0x00	无输入和无输出数据	无 IO 数据的子模块,视为无数据的输入(对于 IOCS/IOPS),一个输入数据描述块跟随
0x01	输入数据	有输入数据的子模块,跟随一个输入数据描述块
0x02	输出数据	有输出数据的子模块,跟随一个输出数据描述块
0x03	输入和输出数据	有输入和输出数据的子模块,跟随一个输入数据描述块和一个输出数据描述块

——比特 2：SubmoduleProperties.SharedInput

此字段应依据表 323 来设置。

表 323　SubmoduleProperties.SharedInput

值(十六进制)	含　义	用　途
0x00	IO 控制器	IO 控制器可以与所有可能的 SubmoduleProperties.Type 值一起使用
0x01	共享的 IO 控制器	仅共享的 IO 控制器应使用此值。共享的 IO 控制器不接收报警并只限于读访问。该值应不与 SubmoduleProperties.Type == 0x02.一起使用

——比特 3：SubmoduleProperties.ReduceInputSubmoduleDataLength

此字段应依据表 324 来设置。

表 324 **SubmoduleProperties.ReduceInputSubmoduleDataLength**

值(十六进制)	含　义	用　途
0x00	期望的	对于 I-CR,使用期望的输入 SubmoduleDataLength
0x01	0	对于 I-CR,减少输入 SubmoduleDataLength 到 0

——比特 4:SubmoduleProperties.ReduceOutputSubmoduleDataLength

此字段应依据表 325 来设置。

表 325 **SubmoduleProperties.ReduceOutputSubmoduleDataLength**

值(十六进制)	含　义	使　用
0x00	期望的	对于 O-CR,使用期望的输出 SubmoduleDataLength
0x01	0	对于 O-CR,减少输出 SubmoduleDataLength 到 0

——比特 5:SubmoduleProperties.DiscardIOXS

此字段应依据表 326 来设置。

表 326 **SubmoduleProperties.DiscardIOXS**

值(十六进制)	含　义	用　途
0x00	期望的	在相应 CRs 的帧中合并此子模块的所有期望的 IOXS
0x01	0	在相应 CRs 的帧中丢弃此子模块的所有期望的 IOXS

——比特 6～7:SubmoduleProperties.reserved_1

此字段应依据 3.7.3.2 来设置。

——比特 8～15:SubmoduleProperties.reserved_2

此字段应设置为 0。

6.2.4.72 字段 ModuleProperties 的编码

此字段应依据 3.7.3.4 来设置,各比特应具有以下含义:

——比特 0～7:moduleProperties.reserved_1

此字段应依据 3.7.3.2 来设置。

——比特 8～15:moduleProperties.reserved_2

此字段应设置为 0。

6.2.4.73 字段 SubstitutionMode 的编码

此字段应编码为数据类型 Unsigned16。此字段应依据表 327 中的值来编码。

表 327 **SubstitutionMode**

值(十六进制)	含　义	用　途
0x0000	0(ZERO)	该输出被设置为 0 或不活动的
0x0001	上次的值	持有上次的有效应用值
0x0002	替换值	设置该输出为已组态的替换值

表 327（续）

值(十六进制)	含　义	用　途
0x0003～0x00FF	保留	—
0x0100～0x01FF	保留用于行规	可以用于行规规范
0x0200～0xFFFF	保留	—

6.2.4.74 字段 SubstituteActiveFlag 的编码

此字段应编码为数据类型 Unsigned16。此字段应依据表 328 中的值来编码。

表 328 SubstituteActiveFlag

值(十六进制)	含　义	用　途
0x0000	运行	该输出依据正常控制进程来设置(代替不活动)
0x0001	代替	该输出依据代替功能来设置(代替活动)
0x0002～0xFFFF	保留	—

6.2.4.75 字段 InitiatorUDPRTPort 的编码

此字段应编码为数据类型 Unsigned16。此字段应依据表 329 中的值来编码。

表 329 InitiatorUDPRTPort

值(十六进制)	含　义	用　途
0x0000～0x03FF	保留	—
0x0400～0xBFFF	可用	—
0x8892	缺省(熟知)	推荐
0xC000～0xFFFF	可用	推荐

6.2.4.76 字段 ResponderUDPRTPort 的编码

此字段应编码为数据类型 Unsigned16。此字段应依据表 330 中的值来编码。

表 330 ResponderUDPRTPort

值(十六进制)	含　义	用　途
0x0000～0x03FF	保留	—
0x0400～0xBFFF	可用	—
0x8892	缺省(熟知)	推荐
0xC000～0xFFFF	可用	推荐

6.2.4.77 字段 InitiatorRPCServerPort 的编码

此字段应编码为数据类型 Unsigned16。此字段应依据表 331 中的值来编码。

表 331 **InitiatorRPCServerPort**

值(十六进制)	含　义
0x0000～0x03FF	保留
0x0400～0xFFFF	可用
0xC000～0xFFFF	依据 IANA 推荐

6.2.4.78 字段 ResponderRPCServerPort 的编码

此字段应编码为数据类型 Unsigned16。此字段应依据表 332 中的值来编码。

表 332 **ResponderRPCServerPort**

值(十六进制)	含　义
0x0000～0x03FF	保留
0x0400～0xFFFF	可用
0xC000～0xFFFF	依据 IANA 推荐

6.2.4.79 字段 LocalAlarmReference 的编码

此字段应编码为数据类型 Unsigned16。此字段应包含在 AlarmCRBlockReq 内该 IO 控制器的引用值。此字段应包含在 AlarmCRBlockReq 和 ARData 内该 IO 设备引用的值。

6.2.4.80 字段 RemoteAlarmReference 的编码

此字段应编码为数据类型 Unsigned16。此字段应包含在 ARData 内该 IO 设备的引用值。

6.2.4.81 字段 maxAlarmDataLength 的编码

此字段应编码为数据类型 Unsigned16。此字段应包含 AlarmNotification-PDU 的最大值。所允许的值应在 200～1432 的范围内。

6.2.4.82 字段 ParameterServerProperties 的编码

此字段应编码为数据类型 Unsigned32。此字段被保留于未来使用。

6.2.4.83 I&M Records 的编码

6.2.4.83.1 概要

具有类型 VisibleString 的所有数据应左对齐。如果该文本的长度比定义的字符串长度短,则缺口应用空格来填满。

6.2.4.83.2 字段 IM_Serial_Number 的编码

此字段应编码为数据类型 VisibleString[16]。该值应设置为制造商特定,并且如果它短于 16 个八位位组就应用空格来填满。

6.2.4.83.3 字段 IM_Hardware_Revision 的编码

此字段应编码为数据类型 Unsigned16 且其值符合表 333。

表 333 IM_Hardware_Revision

值(十六进制)	含义
0x0000～0xFFFF	硬件版本

6.2.4.83.4 字段 IM_SWRevision_Functional_Enhancement 的编码

此字段应编码为数据类型 Unsigned8 且其值符合表 334。

表 334 IM_SWRevision_Functional_Enhancement

值(十六进制)	含义
0x00～0xFF	增强功能

6.2.4.83.5 字段 IM_SWRevision_Bug_Fix 的编码

此字段应编码为数据类型 Unsigned8 且其值符合表 335。

表 335 IM_SWRevision_Bug_Fix

值(十六进制)	含义
0x00～0xFF	程序缺陷修复

6.2.4.83.6 字段 IM_SWRevision_Internal_Change 的编码

此字段应编码为数据类型 Unsigned8 且其值符合表 336。

表 336 IM_SWRevision_Internal_Change

值(十六进制)	含义
0x00～0xFF	内部改变

6.2.4.83.7 字段 IM_Revision_Counter 的编码

此字段应编码为数据类型 Unsigned16 且其值符合表 337。

表 337 IM_Revision_Counter

值(十六进制)	含义	用法
0x0000	版本计数器	必备
0x0001～0xFFFF	版本计数器	可选

6.2.4.83.8 字段 IM_Profile_ID 的编码

此字段应编码为数据类型 Unsigned16 且其值符合表 338。

表 338 IM_Profile_ID

值(十六进制)	含 义
0x0000～0xFFFE	应由行规来定义使用,编号应被唯一地管理
0xFFFF	应由行规来定义使用,编号应被唯一地管理

注 1:由 PROFIBUS & PROFINET 国际(PI)分配 IM 行规 ID。

注 2:依据 6.2.3.1。

6.2.4.83.9 字段 IM_Profile_Specific_Type 的编码

此字段应编码为数据类型 Unsigned16 且其值符合表 339。

表 339 IM_Profile_Specific_Type

值(十六进制)	含 义
0x0000～0xFFFF	应由行规来定义使用,被视为该行规的子版本

6.2.4.83.10 字段 IM_Version_Major 的编码

此字段应编码为数据类型 Unsigned8 且其值符合表 340。

表 340 IM_Version_Major

值(十六进制)	含 义
0x00	保留
0x01	应设置在此版本中
0x02～0xFF	保留

6.2.4.83.11 字段 IM_Version_Minor 的编码

此字段应编码为数据类型 Unsigned8 且其值符合表 341。

表 341 IM_Version_Minor

值(十六进制)	含 义
0x01	应设置在此版本中
0x00, 0x02～0xFF	保留

6.2.4.83.12 字段 IM_Supported 的编码

此字段的编码应符合 3.7.3.4,各比特应具有以下含义:

——比特 0:IM_Supported.Profil_specific

此字段应被设置为有关行规。

——比特 1:IM_Supported.I&M1

如果 I&M1 记录包含数据，则应设置此字段。

——比特 2：IM_Supported.I&M2

如果 I&M2 记录包含数据，则应设置此字段。

——比特 3：IM_Supported.I&M3

如果 I&M3 记录包含数据，则应设置此字段。

——比特 4：IM_Supported.I&M4

如果 I&M4 记录包含数据，则应设置此字段。

——比特 5：IM_Supported.I&M5

如果 I&M5 记录包含数据，则应设置此字段。

——比特 6：IM_Supported.I&M6

如果 I&M6 记录包含数据，则应设置此字段。

——比特 7：IM_Supported.I&M7

如果 I&M7 记录包含数据，则应设置此字段。

——比特 8：IM_Supported.I&M8

如果 I&M8 记录包含数据，则应设置此字段。

——比特 9：IM_Supported.I&M9

如果 I&M9 记录包含数据，则应设置此字段。

——比特 10：IM_Supported.I&M10

如果 I&M10 记录包含数据，则应设置此字段。

——比特 11：IM_Supported.I&M11

如果 I&M11 记录包含数据，则应设置此字段。

——比特 12：IM_Supported.I&M12

如果 I&M12 记录包含数据，则应设置此字段。

——比特 13：IM_Supported.I&M13

如果 I&M13 记录包含数据，则应设置此字段。

——比特 14：IM_Supported.I&M14

如果 I&M14 记录包含数据，则应设置此字段。

——比特 15：IM_Supported.I&M15

如果 I&M15 记录包含数据，则应设置此字段。

6.2.4.83.13 字段 IM_Tag_Function 的编码

此字段应编码为数据类型 VisibleString[32]。该值应设置为制造商特定，并且如果它短于 32 个八位位组就应用空格来填满。

6.2.4.83.14 字段 IM_Tag_Location 的编码

此字段应编码为数据类型 VisibleString[22]。该值应设置为制造商特定，并且如果它短于 22 个八位位组就应用空格来填满。

6.2.4.83.15 字段 IM_Date 的编码

此字段应编码为数据类型 VisibleString[16]且其值符合表 342。

String 格式"YYYY-MM-DD HH：MM"是与 GB/T 7408 一致的。

表 342 **IM_Date**

八位位组	含　义	用　法
0～3	YYYY	具有4个数字的年
4	"-"	字符短划线'-'作为分隔符
5～6	MM	具有2个数字的月
7	"-"	字符短划线'-'作为分隔符
8～9	DD	具有2个数字的天
10	" "	字符空格' '作为分隔符
11～12	HH	具有2个数字的时
13	":"	字符冒号':'作为分隔符
14～15	MM	具有2个数字的分

6.2.4.83.16 字段 IM_Descriptor 的编码

此字段应编码为数据类型 VisibleString[54]。该值应设置为制造商特定，并且如果它短于54个八位位组就应用空格来填满。

6.2.4.83.17 字段 IM_Signature 的编码

此字段应编码为数据类型 OctetString[54]。该值应设置为制造商特定，并且如果它短于54个八位位组就应用空格来填满。

6.2.5 Alarm 和 Diagnosis PDU 相关的编码

6.2.5.1 字段 UserStructureIdentifier 的编码

此字段应编码为数据类型 Unsigned16 且其值符合表343。

此字段标识 AlarmNotification 的字段 Data 的结构和 Alarm data 的字段 Data 的结构。

表 343 **UserStructureIdentifier**

值(十六进制)	含　义	用　法
0x0000～0x7FFF	ManufacturerSpecific	制造商特定诊断应与以下的报警类型(AlarmType)联合使用： Diagnosis, Redundancy, DiagnosisDisappears, multicast communication-mismatch, Port data change notification, sync data change notification, isochronousmode problem notification, Network component problem notification, Time data changed notification 制造商特定诊断应与以下的记录(Records)联合使用： 包含诊断数据(Diagnosis Data)的所有记录 与其他报警类型联合的用法是制造商特定的

表 343（续）

值(十六进制)	含　义	用　法
0x8000	ChannelDiagnosis	通道诊断应与以下的报警类型联合使用： Diagnosis，Redundancy，DiagnosisDisappears，multicast communication-mismatch，Port data change notification，sync data change notification，isochronousmode problem notification，Network component problem notification，Time data changed notification 通道诊断应与以下的记录联合使用： 包含诊断数据的所有记录
0x8001	Multiple	仅应与以下各项联合使用： Diagnosis，Redundancy，DiagnosisDisappears，multicastCommunicationMismatch，PortDataChangedNotification，syncDataChangedNotification and IsochronousModeProblemNotification with data，which comply to the “(BlockHeader，Data*)*”structure. 此外，BlockType 总是应与所使用的 AlarmType 相符合
0x8002	ExtChannelDiagnosis	ExtChannelDiagnosis 应与以下的报警类型联合使用： Diagnosis，Redundancy，DiagnosisDisappears，multicast communication-mismatch，Port data change notification，sync data change notification，isochronousmode problem notification，Network component problem notification，Time data changed notification ExtChannelDiagnosis 应与以下的记录联合使用： 包含诊断数据的所有记录
0x8003	QualifiedChannelDiagnosis	QualifiedChannelDiagnosis 应与以下的报警类型联合使用： Diagnosis，Redundancy，DiagnosisDisappears，multicast communication-mismatch，Port data change notification，sync data change notification，isochronousmode problem notification，Network component problem notification，Time data changed notification QualifiedChannelDiagnosis 应与以下的记录联合使用： All records containing Diagnosis Data
0x8004～0x80FF	保留	
0x8100	Maintenance	Maintenance 应与以下的报警类型联合使用： Diagnosis，Redundancy，DiagnosisDisappears，multicast communication-mismatch，Port data change notification，sync data change notification，isochronousmode problem notification，Network component problem notification，Time data changed notification 此外，AlarmNotification 仅应传送此块，如果报警包含至少 1 个 Maintenance Required 登录项或 1 个 Maintenance Demanded 登录项或 1 个 Qualifier_x 登录项的话。否则，应忽略该块
0x8101～0x81FF	保留	—
0x8200	Upload&Retrieval	Upload&Retrieval 应与 Upload 和 Retrieval notification 联合使用
0x8201	iParameter	iParameter 与 Upload 和 Retrieval notification 联合使用
0x8202～0x8FFF	保留	—
0x9000～0x9FFF	保留用于行规	—
0xA000～0xFFFF	保留	—

6.2.5.2 字段 ChannelErrorType 的编码

此字段应编码为数据类型 Unsigned16 且其值符合表 344。

表 344 ChannelErrorType

值(十六进制)	含义	指定的文本
0x0000	保留	未知的错误
0x0001	短路	短路
0x0002	电压过低	电压过低
0x0003	电压过高	电压过高
0x0004	超载	超载
0x0005	温度过高	温度过高
0x0006	断线	断线
0x0007	超过上限值	超过上限值
0x0008	超过下限值	超过下限值
0x0009	错误	错误
0x000A	仿真活动(Simulation active)	仿真活动
0x000B	保留	未知的错误
0x000C	保留	未知的错误
0x000D	保留	未知的错误
0x000E	保留	未知的错误
0x000F	制造商特定。推荐用于"参数丢失"	通道需要(附加的)参数。没有写入参数或写入过少参数
0x0010	制造商特定。推荐用于"参数化故障"	参数化故障。写入错误参数或过多参数
0x0011	制造商特定。推荐用于"电源故障"	电源故障
0x0012	制造商特定。推荐用于"保险丝烧断/打开"	保险丝烧断/打开
0x0013	制造商特定。推荐用于"通信故障"	通信故障。顺序号错误/顺序错误
0x0014	制造商特定。推荐用于"接地故障"	接地故障
0x0015	制造商特定。推荐用于"参考点丢失"	参考点丢失
0x0016	制造商特定。推荐用于"过程事件丢失/采样错误"	过程事件丢失/采样错误
0x0017	制造商特定。推荐用于"阈值警告"	阈值警告
0x0018	制造商特定。推荐用于"输出失效"	输出失效
0x0019	制造商特定。推荐用于"安全事件"	安全性事件
0x001A	制造商特定。推荐用于"外部故障"	外部故障
0x001B	制造商特定	制造商特定
0x001C	制造商特定	制造商特定
0x001D	制造商特定	制造商特定
0x001E	制造商特定	制造商特定

表 344（续）

值(十六进制)	含　义	指定的文本
0x001F	制造商特定。推荐用于“暂时的故障”	暂时的故障
0x0020～0x00FF	保留用于通用行规	可在通用行规间明确区分的集中管理号[a]
0x0100～0x7FFF	制造商特定	制造商特定
0x8000	数据传输不可能	数据传输不可能
0x8001	远程失配	远程失配
0x8002	媒体冗余失配	媒体冗余失配
0x8003	同步失配	同步失配
0x8004	等时同步失配	等时同步失配
0x8005	多播 CR 失配	多播 CR 失配
0x8006	保留	保留
0x8007	光纤失配	光纤链路的信息
0x8008	网络部件功能失配	发生网络功能问题
0x8009	时间失配	时间主时钟不存在或精度问题
0x800A～0x8FFF	保留	未知的错误
0x9000～0x9FFF	保留用于行规	行规特定
0xA000～0xFFFF	保留	未知的错误

[a] 此范围的值由 PROFIBUS & PROFINET 国际(PI) 分配。

6.2.5.3 字段 ChannelNumber 的编码

此字段应编码为数据类型 Unsigned16 且其值符合表 345。

表 345 ChannelNumber

值(十六进制)	含　义
0x0000～0x7FFF	制造商特定
0x8000	子模块
0x8001～0xFFFF	保留

注：ChannelNumber 0x8000 引用该子模块自身。

与字段 ChannelProperties.Accumulative 相关，应采用以下含义：

——ChannelProperties.Accumulative＝1，则字段 ChannelNumber 应包含受影响的组的最小通道号；

——ChannelProperties.Accumulative＝0，则字段 ChannelNumber 应包含受影响的通道号。

6.2.5.4 字段 ChannelProperties 的编码

此字段应依据 3.7.3.4 来设置，各比特应具有以下含义：

——比特 0～7：ChannelProperties.Type

此字段应依据表 346 来设置。

表 346 **ChannelProperties.Type**

值(十六进制)	含　义
0x00	如果字段 ChannelNumber 包含值 0x8000(子模块),应被使用 此外,如果下面定义的类型没有适当的,它应被使用
0x01	1 比特
0x02	2 比特
0x03	4 比特
0x04	8 比特
0x05	16 比特
0x06	32 比特
0x07	64 比特
0x08～0xFF	保留

——比特 8:ChannelProperties.Accumulative

如果它是从多个通道累积来的诊断,此字段应设置为 1。

否则此字段应设置为 0。

——比特 9～10:ChannelProperties.Maintenance

此字段应依据表 347 和 348 来设置。

在表 347 中规定了与字段 ChannelProperties 有关的元素,在表 348 中规定了与字段 Alarmnotification 和 RecordDataRead(DiagnosisData)有关的元素。

表 347 在 **ChannelProperties** 内的有效组合

需要维护 (Maintenance Required) 比特 9:	要求维护 (Maintenance Demanded) 比特 10:	指定符 (Specifier)	含　义	对以下有效
0x00	0x00	0x00	所有后续的[a] Diagnosis, maintenanceRequired, maintenanceDemanded 和 QualifiedDiagnosis 消失	ChannelDiagnosis
		0x01	Diagnosis 出现	ChannelDiagnosis, ManufacturerSpecificDiagnosis, ExtChannelDiagnosis, and QualifiedChannelDiagnosis
		0x02	Diagnosis 消失	
		0x03	Diagnosis 消失,但其他保持	
0x01	0x00	0x00	保留	ChannelDiagnosis, ManufacturerSpecificDiagnosis, ExtChannelDiagnosis, and QualifiedChannelDiagnosis
		0x01	MaintenanceRequired 出现	
		0x02	MaintenanceRequired 消失	
		0x03	MaintenanceRequired 消失,但其他保持	

表 347（续）

需要维护（Maintenance Required）比特 9：	要求维护（Maintenance Demanded）比特 10：	指定符（Specifier）	含　义	对以下有效
0x00	0x01	0x00	保留	ChannelDiagnosis，ManufacturerSpecificDiagnosis，ExtChannelDiagnosis，and QualifiedChannelDiagnosis
		0x01	MaintenanceDemanded 出现	
		0x02	MaintenanceDemanded 消失	
		0x03	MaintenanceDemanded 消失，但其他保持	
0x01	0x01	0x00	保留	QualifiedChannelDiagnosis
		0x01	QualifiedDiagnosis 出现	
		0x02	QualifiedDiagnosis 消失	
		0x03	QualifiedDiagnosis 消失，但其他保持	
[a] 后续的意思是，所有被传送的 ChannelErrorType 的 ExtChannelErrorTypes，并且 ChannelErrorType 其自身消失。仅应在 AlarmNotification 中被使用。				

表 348　对于 **Alarmnotification** 和 **Record DataRead(DiagnosisData)** 的有效组合

需要维护（Maintenance Required）比特 9：	要求维护（Maintenance Demanded）比特 10：	指定符（Specifier）	含　义	对以下有效
0x00	0x00	0x00	所有后续的[a] Diagnosis、MaintenanceRequired、MaintenanceDemanded 和 QualifiedDiagnosis 消失	Alarmnotification
		0x01	Diagnosis 出现	Alarmnotification and Record-DataRead(DiagnosisData)
		0x02	Diagnosis 消失	Alarmnotification RecordDataRead（DiagnosisData）shall only be used in conjunction withManufacturerSpecificDiagnosis
		0x03	Diagnosis 消失，但其他保持	Alarmnotification
0x01	0x00	0x00	保留	—
		0x01	MaintenanceRequired 出现	Alarmnotification and Record-DataRead(DiagnosisData)
		0x02	MaintenanceRequired 消失	Alarmnotification
		0x03	MaintenanceRequired 消失，但其他保持	

表 348（续）

需要维护（Maintenance Required）比特 9：	要求维护（Maintenance Demanded）比特 10：	指定符（Specifier）	含　义	对以下有效
0x00	0x01	0x00	保留	—
		0x01	MaintenanceDemanded 出现	Alarmnotification and RecordDataRead(DiagnosisData)
		0x02	MaintenanceDemanded 消失	Alarmnotification
		0x03	MaintenanceDemanded 消失，但其他保持	
0x01	0x01	0x00	保留	—
		0x01	QualifiedDiagnosis 出现	Alarmnotification and RecordDataRead(DiagnosisData)
		0x02	QualifiedDiagnosis 消失	Alarmnotification
		0x03	QualifiedDiagnosis 消失，但其他保持	
[a] 后续的意思是，所有被传送的 ChannelErrorType 的 ExtChannelErrorTypes，并且 ChannelErrorType 其自身消失。				

——比特 11～12：ChannelProperties.Specifier

此字段应依据表 349 中的值来编码。字段 ChannelProperties.Specifier 与所寻址的 Channel、ChannelErrorType 和 ExtChannelErrorType 有关。在表 347 中规定了与字段 ChannelProperties 有关的元素。

表 349　**ChannelProperties.Specifier**

值(十六进制)	含　义	用　法
0x00	所有后续消失	见表 347
0x01	出现	事件出现和/或存在
0x02	消失	事件消失和/或不再存在
0x03	消失，但其他保持	事件消失，但存在其他的

——比特 13～15：ChannelProperties.Direction

此字段应依据表 350 来设置。

表 350　**ChannelProperties.Direction**

值(十六进制)	含　义
0x00	制造商特定
0x01	输入
0x02	输出

表 350（续）

值(十六进制)	含　义
0x03	输入/输出
0x04～0x07	保留

6.2.5.5 字段 ExtChannelErrorType 的编码

此字段应编码为数据类型 Unsigned16。此字段的值取决于字段 ChannelErrorType。应依据表 351 来设置这些值。

表 351 **ExtChannelErrorType**

值(十六进制)	含　义
0x0000～0xFFFF	定义取决于 ChannelErrorType(见下面的表)

结合所定义的 ChannelErrorTypes,应依据表 352～表 360 来设置 ExtChannelErrorType。

表 352 **ChannelErrorType 0～0x7FFF 的 ExtChannelErrorType**

值(十六进制)	含　义	用　法
0x0000	保留	
0x0001～0x7FFF	制造商特定	报警/诊断
0x8000	累积信息	报警/诊断
0x8001～0x8FFF	保留	
0x9000～0x9FFF	保留,用于行规	报警/诊断
0xA000～0xFFFF	保留	

表 353 **ChannelErrorType “Data transmission impossible”的 ExtChannelErrorType**

值(十六进制)	含　义	用　法
0x0000	保留	
0x0001～0x7FFF	制造商特定	报警/诊断
0x8000	链路状态失配 - Link down	报警/诊断
0x8001	MAU 类型失配	报警/诊断
0x8002	线延迟(line delay)失配	报警/诊断
0x8003～0x8FFF	保留	
0x9000～0x9FFF	保留,用于行规	报警/诊断
0xA000～0xFFFF	保留	

表 354 ChannelErrorType“Remotemismatch”的 ExtChannelErrorType

值(十六进制)	含 义	用 法
0x0000	保留	
0x0001～0x7FFF	制造商特定	报警/诊断
0x8000	对端机架 ID 失配	报警/诊断
0x8001	对端端口 ID 失配	报警/诊断
0x8002	对端 RT_CLASS_3 失配[a]	报警/诊断
0x8003	对端 MAUType 失配	报警/诊断
0x8004	对端 MRP 域失配	报警/诊断
0x8005	未发现对端	报警/诊断
0x8006	对端 MRRT 失配	报警/诊断
0x8007	对端线延迟失配	报警/诊断
0x8008	对端 PTCP 失配[b]	报警/诊断
0x8009～0x8FFF	保留	
0x9000～0x9FFF	保留,用于行规	报警/诊断
0xA000～0xFFFF	保留	

[a] 如果远程 RTClass3_PortStatus.State 不是 RTCLASS3_RUN,此事件发生。如果远程 IRDATAUUID 不等于 local IRDATAUUID,此事件也可能发生。

[b] 如果远程 PTCP_SubdomainUUID 等于 local PTCP_SubdomainUUID 以及远程 PTCP_MasterSourceAddress 不等于 local PTCP_MasterSourceAddress,此事件发生。

表 355 ChannelErrorType“Media redundancymismatch”的 ExtChannelErrorType

值(十六进制)	含 义	用 法
0x0000	保留	
0x0001～0x7FFF	制造商特定	报警/诊断
0x8000	管理器角色失败	报警/诊断
0x8001	MRP 环打开	报警/诊断
0x8002	MRRT 环打开	报警/诊断
0x8003	多管理器	报警/诊断
0x8004～0x8FFF	保留	
0x9000～0x9FFF	保留,用于行规	报警/诊断
0xA000～0xFFFF	保留	

表 356 ChannelErrorType “Syncmismatch”和 ChannelErrorType “Timemismatch”的 ExtChannelErrorType

值(十六进制)	含　义	用　法
0x0000	保留	
0x0001～0x7FFF	制造商特定	报警/诊断
0x8000	没有接收到同步报文	报警/诊断
0x8001～0x8002	保留	
0x8003	抖动超过边界	报警/诊断
0x8004～0x8FFF	保留	
0x9000～0x9FFF	保留,用于行规	报警/诊断
0xA000～0xFFFF	保留	

表 357 ChannelErrorType “Isochronousmodemismatch”的 ExtChannelErrorType

值(十六进制)	含　义	用　法
0x0000	保留	
0x0001～0x7FFF	制造商特定	报警/诊断
0x8000	输出时间错误-输出更新丢失或次序颠倒	报警/诊断
0x8001	输入时间错误	报警/诊断
0x8002	主时钟 Life sign 错误-检测出 MLS 更新错误	报警/诊断
0x8003～0x8FFF	保留	
0x9000～0x9FFF	保留,用于行规	报警/诊断
0xA000～0xFFFF	保留	

表 358 ChannelErrorType “Multicast Crmismatch”的 ExtChannelErrorType

值(十六进制)	含　义	用　法
0x0000	保留	
0x0001～0x7FFF	制造商特定	报警/诊断
0x8000	多播消费者 CR 超时	报警/诊断
0x8001	地址解析失败	报警/诊断
0x8002～0x8FFF	保留	
0x9000～0x9FFF	保留,用于行规	报警/诊断
0xA000～0xFFFF	保留	

表 359 ChannelErrorType "Fiber opticmismatch"的 ExtChannelErrorType

值(十六进制)	含义	用法
0x0000	保留	
0x0001～0x7FFF	制造商特定	报警/诊断
0x8000	功率预算	报警/诊断
0x8001～0x8FFF	保留	
0x9000～0x9FFF	保留,用于行规	报警/诊断
0xA000～0xFFFF	保留	

表 360 ChannelErrorType "Network component functionmismatch"的 ExtChannelErrorType

值(十六进制)	含义	用法
0x0000	保留	
0x0001～0x7FFF	制造商特定	报警/诊断
0x8000	帧被丢弃—无资源	报警/诊断
0x8001～0x8FFF	保留	
0x9000～0x9FFF	保留,用于行规	报警/诊断
0xA000～0xFFFF	保留	

6.2.5.6 字段 ExtChannelAddValue 的编码

此字段应编码为数据类型 Unsigned32。值 0 被用于无信息。

6.2.5.6.1 ChannelErrorType=0～0x7FFF 的字段 ExtChannelAddValue 的编码

如果字段 ExtChannelErrorType 包含值 0x8000 和字段 ChannelErrorType 包含值 0-0x7FFF,则此字段应依据表 361 中的值来编码。

表 361 Accumulative Info 的值

比特位置	值(十六进制)	含义
比特 0	0x00	ChannelNumber 不被影响
	0x01	ChannelNumber 被影响
比特 1	0x00	ChannelNumber + 1 不被影响
	0x01	ChannelNumber + 1 被影响
比特 2	0x00	ChannelNumber + 2 不被影响
	0x01	ChannelNumber + 2 被影响
…	…	…
比特 30	0x00	ChannelNumber + 30 不被影响
	0x01	ChannelNumber + 30 被影响

表 361（续）

比特位置	值(十六进制)	含　义
比特 31	0x00	ChannelNumber ＋ 31 不被影响
	0x01	ChannelNumber ＋ 31 被影响

6.2.5.6.2 ChannelErrorType "Fiber opticmismatch"的字段 ExtChannelAddValue 的编码

如果字段 ExtChannelErrorType 包含值 0x8000 和字段 ChannelErrorType 包含值 0x8007，则此字段应依据表 362 中的值来编码。

表 362 "Fiber opticmismatch"和"Power Budget"的值

值(十六进制)	含　义
0x00～0x3E7	PowerBudget，按 0.1dB 步长[0..99，9dB]
0x03E8～0xFFFFFFFF	保留

6.2.5.6.3 ChannelErrorType "Network component functionmismatch"的字段 ExtChannelAddValue 的编码

如果字段 ExtChannelErrorType 包含值 0x8000 和字段 ChannelErrorType 包含值 0x8008，则此字段应依据表 363 中的值来编码。

表 363 "Network component functionmismatch"和"Frame dropped"的值

值(十六进制)	含　义
0x00～0x3E7	在无资源情况下，丢弃帧的个数
0x03E8～0xFFFFFFFF	保留

6.2.5.6.4 ChannelErrorType "Remotemismatch"的字段 ExtChannelAddValue 的编码

如果字段 ExtChannelErrorType 包含值 0x8007 和字段 ChannelErrorType 包含值 0x8001，则此字段应依据表 364 中的值来编码。

表 364 "Remotemismatch"和"Peer CableDelaymismatch"的值

值(十六进制)	含　义	用　法
0x00～0x32	测量错误	没有发信号
0x33～0x3B9ACA00	对等之间的电缆延迟差	信号偏差
0x3B9ACA01～0xFFFFFFFF	保留	保留

6.2.5.7 字段 QualifiedChannelQualifier 的编码

此字段应编码为数据类型 Unsigned32。应依据表 365 来设置这些值。在一个 QualifiedChannel-Diagnosis 中只有一个比特应被设置。

表 365 **QualifiedChannelQualifier 的值**

比特位置	值(十六进制)	含义	用法
比特 0	保留	保留	保留
比特 1	保留	保留	保留
比特 2	0x00	Qualifier_2 不设置	行规特定
	0x01	Qualifier_2 设置	
比特 3	0x00	Qualifier_3 不设置	
	0x01	Qualifier_3 设置	
…	—	…	
比特 30	0x00	Qualifier_30 不设置	
	0x01	Qualifier_30 设置	
比特 31	0x00	Qualifier_31 不设置	
	0x01	Qualifier_31 设置	

6.2.5.8 字段 MaintenanceStatus 的编码

此字段应编码为数据类型 Unsigned32。至少下面各比特之一应被设置为 1，以便依据表 366 传送此报警块。否则应忽略此块。

表 366 **MaintenanceStatus 的值**

比特位置	比特名称	值(十六进制)	含义
比特 0	MaintenanceRequired	0x00	没有需要维护的信息
		0x01	有需要维护的信息
比特 1	MaintenanceDemanded	0x00	没有要求维护的信息
		0x01	有要求维护的信息
比特 2	Qualifier_2	0x00	没有信息
		0x01	有信息
比特 3	Qualifier_3	0x00	没有信息
		0x01	有信息
…	—		…
比特 30	Qualifier_30	0x00	没有信息
		0x01	有信息
比特 31	Qualifier_31	0x00	没有信息
		0x01	有信息

在图 49 中示出了诊断(diagnosis)、维护(maintenance)和合格(qualified)的分类。

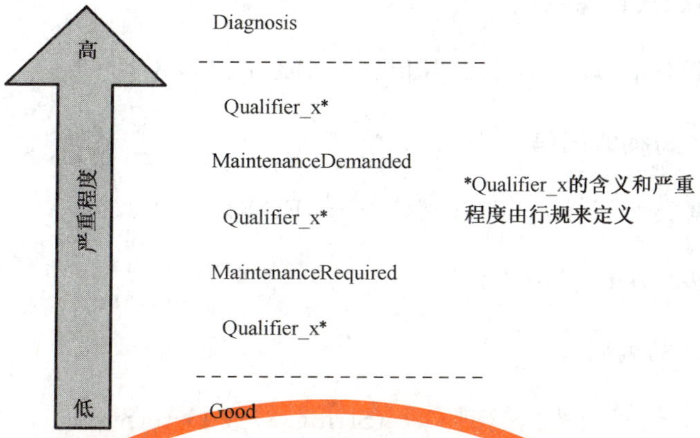

图 49　诊断、维护和合格的分类

6.2.6　upload 和 retrieval 相关的编码

6.2.6.1　字段 URRecordIndex 的编码

此字段应编码为数据类型 Unsigned32 且其值符合表 367。

表 367　URRecordIndex

值(十六进制)	含　义
0x00000000～0x0000FFFF	所使用记录的索引
0x00010000～0xFFFFFFFF	保留

6.2.6.2　字段 URRecordLength 的编码

此字段应编码为数据类 Unsigned32 且其值符合表 368。

表 368　URRecordLength

值(十六进制)	含　义
0x00000000	写所存储的记录到 IO 设备
0x00000001～0xFFFFFFFF	如果每次所选择的记录的长度小于或等于 URRecordLength，把所存储的记录写到 IO 设备

6.2.7　iParameter 相关的编码

6.2.7.1　字段 iPar_Req_Header 的编码

此字段应编码为数据类型 Unsigned32，其值符合 IEC 61784-3-3。

6.2.7.2　字段 Max_Segm_Size 的编码

此字段应编码为数据类型 Unsigned32，其值符合 IEC 61784-3-3。

6.2.7.3 字段 Transfer_Index 的编码

此字段应编码为数据类型 Unsigned32,其值符合 IEC 61784-3-3。

6.2.7.4 字段 Total_iPar_Size 的编码

此字段应编码为数据类型 Unsigned32,其值符合 IEC 61784-3-3。

6.2.8 Physical Device Port Data 相关的编码

6.2.8.1 字段 OwnPortID 的编码

此字段应依据 4.9.2.3 编码为数据类型 OctetString[8]或 OctetString[14]。

6.2.8.2 字段 LengthOwnPortID 的编码

此字段应依据 4.9.2.3 编码为数据类型 Unsigned8,其值为 8 或 14。

6.2.8.3 字段 NumberOfPeers 的编码

此字段应编码为数据类型 Unsigned8。

6.2.8.4 字段 LengthPeerPortID 的编码

此字段应编码为数据类型 Unsigned8。

6.2.8.5 字段 PeerPortID 的编码

此字段应编码为数据类型 OctetString[255]。

6.2.8.6 字段 LengthPeerChassisID 的编码

此字段应编码为数据类型 Unsigned8。

6.2.8.7 字段 PeerChassisID 的编码

此字段应编码为数据类型 OctetString[255]。

6.2.8.8 字段 LengthOwnChassisID 的编码

此字段应编码为数据类型 Unsigned8。

6.2.8.9 字段 OwnChassisID 的编码

此字段应编码为数据类型 OctetString[255]。

6.2.8.10 字段 LineDelay 的编码

此字段的编码应依据 3.7.3.5,各比特应具有以下含义:

——比特 0～30:LineDelay.Value

此字段应依据表 369、表 370、图 18 和等式(27)来设置。

表 369 具有 LineDelay.FormatIndicator ＝＝ 0 的 LineDelay.Value

值(十六进制)	含义
0x00000000	线延迟和电缆延迟未知
0x00000001～0x7FFFFFFF	线延迟(ns)

表 370 具有 LineDelay.FormatIndicator ＝＝ 1 的 LineDelay.Value

值(十六进制)	含义
0x00000000	保留
0x00000001～0x7FFFFFFF	电缆延迟(ns)

——比特 31:LineDelay.FormatIndicator

此字段应依据表 371 来设置。

表 371 LineDelay.FormatIndicator

值(十六进制)	含义	用法
0x00	LineDelay.Value 被编码为线延迟	缺省,如果线延迟或电缆延迟是未知的,应与 PDPortDataCheck 一起使用
0x01	LineDelay.Value 被编码为电缆延迟	缺省,如果电缆延迟是已知的,应与 PDPortDataReal 一起使用

6.2.8.11 字段 PeerMACAddress 的编码

此字段应编码为数据类型 OctetString[6]。字段 PeerMACAddress 的值应符合 IEEE 802 MAC 地址。

注:八位位组 1 包含单/组地址比特(LSB)。

6.2.9 Physical Device IR Data 相关的编码

6.2.9.1 字段 RxPort 的编码

此字段应编码为数据类型 Unsigned8,并且其值依据表 372 来设置。

表 372 RxPort

值(十六进制)	含义
0x00	本地接口
0x01	端口 1
0x02	端口 2
…	…
0xFF	端口 255

6.2.9.2 字段 NumberOfTxPortGroups 的编码

此字段应编码为数据类型 Unsigned8,并依据表 373 来设置。此字段应只计算后续(successing)的 TxPortGroupArray 登录项。

表 373 NumberOfTxPortGroups

值(十六进制)	含 义
0x01, 0x03, 0x05, 0x07, 0x09, 0x0A, 0x0C, 0x0F	允许值
0x11, 0x13, 0x15, 0x17, 0x19, 0x1A, 0x1C, 0x1F	允许值
0x21	允许值
其他	保留

6.2.9.3 字段 TxPortGroupArray 的编码

字段 TxPortGroupArray 是八位位组的数组,它应包含至少一个、最多 33 个八位位组(称为 TxPortGroup 八位位组)。TxPortGroup 八位位组应由至少一个、最多 8 个 TxPort 登录项组成(称为 TxPortGroup 登录项 0 到 TxPortGroup 登录项 7)。因此,TxPortGroup 八位位组的个数与设备内的端口数相对应,应用式(56)计算:

$$N = M_{highest}\ \mathrm{DIV}\ 8 + 1 \qquad \cdots\cdots (56)$$

式中:

N ——TxPortGroup 八位位组的个数或数组元素的个数;

$M_{highest}$——设备内 TxPorts 的最高个数(最大值 255)。

最后的 TxPortGroup 八位位组(八位位组 N)可以不包含全部 8 个 TxPort 登录项。如果 $M_{highest}$ MOD 8 7,则八位位组 N 未被填满,剩余的比特应被设置为 0[称为填充比特(Padding Bit)]。

注:术语 DIV 代表无余数的除法,MOD 代表除法的余数。

设备的 TxPortGroup 中的 TxPorts 应无间隔地按升序来构成。

此字段的编码应依据 3.7.3.3,各比特应具有以下含义:

——比特 0:TxPortEntry_0

如果存在具有编号为 m(满足 m MOD 8=0)的 TxPort,则此比特应依据表 374 中的值来设置。如果没有 TxPort 存在,则应使用填充比特。

表 374 TxPortEntry

值(十六进制)	含 义
0x00	传输停止(Transmission off)
0x01	传输进行(Transmission on)

本地加入(injection)的 TxPort 总是被放在 TxPortGroup 八位位组编号 1 的 TxPortEntry_1 中。

——比特 1:TxPortEntry_1

如果存在具有编号 m(满足 m MOD 8=1)的 TxPort,则此比特应依据表 374 中的值来设置。如果没有 TxPort 存在,则应使用填充比特。

——比特 2:TxPortEntry_2

如果存在具有编号 m(满足 m MOD 8=2)的 TxPort,则此比特应依据表 374 中的值来设置。如果没有 TxPort 存在,则应使用填充比特。

——比特 3:TxPortEntry_3

如果存在具有编号 m(满足 m MOD 8=3)的 TxPort,则此比特应依据表 374 中的值来设置。如果没有 TxPort 存在，则应使用填充比特。

——比特 4：TxPortEntry_4

如果存在具有编号 m（满足 m MOD 8=4）的 TxPort，则此比特应依据表 374 中的值来设置。如果没有 TxPort 存在，则应使用填充比特。

——比特 5：TxPortEntry_5

如果存在具有编号 m（满足 m MOD 8=5）的 TxPort，则此比特应依据表 374 中的值来设置。如果没有 TxPort 存在，则应使用填充比特。

——比特 6：TxPortEntry_6

如果存在具有编号 m（满足 m MOD 8=6）的 TxPort，则此比特应依据表 374 中的值来设置。如果没有 TxPort 存在，则应使用填充比特。

——比特 7：TxPortEntry_7

如果存在具有编号 m（满足 m MOD 8=7）的 TxPort，则此比特应依据表 374 中的值来设置。如果没有 TxPort 存在，则应使用填充比特。

其中，m 是当前 TxPort 的编号，1 ≤m ≤N。

6.2.9.4 字段 FrameDetails 的编码

此字段的编码应符合 3.7.3.3，各比特应具有以下含义：

——比特 0～1：FrameDetails.SyncFrame

此字段的值应依据表 375 来编码。

表 375 FrameDetails.SyncFrame

值（十六进制）	含义	描述
0x00	非同步帧	—
0x01	主同步帧	主（Primary）和次（secondary）同步帧使用相同的 FrameID。在同一时刻，这些帧中应只有一个是有效的
0x02	次同步帧	
0x03	保留	—

——比特 2～3：FrameDetails.MeaningFrameSendOffset

此字段应依据表 376 中的值来编码。

表 376 FrameDetails.MeaningFrameSendOffset

值（十六进制）	含义
0x00	字段 FrameSendOffset 规定接收或发送一个帧的时间点
0x01	字段 FrameSendOffset 规定在一个阶段内的 RT_CLASS_3 间隔的开始
0x02	字段 FrameSendOffset 规定在一个阶段内的 RT_CLASS_3 间隔的结束
0x03	保留

——比特 4～7：FrameDetails.reserved

此字段应设置为 0。

6.2.9.5 字段 AdjustProperties 的编码

此字段应编码为数据类型 Unsigned16 且其值为 0。

6.2.9.6 字段 MAUType 的编码

此字段应编码为数据类型 Unsigned16，其值依据表 377 和表 378。

表 377 MAUType

值(十六进制)	含 义	用 法
0x0000～0x0004	保留	
0x0005	10BASET	PDPortDataReal
0x0006-0x0009	保留	
0x000A	10BASETXHD	PDPortDataReal
0x000B	10BASETXFD	PDPortDataReal
0x000C	10BASEFLHD	PDPortDataReal
0x000D	10BASEFLFD	PDPortDataReal
0x000F	100BASETXHD	PDPortDataReal
0x0010	100BASETXFD(缺省)	PDPortDataReal，PDPortDataAdjust，PDPortDataCheck
0x0011	100BASEFXHD	PDPortDataReal
0x0012	100BASEFXFD	PDPortDataReal，PDPortDataAdjust，PDPortDataCheck
0x0013～0x0014	保留	
0x0015	1000BASEXHD	PDPortDataReal
0x0016	1000BASEXFD	PDPortDataReal，PDPortDataAdjust，PDPortDataCheck
0x0017	1000BASELXHD	PDPortDataReal
0x0018	1000BASELXFD	PDPortDataReal，PDPortDataAdjust，PDPortDataCheck
0x0019	1000BASESXHD	PDPortDataReal
0x001A	1000BASESXFD	PDPortDataReal，PDPortDataAdjust，PDPortDataCheck
0x001B～0x001C	保留	
0x001D	1000BASETHD	PDPortDataReal
0x001E	1000BASETFD	PDPortDataReal，PDPortDataAdjust，PDPortDataCheck
0x001F	10GigBASEFX	PDPortDataReal，PDPortDataAdjust，PDPortDataCheck
0x0020～0x002D	保留	
0x002E	100BASELX10	PDPortDataReal，PDPortDataAdjust，PDPortDataCheck
0x002F～0x0035	保留	
0x0036	100BASEPXFD	PDPortDataReal，PDPortDataAdjust，PDPortDataCheck
0x0037～0xFFFF	保留	

表 378 **MAUType 与 LinkState 的有效组合**

<table>
<tr><th>PortState</th><th>LinkState</th><th>MAUType</th><th>用　法</th></tr>
<tr><td rowspan="23">Unknown
Disabled / Discarding
Blocking
Listening
Learning
Forwarding
Broken</td><td rowspan="20">Up
（传递信息包准备就绪）</td><td>10BASET</td><td rowspan="24">PDPortDataReal</td></tr>
<tr><td>10BASETXHD</td></tr>
<tr><td>10BASETXFD</td></tr>
<tr><td>10BASEFLHD</td></tr>
<tr><td>10BASEFLFD</td></tr>
<tr><td>100BASETXHD</td></tr>
<tr><td>100BASETXFD(缺省)</td></tr>
<tr><td>100BASEFXHD</td></tr>
<tr><td>100BASEFXFD</td></tr>
<tr><td>1000BASEXHD</td></tr>
<tr><td>1000BASEXFD</td></tr>
<tr><td>1000BASELXHD</td></tr>
<tr><td>1000BASELXFD</td></tr>
<tr><td>1000BASESXHD</td></tr>
<tr><td>1000BASESXFD</td></tr>
<tr><td>1000BASETHD</td></tr>
<tr><td>1000BASETFD</td></tr>
<tr><td>10GigBASEFX</td></tr>
<tr><td>100BASELX10</td></tr>
<tr><td>100BASEPXFD</td></tr>
<tr><td>Down</td><td rowspan="4">保留</td></tr>
<tr><td>Testing
（在某测试模式中）</td></tr>
<tr><td>Unknown
（状况不能确定）</td></tr>
<tr><td>保留</td><td>保留</td></tr>
</table>

6.2.9.7 字段 CheckSyncMode 的编码

此字段的编码应依据 3.7.3.4，各比特应具有以下含义：

——比特 0：CheckSyncMode.CableDelay

此字段应依据表 379 来设置。

表 379 **CheckSyncMode.CableDelay**

值（十六进制）	含义	用　法
0x00	OFF	无检查
0x01	ON	检查本地与远程测得的电缆延迟(cable delay)之间相对 50 ns 的电缆延迟差异

——比特 1：CheckSyncMode.SyncMaster

此字段应依据表 380 来设置。

表 380 **CheckSyncMode.SyncMaster**

值（十六进制）	含义	用　法
0x00	OFF	无检查
0x01	ON	使用 LLDP_PNIO_PTCPSTATUS 检查本地与远程之间的 PTCP_MasterSourceAddress

——比特 2～15：CheckSyncMode.reserved

此字段应依据 3.7.3.2 来设置。

6.2.9.8 字段 MAUTypeMode 的编码

此字段的编码应符合 3.7.3.4，各比特应具有以下含义：

——比特 0：MAUTypeMode.Check

此字段应依据表 381 来设置。

表 381 MAUTypeMode.Check

值(十六进制)	含　义	用　法
0x00	OFF	无检查
0x01	ON	检查本地与远程检测值之间的 MAU 类型差异

——比特 1～15：mAUTypeMode.reserved

此字段应依据 3.7.3.2 来设置。

6.2.9.9 字段 DomainBoundaryIngress 的编码

此字段的编码应符合 3.7.3.5，各比特的值应依据表 382 来编码。

表 382 DomainBoundaryIngress

比特	值	含　义
0	1	阻塞具有多播 MAC 地址的输入帧 01-0E-CF-00-04-00， 01-0E-CF-00-04-20， 01-0E-CF-00-04-40 和 01-0E-CF-00-04-80
	0	不阻塞具有多播 MAC 地址的输入帧 01-0E-CF-00-04-00， 01-0E-CF-00-04-20， 01-0E-CF-00-04-40 和 01-0E-CF-00-04-80
…	1	阻塞具有多播 MAC 地址的输入帧 01-0E-CF-00-04-xx， 01-0E-CF-00-04-xx， 01-0E-CF-00-04-xx 和 01-0E-CF-00-04-xx
	0	不阻塞具有多播 MAC 地址的输入帧 01-0E-CF-00-04-xx， 01-0E-CF-00-04-xx， 01-0E-CF-00-04-xx 和 01-0E-CF-00-04-xx

表 382（续）

比特	值	含 义
31	1	阻塞具有多播 MAC 地址的输入帧 01-0E-CF-00-04-1F, 01-0E-CF-00-04-3F, 01-0E-CF-00-04-5F 和 01-0E-CF-00-04-9F
	0	不阻塞具有多播 MAC 地址的输入帧 01-0E-CF-00-04-1F, 01-0E-CF-00-04-3F, 01-0E-CF-00-04-5F 和 01-0E-CF-00-04-9F

6.2.9.10 字段 DomainBoundaryEgress 的编码

此字段的编码应依据 3.7.3.5，各比特的值应依据表 383 来编码。

表 383 DomainBoundaryEgress

比特	值	含 义
0	1	阻塞具有多播 MAC 地址的输出帧 01-0E-CF-00-04-00, 01-0E-CF-00-04-20, 01-0E-CF-00-04-40 和 01-0E-CF-00-04-80
	0	不阻塞具有多播 MAC 地址的输出帧 01-0E-CF-00-04-00, 01-0E-CF-00-04-20, 01-0E-CF-00-04-40 和 01-0E-CF-00-04-80
…	1	阻塞具有多播 MAC 地址的输出帧 01-0E-CF-00-04-xx, 01-0E-CF-00-04-xx, 01-0E-CF-00-04-xx 和 01-0E-CF-00-04-xx
	0	不阻塞具有多播 MAC 地址的输出帧 01-0E-CF-00-04-xx, 01-0E-CF-00-04-xx, 01-0E-CF-00-04-xx 和 01-0E-CF-00-04-xx

表 383（续）

比特	值	含　义
31	1	阻塞具有多播 MAC 地址的输出帧 01-0E-CF-00-04-1F， 01-0E-CF-00-04-3F， 01-0E-CF-00-04-5F 和 01-0E-CF-00-04-9F
	0	不阻塞具有多播 MAC 地址的输出帧 01-0E-CF-00-04-1F， 01-0E-CF-00-04-3F， 01-0E-CF-00-04-5F 和 01-0E-CF-00-04-9F

6.2.9.11　字段 **MulticastBoundary** 的编码

此字段应编码为数据类型 Unsigned32。各比特的值应依据表 384 来编码。

表 384　**MulticastBoundary**

比特	值	含　义
0	1	阻塞多播 MAC 地址 01-0E-CF-00-02-00
	0	不阻塞多播 MAC 地址 01-0E-CF-00-02-00
…	1	阻塞多播 MAC 地址 01-0E-CF-00-02-xx
	0	不阻塞多播 MAC 地址 01-0E-CF-00-02-xx
31	1	阻塞多播 MAC 地址 01-0E-CF-00-02-1F
	0	不阻塞多播 MAC 地址 01-0E-CF-00-02-1F

这应用于从 01-0E-CF-00-02-00 到 01-0E-CF-00-02-1F 的前 32 个 RT_CLASS_2 多播地址。

6.2.9.12　字段 **PeerToPeerBoundary** 的编码

此字段应编码为数据类型 Unsigned32。各比特的值应依据表 385 来编码。

表 385　**PeerToPeerBoundary**

比特	值	含　义
0	1	LLDP 代理(agent)不应发送 LLDP frames(出口过滤器)
	0	LLDP 代理应发送此端口的 LLDP frames
1	1	PTCP ASE 不应发送 PTCP_DELAY frames(出口过滤器)
	0	PTCP ASE 应发送此端口的 PTCP_DELAY frames
…	0	保留
31	0	保留

6.2.9.13 字段 DCPBoundary 的编码

此字段应编码为数据类型 Unsigned32。各比特应依据表 386 中的值来编码。

表 386 DCPBoundary

比特	值	含 义
0	1	阻塞具有多 MAC 地址 01-0E-CF-00-00-00 的 DCP_Identify 输出帧(出口过滤器)
	0	不阻塞多播 MAC 地址 01-0E-CF-00-00-00
1	1	阻塞具有多播 MAC 地址 01-0E-CF-00-00-01 的 DCP_Hello 输出帧(出口过滤器)
	0	不阻塞多播 MAC 地址 01-0E-CF-00-00-01
…	0	保留
31	0	保留

6.2.9.14 字段 LinkState 的编码

此字段的编码应符合 3.7.3.4,各比特应具有以下含义:

——比特 0～7:LinkState.Link

此字段应依据表 387 来设置。

表 387 LinkState.Link

值(十六进制)	含 义	用 法
0x00	保留	—
0x01	Up(传递信息包准备就绪)	PDPortDataReal,CheckLinkState
0x02	Down	PDPortDataReal,AdjustLinkState
0x03	Testing(在某测试模式中)	PDPortDataReal
0x04	Unknown(状况不能确定)	PDPortDataReal
0x05	Dormant	PDPortDataReal
0x06	NotPresent	PDPortDataReal
0x07	LowerLayerDown	PDPortDataReal
0x08～0xFF	保留	—

——比特 8～15:LinkState.Port

此字段应依据表 388 来设置。

表 388 LinkState.Port

值(十六进制)	含 义	用 法
0x00	Unknown	缺省 必备 PDPortDataReal
0x01	Disabled/Discarding	可选 PDPortDataReal

表 388（续）

值(十六进制)	含　　义	用　　法
0x02	Blocking	可选 PDPortDataReal
0x03	Listening	可选 PDPortDataReal
0x04	Learning	可选 PDPortDataReal
0x05	Forwarding	可选 PDPortDataReal
0x06	Broken	可选 PDPortDataReal
0x07～0xFF	保留	—

6.2.9.15　字段 MediaType 的编码

此字段应编码为数据类型 Unsigned32，其值依据表 389。

表 389　MediaType

值(十六进制)	含　　义	用　　法
0x00	未知的	PDPortDataReal
0x01	铜缆	PDPortDataReal
0x02	光纤	PDPortDataReal
0x03	无线通信	PDPortDataReal
0x04～0xFFFFFFFF	保留	—

6.2.9.16　字段 MaxBridgeDelay 的编码

此字段应编码为符合表 390 的数据类型 Unsigned32。图 19 示出了 MaxBridgeDelay 的含义。

表 390　MaxBridgeDelay

值(十六进制)	含　　义
0x00000000	未知的
0x00000001～0x3B9AC9FF	从工程设计使用用于 RT_CLASS_3 计算的桥延迟
0x3B9ACA00～0xFFFFFFFF	保留

6.2.9.17　字段 NumberOfPorts 的编码

此字段应编码为数据类型 Unsigned32。此字段应依据表 391 中的值来编码。

表 391 NumberOfPorts

值(十六进制)	含 义
0x00000000	保留
0x00000001～0x000000FF	后续端口登录项的个数
0x00000100～0xFFFFFFFF	保留

6.2.9.18 字段 MaxPortTxDelay 的编码

此字段应编码为符合表 392 的数据类型 Unsigned32。图 19 示出了 MaxPortTxDelay 的含义。

表 392 MaxPortTxDelay

值(十六进制)	含 义
0x00000000	未知的
0x00000001～0x3B9AC9FF	从工程设计使用用于 RT_CLASS_3 计算的端口传输延迟
0x3B9ACA00～0xFFFFFFFF	保留

6.2.9.19 字段 MaxPortRxDelay 的编码

此字段应编码为符合表 393 的数据类型 Unsigned32。图 19 示出了 MaxPortRxDelay 的含义。

表 393 MaxPortRxDelay

值(十六进制)	含 义
0x00000000	未知的
0x00000001～0x3B9AC9FF	从工程设计使用用于 RT_CLASS_3 计算的端口接收延迟
0x3B9ACA00～0xFFFFFFFF	保留

6.2.9.20 字段 EtherType 的编码

此字段应编码为 Unsigned16，如同在 4.2.2.4 中对字段 LT 的描述。本部分使用的值符合表 394。

表 394 EtherType

值(十六进制)	含 义
0x8892	RT_CLASS_x

6.2.10 Physicalsync Data 相关的编码

6.2.10.1 字段 PTCPSubdomainID 的编码

此字段应编码为数据类型 UUID。值 NULL 指示在 Read Realsync Data 服务内无同步。

6.2.10.2 字段 PTCPLengthSubdomainName 的编码

此字段应编码为数据类型 Unsigned8。

6.2.10.3 字段 PTCPSubdomainName 的编码

此字段应编码为数据类型 OctetString,依据 4.3.1.4.15.1 具有 1～240 个八位位组。

注：字段 PTCPSubdomainName 不能用 0 来终止。

6.2.10.4 字段 SyncProperties 的编码

此字段的编码应依据 3.7.3.4,各比特应具有以下含义：

——比特 0～1：SyncProperties.Role

此字段应依据表 395 中的值来编码。

表 395 SyncProperties.Role

值(十六进制)	含　义	用　法
0x00	保留	
0x01	Externalsync	时钟或时间从时钟
0x02	Internalsync	时钟或时间主时钟
0x03	保留	

——比特 2～7：SyncProperties.reserved

此字段应设置为 0。

——比特 8～12：SyncProperties.SyncID

此字段应依据表 396 中的值来编码。

表 396 SyncProperties.SyncID

值(十六进制)	含　义
0x00	SyncID 0
0x01	SyncID 1
…	…
0x1F	SyncID 31

——比特 13～15：SyncProperties.reserved

此字段应设置为 0。

6.2.10.5 字段 ReservedIntervalBegin 的编码

此字段应编码为数据类型 Unsigned32。时间基数是 1 ns。此字段应依据图 50 来定义。仅字段 SyncProperties.SyncID 被设置为 0 时,此字段才有效。

6.2.10.6 字段 ReservedIntervalEnd 的编码

此字段应编码为数据类型 Unsigned32。时间基数是 1 ns。此字段应依据图 50 来定义。仅字段 SyncProperties.SyncID 被设置为 0 时,此字段才有效。

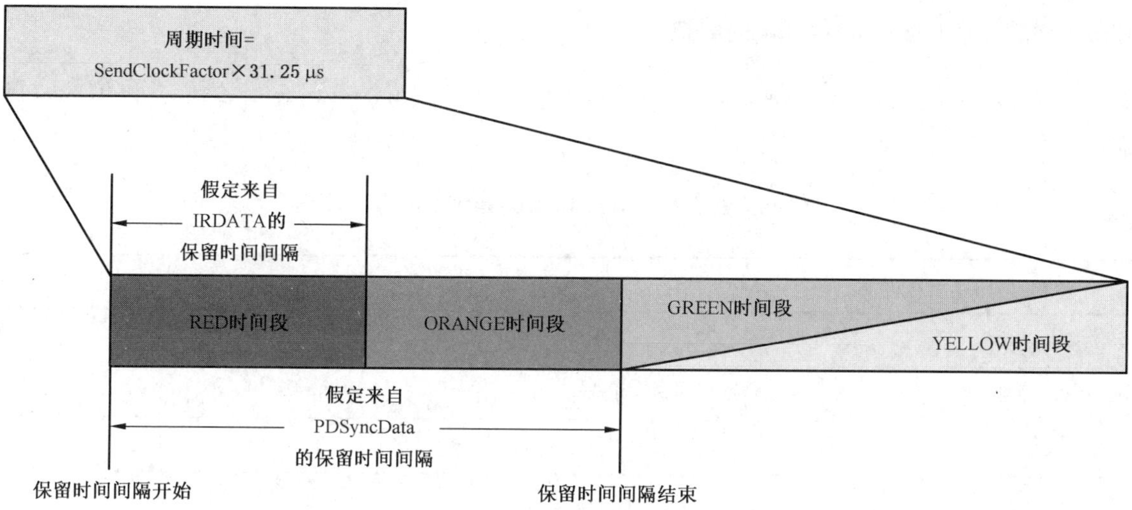

图 50 保留间隔的定义

6.2.10.7 字段 SyncSendFactor 的编码

字段应编码为数据类型 Unsigned32。时间基数是 31.25 μs。该值的范围应符合表 397。

表 397 SyncSendFactor

值(十六进制)	含义	SyncID(时钟)	SyncID(时间)
0x0000	保留	—	
0x0001～0x03FF	可选	—	
0x03C0	缺省	必备(30 ms)	可选(30 ms)
0x03C1～0x0C7F	可选	—	
0x0C80	可选	—	可选(100 ms)
0x0C81～0x176FF	可选	—	
0x17700	缺省	—	可选(3 s)
0x17701～0x4E1FF	可选	—	
0x4E200	可选	—	可选(10 s)
0x4E200～0xEA5FF	可选	—	
0xEA600	缺省	—	必备(30 s)
0x000EA601～0xA4CB7FFF	可选	—	
0xA4CB8000	缺省	—	可选(24 h)
0xA4CB8001～0xFFFFFFFF	保留	—	

注： 在使用之前，SyncSendFactor 可被四舍五入至整 10 ms。

每个 SyncProperties.SyncID 应需要其自己的 SyncSendFactor。

SyncSendInterval 应依据式(57)计算。

$$\text{SyncSendInterval} = \text{SyncSendFactor} \times 31.25\ \mu s \qquad (57)$$

6.2.10.8 字段 PTCPTimeoutFactor 的编码

此字段应编码为数据类型 Unsigned16。时间基数是字段 SyncSendFactor 的值。该值的范围应符合表 398。

表 398 PTCPTimeoutFactor

值(十六进制)	含 义
0x0000	停用
0x0001～0x0002	可选
0x0003～0x0005	必备
0x0006	缺省,必备
0x0007～0x000F	必备
0x0010～0x01FF	可选
0x0200～0xFFFF	保留

每个 SyncProperties.SyncID 应需要其自己的 PTCPTimeoutFactor。Timeout 应依据式(58)计算。

$$Timeout = PTCPTimeoutFactor \times syncSendFactor \times 31.25\ \mu s \qquad (58)$$

6.2.10.9 字段 PTCPTakeoverTimeoutFactor 的编码

此字段应编码为数据类型 Unsigned16。时间基数是字段 SyncSendFactor 的值。该值的范围应符合表 399。

表 399 PTCPTakeoverTimeoutFactor

值(十六进制)	含 义
0x0000	停用
0x0001～0x0002	可选
0x0003	缺省,必备
0x0004～0x000F	必备
0x0010～0x01FF	可选
0x0200～0xFFFF	保留

每个 SyncProperties.SyncID 应需要其自己的 PTCPTakeoverTimeoutFactor。Timeout 应依据式(59)计算。

$$Timeout = PTCPTakeoverTimeoutFactor \times syncSendFactor \times 31.25\ \mu s \qquad (59)$$

6.2.10.10 字段 PTCPMasterStartupTime 的编码

此字段应编码为数据类型 Unsigned16。时间基数是 1 s。该值的范围应符合表 400。

表 400 PTCPMasterStartupTime

值(十六进制)	含　义
0x0000	停用
0x0001～0x0004	可选
0x0005～0x0009	必备
0x000A	缺省,必备
0x000B～0x003C	必备
0x003D～0x012C	可选
0x012D～0xFFFF	保留

每个 SyncProperties.SyncID 应需要其自己的 PTCPMasterStartupTime。

6.2.10.11 字段 PLLWindow 的编码

此字段应编码为数据类型 Unsigned32。时间基数是 1 ns。该值的范围应符合表 401。

表 401 PLLWindow

值(十六进制)	含　义	SyncID(时钟)	SyncID(时间)
0x00	停用		
0x0001～0x03E7	可选		
0x03E8	缺省	必备(1 μs)	可选(1 μs)
0x03E9～0x270F	可选		
0x2710	缺省	可选(10 μs)	可选(10 μs)
0x2710～0x000F423F	可选		
0x000F4240	缺省	可选(1 ms)	可选(1 ms)
0x000F423F～0x98967F	可选		
0x989680	缺省	可选(10 ms)	可选(10 ms)
0x989681～0xFFFFFFFF	保留		

每个 SyncProperties.SyncID 应需要其自己的 PLLWindow。

在图 51 中示出了 PLLWindow 的定义。

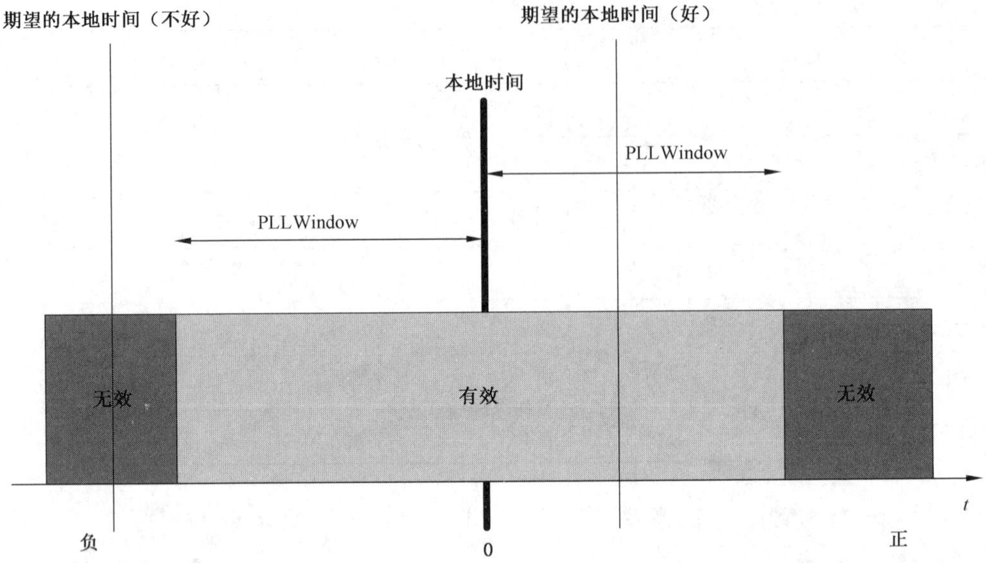

图 51　PLL Window 的定义

6.2.11　Isochronemode Data 相关的编码

6.2.11.1　字段 TimeDataCycle 的编码

此字段应编码为数据类型 Unsigned16。时间基数是 31.25 μs。该值的范围应符合表 402。

表 402　TimeDataCycle

值(十六进制)	含　　义
0x00	保留
0x01～0x0400	可选
0x401～0xFFFF	保留

6.2.11.2　字段 TimeIOInput 的编码

此字段应编码为数据类型 Unsigned32。时间基数是 1 ns。该值的范围应符合表 403。

表 403　TimeIOInput

值(十六进制)	含　　义
1～32 000 000	可选
其他	保留

6.2.11.3　字段 TimeIOOutput 的编码

此字段应编码为数据类型 Unsigned32。时间基数是 1 ns。该值的范围应符合表 404。

表 404　TimeIOOutput

值(十六进制)	含　　义
1～32 000 000	可选
其他	保留

6.2.11.4　字段 TimeIOInputValid 的编码

此字段应编码为数据类型 Unsigned32。时间基数是 1 ns。该值的范围应符合表 405。

表 405　TimeIOInputValid

值(十六进制)	含　　义
1～32 000 000	可选
其他	保留

6.2.11.5　字段 TimeIOOutputValid 的编码

此字段应编码为数据类型 Unsigned32。时间基数是 1 ns。该值的范围应符合表 406。

表 406　TimeIOOutputValid

值(十六进制)	含　　义
1～32 000 000	可选
其他	保留

6.2.11.6　字段 ControllerApplicationCycleFactor 的编码

此字段应编码为数据类型 Unsigned16。该值的范围应符合表 407。

表 407　ControllerApplicationCycleFactor

值(十六进制)	含　　义
0x0000	保留
0x0001～0x0400	可选
0x0401～0xFFFF	保留

6.2.12　Media Redundancy 相关的编码

6.2.12.1　字段 MRP_Role 的编码

此字段应编码为数据类型 Unsigned16,并应依据表 408 来设置。

表 408 MRP_Role

值(十六进制)	含 义
0x0000	媒体冗余停用
0x0001	媒体冗余客户机
0x0002	媒体冗余管理器
0x0003～0xFFFF	保留

6.2.12.2 字段 MRP_RTMode 的编码

此字段的编码应依据 3.7.3.5,各比特应具有以下含义:

——比特 0:MRP_RTMode.RTClass1_2

此字段应依据表 409 来设置。

表 409 MRP_RTMode.RTClass1_2

值(十六进制)	含 义
0x00	OFF RT_CLASS_1 and RT_CLASS_2 冗余模式已解除激活 MRRT 已解除激活
0x01	ON RT_CLASS 1 and RT_CLASS 2 冗余模式已激活 MRRT 已激活

——比特 1～23:MRP_RTMode.reserved_1

此字段应依据 3.7.3.2 来设置。

——比特 24～31:MRP_RTMode.reserved_2

此字段应设置为 0。

6.2.12.3 字段 MRRT_TSTdefaultT 的编码

此字段应编码为数据类型 Unsigned16,时间基数是 1 ms,并应依据表 410 来设置。

表 410 MRRT_TSTdefaultT

值(十进制)	含 义	用 法
0	保留	—
1～99	1 ms～99 ms	可选
100	100 ms	必备
101～4 000	101 ms～4 s	可选
4 001～65 535	保留	—

6.2.12.4 字段 MRP_TOPchgT 的编码

此字段定义应被用来调用 Flush Filtering Data Base 服务的共同时间点,并应编码为数据类型 Unsigned16。该值应依据表 411 来设置,时间基数是 10 ms。

表 411 MRP_TOPchgT

值(十进制)	含 义	用 法
0	0 ms	立即清除 FDB
1	10 ms	必备
2～100	20 ms～1 s	可选
101～65 535	保留	—

6.2.12.5 字段 MRP_TOPNRmax 的编码

此字段应编码为数据类型 Unsigned16,并依据表 412 来设置。

表 412 MRP_TOPNRmax

值(十进制)	含 义	用 法
0	保留	—
1	1 次重复(iteration)	可选
2	2 次重复	可选
3	3 次重复	必备(200 ms 重新组态时间)
4	4 次重复	可选
5	5 次重复	可选
6～65 535	保留	—

6.2.12.6 字段 MRP_TSTshortT 的编码

此字段应编码为数据类型 Unsigned16,并依据表 413 来设置。

表 413 MRP_TSTshortT

值(十进制)	含 义	用 法
0	保留	—
1～9	1～9 ms	可选(短测试间隔)
10	10 ms	必备(200 ms 重新组态时间)
10～500	10～500 ms	可选(短测试间隔)
501～65 535	保留	—

6.2.12.7 字段 MRP_TSTdefaultT 的编码

此字段应编码为数据类型 Unsigned16,并依据表 414 来设置。

表 414 MRP_TSTdefaultT

值(十进制)	含 义	用 法
0	保留	—
1～19	1～19 ms	可选(缺省测试间隔)
20	20 ms	必备(200 ms 重新组态时间)
21～1 000	21 ms～1 s	可选(缺省测试间隔)
1 001～65 535	保留	—

6.2.12.8 字段 MRP_TSTNRmax 的编码

此字段应编码为数据类型 Unsigned16,并依据表 415 来设置。

表 415 MRP_TSTNRmax

值(十进制)	含 义	用 法
0～1	保留	—
2	2 个未完成的测试指示引起环失效	可选
3	3 个未完成的测试指示引起环失效	必备(200 ms 重新组态时间)
4～10	4～10 个未完成的测试指示引起环失效	可选
11～65 535	保留	—

6.2.12.9 字段 MRRT_TSTNRmax 的编码

此字段应编码为数据类型 Unsigned16,并依据表 416 来设置。

表 416 MRRT_TSTNRmax

值(十进制)	含 义	用 法
0～1	保留	—
2	2 个未完成的测试指示引起无扰冗余环失效	可选
3	3 个未完成的测试指示引起无扰冗余环失效	必备
4～10	4～10 个未完成的测试指示引起无扰冗余环失效	可选
11～65 535	保留	—

6.2.12.10 字段 MRP_LNKdownT 的编码

此字段应编码为数据类型 Unsigned16。编码应符合表 417。

表 417 MRP_LNKdownT

值(十进制)	含　义	用　法
0	保留	—
1～19	Link down 间隔 1～19 ms	可选
20	Link down 间隔 20 ms	必备
21～1 000	Link down 间隔 21 ms～1 000 ms	可选
1 001～65 535	保留	—

6.2.12.11 字段 MRP_LNKupT 的编码

此字段应编码为数据类型 Unsigned16，并依据表 418 来设置。

表 418 MRP_LNKupT

值(十进制)	含　义	用　法
0	保留	—
1～19	Link up 间隔 1～19 ms	可选
20	Link up 间隔 20 ms	必备
21～1 000	Link up 间隔 21 ms～1 000 ms	可选
1 001～65 535	保留	—

6.2.12.12 字段 MRP_LNKNRmax 的编码

此字段应编码为数据类型 Unsigned16，并依据表 419 来设置。

表 419 MRP_LNKNRmax

值(十进制)	含　义	用　法
0	保留	—
1	重复 1 次	可选
2	重复 2 次	可选
3	重复 3 次	可选
4	重复 4 次	必备
5	重复 5 次	可选
6～65 535	保留	—

6.2.12.13 字段 MRP_RTState 的编码

此字段应编码为数据类型 Unsigned16，并依据表 420 来设置。

表 420　**MRP_RTState**

值(十六进制)	含　义
0x0000	RT 媒体冗余丧失
0x0001	RT 媒体冗余可用
0x0002～0xFFFF	保留

6.2.12.14　字段 MRP_Check 的编码

此字段的编码应依据 3.7.3.5,各比特应具有以下含义:

——比特 0:MRP_Check.MediaRedundancyManager

此字段应依据表 421 来设置。

表 421　**MRP_Check.MediaRedundancyManager**

值(十六进制)	含　义
0x00	OFF
0x01	ON

——比特 1:MRP_Check.MRP_DomainUUID

此字段应依据表 422 来设置。

表 422　**MRP_Check.MRP_DomainUUID**

值(十六进制)	含　义
0x00	OFF
0x01	ON 检查 MRP_DomainUUID 与 LLDP_PNIO_MRPPORTSTATUS

——比特 2～23:MRP_Check.reserved_1

此字段应依据 3.7.3.2 来设置。

——比特 24～31:MRP_Check.reserved_2

此字段应设置为 0。

6.2.13　光纤相关的编码

6.2.13.1　字段 VendorBlockType 的编码

此字段应编码为数据类型 Unsigned16,并依据表 423 来设置。

表 423　**VendorBlockType**

值(十六进制)	含　义
0x0000～0xFFFF	制造商特定

6.2.13.2 字段 FiberOpticType 的编码

此字段应编码为数据类型 Unsigned32,并依据表 424 来设置。

表 424 FiberOpticType

值(十六进制)	含 义
0x00000000	无适合的光纤类型
0x00000001	9 μm 单模光纤
0x00000002	50 μm 多模光纤
0x00000003	62.5 μm 多模光纤
0x00000004	SI-POF,NA=0.5
0x00000005	SI-PCF,NA=0.36
0x00000006	LowNA-POF,NA=0.3
0x00000007	GI-POF
0x00000008～0x0000007F	保留
0x00000080～0x000000FF	制造商特定
0x00000100～0xFFFFFFFF	保留

6.2.13.3 字段 FiberOpticCableType 的编码

此字段应编码为数据类型 Unsigned32,并应依据表 425 来编码。

表 425 FiberOpticCableType

值(十六进制)	含 义
0x0000	无规定的光缆
0x0001	内部/外部光缆,固定安装
0x0002	内部/外部光缆,柔性的安装
0x0003	户外光缆,固定安装
0x0004～0xFFFFFFFF	保留

6.2.13.4 字段 FiberOpticPowerBudgetType 的编码

此字段的编码应依据 3.7.3.5,各比特应具有以下含义:

——比特 0～30:FiberOpticPowerBudgetType.Value

此字段应依据表 426 来设置。

表 426 **FiberOpticPowerBudgetType.Value**

值(十六进制)	含　义	用　法
0	PowerBudget,按 0.1 dB 步幅(steps)	(0 dB):对于要求维护(maintenance demanded)是必备
0x0001～0x0013	PowerBudget,按 0.1 dB 步幅	可选
0x0014	PowerBudget,按 0.1 dB 步幅	(2 dB):对于需要维护(maintenance required)是必备
0x0015～0x03E7	PowerBudget,按 0.1 dB 步幅	可选
0x03E8～0x7FFFFFFF	保留	保留

——比特 31:FiberOpticPowerBudgetType.CheckEnable

此字段应依据表 427 来设置。

表 427 **FiberOpticPowerBudgetType.CheckEnable**

值(十六进制)	含　义
0x0	OFF
0x1	ON 比较值是 FiberOpticPowerBudgetType.Value

6.2.14 网络部件相关的编码

6.2.14.1 字段 NCDropBudgetType 的编码

此字段的编码应符合 3.7.3.5,各比特应具有以下含义:

——比特 0～30:NCDropBudgetType.Value

此字段应依据表 428 来设置。

表 428 **NCDropBudgetType.Value**

值(十六进制)	含　义	用　法
0	保留	保留
0x0001～0x0002	丢失(dropped)的帧个数	可选
0x0003	丢失的帧个数	对于需要(maintenance required)是必备的
0x0004～0x0009	丢失的帧个数	可选
0x000A	丢失的帧个数	对于要求维护(maintenance demanded)是必备的
0x000B～0x03E7	丢失的帧个数	可选
0x03E8～0x7FFFFFFF	保留	保留

——比特 31:NCDropBudgetType.CheckEnable

此字段应依据表 429 来设置。

表 429 **NCDropBudgetType.CheckEnable**

值(十六进制)	含　义
0x0	OFF
0x1	ON 比较值是 NCDropBudgetType.Value

丢失帧的检查应依据图 52 和图 53 来完成。

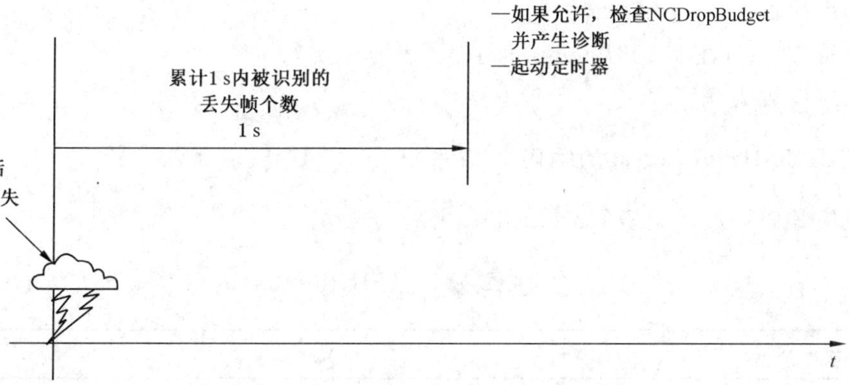

图 52　探测丢失帧—出现

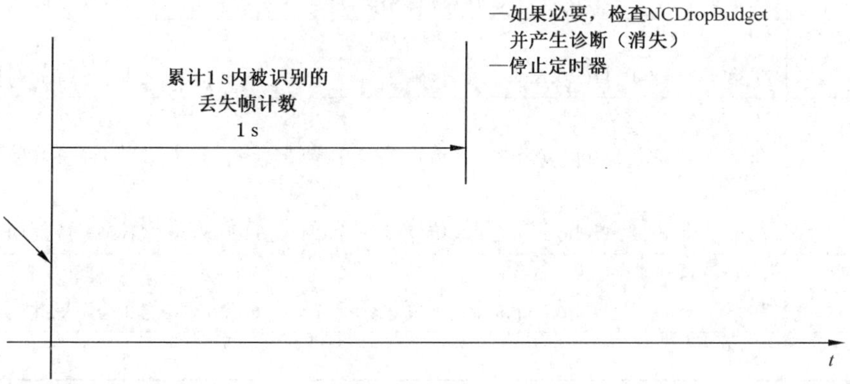

图 53　探测丢失帧—消失

6.2.15　快速启动相关的编码

6.2.15.1　字段 FSHelloMode 的编码

此字段的编码应符合 3.7.3.5,各比特应具有以下含义:

——比特 0～1:FSHelloMode.Mode

此字段应依据表 430 来设置。

表 430 **FSHelloMode.Mode**

值(十六进制)	含　义	用　法
0x00	OFF	缺省
0x01	在 LinkUp 时发送 DCP_Hello.req	—
0x02	在 HelloDelay 后的 LinkUp 时发送 DCP_Hello.req	—
0x03	保留	保留

——比特 2～23:FSHelloMode.reserved_1

此字段应依据 3.7.3.2 来设置。

——比特 24～31:FSHelloMode.reserved_2

此字段应设置为 0。

6.2.15.2 字段 FSHelloInterval 的编码

此字段应编码为数据类型 Unsigned32,并符合表 431。

表 431 **FSHelloInterval**

值(十六进制)	含　义	用　法
0x00000001E	30 ms 在第 1 个 DCP_Hello.req 之后、传输第 2 个 DCP_Hello.req 之前,等待此时间	缺省
0x000000032	50 ms 在第 1 个 DCP_Hello.req 之后、传输第 2 个 DCP_Hello.req 之前,等待此时间	—
0x000000064	100 ms 在第 1 个 DCP_Hello.req 之后、传输第 2 个 DCP_Hello.req 之前,等待此时间	—
0x00000012C	300 ms 在第 1 个 DCP_Hello.req 之后、传输第 2 个 DCP_Hello.req 之前,等待此时间	—
0x0000001F4	500 ms 在第 1 个 DCP_Hello.req 之后、传输第 2 个 DCP_Hello.req 之前,等待此时间	—
0x0000003E8	1 000 ms 在第 1 个 DCP_Hello.req 之后、传输第 2 个 DCP_Hello.req 之前,等待此时间	—
其他	保留	保留

6.2.15.3 字段 FSHelloRetry 的编码

此字段应编码为数据类型 Unsigned32,并符合表 432。

表 432 **FSHelloRetry**

值(十六进制)	含　义	用　法
0x00000000	保留	—
0x00000001～0x00000002	Hello.req 的重传输数	—
0x00000003	Hello.req 的重传输数	缺省
0x00000004～0x0000000F	Hello.req 的重传输数	—
0x00000010～0xFFFFFFFF	保留	保留

6.2.15.4 字段 FSHelloDelay 的编码

此字段应编码为数据类型 Unsigned32,并符合表 433。

表 433 FSHelloDelay

值(十六进制)	含 义	用 法
0x000000000	OFF	缺省
0x000000032	50 ms 在第 1 个 LinkUp.ind 之后、传输 DCP_Hello.req 之前,等待此时间	—
0x000000064	100 ms 在第 1 个 LinkUp.ind 之后、传输 DCP_Hello.req 之前,等待此时间	—
0x0000001F4	500 ms 在第 1 个 LinkUp.ind 之后、传输 DCP_Hello.req 之前,等待此时间	—
0x0000003E8	1 000 ms 在第 1 个 LinkUp.ind 之后、传输 DCP_Hello.req 之前,等待此时间	
其他	保留	保留

6.2.15.5 字段 FSParameterMode 的编码

此字段的编码应依据 3.7.3.5,各比特应具有以下含义:

——比特 0～1:FSParameterMode.Mode

此字段应依据表 434 设置。

表 434 FSParameterMode.Mode

值(十六进制)	含 义	用 法
0x00	OFF	缺省
0x01	ON	—
0x02	保留	保留
0x03	保留	保留

——比特 2～23:FSParameterMode.reserved_1

此字段应依据 3.7.3.2 来设置。

——比特 24～31:FSParameterMode.reserved_2

此字段应设置为 0。

6.2.15.6 字段 FSParameterUUID 的编码

此字段应编码为数据类型 UUID,并符合表 435。

表 435 FSParameterUUID

值(UUID)	含 义
00000000-0000-0000-0000-000000000000	保留
00000000-0000-0000-0000-000000000001～ FFFFFFFF-FFFF-FFFF-FFFF-FFFFFFFFFFFF	在 IODConnectRes 与 IODControlReq 之间传送的记录数据(包括物理设备数据等)的 UUID

6.2.16 PDU 检查规则

6.2.16.1 概述

应采用以下规则来检查接收方的 FAL PDU。PDU 代码检查规则以浓缩方式提供冗余信息。在 PDU 代码检查规则与本规范的其他部分有冲突的情况下，应优先使用其他部分的规则。

6.2.16.2 IODConnectReq

6.2.16.2.1 ArgsLength

此字段应依据表 436 来检查。

表 436 ArgsLength 检查

	参　数	检查规则	匹配的行为
RPCHeader	RPCOperationNmb	== 0(Connect)	认可，检查 IODConnectReq-PDU
	RPCOperationNmb	== 1(Release)	—
	RPCOperationNmb	== 2(Read)	—
	RPCOperationNmb	== 3(Write)	—
	RPCOperationNmb	== 4(Control)	—
	RPCOperationNmb	== 5(Read Implicit)	—
NDRDataRequest	ArgsLength	! = 所有 BlockLength 的和 + Block 个数×4	RMPM:ArgsLength 无效
IODConnectReq	ARBlockReq	不是第一个块	RSP—,0xDB,0x81,0x01,0
IODConnectReq	—	Case ARProperties.DeviceAccess == 1: 除 ARBlockReq 的其他块	RMPM:未知的块
IODConnectReq	IOCRBlockReq	Case ARProperties.DeviceAccess == 0: CRType == "Input CR"的 IOCRBlockReq 的个数 == 0 OR CRType == "Output CR"的 IOCRBlockReq 的个数 == 0	RMPM:IOCR 丢失
IODConnectReq	AlarmCRBlockReq	Case ARProperties.DeviceAccess == 0: AlarmCRBBlockReq 的个数 ! = 1	RMPM:错误的 AlarmCRBlock 计数

6.2.16.2.2 ARBlockReq

此字段应依据表 437 来检查。

表 437 **ARBlockReq-request 检查**

参　数	检查规则	匹配的行为
BlockType	！＝0x0101	RSP－，0xDB，0x81，0x01，0
BlockLength	！＝54＋StationNameLength	RSP－，0xDB，0x81，0x01，1
BlockVersionHigh	！＝0x01	RSP－，0xDB，0x81，0x01，2
BlockVersionLow	！＝0x00	RSP－，0xDB，0x81，0x01，3
ARType	＝＝保留 OR 不等于 GSDML 中的一个值	RSP－，0xDB，0x81，0x01，4
ARUUID	＝＝NIL	RSP－，0xDB，0x81，0x01，5
CMInitiatorMacAdd	If(IOCRProperties.RTClass ＝＝ RT_CLASS_1_UDP) AND(CMInitiatorMacAdd ！＝ NULL)	RSP－，0xDB，0x81，0x01，7
CMInitiatorMacAdd	＝＝多播地址	RSP－，0xDB，0x81，0x01，7
CMInitiatorObjectUUID	＜见后面五行＞	—
.. time low	！＝0xDEA00000	RSP－，0xDB，0x81，0x01，8
.. timemid	！＝0x6C97	RSP－，0xDB，0x81，0x01，8
.. time high version	！＝0x11D1	RSP－，0xDB，0x81，0x01，8
.. Clock[2]	！＝0x82，0x71	RSP－，0xDB，0x81，0x01，8
.. Node[6] (contains instance，device，vendor)	不检查	n.a.
ARProperties.State	＝＝保留	RSP－，0xDB，0x81，0x01，9
ARProperties.State	If ARType ＝＝(IOCARSingle OR IOSAR) AND ARProperties.State ！＝ Primary	RSP－，0xDB，0x81，0x01，9
ARProperties. Supervisor-Takeover-Allowed	无关	n.a.
ARProperties. ParametrizationServer	＝＝外部 PrmServer	RSP－，0xDB，0x81，0x01，9
ARProperties.reserved_1	不检查	n.a.
ARProperties.DeviceAccess	＝＝1 AND ARType ！＝ IOSAR	RSP－，0xDB，0x81，0x01，9
ARProperties.CompanionAR	＝＝3	RSP－，0xDB，0x81，0x01，9
CMInitiatorActivityTimeoutFactor	！＝1～1000(时基为 100ms)	RSP－，0xDB，0x81，0x01，10
InitiatorUDPRTPort	＝＝0～0x03FF	RSP－，0xDB，0x81，0x01，11
StationNameLength	＝＝0 OR ＞240	RSP－，0xDB，0x81，0x01，12
CMInitiatorStationName	NOT(VisibleString，根据 RFC 3490)	RSP－，0xDB，0x81，0x01，13

6.2.16.2.3 IOCRBlockReq

此字段应依据表 438 来检查。

表 438 IOCRBlockReq-request 检查

参　　数	检查规则	匹配的行为
BlockType	！＝0x0102	n.a.
BlockLength	！＝42＋NumberOfAPI× (8＋NumberOfIODataObjects×6＋ NumberOfIOCS×6)	RSP－,0xDB,0x81,0x02,1
BlockVersionHigh	！＝0x01	RSP－,0xDB,0x81,0x02,2
BlockVersionLow	！＝0x00	RSP－,0xDB,0x81,0x02,3
IOCRType	！＝0x01～0x04	RSP－,0xDB,0x81,0x02,4
IOCRReference	不唯一 OR (IOCRType ＝＝ 0x4 AND 无相应的 MCRBlock)	RSP－,0xDB,0x81,0x02,5
LT	Case IOCRProperties.RTClass ！＝0x04： ！＝0x8892 Case IOCRProperties.RTClass ＝＝0x04： ！＝0x0800	RSP－,0xDB,0x81,0x02,6
IOCRProperties.RTClass	！＝0x01～0x04 OR 在 GSDML 中不支持	RSP－,0xDB,0x81,0x02,7
IOCRProperties.reserved_1	！＝0x0	RSP－,0xDB,0x81,0x02,7
IOCRProperties.media Redundancy	！＝0x0 OR 0x01 OR 在 GSDML 中不支持	RSP－,0xDB,0x81,0x02,7
IOCRProperties.reserved_2	！＝0x0	RSP－,0xDB,0x81,0x02,7
DataLength	If(IOCRProperties.RTClass ＝＝ 0x04 AND DataLength ！＝12～1 440) OR ((IOCRProperties.RTClass ＝＝ 0x01 OR IOCRProperties.RTClass ＝＝ 0x02) AND DataLength ！＝40～1 440) OR (IOCRProperties.RTClass ＝＝ 0x03 AND DataLength ！＝0～1 440)	RSP－,0xDB,0x81,0x02,8
FrameID	If IOCRType ＝＝(MULTICAST_CONSUMER_CR ORmULTICAST_PROVIDER_CR) AND (IOCRProperties.RTClass ＝＝ 0x01 AND FrameID！＝0xF800～0xFBFF) OR	RSP－,0xDB,0x81,0x02,9

表 438（续）

参　　数	检查规则	匹配的行为
FrameID	(IOCRProperties.RTClass == 0x02 AND FrameID! = 0xBC00～0xBFFF) OR (IOCRProperties.RTClass == 0x03 AND FrameID! = 0x0100～0x7FFF) OR (IOCRProperties.RTClass == 0x04 AND FrameID! = 0xC000～0xF7FF) If IOCRType == INPUT_CR AND(IOCRProperties.RTClass == 0x01 AND FrameID! = 0xC000～0xF7FF) OR (IOCRProperties.RTClass == 0x02 AND FrameID! = 0x8000～0xBBFF) OR (IOCRProperties.RTClass == 0x03 AND FrameID! = 0x0100～0x7FFF) OR (IOCRProperties.RTClass == 0x04 AND FrameID! = 0xC000～0xF7FF)	RSP－,0xDB,0x81,0x02,9
SendClockFactor	! = 1～128 OR 在 GSDML 中不支持 OR (IOCRProperties.RTClass == 0x3 ANDSendClockFactor ! = LocalClock) OR (IOCRProperties.RTClass == 0x3 ANDSendClockFactor×ReducationRatio < LocalClock)	RSP－,0xDB,0x81,0x02,10
ReductionRatio	If IOCRProperties.RTClass == 0x01～0x03 AND(ReductionRatio ! = 1～512 OR 在 GSDML 中不支持) OR (ReductionRatio ≥ 256 AND SendClockFactor > 64) OR (ReductionRatio == 512 AND SendClockFactor > 32)	RSP－,0xDB,0x81,0x02,11

表 438（续）

参　数	检查规则	匹配的行为
ReductionRatio	If IOCRProperties.RTClass ＝＝ 0x04 AND （ReductionRatio ！ ＝ 1～16 384 OR 在 GSDML 中不支持） OR （ReductionRatio ⩾ 8 192 AND SendClockFactor ＞ 64） OR （ReductionRatio ＝＝ 16 384 AND SendClockFactor ＞ 32））	RSP－，0xDB，0x81，0x02，11
Phase	If Phase ＝＝ 0x0 OR Phase ＞ ReductionRatio	RSP－，0xDB，0x81，0x02，12
Sequence	不检查	n.a.
FrameSendOffset	If(FrameSendOffset ⩾ SendClockFactor× 31 250 ns） OR （(FrameSendOffset ＞＝ 0x003D0900） AND(FrameSendOffset ＜＝ 0xFFFFFFFE)）	RSP－，0xDB，0x81，0x02，14
WatchdogFactor	If WatchdogFactor ！ ＝ 0x0001～0x1E00 OR （IOCRProperties.RTClass ＝＝ 0x04 AND WatchdogFactor×ReductionRatio × SendClockFactor×31.25＞61 440 000） OR （IOCRProperties.RTClass ＝＝ 0x01～0x03 AND WatchdogFactor×ReductionRatio × SendClockFactor×31.25＞1 920 000）	RSP－，0xDB，0x81，0x02，15
DataHoldFactor	If DataHoldFactor ！ ＝ 0x0001～0x1E00 OR （IOCRProperties.RTClass ＝＝ 0x04 AND DataHoldFactor×ReductionRatio × SendClockFactor×31.25＞61 440 000） OR （IOCRProperties.RTClass ＝＝ 0x01～0x03 AND DataHoldFactor×ReductionRatio × SendClockFactor×31.25＞1 920 000）	RSP－，0xDB，0x81，0x02，16
IOCRTagHeader. IOCRVLANID	不检查	n.a.

表 438（续）

参　数	检查规则	匹配的行为
IOCRTagHeader. IOUserPriority	！ ＝ IO CR Priority	RSP－，0xDB，0x81，0x02，17
IOCRMulticastMACAdd	Case IOCRType ＝＝ 0x03 or 0x04： 非多播地址	RSP－，0xDB，0x81，0x02，18
NumberOfAPI	NumberOfAPI ＝＝ 0	RSP－，0xDB，0x81，0x02，19
API	API 不在相应的 ExpectedSubmoduleBlockReq 中	RSP－，0xDB，0x81，0x02，20
NumberOfIODataObjects	＝＝ 0x0 AND NumberOfIOCS＝0x0	RSP－，0xDB，0x81，0x02，20
SlotNumber	不在相应的 ExpectedSubmoduleBlockReq 中	RSP－，0xDB，0x81，0x02，22
SubslotNumber	不在相应的 ExpectedSubmoduleBlockReq 中 OR ((相应的 SubmoduleProperties.Type ＝＝ 0x0～0x1) AND(IOCRType ＝＝ 0x2 OR 0x4)) OR ((相应的 SubmoduleProperties.Type ＝＝ 0x2) AND(IOCRType ＝＝ 0x1 OR 0x3))	RSP－，0xDB，0x81，0x02，23
IODataObjectFrameOffset	＞＝ DataLength OR (IODataObjectFrameOffset ＋ (有效 SubmoduleDataLength ＋ 相应子模块的有效 LengthIOPS) ＞＝ DataLength) OR (IOCRType ！ ＝ “multicast consumer CR” AND(IODataObjectFrameOffset ＋(有效 SubmoduleDataLength ＋ 相应子模块的有效 LengthIOPS) 与其他 IODataObject 或 IOCSe 相重叠))	RSP－，0xDB，0x81，0x02，24
NumberOfIOCS	＝＝ 0x0 AND NumberOfIODataObjects ＝＝ 0x0	RSP－，0xDB，0x81，0x02，25
SlotNumber	不在相应的 ExpectedSubmoduleBlockReq 中	RSP－，0xDB，0x81，0x02，26
SubslotNumber	不在相应的 ExpectedSubmoduleBlockReq 中 OR ((相应的 SubmoduleProperties.Type ＝＝ 0x0～0x1) AND(IOCRType ＝＝ 0x1)) OR ((相应的 SubmoduleProperties.Type ＝＝ 0x2) AND(IOCRType ＝＝ 0x2))	RSP－，0xDB，0x81，0x02，27
IOCSFrameOffset	＞＝ DataLength OR not unique OR (IOCSFrameOffset ＋(相应子模块的有效 LengthIOCS) ＞＝ DataLength) OR (IOCSFrameOffset ＋(相应子模块的有效 LengthIOCS) 与其他 IODataObject 或 IOCSe)	RSP－，0xDB，0x81，0x02，28

6.2.16.2.4 AlarmCRBlockReq

此字段应依据表 439 来检查。

表 439 AlarmCRBlockReq-request 检查

参　数	检查规则	匹配的行为
BlockType	！＝0x0103	n.a.
BlockLength	！＝22	RSP－,0xDB,0x81,0x04,1
BlockVersionHigh	！＝0x01	RSP－,0xDB,0x81,0x04,2
BlockVersionLow	！＝0x00	RSP－,0xDB,0x81,0x04,3
AlarmCRType	！＝0x0001	RSP－,0xDB,0x81,0x04,4
LT	Case AlarmCRProperties.Transport ＝＝ 0x00： ！＝0x8892 Case AlarmCRProperties.Transport ＝＝ 0x01： ！＝0x0800	RSP－,0xDB,0x81,0x04,5
AlarmCRProperties.Priority	不检查	n.a.
AlarmCRProperties.Transport	不检查	n.a.
AlarmCRProperties.reserved	！＝0x0	RSP－,0xDB,0x81,0x04,6
RTATimeoutFactor	！＝0x0001～0x0064 可选：AND！＝0x0065～0xFFFF	RSP－,0xDB,0x81,0x04,7
RTARetries	！＝3～15	RSP－,0xDB,0x81,0x04,8
LocalAlarmReference	不检查	n.a.
MaxAlarmDataLength	！＝200～1 432	RSP－,0xDB,0x81,0x04,10
AlarmCRTagHeaderHigh. AlarmCRVLANID	＞0xFFF OR！＝AlarmCRTagHeaderLow. AlarmCRVLANID	RSP－,0xDB,0x81,0x04,11
AlarmCRTagHeaderHigh. AlarmUserPriority	！＝Alarm CR Priority High	RSP－,0xDB,0x81,0x04,11
AlarmCRTagHeaderLow. AlarmCRVLANID	＞0xFFF OR！＝AlarmCRTagHeaderHigh. AlarmCRVLANID	RSP－,0xDB,0x81,0x04,12
AlarmCRTagHeaderLow. AlarmUserPriority	！＝Alarm CR Priority Low	RSP－,0xDB,0x81,0x04,12

6.2.16.2.5 ExpectedSubmoduleBlockReq

此字段应依据表 440 来检查。

表 440　ExpectedSubmoduleBlockReq-request 检查

参　　数	检查规则	匹配的行为
BlockType	！＝0x0104	n.a.
BlockLength	！＝4＋NumberOfAPI×(14＋NumberOfSubmodules×(8＋NumberOfSubsequentDataDescriptionBlocks ×6)	RSP－,0xDB,0x81,0x03,1
BlockVersionHigh	！＝0x01	RSP－,0xDB,0x81,0x03,2
BlockVersionLow	！＝0x00	RSP－,0xDB,0x81,0x03,3
NumberOfAPI	＝＝0	RSP－,0xDB,0x81,0x03,4
API	＞0x0 AND 在 GSDML 中不支持	RSP－,0xDB,0x81,0x03,5
SlotNumber	！＝0x0～0x7FFF OR 在 GSDML 中不支持 OR 不唯一	RSP－,0xDB,0x81,0x03,6
ModuleIdentNumber	＝＝0x00000000	RSP－,0xDB,0x81,0x03,6
ModuleProperties.reserved	！＝0x0	RSP－,0xDB,0x81,0x03,8
NumberOfSubmodules	＝＝0	RSP－,0xDB,0x81,0x03,9
SubslotNumber	Case ARProperties.PullModuleAlarm-Allowed(＝0)： ！＝0x0001～0x7FFF OR 在 GSDML 中不支持 OR 不唯一 OR 至少在一个 IOCR 中不被使用 OR ＝＝0x8000～0x8FFF AND API！＝0 Case ARProperties.PullModuleAlarm-Allowed(＝1)： ！＝0x0000～0x7FFF OR 在 GSDML 中不支持 OR 不唯一 OR 至少在一个 IOCR 中不被使用 OR ＝＝0x8000～0x8FFF AND API！＝0	RSP－,0xDB,0x81,0x03,10
SubmoduleProperties.Type	＝＝(NO_IO OR INPUT) AND 其后跟随一个输出描述块 OR ＝＝(OUTPUT OR IO) AND 其后跟随一个输入描述块	RSP－,0xDB,0x81,0x03,12
SubmoduleProperties.SharedInput	If SubmoduleProperties.Type ＝＝(OUTPUT DATA) AND SubmoduleProperties.SharedInput ＝＝0x1	RSP－,0xDB,0x81,0x03,12
SubmoduleProperties.ReduceInputSubmoduleDataLength	不检查	n.a.

表 440（续）

参　　数	检查规则	匹配的行为
SubmoduleProperties. ReduceOutputSubmoduleDataLength	不检查	n.a.
SubmoduleProperties.DiscardIOXS	不检查	n.a.
SubmoduleProperties.reserved	! = 0x0	RSP－,0xDB,0x81,0x03,12
DataDescription.Type	If DataDescription.Type ==(0x00 OR 0x03) OR DataDescription.Type == 0x01 AND SubmoduleProperties.Type == 0x02 OR DataDescription.Type == 0x02 AND SubmoduleProperties.Type ! = (0x02 OR 0x03)	RSP－,0xDB,0x81,0x03,13
DataDescription.reserved	! = 0x0	RSP－,0xDB,0x81,0x03,13
SubmoduleDataLength	! = 0～1 439	RSP－,0xDB,0x81,0x03,14
LengthIOPS	! = 0x01	RSP－,0xDB,0x81,0x03,15
LengthIOCS	! = 0x01	RSP－,0xDB,0x81,0x03,16

6.2.16.2.6 PrmServerBlock

此字段应依据表 441 来检查。

表 441 PrmServerBlock-request 检查

参　　数	检查规则	匹配的行为
BlockType	! = 0x0105	n.a.
BlockLength	! = 26 + StationNameLength	RSP－,0xDB,0x81,0x05,1
BlockVersionHigh	! = 0x01	RSP－,0xDB,0x81,0x05,2
BlockVersionLow	! = 0x00	RSP－,0xDB,0x81,0x05,3
ParameterServerObjectUUID	不检查	n.a.
ParameterServerProperties	不检查	n.a.
CMInitiatorActivityTimeoutFactor	! = 1～1 000	RSP－,0xDB,0x81,0x05,6
StationNameLength	! = 1～240	RSP－,0xDB,0x81,0x05,7
ParameterServerStationName	根据 RFC 3490,不是可见的字符串	RSP－,0xDB,0x81,0x05,8

6.2.16.2.7 MCRBlock

此字段应依据表 442 来检查。

表 442 **MCRBlockReq-request 检查**

参　数	检查规则	匹配的行为
BlockType	! = 0x0106	n.a.
BlockLength	! = (12 + StationNameLength + Padding) AND(BlockLength mod 4 == 0)	RSP-,0xDB,0x81,0x06,1
BlockVersionHigh	! = 0x01	RSP-,0xDB,0x81,0x06,2
BlockVersionLow	! = 0x00	RSP-,0xDB,0x81,0x06,3
IOCRReference	不唯一 OR 相应的 IOCRType ! = 0x4	RSP-,0xDB,0x81,0x06,4
AddressResolutionProperties. Protocol	! = 0x01 OR 0x02	RSP-,0xDB,0x81,0x06,5
AddressResolutionProperties. Reserved	! = 0x0	RSP-,0xDB,0x81,0x06,5
AddressResolutionProperties. Factor	! = 0x0001～0x0064 可选:AND ! = 0x0065～0xFFFF	RSP-,0xDB,0x81,0x06,5
MCITimeoutFactor	> 100	RSP-,0xDB,0x81,0x06,6
StationNameLength	! = 1～240	RSP-,0xDB,0x81,0x06,7
ProviderStationName	根据 RFC 3490,不是可见字符串	RSP-,0xDB,0x81,0x06,8
Padding	不检查	n.a.

6.2.16.2.8 ARRPCBlock

此字段应依据表 443 来检查。

表 443 **ARRPCBlockReq-request 检查**

参　数	检查规则	匹配的行为
BlockType	! = 0x0107	n.a.
BlockLength	! = 4	RSP-,0xDB,0x81,0x07,1
BlockVersionHigh	! = 0x01	RSP-,0xDB,0x81,0x07,2
BlockVersionLow	! = 0x01	RSP-,0xDB,0x81,0x07,3
InitiatorRPCServerPort	! = 0x0400～0xFFFF	RSP-,0xDB,0x81,0x07,4

6.2.16.3 IODConnectRes

6.2.16.3.1 ArgsLength

6.2.16.3.2 ARRPCBlock

此字段应依据表 444 来检查。

表 444 ArgsLength 检查

	参　　数	检查规则	匹配的行为
RPCHeader	RPCOperationNmb	== 0(Connect)	认可,检查 IODConnectRes-PDU
	RPCOperationNmb	== 1(Release)	—
	RPCOperationNmb	== 2(Read)	—
	RPCOperationNmb	== 3(Write)	—
	RPCOperationNmb	== 4(Control)	—
	RPCOperationNmb	== 5(Read Implicit)	—
NDRDataResponse	ArgsLength	! = 所有 BlockLength 的和 + 块个数×4	CMCTL:ArgsLength 无效
	—	通常:如果响应中包含一个或多个未知块	CMCTL:未知的块
IODConnectRes	—	—	—

6.2.16.3.3 ARBlockRes

此字段应依据表 445 来检查。

表 445 ARBlockRes-response 检查

参　　数	检查规则	匹配的行为
BlockType	! = 0x8101	ERR-RTA,RTA_ERR_CLS_PROTOCOL,RTA_ERR_ABORT
BlockLength	! = 30	ERR-RTA,RTA_ERR_CLS_PROTOCOL,RTA_ERR_ABORT
BlockVersionHigh	! = 0x01	ERR-RTA,RTA_ERR_CLS_PROTOCOL,RTA_ERR_ABORT
BlockVersionLow	! = 0x00	ERR-RTA,RTA_ERR_CLS_PROTOCOL,RTA_ERR_ABORT
ARType	! = ARBlockReq.ARType	ERR-RTA,RTA_ERR_CLS_PROTOCOL,RTA_ERR_ABORT
ARUUID	== ARBlockReq.ARUUID	ERR-RTA,RTA_ERR_CLS_PROTOCOL,RTA_ERR_ABORT
SessionKey	== ARBlockReq.SessionKey	n.a.
SessionKey	! = ARBlockReq.SessionKey	忽略
CMResponderMacAdd	非单播	ERR-RTA,RTA_ERR_CLS_PROTOCOL,RTA_ERR_ABORT
ResponderUDPRTPort	== 0x0001～0x03FF	ERR-RTA,RTA_ERR_CLS_PROTOCOL,RTA_ERR_ABORT

6.2.16.3.4 IOCRBlockRes

此字段应依据表 446 来检查。

表 446 IOCRBlockRes-response 检查

参　　数	检查规则	匹配的行为
BlockType	！＝0x8102	n.a.
BlockLength	！＝8	ERR-RTA， RTA_ERR_CLS_PROTOCOL， RTA_ERR_ABORT
BlockVersionHigh	！＝0x01	ERR-RTA， RTA_ERR_CLS_PROTOCOL， RTA_ERR_ABORT
BlockVersionLow	！＝0x00	ERR-RTA， RTA_ERR_CLS_PROTOCOL， RTA_ERR_ABORT
IOCRType	！＝IOCRBlockReq.IOCRType	ERR-RTA， RTA_ERR_CLS_PROTOCOL， RTA_ERR_ABORT
IOCRReference	！＝IOCRBlockReq.IOCRReference	ERR-RTA， RTA_ERR_CLS_PROTOCOL， RTA_ERR_ABORT
FrameID	If（IOCRBlockReq. IOCRType ＝＝ "Input CR" OR IOCRBlockReq. IOCRType ＝＝ "Multicast Consumer CR"）AND IOCRBlockReq. FrameID ！＝FrameID	ERR-RTA， RTA_ERR_CLS_PROTOCOL， RTA_ERR_ABORT

6.2.16.3.5 AlarmCRBlockRes

此字段应依据表 447 来检查。

表 447 AlarmCRBlockRes-response 检查

参　　数	检查规则	匹配的行为
BlockType	！＝0x8103	n.a.
BlockLength	！＝8	ERR-RTA， RTA_ERR_CLS_PROTOCOL， RTA_ERR_ABORT
BlockVersionHigh	！＝0x01	ERR-RTA， RTA_ERR_CLS_PROTOCOL， RTA_ERR_ABORT
BlockVersionLow	！＝0x00	ERR-RTA， RTA_ERR_CLS_PROTOCOL， RTA_ERR_ABORT
AlarmCRType	！＝0x0001	ERR-RTA， RTA_ERR_CLS_PROTOCOL， RTA_ERR_ABORT
LocalAlarmReference	不检查	n.a.
MaxAlarmDataLength	！＝200～1 432	ERR-RTA， RTA_ERR_CLS_PROTOCOL， RTA_ERR_ABORT

6.2.16.3.6 ModuleDiffBlock

此字段应依据表 448 来检查。

表 448 ModuleDiffBlock-response 检查

参　　数	检查规则	匹配的行为
BlockType	! = 0x8104	n.a.
BlockLength	! =4+NumberOfAPI×(6+NumberOfModules×(10 + NumberOfSubmodules×8))	ERR-RTA，RTA_ERR_CLS_PROTOCOL，RTA_ERR_ABORT
BlockVersionHigh	! = 0x01	ERR-RTA，RTA_ERR_CLS_PROTOCOL，RTA_ERR_ABORT
BlockVersionLow	! = 0x00	ERR-RTA，RTA_ERR_CLS_PROTOCOL，RTA_ERR_ABORT
NumberOfAPIs	== 0	ERR-RTA，RTA_ERR_CLS_PROTOCOL，RTA_ERR_ABORT
API	! = ExpectedSubmoduleBlockReq.API	ERR-RTA，RTA_ERR_CLS_PROTOCOL，RTA_ERR_ABORT
NumberOfModules	== 0	ERR-RTA，RTA_ERR_CLS_PROTOCOL，RTA_ERR_ABORT
SlotNumber	! = ExpectedSubmoduleBlockReq.SlotNumber	ERR-RTA，RTA_ERR_CLS_PROTOCOL，RTA_ERR_ABORT
ModuleState	== 0x0～0x0003	n.a.
ModuleState	! = 0x0～0x0003	ERR-RTA，RTA_ERR_CLS_PROTOCOL，RTA_ERR_ABORT
NumberOfSubmodules	不检查	n.a.
SubslotNumber	! = ExpectedSubmoduleBlockReq.SubslotNumber	ERR-RTA，RTA_ERR_CLS_PROTOCOL，RTA_ERR_ABORT
SubmoduleIdentNumber	不检查	n.a.
SubmoduleState.AddInfo	不检查	n.a.
SubmoduleState.QualifiedInfo	不检查	n.a.

表 448（续）

参　　数	检查规则	匹配的行为
SubmoduleState.MaintenanceRequired	不检查	n.a.
SubmoduleState.MaintenanceDemanded	不检查	n.a.
SubmoduleState.DiagInfo	不检查	n.a.
SubmoduleState.ARInfo	If SubmoduleState.FormatIndicator == 1 ! = 0x0～0x04	ERR-RTA, RTA_ERR_CLS_PROTOCOL, RTA_ERR_ABORT
SubmoduleState.IdentInfo	If SubmoduleState.FormatIndicator == 1 ! = 0x0～0x03	ERR-RTA, RTA_ERR_CLS_PROTOCOL, RTA_ERR_ABORT
SubmoduleState.FormatIndicator	不检查	n.a.
SubmoduleState.Detail	If SubmoduleState.FormatIndicator == 0 ! = (0x0～0x02 OR 0x04 OR 0x07)	ERR-RTA, RTA_ERR_CLS_PROTOCOL, RTA_ERR_ABORT

6.2.16.4 IODControlReq

6.2.16.4.1 ArgsLength

此字段应依据表 449 来检查。

表 449 ArgsLength 检查

	参　　数	检查规则	匹配的行为
RPCHeader	RPCOperationNmb	== 0(Connect)	—
	RPCOperationNmb	== 1(Release)	—
	RPCOperationNmb	== 2(Read)	—
	RPCOperationNmb	== 3(Write)	—
	RPCOperationNmb	== 4(Control)	认可，检查 IODControlReq-PDU
	RPCOperationNmb	== 5(Read Implicit)	—
NDRDataRequest	ArgsLength	! = 所有 BlockLength 的和 + 块个数×4	RMPM:ArgsLength 无效
	—	通常:如果在请求中包含一个或多个未知块	RMPM:未知的块
IODControlReq	—	—	—

6.2.16.4.2 **ControlBlockConnect request**

此字段应依据表 450 来检查。

表 450 **ControlBlockConnect-request 检查**

参　　数	检查规则	匹配的行为
BlockType	！＝0x0110	RSP－,0xDD,0x81,0x14,0
BlockLength	！＝28	RSP－,0xDD,0x81,0x14,1
BlockVersionHigh	！＝0x01	RSP－,0xDD,0x81,0x14,2
BlockVersionLow	！＝0x00	RSP－,0xDD,0x81,0x14,3
Padding	！＝0x00	RSP－,0xDD,0x81,0x14,4
ARUUID	！＝ARBlockReq.ARUUID	RMPM:AR UUID 未知
SessionKey	！＝ARBlockReq.SessionKey	RSP－,0xDD,0x81,0x14,6
Padding	！＝0x00	RSP－,0xDD,0x81,0x14,7
ControlCommand	！＝0x0001(PrmEnd)	RSP－,0xDD,0x81,0x14,8
ControlBlockProperties.reserved	！＝0x0000	RSP－,0xDD,0x81,0x14,9

6.2.16.4.3 **ControlBlockPlug**

此字段应依据表 451 来检查。

表 451 **ControlBlockPlug-request 检查**

参　　数	检查规则	匹配的行为
BlockType	！＝0x0111	RSP－,0xDD,0x81,0x15,0
BlockLength	！＝28	RSP－,0xDD,0x81,0x15,1
BlockVersionHigh	！＝0x01	RSP－,0xDD,0x81,0x15,2
BlockVersionLow	！＝0x00	RSP－,0xDD,0x81,0x15,3
Padding	！＝0x00	RSP－,0xDD,0x81,0x15,4
ARUUID	！＝ARBlockReq.ARUUID	RMPM:AR UUID 未知
SessionKey	！＝ARBlockReq.SessionKey	RSP－,0xDD,0x81,0x15,6
AlarmSequenceNumber	！＝相应 AlarmNotification-PDU 的 AlarmSpecifier.SequenceNumber	RSP－,0xDD,0x81,0x15,7
ControlCommand	！＝0x0001(PrmEnd)	RSP－,0xDD,0x81,0x15,8
ControlBlockProperties.reserved	！＝0x0000	RSP－,0xDD,0x81,0x15,9

6.2.16.5 **IODControlRes**

6.2.16.5.1 **ArgsLength**

此字段应依据表 452 来检查。

表 452 ArgsLength 检查

	参　　数	检查规则	匹配的行为
RPCHeader	RPCOperationNmb	== 0(Connect)	—
	RPCOperationNmb	== 1(Release)	—
	RPCOperationNmb	== 2(Read)	—
	RPCOperationNmb	== 3(Write)	—
	RPCOperationNmb	== 4(Control)	认可,检查 IODControlRes-PDU
	RPCOperationNmb	== 5(Read Implicit)	—
NDRDataResponse	ArgsLength	! = 所有 BlockLength 的和 + 块个数×4	CMCTL:ArgsLength 无效
	ArgsLength	通常:如果在响应中包含一个或多个未知块	CMCTL:未知的块
IODControlRes	—	—	—

6.2.16.5.2 **ControlBlockConnect**

此字段应依据表 453 来检查。

表 453 ControlBlockConnect-response 检查

参　　数	检查规则	匹配的行为
BlockType	! = 0x8110	ERR-RTA, RTA_ERR_CLS_PROTOCOL, RTA_ERR_ABORT
BlockLength	! = 28	ERR-RTA, RTA_ERR_CLS_PROTOCOL, RTA_ERR_ABORT
BlockVersionHigh	! = 0x01	ERR-RTA, RTA_ERR_CLS_PROTOCOL, RTA_ERR_ABORT
BlockVersionLow	! = 0x00	ERR-RTA, RTA_ERR_CLS_PROTOCOL, RTA_ERR_ABORT
Padding	! = 0x00	ERR-RTA, RTA_ERR_CLS_PROTOCOL, RTA_ERR_ABORT
ARUUID	! = IODControlReq.ControlBlockConnect.ARUUID	ERR-RTA, RTA_ERR_CLS_PROTOCOL, RTA_ERR_ABORT

表 453（续）

参　　数	检查规则	匹配的行为
SessionKey	! = IODControlReq.ControlBlockConnect.SessionKey	忽略
Padding	! = 0x00	ERR-RTA，RTA_ERR_CLS_PROTOCOL，RTA_ERR_ABORT
ControlCommand	! = 0x0008(Done)	ERR-RTA，RTA_ERR_CLS_PROTOCOL，RTA_ERR_ABORT
ControlBlockProperties.reserved	! = 0x0000	ERR-RTA，RTA_ERR_CLS_PROTOCOL，RTA_ERR_ABORT

6.2.16.5.3　**ControlBlockPlug**

此字段应依据表 454 来检查。

表 454　ControlBlockPlug-response 检查

参　　数	检查规则	匹配的行为
BlockType	! = 0x8111	ERR-RTA，RTA_ERR_CLS_PROTOCOL，RTA_ERR_ABORT
BlockLength	! = 28	ERR-RTA，RTA_ERR_CLS_PROTOCOL，RTA_ERR_ABORT
BlockVersionHigh	! = 0x01	ERR-RTA，RTA_ERR_CLS_PROTOCOL，RTA_ERR_ABORT
BlockVersionLow	! = 0x00	ERR-RTA，RTA_ERR_CLS_PROTOCOL，RTA_ERR_ABORT
Padding	! = 0x00	ERR-RTA，RTA_ERR_CLS_PROTOCOL，RTA_ERR_ABORT
ARUUID	! = IODControlReq.ControlBlockPlug.ARUUID	ERR-RTA，RTA_ERR_CLS_PROTOCOL，RTA_ERR_ABORT

表 454（续）

参　　数	检查规则	匹配的行为
SessionKey	！＝IODControlReq.ControlBlockPlug.SessionKey	忽略
AlarmSequenceNumber	！＝AlarmSpecifier.SequenceNumber of corresponding AlarmNotification-PDU	ERR-RTA，RTA_ERR_CLS_PROTOCOL，RTA_ERR_ABORT
ControlCommand	！＝0x0008(Done)	ERR-RTA，RTA_ERR_CLS_PROTOCOL，RTA_ERR_ABORT
ControlBlockProperties.reserved	！＝0x0000	ERR-RTA，RTA_ERR_CLS_PROTOCOL，RTA_ERR_ABORT

6.2.16.6 IOXControlReq

6.2.16.6.1 ArgsLength

此字段应依据表 455 来检查。

表 455 ArgsLength 检查

	参　　数	检查规则	匹配的行为
RPCHeader	RPCOperationNmb	＝＝0(Connect)	—
	RPCOperationNmb	＝＝1(Release)	—
	RPCOperationNmb	＝＝2(Read)	—
	RPCOperationNmb	＝＝3(Write)	—
	RPCOperationNmb	＝＝4(Control)	认可，检查 IOXControlReq-PDU
	RPCOperationNmb	＝＝5(Read Implicit)	—
NDRDataRequest	ArgsLength	！＝所有 BlockLength 的和＋块个数×4	RMPM / NRPM：ArgsLength 无效
	ArgsLength	通常：如果在请求中包含一个或多个未知块	RMPM / NRPM：未知的块
IOXControlReq	—	—	—

6.2.16.6.2 ControlBlockConnect

此字段应依据表 456 来检查。

表 456 ControlBlockConnect-request 检查

参　数	检查规则	匹配的行为
BlockType	! = 0x0112	RSP—,0xDD,0x81,0x16,0
BlockLength	! = 28	RSP—,0xDD,0x81,0x16,1
BlockVersionHigh	! = 0x01	RSP—,0xDD,0x81,0x16,2
BlockVersionLow	! = 0x00	RSP—,0xDD,0x81,0x16,3
Padding	! = 0x00	RSP—,0xDD,0x81,0x16,4
ARUUID	! = ARBlockReq.ARUUID	RMPM:AR UUID 未知
SessionKey	! = ARBlockReq.SessionKey	RSP—,0xDD,0x81,0x16,6
Padding	! = 0x00	RSP—,0xDD,0x81,0x16,7
ControlCommand	! = 0x0002(ApplicationReady)	RSP—,0xDD,0x81,0x16,8
ControlBlockProperties.reserved	! = 0x0000	RSP—,0xDD,0x81,0x16,9

6.2.16.6.3 ControlBlockPlug

此字段应依据表 457 来检查。

表 457 ControlBlockPlug-request 检查

参　数	检查规则	匹配的行为
BlockType	! = 0x0113	RSP—,0xDD,0x81,0x17,0
BlockLength	! = 28	RSP—,0xDD,0x81,0x17,1
BlockVersionHigh	! = 0x01	RSP—,0xDD,0x81,0x17,2
BlockVersionLow	! = 0x00	RSP—,0xDD,0x81,0x17,3
Padding	! = 0x00	RSP—,0xDD,0x81,0x17,4
ARUUID	! = ARBlockReq.ARUUID	RMPM:AR UUID 未知
SessionKey	! = ARBlockReq.SessionKey	RSP—,0xDD,0x81,0x17,6
AlarmSequenceNumber	! = 相应 AlarmNotification-PDU 的 AlarmSpecifier.SequenceNumber	RSP—,0xDD,0x81,0x17,7
ControlCommand	! = 0x0002(ApplicationReady)	RSP—,0xDD,0x81,0x17,8
ControlBlockProperties.reserved	! = 0x0000	RSP—,0xDD,0x81,0x17,9

6.2.16.7 IOXControlRes

6.2.16.7.1 ArgsLength

此字段应依据表 458 来检查。

表 458 ArgsLength 检查

	参数	检查规则	匹配的行为
RPCHeader	RPCOperationNmb	== 0(Connect)	—
	RPCOperationNmb	== 1(Release)	—
	RPCOperationNmb	== 2(Read)	—
	RPCOperationNmb	== 3(Write)	—
	RPCOperationNmb	== 4(Control)	认可,检查 IOXControlRes-PDU
	RPCOperationNmb	== 5(Read Implicit)	—
NDRDataResponse	ArgsLength	! = 所有 BlockLength 的和 + 块个数×4	RMPM:ArgsLength 无效
	ArgsLength	通常:如果在响应中包含一个或多个未知块	RMPM:未知的块
IOXControlRes	—	—	—

6.2.16.7.2 ControlBlockConnect

此字段应依据表 459 来检查。

表 459 ControlBlockConnect-response 检查

参数	检查规则	匹配的行为
BlockType	! = 0x8112	ERR-RTA, RTA_ERR_CLS_PROTOCOL, RTA_ERR_ABORT
BlockLength	! = 28	ERR-RTA, RTA_ERR_CLS_PROTOCOL, RTA_ERR_ABORT
BlockVersionHigh	! = 0x01	ERR-RTA, RTA_ERR_CLS_PROTOCOL, RTA_ERR_ABORT
BlockVersionLow	! = 0x00	ERR-RTA, RTA_ERR_CLS_PROTOCOL, RTA_ERR_ABORT
Padding	! = 0x00	ERR-RTA, RTA_ERR_CLS_PROTOCOL, RTA_ERR_ABORT
ARUUID	! = IOXControlReq.ControlBlockConnect.ARUUID	ERR-RTA, RTA_ERR_CLS_PROTOCOL, RTA_ERR_ABORT
SessionKey	! = IOXControlReq.ControlBlockConnect.SessionKey	忽略

表 459（续）

参　　数	检查规则	匹配的行为
Padding	! = 0x00	ERR-RTA， RTA_ERR_CLS_PROTOCOL， RTA_ERR_ABORT
ControlCommand	! = 0x0008(Done)	ERR-RTA， RTA_ERR_CLS_PROTOCOL， RTA_ERR_ABORT
ControlBlockProperties. reserved	! = 0x0000	ERR-RTA， RTA_ERR_CLS_PROTOCOL， RTA_ERR_ABORT

6.2.16.7.3 ControlBlockPlug

此字段应依据表 460 来检查。

表 460 ControlBlockPlug-response 检查

参　　数	检查规则	匹配的行为
BlockType	! = 0x8113	ERR-RTA， RTA_ERR_CLS_PROTOCOL， RTA_ERR_ABORT
BlockLength	! = 28	ERR-RTA， RTA_ERR_CLS_PROTOCOL， RTA_ERR_ABORT
BlockVersionHigh	! = 0x01	ERR-RTA， RTA_ERR_CLS_PROTOCOL， RTA_ERR_ABORT
BlockVersionLow	! = 0x00	ERR-RTA， RTA_ERR_CLS_PROTOCOL， RTA_ERR_ABORT
Padding	! = 0x00	ERR-RTA， RTA_ERR_CLS_PROTOCOL， RTA_ERR_ABORT
ARUUID	! = IOXControlReq.ControlBlockPlug. ARUUID	ERR-RTA， RTA_ERR_CLS_PROTOCOL， RTA_ERR_ABORT
SessionKey	! = IOXControlReq.ControlBlockPlug. SessionKey	ERR-RTA， RTA_ERR_CLS_PROTOCOL， RTA_ERR_ABORT

表 460（续）

参　　数	检查规则	匹配的行为
AlarmSequenceNumber	！ = AlarmSpecifier.SequenceNumber of corresponding AlarmNotification-PDU	ERR-RTA，RTA_ERR_CLS_PROTOCOL，RTA_ERR_ABORT
ControlCommand	！ = 0x0008(Done)	ERR-RTA，RTA_ERR_CLS_PROTOCOL，RTA_ERR_ABORT
ControlBlockProperties.reserved	！ = 0x0000	ERR-RTA，RTA_ERR_CLS_PROTOCOL，RTA_ERR_ABORT

6.2.16.7.4 **ModuleDiffBlock**

此字段应依据表 448 来检查。

6.2.16.8 **IODReleaseReq**

6.2.16.8.1 **ArgsLength**

此字段应依据表 461 来检查。

表 461　**ArgsLength 检查**

	参　　数	检查规则	匹配的行为
RPCHeader	RPCOperationNmb	== 0(Connect)	—
	RPCOperationNmb	== 1(Release)	认可，检查 IODReleaseReq-PDU
	RPCOperationNmb	== 2(Read)	—
	RPCOperationNmb	== 3(Write)	—
	RPCOperationNmb	== 4(Control)	—
	RPCOperationNmb	== 5(Read Implicit)	—
NDRDataRequest	ArgsLength	！ = ReleaseBlock.BlockLength + 4	RMPM：ArgsLength 无效
	—	通常：在请求中包含一个或多个未知块	RMPM：未知的块
IODReleaseReq	—	—	—

6.2.16.8.2 **ReleaseBlock**

此字段应依据表 462 来检查。

表 462 ReleaseBlock-request 检查

参 数	检查规则	匹配的行为
BlockType	! = 0x0114	RSP—,0xDC,0x81,0x28,0
BlockLength	! = 28	RSP—,0xDC,0x81,0x28,1
BlockVersionHigh	! = 0x01	RSP—,0xDC,0x81,0x28,2
BlockVersionLow	! = 0x00	RSP—,0xDC,0x81,0x28,3
Padding	! = 0x00	RSP—,0xDC,0x81,0x28,4
ARUUID	! = ARBlockReq.ARUUID	RMPM:AR UUID 未知
SessionKey	! = ARBlockReq.SessionKey	RSP—,0xDC,0x81,0x28,6
Padding	! = 0x00	RSP—,0xDC,0x81,0x28,7
ControlCommand	! = 0x0004(Release)	RSP—,0xDC,0x81,0x28,8
ControlBlockProperties.reserved	! = 0x0000	RSP—,0xDC,0x81,0x28,9

6.2.16.9 IODReleaseRes

6.2.16.9.1 ArgsLength

此字段应依据表 463 来检查。

表 463 ArgsLength 检查

	参 数	检查规则	匹配的行为
RPCHeader	RPCOperationNmb	== 0(Connect)	—
	RPCOperationNmb	== 1(Release)	认可,检查 IODReleaseRes-PDU
	RPCOperationNmb	== 2(Read)	—
	RPCOperationNmb	== 3(Write)	—
	RPCOperationNmb	== 4(Control)	—
	RPCOperationNmb	== 5(Read Implicit)	—
NDRDataResponse	ArgsLength	! =ReleaseBlock.BlockLength+4	RMPM:ArgsLength 无效
	—	通常:在响应中包含一个或多个未知块	RMPM:未知的块
IODReleaseRes	—	—	—

6.2.16.9.2 ReleaseBlock

此字段应依据表 464 来检查。

表 464 **ReleaseBlock-response 检查**

参　　数	检查规则	匹配的行为
BlockType	！＝0x8114	ERR-RTA，RTA_ERR_CLS_PROTOCOL，RTA_ERR_ABORT
BlockLength	！＝28	ERR-RTA，RTA_ERR_CLS_PROTOCOL，RTA_ERR_ABORT
BlockVersionHigh	！＝0x01	ERR-RTA，RTA_ERR_CLS_PROTOCOL，RTA_ERR_ABORT
BlockVersionLow	！＝0x00	ERR-RTA，RTA_ERR_CLS_PROTOCOL，RTA_ERR_ABORT
Padding	！＝0x00	ERR-RTA，RTA_ERR_CLS_PROTOCOL，RTA_ERR_ABORT
ARUUID	！＝IODReleaseReq.ReleaseBlock.ARUUID	ERR-RTA，RTA_ERR_CLS_PROTOCOL，RTA_ERR_ABORT
SessionKey	！＝IODReleaseReq.ReleaseBlock.sessionKey	忽略
Padding	！＝0x00	ERR-RTA，RTA_ERR_CLS_PROTOCOL，RTA_ERR_ABORT
ControlCommand	！＝0x0008(Done)	ERR-RTA，RTA_ERR_CLS_PROTOCOL，RTA_ERR_ABORT
ControlBlockProperties.reserved	！＝0x0000	ERR-RTA，RTA_ERR_CLS_PROTOCOL，RTA_ERR_ABORT

6.2.16.10 **IODWriteReq**

6.2.16.10.1 **ArgsLength**

此字段应依据表 465 来检查。

表 465 **ArgsLength 检查**

	参 数	检查规则	匹配的行为
RPCHeader	RPCOperationNmb	== 0(Connect)	—
	RPCOperationNmb	== 1(Release)	—
	RPCOperationNmb	== 2(Read)	—
	RPCOperationNmb	== 3(Write)	认可,检查 IODWriteReq-PDU
	RPCOperationNmb	== 4(Control)	—
	RPCOperationNmb	== 5(Read Implicit)	—
NDRDataRequest	ArgsLength	! = (IODWriteReqHeader. BlockLength + 4 + IODWriteReqHeader. RecordDataLength)	RMPM:ArgsLength 无效
	—	通常:如果在请求中包含一个或多个未知块	RMPM:未知的块
IODWriteReq	—	—	—

6.2.16.10.2 **IODWriteReqHeader**

此字段应依据表 466 来检查。

表 466 **IODWriteReqHeader-request 检查**

参 数	检查规则	匹配的行为
BlockType	! = 0x0008	RSP—,0xDF,0x81,0x08,0
BlockLength	! = 60	RSP—,0xDF,0x81,0x08,1
BlockVersionHigh	! = 0x01	RSP—,0xDF,0x81,0x08,2
BlockVersionLow	! = 0x00	RSP—,0xDF,0x81,0x08,3
SeqNumber	不检查	n.a.
ARUUID	! = ARBlockReq.ARUUID	RMPM:AR UUID 未知
API	> 0x0 AND 在 GSDML 中不支持	RSP—,0xDF,0x80,0xB4,6
SlotNumber	! = 0x0~0x7FFF OR 在 GSDML 中不支持	RSP—,0xDF,0x80,0xB2,7
SubslotNumber	! = 0x0~0x8FFF OR 在 GSDML 中不支持	RSP—,0xDF,0x80,0xB2,8
Padding	! = 0x0000	RSP—,0xDF,0x80,0xB7,9
Index	应用不支持	RSP—,0xDF,0x80,0xB0,10
RecordDataLength	! = consistent with ArgsLength	RSP—,0xDF,0x81,0x08,11
RWPadding	不检查	n.a.

6.2.16.10.3 RecordDataWrite

此字段应不检查。

6.2.16.11 IODWriteRes

6.2.16.11.1 ArgsLength

此字段应依据表 467 来检查。

表 467 ArgsLength 检查

	参　　数	检查规则	匹配的行为
NDRDataResponse	ArgsLength	! = IODWriteResHeader. BlockLength + 4	ERR-RTA, RTA_ERR_CLS_PROTOCOL, RTA_ERR_ABORT
	—	通常:如果在响应中包含一个或多个未知块	ERR-RTA, RTA_ERR_CLS_PROTOCOL, RTA_ERR_ABORT
IODReleaseRes	—	—	—

6.2.16.11.2 IODWriteResHeader

此字段应依据表 468 来检查。

表 468 IODWriteResHeader-response 检查

参　　数	检查规则	匹配的行为
BlockType	! = 0x8008	ERR-RTA, RTA_ERR_CLS_PROTOCOL, RTA_ERR_ABORT
BlockLength	! = 60	ERR-RTA, RTA_ERR_CLS_PROTOCOL, RTA_ERR_ABORT
BlockVersionHigh	! = 0x01	ERR-RTA, RTA_ERR_CLS_PROTOCOL, RTA_ERR_ABORT
BlockVersionLow	! = 0x00	ERR-RTA, RTA_ERR_CLS_PROTOCOL, RTA_ERR_ABORT
SeqNumber	不检查	n.a.
ARUUID	! = IODWriteReq.IODWriteReqHeader. ARUUID	ERR-RTA, RTA_ERR_CLS_PROTOCOL, RTA_ERR_ABORT

表 468（续）

参　数	检查规则	匹配的行为
API	! = IODWriteReq.IODWriteReqHeader.API	ERR-RTA， RTA_ERR_CLS_PROTOCOL， RTA_ERR_ABORT
SlotNumber	! = IODWriteReq. IODWriteReqHeader. SlotNumber	ERR-RTA， RTA_ERR_CLS_PROTOCOL， RTA_ERR_ABORT
SubslotNumber	! = IODWriteReq. IODWriteReqHeader. SubslotNumber	ERR-RTA， RTA_ERR_CLS_PROTOCOL， RTA_ERR_ABORT
Index	! = IODWriteReq.IODWriteReqHeader.Index	ERR-RTA， RTA_ERR_CLS_PROTOCOL， RTA_ERR_ABORT
RecordDataLength	不检查	n.a.
AdditionalValue1	不检查	n.a.
AdditionalValue2	不检查	n.a.
PNIOStatus	不检查	n.a.

6.2.16.12 **IODWriteMultipleReq**

6.2.16.12.1 **ArgsLength**

此字段应依据表 469 来检查。

表 469　ArgsLength 检查

	参　数	检查规则	匹配的行为
RPCHeader	RPCOperationNmb	== 0(Connect)	—
	RPCOperationNmb	== 1(Release)	—
	RPCOperationNmb	== 2(Read)	—
	RPCOperationNmb	== 3(Write)	认可，检查 IODWriteMultipleReq-PDU
	RPCOperationNmb	== 4(Control)	—
	RPCOperationNmb	== 5(Read Implicit)	—
NDRDataRequest	ArgsLength	! = IODWriteReqHeader. BlockLength + 4 + 所有 IODWriteReqHeader.BlockLength 的和 + WriteBlock 的个数×4	RMPM：ArgsLength 无效
	—	通常：如果在请求中包含一个或多个未知块	RMPM：未知的块
IODWriteReq	—	—	—

6.2.16.12.2 **IODWriteReqHeader(multiple)**

此字段应依据表 466 来检查。参数 index 的值应是 0xE040。

6.2.16.12.3 **IODWriteReqHeader**

此字段应依据表 466 来检查。

6.2.16.12.4 **RecordDataWrite**

此字段应不检查。

6.2.16.12.5 **Padding**

填充的八位位组个数应是 0、1、2 和 3,使其与下一个 IODWriteReqHeader 32 比特对齐。填充的八位位组的值不被检查。

6.2.16.13 **IODWriteMultipleRes**

6.2.16.13.1 **ArgsLength**

此字段应依据表 470 来检查。

表 470 ArgsLength 检查

	参 数	检查规则	匹配的行为
RPCHeader	RPCOperationNmb	== 0(Connect)	—
	RPCOperationNmb	== 1(Release)	—
	RPCOperationNmb	== 2(Read)	—
	RPCOperationNmb	== 3(Write)	认可,检查 IODWriteMultipleRes-PDU
	RPCOperationNmb	== 4(Control)	—
	RPCOperationNmb	== 5(Read Implicit)	—
NDRDataResponse	ArgsLength	!= IODWriteResHeader. BlockLength + 4 + 所有 IODWriteResHeader. BlockLength 的和 + IODWriteResHeaderBlock 个数×4	RMPM:ArgsLength 无效
	—	通常:如果在响应中包含一个或多个未知块	RMPM:未知的块
IODWriteMultipleRes	—	—	—

6.2.16.13.2 **IODWriteResHeader(multiple)**

此字段应依据表 468 来检查。参数 index 的值应是 0xE040。

6.2.16.13.3 **IODWriteResHeader**

此字段应依据表 468 来检查。

6.2.16.14 IODReadReq

6.2.16.14.1 ArgsLength

此字段应依据表 471 来检查。

表 471 ArgsLength 检查

	参　数	检查规则	匹配的行为
RPCHeader	RPCOperationNmb	== 0(Connect)	—
	RPCOperationNmb	== 1(Release)	—
	RPCOperationNmb	== 2(Read)	认可,检查 IODReadReq-PDU
	RPCOperationNmb	== 3(Write)	—
	RPCOperationNmb	== 4(Control)	—
	RPCOperationNmb	== 5(Read Implicit)	认可,检查 IODReadReq-PDU
NDRDataRequest	ArgsLength	! =IODReadReqHeader.BlockLength+4 OR ! =IODReadReqHeader.BlockLength+4+RecordDataReadQuery.BlockLength+4	RMPM:ArgsLength 无效
	—	通常:如果在请求中包含一个或多个未知块	RMPM:未知的块
IOReadReq	—	—	—

6.2.16.14.2 IODReadReqHeader

此字段应依据表 472 来检查。

表 472 IODReadReqHeader-request 检查

参　数	检查规则	匹配的行为
BlockType	! = 0x0009	RSP—,0xDE,0x81,0x08,0
BlockLength	! = 60	RSP—,0xDE,0x81,0x08,1
BlockVersionHigh	! = 0x01	RSP—,0xDE,0x81,0x08,2
BlockVersionLow	! = 0x00	RSP—,0xDE,0x81,0x08,3
SeqNumber	不检查	n.a.
ARUUID	Case RPCOperationNmb == 2(Read): ! = ARBlockReq.ARUUID	RMPM:AR UUID 未知
ARUUID	Case RPCOperationNmb == 5(Read Implicit): ! = NIL	RSP—,0xDE,0x81,0x08,5
API	> 0x0 AND 在 GSDML 中不支持	RSP—,0xDE,0x80,0xB4,6
SlotNumber	! = 0x0~0x7FFF OR 在 GSDML 中不支持	RSP—,0xDE,0x80,0xB2,7
SubslotNumber	! = 0x0~0x8FFF OR 在 GSDML 中不支持	RSP—,0xDE,0x80,0xB2,8
Padding	! = 0x0000	RSP—,0xDE,0x80,0xB7,9

表 472（续）

参　　数	检查规则	匹配的行为
Index	应用不支持	RSP－,0xDE,0x80,0xB0,10
RecordDataLength	与 ArgsMaximum 不一致	RSP－,0xDE,0x81,0x08,11
TargetARUUID	Case RPCOperationNmb ＝＝ 2(Read)： TargetARUUID ！ ＝ NIL	RSP－,0xDE,0x81,0x08,12
RWPadding	不检查	n.a.

6.2.16.14.3　**RecordDataReadQuery**

此字段应依据表 473 来检查。

表 473　**RecordDataReadQuery-request** 检查

参　　数	检查规则	匹配的行为
BlockType	！ ＝ 0x0500 OR 在 GSDML 中不支持	RMPM：未知的块
BlockLength	＜ 0x3 OR 与 ArgsLength 不一致	RSP－,0xDE,0x81,0x08,1
BlockVersionHigh	！ ＝ 0x01	RSP－,0xDE,0x81,0x08,2
BlockVersionLow	！ ＝ 0x00	RSP－,0xDE,0x81,0x08,3
Data	不检查	n.a.

6.2.16.15　**IODReadRes**

6.2.16.15.1　**ArgsLength**

此字段应依据表 474 来检查。

表 474　**ArgsLength** 检查

	参　　数	检查规则	匹配的行为
NDRDataResponse	ArgsLength	！ ＝ IODReadResHeader.BlockLength ＋ 4 ＋ IODReadResHeader.RecordDataLength	ERR-RTA， RTA_ERR_CLS_PROTOCOL， RTA_ERR_ABORT
	—	通常：如果在响应中包含一个或多个未知块	ERR-RTA， RTA_ERR_CLS_PROTOCOL， RTA_ERR_ABORT
IODReadRes	—		

6.2.16.15.2　**IODReadResHeader**

此字段应依据表 475 来检查。

表 475 **IODReadResHeader-response 检查**

参　数	检查规则	匹配的行为
BlockType	! = 0x8009	ERR-RTA, RTA_ERR_CLS_PROTOCOL, RTA_ERR_ABORT
BlockLength	! = 60	ERR-RTA, RTA_ERR_CLS_PROTOCOL, RTA_ERR_ABORT
BlockVersionHigh	! = 0x01	ERR-RTA, RTA_ERR_CLS_PROTOCOL, RTA_ERR_ABORT
BlockVersionLow	! = 0x00	ERR-RTA, RTA_ERR_CLS_PROTOCOL, RTA_ERR_ABORT
SeqNumber	不检查	n.a.
ARUUID	! = IODReadReqHeader.ARUUID	ERR-RTA, RTA_ERR_CLS_PROTOCOL, RTA_ERR_ABORT
API	! = IODReadReqHeader.API	ERR-RTA, RTA_ERR_CLS_PROTOCOL, RTA_ERR_ABORT
SlotNumber	! = IODReadReqHeader. SlotNumber	ERR-RTA, RTA_ERR_CLS_PROTOCOL, RTA_ERR_ABORT
SubslotNumber	! = IODReadReqHeader. SubslotNumber	ERR-RTA, RTA_ERR_CLS_PROTOCOL, RTA_ERR_ABORT
Padding	! = 0x0000	ERR-RTA, RTA_ERR_CLS_PROTOCOL, RTA_ERR_ABORT
Index	! = IODReadReqHeader.Index	ERR-RTA, RTA_ERR_CLS_PROTOCOL, RTA_ERR_ABORT
RecordDataLength	与 ArgsLength 不一致	ERR-RTA, RTA_ERR_CLS_PROTOCOL, RTA_ERR_ABORT
AdditionalValue1	不检查	n.a.
AdditionalValue2	不检查	n.a.
RWPadding	不检查	n.a.

6.2.16.15.3 **RecordDataRead**

此字段应不检查。

6.3 FAL 协议状态机

6.3.1 整体结构

6.3.1.1 概述

FAL 协议状态机结构的定义如图 54 所示。整体结构符合 IEC 61158-6 系列标准的协议机模型。

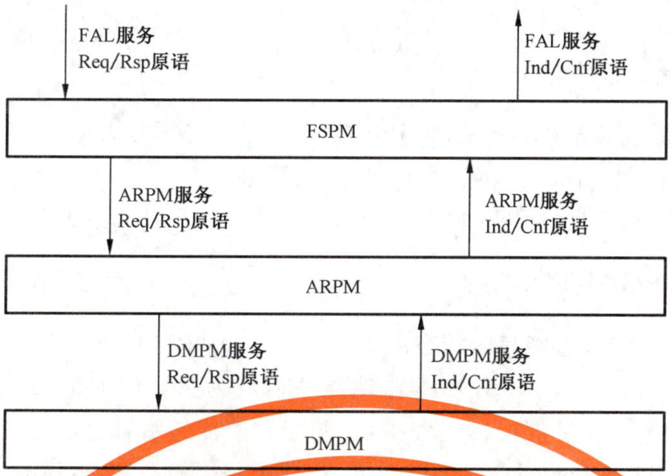

图 54 协议机之间的关系

FAL 的行为通过三个集成的协议机来规定。FSPM 是 FAL 服务(它是 FAL Class 规范的一部分)与特定 AREP 之间的服务接口。

FAL 提供两种协议机体系结构,一种用于 IO 控制器,另一种用于 IO 设备。其结构分别在附录 K 和附录 L 中规定。

FSPM 负责下列的活动:

——接收来自 FAL 服务用户的服务原语,并把它们转换成 FAL 内部原语;

——选择基于隐式寻址机制的 ARPM 状态机,并把带有服务参数的 FAL 内部原语发送到 ARPM;

——接收来自 ARPM 的 FAL 内部原语,并把它们转换成 FAL 服务用户的服务原语;

——传送 FAL 服务原语到 FAL 用户。

ARPM 规定应用关系的传输类型。

DMPM 规定对数据链路层(Data Link Layer)的映射。因此,DMPM 定义两个协议机:LMPM 协议机和 MAC 协议机。

6.3.1.2 现场总线服务协议机(FSPM)

FSPM 状态机协调下层的状态机用于处理各种服务和应用关系。

FSPM 基本上是一个映射协议机。主要任务是向负责该服务的协议机传送该服务,并向用户发送证实和响应。此外,还包含一种基本冗余控制方案,它允许把两个 AR 协调到一个具有更高可用性的单个实体。

为了此任务,FSPM 应提供下列支持:

——到对等 FSPM 的冗余通信接口(RedCom)(仅用于冗余设备);

——协调 Primary/Backup APDU_Status(信息);

——启动 Switchover Procedures(在 IO-设备情况下,发信号通知 Primary 失效);

——协调冗余 AR 的设置数据服务和获得数据服务。

注:在出现通信问题(由 CPM 通过 NoData 来指示)的情况下,将启动 Switchover。如果在 Data 持有时间超时之前可以完成 Switchover,则该系统将继续运行,否则消费者将使用 Substitute Data 用于进一步处理。

6.3.1.3 IO 控制器与 IO 设备(IO AR)

PPM、CPM、ALPMI、ALPMR、APMR、APMS、CMDEV、CMCTL、RMPM 状态机负责在 IO 控制

器与IO设备之间传输循环、非循环和报警数据。

6.3.1.4 IO监视器与IO设备(Supervisor AR)

PPM、CPM、ALPMI、ALPMR、APMR、APMS、CMDEV、CMCTL、RMPM状态机负责在IO监视器与IO设备之间传输循环数据、非循环数据和报警数据。

注:在此应用关系内,PPM、CPM、APMR和APMS协议机直接通过RPC而不通过LMPM传送它们的APDU。

6.3.1.5 DLL映射协议机(DMPM)

DLL映射协议机(DMPM)连接其他状态机和第2层。DMPM对涉及数据链路层用法的组态和错误处理的所有状态机进行协调。DMPM将这些功能映射成为第2层的DLL服务。DMPM生成必要的第2层服务参数、接收来自第2层的证实和指示,并把它们传递给合适的DMPM-User。

DMPM被直接置于DLL User-DLL接口上,如数据链路层服务定义(Data Link Layerservice Definitions)所述。(参阅IEEE 802.3—2005,增强的内部子层服务(Enhanced Internalsublayerservices))。

为了将DMPM功能映射到第2层,DMPM使用下列服务:

——MA_UNITDATA.req;

——MA_UNITDATA.ind。

出于本部分目的,对于MA_UNITDATA请求服务原语,有一个指示DLPDU已被发送的明确证实。

6.4 AP上下关系状态机

本协议未定义AP上下关系(AP-Context)状态机。

6.5 FAL服务协议机

6.5.1 概述

此类型规定一个FAL服务协议机(FSPM)状态机,以进行FAL用户服务原语与FAL内部服务原语间的相互转换。定义的FSPM有两种类型,一种用于IO设备(FSPMDEV),另一种用于IO控制器(FSPMCTL)。

6.5.2 FSPMDEV

6.5.2.1 概述

FSPMDEV负责下层协议机的启动。它们应按下列次序启动:

a) LMPM;

b) LLDP;

c) DHCP/DCP;

d) RMPM(地址解析的一部分,RMPM启动所有其他协议机-IP、UDP、RPC、RM(其他部分)、CMDEV、PPM、CPM……)。

6.5.2.2 原语定义

6.5.2.2.1 在FSPMDEV与AP-Context之间交换的原语

表476列出了由AP-Context(FAL用户)发出并由FSPMDEV接收的服务原语及其相关参数,FSPMDEV将这些服务原语及参数映射为下层服务。

表 476 由 AP-Context(FAL 用户)发给 FSPMDEV 的原语

原语名称	源	相关参数	原语被映射为	参数被映射为
Read.rsp(+)	FAL 用户	AREP Seq Number Add Data 1 Add Data 2 Length Data	CM_Read.rsp(+)(AREP, Seq Number, AddData1, AddData2, Length, Data)	MAP_READ_RSP+
Read.rsp(−)	FAL 用户	AREP Seq Number Error Decode Error Code 1 Error Code 2 Add Data 1 Add Data 2	CM_Read.rsp(−)(AREP,ErrorDecode, ErrorCode1,ErrorCode2,AddData1, AddData2)	MAP_READ_RSP−
Read Input Data.rsp(+)	FAL 用户	AREP Seq Number Length Length Data Length IOCS Length IOPS IOCS IOPS Subslot Input Data	CM_Read.rsp(+)(AREP, Seq Number, AddData1, AddData2, Length, Data)	MAP_READ_INPD_RSP+
Read Input Data.rsp(−)	FAL 用户	AREP Seq Number Error Decode Error Code 1 Error Code 2 Add Data 1 Add Data 2	CM_Read.rsp(−)(AREP,ErrorDecode, ErrorCode1,ErrorCode2,AddData1, AddData2)	MAP_READ_INPD_RSP−
Read Output Data.rsp(+)	FAL 用户	AREP Seq Number Length Length IOCS Length IOPS Length Output Data IOCS IOPS Output Data Substitutemode Substitute Active Flag Outputsubstitute Data	CM_Read.rsp(+)(AREP, Seq Number, AddData1, AddData2, Length, Data)	MAP_READ_OUTPD_RSP+

表 476（续）

原语名称	源	相关参数	原语被映射为	参数被映射为
Read Output Data.rsp(－)	FAL 用户	AREP Seq Number Error Decode Error Code 1 Error Code 2 Add Data 1 Add Data 2	CM_Read.rsp(－)(AREP,ErrorDecode,ErrorCode1,ErrorCode2,AddData1,AddData2)	MAP_READ_OUTPD_RSP－
Read Logbook.rsp(＋)	FAL 用户	AREP Seq Number Length Current Local Timestamp Number Of Log Entries List of Entries Local Timestamp AR UUID PNIOStatus Entry Detail	CM_Read.rsp(＋)(AREP, Seq Number, AddData1, AddData2, Length, Data)	MAP_READ_LOG_RSP＋
Read Logbook.rsp(－)	FAL 用户	AREP Seq Number Error Decode Error Code 1 Error Code 2 Add Data 1 Add Data 2	CM_Read.rsp(－)(AREP,ErrorDecode,ErrorCode1,ErrorCode2,AddData1,AddData2)	MAP_READ_LOG_RSP－
Read Device Diagnosis.rsp(＋)	FAL 用户	AREP Seq Number Length List of Diagnosis Data	CM_Read.rsp(＋)(AREP, Seq Number, AddData1, AddData2, Length, Data)	MAP_READ_DIAG_RSP＋
Read Device Diagnosis.rsp(－)	FAL 用户	AREP Seq Number Error Decode Error Code 1 Error Code 2 Add Data 1 Add Data 2	CM_Read.rsp(－)(AREP,ErrorDecode,ErrorCode1,ErrorCode2,AddData1,AddData2)	MAP_READ_DIAG_RSP－

表 476（续）

原语名称	源	相关参数	原语被映射为	参数被映射为
Read Expected Identification.rsp(＋)	FAL 用户	AREP Seq Number Length List ofslots	CM_Read.rsp(＋)(AREP, Seq Number, AddData1, AddData2, Length, Data)	MAP_READ_EID_RSP＋
Read Expected Identification.rsp(－)	FAL 用户	AREP Seq Number Error Decode Error Code 1 Error Code 2 Add Data 1 Add Data 2	CM_Read.rsp(－)(AREP,ErrorDecode, ErrorCode1,ErrorCode2,AddData1, AddData2)	MAP_READ_EID_RSP－
Read Real Identification.rsp(＋)	FAL 用户	AREP Seq Number Length Number ofslots List ofslots	CM_Read.rsp(＋)(AREP, Seq Number, AddData1, AddData2, Length, Data)	MAP_READ_RID_RSP＋
Read Real Identification.rsp(－)	FAL 用户	AREP Seq Number Error Decode Error Code 1 Error Code 2 Add Data 1 Add Data 2	CM_Read.rsp(－)(AREP,ErrorDecode, ErrorCode1,ErrorCode2,AddData1, AddData2)	MAP_READ_RID_RSP－
Read Identification Difference.rsp(＋)	FAL 用户	AREP Seq Number Length Number of APIs List of APIs	CM_Read.rsp(＋)(AREP, Seq Number, AddData1, AddData2, Length, Data)	MAP _ READ _ IDDIFF _ RSP＋
Read Identification Difference.rsp(－)	FAL 用户	AREP Seq Number Error Decode Error Code 1 Error Code 2 Add Data 1 Add Data 2	CM_Read.rsp(－)(AREP,ErrorDecode, ErrorCode1,ErrorCode2,AddData1, AddData2)	MAP _ READ _ IDDIFF _ RSP－

表 476（续）

原语名称	源	相关参数	原语被映射为	参数被映射为
Read Real Port Data.rsp(＋)	FAL 用户	AREP Seq Number Length Real List of Ports	CM_Read.rsp(＋)(AREP, Seq Number, AddData1, AddData2, Length, Data)	MAP_READ_RPD_RSP＋
Read Real Port Data.rsp(－)	FAL 用户	AREP Seq Number Error Decode Error Code 1 Error Code 2 Add Data 1 Add Data 2	CM_Read.rsp(－)(AREP,ErrorDecode, ErrorCode1,ErrorCode2,AddData1, AddData2)	MAP_READ_RPD_RSP－
Read Expected Port Data.rsp(＋)	FAL 用户	AREP Seq Number Length Expected List of Ports	CM_Read.rsp(＋)(AREP, Seq Number, AddData1, AddData2, Length, Data)	MAP_READ_EPD_RSP＋
Read Expected Port Data.rsp(－)	FAL 用户	AREP Seq Number Error Decode Error Code 1 Error Code 2 Add Data 1 Add Data 2	CM_Read.rsp(－)(AREP,ErrorDecode, ErrorCode1,ErrorCode2,AddData1, AddData2)	MAP_READ_EPD_RSP－
Read Adjusted Port Data.rsp(＋)	FAL 用户	AREP Seq Number Length Adjusted List of Ports	CM_Read.rsp(＋)(AREP, Seq Number, AddData1, AddData2, Length, Data)	MAP_READ_APD_RSP＋
Read Adjusted Port Data.rsp(－)	FAL 用户	AREP Seq Number Error Decode Error Code 1 Error Code 2 Add Data 1 Add Data 2	CM_Read.rsp(－)(AREP,ErrorDecode, ErrorCode1,ErrorCode2,AddData1, AddData2)	MAP_READ_APD_RSP－

表 476（续）

原语名称	源	相关参数	原语被映射为	参数被映射为
Read IR Data.rsp(＋)	FAL 用户	AREP Seq Number Length IR Data	CM_Read.rsp(＋)(AREP, Seq Number, AddData1, AddData2, Length, Data)	MAP_READ_IRD_RSP＋
Read IR Data.rsp(－)	FAL 用户	AREP Seq Number Error Decode Error Code 1 Error Code 2 Add Data 1 Add Data 2	CM_Read.rsp(－)(AREP,ErrorDecode, ErrorCode1,ErrorCode2,AddData1, AddData2)	MAP_READ_IRD_RSP－
Read Realsync Data.rsp(＋)	FAL 用户	AREP Seq Number Length Sync Data	CM_Read.rsp(＋)(AREP, Seq Number, AddData1, AddData2, Length, Data)	MAP_READ_RSYN_RSP＋
Read Realsync Data.rsp(－)	FAL 用户	AREP Seq Number Error Decode Error Code 1 Error Code 2 Add Data 1 Add Data 2	CM_Read.rsp(－)(AREP,ErrorDecode, ErrorCode1,ErrorCode2,AddData1, AddData2)	MAP_READ_RSYN_RSP－
Read Expectedsync Data.rsp(＋)	FAL 用户	AREP Seq Number Length Sync Data	CM_Read.rsp(＋)(AREP, Seq Number, AddData1, AddData2, Length, Data)	MAP_READ_ESYN_RSP＋
Read Expectedsync Data.rsp(－)	FAL 用户	AREP Seq Number Error Decode Error Code 1 Error Code 2 Add Data 1 Add Data 2	CM_Read.rsp(－)(AREP,ErrorDecode, ErrorCode1,ErrorCode2,AddData1, AddData2)	MAP_READ_ESYN_RSP－

表 476（续）

原语名称	源	相关参数	原语被映射为	参数被映射为
Read PDev Data.rsp(＋)	FAL 用户	AREP Seq Number Real List of Ports Expected List of Ports Adjusted List of Ports IR Data Sync Data	CM_Read.rsp(＋)(AREP, Seq Number, AddData1, AddData2, Length, Data)	MAP_READ_PDEV_RSP＋
Read PDev Data.rsp(－)	FAL 用户	AREP Seq Number Error Decode Error Code 1 Error Code 2 Add Data 1 Add Data 2	CM_Read.rsp(－)(AREP,ErrorDecode, ErrorCode1,ErrorCode2,AddData1, AddData2)	MAP_READ_PDEV_RSP－
Read AR Data.rsp(＋)	FAL 用户	AREP Seq Number Length Number Of ARs List of ARs	CM_Read.rsp(＋)(AREP, Seq Number, AddData1, AddData2, Length, Data)	MAP_READ_ARD_RSP＋
Read AR Data.rsp(－)	FAL 用户	AREP Seq Number Error Decode Error Code 1 Error Code 2 Add Data 1 Add Data 2	CM_Read.rsp(－)(AREP,ErrorDecode, ErrorCode1,ErrorCode2,AddData1, AddData2)	MAP_READ_ARD_RSP－
Read IsoM Data.rsp(＋)	FAL 用户	AREP Seq Number Length IsoM Data	CM_Read.rsp(＋)(AREP, Seq Number, AddData1, AddData2, Length, Data)	MAP_READ_ISOM_RSP＋
Read IsoM Data.rsp(－)	FAL 用户	AREP Seq Number Error Decode Error Code 1 Error Code 2 Add Data 1 Add Data 2	CM_Read.rsp(－)(AREP,ErrorDecode, ErrorCode1,ErrorCode2,AddData1, AddData2)	MAP_READ_ISOM_RSP－

表 476（续）

原语名称	源	相关参数	原语被映射为	参数被映射为
Write.rsp(＋)	FAL 用户	AREP Multiple Seq Number Add Data 1 Add Data 2	CM_Write.rsp(＋)(AREP,multiple,Seq Number,AddData1,AddData2)	MAP_WRITE_RSP＋
Write.rsp(－)	FAL 用户	AREP Multiple Seq Number Error Decode Error Code 1 Error Code 2 Add Data 1 Add Data 2	CM_Write.rsp(－)(AREP,multiple, seqNumber, ErrorDecode, ErrorCode1, ErrorCode2,AddData1,AddData2)	MAP_WRITE_RSP－
Write Expected Port Data.rsp(＋)	FAL 用户	AREP Multiple Seq Number	CM_Write.rsp(＋)(AREP,multiple,Seq Number,AddData1,AddData2)	MAP_WRITE_EPD_RSP＋
Write Expected Port Data.rsp(－)	FAL 用户	AREP Multiple Seq Number Error Decode Error Code 1 Error Code 2 Add Data 1 Add Data 2	CM_Write.rsp(－)(AREP,multiple, seqNumber, ErrorDecode, ErrorCode1, ErrorCode2,AddData1,AddData2)	MAP_WRITE_EPD_RSP－
Write Adjusted Port Data.rsp(＋)	FAL 用户	AREP Multiple Seq Number	CM_Write.rsp(＋)(AREP,multiple,Seq Number,AddData1,AddData2)	MAP_WRITE_APD_RSP＋
Write Adjusted Port Data.rsp(－)	FAL 用户	AREP Multiple Seq Number Error Decode Error Code 1 Error Code 2 Add Data 1 Add Data 2	CM_Write.rsp(－)(AREP,multiple, seqNumber, ErrorDecode, ErrorCode1, ErrorCode2,AddData1,AddData2)	MAP_WRITE_APD_RSP－
Write IR Data.rsp(＋)	FAL 用户	AREP Multiple Seq Number	CM_Write.rsp(＋)(AREP,multiple,Seq Number,AddData1,AddData2)	MAP_WRITE_EPD_RSP＋

表 476（续）

原语名称	源	相关参数	原语被映射为	参数被映射为
Write IR Data.rsp(－)	FAL 用户	AREP Multiple Seq Number Error Decode Error Code 1 Error Code 2 Add Data 1 Add Data 2	CM_Write.rsp(－)(AREP,multiple, seqNumber, ErrorDecode, ErrorCode1, ErrorCode2,AddData1,AddData2)	MAP_WRITE_EPD_RSP－
Set Input.req	FAL 用户	AREP CREP Slot Number Subslot Number IOPS Subslot Input Data	PPM_Set_Prov_Data.req(CREP,Data)	MAP_SIN_REQ
Set Output IOCS.req	FAL 用户	AREP CREP Slot Number Subslot Number IOCS	PPM_Set_Prov_Data.req(CREP,Data)	MAP_OIOCS_REQ
Set Input APDU DataStatus.req	FAL 用户	AREP DataValid Flag ARState Flag ProviderState Flag ProblemIndicator Flag	PPM_Set_Prov_Status.req(CREP, D_Status)	MAP_SAS_REQ
Get Input IOCS.req	FAL 用户	AREP CREP Slot Number Subslot Number	CPM_Get_Cons_Status.req(CREP)	MAP_GINIOCS_REQ
Get Output.req	FAL 用户	AREP CREP Slot Number Subslot Number	CPM_Get_Cons_Data.req(CREP), CPM_Get_Cons_Status.req(CREP)	CREP=CREP
Alarm Notification.req	FAL 用户	AREP API Alarm Priority Alarm Type Slot Number Subslot Number Alarmspecifier Module Ident Number Submodule Ident Number Alarm Item	ALPMI_Alarm_Notification.req(CREP, Alarm_Type,slot_Number, subslot_Number,Alarm_Specifier, Sequence_Number,module_Ident_Number, submodule_Ident_Number, Alarm_User_Data_Structure_Identifier, Alarm_User_Data)	MAP_AN_REQ

表 476（续）

原语名称	源	相关参数	原语被映射为	参数被映射为
Alarm Ack.req	FAL用户	AREP API Alarm Type Slot Number Subslot Number Alarmspecifier	ALPMR_Alarm_Ack.req(CREP，Alarm_Type，slot_Number，subslot_Number，Alarm_Specifier，Sequence_Number，PNIO_Status)	MAP_AA_REQ
Connect.rsp(＋)	FAL用户	AREP AR Response Block List of IO CR Response Blocks Alarm CR Response Block Module Diff Block	CM_Connect.rsp(＋)(AREP，ARBlockRes，ListOfIOCRBlockRes，AlarmCRBlockRes，ModuleDiffBlock)	MAP_CON_RSP＋
Connect.rsp(－)	FAL用户	AREP Error Decode Error Code 1 Error Code 2 Add Data 1 Add Data 2	CM_Connect.rsp(－)(AREP，ErrorDecode，ErrorCode1，ErrorCode2，AddData1，AddData2)	MAP_CON_RSP－
Release.rsp(＋)	FAL用户	AREP Session Key	CM_Release.rsp(＋)(AREP，ControlBlock)	MAP_REL_RSP＋
Release.rsp(－)	FAL用户	AREP Error Decode Error Code 1 Error Code 2 Add Data 1 Add Data 2	CM_Release.rsp(－)(AREP，ErrorDecode，ErrorCode1，ErrorCode2，AddData1，AddData2)	MAP_REL_RSP－
Abort.req	FAL用户	AREP	CM_Abort.req(AREP)	AREP＝AREP
End Of Parameter.rsp(＋)	FAL用户	AREP Session Key AlarmSequence Number	CM_DControl.rsp(＋)(AREP，ControlBlock)	MAP_EOP_RSP＋
End Of Parameter.rsp(－)	FAL用户	AREP Error Decode Error Code 1 Error Code 2 Add Data 1 Add Data 2	CM_DControl.rsp(－)(AREP，ErrorDecode，ErrorCode1，ErrorCode2，AddData1，AddData2)	MAP_EOP_RSP－

表 476（续）

原语名称	源	相关参数	原语被映射为	参数被映射为
Application ready.req	FAL 用户	AREP Session Key AlarmSequence Number Module Diff Block Control Block Properties	CM_CControl.req(AREP,ControlBlock,ModuleDiffBlock)	MAP_AREADY_REQ
local action	—	—	CM_Init.req	None
local action	—	—	IFW_Schedule_add.req(Port,sched_list)	None
local action	—	—	IFW_Schedule_remove.req(Port)	None
local action	—	—	IFW_SetFWState.req(Port,FWState)	None
local action	—	—	IFW_SetLEState.req(Port,LEState)	None
local action	—	—	TMM_Set_Schedule_Item.req(Port,sched_list)	None
local action	—	—	TMM_MasterAdd.req(SA,ProtVar,ms_list,ms_Status)	None
local action	—	—	TMM_MasterRem.req(SA,ProtVar,ms_list,ms_Status)	None
local action	—	—	RCTL_Stop.req	None
local action	—	—	SYN_Delay_Req.req(Port,DA,SA,ADQ_list,ADQ_Status)	None
local action	—	—	SYN_Delay_Req.req(Port,DA,SA,ADQ_list,ADQ_Status)	None

表 477 列出了由 FSPMDEV 发出并由 AP-Context(FAL 用户)接收的服务原语及其相关参数。

表 477 由 FSPMDEV 发给 AP-Context(FAL 用户)的原语

原语映射来源于	参数映射来源于	原语名称	源	相关参数
CM_Read.ind(AREP,API,TargetARUUID,slotNumber,subslotNumber,Index,seqNumber,Length)	MAP_READ_IND	Read.ind	FSPM	AREP API Target ARUUID Slot Number Subslot Number Index Seq Number Length

表 477（续）

原语映射来源于	参数映射来源于	原语名称	源	相关参数
CM_Read.ind(AREP,API,TargetARUUID,slotNumber,subslotNumber,Index,seqNumber,Length)	MAP_READ_INPD_IND	Read Input Data.ind	FSPM	AREP API Target ARUUID Slot Number Subslot Number Seq Number Length
CM_Read.ind(AREP,API,TargetARUUID,slotNumber,subslotNumber,Index,seqNumber,Length)	MAP_READ_OUTPD_IND	Read Output Data.ind	FSPM	AREP API Target ARUUID Slot Number Subslot Number Seq Number Length
CM_Read.ind(AREP,API,TargetARUUID,slotNumber,subslotNumber,Index,seqNumber,Length)	MAP_READ_LOG_IND	Read Logbook.ind	FSPM	AREP Seq Number Length
CM_Read.ind(AREP,API,TargetARUUID,slotNumber,subslotNumber,Index,seqNumber,Length)	MAP_READ_DIAG_IND	Read Device Diagnosis.ind	FSPM	AREP API Target ARUUID Slot Number Subslot Number Diagnosis Item Seq Number Length
CM_Read.ind(AREP,API,TargetARUUID,slotNumber,subslotNumber,Index,seqNumber,Length)	MAP_READ_EID_IND	Read Expected Identification.ind	FSPM	AREP Target ARUUID Slot Number Subslot Number Seq Number Length
CM_Read.ind(AREP,API,TargetARUUID,slotNumber,subslotNumber,Index,seqNumber,Length)	MAP_READ_RID_IND	Read Real Identification.ind	FSPM	AREP API Target ARUUID Slot Number Subslot Number Seq Number Length

表 477（续）

原语映射来源于	参数映射来源于	原语名称	源	相关参数
CM_Read.ind(AREP,API,TargetARUUID,slotNumber,subslotNumber,Index,seqNumber,Length)	MAP_READ_IDDIFF_IND	Read Identification Difference.ind	FSPM	AREP Target ARUUID Seq Number Length
CM_Read.ind(AREP,API,TargetARUUID,slotNumber,subslotNumber,Index,seqNumber,Length)	MAP_READ_RPD_IND	Read Real Port Data.ind	FSPM	AREP API Target ARUUID Slot Number Subslot Number Seq Number Length
CM_Read.ind(AREP,API,TargetARUUID,slotNumber,subslotNumber,Index,seqNumber,Length)	MAP_READ_EPD_IND	Read Expected Port Data.ind	FSPM	AREP API Target ARUUID Slot Number Subslot Number Seq Number Length
CM_Read.ind(AREP,API,TargetARUUID,slotNumber,subslotNumber,Index,seqNumber,Length)	MAP_READ_APD_IND	Read Adjusted Port Data.ind	FSPM	AREP API Target ARUUID Slot Number Subslot Number Seq Number Length
CM_Read.ind(AREP,API,TargetARUUID,slotNumber,subslotNumber,Index,seqNumber,Length)	MAP_READ_IRD_IND	Read IR Data.ind	FSPM	AREP API Target ARUUID Slot Number Subslot Number Seq Number Length
CM_Read.ind(AREP,API,TargetARUUID,slotNumber,subslotNumber,Index,seqNumber,Length)	MAP_READ_RSYNC_IND	Read Realsync Data.ind	FSPM	AREP API Target ARUUID Slot Number Subslot Number Seq Number Length

表 477(续)

原语映射来源于	参数映射来源于	原语名称	源	相关参数
CM_Read.ind(AREP,API,TargetARUUID,slotNumber,subslotNumber,Index,seqNumber,Length)	MAP_READ_ESYNC_IND	Read Expectedsync Data.ind	FSPM	AREP API Target ARUUID Slot Number Subslot Number Seq Number Length
CM_Read.ind(AREP,API,TargetARUUID,slotNumber,subslotNumber,Index,seqNumber,Length)	MAP_READ_PDEV_IND	Read PDev Data.ind	FSPM	AREP Seq Number Length
CM_Read.ind(AREP,API,TargetARUUID,slotNumber,subslotNumber,Index,seqNumber,Length)	MAP_READ_ARD_IND	Read AR Data.ind	FSPM	AREP Target ARUUID Seq Number Length
CM_Read.ind(AREP,API,TargetARUUID,slotNumber,subslotNumber,Index,seqNumber,Length)	MAP_READ_ISOM_IND	Read IsoM Data.ind	FSPM	AREP API Target ARUUID Slot Number Subslot Number Seq Number Length
CM_Write.ind(AREP,slotNumber,subslotNumber,Index,multiple,PrmFlag,seqNumber,Length,Data)	MAP_WRITE_IND	Write.ind	FSPM	AREP API Slot Number Subslot Number Index Multiple Prm Flag Seq Number Length Data
CM_Write.ind(AREP,API,slotNumber,subslotNumber,Index,multiple,PrmFlag,seqNumber,Length,Data)	MAP_WRITE_OSUBD_IND	Write Outputsubstitute Data.ind	FSPM	AREP API Slot Number Subslot Number Multiple Prm Flag Seq Number Substitutemode Length Output Data Outputsubstitute Data

表 477（续）

原语映射来源于	参数映射来源于	原语名称	源	相关参数
CM_Write.ind(AREP,API,slotNumber,subslotNumber,Index,multiple,PrmFlag,seqNumber,Length,Data)	MAP _ WRITE _ EPD _IND	Write Expected Port Data.ind	FSPM	AREP API Slot Number Subslot Number Multiple Prm Flag Seq Number Length Expected List of Ports
CM_Write.ind(AREP,API,slotNumber,subslotNumber,Index,multiple,PrmFlag,seqNumber,Length,Data)	MAP _ WRITE _ APD _IND	Write Adjusted Port Data.ind	FSPM	AREP API Slot Number Subslot Number Multiple Prm Flag Seq Number Length Adjusted List of Ports
CM_Write.ind(AREP,API,slotNumber,subslotNumber,Index,multiple,PrmFlag,seqNumber,Length,Data)	MAP _ WRITE _ IRD _IND	Write IR Data.ind	FSPM	AREP API Slot Number Subslot Number Multiple Prm Flag Seq Number Length IR Data
CM_Write.ind(AREP,API,slotNumber,subslotNumber,Index,multiple,PrmFlag,seqNumber,Length,Data)	MAP_WRITE_ESYNC_IND	Writesync Data.ind	FSPM	AREP API Slot Number Subslot Number Multiple Prm Flag Seq Number Length Sync Data

表 477（续）

原语映射来源于	参数映射来源于	原语名称	源	相关参数
CM_Write.ind(AREP,API,slotNumber,subslotNumber,Index,multiple,PrmFlag,seqNumber,Length,Data)	MAP_WRITE_ISOM_IND	Write IsoM Data.ind	FSPM	AREP API Slot Number Subslot Number Multiple Prm Flag Seq Number Length IsoM Data
PPM_Set_Prov_Data.cnf(+)(CREP)	MAP_SIN_CNF	Set Input.cnf(+)	FSPM	AREP
PPM_Set_Prov_Data.cnf(−)(CREP,ERRCLS,ERRCODE)	MAP_SIN_CNF	Set Input.cnf(−)	FSPM	AREP
PPM_Set_Prov_Status.cnf(+)(CREP)	MAP_SAS_CNF	Set Input APDU DataStatus.cnf(+)	FSPM	AREP
PPM_Set_Prov_Status.cnf(−)(CREP,ERRCLS,ERRCODE)	MAP_SAS_CNF	Set Input APDU DataStatus.cnf(−)	FSPM	AREP
PPM_Set_Prov_Data.cnf(+)(CREP)	MAP_OIOCS_CNF	Set Output IOCS.cnf(+)	FSPM	AREP
PPM_Set_Prov_Data.cnf(−)(CREP,ERRCLS,ERRCODE)	MAP_OIOCS_CNF	Set Output IOCS.cnf(−)	FSPM	AREP
CPM_Get_Cons_Data.cnf(+)(CREP,Data,New_Flag)	MAP_GOUTD_CNF+	Get Ouput.cnf(+)	FSPM	AREP IOPS Subslot Output Data New Flag IOCS
CPM_Get_Cons_Data.cnf(−)(CREP,ERRCLS,ERRCODE)	MAP_GOUTD_CNF−	Get Ouput.cnf(−)	FSPM	AREP
CPM_Get_Cons_Status.cnf(+)(CREP,Status,RecvCounter)	MAP_GINIOCS_CNF+	Get Input IOCS.cnf(+)	FSPM	AREP IOCS
CPM_Get_Cons_Status.cnf(−)(CREP,ERRCLS,ERRCODE)	MAP_GINIOCS_CNF−	Get Input IOCS.cnf(−)	FSPM	AREP
CPM_Set_RedRole.cnf(CREP)	local action			
CM_Init.cnf	local action			
CM_Stop.ind	local action			
CM_In_Data.ind(CREP)	MAP_INDATA_IND	New Output.ind	FSPM	AREP CREP Slot Number Subslot Number InData Flag

表 477（续）

原语映射来源于	参数映射来源于	原语名称	源	相关参数
CM_New_Data.ind(CREP,APDU_Status)	MAP _ NEWDATA _IND	New Output.ind	FSPM	AREP CREP Slot Number Subslot Number
CM_New_Data.ind(CREP,APDU_Status)	MAP _ NEWSTATUS _IND	New Output APDU DataStatus.ind	FSPM	AREP CREP Data Flag ARstate Flag Providerstate Flag Problem Indicator Flag
CPM_NoData.ind(CREP)	MAP_NODATA_IND	New Output.ind	FSPM	AREP CREP Slot Number Subslot Number Watchdog Flag
ALPMI_Alarm_Notification.cnf(＋)(CREP)	MAP_AN_CNF＋	Alarm notification.cnf(＋)	FSPM	AREP
ALPMI_Alarm_Notification.cnf(－)(CREP)	MAP_AN_CNF－	Alarm notification.cnf(－)	FSPM	AREP Status
ALPMI_Alarm_Ack.ind(CREP,Alarm_Type, slot_Number,subslot_Number, Alarm_Specifier,Sequence_Number, PNIO_Status)	MAP_AA_IND	Alarm Ack.ind	FSPM	AREP API Alarm Type Slot Number Subslot Number Alarmspecifier
CM_Connect.ind(AREP,ARBlockReq, ListOfIOCRBlockReq,AlarmCRBlockReq, ListOfExpectedSubmoduleBlockReq, PrmServerBlock,ListOfMCRBlockReq)	MAP_CON_IND	Connect.ind	FSPM	AREP AR Parameter Block List of IO CR Parameter Blocks List of Expectedsubmodule Blocks Alarm CR Parameter Block Parameterserver Block List ofmulticast CR Blocks
CM_Release.ind(AREP,ControlBlock)	MAP_REL_IND	Release.ind	FSPM	AREP Session Key

表 477（续）

原语映射来源于	参数映射来源于	原语名称	源	相关参数
CM_Abort.ind	AREP	Abort.ind	FSPM	AREP
CM_Abort.cnf(AREP)	AREP=AREP	Abort.cnf	FSPM	AREP
CM_DControl.ind(AREP,ControlBlock)	MAP_EOP_IND	End Of Parameter.ind	FSPM	AREP Session Key AlarmSequence Number
CM_CControl.cnf(+)(AREP,ControlBlock)	MAP_AREADY_CNF+	Application Ready.cnf(+)	FSPM	AREP Session Key AlarmSequence Number
CM_CControl.cnf(−)(AREP,ErrorDecode,ErrorCode1,ErrorCode2,AddData1,AddData2)	MAP_AREADY_CNF−	Application Ready.cnf(−)	FSPM	AREP Error Decode Error Code 1 Error Code 2
LMPM_Time_Event.ind(CREP,Cycle)	MAP_SYNCH_IND	SYNCH Event.ind	FSPM	slot subslot Global Cycle Counter Phase Status
RCTL_Sync.ind(Port,DA,SA,CS_list,CS_Status)	MAP_SYSTI_IND	Syncstate Info.ind	FSPM	Realsync Data slot Number subslot Number PTCPSubdomain ID IR Data ID Reserved Interval Begin Reserved Interval End PLL Window syncsend Factor send Clock Factor sync Properties Role stratum sync Frame Address PTCP Timeout Factor Sync ErrorStatus slot Number subslot Number

表 477(续)

原语映射来源于	参数映射来源于	原语名称	源	相关参数
DiagnosisEvent.ind(AREP,CREP,API,Diagnosis Data)	MAP_DIAGEVT_IND	Diagnosis Event.ind	FSPM	AREP CREP Alarm Item
ALPMI_Error.ind(CREP,ERRCLS,ERRCODE)	MAP_DIAGEVT_IND	Diagnosis Event.ind	FSPM	AREP CREP Alarm Item
DCPUCR_Error.ind(CREP,ERRCLS,ERRCODE)	MAP_DIAGEVT_IND	Diagnosis Event.ind	FSPM	AREP CREP Alarm Item
DCPMCR_Error.ind(CREP,ERRCLS,ERRCODE)	MAP_DIAGEVT_IND	Diagnosis Event.ind	FSPM	AREP CREP Alarm Item
IFW_Error.ind(CREP,ERRCLS,ERRCODE)	MAP_DIAGEVT_IND	Diagnosis Event.ind	FSPM	AREP CREP Alarm Item
IFW_Error.ind(CREP,ERRCLS,ERRCODE)	MAP_DIAGEVT_IND	Diagnosis Event.ind	FSPM	AREP CREP Alarm Item
TMM_MasterAdd.cnf(SA,PortVar,ms_list,ms_Status)	local action			
TMM_MasterRem.cnf(SA,PortVar,ms_list,ms_Status)	local action			
LMPM_Schedule_add.cnf(+)(CREP)	local action			
LMPM_Schedule_add.cnf(−)(CREP)	local action			
IFW_Schedule_add.cnf(Port)	local action			
IFW_Schedule_remove.cnf(Port)	local action			

6.5.2.2.2 FSPMDEV 原语的参数

在 FAL 服务定义中描述了 FSPMDEV 与 AP-Context 之间交换的原语所使用的参数。

6.5.2.3 状态机描述

FSPMDEV 状态机只有一种可能的状态:RUN。

6.5.2.4 FSPMDEV 状态表

通常,FSPMDEV 未定义状态机,因为所有服务都被传送到下层的协议机。

但是,在 IO 设备之间进行附加多播通信的情况下,则定义了相关的状态机,见表 478。

表 478 用于多播通信的 FSPMDEV 协议机

#	当前状态	事件/条件 =〉动作	下一状态
1	run	**Set Input.req(Slot Number,subslot Number,IOPS,Input Data)** /submodule withm-Provider functionality && SubmoduleProperties.ReduceInputSubmoduleDataLength == Expected =〉 Data1 := Input Data,IOPS, CREP1 := CREP.IPPM Data2 := Input Data,IOPS CREP2 := CREP.MPPM PPM_Set_Prov_Data.req(CREP1,Data1) PPM_Set_Prov_Data.req(CREP2,Data2)	run
2	run	**Set Input.req(Slot Number,subslot Number,IOPS,Input Data)** /submodule withm-Provider functionality && SubmoduleProperties.ReduceInputSubmoduleDataLength == Zero =〉 Data1 := IOPS CREP1 := CREP.IPPM Data2 := Input Data,IOPS CREP2 := CREP.MPPM PPM_Set_Prov_Data.req(CREP1,Data1) PPM_Set_Prov_Data.req(CREP2,Data2)	run
3	run	**Get Input IOCS.req(Slot Number,subslot Number)** /submodule withm-Provider functionality && SubmoduleProperties.ReduceInputSubmoduleDataLength == Expected =〉 CREP := CREP.ICPM CPM_Get_Cons_Data.req(CREP)	run
4	run	**Get Input IOCS.req(Slot Number,subslot Number)** /submodule withm-Provider functionality && SubmoduleProperties.ReduceInputSubmoduleDataLength == Zero =〉 Get Input IOCS.cnf(—)	run
5	run	**Set Output IOCS.req(Slot Number,subslot Number,IOCS)** /submodule withm-Provider functionality && output functionality =〉 CREP := CREP.OPPM PPM_Set_Prov_Data.req(CREP,IOCS)	run
6	run	**Set Output IOCS.req(Slot Number,subslot Number,IOCS)** /submodule withm-Provider functionality && NOT(output functionality) =〉 Set Output IOCS.cnf(—)	run

表 478（续）

#	当前状态	事件/条件 =〉动作	下一状态
7	run	**Get Output.req(Slot Number,subslot Number)** /submodule withm-Provider functionality && NOT(output functionality) =〉 Get Output.req(—)	run
8	run	**Get Output.req(Slot Number,subslot Number)** /submodule withm-Provider functionality && output functionality =〉 CREP := CREP.OCPM CPM_Get_Cons_Data.req(CREP)	run
9	run	**Set Input APDU DataStatus.req(APDU dataStatus flags)** /submodule withm-Provider functionality =〉 CREP1 := CREP.IPPM CREP2 := CREP.MPPM D_Status := APDU dataStatus flags PPM_Set_Prov_Status.req(CREP1,D_Status) PPM_Set_Prov_Status.req(CREP2,D_Status)	run
10	run	**PPM_Set_Prov_Data.cnf(+)(CREP)** /submodule withm-Provider functionality && SubmoduleProperties.ReduceInputSubmoduleDataLength == Expected && CREP == CREP.IPPM =〉 Set Input.cnf(+)	run
11	run	**PPM_Set_Prov_Data.cnf(+)(CREP)** /submodule withm-Provider functionality && SubmoduleProperties.ReduceInputSubmoduleDataLength == Zero && CREP == CREP.IPPM =〉 ignore	run
12	run	**PPM_Set_Prov_Data.cnf(+)(CREP)** /submodule withm-Provider functionality && CREP == CREP.MPPM =〉 Set Input.cnf(+)	run
13	run	**PPM_Set_Prov_Data.cnf(+)(CREP)** /submodule withm-Provider functionality && CREP == CREP.OPPM =〉 Set Output IOCS.cnf(+)	run

表 478（续）

#	当前状态	事件/条件 =〉动作	下一状态
14	run	**PPM_Set_Prov_Data.cnf(－)(CREP,ERRCLS,ERRCODE)** /submodule withm-Provider functionality && SubmoduleProperties.ReduceInputSubmoduleDataLength == Expected && CREP == CREP.IPPM =〉 Set Input.cnf(－)	run
15	run	**PPM_Set_Prov_Data.cnf(－)(CREP,ERRCLS,ERRCODE)** /submodule withm-Provider functionality && SubmoduleProperties.ReduceInputSubmoduleDataLength == Zero && CREP == CREP.IPPM =〉 ignore	run
16	run	**PPM_Set_Prov_Data.cnf(－)(CREP,ERRCLS,ERRCODE)** /submodule withm-Provider functionality && CREP == CREP.MPPM =〉 Set Input.cnf(－)	run
17	run	**PPM_Set_Prov_Data.cnf(－)(CREP,ERRCLS,ERRCODE)** /submodule withm-Provider functionality && CREP == CREP.OPPM =〉 Set Output IOCS.cnf(－)	run
18	run	**PPM_Set_Prov_Status.cnf(＋)(CREP)** /submodule withm-Provider functionality && SubmoduleProperties.ReduceInputSubmoduleDataLength == Expected && CREP == CREP.IPPM =〉 Set Input APDU DataStatus.cnf(＋)	run
19	run	**PPM_Set_Prov_Status.cnf(＋)(CREP)** /submodule withm-Provider functionality && SubmoduleProperties.ReduceInputSubmoduleDataLength == Zero && CREP == CREP.IPPM =〉 ignore	run
20	run	**PPM_Set_Prov_Status.cnf(＋)(CREP)** /submodule withm-Provider functionality && CREP == CREP.MPPM =〉 Set Input APDU DataStatus.cnf(＋)	run

表 478（续）

#	当前状态	事件/条件 =〉动作	下一状态
21	run	**PPM_Set_Prov_Status.cnf(－)(CREP,ERRCLS,ERRCODE)** /submodule withm-Provider functionality && SubmoduleProperties.ReduceInputSubmoduleDataLength == Expected && CREP == CREP.IPPM =〉 Set Input APDU DataStatus.cnf(－)	run
22	run	**PPM_Set_Prov_Status.cnf(－)(CREP,ERRCLS,ERRCODE)** /submodule withm-Provider functionality && SubmoduleProperties.ReduceInputSubmoduleDataLength == Zero && CREP == CREP.IPPM =〉 ignore	run
23	run	**PPM_Set_Prov_Status.cnf(－)(CREP,ERRCLS,ERRCODE** /submodule withm-Provider functionality && CREP == CREP.MPPM =〉 Set Input APDU DataStatus.cnf(－)	run
24	run	**CPM_Get_Cons_Data.cnf(＋)(CREP,Data,New_Flag)** /submodule withm-Provider functionality && CREP == CREP.OCPM =〉 Get Output.cnf(＋)(IOPS,Output Data,New Flag,IOCS)	run
25	run	**CPM_Get_Cons_Data.cnf(＋)(CREP,Data,New_Flag)** /submodule withm-Provider functionality && CREP == CREP.ICPM =〉 Get Input IOCS.cnf(IOCS)	run
26	run	**CPM_Get_Cons_Data.cnf(－)(CREP,ERRCLS,ERRCODE)** /submodule withm-Provider functionality && CREP == CREP.OCPM =〉 Get Output.cnf(－)	run
27	run	**CPM_Get_Cons_Data.cnf(－)(CREP,ERRCLS,ERRCODE)** /submodule withm-Provider functionality && CREP == CREP.ICPM =〉 Get Input IOCS.cnf(－)	run

表 478（续）

#	当前状态	事件/条件 =〉动作	下一状态
28	run	**CPM_New_Cons_Data.ind(CREP,APDU_Status)** /submodule withm-Provider functionality && CREP == CREP.OCPM && no change in APDUStatus =〉 New Output.ind(Slot Number,subslot Number,Watchdog Flag,InData Flag)	run
29	run	**CPM_New_Cons_Data.ind(CREP,APDU_Status)** /submodule withm-Provider functionality && CREP == CREP.OCPM && change in APDUStatus =〉 New Output.ind(Slot Number,subslot Number,Watchdog Flag,InData Flag) New Output APDU DataStatus.ind(APDUStatus flags)	run
30	run	**CPM_New_Cons_Data.ind(CREP,APDU_Status)** /submodule withm-Provider functionality && CREP == CREP.ICPM && no change in APDUStatus =〉 New Output.ind(Slot Number,subslot Number,Watchdog Flag,InData Flag)	run
31	run	**CPM_New_Cons_Data.ind(CREP,APDU_Status)** /submodule withm-Provider functionality && CREP == CREP.ICPM && change in APDUStatus =〉 New Output.ind(Slot Number,subslot Number,Watchdog Flag,InData Flag) New Output APDU DataStatus.ind(APDUStatus flags)	run
32	run	**CPM_NoData.ind(CREP)** /submodule withm-Provider functionality && CREP == CREP.OCPM =〉 Watchdog Flag := WATCHDOG_EXPIRED New Output.ind(Slot Number,subslot Number,Watchdog Flag,InData Flag)	run
33	run	**CPM_NoData.ind(CREP)** /submodule withm-Provider functionality && CREP == CREP.ICPM =〉 Watchdog Flag := WATCHDOG_EXPIRED New Output.ind(Slot Number,subslot Number,Watchdog Flag,InData Flag)	run

表 478（续）

#	当前状态	事件/条件 =〉动作	下一状态
34	run	**CPM_Start.ind(CREP)** /submodule withm-Provider functionality =〉 InData Flag := INDATA New Output.ind(Slot Number,subslot Number,InData Flag) New Output APDU DataStatus.ind(AREP,CREP,APDUStatus flags)	run
35	run	**Set Input.req(Slot Number,subslot Number,IOPS,Input Data)** /submodule withm-Consumer functionality && input functionality =〉 Data := Input Data,IOPS CREP := CREP.IPPM PPM_Set_Prov_Data.req(CREP,Data)	run
36	run	**Set Input.req(Slot Number,subslot Number,IOPS,Input Data)** /submodule withm-Consumer functionality && NOT(input functionality) =〉 Set Input.cnf(—)	run
37	run	**Get Input IOCS.req(Slot Number,subslot Number)** /submodule withm-Consumer functionality && input functionality =〉 CREP := CREP.ICPM CPM_Get_Cons_Data.req(CREP)	run
38	run	**Get Input IOCS.req(Slot Number,subslot Number)** /submodule withm-Consumer functionality && NOT(input functionality) =〉 Get Input IOCS.cnf(—)	run
39	run	**Set Output IOCS.req(Slot Number,subslot Number,IOCS)** /submodule withm-Consumer functionality =〉 CREP := CREP.OPPM PPM_Set_Prov_Data.req(CREP,IOCS)	run
40	run	**Get Output.req(Slot Number,subslot Number)** /submodule withm-Consumer functionality =〉 CREP := CREP.MCPM CPM_Get_Cons_Data.req(CREP)	run

表 478（续）

#	当前状态	事件/条件 =〉动作	下一状态
41	run	**Set Input APDU DataStatus.req(AREP,CREP,APDU dataStatus flags)** /submodule withm-Consumer functionality =〉 CREP := CREP.IPPM D_Status := APDU dataStatus flags PPM_Set_Prov_Status.req(CREP,D_Status)	run
42	run	**PPM_Set_Prov_Data.cnf(+)(CREP)** /submodule withm-Consumer functionality && CREP == CREP.OPPM =〉 Set Output IOCS.cnf(+)	run
43	run	**PPM_Set_Prov_Data.cnf(+)(CREP)** /submodule withm-Consumer functionality && CREP == CREP.IPPM =〉 Set Input.cnf(+)	run
44	run	**PPM_Set_Prov_Data.cnf(−)(CREP,ERRCLS,ERRCODE)** /submodule withm-Consumer functionality && CREP == CREP.OPPM =〉 Set Output IOCS.cnf(−)	run
45	run	**PPM_Set_Prov_Data.cnf(−)(CREP,ERRCLS,ERRCODE)** /submodule withm-Consumer functionality && CREP == CREP.IPPM =〉 Set Input.cnf(−)	run
46	run	**PPM_Set_Prov_Status.cnf(+)(CREP)** /submodule withm-Consumer functionality =〉 Set Input APDU DataStatus.req(+)	run
47	run	**PPM_Set_Prov_Status.cnf(−)(CREP,ERRCLS,ERRCODE** /submodule withm-Consumer functionality =〉 Set Input APDU DataStatus.req(−)	run
48	run	**CPM_Get_Cons_Data.cnf(+)(CREP,Data,New_Flag)** /submodule withm-Consumer functionality && CREP := mCPM =〉 Get Output.cnf(+)(IOPS,Output Data,New Flag)	run

表 478（续）

#	当前状态	事件/条件 =〉动作	下一状态
49	run	**CPM_Get_Cons_Data.cnf(＋)(CREP,Data,New_Flag)** /submodule withm-Consumer functionality && CREP := OCPM =〉 ignore	run
50	run	**CPM_Get_Cons_Data.cnf(＋)(CREP,Data,New_Flag)** /submodule withm-Consumer functionality && CREP := ICPM =〉 Get Input IOCS.cnf(IOCS)	run
51	run	**CPM_Get_Cons_Data.cnf(－)(CREP,ERRCLS,ERRCODE)** /submodule withm-Consumer functionality && CREP := mCPM =〉 Get Output.cnf(－)	run
52	run	**CPM_Get_Cons_Data.cnf(－)(CREP,ERRCLS,ERRCODE)** /submodule withm-Consumer functionality && CREP := OCPM =〉 ignore	run
53	run	**CPM_Get_Cons_Data.cnf(－)(CREP,ERRCLS,ERRCODE)** /submodule withm-Consumer functionality && CREP := ICPM =〉 Get Input IOCS.cnf(－)	run
54	run	**CPM_New_Cons_Data.ind(CREP,APDU_Status)** /submodule withm-Consumer functionality && CREP == CREP.OCPM =〉 ignore	run
55	run	**CPM_New_Cons_Data.ind(CREP,APDU_Status)** /submodule withm-Consumer functionality && CREP == CREP.ICPM =〉 New Output.ind(Slot Number,subslot Number,Watchdog Flag,InData Flag)	run
56	run	**CPM_New_Cons_Data.ind(CREP,APDU_Status)** /submodule withm-Consumer functionality && CREP == CREP.ICPM =〉 New Output.ind(Slot Number,subslot Number,Watchdog Flag,InData Flag) New Output APDU DataStatus.ind(APDUStatus flags)	run

表 478（续）

#	当前状态	事件/条件 =〉动作	下一状态
57	run	**CPM_New_Cons_Data.ind(CREP,APDU_Status)** /submodule withm-Consumer functionality && CREP == CREP.MCPM && no change in APDUStatus =〉 New Output.ind(Slot Number,subslot Number,Watchdog Flag,InData Flag)	run
58	run	**CPM_New_Cons_Data.ind(CREP,APDU_Status)** /submodule withm-Consumer functionality && CREP == CREP.MCPM && change in APDUStatus =〉 New Output.ind(Slot Number,subslot Number,Watchdog Flag,InData Flag) New Output APDU DataStatus.ind(APDUStatus flags)	run
59	run	**CPM_No_Data.ind(CREP)** /submodule withm-Consumer functionality =〉 Watchdog Flag := WATCHDOG_EXPIRED New Output.ind(Slot Number,subslot Number,Watchdog Flag,InData Flag)	run
60	run	**CPM_Start.ind(CREP)** /submodule withm-Consumer functionality =〉 InData Flag := INDATA New Output.ind(Slot Number,subslot Number,In Data Flag)	run
61	run	**CM_Stop.ind(CREP)** /submodule withm-Consumer functionality && CREP == CREP.MCPM =〉 For allsubmoduls ofm-Consumer-CR do: m-Provider Communicationstopped.ind(Slot Number,subslot Number)	run

6.5.2.5 函数

表 479 列出了为 FSPMDEV 定义的函数，它们由 FAL 用户发出的服务原语使用。

表 479 AP-Context(FAL 用户)到 FSPMDEV 所使用的函数

名 称	运 算
MAP_READ_RSP+	mapservice parameter 1:1(=)
MAP_READ_RSP−	mapservice parameter 1:1(=)

表 479（续）

名　称	运　算
MAP_READ_INPD_RSP＋	AREP＝AREP Seq Number＝Seq Number Add Data 1＝0 Add Data 2＝0 Length＝Length Data＝{Length Data,Length IOCS,Length IOPS,IOCS,IOPS,subslot Input Data}
MAP_READ_INPD_RSP－	mapservice parameter 1:1(＝)
MAP_READ_OUTPD_RSP＋	AREP＝AREP Seq Number＝Seq Number Add Data 1＝0 Add Data 2＝0 Length＝Length Data＝{Length IOCS,Length IOPS,Length Output Data,IOCS,IOPS,Output Data,substitutemode,substitute Active Flag,Outputsubstitute Data}
MAP_READ_OUTPD_RSP－	mapservice parameter 1:1(＝)
MAP_READ_LOG_RSP＋	AREP＝AREP Seq Number＝Seq Number Add Data 1＝0 Add Data 2＝0 Length＝Length Data＝{Current Local Timestamp,Number of Log Entries,[List of Entries(Local Timestamp,AR UUID,PNIOStatus,Entry Detail)]* }
MAP_READ_LOG_RSP－	mapservice parameter 1:1(＝)
MAP_READ_DIAG_RSP＋	AREP＝AREP Seq Number＝Seq Number Add Data 1＝0 Add Data 2＝0 Length＝Length Diagnosis Item＝List of Diagnosis Data
MAP_READ_DIAG_RSP－	mapservice parameter 1:1(＝)
MAP_READ_EID_RSP＋	AREP＝AREP Seq Number＝Seq Number Add Data 1＝0 Add Data 2＝0 Length＝Length Data＝{List ofslots}
MAP_READ_EID_RSP－	mapservice parameter 1:1(＝)

表 479（续）

名　称	运　算
MAP_READ_RID_RSP+	AREP=AREP Seq Number=Seq Number Add Data 1=0 Add Data 2=0 Length=Length Data={Number ofslots,List ofslots}
MAP_READ_RID_RSP−	mapservice parameter 1:1(=)
MAP_READ_IDDIFF_RSP+	AREP=AREP Seq Number=Seq Number Add Data 1=0 Add Data 2=0 Length=Length Data={Number of APIs,List of APIs}
MAP_READ_IDDIFF_RSP−	mapservice parameter 1:1(=)
MAP_READ_RPD_RSP+	AREP=AREP Seq Number=Seq Number Add Data 1=0 Add Data 2=0 Length=Length Data={Real List of Ports}
MAP_READ_RPD_RSP−	mapservice parameter 1:1(=)
MAP_READ_EPD_RSP+	AREP=AREP Seq Number=Seq Number Add Data 1=0 Add Data 2=0 Length=Length Data={Expected List of Ports}
MAP_READ_EPD_RSP−	mapservice parameter 1:1(=)
MAP_READ_APD_RSP+	AREP=AREP Seq Number=Seq Number Add Data 1=0 Add Data 2=0 Length=Length Data={Adjusted List of Ports}
MAP_READ_APD_RSP−	mapservice parameter 1:1(=)
MAP_READ_IRD_RSP+	AREP=AREP Seq Number=Seq Number Add Data 1=0 Add Data 2=0 Length=Length Data={{IR Data}

表 479（续）

名　称	运　算
MAP_READ_IRD_RSP－	mapservice parameter 1:1(＝)
MAP_READ_RSYNC_RSP＋	AREP＝AREP Seq Number＝Seq Number Add Data 1＝0 Add Data 2＝0 Length＝Length Data＝{Sync Data}
MAP_READ_RSYNC_RSP－	mapservice parameter 1:1(＝)
MAP_READ_ESYNC_RSP＋	AREP＝AREP Seq Number＝Seq Number Add Data 1＝0 Add Data 2＝0 Length＝Length Data＝{Sync Data}
MAP_READ_ESYNC_RSP－	mapservice parameter 1:1(＝)
MAP_READ_PDEV_RSP＋	AREP＝AREP Seq Number＝Seq Number Add Data 1＝0 Add Data 2＝0 Length＝Length Data＝{Real Port Data, Expected Port Data, IR Data, Realsync Data, Expectedsync Data}
MAP_READ_PDEV_RSP－	mapservice parameter 1:1(＝)
MAP_READ_ARD_RSP＋	AREP＝AREP Seq Number＝Seq Number Add Data 1＝0 Add Data 2＝0 Length＝Length Data＝{Number of ARs, List of ARs}
MAP_READ_ARD_RSP－	mapservice parameter 1:1(＝)
MAP_READ_ISOM_RSP＋	AREP＝AREP Seq Number＝Seq Number Add Data 1＝0 Add Data 2＝0 Length＝Length Data＝{IsoM Data}
MAP_READ_ISOM_RSP－	mapservice parameter 1:1(＝)
MAP_WRITE_RSP＋	mapservice parameter 1:1(＝)
MAP_WRITE_RSP－	mapservice parameter 1:1(＝)

表 479（续）

名　称	运　算
MAP_WRITE_EPD_RSP+	map FAL Userservice parameter 1:1(=) Set AddData1=0 Set AddData2=0
MAP_WRITE_EPD_RSP−	mapservice parameter 1:1(=)
MAP_WRITE_APD_RSP+	map FAL Userservice parameter 1:1(=) Set AddData1=0 Set AddData2=0
MAP_WRITE_APD_RSP−	mapservice parameter 1:1(=)
MAP_WRITE_ISOM_RSP+	map FAL Userservice parameter 1:1(=) Set AddData1=0 Set AddData2=0
MAP_WRITE_ISOM_RSP−	mapservice parameter 1:1(=)
MAP_CON_RSP+	AREP=AREP ARBlockRes=AR Response Block ListOfIOCRBlockRes=List of IO CR Response Blocks AlarmCRBlockRes=Alarm CR Response Block ModuleDiffBlock= Module Diff Block
MAP_CON_RSP−	mapservice parameter 1:1(=)
MAP_REL_RSP+	AREP=AREP ReleaseBlock.SessionKey=SessionKey
MAP_REL_RSP−	mapservice parameter 1:1(=)
MAP_AREADY_REQ	AREP=AREP ControlBlockConnect.SessionKey=Session Key^(ControlBlockPlug.SessionKey=Session Key, ControlBlockPlug.AlarmSequenceNumber=AlarmSequence Number) ModuleDiffBlock= Module Diff Block
MAP_EOP_RSP+	AREP=AREP ControlBlockConnect.SessionKey=Session Key^(ControlBlockPlug.SessionKey=Session Key, ControlBlockPlug.AlarmSequenceNumber=AlarmSequence Number)
MAP_EOP_RSP−	mapservice parameter 1:1(=)
MAP_SIN_REQ	CREP=CREP Data={IOPS,subslot Input Data}
MAP_GINIOCS_REQ	CREP=CREP
MAP_SAS_REQ	CREP=AREP.CREP D_Status={DataValid Flag,ARstate Flag,ProviderState Flag, Problemindicator Flag}
MAP_OIOCS_REQ	CREP=CREP Data=IOCS
MAP_AN_REQ	mapservice parameter 1:1(=)

表 480 列出了为 FSPMDEV 定义的函数，它们由 FSPMDEV 发出的服务原语使用。

表 480　FSPMDEV 到 AP-Context(FAL 用户)所使用的函数

名　称	运　算
MAP_READ_IND	if((Index <=0x7FFF) OR(0xAFF0<=Index<=0xAFFF)) then {AREP=AREP API=API Target ARUUID=TargetARUUID Slot Number=SlotNumber Subslot Number=SubslotNumber Index=Index Seq Number=SeqNumber Length=Length} else map tospecial FAL user Readservice primitive
MAP_READ_INPD_IND	if(Index=0x8028) then {AREP=AREP API=API Target ARUUID=TargetARUUID Slot Number=SlotNumber Subslot Number=SubslotNumber Seq Number=SeqNumber Length=Length} else map to otherspecial FAL user Readservice primitive
MAP_READ_OUTPD_IND	if(Index=0x8029) then {AREP=AREP API=API Target ARUUID=TargetARUUID Slot Number=SlotNumber Subslot Number=SubslotNumber Seq Number=SeqNumber Length=Length} else map to otherspecial FAL user Readservice primitive
MAP_READ_LOG_IND	if(Index=0xF830) then {AREP=AREP Seq Number=SeqNumber Length=Length} else map to otherspecial FAL user Readservice primitive

MAP_READ_DIAG_IND	if((Index=0x800A)OR(Index=0x800B)OR(Index=0x800C)OR
	(Index=0xC00A)OR(Index=0xC00B)OR(Index=0xC00C)OR
	(Index=0xE00A)OR(Index=0xE00B)OR(Index=0xE00C)OR
	(Index=0xF00A)OR(Index=0xF00B)OR(Index=0xF00C))then
	{AREP=AREP
	if(TargetARUUID<>NULL) then Target ARUUID=TargetARUUID else Target ARUUID="IGNORE"

表 480（续）

名　称	运　算

MAP_READ_DIAG_IND	if(Index=0xE00A)OR(Index=0xE00B)OR(Index=0xE00C) then API="IGNORE
	else API=API
	if((Index=0xF00A)OR(Index=0xF00B)OR(Index=0xF00C) OR
	(Index=0xE00A)OR(Index=0xE00B)OR(Index=0xE00C)) thenslot Number="IGNORE"
	else Slot Number=SlotNumber
	if((Index=0xF00A)OR(Index=0xF00B)OR(Index=0xF00C) OR
	(Index=0xC00A)OR(Index=0xC00B)OR(Index=0xC00C)OR
	(Index=0xE00A)OR(Index=0xE00B)OR(Index=0xE00C)) thensublot Number="IGNORE"
	else Subslot Number=SubslotNumber
	Seq Number=SeqNumber
	if((Index=0x800A) OR (Index=0xC00A) OR (Index=0xE00A) OR (Index=0xF00A) then Diagnosis Item=CHANNEL
	if((Index=0x800B)OR(Index=0xC00B) OR(Index=0xE00B)OR(Index=0xE00B) OR(Index=0xF00B) then Diagnosis Item= MANUFACTURER_ERROR_APPEARS
	if((Index=0x800C)OR(Index=0xC00C) OR(Index=0xE00C)OR(Index=0xF00C) then Diagnosis Item= MANUFACTURER_ALL
	Length=Length}
	else map to otherspecial FAL user Readservice primitive

MAP_READ_EID_IND	if((Index=0x8000)OR(Index=0xC000)OR(Index=0xE000)) then
	{AREP=AREP
	Target ARUUID=TargetARUUID
	if(Index=0xE000) thenslot Number="IGNORE"
	else Slot Number=SlotNumber
	if((Index=0xE000)OR(Index=0xC000)) thensublot Number="IGNORE"
	else Subslot Number=SubslotNumber
	Seq Number=SeqNumber
	Length=Length}
	else map to otherspecial FAL user Readservice primitive

MAP_READ_RID_IND	if((Index=0x8001) OR (Index=0xC001) OR (Index=0xE001) OR (Index=0xF000)) then
	{AREP=AREP
	API=API
	if(Index=0xF001) then Target ARUUID="IGNORE"
	else Target ARUUID=TargetARUUID
	if((Index=0xE001)OR(Index=0xF001)) thenslot Number="IGNORE"
	else Slot Number=SlotNumber
	if((Index=0xE001)OR(Index=0xC001)OR(Index=0xF000)) thensublot Number="IGNORE"
	else Subslot Number=SubslotNumber
	Seq Number=SeqNumber
	Length=Length}
	else map to otherspecial FAL user Readservice primitive

表 480（续）

名　称	运　算
MAP_READ_IDDIFF_IND	if(Index=0xE002) then {AREP=AREP Target ARUUID=TargetARUUID Seq Number=SeqNumber Length=Length} else map to otherspecial FAL user Readservice primitive

MAP_READ_RPD_IND	if((Index=0x802A)OR(Index=0xC02A)OR(Index=0xE02A)) then
	{AREP=AREP
	Target ARUUID=TargetARUUID
	if(Index=0xE02A) thenslot Number="IGNORE"
	else Slot Number=SlotNumber
	if((Index=0xE02A)OR(Index=0xC02A)) thensublot Number="IGNORE"
	else Subslot Number=SubslotNumber
	Seq Number=SeqNumber
	Length=Length}
	else map to otherspecial FAL user Readservice primitive

MAP_READ_EPD_IND	if((Index=0x802B)OR(Index=0xC02B)OR(Index=0xE02B)) then
	{AREP=AREP
	Target ARUUID=TargetARUUID
	if(Index=0xE02B) thenslot Number="IGNORE"
	else Slot Number=SlotNumber
	if((Index=0xE02B)OR(Index=0xC02B)) thensublot Number="IGNORE"
	else Subslot Number=SubslotNumber
	Seq Number=SeqNumber
	Length=Length}
	else map to otherspecial FAL user Readservice primitive

MAP_READ_APD_IND	if((Index=0x802F)OR(Index=0xC02F)OR(Index=0xE02F)) then
	{AREP=AREP
	Target ARUUID=TargetARUUID
	if(Index=0xE02F) thenslot Number="IGNORE"
	else Slot Number=SlotNumber
	if((Index=0xE02F)OR(Index=0xC02F)) thensublot Number="IGNORE"
	else Subslot Number=SubslotNumber
	Seq Number=SeqNumber
	Length=Length}
	else map to otherspecial FAL user Readservice primitive

MAP_READ_IRD_IND	if((Index=0x802C)OR(Index=0xC02C)OR(Index=0xE02C)) then
	{AREP=AREP
	Target ARUUID=TargetARUUID
	if(Index=0xE02C) thenslot Number="IGNORE"
	else Slot Number=SlotNumber
	if((Index=0xE02C)OR(Index=0xC02C)) thensubslot Number="IGNORE"
	else Subslot Number=SubslotNumber
	Seq Number=SeqNumber
	Length=Length}
	else map to otherspecial FAL user Readservice primitive

表 480（续）

名　　称	运　　算

MAP_READ_RSYNC_IND	if((Index=0x802D)OR(Index=0xC02D)OR(Index=0xE02D)) then
	{AREP=AREP
	Target ARUUID=TargetARUUID
	if(Index=0xE02D) thenslot Number="IGNORE"
	else Slot Number=SlotNumber
	if((Index=0xE02D)OR(Index=0xC02D)) thensubslot Number="IGNORE"
	else Subslot Number=SubslotNumber
	Seq Number=SeqNumber
	Length=Length}
	else map to otherspecial FAL user Readservice primitive

MAP_READ_ESYNC_IND	if((Index=0x802E)OR(Index=0xC02E)OR(Index=0xE02E)) then
	{AREP=AREP
	Target ARUUID=TargetARUUID
	if(Index=0xE02E) thenslot Number="IGNORE"
	else Slot Number=SlotNumber
	if((Index=0xE02E)OR(Index=0xC02E)) thensubslot Number="IGNORE"
	else Subslot Number=SubslotNumber
	Seq Number=SeqNumber
	Length=Length}
	else map to otherspecial FAL user Readservice primitive

MAP_READ_PDEV_IND	if(Index=0xF831) then {AREP=AREP Seq Number=SeqNumber Length=Length} else map to otherspecial FAL user Readservice primitive

MAP_READ_ARD_IND	if((Index = 0x8001) OR (Index = 0xC001) OR (Index = 0xF020) OR (Index = 0xF820)) then
	{AREP=AREP
	if(Index=0xF820) then API="IGNORE"
	else API=API
	if((Index=0xF820)OR(Index=0xF020)) then Target ARUUID="IGNORE"
	else Target ARUUID=TargetARUUID
	Slot Number="IGNORE"
	Sublot Number="IGNORE"
	Seq Number=SeqNumber
	Length=Length}
	else map to otherspecial FAL user Readservice primitive

表 480（续）

名　　称	运　　算
MAP_READ_ISOM_IND	if(Index=0x8030) then {AREP=AREP API=API Target ARUUID=TargetARUUID Slot Number=SlotNumber Sublot Number=SubslotNumber Seq Number=SeqNumber Length=Length} else map to otherspecial FAL user Readservice primitive
MAP_WRITE_IND	if((Index ＜＝0x7FFF) OR(0xAFF0＜＝Index＜＝0xAFFF)) then {AREP=AREP API=API Slot Number=SlotNumber Subslot Number=SubslotNumber Index=Index Multiple= Multiple Seq Number=SeqNumber Length=Length Data=Data} else map tospecial FAL user Writeservice primitive
MAP_WRITE_OSUBD_IND	if((Index=0x801E)) then {AREP=AREP API=API Slot Number=SlotNumber Subslot Number=SubslotNumber Index=Index Multiple= Multiple Seq Number=SeqNumber Length=Length {Substitutemode, Length Output Data, Outputsubstitute Data}=Data}

MAP_WRITE_EPD_IND	if((Index=0x802B)OR(Index=0xC02B)OR(Index=0xE02B)) then
	{AREP=AREP
	API=API
	if(Index=0xE02B) thenslot Number="IGNORE"
	else Slot Number=SlotNumber
	if((Index=0xE02B)OR(Index=0xC02B)) thensublot Number="IGNORE"
	else Subslot Number=SubslotNumber
	Index=Index
	Multiple= Multiple
	Seq Number=SeqNumber
	Length=Length
	{Expected List of Ports}=Data}
	else map tospecial FAL user Writeservice primitive

表 480（续）

名　称	运　算

MAP_WRITE_APD_IND	if((Index=0x802F)OR(Index=0xC02F)OR(Index=0xE02F)) then
	{AREP=AREP
	API=API
	if(Index=0xE02F) thenslot Number="IGNORE"
	else Slot Number=SlotNumber
	if((Index=0xE02F)OR(Index=0xC02F)) thensublot Number="IGNORE"
	else Subslot Number=SubslotNumber
	Index=Index
	Multiple= Multiple
	Seq Number=SeqNumber
	Length=Length
	{Adjusted List of Ports}=Data}
	else map tospecial FAL user Writeservice primitive

MAP_WRITE_IRD_IND	if((Index=0x802C)OR(Index=0xC02C)OR(Index=0xE02C)) then
	{AREP=AREP
	API=API
	if(Index=0xE02C) thenslot Number="IGNORE"
	else Slot Number=SlotNumber
	if((Index=0xE02C)OR(Index=0xC02C)) thensublot Number="IGNORE"
	else Subslot Number=SubslotNumber
	Multiple= Multiple
	Seq Number=SeqNumber
	Length=Length
	{IR Data}=Data}
	else map tospecial FAL user Writeservice primitive

MAP_WRITE_ESYNC_IND	if((Index=0x802E)OR(Index=0xC02E)OR(Index=0xE02E)) then
	{AREP=AREP
	API=API
	if(Index=0xE02E) thenslot Number="IGNORE"
	else Slot Number=SlotNumber
	if((Index=0xE02E)OR(Index=0xC02E)) thensublot Number="IGNORE"
	else Subslot Number=SubslotNumber
	Multiple= Multiple
	Seq Number=SeqNumber
	Length=Length
	{Sync Data}=Data}
	else map tospecial FAL user Writeservice primitive

表 480（续）

名　称	运　算
MAP_WRITE_ISOM_IND	if(Index=0x8030) then {AREP=AREP API=API Slot Number=SlotNumber Subslot Number=SubslotNumber Multiple= Multiple Seq Number=SeqNumber Length=Length IsoM Data=Data} else map tospecial FAL user Writeservice primitive
MAP_CON_IND	AREP=AREP AR Parameter Block=ARBlockReq List of IO CR Parameter Blocks=ListOfIOCRBlockReq List of Expectedsubmodule Blocks=ListOfExpectedSubmoduleBlockReq Alarm CR Parameter Block=AlarmCRBlockReq Parameterserver Block Multicast CR Block
MAP_REL_IND	AREP=AREP SessionKey=ReleaseBlock.SessionKey
MAP_AREADY_CNF+	AREP=AREP Session Key= ControlBlockPlug. SessionKey^ControlConnectPlug.SessionKey
MAP_AREADY_CNF−	mapservice parameter 1:1(=)
MAP_EOP_IND	AREP=AREP Session Key= ControlBlockConnect. SessionKey^ControlBlockPlug.SessionKey AlarmSequence Number=ControlBlockPlug.AlarmSequenceNumber
MAP_INDATA_IND	AREP=CREP.AREP CREP=CREP Slot Number=0 Subslot Number=0 InData Flag=TRUE
MAP_NEWDATA_IND	if Data has been changed AREP=CREP.AREP CREP=CREP Slot Number Subslot Number

表 480（续）

名　　称	运　　算
MAP_NEWSTATUS_IND	if APDUStasus has been changed AREP＝CREP.AREP CREP＝CREP Data Flag＝APDU_Status ARstate Flag＝APDU_Status Providerstate Flag＝APDU_Status Problem Indicator Flag＝APDU_Status
MAP_NODATA_IND	AREP＝CREP.AREP CREP＝CREP Slot Number＝0 Subslot Number＝0 Watchdog Flag＝TRUE
MAP_SIN_CNF	AREP＝CREP.AREP other ignore
MAP_SAS_CNF	AREP＝CREP.AREP other ignore
MAP_OIOCS_CNF	AREP＝CREP.AREP other ignore
MAP_GOUTD_CNF＋	AREP＝CREP IOPS＝Data Subslot Output Data＝Data New Flag＝New_Flag IOCS＝Data
MAP_GOUTD_CNF－	AREP＝CREP.AREP other ignore
MAP_AN_CNF＋	AREP＝CREP.AREP
MAP_AN_CNF－	AREP＝CREP.AREP Status
MAP_AA_IND	AREP＝CREP.AREP API Alarm Type＝Alarm_Type Slot Number＝Slot_Number Subslot Number＝Subslot_Number Alarmspecifier＝Alarm_Specifier
MAP_SYNCH_IND	Global Cycle Counter＝Cycle Status
MAP_DIAGEVT_IND	AREP＝AREP CREP＝CREP Alarm Item＝Diagnosis Data

6.5.3 FSPMCTL

6.5.3.1 原语定义

6.5.3.1.1 在 FSPMCTL 与 AP-Context(FAL 用户)之间交换的原语

表 481 列出了由 AP-Context(FAL 用户)发出并由 FSPMCTL 接收的服务原语及其相关参数。

表 481 由 AP-Context(FAL 用户)发给 FSPMCTL 的原语

原语名称	源	相关参数	原语被映射为	参数被映射为
Read.req	FAL 用户	AREP API Target ARUUID Slot Number Subslot Number Index Seq Number Length	CM_Read.req(AREP,API,TargetARUUID,slotNumber,subslotNumber,Index,seqNumber,Length)	MAP_READ_REQ
Read Input Data.req	FAL 用户	AREP API Target ARUUID Slot Number Subslot Number Seq Number Length	CM_Read.req(AREP,API,TargetARUUID,slotNumber,subslotNumber,Index,seqNumber,Length)	MAP_READ_INPD_REQ
Read Output Data.req	FAL 用户	AREP API Target ARUUID Slot Number Subslot Number Seq Number Length	CM_Read.req(AREP,API,TargetARUUID,slotNumber,subslotNumber,Index,seqNumber,Length)	MAP_READ_OUTPD_REQ
Read Logbook.req	FAL 用户	AREP Seq Number Length	CM_Read.req(AREP,API,TargetARUUID,slotNumber,subslotNumber,Index,seqNumber,Length)	MAP_READ_LOG_REQ
Read Device Diagnosis.req	FAL 用户	AREP API Target ARUUID Slot Number Subslot Number Diagnosis Item Seq Number Length	CM_Read.req(AREP,API,TargetARUUID,slotNumber,subslotNumber,Index,seqNumber,Length)	MAP_READ_DIAG_REQ

表 481（续）

原语名称	源	相关参数	原语被映射为	参数被映射为
Read Expected Identification.req	FAL 用户	AREP API Target ARUUID Slot Number Subslot Number Seq Number Length	CM_Read.req(AREP, API, TargetARUUID, slotNumber, subslotNumber, Index, seqNumber, Length)	MAP_READ_EID_REQ
Read Real Identification.req	FAL 用户	AREP API Target ARUUID Slot Number Subslot Number Seq Number Length	CM_Read.req(AREP, API, TargetARUUID, slotNumber, subslotNumber, Index, seqNumber, Length)	MAP_READ_RID_REQ
Read Identification Difference.req	FAL 用户	AREP Target ARUUID Seq Number Length	CM_Read.req(AREP, API, TargetARUUID, slotNumber, subslotNumber, Index, seqNumber, Length)	MAP_READ_IDDIFF_REQ
Read Real Port Data.req	FAL 用户	AREP API Target ARUUID Slot Number Subslot Number Seq Number Length	CM_Read.req(AREP, API, TargetARUUID, slotNumber, subslotNumber, Index, seqNumber, Length)	MAP_READ_RPD_REQ
Read Expected Port Data.req	FAL 用户	AREP API Target ARUUID Slot Number Subslot Number Seq Number Length	CM_Read.req(AREP, API, TargetARUUID, slotNumber, subslotNumber, Index, seqNumber, Length)	MAP_READ_EPD_REQ
Read Adjusted Port Data.req	FAL 用户	AREP API Target ARUUID Slot Number Subslot Number Seq Number Length	CM_Read.req(AREP, API, TargetARUUID, slotNumber, subslotNumber, Index, seqNumber, Length)	MAP_READ_APD_REQ

表 481（续）

原语名称	源	相关参数	原语被映射为	参数被映射为
Read IR Data.req	FAL用户	AREP API Target ARUUID Slot Number Subslot Number Seq Number Length	CM_Read.req(AREP，API，TargetARUUID，slotNumber，subslotNumber，Index，seqNumber，Length)	MAP_READ_IRD_REQ
Read Realsync Data.req	FAL用户	AREP API Target ARUUID Slot Number Subslot Number Seq Number Length	CM_Read.req(AREP，API，TargetARUUID，slotNumber，subslotNumber，Index，seqNumber，Length)	MAP_READ_RSYNC_REQ
Read Expectedsync Data.req	FAL用户	AREP API Target ARUUID Slot Number Subslot Number Seq Number Length	CM_Read.req(AREP，API，TargetARUUID，slotNumber，subslotNumber，Index，seqNumber，Length)	MAP_READ_ESYNC_REQ
Read PDev Data.req	FAL用户	AREP Seq Number Length	CM_Read.req(AREP，API，TargetARUUID，slotNumber，subslotNumber，Index，seqNumber，Length)	MAP_READ_PDEV_REQ
Read AR Data.req	FAL用户	AREP Seq Number Length	CM_Read.req(AREP，API，TargetARUUID，slotNumber，subslotNumber，Index，seqNumber，Length)	MAP_READ_ARD_REQ
Read IsoM Data.req	FAL用户	AREP API Target ARUUID Slot Number Subslot Number Seq Number Length	CM_Read.req(AREP，API，TargetARUUID，slotNumber，subslotNumber，Index，seqNumber，Length)	MAP_READ_ISOM_REQ

表 481（续）

原语名称	源	相关参数	原语被映射为	参数被映射为
Write.req	FAL 用户	AREP API Slot Number Subslot Number Index Multiple Seq Number Length Data	CM_Write.req(AREP,slotNumber,subslotNumber,Index,seqNumber,Length,Data)	MAP_WRITE_REQ
Write Expected Port Data.req	FAL 用户	AREP API Slot Number Subslot Number Multiple Seq Number Length Expected List of Ports	CM_Write.req(AREP,slotNumber,subslotNumber,Index,seqNumber,Length,Data)	MAP_WRITE_EPD_REQ
Write Adjusted Port Data.req	FAL 用户	AREP API Slot Number Subslot Number Multiple Seq Number Length Adjusted List of Ports	CM_Write.req(AREP,slotNumber,subslotNumber,Index,seqNumber,Length,Data)	MAP_WRITE_EPD_REQ
Write IR Data.req	FAL 用户	AREP API Slot Number Subslot Number Multiple Seq Number Length IR Data	CM_Write.req(AREP,slotNumber,subslotNumber,Index,seqNumber,Length,Data)	MAP_WRITE_IRD_REQ
Writesync Data.req	FAL 用户	AREP API Slot Number Subslot Number Multiple Seq Number Length Sync Data	CM_Write.req(AREP,slotNumber,subslotNumber,Index,seqNumber,Length,Data)	MAP _ WRITE _ ESYNC _REQ

表 481（续）

原语名称	源	相关参数	原语被映射为	参数被映射为
Write IsoM Data.req	FAL用户	AREP API Slot Number Subslot Number Multiple Seq Number Length IsoM Data	CM_Write.req(AREP,slotNumber,subslotNumber,Index,seqNumber,Length,Data)	MAP _ WRITE _ ESYNC _REQ
Set Input IOCS.req	FAL用户	AREP CREP Slot Number Subslot Number IOCS	PPM_Set_Prov_Data.req(CREP,Data)	MAP_SINIOCS_REQ
Get Input.req	FAL用户	AREP CREP Slot Number Subslot Number	CPM_Get_Cons_Data.req(CREP)	MAP_GIN_REQ
Set Output.req	FAL用户	AREP CREP Slot Number Subslot Number IOPS Subslot Output Data	PPM_Set_Prov_Data.req(CREP,Data)	MAP_SOUT_REQ
Set Output APDU DataStatus.req	FAL用户	AREP Data Flag ARstate Flag Providerstate Flag Problem Indicator Flag	PPM_Set_Prov_Status.req(CREP,D_Status)	MAP_SAS_REQ
Get Output IOCS.req	FAL用户	AREP CREP Slot Number Subslot Number	CPM_Get_Cons_Status.req(CREP)	MAP_GOUTIOCS_REQ
Connect.req	FAL用户	AREP AR Parameter Block List of IO CR Parameter Blocks List of Expectedsubmodule Blocks Alarm CR Parameter Block Parameterserver Block Multicast CR Block	CM_Connect.req(AREP,ARBlockReq,ListOfIOCRBlockReq,AlarmCRBlockReq,ListOfExpectedSubmoduleBlockReq,PrmCount,ListOfWriteBlockReq)	MAP_CON_REQ

表 481（续）

原语名称	源	相关参数	原语被映射为	参数被映射为
Release.req	FAL用户	AREP Session Key	CM_Release.req(AREP,ControlBlock)	MAP_REL_REQ
End Of Parameter.req	FAL用户	AREP Session Key AlarmSequence Number	CM_DControl.req(AREP,ControlBlock)	MAP_EOP_REQ
Application Ready.rsp(+)	FAL用户	AREP Session Key AlarmSequence Number	CM_CControl.rsp(+)(AREP,ControlBlock)	MAP_AREADY_RES +
Application Ready.rsp(−)	FAL用户	AREP Error Decode Error Code 1 Error Code 2	CM_CControl.rsp(−)(AREP,ControlBlock)	MAP_AREADY_RES−
Alarm Notification.req	FAL用户	AREP API Alarm Priority Alarm Type Slot Number Subslot Number Alarmspecifier Module Ident Number Submodule Ident Number Alarm Item	ALPMI_Alarm_Notification.req(CREP,Alarm_Type,slot_Number,subslot_Number,Alarm_Specifier,Sequence_Number,module_Ident_Number,submodule_Ident_Number,Alarm_User_Data_Structure_Identifier,Alarm_User_Data)	MAP_AN_REQ
Alarm Ack.req	FAL用户	AREP API Alarm Type Slot Number Subslot Number Alarmspecifier	ALPMR_Alarm_Ack.req(CREP,Alarm_Type,slot_Number,subslot_Number,Alarm_Specifier,Sequence_Number,PNIO_Status)	MAP_AACK_REQ
local action			CM_CTL_Init.req(AREP)	
local action			IFW_Schedule_add.req(Port,sched_list)	
local action			IFW_Schedule_remove.req(Port)	
local action			IFW_SetFWState.req(Port,FWState)	
local action			IFW_SetLEState.req(Port,LEState)	
local action			TMM_Set_Schedule_Item.req(Port,sched_list)	

表 481（续）

原语名称	源	相关参数	原语被映射为	参数被映射为
local action			TMM_MasterAdd.req(SA,ProtVar,ms_list,ms_Status)	
local action			TMM_MasterRem.req(SA,ProtVar,ms_list,ms_Status)	
local action			RCTL_Stop.req()	
local action			SYN_Delay_Req.req(Port,DA,SA,ADQ_list,ADQ_Status)	
local action			SYN_Delay_Req.req(Port,DA,SA,ADQ_list,ADQ_Status)	

表 482 列出了由 FSPMCTL 发出并由 AP-Context(FAL 用户)接收的服务原语及其相关参数。

表 482　由 FSPMCTL 发给 AP-Context(FAL 用户)的原语

原语被映射为	参数映射来源	原语名称	源	相关参数
CM_Read.cnf(+)(AREP,Seq Number,AddData1,AddData2,Length,Data)	MAP_READ_CNF+	Read.cnf(+)	FSPM	AREP Seq Number Add Data 1 Add Data 2 Length Data
CM_Read.cnf(−)(AREP,ErrorDecode,ErrorCode1,ErrorCode2,AddData1,AddData2)	MAP_READ_CNF−	Read.cnf(−)	FSPM	AREP Seq Number Error Decode Error Code 1 Error Code 2 Add Data 1 Add Data 2
CM_Read.cnf(+)(AREP,Seq Number,AddData1,AddData2,Length,Data)	MAP_READ_INPD_CNF+	Read Input Data.cnf(+)	FSPM	AREP Seq Number Length Length Data Length IOCS Length IOPS IOCS IOPS Subslot Input Data

表 482（续）

原语被映射为	参数映射来源	原语名称	源	相关参数
CM_Read.cnf(－)(AREP,ErrorDecode,ErrorCode1,ErrorCode2,AddData1,AddData2)	MAP_READ_INPD_CNF－	Read Input Data.cnf(－)	FSPM	AREP Seq Number Error Decode Error Code 1 Error Code 2 Add Data 1 Add Data 2
CM_Read.cnf(＋)(AREP,Seq Number,AddData1,AddData2,Length,Data)	MAP_READ_OUTPD_CNF＋	Read Output Data. cnf(＋)	FSPM	AREP Seq Number Length Length Output Data Length IOCS Length IOPS IOCS IOPS Output Data Substitute Mode Substitute Active Flag Output Substitute Data
CM_Read.cnf(－)(AREP,ErrorDecode,ErrorCode1,ErrorCode2,AddData1,AddData2)	MAP_READ_OUTPD_CNF－	Read Output Data. cnf(－)	FSPM	AREP Seq Number Error Decode Error Code 1 Error Code 2 Add Data 1 Add Data 2
CM_Read.cnf(＋)(AREP,Seq Number,AddData1,AddData2,Length,Data)	MAP_READ_LOG_CNF＋	Read Logbook.cnf(＋)	FSPM	AREP Seq Number Length Current Local Time Stamp Number of Log Entries List of Entries Local Time Stamp AR UUID PNIO Status Entry Detail
CM_Read.cnf(－)(AREP,ErrorDecode,ErrorCode1,ErrorCode2,AddData1,AddData2)	MAP_READ_LOG_CNF－	Read Logbook.cnf(－)	FSPM	AREP Seq Number Error Decode Error Code 1 Error Code 2 Add Data 1 Add Data 2

表 482（续）

原语被映射为	参数映射来源	原语名称	源	相关参数
CM_Read.cnf(＋)(AREP,Seq Number,AddData1,AddData2,Length,Data)	MAP_READ_DIAG_CNF＋	Read Device Diagnosis.cnf(＋)	FSPM	AREP Seq Number Length List of Diagnosis Data
CM_Read.cnf(－)(AREP,ErrorDecode,ErrorCode1,ErrorCode2,AddData1,AddData2)	MAP_READ_DIAG_CNF－	Read Device Diagnosis.cnf(－)	FSPM	AREP Seq Number Error Decode Error Code 1 Error Code 2 Add Data 1 Add Data 2
CM_Read.cnf(＋)(AREP,Seq Number,AddData1,AddData2,Length,Data)	MAP_READ_EID_CNF＋	Read Expected Identification.cnf(＋)	FSPM	AREP Seq Number Length List of Slots
CM_Read.cnf(－)(AREP,ErrorDecode,ErrorCode1,ErrorCode2,AddData1,AddData2)	MAP_READ_EID_CNF－	Read Expected Identification.cnf(－)	FSPM	AREP Seq Number Error Decode Error Code 1 Error Code 2 Add Data 1 Add Data 2
CM_Read.cnf(＋)(AREP,Seq Number,AddData1,AddData2,Length,Data)	MAP_READ_RID_CNF＋	Read Real Identification.cnf(＋)	FSPM	AREP Seq Number Length List of Slots
CM_Read.cnf(－)(AREP,ErrorDecode,ErrorCode1,ErrorCode2,AddData1,AddData2)	MAP_READ_RID_CNF－	Read Real Identification.cnf(－)	FSPM	AREP Seq Number Error Decode Error Code 1 Error Code 2 Add Data 1 Add Data 2
CM_Read.cnf(＋)(AREP,Seq Number,AddData1,AddData2,Length,Data)	MAP_READ_IDDIFF_CNF＋	Read Identification Difference.cnf(＋)	FSPM	AREP Seq Number Length List of APIs

表 482（续）

原语被映射为	参数映射来源	原语名称	源	相关参数
CM_Read.cnf(－)(AREP, ErrorDecode, ErrorCode1, ErrorCode2, AddData1, AddData2)	MAP_READ_IDDIFF_CNF－	Read Identification Difference.cnf(－)	FSPM	AREP Seq Number Error Decode Error Code 1 Error Code 2 Add Data 1 Add Data 2
CM_Read.cnf(＋)(AREP, Seq Number, AddData1, AddData2, Length, Data)	MAP_READ_RPD_CNF＋	Read Real Port Data.cnf(＋)	FSPM	AREP Seq Number Length Real List of Ports
CM_Read.cnf(－)(AREP, ErrorDecode, ErrorCode1, ErrorCode2, AddData1, AddData2)	MAP_READ_RPD_CNF－	Read Real Port Data.cnf(－)	FSPM	AREP Seq Number Error Decode Error Code 1 Error Code 2 Add Data 1 Add Data 2
CM_Read.cnf(＋)(AREP, Seq Number, AddData1, AddData2, Length, Data)	MAP_READ_EPD_CNF＋	Read Expected Port Data.cnf(＋)	FSPM	AREP Seq Number Length Expected List of Elements
CM_Read.cnf(－)(AREP, ErrorDecode, ErrorCode1, ErrorCode2, AddData1, AddData2)	MAP_READ_EPD_CNF－	Read Expected Port Data.cnf(－)	FSPM	AREP Seq Number Error Decode Error Code 1 Error Code 2 Add Data 1 Add Data 2
CM_Read.cnf(＋)(AREP, Seq Number, AddData1, AddData2, Length, Data)	MAP_READ_APD_CNF＋	Read Adjusted Port Data.cnf(＋)	FSPM	AREP Seq Number Length Adjusted List of Elements
CM_Read.cnf(－)(AREP, ErrorDecode, ErrorCode1, ErrorCode2, AddData1, AddData2)	MAP_READ_APD_CNF－	Read Adjusted Port Data.cnf(－)	FSPM	AREP Seq Number Error Decode Error Code 1 Error Code 2 Add Data 1 Add Data 2

表 482（续）

原语被映射为	参数映射来源	原语名称	源	相关参数
CM_Read.cnf(+)(AREP,Seq Number,AddData1,AddData2,Length,Data)	MAP_READ_IRD_CNF+	Read IR Data.cnf(+)	FSPM	AREP Seq Number Length IR Data
CM_Read.cnf(−)(AREP,ErrorDecode,ErrorCode1,ErrorCode2,AddData1,AddData2)	MAP_READ_IRD_CNF−	Read IR Data.cnf(−)	FSPM	AREP Seq Number Error Decode Error Code 1 Error Code 2 Add Data 1 Add Data 2
CM_Read.cnf(+)(AREP,Seq Number,AddData1,AddData2,Length,Data)	MAP_READ_RSYNC_CNF+	Read Real Sync Data.cnf(+)	FSPM	AREP Seq Number Length Number of Sync Interfaces List of Sync Interfaces Slot Number Subslot Number PTCP Subdomain ID Project ID Send Clock Factor PLL Window Sync Properties Role Stratum
CM_Read.cnf(−)(AREP,ErrorDecode,ErrorCode1,ErrorCode2,AddData1,AddData2)	MAP_READ_RSYNC_CNF−	Read Real Sync Data.cnf(−)	FSPM	AREP Seq Number Error Decode Error Code 1 Error Code 2 Add Data 1 Add Data 2

表 482（续）

原语被映射为	参数映射来源	原语名称	源	相关参数
CM_Read.cnf(＋)(AREP,Seq Number,AddData1,AddData2,Length,Data)	MAP_READ_ESYNC_CNF＋	Read Expected Sync Data.cnf(＋)	FSPM	AREP Seq Number Length Number of Sync Interfaces List of Sync Interfaces Slot Number Subslot Number PTCP Subdomain ID Project ID Send Clock Factor PLL Window Sync Properties Role Stratum
CM_Read.cnf(－)(AREP,ErrorDecode,ErrorCode1,ErrorCode2,AddData1,AddData2)	MAP_READ_ESYNC_CNF－	Read Expected Sync Data.cnf(－)	FSPM	AREP Seq Number Error Decode Error Code 1 Error Code 2 Add Data 1 Add Data 2
CM_Read.cnf(＋)(AREP,Seq Number,AddData1,AddData2,Length,Data)	MAP_READ_PDEV_CNF＋	Read PDev Data.cnf(＋)	FSPM	AREP Seq Number Length Real Port Data IR Data Real Sync Data
CM_Read.cnf(－)(AREP,ErrorDecode,ErrorCode1,ErrorCode2,AddData1,AddData2)	MAP_READ_PDEV_CNF－	Read PDev Data.cnf(－)	FSPM	AREP Seq Number Error Decode Error Code 1 Error Code 2 Add Data 1 Add Data 2
CM_Read.cnf(＋)(AREP,Seq Number,AddData1,AddData2,Length,Data)	MAP_READ_ARD_CNF＋	Read AR Data.cnf(＋)	FSPM	AREP Seq Number Length Number Of ARs List of ARs

表 482（续）

原语被映射为	参数映射来源	原语名称	源	相关参数
CM_Read.cnf(－)(AREP, ErrorDecode, ErrorCode1, ErrorCode2, AddData1, AddData2)	MAP _ READ _ ARD _ CNF－	Read AR Data.cnf(－)	FSPM	AREP Seq Number Error Decode Error Code 1 Error Code 2 Add Data 1 Add Data 2
CM_Read.cnf(＋)(AREP, Seq Number, AddData1, AddData2, Length, Data)	MAP _ READ _ ISOM _ CNF＋	Read IsoM Data.cnf(＋)	FSPM	AREP Seq Number Length IsoM Data
CM_Read.cnf(－)(AREP, ErrorDecode, ErrorCode1, ErrorCode2, AddData1, AddData2)	MAP _ READ _ ISOM _ CNF－	Read IsoM Data.cnf(－)	FSPM	AREP Seq Number Error Decode Error Code 1 Error Code 2 Add Data 1 Add Data 2
CM_Write.cnf(＋)(AREP, Seq Number, AddData1, AddData2)	MAP_WRITE_CNF＋	Write.cnf(＋)	FSPM	AREP Multiple Seq Number Add Data 1 Add Data 2
CM_Write.cnf(－)(AREP, ErrorDecode, ErrorCode1, ErrorCode2, AddData1, AddData2)	MAP_WRITE_CNF－	Write.cnf(－)	FSPM	AREP Multiple Seq Number Error Decode Error Code 1 Error Code 2 Add Data 1 Add Data 2
CM_Write.cnf(＋)(AREP, Seq Number, AddData1, AddData2)	MAP _ WRITE _ EPD _ CNF＋	Write Expected Port Data.cnf(＋)	FSPM	AREP Multiple Seq Number
CM_Write.cnf(－)(AREP, ErrorDecode, ErrorCode1, ErrorCode2, AddData1, AddData2)	MAP _ WRITE _ EPD _ CNF－	Write Expected Port Data.cnf(－)	FSPM	AREP Multiple Seq Number Error Decode Error Code 1 Error Code 2 Add Data 1 Add Data 2

表 482（续）

原语被映射为	参数映射来源	原语名称	源	相关参数
CM_Write.cnf(+)(AREP, Seq Number,AddData1,AddData2)	MAP_WRITE_APD_ CNF+	Write Adjusted Port Data.cnf(+)	FSPM	AREP Multiple Seq Number
CM_Write.cnf(−)(AREP, ErrorDecode,ErrorCode1, ErrorCode2,AddData1, AddData2)	MAP_WRITE_EPD_ CNF−	Write Adjusted Port Data.cnf(−)	FSPM	AREP Multiple Seq Number Error Decode Error Code 1 Error Code 2 Add Data 1 Add Data 2
CM_Write.cnf(+)(AREP, Seq Number,AddData1, AddData2)	MAP_WRITE_IRD_ CNF+	Write IR Data.cnf(+)	FSPM	AREP Multiple Seq Number
CM_Write.cnf(−)(AREP, ErrorDecode,ErrorCode1, ErrorCode2,AddData1, AddData2)	MAP_WRITE_IRD_ CNF−	Write IR Data.cnf(−)	FSPM	AREP Multiple Seq Number Error Decode Error Code 1 Error Code 2 Add Data 1 Add Data 2
CM_Write.cnf(+)(AREP, Seq Number,AddData1,AddData2)	MAP_WRITE_ESYNC_ CNF+	Write Sync Data.cnf(+)	FSPM	AREP Multiple Seq Number
CM_Write.cnf(−)(AREP, ErrorDecode,ErrorCode1, ErrorCode2,AddData1, AddData2)	MAP_WRITE_ESYNC_ CNF−	Write Sync Data.cnf(−)	FSPM	AREP Multiple Seq Number Error Decode Error Code 1 Error Code 2 Add Data 1 Add Data 2
CM_InData.ind(AREP)	MAP_INDATA_IND	New Input.ind	FSPM	AREP CREP Slot Number Subslot Number Watchdog Flag InData Flag

表 482(续)

原语被映射为	参数映射来源	原语名称	源	相关参数
CM_New_Input_Data.ind(AREP)	MAP_NEWDATA_IND	New Input.ind	FSPM	AREP CREP Slot Number Subslot Number Watchdog Flag InData Flag
CM_New_Input_Data.ind(AREP)	MAP _ NEWSTATUS_IND	New Input APDU Data Status.ind	FSPM	AREP CREP DataValid Flag ARState Flag ProviderState Flag ProblemIndicator Flag
CPM_NoData.ind(CREP)	MAP_NODATA_IND	New Input.ind	FSPM	AREP CREP Slot Number Subslot Number Watchdog Flag InData Flag
CPM_Get_Cons_Data.cnf(+)(CREP,Data,New_Flag)	MAP_GIND_CNF+	Get Input.cnf(+)	FSPM	AREP IOPS Subslot Input Data New Flag IOCS
CPM_Get_Cons_Data.cnf(-)(CREP,ERRCLS,ERRCODE)	MAP_GIND_CNF-	Get Input.cnf(-)	FSPM	AREP
CPM_Get_Cons_Status.cnf(+)(CREP,Status,RecvCounter)	MAP _ GOUTIOCS _CNF+	Get Output IOCS. cnf(+)	FSPM	AREP IOCS
CPM_Get_Cons_Status.cnf(-)(CREP,ERRCLS,ERRCODE)	MAP _ GOUTIOCS _CNF-	Get Output IOCS. cnf(-)	FSPM	AREP
PPM_Set_Prov_Data.cnf(+)(CREP)	MAP_SIN_CNF	Set Input.cnf(+)	FSPM	AREP
PPM_Set_Prov_Data.cnf(-)(CREP,ERRCLS,ERRCODE)	MAP_SIN_CNF	Set Input.cnf(-)	FSPM	AREP
PPM_Set_Prov_Data.cnf(+)(CREP)	MAP_IIOCS_CNF	Set Input IOCS.cnf(+)	FSPM	AREP
PPM_Set_Prov_Data.cnf(-)(CREP,ERRCLS,ERRCODE)	MAP_IIOCS_CNF	Set Input IOCS.cnf(-)	FSPM	AREP
PPM_Set_Prov_Status.cnf(+)(CREP)	MAP_SAS_CNF	Set Input APDU Data Status.cnf(+)	FSPM	AREP

表 482（续）

原语被映射为	参数映射来源	原语名称	源	相关参数
PPM_Set_Prov_Status.cnf(－)(CREP,ERRCLS,ERRCODE)	MAP_SAS_CNF	Set Input APDU Data Status.cnf(－)	FSPM	AREP
ALPMR_Alarm_Notification.ind (CREP, Alarm_Type, Slot_Number, Subslot_Number, Alarm_Specifier, Sequence_Number, Module_Ident_Number, Submodule_Ident_Number, User_Structure_Identifier, User_Data)	MAP_AN_IND	Alarm Notification.ind	FSPM	AREP API Alarm Priority Alarm Type Slot Number Subslot Number Alarm Specifier Module Ident Number Submodule Ident Number Alarm Item
ALPMR_Alarm_Ack.cnf(＋)	—	Alarm Ack.cnf(＋)	FSPM	AREP
ALPMR_Alarm_Ack.cnf(－)(CREP,ERRCLS,ERRCODE)	—	Alarm Ack.cnf(－)	FSPM	AREP
CM_Connect.cnf(＋)(AREP, ARBlockRes, ListOfIOCRBlockRes, AlarmCRBlockRes, ModuleDiffBlock)	MAP_CON_CNF+	Connect.cnf(＋)	FSPM	AREP AR Response Block List of IO CR Response Blocks Alarm CR Response Module Diff Block
CM_Connect.cnf(－)(AREP, ErrorDecode, ErrorCode1, ErrorCode2, AddData1, AddData2)	MAP_CON_CNF−	Connect.cnf(－)	FSPM	AREP Error Decode Error Code 1 Error Code 2
CM_Release.cnf(＋)(AREP, ControlBlock)	MAP_REL_CNF+	Release.cnf(＋)	FSPM	AREP Session Key
CM_Release.cnf(－)(AREP, ErrorDecode, ErrorCode1, ErrorCode2, AddData1, AddData2)	MAP_REL_CNF−	Release.cnf(－)	FSPM	AREP Error Decode Error Code 1 Error Code 2
		Abort.ind	FSPM	AREP
CM_DControl.cnf(＋)(AREP, ControlBlock)	AREP	End Of Parameter. cnf(＋)	FSPM	AREP Session Key Alarm Sequence Number

表 482（续）

原语被映射为	参数映射来源	原语名称	源	相关参数
CM_DControl.cnf(－)(AREP,ErrorDecode,ErrorCode1,ErrorCode2,AddData1,AddData2)	AREP	End Of Parameter. cnf(－)	FSPM	AREP Error Decode Error Code 1 Error Code 2
CM_CControl. ind(AREP, ControlBlock,ModulDiffBlock)	AREP	Application ready.ind	FSPM	AREP Session Key Alarm Sequence Number Module Diff Block
ALPMI_Error.ind(CREP,ERRCLS,ERRCODE)	MAP_DIAGEVT_IND	Diagnosis Event.ind	FSPM	AREP CREP Alarm Item
DCPUCR_Error.ind (CREP,ERRCLS,ERRCODE)	MAP_DIAGEVT_IND	Diagnosis Event.ind	FSPM	AREP CREP Alarm Item
DCPMCR_Error.ind (CREP,ERRCLS,ERRCODE)	MAP_DIAGEVT_IND	Diagnosis Event.ind	FSPM	AREP CREP Alarm Item
IFW_Error. ind (CREP, ERRCLS,ERRCODE)	MAP_DIAGEVT_IND	Diagnosis Event.ind	FSPM	AREP CREP Alarm Item
IFW_Error. ind (CREP, ERRCLS,ERRCODE)	MAP_DIAGEVT_IND	Diagnosis Event.ind	FSPM	AREP CREP Alarm Item
TMM_MasterAdd.cnf(SA,PortVar,MS_list,MS_status)	local action	—	—	—
LMPM_Schedule_add.cnf(＋)(CREP)	local action	—	—	—
LMPM_Schedule_add.cnf(－)(CREP)	local action	—	—	—
IFW_Schedule_add.cnf(Port)	local action	—	—	—
IFW_Schedule_remove.cnf(Port)	local action	—	—	—

6.5.3.1.2 FSPMCTL 原语的参数

在 FAL 服务定义中描述了 FSPMCTL 与 AP-Context 之间交换的原语所使用的参数。

6.5.3.2 状态机描述

6.5.3.3 FSPMCTL 状态表

FSPMCTL 未定义状态机,因为所有服务都被传送到下层的协议机。

6.5.3.4 函数

表 483 列出了为 FSPMCTL 定义的函数,它们由 FAL 用户发出的服务原语使用。

表 483 AP-Context(FAL 用户)到 FSPMDEV 所使用的函数

名 称	功 能
MAP_READ_REQ	mapservice parameter 1:1(=)
MAP_READ_INPD_REQ	AREP=AREP API=API TargetARUUID=Target ARUUID SlotNumber=Slot Number SubslotNumber=Subslot Number Index=0x8028 SeqNumber=Seq Number Length=Length
MAP_READ_OUTPD_REQ	AREP=AREP API=API TargetARUUID=Target ARUUID SlotNumber=Slot Number SubslotNumber=Subslot Number Index=0x8029 SeqNumber=Seq Number Length=Length
MAP_READ_LOG_REQ	AREP=AREP API=0 TargetARUUID=0 SlotNumber=0 SubslotNumber=0 Index=0xF830 SeqNumber=Seq Number Length=Length

MAP_READ_DIAG_REQ	AAREP=AREP
	SeqNumber=Seq Number
	Length=Length
	if(Diagnosis Item=CHANNEL) then
	  if(! API&& ! Slot&& ! Subslot) then
	    API=0
	    if(Target ARUUID<>0) then TargetARUUID=Target ARUUID else TargetARUUID=NULL
	    slotNumber=0

表 483（续）

名　称	功　能

MAP_READ_DIAG_REQ	subslotNumber=0
	Index=0xE00A
	else if((API&&！Slot&&！Subslot) then
	API=API
	if(Target ARUUID<>0) then TargetARUUID=Target ARUUID else TargetARUUID=NULL
	slotNumber=0
	subslotNumber=0
	Index=0xF00A
	else if((API&& Slot&&！Subslot) then
	API=API
	if(Target ARUUID<>0) then TargetARUUID=Target ARUUID else TargetARUUID=NULL
	slotNumber=Slot Number
	subslotNumber=0
	Index=0xC00A
	else if((API&& Slot&& Subslot) then
	API=API
	if(Target ARUUID<>0) then TargetARUUID=Target ARUUID else TargetARUUID=NULL
	slotNumber=Slot Number
	subslotNumber=Subslot Number
	Index=0x800A
	if(Diagnosis Item= MANUFACT + URER_ERROR_APPEARS) then
	if(！API&&！Slot&&！Subslot) then
	API=0
	if(Target ARUUID<>0) then TargetARUUID=Target ARUUID else TargetARUUID=NULL
	slotNumber=0
	subslotNumber=0
	Index=0xE00B
	else if((API&&！Slot&&！Subslot) then
	API=API
	if(Target ARUUID<>0) then TargetARUUID=Target ARUUID else TargetARUUID=NULL
	slotNumber=0
	subslotNumber=0
	Index=0xF00B
	else if((API&& Slot&&！Subslot) then
	API=API

表 483（续）

名　称	功　能

MAP_READ_DIAG_REQ	if(Target ARUUID<>0) then TargetARUUID=Target ARUUID else TargetARUUID=NULL
	slotNumber=Slot Number
	subslotNumber=0
	Index=0xC00B
	else if((API&& Slot&& Subslot) then
	API=API
	if(Target ARUUID<>0) then TargetARUUID=Target ARUUID else TargetARUUID=NULL
	slotNumber=Slot Number
	subslotNumber=Subslot Number
	Index=0x800B
	if(Diagnosis Item= MANUFACTURER_ALL) then
	if(! API&& ! Slot&& ! Subslot) then
	API=0
	if(Target ARUUID<>0) then TargetARUUID=Target ARUUID else TargetARUUID=NULL
	slotNumber=0
	subslotNumber=0
	Index=0xE00C
	else if((API&& ! Slot&& ! Subslot) then
	API=API
	if(Target ARUUID<>0) then TargetARUUID=Target ARUUID else TargetARUUID=NULL
	slotNumber=0
	subslotNumber=0
	Index=0xF00C
	else if((API&& Slot&& ! Subslot) then
	API=API
	if(Target ARUUID<>0) then TargetARUUID=Target ARUUID else TargetARUUID=NULL
	slotNumber=Slot Number
	subslotNumber=0
	Index=0xC00C
	else if((API&& Slot&& Subslot) then
	API=API
	if(Target ARUUID<>0) then TargetARUUID=Target ARUUID else TargetARUUID=NULL
	slotNumber=Slot Number
	subslotNumber=Subslot Number
	Index=0x800C

表 483（续）

名　称	功　能

MAP_READ_EID_REQ	AREP＝AREP
	SeqNumber＝Seq Number
	Length＝Length
	if(！API＆＆！Slot＆＆！Subslot) then
	API＝0
	if(Target ARUUID<>0) then TargetARUUID＝Target ARUUID else TargetARUUID＝NULL
	slotNumber＝0
	subslotNumber＝0
	Index＝0xE001
	else if((API＆＆Slot＆＆！Subslot) then
	API＝API
	if(Target ARUUID<>0) then TargetARUUID＝Target ARUUID else TargetARUUID＝NULL
	slotNumber＝Slot Number
	subslotNumber＝0
	Index＝0xC001
	else if((API＆＆Slot＆＆Subslot) then
	API＝API
	if(Target ARUUID<>0) then TargetARUUID＝Target ARUUID else TargetARUUID＝NULL
	slotNumber＝Slot Number
	subslotNumber＝Subslot Number
	Index＝0x8001

MAP_READ_RID_REQ	AREP＝AREP
	SeqNumber＝Seq Number
	Length＝Length
	if(API＆＆！Slot＆＆！Subslot) then
	API＝0
	if(Target ARUUID<>0) then TargetARUUID＝Target ARUUID else TargetARUUID＝NULL
	slotNumber＝0
	subslotNumber＝0
	Index＝0xF000
	else if((！API＆＆！Slot＆＆！Subslot) then
	API＝0
	if(Target ARUUID<>0) then TargetARUUID＝Target ARUUID else TargetARUUID＝NULL
	slotNumber＝0
	subslotNumber＝0
	Index＝0xE000
	else if((API＆＆Slot＆＆！Subslot) then
	API＝API
	if(Target ARUUID<>0) then TargetARUUID＝Target ARUUID else TargetARUUID＝NULL

表 483（续）

名　称	功　能
MAP_READ_RID_REQ	slotNumber=Slot Number subslotNumber=0 Index=0xC000 else if((API&&Slot&&Subslot) then API=API if(Target ARUUID<>0) then TargetARUUID=Target ARUUID else TargetARUUID=NULL slotNumber=Slot Number subslotNumber=Subslot Number Index=0x8000
MAP_READ_IDDIFF_REQ	AREP=AREP SeqNumber=Seq Number Length=Length API=0 if(Target ARUUID<>0) then TargetARUUID=Target ARUUID else TargetARUUID=NULL SlotNumber=0 SubslotNumber=0 Index=0xE002

MAP_READ_RPD_REQ	AREP=AREP
	SeqNumber=Seq Number
	Length=Length
	if((!API&&!Slot&&!Subslot) then
	API=0
	if(Target ARUUID<>0) then TargetARUUID=Target ARUUID else TargetARUUID=NULL
	slotNumber=0
	subslotNumber=0
	Index=0xE02A
	else if((API&&Slot&&!Subslot) then
	API=API
	if(Target ARUUID<>0) then TargetARUUID=Target ARUUID else TargetARUUID=NULL
	slotNumber=Slot Number
	subslotNumber=0
	Index=0xC02A
	else if((API&&Slot&&Subslot) then
	API=API
	if(Target ARUUID<>0) then TargetARUUID=Target ARUUID else TargetARUUID=NULL
	slotNumber=Slot Number
	subslotNumber=Subslot Number
	Index=0x802A

表 483（续）

名　称	功　能

MAP_READ_EPD_REQ	AREP=AREP
	SeqNumber=Seq Number
	Length=Length
	if((！API&&！Slot&&！Subslot) then
	API=0
	if(Target ARUUID<>0) then TargetARUUID=Target ARUUID else
	TargetARUUID=NULL
	slotNumber=0
	subslotNumber=0
	Index=0xE02B
	else if((API&& Slot&&！Subslot) then
	API=API
	if(Target ARUUID<>0) then TargetARUUID=Target ARUUID else
	TargetARUUID=NULL
	slotNumber=Slot Number
	subslotNumber=0
	Index=0xC02B
	else if((API&& Slot&& Subslot) then
	API=API
	if(Target ARUUID<>0) then TargetARUUID=Target ARUUID else
	TargetARUUID=NULL
	slotNumber=Slot Number
	subslotNumber=Subslot Number
	Index=0x802B

MAP_READ_APD_REQ	AREP=AREP
	SeqNumber=Seq Number
	Length=Length
	if((！API&&！Slot&&！Subslot) then
	API=0
	if(Target ARUUID<>0) then TargetARUUID=Target ARUUID else
	TargetARUUID=NULL
	slotNumber=0
	subslotNumber=0
	Index=0xE02F
	else if((API&& Slot&&！Subslot) then
	API=API
	if(Target ARUUID<>0) then TargetARUUID=Target ARUUID else
	TargetARUUID=NULL
	slotNumber=Slot Number
	subslotNumber=0
	Index=0xC02F
	else if((API&& Slot&& Subslot) then

表 483（续）

名　称	功　能
MAP_READ_APD_REQ	API=API if(Target ARUUID<>0) then TargetARUUID=Target ARUUID else TargetARUUID=NULL slotNumber=Slot Number subslotNumber=Subslot Number Index=0x802F

MAP_READ_IRD_REQ	AREP=AREP
	SeqNumber=Seq Number
	Length=Length
	if((! API&& ! Slot&& ! Subslot) then
	API=0
	if(Target ARUUID<>0) then TargetARUUID=Target ARUUID else TargetARUUID=NULL
	slotNumber=0
	subslotNumber=0
	Index=0xE02C
	else if((API&& Slot&& ! Subslot) then
	API=API
	if(Target ARUUID<>0) then TargetARUUID=Target ARUUID else TargetARUUID=NULL
	slotNumber=Slot Number
	subslotNumber=0
	Index=0xC02C
	else if((API&& Slot&& Subslot) then
	API=API
	if(Target ARUUID<>0) then TargetARUUID=Target ARUUID else TargetARUUID=NULL
	slotNumber=Slot Number
	subslotNumber=Subslot Number
	Index=0x802C

MAP_READ_RSYNC_REQ	AREP=AREP
	SeqNumber=Seq Number
	Length=Length
	if((! API&& ! Slot&& ! Subslot) then
	API=0
	if(Target ARUUID<>0) then TargetARUUID=Target ARUUID else TargetARUUID=NULL
	slotNumber=0
	subslotNumber=0
	Index=0xE02D
	else if((API&& Slot&& ! Subslot) then
	API=API

表 483（续）

名　称	功　能
MAP_READ_RSYNC_REQ	if(Target ARUUID<>0) then TargetARUUID=Target ARUUID else TargetARUUID=NULL slotNumber=Slot Number subslotNumber=0 Index=0xC02D else if((API&& Slot&& Subslot) then API=API if(Target ARUUID<>0) then TargetARUUID=Target ARUUID else TargetARUUID=NULL slotNumber=Slot Number subslotNumber=Subslot Number Index=0x802D

MAP_READ_ESYNC_REQ	AREP=AREP
	SeqNumber=Seq Number
	Length=Length
	if((! API&& ! Slot&& ! Subslot) then
	API=0
	if(Target ARUUID<>0) then TargetARUUID=Target ARUUID else TargetARUUID=NULL
	slotNumber=0
	subslotNumber=0
	Index=0xE02E
	else if((API&& Slot&& ! Subslot) then
	API=API
	if(Target ARUUID<>0) then TargetARUUID=Target ARUUID else TargetARUUID=NULL
	slotNumber=Slot Number
	subslotNumber=0
	Index=0xC02E
	else if((API&& Slot&& Subslot) then
	API=API
	if(Target ARUUID<>0) then TargetARUUID=Target ARUUID else TargetARUUID=NULL
	slotNumber=Slot Number
	subslotNumber=Subslot Number
	Index=0x802E

MAP_READ_PDEV_REQ	AREP=AREP SeqNumber=Seq Number Length=Length API=0 TargetARUUID=NULL SlotNumber=0 SubslotNumber=0 Index=0xF831

表 483（续）

名称	功能
MAP_READ_ARD_REQ	AREP＝AREP SeqNumber＝Seq Number Length＝Length API＝0 TargetARUUID＝NULL SlotNumber＝0 SubslotNumber＝0 Index＝0xF820
MAP_READ_ISOM_REQ	AREP＝AREP SeqNumber＝Seq Number Length＝Length API＝API TargetARUUID＝TargetARUUID SlotNumber＝Slot Number SubslotNumber＝Subslot Number Index＝0x8030
MAP_WRITE_REQ	AREP＝AREP API SlotNumber＝Slot Number SubslotNumber＝Subslot Number Index＝Index Multiple＝ Multiple SeqNumber＝Seq Number Length＝Length Data＝Data

MAP_WRITE_EPD_REQ	AREP＝AREP
	Multiple＝ Multiple
	TargetARUUID＝NULL
	SeqNumber＝Seq Number
	Length＝Length
	Data＝{Expected List of Ports}
	if((！ API&& ！ Slot&& ！ Subslot) then
	  API＝0
	slotNumber＝0
	subslotNumber＝0
	  Index＝0xE02A
	  else if((API&& Slot&& ！ Subslot) then
	    API＝API
	    slotNumber＝Slot Number
	    subslotNumber＝0
	    Index＝0xC02A
	  else if((API&& Slot&& Subslot) then
	    API＝API
	    slotNumber＝Slot Number
	    subslotNumber＝Subslot Number
	    Index＝0x802A

表 483（续）

名 称	功 能
MAP_WRITE_APD_REQ	AREP=AREP Multiple= Multiple TargetARUUID=NULL SeqNumber=Seq Number Length=Length Data={Expected List of Ports} if((! API&& ! Slot&& ! Subslot) then API=0 slotNumber=0 subslotNumber=0 Index=0xE02F else if((API&& Slot&& ! Subslot) then API=API slotNumber=Slot Number subslotNumber=0 Index=0xC02F else if((API&& Slot&& Subslot) then API=API slotNumber=Slot Number subslotNumber=Subslot Number Index=0x802F
MAP_WRITE_IRD_REQ	AREP=AREP Multiple TargetARUUID=NULL SeqNumber=Seq Number Length=Length Data={IR Data} if((! API&& ! Slot&& ! Subslot) then API=0 slotNumber=0 subslotNumber=0 Index=0xE02C else if((API&& Slot&& ! Subslot) then API=API slotNumber=Slot Number subslotNumber=0 Index=0xC02C else if((API&& Slot&& Subslot) then API=API slotNumber=Slot Number subslotNumber=Subslot Number Index=0x802C

表 483（续）

名 称	功 能
MAP_WRITE_ESYNC_REQ	AREP=AREP Multiple= Multiple TargetARUUID=NULL SeqNumber=Seq Number Length=Length Data={Sync Data} if((! API&& ! Slot&& ! Subslot) then API=0 slotNumber=0 subslotNumber=0 Index=0xE02E else if((API&& Slot&& ! Subslot) then API=API slotNumber=Slot Number subslotNumber=0 Index=0xC02E else if((API&& Slot&& Subslot) then API=API slotNumber=Slot Number subslotNumber=Subslot Number Index=0x802E
MAP_WRITE_ISOM_REQ	AREP=AREP Multiple= Multiple TargetARUUID=Target ARUUID SeqNumber=Seq Number Length=Length Data=IsoM Data API=API SlotNumber=Slot Number SubslotNumber=Subslot Number Index=0x8030
MAP_CON_REQ	AREP=AREP ARBlockReq=AR Parameter Block ListOfIOCRBlockReq=List of IO CR Parameter Blocks AlarmCRBlockReq=Alarm CR Parameter Block ListOfExpectedSubmoduleBlockReq=List of Expectedsubmodule Blocks PrmCount ListOfWriteBlockReq Parameterserver Block Multicast CR Block
MAP_REL_REQ	AREP=AREP ReleaseBlock.SessionKey=SessionKey

表 483（续）

名 称	功 能
MAP_AREADY_RES＋	AREP＝AREP ControlBlockConnect.SessionKey＝Session Key^（ControlBlockPlug.SessionKey＝Session Key， ControlBlockPlug.AlarmSequenceNumber＝AlarmSequence Number）
MAP_AREADY_RES－	AREP＝AREP Error Decode Error Code 1 Error Code 2
MAP_EOP_REQ	AREP＝AREP ControlBlockConnect.SessionKey＝Session Key^（ControlBlockPlug.SessionKey＝Session Key， ControlBlockPlug.AlarmSequenceNumber＝AlarmSequence Number）
MAP_GIN_REQ	CREP＝CREP
MAP_GOUTIOCS_REQ	CREP＝CREP
MAP_SAS_REQ	CREP＝AREP.CREP D_Status＝{DataValid Flag，ARstate Flag，ProviderState Flag， Problemindicator Flag}
MAP_SINIOCS_REQ	CREP＝CREP Data＝IOCS
MAP_SOUT_REQ	CREP＝CREP Data＝{IOPS，Subslot Output Data}
MAP_AN_REQ	CREP＝AREP.CREP API Alarm Priority Alarm_Type＝Alarm Type Slot_Number＝Slot Number Subslot_Number＝Subslot Number Alarm_Specifier＝Alarmspecifier Module_Ident_Number＝ Module Ident Number Submodule_Ident_Number＝Submodule Ident Number Alarm_User_Data_Structure_Identifier＝Userstructure Identifier Alarm_User_Data＝Userstructure Identifier.User Data
MAP_AACK_REQ	CREP＝AREP.CREP API Alarm_Type＝Alarm Type Slot_Number＝Slot Number Subslot_Number＝Subslot Number Alarm_Specifier＝Alarmspecifier Sequence_Number PNIO_Status

表 484 列出了为 FSPMCTL 定义的函数,它们由 FSPMCTL 发出的服务原语使用。

表 484　FSPMDEV 到 AP-Context(FAL 用户)所使用的函数

名　称	功　能
MAP_READ_CNF+	if(ServiceReqWasRead(AREP,Seq Number)=TRUE) then AREP=AREP Seq Number=Seq Number Add Data 1=AddData1 Add Data 2=AddData2 Length=Length Data=Data
MAP_READ_CNF−	if(ServiceReqWasRead(AREP,Seq Number)=TRUE) then AREP=AREP Seq Number=Seq Number Error Decode=ErrorDecode Error Code 1= ErrorCode1 Error Code 2=ErrorCode2 Add Data 1=AddData1 Add Data 2=AddData2
MAP_READ_INPD_CNF+	if(ServiceReqWasReadInput(AREP,Seq Number)=TRUE) then AREP=AREP Seq Number=Seq Number Length=Length Length Data=Data.LengthData Length IOCS=Data.LengthIOCS Length IOPS=Data.LengthIOPS IOCS=Data.IOCS IOPS=Data.IOPS subslot Input Data=Data.DataObjectElement
MAP_READ_INPD_CNF−	if(ServiceReqWasReadInput(AREP,Seq Number)=TRUE) then AREP=AREP Seq Number=Seq Number Error Decode=ErrorDecode Error Code 1= ErrorCode1 Error Code 2=ErrorCode2 Add Data 1=AddData1 Add Data 2=AddData2

表 484（续）

名 称	功 能
MAP _ READ _ OUTPD _ CNF+	if(ServiceReqWasReadOutput(AREP,Seq Number)=TRUE) then AREP=AREP Seq Number=Seq Number Length=Length Length Data=Data.RecordOutputDataObjectElement.LengthData Length IOCS=Data.RecordOutputDataObjectElement.LengthIOCS Length IOPS=Data.RecordOutputDataObjectElement.LengthIOPS IOCS=Data.RecordOutputDataObjectElement.IOCS IOPS=Data.RecordOutputDataObjectElement.IOPS Output Data=Data.RecordOutputDataObjectElement.Data substitutemode=Data.RecordOutputDataObjectElement.SubstituteMode substitute Active Flag=Data.RecordOutputDataObjectElement.SubstituteActiveFlag Outputsubstitute Data=Data.RecordOutputDataObjectElement.DataItem
MAP _ READ _ OUTPD _ CNF−	if(ServiceReqWasReadOutput(AREP,Seq Number)=TRUE) then AREP=AREP Seq Number=Seq Number Error Decode=ErrorDecode Error Code 1= ErrorCode1 Error Code 2=ErrorCode2 Add Data 1=AddData1 Add Data 2=AddData2
MAP_READ_LOG_CNF+	if(ServiceReqWasReadLogbook(AREP,Seq Number)=TRUE) then AREP=AREP Seq Number=Seq Number Length=Length Current Local Timestamp=Data.ActualLocalTimeStamp Number of Log Entries=Data.NumberOfLogEntries List of Entries Local Timestamp=Data.LocalTimeStamp AR UUID=Data.ARUUID PNIOStatus=Data.PNIOStatus Entry Detail=Data.EntryDetail
MAP_READ_LOG_CNF−	if(ServiceReqWasReadLogbook(AREP,Seq Number)=TRUE) then AREP=AREP Seq Number=Seq Number Error Decode=ErrorDecode Error Code 1= ErrorCode1 Error Code 2=ErrorCode2 Add Data 1=AddData1 Add Data 2=AddData2

表 484（续）

名称	功能
MAP_READ_DIAG_CNF+	if(ServiceReqWasReadDeviceDiagnosis(AREP,Seq Number)=TRUE) then AREP=AREP Seq Number=Seq Number Length=Length List of Diagnosis Data=Data
MAP_READ_DIAG_CNF−	if(ServiceReqWasReadDeviceDiagnosis(AREP,Seq Number)=TRUE) then AREP=AREP Seq Number=Seq Number Error Decode=ErrorDecode Error Code 1= ErrorCode1 Error Code 2=ErrorCode2 Add Data 1=AddData1 Add Data 2=AddData2
MAP_READ_EID_CNF+	if(ServiceReqWasReadExpectedIdentification(AREP,Seq Number)=TRUE) then AREP=AREP Seq Number=Seq Number Length=Length List ofslots=Data
MAP_READ_EID_CNF−	if(ServiceReqWasReadExpectedIdentification(AREP,Seq Number)=TRUE) then AREP=AREP Seq Number=Seq Number Error Decode=ErrorDecode Error Code 1= ErrorCode1 Error Code 2=ErrorCode2 Add Data 1=AddData1 Add Data 2=AddData2
MAP_READ_RID_CNF+	if(ServiceReqWasReadExpectedIdentification(AREP,Seq Number)=TRUE) then AREP=AREP Seq Number=Seq Number Length=Length List ofslots=Data
MAP_READ_RID_CNF−	if(ServiceReqWasReadRealIdentification(AREP,Seq Number)=TRUE) then AREP=AREP Seq Number=Seq Number Error Decode=ErrorDecode Error Code 1= ErrorCode1 Error Code 2=ErrorCode2 Add Data 1=AddData1 Add Data 2=AddData2

表 484（续）

名称	功能
MAP_READ_IDDIFF_CNF＋	if(ServiceReqWasReadIdentificationDifference(AREP,Seq Number)＝TRUE) then AREP＝AREP Seq Number＝Seq Number Length＝Length List ofslots＝Data
MAP_READ_IDDIFF_CNF－	if(ServiceReqWasReadIdentificationDifference(AREP,Seq Number)＝TRUE) then AREP＝AREP Seq Number＝Seq Number Error Decode＝ErrorDecode Error Code 1＝ ErrorCode1 Error Code 2＝ErrorCode2 Add Data 1＝AddData1 Add Data 2＝AddData2
MAP_READ_RPD_CNF＋	if(ServiceReqWasReadRealPortData(AREP,Seq Number)＝TRUE) then AREP＝AREP Seq Number＝Seq number Length＝Length Real List of Ports＝Data
MAP_READ_RPD_CNF－	if(ServiceReqWasReadRealPortData(AREP,Seq Number)＝TRUE) then AREP＝AREP Seq Number＝Seq Number Error Decode＝ErrorDecode Error Code 1＝ ErrorCode1 Error Code 2＝ErrorCode2 Add Data 1＝AddData1 Add Data 2＝AddData2
MAP_READ_EPD_CNF＋	if(ServiceReqWasReadExpectedPortData(AREP,Seq Number)＝TRUE) then AREP＝AREP Seq Number＝Seq number Length＝Length Expected List of Ports
MAP_READ_EPD_CNF－	if(ServiceReqWasReadExpectedPortData(AREP,Seq Number)＝TRUE) then AREP＝AREP Seq Number＝Seq Number Error Decode＝ErrorDecode Error Code 1＝ ErrorCode1 Error Code 2＝ErrorCode2 Add Data 1＝AddData1 Add Data 2＝AddData2

表 484（续）

名 称	功 能
MAP_READ_APD_CNF+	if(ServiceReqWasReadExpectedPortData(AREP,Seq Number)=TRUE) then AREP=AREP Seq Number=Seq number Length=Length Adjusted List of Ports
MAP_READ_APD_CNF−	if(ServiceReqWasReadExpectedPortData(AREP,Seq Number)=TRUE) then AREP=AREP Seq Number=Seq Number Error Decode=ErrorDecode Error Code 1= ErrorCode1 Error Code 2=ErrorCode2 Add Data 1=AddData1 Add Data 2=AddData2
MAP_READ_IRD_CNF+	if(ServiceReqWasReadIRData(AREP,Seq Number)=TRUE) then AREP=AREP Seq Number=Seq number Length=Length IR Data=Data
MAP_READ_IRD_CNF−	if(ServiceReqWasReadIRData(AREP,Seq Number)=TRUE) then AREP=AREP Seq Number=Seq Number Error Decode=ErrorDecode Error Code 1= ErrorCode1 Error Code 2=ErrorCode2 Add Data 1=AddData1 Add Data 2=AddData2
MAP_READ_RSYNC_CNF+	if(ServiceReqWasReadRealSyncData(AREP,Seq Number)=TRUE) then AREP=AREP Seq Number=Seq number Length=Length sync Data=Data
MAP_READ_RSYNC_CNF−	if(ServiceReqWasReadRealSyncData(AREP,Seq Number)=TRUE) then AREP=AREP Seq Number=Seq Number Error Decode=ErrorDecode Error Code 1= ErrorCode1 Error Code 2=ErrorCode2 Add Data 1=AddData1 Add Data 2=AddData2

表 484（续）

名　称	功　能
MAP_READ_ESYNC_CNF+	if(ServiceReqWasReadExpectedSyncData(AREP,Seq Number)=TRUE) then AREP=AREP Seq Number=Seq number Length=Length sync Data=Data
MAP_READ_ESYNC_CNF−	if(ServiceReqWasReadExpectedSyncData(AREP,Seq Number)=TRUE) then AREP=AREP Seq Number=Seq Number Error Decode=ErrorDecode Error Code 1= ErrorCode1 Error Code 2=ErrorCode2 Add Data 1=AddData1 Add Data 2=AddData2
MAP_READ_PDEV_CNF+	if(ServiceReqWasReadPDevData(AREP,Seq Number)=TRUE) then AREP=AREP Seq Number=Seq Number Length=Length Real Port Data=Data.PDPortData IR Data=Data.PDIRData Realsync Data=Data.PDSyncData
MAP_READ_PDEV_CNF−	if(ServiceReqWasReadPDevData(AREP,Seq Number)=TRUE) then AREP=AREP Seq Number=Seq Number Error Decode=ErrorDecode Error Code 1= ErrorCode1 Error Code 2=ErrorCode2 Add Data 1=AddData1 Add Data 2=AddData2
MAP_READ_ARD_CNF+	if(ServiceReqWasReadARData(AREP,Seq Number)=TRUE) then AREP=AREP Seq Number=Seq Number Length=Length AR Data=Data
MAP_READ_ARD_CNF−	if(ServiceReqWasReadARData(AREP,Seq Number)=TRUE) then AREP=AREP Seq Number=Seq Number Error Decode=ErrorDecode Error Code 1= ErrorCode1 Error Code 2=ErrorCode2 Add Data 1=AddData1 Add Data 2=AddData2

表 484（续）

名　称	功　能
MAP_READ_ISOM_CNF＋	if(ServiceReqWasReadIsoMData(AREP,Seq Number)＝TRUE) then AREP＝AREP Seq Number＝Seq Number Length＝Length IsoM Data＝Data
MAP_READ_ISOM_CNF－	if(ServiceReqWasReadIsoMData(AREP,Seq Number)＝TRUE) then AREP＝AREP Seq Number＝Seq Number Error Decode＝ErrorDecode Error Code 1＝ ErrorCode1 Error Code 2＝ErrorCode2 Add Data 1＝AddData1 Add Data 2＝AddData2
MAP_WRITE_CNF＋	if(ServiceReqWasWrite(AREP,Seq Number)＝TRUE) then AREP＝AREP multiple Seq Number＝SeqNumber Add Data 1＝AddData1 Add Data 2＝AddData2
MAP_WRITE_CNF－	if(ServiceReqWasWrite(AREP,Seq Number)＝TRUE) then AREP＝AREP multiple Seq Number Error Decode＝ErrorDecode Error Code 1＝ErrorCode1 Error Code 2＝ErrorCode2 Add Data 1＝AddData1 Add Data 2＝AddData2
MAP_WRITE_EPD_CNF＋	if(ServiceReqWasWriteExpectedPortData(AREP,Seq Number)＝TRUE) then AREP＝AREP multiple＝ Multiple Seq Number＝SeqNumber
MAP_WRITE_EPD_CNF－	if(ServiceReqWasWriteExpectedPortData(AREP,Seq Number)＝TRUE) then AREP＝AREP multiple Seq Number Error Decode＝ErrorDecode Error Code 1＝ErrorCode1 Error Code 2＝ErrorCode2 Add Data 1＝AddData1 Add Data 2＝AddData2

表 484（续）

名　称	功　能
MAP_WRITE_APD_CNF+	if(ServiceReqWasWriteExpectedPortData(AREP,Seq Number)=TRUE) then 　AREP=AREP multiple= Multiple Seq Number=SeqNumber
MAP_WRITE_APD_CNF−	if(ServiceReqWasWriteExpectedPortData(AREP,Seq Number)=TRUE) then 　AREP=AREP multiple Seq Number 　Error Decode=ErrorDecode 　Error Code 1=ErrorCode1 　Error Code 2=ErrorCode2 　Add Data 1=AddData1 　Add Data 2=AddData2
MAP_WRITE_IRD_CNF+	if(ServiceReqWasWriteIRData(AREP,Seq Number)=TRUE) then 　AREP=AREP multiple Seq Number=SeqNumber
MAP_WRITE_IRD_CNF−	if(ServiceReqWasWriteIRData(AREP,Seq Number)=TRUE) then 　AREP=AREP multiple Seq Number 　Error Decode=ErrorDecode 　Error Code 1=ErrorCode1 　Error Code 2=ErrorCode2 　Add Data 1=AddData1 　Add Data 2=AddData2
MAP _ WRITE _ ESYNC _ CNF+	if(ServiceReqWasWriteSyncData(AREP,Seq Number)=TRUE) then 　AREP=AREP multiple Seq Number=SeqNumber
MAP _ WRITE _ ESYNC _ CNF−	if(ServiceReqWasWriteSyncData(AREP,Seq Number)=TRUE) then 　AREP=AREP multiple Seq Number 　Error Decode=ErrorDecode 　Error Code 1=ErrorCode1 　Error Code 2=ErrorCode2 　Add Data 1=AddData1 　Add Data 2=AddData2

表 484（续）

名称	功能
MAP_CON_CNF+	AREP=AREP AR Response Block=ARBlockRes List of IO CR Response Blocks=ListOfIOCRBlockRes Alarm CR Response=AlarmCRBlockRes Blockmodule Diff Block= ModuleDiffBlock
MAP_CON_CNF−	AREP=AREP Error Decode=ErrorDecode Error Code 1=ErrorCode1 Error Code 2=ErrorCode2
MAP_REL_CNF+	AREP=AREP Session Key=ReleaseBlock.SessionKey
MAP_REL_CNF−	AREP=AREP Error Decode=ErrorDecode Error Code 1=ErrorCode1 Error Code 2=ErrorCode2
MAP_EOP_CNF+	AREP=AREP Session Key= ControlBlockConnect.SessionKey^ ControlBlockPlug.SessionKey AlarmSequence Number=ControlBlockPlug.AlarmSequenceNumber
MAP_EOP_CNF−	AREP=AREP Error Decode=ErrorDecode Error Code 1=ErrorCode1 Error Code 2=ErrorCode2
MAP_AREADY_IND	AREP=AREP Session Key=ControlBlockPlug.SessionKey^ ControlConnectPlug.SessionKey Module Diff Block= ModulDiffBlock
MAP_INDATA_IND	AREP=CREP.AREP CREP=CREP Slot Number=0 Subslot Number=0 InData Flag=TRUE
MAP_NEWDATA_IND	if Data has been changed AREP=AREP CREP=CREP Slot Number Subslot Number

表 484（续）

名　称	功　能
MAP_NEWSTATUS_IND	if APDUStasus has been changed AREP=CREP.AREP CREP=CREP Data Flag=APDU_Status ARstate Flag=APDU_Status Providerstate Flag=APDU_Status Problem Indicator Flag=APDU_Status
MAP_NODATA_IND	AREP=CREP.AREP CREP=CREP Slot Number=0 Subslot Number=0 Watchdog Flag=TRUE
MAP_GIND_CNF+	AREP=CREP IOPS=Data Subslot Input Data=Data New Flag=New_Flag IOCS=Data
MAP_GIND_CNF−	AREP=CREP.AREP other ignore
MAP_SIN_CNF	AREP=CREP.AREP other ignore
MAP_SAS_CNF	AREP=CREP.AREP other ignore
MAP_IIOCS_CNF	AREP=CREP.AREP other ignore
MAP_AN_IND	AREP=CREP.AREP API Alarm Priority Alarm Type=Alarm_Type Slot Number=Slot_Number Subslot Number=Subslot_Number Alarmspecifier=Alarm_Specifier Module Ident Number= Module_Ident_Number Submodule Ident Number=Submodule_Ident_Number Alarm Item={User_Structure_Identifier,User_Data}
MAP_AA_CNF	AREP=CREP.AREP other ignore

6.6 应用关系协议机

6.6.1 ALPMI

6.6.1.1 原语定义

6.6.1.1.1 在 ALPMI 与 FSPMDEV 或 FSPMCTL 之间交换的原语

表 485 列出了这些服务原语及其相关参数,它们由 IO 控制器的 FSPM(FSPMCTL)或 IO 设备的 FSPM(FSPMDEV)发出并由 ALPMI 来接收。

表 485 由 FSPMDEV 或 FSPMCTL 发给 ALPMI 的原语

原语名称	源	相关参数	功能
Alarm_Notification.req	FSPM	CREP Alarm_Type Slot_Number Subslot_Number Alarm_Specifier Sequence_Number Module_Ident_Number Submodule_Ident_Number Alarm_User_Data_Structure_Identifier Alarm_User_Data	该服务 Alarm_Notification 传送报警数据。

表 486 列出了一些服务原语及其相关参数,它们由 ALPMI 发出并由 IO 控制器的 FSPM(FSPMCTL)或 IO 设备的 FSPM(FSPMDEV)来接收。

表 486 由 ALPMI 发给 FSPMDEV 或 FSPMCTL 的原语

原语名称	源	相关参数	功能
Alarm_Notification.cnf(+)	ALPMI	CREP	此服务原语指示 Alarm_Notification 服务已成功
Alarm_Notification.cnf(−)	ALPMI	CREP ERRCLS ERRCODE	此服务原语指示 Alarm_Notification 服务失败
Alarm_Ack.ind	ALPMI	CREP Alarm_Type Slot_Number Subslot_Number Alarm_Specifier Sequence_Number PNIO_Status	此服务原语指示该报警确认

6.6.1.1.2 在 ALPMI 与 CMDEV 或 CMCTL 之间交换的原语

表 487 列出了一些服务原语及其相关参数,它们由 IO 控制器的 CM(CMCTL)或 IO 设备的 CM(CMDEV)发出并由 ALPMI 来接收。

表 487　由 CMDEV 或 CMCTL 发给 ALPMI 的原语

原语名称	源	相关参数	功　能
Activate.req	CM	CREP DA SA VLAN RTATimeoutFactor MRetry	服务 Activate 初始化 ALPMI 并请求初始化 APMS 和 APMR 协议机
Close.req	CM	CREP	服务 Close 解除初始化 ALPMI 并关闭 APMR 和 APMS 协议机

表 488 列出了一些服务原语及其相关参数，它们由 ALPMI 发出并由 IO 控制器的 CM(CMCTL) 或 IO 设备的 CM(CMDEV)接收的。

表 488　由 ALPMI 发给 CMCTL 或 CMDEV 的原语

原语名称	源	相关参数	功　能
Activate.cnf(+)	ALPMI	CREP	此服务原语指示 Activate 服务已成功
Activate.cnf(−)	ALPMI	CREP ERRCLS ERRCODE	此服务原语指示 Activate 服务失败
Close.cnf(+)	ALPMI	CREP	此服务原语指示 Close 服务已成功
Error.ind	ALPMI	CREP ERRCLS ERRCODE	此服务原语在报警数据传输期间有故障

6.6.1.1.3　在 ALPMI 与 APMR 之间交换的原语

表 489 列出了一些服务原语及其相关参数，它们由 APMR 发出并由 ALPMI 来接收。

表 489　由 APMR 发给 ALPMI 的原语

原语名称	源	相关参数	功　能
APMR_A_Data.ind	APMR	CREP Data	—
APMR_Ack.cnf(−)	APMR	CREP ERRCLS ERRCODE	—

表 489（续）

原语名称	源	相关参数	功　能
APMR_Ack.cnf(+)	APMR	CREP	—
APMR_Activate.cnf(−)	APMR	CREP ERRCLS ERRCODE	—
APMR_Activate.cnf(+)	APMR	CREP	—
APMR_Close.cnf(−)	APMR	CREP ERRCLS ERRCODE	—
APMR_Error.ind	APMR	CREP ERRCLS ERRCODE	—

表 490 列出了一些服务原语及其相关参数，它们由 ALPMI 发出并由 APMR 来接收。

表 490　由 ALPMI 发给 APMR 的原语

原语名称	源	相关参数	功　能
APMR_ACK.req	ALPMI	CREP	—
APMR_Activate.req	ALPMI	CREP DA SA FrameId Prio VLAN	—
APMR_Close.req	ALPMI	CREP	—

6.6.1.1.4　在 ALPMI 与 APMS 之间交换的原语

表 491 列出了一些服务原语及其相关参数，它们由 APMS 发出并由 ALPMI 接收来。

表 491　由 APMS 发给 ALPMI 的原语

原语名称	源	相关参数	功　能
APMS_A_Data.cnf(−)	APMS	CREP ERRCLS ERRCODE	—
APMS_A_Data.cnf(+)	APMS	CREP	—
APMS_Activate.cnf(−)	APMS	CREP ERRCLS ERRCODE	—

表 491（续）

原语名称	源	相关参数	功　能
APMS_Activate.cnf(+)	APMS	CREP	—
APMS_Close.cnf(−)	APMS	CREP ERRCLS ERRCODE	—
APMS_Close.cnf(+)	APMS	CREP	—
APMS_Error.ind	APMS	CREP ERRCLS ERRCODE	—

表 492 列出了一些服务原语及其相关参数，它们由 ALPMI 发出并由 APMS 来接收。

表 492　由 ALPMI 发给 APMS 的原语

原语名称	源	相关参数	功　能
APMS_A_Data.req	ALPMI	CREP Data	
APMS_Activate.req	ALPMI	CREP DA SA FrameId Prio VLAN RTATimeoutFactor MRetry	
APMS_Close.req	ALPMI	CREP ERRCODE	

6.6.1.1.5　ALPMI 原语的参数

在 FAL 服务定义中描述了 ALPMI 与 CMDEV、CMCTL 和 FSPM 之间交换的原语所使用的参数。

6.6.1.2　状态机描述

W-START 状态指示需要进行初始化。为了 APMS 初始化，Activate 服务将该状态机设置在 W-START-APMS 状态，然后为了 APMR 初始化，将该状态机设置在 W-START-APMR 状态。初始化成功后，该状态机处于 A-Alarm 状态以等待 Alarm Notification 请求，然后进入 W-ACK 状态以等待 Alarm Ack。为了在关闭 APMS 和 APMR 协议机后再次进入 W-START 状态，需要一个 Close 服务请求。

6.6.1.3 ALPMI 状态表

表 493 包含 ALPMI 状态机的完整描述。

表 493 ALPMI 状态表

#	当前状态	事件/条件 =〉动作	下一状态
1	POWER-ON	 =〉 CREP.APMS:=create(APMS) CREP.APMR:=create(APMR)	W-START
2	W-START	**ALPMI_Activate.req(CREP,DA,SA,VLAN,RTATimeoutFactor,MRetry)** /CREP.Priority=Low =〉 FrameId:=0xFE01 Prio:=5 APMS_Activate.req(CREP.APMS,DA,SA,FrameId,Prio,VLAN,RTATimeoutFactor,MRetry)	W-START-APMS
3	W-START	**ALPMI_Activate.req(CREP,DA,SA,VLAN,RTATimeoutFactor,MRetry)** /CREP.Priority=High =〉 FrameId:=0xFC01 Prio:=6 APMS_Activate.req(CREP.APMS,DA,SA,FrameId,Prio,VLAN,RTATimeoutFactor,MRetry)	W-START-APMS
4	W-START	**ALPMI_Close.req(CREP)** =〉 ALPMI_Close.cnf(+)(CREP)	W-START
5	W-START	**APMS_A_Data.cnf(+)(CREP)** =〉 ignore	W-START
6	W-START	**APMS_A_Data.cnf(−)(CREP,ERRCLS,ERRCODE)** =〉 ALPMI_Error.ind(CREP,ERRCLS,ERRCODE)	W-START
7	W-START	**ALPMI_Alarm_Notification.req(CREP,Alarm_Type,slot_Number,subslot_Number,Alarm_Specifier,Sequence_Number,module_Ident_Number,submodule_Ident_Number,Alarm_User_Data_Structure_Identifier,Alarm_User_Data)** =〉 ALPMI_Alarm_Notification.cnf(−)(CREP)	W-START

表 493（续）

#	当前状态	事件/条件 =〉动作	下一状态
8	W-START	**APMR_A_Data.ind(CREP.APMR,Data)** =〉 ignore	W-START
9	W-START	**APMR_Error.ind(CREP.APMR,ERRCLS,ERRCODE)** =〉 ALPMI_Error.ind(CREP,ERRCLS,ERRCODE)	W-START
10	W-START	**APMS_Error.ind(CREP.APMS,ERRCLS,ERRCODE)** =〉 ALPMI_Error.ind(CREP,ERRCLS,ERRCODE)	W-START
11	W-START-APMS	**APMS_Activate.cnf(+)(CREP.APMS)** =〉 APMR_Activate.req(CREP.APMR,DA,SA,FrameId,Prio,VLAN)	W-START-APMR
12	W-START-APMS	**APMS_Activate.cnf(−)(CREP.APMS,ERRCLS,ERRCODE)** =〉 ALPMI_Activate.cnf(−)(CREP,ERRCLS,ERRCODE)	W-START
13	W-START-APMR	**APMR_Activate.cnf(+)(CREP.APMR)** =〉 ALPMI_Activate.cnf(+)(CREP)	W-Alarm
14	W-START-APMR	**APMR_Activate.cnf(−)(CREP.APMR,ERRCLS,ERRCODE)** =〉 ALPMI_Activate.cnf(−)(CREP,ERRCLS,ERRCODE)	W-START
15	W-Alarm	**ALPMI_Activate.req(CREP,DA,SA,VLAN,RTATimeoutFactor,MRetry)** =〉 ERRCLS:=PROTOCOL ERRCODE:=WRONG-STATE ALPMI_Activate.cnf(−)(CREP,ERRCLS,ERRCODE)	W-Alarm
16	W-Alarm	**ALPMI_Alarm_Notification.req(CREP,Alarm_Type,slot_Number,subslot_Number,Alarm_Specifier,Sequence_Number,module_Ident_Number,submodule_Ident_Number,Alarm_User_Data_Structure_Identifier,Alarm_User_Data)** =〉 Data:=Alarm Notification PDU APMS_A_Data.req(CREP.APMS,Data)	W-ACK
17	W-Alarm	**ALPMI_Close.req(CREP)** =〉 APMR_Close.req(CREP.APMR)	W-CLOSE-APMR

表 493（续）

#	当前状态	事件/条件 =〉动作	下一状态
18	W-Alarm	**APMS_A_Data.cnf(＋)(CREP)** =〉 ignore	W-Alarm
19	W-Alarm	**APMS_A_Data.cnf(－)(CREP,ERRCLS,ERRCODE)** =〉 ALPMI_Error.ind(CREP,ERRCLS,ERRCODE)	W-Alarm
20	W-Alarm	**APMR_A_Data.ind(CREP.APMR,Data)** =〉 ignore	W-Alarm
21	W-Alarm	**APMR_Error.ind(CREP.APMR,ERRCLS,ERRCODE)** =〉 ALPMI_Error.ind(CREP,ERRCLS,ERRCODE)	W-Alarm
22	W-Alarm	**APMS_Error.ind(CREP.APMS,ERRCLS,ERRCODE)** =〉 ALPMI_Error.ind(CREP,ERRCLS,ERRCODE)	W-Alarm
23	W-ACK	**ALPMI_Activate.req(CREP,DA,SA,VLAN,RTATimeoutFactor,MRetry)** =〉 ERRCLS:=PROTOCOL ERRCODE:=WRONG-STATE ALPMI_Activate.cnf(－)(CREP,ERRCLS,ERRCODE)	W-ACK
24	W-ACK	**ALPMI_Alarm_Notification.req(CREP,Alarm_Type,slot_Number,subslot_Number,Alarm_Specifier,Sequence_Number,module_Ident_Number,submodule_Ident_Number,Alarm_User_Data_Structure_Identifier,Alarm_User_Data)** =〉 ALPMI_Alarm_Notification.cnf(－)(CREP)	W-ACK
25	W-ACK	**ALPMI_Close.req(CREP)** =〉 APMR_Close.req(CREP.APMR)	W-CLOSE-APMR
26	W-ACK	**APMS_A_Data.cnf(＋)(CREP)** =〉 ignore	W-ACK
27	W-ACK	**APMS_A_Data.cnf(－)(CREP,ERRCLS,ERRCODE)** =〉 ALPMI_Error.ind(CREP,ERRCLS,ERRCODE)	W-ACK

表 493（续）

#	当前状态	事件/条件 =〉动作	下一状态
28	W-ACK	**APMR_A_Data.ind(CREP.APMR,Data)** /Data=Alarm-Ack-PDU =〉 ERRCLS:=PROTOCOL ERRCODE:=WRONG−ACK−PDU APMR_ACK.req(CREP.APMR) ALPMI_Error.ind(CREP,ERRCLS,ERRCODE)	W-AACK
29	W-ACK	**APMR_A_Data.ind(CREP.APMR,Data)** /Data=Alarm-Ack-PDU =〉 APMR_ACK.req(CREP.APMR) ALPMI_Alarm_Notification.cnf(+)(CREP) ALPMI_Alarm_Ack.ind(CREP,Alarm_Type,slot_Number,subslot_Number,Alarm_Specifier,Sequence_Number,PNIO_Status)	W-AACK
30	W-ACK	**APMR_Error.ind(CREP.APMR,ERRCLS,ERRCODE)** =〉 ALPMI_Error.ind(CREP,ERRCLS,ERRCODE)	W-Alarm
31	W-ACK	**APMS_Error.ind(CREP.APMS,ERRCLS,ERRCODE)** =〉 ALPMI_Error.ind(CREP,ERRCLS,ERRCODE)	W-Alarm
32	W-AACK	**APMR_Ack.cnf(+)(CREP.APMR)** =〉	W-Alarm
33	W-AACK	**APMR_Ack.cnf(−)(CREP.APMR,ERRCLS,ERRCODE)** =〉 ALPMI_Error.ind(CREP,ERRCLS,ERRCODE)	W-Alarm
34	W-CLOSE-APMR	**APMR_Close.cnf(+)(CREP.APMR)** =〉 APMS_Close.req(CREP.APMS)	W-CLOSE-APMS
35	W-CLOSE-APMR	**APMR_Close.cnf(−)(CREP.APMR,ERRCLS,ERRCODE)** =〉 APMS_Close.req(CREP.APMS,ERRCODE) ALPMI_Error.ind(CREP,ERRCLS,ERRCODE)	W-CLOSE-APMS
36	W-CLOSE-APMS	**APMS_Close.cnf(+)(CREP.APMS)** =〉 ALPMI_Close.cnf(+)(CREP)	W-START
37	W-CLOSE-APMS	**APMS_Close.cnf(−)(CREP.APMS,ERRCLS,ERRCODE)** =〉 ALPMI_Close.cnf(+)(CREP) ALPMI_Error.ind(CREP,ERRCLS,ERRCODE)	W-START

6.6.1.4 函数

ALPMI 未定义函数。

6.6.2 ALPMR

6.6.2.1 原语定义

6.6.2.1.1 在 ALPMR 与 FSPMDEV 或 FSPMCTL 之间交换的原语

表 494 列出了这些服务原语及其相关参数，它们由 IO 控制器的 FSPM(FSPMCTL)或 IO 设备的 FSPM(FSPMDEV)发出并由 ALPMR 来接收。

表 494 由 FSPMDEV 或 FSPMCTL 发给 ALPMR 的原语

原语名称	源	相关参数	功 能
Alarm_Ack.req	FSPM	CREP，Alarm_Type，slot_Number，subslot_Number，Alarm_Specifier，Sequence_Number，PNIO_Status	服务 Alarm_Ack 传送报警确认

表 495 列出了一些服务原语及其相关参数，它们由 ALPMR 发出并由 IO 控制器的 FSPM(FSPMCTL)或 IO 设备的 FSPM(FSPMDEV)来接收。

表 495 由 ALPMR 发给 FSPMDEV 或 FSPMCTL 的原语

原语名称	源	相关参数	功 能
Alarm_Ack.cnf(+)	ALPMR	CREP	此服务原语指示 Alarm_Ack 服务已成功
Alarm_Ack.cnf(−)	ALPMR	CREP ERRCLS ERRCODE	此服务原语指示 Alarm_Ack 服务失败
Alarm_Notification.ind	ALPMR	CREP Alarm_Type Slot_Number Subslot_Number Alarm_Specifier Sequence_Number Module_Ident_Number Submodule_Ident_Number User_Structure_Identifier User_Data	服务 Alarm_Notification 指示报警数据

6.6.2.1.2 在 ALPMR 与 CMDEV 或 CMCTL 之间交换的原语

表 496 列出了一些服务原语及其相关参数，它们由 IO 控制器的 CM(CMCTL)或 IO 设备的 CM

(CMDEV)发出并由 ALPMR 来接收。

表 496　由 CMDEV 或 CMCTL 发给 ALPMR 的原语

原语名称	源	相关参数	功　能
Activate.req	CM	CREP DA SA VLAN RTATimeoutFactor MRetry	服务 Activate 初始化 ALPMR，并请求初始化 APMS 和 APMR 协议机
Close.req	CM	CREP	服务 Close 解除初始化 ALPMI，并关闭 APMR 和 APMS 协议机

表 497 列出了一些服务原语及其相关参数，它们由 ALPMR 发出并由 IO 控制器的 CM(CMCTL) 或 IO 设备的 CM(CMDEV)来接收。

表 497　由 ALPMR 发给 CMCTL 或 CMDEV 的原语

原语名称	源	相关参数	功　能
Activate.cnf(＋)	ALPMR	CREP	此服务原语指示 Activate 服务已成功
Activate.cnf(－)	ALPMR	CREP ERRCLS ERRCODE	此服务原语指示 Activate 服务失败
Close.cnf(＋)	ALPMR	CREP	此服务原语指示 Close 服务已成功
Error.ind	ALPMR	CREP, ERRCLS, ERRCODE	此服务原语指示在报警数据传输期间有故障

6.6.2.1.3　在 ALPMR 与 APMR 之间交换的原语

表 498 列出了一些服务原语及其相关参数，它们由 APMR 发出并由 ALPMR 来接收。

表 498　由 APMR 发给 ALPMR 的原语

原语名称	源	相关参数	功　能
APMR_A_Data.ind	APMR	CREP Data	—
APMR_Ack.cnf(－)	APMR	CREP ERRCLS ERRCODE	—

表 498（续）

原语名称	源	相关参数	功　能
APMR_Ack.cnf(+)	APMR	CREP	—
APMR_Activate.cnf(−)	APMR	CREP ERRCLS ERRCODE	—
APMR_Activate.cnf(+)	APMR	CREP	—
APMR_Close.cnf(−)	APMR	CREP ERRCLS ERRCODE	—
APMR_Error.ind	APMR	CREP ERRCLS ERRCODE	—

表 499 列出了一些服务原语及其相关参数，它们由 ALPMR 发出并由 APMR 来接收。

表 499　由 ALPMR 发给 APMR 的原语

原语名称	源	相关参数	功　能
APMR_ACK.req	ALPMR	CREP	—
APMR_Activate.req	ALPMR	CREP DA SA FrameId Prio VLAN	—
APMR_Close.req	ALPMR	CREP	—

6.6.2.1.4　在 ALPMR 与 APMS 之间交换的原语

表 500 列出了一些服务原语及其相关参数，它们由 APMS 发出并由 ALPMR 来接收。

表 500　由 APMS 发给 ALPMR 的原语

原语名称	源	相关参数	功　能
APMS_A_Data.cnf(−)	APMS	CREP ERRCLS ERRCODE	—
APMS_A_Data.cnf(+)	APMS	CREP	—
APMS_Activate.cnf(−)	APMS	CREP ERRCLS ERRCODE	—

表 500（续）

原语名称	源	相关参数	功　能
APMS_Activate.cnf(+)	APMS	CREP	—
APMS_Close.cnf(—)	APMS	CREP ERRCLS ERRCODE	—
APMS_Close.cnf(+)	APMS	CREP	—
APMS_Error.ind	APMS	CREP ERRCLS ERRCODE	—

表 501 列出了一些服务原语及其相关参数，它们由 ALPMR 发出并由 APMS 来接收。

表 501　由 ALPMR 发给 APMS 的原语

原语名称	源	相关参数	功　能
APMS_A_Data.req	ALPMR	CREP Data	—
APMS_Activate.req	ALPMR	CREP DA SA FrameId Prio VLAN RTATimeoutFactor MRetry	—
APMS_Close.req	ALPMR	CREP ERRCODE	—

6.6.2.1.5　ALPMR 原语的参数

在服务定义中描述了 ALPMR 与 CMDEV、CMCTL 和 FSPM 之间交换的原语所使用的参数。

6.6.2.2　状态机描述

W-START 状态指示需要进行初始化。为了 APMS 初始化，Activate 服务将该状态机设置在 W-START-APMS 状态，然后为了 APMR 初始化，将该状态机设置在 W-START-APMR 状态。初始化成功后，该状态机处于 W-Notify 状态以等待 Alarm Notification PDU，然后进入 Alarm Ack 状态以等待 W-User-Ack。为了在关闭 APMS 和 APMR 协议机后再次进入 W-START 状态，需要一个 Close 服务请求。

6.6.2.3 ALPMR 状态表

表 502 包含 ALPMR 状态机的完整描述。

表 502 ALPMR 状态表

#	当前状态	事件/条件 =〉动作	下一状态
1	POWER-ON	=〉 CREP.APMS:=create(APMS) CREP.APMR:=create(APMR)	W-START
2	W-START	**ALPMR_Activate.req(CREP, DA, SA, VLAN, RTATimeoutFactor, MRetry)** /CREP.Priority=Low =〉 FrameId:=0xFE01 Prio:=5 APMS_Activate.req(CREP.APMS, DA, SA, FrameId, Prio, VLAN, RTATimeoutFactor, MRetry)	W-START-APMS
3	W-START	**ALPMR_Activate.req(CREP, DA, SA, VLAN, RTATimeoutFactor, MRetry)** /CREP.Priority=High =〉 FrameId:=0xFC01 Prio:=6 APMS_Activate.req(CREP.APMS, DA, SA, FrameId, Prio, VLAN, RTATimeoutFactor, MRetry)	W-START-APMS
4	W-START	**ALPMR_Close.req(CREP)** =〉 ALPMR_Close.cnf(+)(CREP)	W-START
5	W-START	**ALPMR_Alarm_Ack.req(CREP, Alarm_Type, slot_Number, subslot_Number, Alarm_Specifier, Sequence_Number, PNIO_Status)** =〉 ERRCLS:=PROTOCOL ERRCODE:=WRONG-STATE ALPMR_Alarm_Ack.cnf(−)(CREP, ERRCLS, ERRCODE)	W-START
6	W-START	**APMR_A_Data.ind(CREP.APMR, Data)** =〉 ignore	W-START
7	W-START	**APMR_Error.ind(CREP.APMR, ERRCLS, ERRCODE)** =〉 ignore	W-START

表 502（续）

#	当前状态	事件/条件 =〉动作	下一状态
8	W-START	**APMS_A_Data.cnf(+)(CREP)** =〉 ignore	W-START
9	W-START	**APMS_A_Data.cnf(−)(CREP,ERRCLS,ERRCODE)** =〉 ignore	W-START
10	W-START	**APMS_Error.ind(CREP.APMS,ERRCLS,ERRCODE)** =〉 ignore	W-START
11	W-START-APMS	**APMS_Activate.cnf(+)(CREP.APMS)** =〉 APMR_Activate.req(CREP.APMR,DA,SA,FrameId,Prio,VLAN)	W-START-APMR
12	W-START-APMS	**APMS_Activate.cnf(−)(CREP.APMS,ERRCLS,ERRCODE)** =〉 ALPMR_Activate.cnf(−)(CREP,ERRCLS,ERRCODE)	W-START
13	W-START-APMR	**APMR_Activate.cnf(+)(CREP.APMR)** =〉 ALPMR_Activate.cnf(+)(CREP)	W-Notify
14	W-START-APMR	**APMR_Activate.cnf(−)(CREP.APMR,ERRCLS,ERRCODE)** =〉 ALPMR_Activate.cnf(−)(CREP,ERRCLS,ERRCODE)	W-START
15	W-Notify	**ALPMR_Activate.req(CREP,DA,SA,VLAN,RTATimeoutFactor,MRetry)** =〉 ERRCLS:=PROTOCOL ERRCODE:=WRONG-STATE ALPMR_Activate.cnf(−)(CREP,ERRCLS,ERRCODE)	W-Notify
16	W-Notify	**ALPMR_Alarm_Ack.req(CREP,Alarm_Type,slot_Number,subslot_Number,Alarm_Specifier,Sequence_Number,PNIO_Status)** =〉 ERRCLS:=PROTOCOL ERRCODE:=WRONG-STATE ALPMR_Alarm_Ack.cnf(−)(CREP,ERRCLS,ERRCODE)	W-Notify
17	W-Notify	**ALPMR_Close.req(CREP)** =〉 ALPMR_Close.req(CREP.APMR)	W-CLOSE-APMR

表 502（续）

#	当前状态	事件/条件 =〉动作	下一状态
18	W-Notify	**APMR_A_Data.ind(CREP.APMR,Data)** /Data ! =Alarm-Notification-PDU =〉 ERRCLS:=PROTOCOL ERRCODE:=WRONG-NOTIFICATION-PDU APMR_ACK.req(CREP.APMR) ALPMR_Error.ind(CREP,ERRCLS,ERRCODE)	W-Notify
19	W-Notify	**APMR_A_Data.ind(CREP.APMR,Data)** /Data=Alarm-Notification-PDU =〉 PDU:=Alarm-Notification-PDU APMR_ACK.req(CREP.APMR)	W-AACK
20	W-Notify	**APMR_Error.ind(CREP.APMR,ERRCLS,ERRCODE)** =〉 ALPMR_Error.ind(CREP,ERRCLS,ERRCODE)	W-Notify
21	W-Notify	**APMS_A_Data.cnf(+)(CREP)** =〉 ignore	W-Notify
22	W-Notify	**APMS_A_Data.cnf(-)(CREP,ERRCLS,ERRCODE)** =〉 ALPMR_Error.ind(CREP,ERRCLS,ERRCODE)	W-Notify
23	W-Notify	**APMS_Error.ind(CREP.APMS,ERRCLS,ERRCODE)** =〉 ALPMR_Error.ind(CREP,ERRCLS,ERRCODE)	W-Notify
24	W-AACK	**APMR_Ack.cnf(+)(CREP.APMR)** =〉 use PDU ALPMR_Alarm_Notification.ind(CREP, Alarm_Type, slot_Number, subslot_Number, Alarm_Specifier, Sequence_Number, module_Ident_Number, submodule_Ident_Number, User_Structure_Identifier, User_Data)	W-User-Ack
25	W-AACK	**APMR_Ack.cnf(−)(CREP.APMR,ERRCLS,ERRCODE)** =〉 ALPMR_Error.ind(CREP,ERRCLS,ERRCODE)	W-Notify
26	W-CLOSE-APMR	**APMR_Close.cnf(+)(CREP.APMR)** =〉 APMS_Close.req(CREP.APMS)	W-CLOSE-APMS

表 502（续）

#	当前状态	事件/条件　=〉动作	下一状态
27	W-CLOSE-APMR	**APMR_Close.cnf(－)(CREP.APMR,ERRCLS,ERRCODE)** =〉 APMS_Close.req(CREP.APMS,ERRCODE) ALPMR_Error.ind(CREP,ERRCLS,ERRCODE)	W-CLOSE-APMS
28	W-CLOSE-APMS	**APMS_Close.cnf(＋)(CREP.APMS)** =〉 ALPMR_Close.cnf(＋)(CREP)	W-START
29	W-CLOSE-APMS	**APMS_Close.cnf(－)(CREP.APMS,ERRCLS,ERRCODE)** =〉 ALPMR_Close.cnf(＋)(CREP) ALPMR_Error.ind(CREP,ERRCLS,ERRCODE)	W-START
30	W-User-Ack	**ALPMR_Activate.req(CREP,DA,SA,VLAN,RTATimeoutFactor,MRetry)** =〉 ERRCLS:=PROTOCOL ERRCODE:=WRONG-STATE ALPMR_Activate.cnf(－)(CREP,ERRCLS,ERRCODE)	W-User-Ack
31	W-User-Ack	**ALPMR_Alarm_Ack.req(CREP,Alarm_Type,slot_Number,subslot_Number,Alarm_Specifier,Sequence_Number,PNIO_Status)** =〉 Data:=Alarm Ack PDU APMS_A_Data.req(CREP.APMS,Data) ALPMR_Alarm_Ack.cnf(CREP)	W-Notify
32	W-User-Ack	**ALPMR_Close.req(CREP)** =〉 APMR_Close.req(CREP.APMR)	W-CLOSE-APMR
33	W-User-Ack	**APMR_A_Data.ind(CREP.APMR,Data)** =〉 ERRCLS=RTA_ERR_CLS_PROTOCOL ERRCODE=AR protocol violation ALPMR_Error.ind(CREP,ERRCLS,ERRCODE) APMR_ACK.req(CREP.APMR)	W-User-Ack
34	W-User-Ack	**APMR_Error.ind(CREP.APMR,ERRCLS,ERRCODE)** =〉 ALPMR_Error.ind(CREP,ERRCLS,ERRCODE)	W-User-Ack

表 502（续）

#	当前状态	事件/条件　=〉动作	下一状态
35	W-User-Ack	**APMS_A_Data.cnf(＋)(CREP)** =〉 ignore	W-User-Ack
36	W-User-Ack	**APMS_A_Data.cnf(－)(CREP,ERRCLS,ERRCODE)** =〉 ALPMR_Error.ind(CREP,ERRCLS,ERRCODE)	W-User-Ack
37	W-User-Ack	**APMS_Error.ind(CREP.APMS,ERRCLS,ERRCODE)** =〉 ALPMR_Error.ind(CREP,ERRCLS,ERRCODE)	W-User-Ack
38	W-AACK	**ALPMR_Activate.req(CREP,DA,SA,VLAN,RTATimeoutFactor,MRetry)** =〉 ERRCLS:=PROTOCOL ERRCODE:=WRONG-STATE ALPMR_Activate.cnf(－)(CREP,ERRCLS,ERRCODE)	W-AACK
39	W-AACK	**ALPMR_Close.req(CREP)** =〉 APMR_Close.req(CREP.APMR)	W-CLOSE-APMR
40	W-AACK	**ALPMR_Alarm_Ack.req(CREP,Alarm_Type,slot_Number,subslot_Number,Alarm_Specifier,Sequence_Number,PNIO_Status)** =〉 ERRCLS:=PROTOCOL ERRCODE:=WRONG-STATE ALPMR_Alarm_Ack.cnf(CREP,ERRCLS,ERRCODE)	W-AACK
41	W-AACK	**APMR_A_Data.ind(CREP.APMR,Data)** =〉 ERRCLS:=RTA_ERR_CLS_PROTOCOL ERRCODE:=AR protocol violation ALPMR_Error.ind(CREP,ERRCLS,ERRCODE) APMR_ACK.req(CREP.APMR)	W-AACK
42	W-AACK	**APMR_Error.ind(CREP.APMR,ERRCLS,ERRCODE)** =〉 ALPMR_Error.ind(CREP,ERRCLS,ERRCODE)	W-AACK
43	W-AACK	**APMS_A_Data.cnf(＋)(CREP)** =〉 ignore	W-AACK

表 502（续）

#	当前状态	事件/条件 =〉动作	下一状态
44	W-AACK	**APMS_A_Data.cnf(－)(CREP,ERRCLS,ERRCODE)** =〉 ALPMR_Error.ind(CREP,ERRCLS,ERRCODE)	W-AACK
45	W-AACK	**APMS_Error.ind(CREP.APMS,ERRCLS,ERRCODE)** =〉 ALPMR_Error.ind(CREP,ERRCLS,ERRCODE)	W-AACK
46	W-User-Ack	**APMR_Ack.cnf(＋)(CREP.APMR)** =〉 ignore	W-User-Ack
47	W-User-Ack	**APMR_Ack.cnf(－)(CREP.APMR,ERRCLS,ERRCODE)** =〉 ALPMR_Error.ind(CREP,ERRCLS,ERRCODE)	W-User-Ack
48	W-Notify	**APMR_Ack.cnf(＋)(CREP.APMR)** =〉 ignore	W-Notify
49	W-Notify	**APMR_Ack.cnf(－)(CREP.APMR,ERRCLS,ERRCODE)** =〉 ALPMR_Error.ind(CREP,ERRCLS,ERRCODE)	W-Notify

6.6.2.4 函数

ALPMR 未定义函数。

6.6.3 NRPM

6.6.3.1 原语定义

6.6.3.1.1 在 NRPM 与 CMCTL 之间交换的原语

表 503 列出了这些服务原语及其相关参数，它们由 CMCTL 发出并由 NRPM 来接收。

表 503 由 CMCTL 发给 NRPM 的原语

原语名称	源	相关参数	功 能
Init.req	CMCTL	Add_resolution StationName Dev_IP_Para DCP_Para	服务 Init 初始化 NRPM，并开始名称解析过程

表 503（续）

原语名称	源	相关参数	功　能
RM_Read.req	CMCTL	AREP API TargetARUUID SlotNumber SubslotNumber Index SeqNumber Length	服务 RM_Read 读数据
RM_Write.req	CMCTL	AREP SlotNumber SubslotNumber Index SeqNumber Length Data	服务 RM_Write 写数据
RM_Connect.req	CMCTL	AREP ARBlockReq ListOfIOCRBlockReq AlarmCRBlockReq ListOfExpectedSubmodul BlockReq	服务 RM_Connect 启动一个连接
RM_Release.req	CMCTL	AREP ControlBlock	服务 RM_Release 终止一个连接
RM_Abort.req	CMCTL	AREP	服务 RM_Abort 终止一个连接
RM_CControl.rsp(＋)	CMCTL	AREP ControlBlock	服务 RM_CControl 对应用就绪作出响应
RM_CControl.rsp(－)	CMCTL	AREP ErrorDecode ErrorCode1 ErrorCode2 AddData1 AddData2	服务 RM_CControl 对应用就绪作出响应
RM_DControl.req	CMCTL	AREP ControlBlock	服务 RM_DControl 发信号通知参数结束
RM_Abort.req	CMCTL	AREP	服务 RM_Abort 终止一个连接

表 504 列出了一些服务原语及其相关参数，它们由 NRPM 发出并由 CMCTL 来接收。

表 504 由 NRPM 发给 CMCTL 的原语

原语名称	源	相关参数	功 能
Init.cnf(+)	NRPM	Dev_MAC_Addr	此服务原语指示 Activate 服务已成功，并传递 IO 设备的 MAC 地址
Init.cnf(−)	NRPM	Err	此服务原语指示地址和名称解析服务失败。参数 Err 包含失败的原因（例如，无设备、多个设备）
CMCTL_Init.req	NRPM	AREP	结合成功的初始化，此服务被用来初始化 CMCTL 内 IO 设备的 AREP
RM_Abort.cnf	NRPM	AREP	此服务原语指示 Abort 服务已成功
RM_CControl.ind	NRPM	AREP ControlBlockConnect	此服务原语指示应用就绪
RM_Connect.cnf(−)	NRPM	AREP ErrorDecode ErrorCode1 ErrorCode2 AddData1 AddData2	此服务原语指示 RM_Connect 服务失败
RM_Connect.cnf(+)	NRPM	AREP ARBlockRes ListOfIOCRBlockRes AlarmCRBlockRes ModuleDiffBlock	此服务原语指示 RM_Connect 服务已成功
RM_DControl.cnf(−)	NRPM	AREP ErrorDecode ErrorCode1 ErrorCode2 AddData1 AddData2	此服务原语指示 RM_DControl 服务失败
RM_DControl.cnf(+)	NRPM	AREP ControlBlock	此服务原语指示 RM_DControl 服务已成功
RM_Read.cnf(−)	NRPM	AREP ErrorDecode ErrorCode1 ErrorCode2 AddData1 AddData2	此服务原语指示 RM_Read 服务失败

表 504（续）

原语名称	源	相关参数	功　能
RM_Read.cnf(+)	NRPM	AREP Seq Number AddData1 AddData2	此服务原语指示 RM_Read 服务已成功
RM_Realease.cnf(－)	NRPM	AREP ErrorDecode ErrorCode1 ErrorCode2 AddData1 AddData2	此服务原语指示 RM_Realease 服务失败
RM_Realease.cnf(+)	NRPM	AREP ControlBlock	此服务原语指示 RM_Release 服务已成功
RM_Write.cnf(－)	NRPM	AREP ErrorDecode ErrorCode1 ErrorCode2 AddData1 AddData2	此服务原语指示 RM_Write 服务失败
RM_Write.cnf(+)	NRPM	AREP Seq Number AddData1 AddData2	此服务原语指示 RM_Write 服务已成功

6.6.3.1.2　**在 NRPM 与其他机之间交换的原语**

表 505 列出了一些服务原语及其相关参数，它们由其他机发出并由 NRPM 来接收。

表 505　**由其他机发给 NRPM 的原语**

原语名称	源	相关参数	功　能
ARP_getMACQ.ind	ARP	MAC_Address IP_Address	—
DCP_Identify.cnf(－)	DCPMCS	CREP ERRCLS ERRCODE	—
DCP_Identify.cnf(+)	DCPMCS	CREP	—
DCP_SetValue.cnf(－)	DCPMCS	CREP ERRCLS ERRCODE	—

表 505（续）

原语名称	源	相关参数	功　能
DCP_SetValue.cnf(＋)	DCPMCS	CREP DA ListOfData	—
DCPMCS_Activate.cnf(＋)	DCPMCS	CREP	—
DCPMCS_Close.cnf(－)	DCPMCS	CREP ERRCLS ERRCODE	—
DCPMCS_Close.cnf(＋)	DCPMCS	CREP	—
DNS_GetHostByName.ind	DNS	IP_Add	—

表 506 列出了一些服务原语及其相关参数，它们由 NRPM 发出并由其他状态机来接收。

表 506　由 NRPM 发给其他状态机的原语

原语名称	源	相关参数	功　能
ARP_getMAC.req	NRPM	IP_Address	—
DCPMCS_Activate.req	NRPM	CREP VLAN-Prio VLAN-ID DCPMC_Timeout	—
DCP_Identify.req	NRPM	CREP，ListofFilter，ResponseDelay	—
DCP_Set.req	NRPM	CREP DA DataSet＝IP Dev_IP_Para Dataset＝NameOfStation NameOfStation	—
DCPMCS_Close.req	NRPM	CREP	—
DCPUCS_Activate.req	NRPM	CREP VLAN-Prio VLAN-ID DCPUC_Timeout DCPUC_Retry	—
DCPUCS_Close.req	NRPM	CREP	—
DNS_GetHostByName.req	NRPM	StationName，RealStationName	—

6.6.3.1.3 NRPM 原语的参数

在 FAL 服务定义中描述了 FSPM 与 CPM 之间交换的原语所使用的参数。

6.6.3.2 状态机描述

对于 IO 控制器的每个设备(AR),都有一个名称解析协议机(NRPM)。它被用于 IO 设备的名称和地址解析。如果一个 IO 设备未通过 RealStationName 来响应,则应使用带有拓扑信息的 ListofAlias 来响应。应依据此信息设置 RealStationName 和 IP 地址。

6.6.3.3 NRPM 状态表

表 507 包含 NRPM 状态机的完整描述。

表 507 NRPM 状态表

#	当前状态	事件/条件 =〉动作	下一状态
1	POWER-ON	**NRPM_Init.req(Add_resolution,stationName,Dev_IP_Para,DCP_Para)** =〉 Store Parameters baptize:=FALSE DCPMCS_Activate.req(CREP,VLAN-Prio,VLAN-ID,DCPMC_Timeout)	ACT
2	ACT	**DCPMCS_Activate.cnf(+)(CREP)** =〉 DCPUCS_Activate.req(CREP,VLAN-Prio,VLAN-ID,DCPUC_Timeout,DCPUC_Retry)	ACT
3	ACT	**DCPMCS_Activate.cnf(−)(CREP)** =〉 NRPM_Init.cnf(−)(Err=No_DCPact)	POWER-ON
4	ACT	**DCPUCS_Activate.cnf(+)(CREP)** /Add_resolution==DNS =〉 Start Timer(DCP_Short_Timer) DNS_GetHostByName.req(StationName.RealStationName)	W_DNS
5	ACT	**DCPUCS_Activate.cnf(+)(CREP)** /Add_resolution==DCP =〉 ListofFilter:=Filter withstationName.RealStationName ResponseDelay:=1 DCP_Identify.req(CREP,ListofFilter,ResponseDelay,DCP_Para.isASU)	W_DCP

表 507（续）

#	当前状态	事件/条件 =〉动作	下一状态
6	ACT	**DCPUCS_Activate.cnf(+)(CREP)** /Add_resolution==none =〉 IP_Addr:=Dev_IP_Para.IP Start Timer(ARP_Timer) ARP_getMAC.req(IP_Address=IP_Addr)	W_ARP
7	ACT	**DCPUCS_Activate.cnf(−)(CREP,ERRCLS,ERRCODE)** =〉 NRPM_Init.cnf(−)(Err=No_DCPact) DCPMCS_Close.req(CREP)	POWER-ON
8	W_DNS	**DNS_GetHostByName.ind(IP_Add)** =〉 IP_Addr:=IP_Add Start Timer(ARP_Timer) ARP_getMAC.req(IP_Address=IP_Addr)	W_ARP
9	W_DNS	**DNS_GetHostByName.ind(Time-Out)** =〉 NRPM_Init.cnf(−)(Err=Unknown_RealStationName) DCPMCS_Close.req(CREP) DCPUCS_Close.req(CREP)	POWER-ON
10	W_DCP	**DCP_Identify.cnf(CREP,ListOfData)** /Length(ListOfData)==1 && ListOfData.IP-Suite==Dev_IP_Para.IP-Suite && baptize==FALSE =〉 IP_Addr:=ListOfData.IP MAC_Addr:=ListOfData.SA Start Timer(ARP_Timer) ARP_getMAC.req(IP_Address=IP_Addr)	W_ARP

表 507（续）

#	当前状态	事件/条件　=〉动作	下一状态

11	W_DCP	**DCP_Identify.cnf(CREP,ListOfData)**
		/Length(ListOfData)==1 &&
		!(ListOfData.IP-Suite==Dev_IP_Para.IP-Suite &&
		baptize==FALSE)
		=〉
		IP_Addr:=Dev_IP_Para.IP
		MAC_Addr:=ListOfData.SA
		if baptize==FALSE:
		setCmd=IP-Suite
		else:
		setCmd:=stationName,IP-Suite
		DCP_Set.req(CREP,DA=MAC_Addr,DataSet=IP_Addr,Dev_IP_Para,setCmd)
			W_SET_IP

12	W_DCP	**DCP_Identify.cnf(CREP,ListOfData)** /Length(ListOfData)>1 =〉 NRPM_Init.cnf(—)(Err=Multiple_RealStationName) DCPMCS_Close.req(CREP) DCPUCS_Close.req(CREP)	POWER-ON
13	W_DCP	**DCP_Identify.cnf(CREP,ListOfData)** /Length(ListOfData)==0 && Last Alias tested==FALSE =〉 baptize:=TRUE ListofFilter:=Filter withstationName.Alias[n] ResponseDelay:=1 n:=n+1 DCP_Identify.req(CREP,ListofFilter,ResponseDelay,FALSE)	W_DCP
14	W_DCP	**DCP_Identify.cnf(CREP,ListOfData)** /Length(ListOfData)==0 && Last Alias tested==TRUE =〉 NRPM_Init.cnf(—)(Err=No_RealStationName) DCPMCS_Close.req(CREP) DCPUCS_Close.req(CREP)	POWER-ON
15	W_DCP	**DCP_Identify.cnf(—)(CREP,ERRCLS,ERRCODE)** =〉 NRPM_Init.cnf(—)(Err=No_StationName) DCPMCS_Close.req(CREP) DCPUCS_Close.req(CREP)	POWER-ON

表 507（续）

#	当前状态	事件/条件　=〉动作	下一状态
16	W_DCP	**DCP_Hello.ind(CREP,ListOfData)** /ListOfData.StationName== StationName.RealStationName =〉 IP_Addr:=ListOfData.IP Dev_MAC_Addr:=ListOfData.SA NRPM_Init.cnf(+)(Dev_MAC_Addr) CMCTL_Init.req(AREP) RPC_Alloc.req	OPEN
17	W_DCP	**DCP_Hello.ind(CREP,ListOfData)** /ListOfData.StationName ! = StationName.RealStationName =〉	W_DCP
18	W_DCP	**DCP_Identify.ind(CREP,ListOfData)** /ListOfData.StationName==StationName.RealStationName =〉 IP_Addr:=ListOfData.IP Dev_MAC_Addr:=ListOfData.SA NRPM_Init.cnf(+)(Dev_MAC_Addr) CMCTL_Init.req(AREP) RPC_Alloc.req	OPEN
19	W_DCP	**DCP_Identify.ind(CREP,ListOfData)** /ListOfData.StationName ! = StationName.RealStationName =〉	W_DCP
20	W_SET_IP	**DCP_SetValue.cnf(+)(CREP,DA,ListOfData)** =〉 Dev_MAC_Addr:=MAC_Addr NRPM_Init.cnf(+)(Dev_MAC_Addr) CMCTL_Init.req(AREP) RPC_Alloc.req	OPEN
21	W_SET_IP	**DCP_SetValue.cnf(−)(CREP,DA,ERRCLS,ERRCODE)** =〉 NRPM_Init.cnf(−)(Err=DCP_Error) DCPMCS_Close.req(CREP) DCPUCS_Close.req(CREP)	POWER-ON

表 507（续）

#	当前状态	事件/条件 =〉动作	下一状态
22	W_ARP	**ARP_getMACQ.ind(MAC_Address,IP_Address)** /IP_Address==Dev_IP_Para.IP =〉 Dev_MAC_Addr:=MAC_Address NRPM_Init.cnf(+)(Dev_MAC_Addr) CMCTL_Init.req(AREP) RPC_Alloc.req	OPEN
23	W_ARP	**ARP_getMACQ.ind(MAC_Address,IP_Address)** /IP_Address ! =Dev_IP_Para.IP =〉 ignore	W_ARP
24	W_ARP	**Time_out** =〉 NRPM_Init.cnf(−)(Err=No_IP_Addr) DCPMCS_Close.req(CREP) DCPUCS_Close.req(CREP)	POWER-ON
25	OPEN	**RM_Abort.req(AREP)** =〉 RM_Abort.cnf(AREP) DCPMCS_Close.req(CREP) DCPUCS_Close.req(CREP)	POWER-ON
26	OPEN	**RPC_CControl.ind(Arg)** /VALID_Block_Structure =〉 AREP:=Arg.AREP RM_CControl.ind(AREP,ControlBlock,moduleDIffBlock)	OPEN
27	OPEN	**RPC_CControl.ind(Arg)** /! VALID_Block_Structure =〉 Arg.ErrorCode2:=WRONG_BLOCK RPC_CControl.rsp(−)(Arg)	OPEN
28	OPEN	**RM_CControl.rsp(−)(AREP,ErrorDecode,ErrorCode1,ErrorCode2,AddData1,AddData2)** =〉 encode Error(Only NDR−Header) RPC_CControl.rsp(−)(Arg)	OPEN
29	OPEN	**RM_CControl.rsp(+)(AREP,ControlBlock)** =〉 RPC_CControl.rsp(+)(Arg)	OPEN

表 507（续）

#	当前状态	事件/条件 =〉动作	下一状态
30	OPEN	**RM_DControl.req(AREP,ControlBlock)** =〉 RPC_DControl.req(Arg)	OPEN
31	OPEN	**RPC_DControl.cnf(－)(Arg)** =〉 RM_DControl.cnf(－)(AREP, ErrorDecode, ErrorCode1, ErrorCode2, AddData1, AddData2)	OPEN
32	OPEN	**RPC_DControl.cnf(＋)(Arg)** /VALID_Block_Structure =〉 AREP:=Arg.AREP RM_DControl.cnf(＋)(AREP,ControlBlock)	OPEN
33	OPEN	**RPC_DControl.cnf(＋)(Arg)** /! VALID_Block_Structure =〉 ErrorCode2:=WRONG_BLOCK RM_DControl.cnf(－)(AREP, ErrorDecode, ErrorCode1, ErrorCode2, AddData1, AddData2)	OPEN
34	OPEN	**RM_Write.req(AREP, slotNumber, subslotNumber, Index, seqNumber, Length, Data)** =〉 RPC_Write.req(Arg)	OPEN
35	OPEN	**RPC_Write.cnf(－)(Arg)** =〉 RM_Write.cnf(－)(AREP, ErrorDecode, ErrorCode1, ErrorCode2, AddData1, AddData2)	OPEN
36	OPEN	**RPC_Write.cnf(＋)(Arg)** /VALID_Block_Structure =〉 AREP:=Arg.AREP RM_Write.cnf(＋)(AREP, Seq Number, AddData1, AddData2)	OPEN
37	OPEN	**RPC_Write.cnf(＋)(Arg)** /! VALID_Block_Structure =〉 ErrorCode2:=WRONG_BLOCK RM_Write.cnf(－)(AREP, ErrorDecode, ErrorCode1, ErrorCode2, AddData1, AddData2)	OPEN

表 507（续）

#	当前状态	事件/条件　=〉动作	下一状态
38	OPEN	**RM_Read.req(AREP,API,TargetUUID,slotNumber,subslotNumber,Index,seqNumber,Length)** =〉 RPC_Read.req(Arg)	OPEN
39	OPEN	**RPC_Read.cnf(－)(Arg)** =〉 RM_Read.cnf(－)(AREP,ErrorDecode,ErrorCode1,ErrorCode2,AddData1,AddData2)	OPEN
40	OPEN	**RPC_Read.cnf(＋)(Arg)** /VALID_Block_Structure =〉 AREP:=Arg.AREP RM_Read.cnf(＋)(AREP,Seq_Number,AddData1,AddData2)	OPEN
41	OPEN	**RPC_Read.cnf(＋)(Arg)** /! VALID_Block_Structure =〉 ErrorCode2:=WRONG_BLOCK RM_Read.cnf(－)(AREP,ErrorDecode,ErrorCode1,ErrorCode2,AddData1,AddData2)	OPEN
42	OPEN	**RM_Connect.req(AREP,ARBlockReq,ListOfIOCRBlockReq,AlarmCRBlockReq,ListOfExpectedSubmoduleBlockReq)** =〉 RPC_Connect.req(Arg)	OPEN
43	OPEN	**RPC_Connect.cnf(－)(Arg)** =〉 RM_Connect.cnf(－)(AREP,ErrorDecode,ErrorCode1,ErrorCode2,AddData1,AddData2)	OPEN
44	OPEN	**RPC_Connect.cnf(＋)(Arg)** /VALID_Block_Structure =〉 AREP:=Arg.AREP RM_Connect.cnf(＋)(AREP,ARBlockRes,ListOfIOCRBlockRes,AlarmCRBlockRes,ModuleDiffBlock)	OPEN
45	OPEN	**RPC_Connect.cnf(＋)(Arg)** /! VALID_Block_Structure =〉 ErrorCode2:=WRONG_BLOCK RM_Connect.cnf(－)(AREP,ErrorDecode,ErrorCode1,ErrorCode2,AddData1,AddData2)	OPEN

表 507（续）

#	当前状态	事件/条件　=〉动作	下一状态
46	OPEN	**RM_Release.req(AREP,ControlBlock)** =〉 RPC_Release.req(Arg)	OPEN
47	OPEN	**RPC_Release.cnf(－)(Arg)** =〉 RM_Release.cnf(－)(AREP,ErrorDecode,ErrorCode1,ErrorCode2,AddData1,AddData2)	OPEN
48	OPEN	**RPC_Release.cnf(＋)(Arg)** /VALID_Block_Structure =〉 AREP:=Arg.AREP RM_Release.cnf(＋)(AREP,ControlBlock)	OPEN
49	OPEN	**RPC_Release.cnf(＋)(Arg)** /! VALID_Block_Structure =〉 ErrorCode2:=WRONG_BLOCK RM_Release.cnf(－)(AREP,ErrorDecode,ErrorCode1,ErrorCode2,AddData1,AddData2)	OPEN
50	OPEN	**DCP_Identify.cnf(CREP,ListOfData)** /! (Length(ListOfData)==1 && ListOfData.IP-Suite==Dev_IP_Para.IP-Suite && baptize==FALSE) =〉 CM_Abort.req(ErrorCode1=DCP,ErrorCode2=No_IP_Addr)	POWER-ON
51	OPEN	**DCP_SetValue.cnf(－)(CREP,DA,ERRCLS,ERRCODE)** =〉 CM_Abort.req(ErrorCode1=DCP,ErrorCode2=No_IP_Addr)	POWER-ON
52	任意状态	**DCPUCS_Close.cnf(－)(CREP,ERRCLS,ERRCODE)** =〉	相同状态
53	任意状态	**DCPUCS_Close.cnf(＋)(CREP)** =〉	相同状态
54	任意状态	**DCPMCS_Close.cnf(－)(CREP,ERRCLS,ERRCODE)** =〉	相同状态
55	任意状态	**DCPMCS_Close.cnf(＋)(CREP)** =〉	相同状态
56	任意状态	**DCP_Hello.ind(CREP,ListOfData)** =〉	相同状态
57	任意状态	**DCP_Identify.ind(CREP,ListOfData)** =〉	相同状态

6.6.3.4 函数

表508包含NRPM和RMPM所使用的函数或宏,它们的变元及其描述。

表508 由NRPM和RMPM使用的函数

名称	功能
CHECK_AR_TYPE	检查CM_Connect-REQ-PDU的所有数据 检查reduction ratio和phase 对照IO Data ASE,Alarm ASE的属性进行检查 检查data volume
CHECK_IDENT_NUMBER	检查Ident
VALID_SELECTORS	ListOfSelector编码和内容符合DCP规范
VALID_FILTER	ListOfFilter编码和内容符合DCP规范
VALID_DATA	ListOfData编码和内容符合DCP规范
VALID_Block_Structure	RPC服务的Blockstructure不符合编码规则
Length(ListOfData)	计算ListOfData list中元素的个数
NAME_IP_Change	NAME in ListOfData ! =Dev_Name || IP in ListOfData ! =Dev_IP_Para
Search_in_List_of_RM_Entries	用于特定AREP的RM登录项的扫描表(Scan list)
Store_data_in_DataSet	把ListOfData参数存储在该站的DataSet中。应使用BlockQualifier来决定是否永久保存DataSet
Retrieve_data_from_DataSet	从该站的DataSet取回ListOfData
[Specification] in ListOfData	在ListOfData中搜索由[Specification]规定的元素

6.6.4 RMPM

6.6.4.1 原语定义

6.6.4.1.1 在RMPM与CMDEV之间交换的原语

表509列出了这些服务原语及其相关参数,它们由IO设备的CM(CMDEV)发出并由RMPM来接收。

表509 由CMDEV发给RMPM的原语

原语名称	源	相关参数	功 能
RM_Abort.req	CMDEV	AREP	服务Abort从list of AREPs中去除所存储的AREP
RM_CControl.req	CMDEV	AREP ControlBlock ModuleDiffBlock	服务CControl传递应用就绪标志

表 509（续）

原语名称	源	相关参数	功　能
RM_Connect.rsp(＋)	CMDEV	AREP ARBlockRes ListOfIOCRBlockRes AlarmCRBlockRes ModuleDiffBlock	此服务原语是对建立应用关系的正响应
RM_Connect.rsp(－)	CMDEV	AREP ErrorDecode ErrorCode1 ErrorCode2 AddData1 AddData2	此服务原语是负响应，并且未建立所请求的应用关系
RM_DControl.rsp(＋)	CMDEV	AREP ControlBlock	此服务原语是对参数信号结束的响应
RM_DControl.rsp(－)	CMDEV	AREP ErrorDecode ErrorCode1 ErrorCode2 AddData1 AddData2	
RM_Read.rsp(＋)	CMDEV	AREP SeqNumber AddData1 AddData2	此服务原语是对 Read 服务的响应
RM_Read.rsp(－)	CMDEV	AREP ErrorDecode ErrorCode1 ErrorCode2 AddData1 AddData2	
RM_Write.rsp(＋)	CMDEV	AREP SeqNumber AddData1 AddData2	此服务原语是对 Write 服务的响应
RM_Write.rsp(－)	CMDEV	AREP ErrorDecode ErrorCode1 ErrorCode2 AddData1 AddData2	

表 509（续）

原语名称	源	相关参数	功　能
RM_Release.rsp(＋)	CMDEV	AREP ControlBlock	—
RM_Release.rsp(－)	CMDEV	AREP ErrorDecode ErrorCode1 ErrorCode2 AddData1 AddData2	—

表 510 列出了一些服务原语及其相关参数，它们由 RMPM 发出并由 IO 设备的 CM(CMDEV)来接收。

表 510　由 RMPM 发给 CMDEV 的原语

原语名称	源	相关参数	功　能
RM_Init.cnf(＋)	RMPM	—	此服务原语指示 Init 服务成功
RM_Abort.cnf	RMPM	AREP	此服务原语证实 Abort 服务
RM_CControl.cnf(＋)	RMPM	AREP ControlBlock	此服务原语证实 CControl 服务
RM_CControl.cnf(－)	RMPM	AREP ErrorDecode ErrorCode1 ErrorCode2 AddData1 AddData2	
RM_Connect.ind	RMPM	AREP ARBlockReq ListOfIOCRBlockReq AlarmCRBlockReq ListOfExpectedSubmodule-BlockReq	此服务原语指示请求建立一个应用关系
RM_DControl.ind	RMPM	AREP ControlBlock	此服务原语指示参数结束
RM_Read.ind	RMPM	AREP API TargetARUUID SlotNumber SubslotNumber Index SeqNumber Length	此服务原语指示 Read 服务

表 510（续）

原语名称	源	相关参数	功　能
RM_Write.ind	RMPM	AREP SlotNumber SubslotNumber Index SeqNumber Length Data	此服务原语指示 Write 服务
RM_Release.ind	RMPM	AREP ControlBlock	此服务原语指示该应用关系被释放

6.6.4.1.2　在 RMPM 与 RPC 之间交换的原语

表 511 列出了一些服务原语及其相关参数，它们由 RPC 发出并由 RMPM 来接收。

表 511　由 RPC 发给 RMPM 的原语

原语名称	源	相关参数	功　能
RPC_CControl.cnf(＋)	RPC	Arg	—
RPC_CControl.cnf(－)	RPC	Arg	—
RPC_Connect.ind	RPC	Arg	—
RPC_DControl.ind	RPC	Arg	—
RPC_Read.ind	RPC	Arg	—
RPC_Release.ind	RPC	Arg	—
RPC_Write.ind	RPC	Arg	—

表 512 列出了一些服务原语及其相关参数，它们由 RMPM 发出并由 RPC 来接收。

表 512　由 RMPM 发给 RPC 的原语

原语名称	源	相关参数	功　能
RPC_CControl.req	RMPM	Arg	—
RPC_Connect.rsp(－)	RMPM	Arg	—
RPC_Connect.rsp(＋)	RMPM	Arg	—
RPC_DControl.rsp(－)	RMPM	Arg	—
RPC_DControl.rsp(－)	RMPM	Arg	—
RPC_DControl.rsp(＋)	RMPM	Arg	—
RPC_Read.rsp(－)	RMPM	Arg	—
RPC_Release.rsp(－)	RMPM	Arg	—

表 512（续）

原语名称	源	相关参数	功　能
RPC_Release.rsp(＋)	RMPM	Arg	—
RPC_Write.rsp(－)	RMPM	Arg	—
RPC_Write.rsp(＋)	RMPM	Arg	—

6.6.4.1.3　在 RMPM 与其他状态机之间交换的原语

表 513 列出了一些服务原语及其相关参数，它们由其他状态机发出并由 RMPM 来接收。

表 513　由其他状态机发给 RMPM 的原语

原语名称	源	相关参数	功　能
DHCPOFFER.ind	DHCP	IP_Para ListOfData	—
DCP_Get.ind	DCP	CREP SA Selectors	—
DCP_Identify.ind	DCP	CREP SA ListofFilters ResponseDelay	—
DCP_Set.ind	DCP	CREP SA ListOfData	—
DCPMCR_Activate.cnf(＋)	DCPMCR	CREP	—
DCPMCR_Close.cnf(－)	DCPMCR	CREP ERRCLS ERRCODE	—
DCPMCR_Close.cnf(＋)	DCPMCR	CREP	—
DCPUCR_Activate.cnf(－)	DCPUCR	CREP ERRCLS ERRCODE	—
DCPUCR_Activate.cnf(＋)	DCPUCR	CREP	—
DCPUCR_Close.cnf(－)	DCPUCR	CREP ERRCLS ERRCODE	—
DCPUCR_Close.cnf(＋)	DCPUCR	CREP	—
RM_Init.req	FSPM	—	服务 Init 初始化 RMPM

表 514 列出了一些服务原语及其相关参数，它们由 RMPM 发出并由其他状态机来接收。

表 514 由 RMPM 发给其他状态机的原语

原语名称	源	相关参数	功能
DCPMCR_Activate.req	RMPM	CREP ListOfFilters Send_MC_Response	—
DCPMCR_Close.req	RMPM	CREP	—
DCP_Identify.req	RMPM	CREP DA ListOfFilter ResponseDelay	—
DCP_Get.rsp(+)	RMPM	CREP DA ListOfData	—
DCP_Set.rsp(−)	RMPM	CREP DA ERRCLS ERRCODE	—
DCP_Set.rsp(+)	RMPM	CREP DA ListOfData	—
DHCPDISCOVER.req	RMPM	Options	—
RM_Init.cnf	RMPM	—	—
RM_Stopped.ind	RMPM	—	此服务原语指示设置了一个新的设备名称，因此停止 IP 执行以接收新的 IP 参数
NRPM_Init.cnf(−)	RMPM	Err	—

6.6.4.1.4 RMPM 原语的参数

在 FAL 服务定义中描述了 RMPM 与 CPM 之间交换的原语所使用的参数。

6.6.4.2 状态机描述

对于每个 IO 设备，都有一个设备资源管理协议机(RMPM)。它被用于 IO 设备的名称/地址解析以及 CM 设备状态机(CM Devicestatemaschines)对 AR 的分配。

6.6.4.3 RMPM 状态表

表 515 包含 RMPM 状态机的完整描述。

表 515 RMPM 状态表

#	当前状态	事件/条件 =〉动作	下一状态
1	POWER-ON	**RM_Init.req** =〉 Store Parameters DCPMCR_Activate.req(CREP,ListOfFilters,send_MC_Response)	ACT1
2	ACT1	**DCPMCR_Activate.cnf(－)(CREP,ERRCLS,ERRCODE)** =〉 NRPM_Init.cnf(－)(Err=No_DCPact) DCPMCR_Close.req(CREP)	POWER-ON
3	ACT1	**DCPMCR_Activate.cnf(＋)(CREP)** =〉 DCPUCR_Activate.req(CREP,Hold_requestor)	ACT2
4	ACT2	**DCPUCR_Activate.cnf(－)(CREP,ERRCLS,ERRCODE)** =〉 NRPM_Init.cnf(－)(Err=No_DCPact) DCPMCR_Close.req(CREP) DCPUCR_Close.req(CREP)	POWER-ON
5	ACT2	**DCPUCR_Activate.cnf(＋)(CREP)** =〉	SetUp
6	SetUp	/Dev_Name==NIL && DHCP_En =〉 Start Timer(DHCP_RetryTime) DHCPDISCOVER.req(Options)	Set_Name
7	SetUp	/Dev_Name==NIL && ! DHCP_En =〉	Set_Name
8	SetUp	/Dev_Name ! =NIL && Dev_IP_Para==NIL && DHCP_En =〉 Start Timer(DHCP_RetryTime) DHCPDISCOVER.req(Options)	Set_IP
9	SetUp	/Dev_Name ! =NIL && Dev_IP_Para==NIL && HELLO_En =〉 Start Timer(HelloIntervalTime) HelloCount:=NumberOfHelloRequests DCP_HELLO.req(CREP,ListOfData)	Set_IP

表 515（续）

#	当前状态	事件/条件　=〉动作	下一状态
10	SetUp	 /Dev_Name ！ =NIL && Dev_IP_Para ！ =NIL && HELLO_En =〉 Start Timer(HelloIntervalTime) HelloCount:=NumberOfHelloRequests DCP_HELLO.req(CREP,ListOfData)	W_Conect
11	SetUp	 /Dev_Name ！ =NIL && Dev_IP_Para==NIL && ！ DHCP_En =〉	Set_IP
12	SetUp	 /Dev_Name ！ =NIL && Dev_IP_Para ！ =NIL =〉 Init_List_RM_Entries Init_List_AR_Resc AR_Active:=0 Start IP,UDP,RPC RM_Init.cnf	W_Conect
13	Set_Name	**DHCPOFFER.ind(IP_Para,ListOfData)** /VALID_DATA &&(NAME in ListOfData) && NAME-length ！ =0 =〉 Dev_IP_Para:=Data Init_List_RM_Entries Init_List_AR_Resc AR_Active:=0 Stop Timer(DHCP_RetryTime) Start IP,UDP,RPC Store Data in DataSet RM_Init.cnf	W_Conect
14	Set_Name	**DHCPOFFER.ind(IP_Para,ListOfData)** /！ ((NAME in ListOfData) && NAME-length ！ =0) =〉 Store Data in DataSet	Set_Name
15	Set_Name	**DHCPOFFER.ind(IP_Para,ListOfData)** / ！ VALID_DATA =〉 ignore	Set_Name

表 515（续）

#	当前状态	事件/条件 =〉动作	下一状态
16	Set_Name	**DCP_Set.ind(CREP,SA,ListOfData)** /VALID_DATA &&((NAME in ListOfData) && NAME-length ! =0) &&((IP in ListOfData) || Dev_IP_Para ! =NIL) =〉 Init_List_RM_Entries Init_List_AR_Resc AR_Active:=0 Stop Timer(DHCP_RetryTime) Start IP,UDP,RPC Store Data in DataSet DCP_Set.rsp(+)(CREP,DA,ListOfData) RM_Init.cnf	W_Conect
17	Set_Name	**DCP_Set.ind(CREP,SA,ListOfData)** /VALID_DATA &&((NAME in ListOfData) && NAME-length ! =0) && !(IP in ListOfData) && Dev_IP_Para==NIL && DHCP_En =〉 Start Timer(DHCP_RetryTime) Store Data in DataSet Dev_IP_Para:=NIL DCP_Set.rsp(+)(CREP,DA,ListOfData) DHCPDISCOVER.req(Options)	Set_IP
18	Set_Name	**DCP_Set.ind(CREP,SA,ListOfData)** /VALID_DATA &&((NAME in ListOfData) && NAME-length ! =0) && !(IP in ListOfData) && Dev_IP_Para==NIL && ! DHCP_En =〉 Store Data in DataSet Dev_IP_Para:=NIL DCP_Set.rsp(+)(CREP,DA,ListOfData)	Set_IP
19	Set_Name	**DCP_Set.ind(CREP,SA,ListOfData)** /VALID_DATA &&(!(NAME in ListOfData) || NAME-length ==0) =〉 Store Data in DataSet DCP_Set.rsp(+)(CREP,DA,ListOfData)	Set_Name

表 515（续）

#	当前状态	事件/条件　=〉动作	下一状态
20	Set_Name	**DCP_Set.ind（CREP，SA，ListOfData）** /！ VALID_DATA =〉 ERRCLS：=Invalid_Parameter ERRCODE：=Invalid_DataSet DCP_Set.rsp（－）（CREP，DA，ERRCLS，ERRCODE）	Set_Name
21	Set_Name	**DCP_Identify.ind（CREP，SA，ListofFilters，ResponseDelay）** /VALID_FILTERS =〉 Retrieve Data from DataSet DA：=SA DCP_Identify.req（CREP，DA，ListOfFilters，ResponseDelay）	Set_Name
22	Set_Name	**DCP_Identify.ind（CREP，SA，ListofFilters，ResponseDelay）** /！ VALID_FILTERS =〉 ignore	Set_Name
23	Set_Name	**DCP_Get.ind（CREP，SA，selectors）** /VALID_SELECTORS =〉 Retrieve Data from DataSet DCP_Get.rsp（＋）（CREP，DA，ListOfData）	Set_Name
24	Set_Name	**DCP_Get.ind（CREP，SA，selectors）** /！ VALID_SELECTORS =〉 ERRCLS：=Invalid_Parameter ERRCODE：=Invalid_DataSet DCP_Get.rsp（－）（CREP，DA，ERRCLS，ERRCODE）	Set_Name
25	Set_Name	**DHCPTimeout** =〉 ExponentialBackOff（DHCP_RetryTime） Start Timer（DHCP_RetryTime） DHCPDISCOVER.req（Options）	Set_Name

表 515（续）

#	当前状态	事件/条件　=〉动作	下一状态
26	Set_IP	**DHCPOFFER.ind(IP_Para,ListOfData)** /VALID_DATA && !((NAME in ListOfData) && NAME-length==0) =〉 Dev_IP_Para:=Data Init_List_RM_Entries Init_List_AR_Resc AR_Active:=0 Stop Timer(DHCP_RetryTime) Start IP,UDP,RPC Store Data in DataSet RM_Init.cnf	W_Conect
27	Set_IP	**DHCPOFFER.ind(IP_Para,ListOfData)** /! VALID_DATA ||((NAME in ListOfData) && NAME-length==0) =〉 ignore	Set_IP
28	Set_IP	**DCP_Set.ind(CREP,SA,ListOfData)** /VALID_DATA && !((NAME in ListOfData) && NAME-length==0) &&(IP in ListOfData) =〉 Init_List_RM_Entries Init_List_AR_Resc AR_Active:=0 Stop Timer(DHCP_RetryTime) Start IP,UDP,RPC Store Data in DataSet DCP_Set.rsp(+)(CREP,DA,ListOfData) RM_Init.cnf	W_Conect
29	Set_IP	**DCP_Set.ind(CREP,SA,ListOfData)** /VALID_DATA &&((NAME in ListOfData) && NAME-length==0) =〉 Store Data in DataSet DCP_Set.rsp(+)(CREP,DA,ListOfData)	Set_Name

表 515（续）

#	当前状态	事件/条件 =〉动作	下一状态
30	Set_IP	**DCP_Set.ind(CREP,SA,ListOfData)** /VALID_DATA && !((NAME in ListOfData) && NAME-length==0) && !(IP in ListOfData) =〉 Store Data in DataSet DCP_Set.rsp(+)(CREP,DA,ListOfData)	Set_IP
31	Set_IP	**DCP_Set.ind(CREP,SA,ListOfData)** /! VALID_DATA =〉 ERRCLS:=Invalid_Parameter ERRCODE:=Invalid_DataSet DCP_Set.rsp(−)(CREP,DA,ERRCLS,ERRCODE)	Set_IP
32	Set_IP	**DCP_Identify.ind(CREP,SA,ListofFilters,ResponseDelay)** /VALID_FILTERS =〉 Retrieve Data from DataSet DA:=SA DCP_Identify.req(CREP,DA,ListOfFilters,ResponseDelay)	Set_IP
33	Set_IP	**DCP_Identify.ind(CREP,SA,ListofFilters,ResponseDelay)** /! VALID_FILTERS =〉 ignore	Set_IP
34	Set_IP	**DCP_Get.ind(CREP,SA,selectors)** /VALID_SELECTORS =〉 Retrieve Data from DataSet DCP_Get.rsp(+)(CREP,DA,ListOfData)	Set_IP
35	Set_IP	**DCP_Get.ind(CREP,SA,selectors)** /! VALID_SELECTORS =〉 Error:=Invalid_DataSet DCP_Get.rsp(−)(CREP,DA,ERRCLS,ERRCODE)	Set_IP
36	Set_IP	**DHCPTimeout** =〉 ExponentialBackOff(DHCP_RetryTime) Start Timer(DHCP_RetryTime) DHCPDISCOVER.req(Options)	Set_IP

表 515(续)

#	当前状态	事件/条件 =〉动作	下一状态
37	Set_IP	**HELLOTimeout** /HelloCount ! =0 =〉 Start Timer(HelloIntervalTime) HelloCount:=HelloCount−1 DCP_HELLO.req(CREP,ListOfData)	Set_IP
38	Set_IP	**HELLOTimeout** /HelloCount==0 =〉 ignore	Set_IP
39	W_Conect	**DHCPOFFER.ind(IP_Para,ListOfData)** /VALID_DATA && !((NAME in ListOfData) &&(NAME-length==0)) && AR_Active==0 =〉 Stop RPC,UDP,IP Store Data in DataSet Start RPC,UDP,IP	W_Conect
40	W_Conect	**DHCPOFFER.ind(IP_Para,ListOfData)** /! VALID_DATA ||((NAME in ListOfData) && NAME-length ==0) || AR_Active ! =0 =〉 ignore	W_Conect
41	W_Conect	**DCP_Set.ind(CREP,SA,ListOfData)** /VALID_DATA &&((NAME in ListOfData) && NAME-length ==0) ||(ResetToFactory in ListOfData) =〉 Stop RPC,UDP,IP Store Data in DataSet DCP_Set.rsp(+)(CREP,DA,ListOfData) RM_Stopped.ind	Set_Name
42	W_Conect	**DCP_Set.ind(CREP,SA,ListOfData)** /VALID_DATA && !((NAME in ListOfData) && NAME-length==0) && ! NAME_IP_Change =〉 Store Data in DataSet DCP_Set.rsp(+)(CREP,DA,ListOfData)	W_Conect

表 515（续）

#	当前状态	事件/条件 =〉动作	下一状态
43	W_Conect	**DCP_Set.ind(CREP,SA,ListOfData)** /VALID_DATA && !((NAME in ListOfData) && NAME-length==0) && NAME_IP_Change && AR_Active==0 =〉 Stop RPC,UDP,IP Store Data in DataSet Start RPC,UDP,IP DCP_Set.rsp(+)(CREP,DA,ListOfData)	W_Conect
44	W_Conect	**DCP_Set.ind(CREP,SA,ListOfData)** /VALID_DATA && !((NAME in ListOfData) && NAME-length==0) &&(NAME in ListOfData && Value of NAME != Dev_Name) && ! AR_Active==0 =〉 Stop RPC,UDP,IP Store Data in DataSet Start RPC,UDP,IP DCP_Set.rsp(+)(CREP,DA,ListOfData)	W_Conect
45	W_Conect	**DCP_Set.ind(CREP,SA,ListOfData)** /VALID_DATA && !((NAME in ListOfData) && NAME-length==0) &&(IP in ListOfData && Value of IP !=Dev_IP_Para) && ! AR_Active==0 =〉 ERRCLS:=Invalid_Parameter ERRCODE:=Invalid_State DCP_Set.rsp(-)(CREP,DA,ERRCLS,ERRCODE)	W_Conect
46	W_Conect	**DCP_Set.ind(CREP,SA,ListOfData)** /! VALID_DATA =〉 ERRCLS:=Invalid_Parameter ERRCODE:=Invalid_DataSet DCP_Set.rsp(-)(CREP,DA,ERRCLS,ERRCODE)	W_Conect
47	W_Conect	**DCP_Identify.ind(CREP,SA,ListofFilters,ResponseDelay)** /VALID_FILTERS =〉 Retrieve Data from DataSet DA:=SA DCP_Identify.req(CREP,DA,ListOfFilters,ResponseDelay)	W_Conect

表 515（续）

#	当前状态	事件/条件 =〉动作	下一状态
48	W_Conect	**DCP_Identify.ind(CREP,SA,ListofFilters,ResponseDelay)** /! VALID_FILTERS =〉 ignore	W_Conect
49	W_Conect	**DCP_Get.ind(CREP,SA,selectors)** /VALID_SELECTORS =〉 Retrieve Data from DataSet DCP_Get.rsp(+)(CREP,DA,ListOfData)	W_Conect
50	W_Conect	**DCP_Get.ind(CREP,SA,selectors)** /! VALID_SELECTORS =〉 ERRCLS:=Invalid_Parameter ERRCODE:=Invalid_DataSet DCP_Get.rsp(−)(CREP,DA,ERRCLS,ERRCODE)	W_Conect
51	W_Conect	**RM_CControl.req(AREP,ControlBlock,ModuleDiffBlock)** =〉 encode IOxControlReq RPC_CControl.req(Arg)	W_Conect
52	W_Conect	**RPC_CControl.cnf(−)(Arg)** =〉 AREP:=Arg.AREP RM_CControl.cnf(−)(AREP, ErrorDecode, ErrorCode1, ErrorCode2,AddData1,AddData2)	W_Conect
53	W_Conect	**RPC_CControl.cnf(+)(Arg)** /VALID_Block_Structure =〉 AREP:=Arg.AREP RM_CControl.cnf(+)(AREP,ControlBlock)	W_Conect
54	W_Conect	**RPC_CControl.cnf(+)(Arg)** /! VALID_Block_Structure =〉 ErrorCode2:=WRONG_BLOCK RM_CControl.cnf(−)(AREP, ErrorDecode, ErrorCode1, ErrorCode2,AddData1,AddData2)	W_Conect

表 515（续）

#	当前状态	事件/条件 =〉动作	下一状态
55	W_Conect	**RPC_DControl.ind(Arg)** /Search_in_List_of_RM_Entries(Arg.AREP,In_Use=FALSE) !=NIL && VALID_Block_Structure =〉 AREP:=Arg.AREP RM_DControl.ind(AREP,ControlBlock)	W_Conect
56	W_Conect	**RPC_DControl.ind(Arg)** /Search_in_List_of_RM_Entries(Arg.AREP,In_Use=FALSE) !=NIL && ! VALID_Block_Structure =〉 Arg.ErrorCode2:=WRONG_BLOCK RPC_DControl.rsp(−)(Arg)	W_Conect
57	W_Conect	**RPC_DControl.ind(Arg)** /Search_in_List_of_RM_Entries(Arg.ARep,In_Use=FALSE)==NIL =〉 Arg.ErrorCode2:=NO_AREP_ACT RPC_DControl.rsp(−)(Arg)	W_Conect
58	W_Conect	**RM_DControl.rsp(−)(AREP,ErrorDecode,ErrorCode1,ErrorCode2,AddData1,AddData2)** =〉 encode Error(Only NDR−Header) RPC_DControl.rsp(−)(Arg)	W_Conect
59	W_Conect	**RM_DControl.rsp(+)(AREP,ControlBlock)** =〉 encode IODControlRes RPC_DControl.rsp(+)(Arg)	W_Conect
60	W_Conect	**RPC_Write.ind(Arg)** /Search_in_List_of_RM_Entries(Arg.AREP,In_Use=FALSE) !=NIL && VALID_Block_Structure =〉 AREP:=Arg.AREP Store API,slotNumber,subslotNumber,Index,seqNumber RM_Write.ind(AREP,API,slotNumber,subslotNumber,Index,multiple,seqNumber,Length,Data)	W_Conect

表 515（续）

#	当前状态	事件/条件 =〉动作	下一状态
61	W_Conect	**RPC_Write.ind(Arg)** /Search_in_List_of_RM_Entries(Arg.AREP,In_Use=FALSE)!=NIL && ! VALID_Block_Structure =〉 Arg.ErrorCode2:=WRONG_BLOCK RPC_Write.rsp(－)(Arg)	W_Conect
62	W_Conect	**RPC_Write.ind(Arg)** /Search_in_List_of_RM_Entries(Arg.ARep,In_Use=FALSE)==NIL =〉 Arg.ErrorCode2:=NO_AREP_ACT(2) RPC_Write.rsp(－)(Arg)	W_Conect
63	W_Conect	**RM_Write.rsp(－)(AREP,multiple,seqNumber,ErrorDecode,ErrorCode1,ErrorCode2,AddData1,AddData2)** =〉 encode Error(Only NDR－Header) RPC_Write.rsp(－)(Arg)	W_Conect
64	W_Conect	**RM_Write.rsp(＋)(AREP,seqNumber,AddData1,AddData2)** =〉 Retrieve API,slotNumber,subslotNumber,Index,seqNumber encode IODWriteRes RPC_Write.rsp(＋)(Arg)	W_Conect
65	W_Conect	**RPC_Read.ind(Arg)** /Arg.AREP==NIL && VALID_Block_Structure =〉 AREP:=NIL RM_Read.ind(AREP,API,TargetUUID,slotNumber,subslotNumber,Index,seqNumber,Length)	W_Conect
66	W_Conect	**RPC_Read.ind(Arg)** /Arg.AREP==NIL && ! VALID_Block_Structure =〉 Arg.ErrorCode2:=WRONG_BLOCK RPC_Read.rsp(－)(Arg)	W_Conect

表 515（续）

#	当前状态	事件/条件　=〉动作	下一状态
67	W_Conect	**RPC_Read.ind(Arg)** /Arg.AREP！ =NIL　&& search_in_List_of_RM_Entries(Arg.AREP,In_Use=FALSE) ！ =NIL && VALID_Block_Structure =〉 AREP:=Arg.AREP Store API, TargetUUID, slotNumber, subslotNumber, Index, seqNumber RM_Read.ind(AREP, API, TargetUUID, slotNumber, subslotNumber, Index, seqNumber, Length)	W_Conect
68	W_Conect	**RPC_Read.ind(Arg)** /Arg.AREP！ =NIL　&& search_in_List_of_RM_Entries(Arg.AREP,In_Use=FALSE) ！ =NIL && ！ VALID_Block_Structure =〉 Arg.ErrorCode2:=WRONG_BLOCK RPC_Read.rsp(−)(Arg)	W_Conect
69	W_Conect	**RPC_Read.ind(Arg)** /Arg.AREP！ =NIL　&& search_in_List_of_RM_Entries(Arg.ARep,In_Use=FALSE)==NIL =〉 Arg.ErrorCode2:=NO_AREP_ACT RPC_Read.rsp(−)(Arg)	W_Conect
70	W_Conect	**RM_Read.rsp(−)(AREP, multiple, seqNumber, ErrorDecode, ErrorCode1, ErrorCode2, AddData1, AddData2)** =〉 encode Error(Only NDR−Header) RPC_Read.rsp(−)(Arg)	W_Conect
71	W_Conect	**RM_Read.rsp(+)(AREP, seqNumber, AddData1, AddData2)** =〉 Retrieve API, TargetUUID, slotNumber, subslotNumber, Index, seqNumber encode IODReadRes RPC_Read.rsp(+)(Arg)	W_Conect
72	W_Conect	**RPC_Connect.ind(Arg)** /List_of_AR_resc==NIL && VALID_Block_Structure && Arg.AREP！ =NIL =〉 Arg.ErrorCode2:=NO_AREP_RSC(1) RPC_Connect.rsp(−)(Arg)	W_Conect

表 515（续）

#	当前状态	事件/条件 =〉动作	下一状态
73	W_Conect	**RPC_Connect.ind(Arg)** /List_of_AR_resc ! =NIL&& VALID_Block_Structure && Arg.AREP! =NIL && search_in_List_of_RM_Entries(Arg.AREP,In_Use=FALSE)==NIL =〉 Put_to_List_of_RM_Entries(AREP=Arg.ARBlock.ARUUID) AR_Active:=AR_Active + 1 HelloCount==0 RM _ Connect. ind (AREP, ARBlockReq, ListOfIOCRBlockReq, AlarmCRBlockReq,ListOfExpectedSubmoduleBlockReq)	W_Conect
74	W_Conect	**RPC_Connect.ind(Arg)** /List_of_AR_resc ! =NIL&& VALID_Block_Structure && Arg.AREP! =NIL && search_in_List_of_RM_Entries(Arg.AREP,In_Use=FALSE) ! =NIL =〉 RM _ Connect. ind (AREP, ARBlockReq, ListOfIOCRBlockReq, AlarmCRBlockReq,ListOfExpectedSubmoduleBlockReq)	W_Conect
75	W_Conect	**RPC_Connect.ind(Arg)** /! VALID_Block_Structure || Arg.AREP==NIL =〉 Arg.ErrorCode2:=WRONG_BLOCK RPC_Connect.rsp(—)(Arg)	W_Conect
76	W_Conect	**RM_Connect.rsp(—)(AREP,ErrorDecode,ErrorCode1,ErrorCode2,AddData1,AddData2)** =〉 encode Error(Only NDR—Header) Rem_from_List_of_RM_Entries(AREP) AR_Active:=AR_Active—1 RPC_Connect.rsp(—)(Arg)	W_Conect
77	W_Conect	**RM_ Connect. rsp (+) (AREP, ARBlockRes, ListOfIOCRBlockRes, AlarmCRBlockRes,ModuleDiffBlock)** =〉 encode IODConnectRes RPC_Connect.rsp(+)(Arg)	W_Conect

表 515（续）

#	当前状态	事件/条件 =〉动作	下一状态
78	W_Conect	**RPC_Release.ind(Arg)** /Search_in_List_of_RM_Entries(Arg.AREP,In_Use=FALSE) ! =NIL && VALID_Block_Structure =〉 Rem_from_List_of_RM_Entries(Arg.AREP) AR_Active:=AR_Active−1 AREP:=Arg.AREP RM_Release.ind(AREP,ControlBlock)	W_Conect
79	W_Conect	**RPC_Release.ind(Arg)** /Search_in_List_of_RM_Entries(Arg.AREP,In_Use=FALSE) ! =NIL && ! VALID_Block_Structure =〉 Arg.ErrorCode2:=WRONG_BLOCK RPC_Release.rsp(−)(Arg)	W_Conect
80	W_Conect	**RPC_Release.ind(Arg)** /Search_in_List_of_RM_Entries(Arg.ARep,In_Use=FALSE)= =NIL =〉 Arg.ErrorCode2:=NO_AREP_ACT(2) RPC_Release.rsp(−)(Arg)	W_Conect
81	W_Conect	**RM_Release.rsp(−)(AREP,ErrorDecode,ErrorCode1,ErrorCode2,AddData1,AddData2)** =〉 encode Error(Only NDR−Header) RPC_Release.rsp(−)(Arg)	W_Conect
82	W_Conect	**RM_Release.rsp(+)(AREP,ControlBlock)** =〉 encode IODReleaseRes RPC_Release.rsp(+)(Arg)	W_Conect
83	W_Conect	**RM_Abort.req(AREP)** /Search_in_List_of_RM_Entries(AREP,In_Use=FALSE) ! =NIL =〉 Rem_from_List_of_RM_Entries(AREP) AR_Active:=AR_Active−1 RM_Abort.cnf(AREP)	W_Conect

表 515（续）

#	当前状态	事件/条件 =〉动作	下一状态
84	W_Conect	**RM_Abort.req(AREP)** /Search_in_List_of_RM_Entries(ARep,In_Use=FALSE)==NIL =〉 RM_Abort.cnf(AREP)	W_Conect
85	W_Conect	**HELLOTimeout** /HelloCount！=0 =〉 Start Timer(HelloIntervalTime) HelloCount:=HelloCount−1 DCP_HELLO.req(CREP,ListOfData)	W_Conect
86	W_Conect	**HELLOTimeout** /HelloCount==0 =〉 ignore	W_Conect
87	任意状态	**DCPUCR_Close.cnf(−)(CREP,ERRCLS,ERRCODE)** =〉	相同状态
88	任意状态	**DCPUCR_Close.cnf(+)(CREP)** =〉	相同状态
89	任意状态	**DCPMCR_Close.cnf(−)(CREP,ERRCLS,ERRCODE)** =〉	相同状态
90	任意状态	**DCPMCR_Close.cnf(+)(CREP)** =〉	相同状态

6.6.4.4 宏

表 516 列出了 RMPM 所使用的宏。

表 516 RMPM 所使用的宏

名 称	功 能
CHECK_AR_TYPE	检查 CM_Connect-REQ-PDU 的所有数据 检查 reduction ratio 和 phase 对照 IO Data ASE,Alarm ASE 的属性进行检查 检查 data volume
CHECK_IDENT_NUMBER	检查 Ident
VALID_SELECTORS	ListOfSelector 编码和内容符合 DCP 规范

表 516（续）

名　称	功　能
VALID_FILTER	ListOfFilter 编码和内容符合 DCP 规范
VALID_DATA	ListOfData 编码和内容符合 DCP 规范
VALID_Block_Structure	RPC 服务的块结构不符合编码规则
NAME_IP_Change	(NAME in ListOfData && Value of NAME ! = Dev _ Name) ||(IP in ListOfData && Value of IP ! =Dev_IP_Para)
Search_in_List_of_RM_Entries	用于特定 AREP 的 RM 登录项的扫描表
Store Data in Dataset	依据 BlockQualifier，把 ListOfData 参数存储在该站的 DataSet 中

6.6.4.5　函数

与 NRPM 定义的函数相同(见 6.6.3.4)。

6.6.5　CMDEV

6.6.5.1　原语定义

6.6.5.1.1　在 FSPMDEV 与 CMDEV 之间交换的原语

表 517 列出了这些服务原语及其相关参数，它们由 IO 设备的 FSPM(FSPMDEV)发出并由 CMDEV 来接收。

表 517　由 FSPMDEV 发给 CMDEV 的原语

原语名称	源	相关参数	功　能
Init.req	FSPM	—	服务 Init 初始化 RMPM
Abort.req	FSPM	AREP	服务 Abort 从 list of AREPs 中去除所存储的 AREP
CControl.req	FSPM	AREP, CCtl Parameter	服务 CControl 传送应用就绪标志
Connect.rsp(+)	FSPM	AREP, AR Response Block, List of IO CR Response Blocks, Alarm CR Response Block, List of IO Data Response Blocks	此服务原语是对建立应用关系的正响应
Connect.rsp(—)	FSPM	AREP, ErrorDecode, ErrorCode1, ErrorCode2, AddData1, AddData2	此服务原语是负响应，并且未建立所请求的应用关系

表 517（续）

原语名称	源	相关参数	功　能
DControl.rsp(＋)	FSPM	AREP DCtl Response	此服务原语是对参数信号结束的响应
DControl.rsp(－)	FSPM	AREP, ErrorDecode, ErrorCode1, ErrorCode2, AddData1, AddData2	此服务原语是对参数信号结束的响应
Read.rsp(＋)	FSPM	AREP, Length, Data	此服务原语是对 Read 服务的响应
Read.rsp(－)	FSPM	AREP, ErrorDecode, ErrorCode1, ErrorCode2, AddData1, AddData2	此服务原语是对 Read 服务的响应
Write.rsp(＋)	FSPM	AREP	此服务原语是对 Write 服务的响应
Write.rsp(－)	FSPM	AREP, ErrorDecode, ErrorCode1, ErrorCode2, AddData1, AddData2	此服务原语是对 Write 服务的响应
CM_Release.rsp(＋)	FSPM	AREP	此服务原语是对 Release 服务的响应
CM_Release.rsp(－)	FSPM	AREP, ErrorDecode, ErrorCode1, ErrorCode2, AddData1, AddData2	此服务原语是对 Release 服务的响应

表 518 列出了一些服务原语及其相关参数，它们由 CMDEV 发出并由 IO 设备的 FSPM(FSPM-DEV)来接收。

表 518　由 CMDEV 发给 FSPMDEV 的原语

原语名称	源	相关参数	功　能
Init.cnf(＋)	CM	—	此服务原语指示 Init 服务成功
CControl.cnf	CM	AREP, Ct_Arg	此服务原语证实 CControl 服务
Connect.ind	CM	AREP, Ident_Number, AR Type, List of related CRs	此服务原语指示建立一个应用关系的请求
DControl.ind	CM	AREP, Ct_Arg	此服务原语指示参数的结束
Read.ind	CM	AREP, R_Arg	此服务原语指示 Read 服务
Write.ind	CM	AREP, W_Arg	此服务原语指示 Write 服务
Release.ind	CM	AREP	此服务原语指示应释放该应用关系
Stopped.ind	CM	—	此服务原语指示,设置了一个新的设备名称,因此停止 IP 实现以接收新的 IP 参数

6.6.5.1.2　CMDEV 原语的参数

在 FAL 服务定义中描述了 FSPM 与 CMDEV 之间交换的原语所使用的参数。

6.6.5.2　状态机描述

对于 IO 设备的每个 AR,都有 CM 设备协议机(CMDEV)和用于设备访问的 CM 设备协议机(CMDEV_DA)。选择其中的哪一个,是通过属性 ARProperties.DeviceAccess 来完成的。

6.6.5.3　CMDEV 状态表

表 519 包含 CMDEV 状态机的完整描述。

表 519　CMDEV 状态表

#	当前状态	事件/条件　=〉动作	下一状态
1	POWER-ON	**CM_Init.req** =〉 CM_Init.cnf	W_CIND

表 519（续）

#	当前状态	事件/条件　=〉动作	下一状态
2	W_CIND	**RM_Connect.ind(AREP,ARBlockReq,ListOfIOCRBlockReq,AlarmCRBlockReq,ListOfExpectedSubmoduleBlockReq,ListOfMCRBlockReq)** /CHECK_AR_IO_TYPE && ListOfMCRBlock==NIL =〉 CREP.PPM:=create(PPM) CREP.CPM:=create(CPM) CREP.APMI:=create(ALPMI) CREP.APMR:=create(ALPMR) First:=TRUE Multicast_Comm:=FALSE CM_Connect.ind(AREP,ARBlockReq,ListOfIOCRBlockReq,AlarmCRBlockReq,ListOfExpectedSubmoduleBlockReq)	W_CRES
3	W_CIND	**RM_Connect.ind(AREP,ARBlockReq,ListOfIOCRBlockReq,AlarmCRBlockReq,ListOfExpectedSubmoduleBlockReq,ListOfMCRBlockReq)** /CHECK_AR_IO_TYPE && ListOfMCRBlock != NIL && Resources available =〉 CREP.PPM:=create(PPM) CREP.CPM:=create(CPM) CREP.APMI:=create(ALPMI) CREP.APMR:=create(ALPMR) First:=TRUE Multicast_Comm:=TRUE CREP.MPPM:=create(mPPM) CREP.NRMC:=create(NRMC) NRMC_Timeout:=FALSE CM_ApplReady:=FALSE RM_ApplReady:=FALSE CM_Connect.ind(AREP,ARBlockReq,ListOfIOCRBlockReq,AlarmCRBlockReq,ListOfExpectedSubmoduleBlockReq)	W_CRES

表 519（续）

#	当前状态	事件/条件 =〉动作	下一状态
4	W_CIND	**RM_Connect.ind(AREP,ARBlockReq,ListOfIOCRBlockReq,AlarmCRBlockReq,ListOfExpectedSubmoduleBlockReq,ListOfMCRBlockReq)** /CHECK_AR_IO_TYPE && ListOfMCRBlock！=NIL && Resources not available =〉 ErrorDecode:=PNIO ErrorCode1:=CMDEV ErrorCode2:=resource LogEntry() RM_Connect.rsp(－)(AREP,ErrorDecode,ErrorCode1,ErrorCode2)	W_CIND
5	W_CIND	**RM_Connect.ind(AREP,ARBlockReq,ListOfIOCRBlockReq,AlarmCRBlockReq,ListOfExpectedSubmoduleBlockReq,ListOfMCRBlockReq)** /！CHECK_AR_IO_TYPE =〉 ErrorDecode:=PNIO ErrorCode1:=block of error ErrorCode2:=detail LogEntry() RM_Connect.rsp(－)(AREP,ErrorDecode,ErrorCode1,ErrorCode2)	W_CIND
6	W_CIND	**RM_Read.ind(AREP,API,TargetUUID,slotNumber,subslotNumber,Index,seqNumber,Length)** =〉 ErrorDecode:=PNIORW ErrorCode1:=state conflict RM_Read.rsp(－)(AREP,ErrorDecode,ErrorCode1,ErrorCode2,AddData1,AddData2)	W_CIND
7	W_CIND	**RM_Release.ind(AREP,ControlBlock)** =〉 RM_Release.rsp(＋)(AREP,ControlBlock)	W_CIND
8	W_CRES	**CM_Connect.rsp(＋)(AREP,ARBlockRes,ListOfIOCRBlockRes,AlarmCRBlockRes,ModuleDiffBlock)** =〉 PPM_Activate.req(CREP.PPM,DA,SA,FrameID,Prio,VLAN,TxOption,ReductionRatio,Phase,Sequence,Default_Values,Default_Status)	W_PM_O

表 519（续）

#	当前状态	事件/条件 =〉动作	下一状态
9	W_CRES	**CM_Connect.rsp(−)(AREP,ErrorDecode,ErrorCode1,ErrorCode2,AddData1,AddData2)** =〉 RM_Connect.rsp(−)(AREP,ErrorDecode,ErrorCode1,ErrorCode2)	W_CIND
10	W_CRES	**RM_Write.ind(AREP,API,slotNumber,subslotNumber,Index,multiple,seqNumber,Length,Data)** =〉 ignore	W_CRES
11	W_CRES	**RM_Read.ind(AREP,API,TargetUUID,slotNumber,subslotNumber,Index,seqNumber,Length)** =〉 ErrorDecode:=PNIORW ErrorCode1:=state conflict RM_Read.rsp(−)(AREP,ErrorDecode,ErrorCode1,ErrorCode2,AddData1,AddData2)	W_CRES
12	W_CRES	**RM_DControl.ind(AREP,ControlBlock)** =〉 ignore	W_CRES
13	W_CRES	**RM_Release.ind(AREP,ControlBlock)** =〉 ignore	W_CRES
14	W_CRES	**CM_Set_Prov_Status.req(AREP,CREP,D_Status)** =〉 Rem_Sts(CREP).D_Status:=D_Status & Inv_Msk PPM_Set_Prov_Status.req(CREP,D_Status)	W_CRES
15	W_PM_O	**PPM_Activate.cnf(CREP.PPM)** /ListOfMCRBlock==NIL =〉 ALPMI_Activate.req(CREP.ALPMI,DA,SA,VLAN,RTATimeoutFactor,MRetry)	W_PM_O
16	W_PM_O	**PPM_Activate.cnf(CREP.PPM)** /ListOfMCRBlock ! =NIL =〉 Start NRMC_Timer(MCITimeoutFactor) ProviderStationName:=mCRBlockReq.ProviderStationName NRMC_Activate.req(CREP,ProviderStationName,CR_Parameter)	W_PM_O

表 519（续）

#	当前状态	事件/条件 =〉动作	下一状态
17	W_PM_O	**NRMC_Activate.cnf(+)(CREP)** /last one =〉 ALPMI_Activate.req(CREP.ALPMI,DA,SA,VLAN,RTATimeoutFactor,MRetry)	W_PM_O
18	W_PM_O	**NRMC_Activate.cnf(−)(CREP,Err)** =〉 ErrorDecode:=PNIO ErrorCode1:=CMDEV ErrorCode2:=state conflict Stop Timer RM_Connect.rsp(−)(AREP, ErrorDecode, ErrorCode1, ErrorCode2) RM_Abort.req(AREP)	ABORT
19	W_PM_O	**ALPMI_Activate.cnf(CREP.ALPMI)** =〉 ALPMR_Activate.req(CREP.ALPMR,DA,SA,VLAN,RTATimeoutFactor,MRetry)	W_PM_O

20	W_PM_O	**ALPMR_Activate.cnf(CREP.ALPMR)**
		=〉
		Start Timer(CMI_Timeout)
		ApplRdyDone:=FALSE
		if ARType !=singeRTC3:
		  NeedRedRecvPhase:=FALSE
		  Rdy4RTC3:=TRUE
		else:
		  NeedRedRecvPhase:=TRUE
		  Rdy4RTC3:=FALSE
		
		RM_Connect.rsp(+)(AREP,ARBlockRes,ListOfIOCRBlockRes,AlarmCRBlockRes,ModuleDiffBlock)
			W_PIND

21	W_PM_O	**RM_Read.ind(AREP,API,TargetUUID,slotNumber,subslotNumber,Index,seqNumber,Length)** =〉 ErrorDecode:=PNIORW ErrorCode1:=state conflict RM_Read.rsp(−)(AREP,ErrorDecode,ErrorCode1,ErrorCode2,AddData1,AddData2)	W_PIND

表 519（续）

#	当前状态	事件/条件　=〉动作	下一状态
22	W_PIND	**RM_ Write. ind (AREP, API, slotNumber, subslotNumber, Index, multiple, seqNumber, Length, Data)** /First =〉 First:=FALSE Stop Timer CPM_Activate.req(CREP.CPM, DA, SA, FrameID, Prio, VLAN, startTon, Timeout_Base, WatchdogFactor, DataHoldFactor, Default_Value, Default_Status)	W_ACTC1
23	W_PIND	**RM_ Write. ind (AREP, API, slotNumber, subslotNumber, Index, multiple, seqNumber, Length, Data)** /! First =〉 PrmFlag:=TRUE CM_ Write. ind (AREP, API, slotNumber, subslotNumber, Index, multiple, PrmFlag, seqNumber, Length, Data)	W_PRES
24	W_PIND	**RM_DControl.ind(AREP, ControlBlock)** /First =〉 First:=FALSE Stop Timer CPM_Activate.req(CREP.CPM, DA, SA, FrameID, Prio, VLAN, startTon, Timeout_Base, WatchdogFactor, DataHoldFactor, Default_Value, Default_Status)	W_ACTC2
25	W_PIND	**RM_DControl.ind(AREP, ControlBlock)** /! First =〉 CM_DControl.ind(AREP, ControlBlock)	W_ERES
26	W_PIND	**RM_Release.ind(AREP, ControlBlock)** =〉 Stop Timer CM_Release.ind(AREP, ControlBlock)	ABORT
27	W_PIND	**CM_Set_Prov_Status.req(AREP, CREP, D_Status)** =〉 Rem_Sts(CREP), D_Status:=D_Status & Inv_Msk PPM_Set_Prov_Status.req(CREP, D_Status)	W_PIND

表 519（续）

#	当前状态	事件/条件　=〉动作	下一状态
28	W_PIND	**Timeout** =〉 RM_Abort.req(AREP)	ABORT
29	W_PIND	**NRMC_InData.ind(CREP)** =〉 ignore	W_PIND
30	W_PIND	**Timeout_NRMC_Timer** =〉 NRMC_Timeout：=TRUE	W_PIND
31	W_PIND	**CM_Abort.req(AREP)** =〉 Stop Timer RM_Abort.req(AREP)	ABORT
32	W_PIND	**CPM_Stop.ind(CREP)** /CREP ！ =CREP.MCPM =〉 Stop Timer RM_Abort.req(AREP)	ABORT
33	W_PIND	**CPM_New_Cons_Data.ind(CREP.CPM,APDU_Status,InTime)** =〉 Stop Timer	W_PIND
34	W_PIND	**PPM_Error.ind** =〉 Stop Timer RM_Abort.req(AREP)	ABORT
35	W_PIND	**ALPMI_Error.ind** =〉 Stop Timer RM_Abort.req(AREP)	ABORT
36	W_PIND	**ALPMR_Error.ind** =〉 Stop Timer RM_Abort.req(AREP)	ABORT
37	W_ACTC1	**CPM_Activate.cnf(CREP.CPM)** =〉 PrmFlag：=TRUE CM_Write.ind(AREP, API, slotNumber, subslotNumber, Index, multiple,PrmFlag,seqNumber,Length,Data)	W_PRES

表 519（续）

#	当前状态	事件/条件　=〉动作	下一状态
38	W_ACTC1	**NRMC_InData.ind(CREP)** =〉 ignore	W_ACTC1
39	W_ACTC1	**Timeout_NRMC_Timer** =〉 NRMC_Timeout:=TRUE	W_ACTC1
40	W_ACTC2	**CPM_Activate.cnf(CREP.CPM)** =〉 CM_DControl.ind(AREP,ControlBlock)	W_ERES
41	W_ACTC2	**NRMC_InData.ind(CREP)** =〉 ignore	W_ACTC2
42	W_ACTC2	**Timeout_NRMC_Timer** =〉 NRMC_Timeout:=TRUE	W_ACTC2
43	W_PRES	**CM_Write.rsp(+)(AREP, multiple, Seq Number, AddData1, AddData2)** =〉 RM_Write.rsp(+)(AREP, multiple, seqNumber, AddData1, AddData2)	W_PIND
44	W_PRES	**CM_Write.rsp(−)(AREP,multiple,seqNumber,ErrorDecode,ErrorCode1,ErrorCode2,AddData1,AddData2)** =〉 RM_Write.rsp(−)(AREP,multiple,seqNumber,ErrorDecode,ErrorCode1,ErrorCode2,AddData1,AddData2)	W_PIND
45	W_PRES	**RM_DControl.ind(AREP,ControlBlock)** =〉 ignore	W_PRES
46	W_PRES	**RM_Release.ind(AREP,ControlBlock)** =〉 ignore	W_PRES
47	W_PRES	**CM_Set_Prov_Status.req(AREP,CREP,D_Status)** =〉 Rem_Sts(CREP),D_Status:=D_Status & Inv_Msk PPM_Set_Prov_Status.req(CREP,D_Status)	W_PRES

表 519（续）

#	当前状态	事件/条件 =〉动作	下一状态
48	W_PRES	**CM_Abort.req(AREP)** =〉 RM_Abort.req(AREP)	ABORT
49	W_PRES	**CPM_Stop.ind(CREP)** /CREP ！ =CREP.MCPM =〉 RM_Abort.req(AREP)	ABORT
50	W_PRES	**NRMC_InData.ind(CREP)** =〉 ignore	W_PRES
51	W_PRES	**Timeout_NRMC_Timer** =〉 NRMC_Timeout：=TRUE	W_PRES
52	W_PRES	**CPM_New_Cons_Data.ind(CREP.CPM，APDU_Status，InTime)** =〉 ignore	W_PRES
53	W_PRES	**PPM_Error.ind** =〉 RM_Abort.req(AREP)	ABORT
54	W_PRES	**ALPMI_Error.ind** =〉 RM_Abort.req(AREP)	ABORT
55	W_PRES	**ALPMR_Error.ind** =〉 RM_Abort.req(AREP)	ABORT
56	W_ERES	**CM_DControl.rsp(＋)(AREP，ControlBlock)** =〉 StoreControlBlock RM_DControl.rsp(＋)(AREP，ControlBlock)	W_ARDY
57	W_ERES	**RM_DControl.ind(AREP，ControlBlock)** =〉 RM_Abort.req(AREP)	ABORT
58	W_ERES	**CM_DControl.rsp(－)(AREP，ErrorDecode，ErrorCode1，ErrorCode2，AddData1，AddData2)** =〉 RM_DControl.rsp(－)(AREP，ErrorDecode，ErrorCode1，ErrorCode2) RM_Abort.req(AREP)	ABORT

表 519（续）

#	当前状态	事件/条件 =〉动作	下一状态
59	W_ERES	**RM_Release.ind(AREP,ControlBlock)** =〉 CM_Release.ind(AREP,ControlBlock)	ABORT
60	W_ERES	**CM_Set_Prov_Status.req(AREP,CREP,D_Status)** =〉 Rem_Sts(CREP).D_Status:=D_Status & Inv_Msk PPM_Set_Prov_Status.req(CREP,D_Status)	W_ERES
61	W_ERES	**CM_Abort.req(AREP)** =〉 RM_Abort.req(AREP)	ABORT
62	W_ERES	**CPM_Stop.ind(CREP)** /CREP ! =CREP.MCPM =〉 RM_Abort.req(AREP)	ABORT
63	W_ERES	**NRMC_InData.ind(CREP)** =〉 ignore	W_ERES
64	W_ERES	**Timeout_NRMC_Timer** =〉 NRMC_Timeout:=TRUE	W_ERES
65	W_ERES	**CPM_New_Cons_Data.ind(CREP.CPM,APDU_Status,InTime)** =〉 ignore	W_ERES
66	W_ERES	**PPM_Error.ind** =〉 RM_Abort.req(AREP)	ABORT
67	W_ERES	**ALPMI_Error.ind** =〉 RM_Abort.req(AREP)	ABORT
68	W_ERES	**ALPMR_Error.ind** =〉 RM_Abort.req(AREP)	ABORT
69	W_ARDY	**RM_DControl.ind(AREP,ControlBlock)** /PRMEND =〉 Retrieve ControlBlock RM_DControl.rsp(+)(AREP,ControlBlock)	W_ARDY

表 519（续）

#	当前状态	事件/条件 =〉动作	下一状态
70	W_ARDY	**RM_DControl.ind(AREP,ControlBlock)** /! PRMEND =〉 CM_DControl.ind(AREP,ControlBlock)	W_ARDY
71	W_ARDY	**RM_Release.ind(AREP,ControlBlock)** =〉 CM_Release.ind(AREP,ControlBlock)	ABORT
72	W_ARDY	**CM_Set_Prov_Status.req(AREP,CREP,D_Status)** =〉 Rem_Sts(CREP),D_Status:=D_Status & Inv_Msk PPM_Set_Prov_Status.req(CREP,D_Status)	W_ARDY
73	W_ARDY	**CM_CControl.req(AREP,ControlBlock,ModuleDiffBlock)** /Multicast_Comm==FALSE =〉 ControlCommand.ApplicationReady:=TRUE ControlBlockProperties.Bit1:=Rdy4RTC3 RM_CControl.req(AREP,ControlBlock;ModuleDiffBlock)	W_RDYC
74	W_ARDY	**CM_CControl.req(AREP,ControlBlock,ModuleDiffBlock)** /Multicast_Comm==TRUE && NRMC_Timeout==FALSE && CHECK_ALL_MC_INDATA()==TRUE =〉 Stop NRMC_Timer RM_ApplReady:=TRUE ControlCommand.ApplicationReady:=TRUE ControlBlockProperties.Bit1:=Rdy4RTC3 RM_CControl.req(AREP,ControlBlock;ModuleDiffBlock)	W_RDYC
75	W_ARDY	**CM_CControl.req(AREP,ControlBlock,ModuleDiffBlock)** /Multicast_Comm==TRUE && NRMC_Timeout==FALSE && CHECK_ALL_MC_INDATA()==FALSE =〉 Store AREP,ControlBlock,ModuleDiffBlock CM_ApplReady:=TRUE	W_ARDY

表 519（续）

#	当前状态	事件/条件　=〉动作	下一状态
76	W_ARDY	**CM_CControl.req(AREP,ControlBlock,ModuleDiffBlock)** /Multicast_Comm==TRUE && NRMC_Timeout==TRUE && CHECK_ALL_MC_INDATA()==TRUE =〉 RM_ApplReady:=TRUE ControlCommand.ApplicationReady:=TRUE ControlBlockProperties.Bit1:=Rdy4RTC3 RM_CControl.req(AREP,ControlBlock;ModuleDiffBlock)	W_RDYC
77	W_ARDY	**CM_CControl.req(AREP,ControlBlock,ModuleDiffBlock)** /Multicast_Comm==TRUE && NRMC_Timeout==TRUE && CHECK_ALL_MC_INDATA()==FALSE =〉 RM_ApplReady:=TRUE For allm-Consumer-CRs part of AR do: 　if(MC_InData(CREP)==FALSE) do: 　　SubmoduleState.DiagInfo:=DiagnosisData available 　　　ChannelNumber:=0x8000 　　　ChannelProperties.Type:=0x00 　　　ChannelProperties.Specifier:=0x01 　　　ChannelErrorType:=multicast CRmismatch 　　　ExtChannelErrorType:=multicast Consumer CR timed out ControlCommand.ApplicationReady:=TRUE ControlCommand.ReadyForRTCLASS_3:=Rdy4RTC3 RM_CControl.req(AREP,ControlBlock;ModuleDiffBlock) if(MC_InData(CREP)==FALSE) do: 　DiagnosisEvent.ind(AREP,CREP,API,Diagnosis Data)	W_RDYC
78	W_ARDY	**NRMC_InData.ind(CREP)** /NRMC_Timeout==TRUE || CHECK_ALL_MC_INDATA()==FALSE =〉 ignore	W_ARDY

表 519（续）

#	当前状态	事件/条件　=〉动作	下一状态
79	W_ARDY	**NRMC_InData.ind(CREP)** /NRMC_Timeout==FALSE && CHECK_ALL_MC_INDATA()==TRUE && CM_ApplReady==TRUE =〉 Stop NRMC_Timer RM_ApplReady:=TRUE ControlCommand.ApplicationReady:=TRUE ControlBlockProperties.Bit1:=Rdy4RTC3 RM_CControl.req(AREP,ControlBlock;ModuleDiffBlock)	W_RDYC
80	W_ARDY	**NRMC_InData.ind(CREP)** /NRMC_Timeout==FALSE && CHECK_ALL_MC_INDATA()==TRUE && CM_ApplReady==FALSE =〉 Stop NRMC_Timer	W_ARDY
81	W_ARDY	**Timeout_NRMC_Timer** /CM_ApplReady==FALSE =〉 NRMC_Timeout:=TRUE	W_ARDY
82	W_ARDY	**Timeout_NRMC_Timer** /CM_ApplReady==TRUE =〉 RM_ApplReady:=TRUE For allm-Consumer-CRs part of AR do: 　if(MC_InData(CREP)==FALSE) do: 　　SubmoduleState.DiagInfo:=DiagnosisData available 　　　ChannelNumber:=0x8000 　　　ChannelProperties.Type:=0x00 　　　ChannelProperties.Specifier:=0x01 　　　ChannelErrorType:=multicast CRmismatch 　　　ExtChannelErrorType:=multicast Consumer CR timed out ControlCommand.ApplicationReady:=TRUE ControlCommand.ReadyForRTCLASS_3:=Rdy4RTC3 RM_CControl.req(AREP,ControlBlock;ModuleDiffBlock) if(MC_InData(CREP)==FALSE) do: 　DiagnosisEvent.ind(AREP,CREP,API,Diagnosis Data)	W_RDYC

表 519（续）

#	当前状态	事件/条件 =〉动作	下一状态
83	W_ARDY	**RM_CControl.cnf(+)(AREP,ControlBlock)** =〉 CM_CControl.cnf(+)(AREP,ControlBlock)	W_ARDY
84	W_ARDY	**RM_CControl.cnf(−)(AREP,ErrorDecode,ErrorCode1,ErrorCode2,AddData1,AddData2)** =〉 CM_CControl.cnf(−)(AREP,ErrorDecode,ErrorCode1,ErrorCode2,AddData1,AddData2) RM_Abort.req(AREP)	ABORT
85	W_ARDY	**CM_Abort.req(AREP)** =〉 RM_Abort.req(AREP)	ABORT
86	W_ARDY	**CPM_Stop.ind(CREP)** /CREP ! =CREP.MCPM =〉 RM_Abort.req(AREP)	ABORT
87	W_ARDY	**CPM_New_Cons_Data.ind(CREP.CPM,APDU_Status,InTime)** /! NeedRedRecvPhase =〉 ignore	W_ARDY
88	W_ARDY	**CPM_New_Cons_Data.ind(CREP.CPM,APDU_Status,InTime)** /NeedRedRecvPhase && InTime =〉 Rdy4RTC3:=TRUE	W_ARDY
89	W_ARDY	**CPM_New_Cons_Data.ind(CREP.CPM,APDU_Status,InTime)** /NeedRedRecvPhase && ! InTime =〉 Rdy4RTC3:=FALSE	W_ARDY
90	W_ARDY	**PPM_Error.ind** =〉 RM_Abort.req(AREP)	ABORT
91	W_ARDY	**ALPMI_Error.ind** =〉 RM_Abort.req(AREP)	ABORT

表 519（续）

#	当前状态	事件/条件 =〉动作	下一状态
92	W_ARDY	**ALPMR_Error.ind** =〉 RM_Abort.req(AREP)	ABORT
93	W_RDYC	**RM_DControl.ind(AREP,ControlBlock)** /PRMEND =〉 Retrieve ControlBlock RM_DControl.rsp(+)(AREP,ControlBlock)	W_RDYC
94	W_RDYC	**RM_DControl.ind(AREP,ControlBlock)** /! PRMEND =〉 CM_DControl.ind(AREP,ControlBlock)	W_RDYC
95	W_RDYC	**RM_Release.ind(AREP,ControlBlock)** =〉 CM_Release.ind(AREP,ControlBlock)	ABORT
96	W_RDYC	**CM_Set_Prov_Status.req(AREP,CREP,D_Status)** =〉 Rem_Sts(CREP),D_Status:=D_Status & Inv_Msk PPM_Set_Prov_Status.req(CREP,D_Status)	W_RDYC
97	W_RDYC	**CM_CControl.req(AREP,ControlBlock,ModuleDiffBlock)** =〉 RM_CControl.req(AREP,ControlBlock;ModuleDiffBlock)	W_RDYC
98	W_RDYC	**RM_CControl.cnf(−)(AREP,ErrorDecode,ErrorCode1,ErrorCode2,AddData1,AddData2)** =〉 CM_CControl.cnf(−)(AREP,ErrorDecode,ErrorCode1,ErrorCode2,AddData1,AddData2) RM_Abort.req(AREP)	ABORT
99	W_RDYC	**RM_CControl.cnf(+)(AREP,ControlBlock)** =〉 ApplRdyDone:=TRUE CM_CControl.cnf(+)(AREP,ControlBlock)	W_RDYC
100	W_RDYC	**CPM_New_Cons_Data.ind(CREP.CPM,APDU_Status,InTime)** /ApplRdyDone =〉 CM_In_Data.ind(CREP)	DATA

表 519（续）

#	当前状态	事件/条件 =〉动作	下一状态
101	W_RDYC	**CPM_New_Cons_Data.ind(CREP.CPM,APDU_Status,InTime)** /! ApplRdyDone =〉 ignore	W_RDYC
102	W_RDYC	**CM_Abort.req(AREP)** =〉 RM_Abort.req(AREP)	ABORT
103	W_RDYC	**CPM_Stop.ind(CREP)** /CREP ! =CREP.MCPM =〉 RM_Abort.req(AREP)	ABORT
104	W_RDYC	**PPM_Error.ind** =〉 RM_Abort.req(AREP)	ABORT
105	W_RDYC	**ALPMI_Error.ind** =〉 RM_Abort.req(AREP)	ABORT
106	W_RDYC	**ALPMR_Error.ind** =〉 RM_Abort.req(AREP)	ABORT
107	DATA	**RM_Write.ind(AREP,API,slotNumber,subslotNumber,Index,multiple,seqNumber,Length,Data)** =〉 PrmFlag:=FALSE CM_Write.ind(AREP,API,slotNumber,subslotNumber,Index,multiple,PrmFlag,seqNumber,Length,Data)	DATA
108	DATA	**CM_Write.rsp(+)(AREP,multiple,Seq Number,AddData1,AddData2)** =〉 RM_Write.rsp(+)(AREP,multiple,seqNumber,AddData1,AddData2)	DATA
109	DATA	**CM_Write.rsp(−)(AREP,multiple,seqNumber,ErrorDecode,ErrorCode1,ErrorCode2,AddData1,AddData2)** =〉 RM_Write.rsp(−)(AREP,multiple,seqNumber,ErrorDecode,ErrorCode1,ErrorCode2,AddData1,AddData2)	DATA

表 519（续）

#	当前状态	事件/条件 =〉动作	下一状态
110	DATA	**CM _ Read. rsp (+) (AREP, Seq Number, AddData1, AddData2, Length, Data)** =〉 RM_ Read. rsp (+) (AREP, Seq Number, AddData1, AddData2, Length, Data)	DATA
111	DATA	**CM_Read.rsp(−) (AREP, ErrorDecode, ErrorCode1, ErrorCode2, AddData1, AddData2)** =〉 RM_Read.rsp(−) (AREP, ErrorDecode, ErrorCode1, ErrorCode2, AddData1, AddData2)	DATA
112	DATA	**RM_DControl.ind(AREP, ControlBlock)** /PRMEND =〉 Retrieve ControlBlock RM_DControl.rsp(+)(AREP, ControlBlock)	DATA
113	DATA	**RM_DControl.ind(AREP, ControlBlock)** /! PRMEND =〉 CM_DControl.ind(AREP, ControlBlock)	DATA
114	DATA	**CM_Set_Prov_Status.req(AREP, CREP, D_Status)** =〉 Rem_Sts(CREP), D_Status: =D_Status & Inv_Msk PPM_Set_Prov_Status.req(CREP, D_Status)	DATA
115	DATA	**CPM_New_Cons_Data.ind(CREP.CPM, APDU_Status, InTime)** /! NeedRedRecvPhase =〉 CM_New_Data.ind(CREP.CPM, APDU_Status)	DATA
116	DATA	**CPM_New_Cons_Data.ind(CREP.CPM, APDU_Status, InTime)** /NeedRedRecvPhase && Rdy4RTC3 =〉 CM_New_Data.ind(CREP.CPM, APDU_Status)	DATA
117	DATA	**CPM_New_Cons_Data.ind(CREP.CPM, APDU_Status, InTime)** /NeedRedRecvPhase && ! Rdy4RTC3 && ! InTime =〉 CM_New_Data.ind(CREP.CPM, APDU_Status)	DATA

表 519（续）

#	当前状态	事件/条件 =〉动作	下一状态
118	DATA	**CPM_New_Cons_Data.ind(CREP.CPM,APDU_Status,InTime)** /NeedRedRecvPhase && ! Rdy4RTC3 && InTime =〉 Rdy4RTC3:=TRUE ControlCommand.ReadyForRTCLASS_3:=TRUE RM_CControl.req(AREP,ControlBlock;ModuleDiffBlock) CM_New_Data.ind(CREP.CPM,APDU_Status)	DATA
119	DATA	**RM_CControl.cnf(+)(AREP,ControlBlock)** =〉 CM_ReadyForRTC3.ind(AREP)	DATA
120	DATA	**RM_CControl.cnf(−)(AREP,ControlBlock)** =〉 ErrorDecode:=PNIO ErrorCode2=Reason RPC−call RM_Abort.req(AREP)	ABORT
121	DATA	**CM_CControl.req(AREP,ControlBlock,ModuleDiffBlock)** =〉 RM_CControl.req(AREP,ControlBlock;ModuleDiffBlock)	DATA
122	DATA	**RM_CControl.cnf(+)(AREP,ControlBlock)** =〉 CM_CControl.cnf(+)(AREP,ControlBlock)	DATA
123	DATA	**RM_CControl.cnf(−)(AREP,ErrorDecode,ErrorCode1,ErrorCode2,AddData1,AddData2)** =〉 CM_CControl.cnf(−)(AREP,ErrorDecode,ErrorCode1,ErrorCode2,AddData1,AddData2)	DATA
124	DATA	**RM_Release.ind(AREP,ControlBlock)** =〉 CM_Release.ind(AREP,ControlBlock)	ABORT
125	DATA	**CM_Abort.req(AREP)** =〉 RM_Abort.req(AREP)	ABORT
126	DATA	**CPM_Stop.ind(CREP)** /CREP ! =CREP.MCPM =〉 RM_Abort.req(AREP)	ABORT

表 519（续）

#	当前状态	事件/条件 =〉动作	下一状态
127	DATA	**PPM_Error.ind** =〉 RM_Abort.req(AREP)	ABORT
128	DATA	**ALPMI_Error.ind** =〉 RM_Abort.req(AREP)	ABORT
129	DATA	**ALPMR_Error.ind** =〉 RM_Abort.req(AREP)	ABORT
130	ABORT	**CM_Release.rsp(+)(AREP,ControlBlock)** =〉 RM_Release.rsp(—)(AREP, ErrorDecode, ErrorCode1, ErrorCode2) RM_Abort.req(AREP)	ABORT
131	ABORT	**CM_Release.rsp(—)(AREP,ErrorDecode,ErrorCode1,ErrorCode2,AddData1,AddData2)** =〉 RM_Release.rsp(—)(AREP, ErrorDecode, ErrorCode1, ErrorCode2) RM_Abort.req(AREP)	ABORT
132	ABORT	**RM_Abort.cnf(AREP)** /Multicast_Comm==FALSE =〉 CPM_Close.req(CREP.CPM)	ABORT
133	ABORT	**RM_Abort.cnf(AREP)** /Multicast_Comm==TRUE =〉 NRMC_Close.req(CREP)	ABORT
134	ABORT	**NRMC_Close.cnf(CREP)** =〉 CPM_Close.req(CREP.CPM)	ABORT
135	ABORT	**CPM_Close.cnf(CREP.CPM)** =〉 PPM_Close.req(CREP.PPM)	ABORT

表 519（续）

#	当前状态	事件/条件　=〉动作	下一状态
136	ABORT	**PPM_Close.cnf(CREP.PPM)** =〉 ALPMI_Close.req(CREP.ALPMI)	ABORT
137	ABORT	**ALPMI_Close.cnf(CREP.ALPMI)** =〉 ALPMR_Close.req(CREP.ALPMR)	ABORT
138	ABORT	**ALPMR_Activate.cnf(CREP.ALPMR)** =〉 Start Timer(CMI_Timeout) RM_Connect.rsp(+)(AREP, ARBlockRes, ListOfIOCRBlockRes, AlarmCRBlockRes, ModuleDiffBlock)	ABORT
139	ABORT	**ALPMR_Close.cnf(CREP.ALPMR)** =〉 remove(CREP.PPM) remove(CREP.CPM) remove(CREP.ALPMI) remove(CREP.ALPMR) remove(CREP.NRMC) CM_Abort.ind(AREP)	W_CIND
140	ABORT	**RM_Read.ind(AREP, API, TargetUUID, slotNumber, subslotNumber, Index, seqNumber, Length)** =〉 ErrorDecode:=PNIORW ErrorCode1:=state conflict RM_Read.rsp(−)(AREP, ErrorDecode, ErrorCode1, ErrorCode2, AddData1, AddData2)	ABORT
141	ABORT	**RM_DControl.ind(AREP, ControlBlock)** =〉 ErrorDecode:=PNIO ErrorCode1:=CMDEV ErrorCode2:=state conflict RM_DControl.rsp(−)(AREP, ErrorDecode, ErrorCode1, ErrorCode2)	ABORT
142	ABORT	**RM_Release.ind(AREP, ControlBlock)** =〉 RM_Release.rsp(−)(AREP, ErrorDecode, ErrorCode1, ErrorCode2)	ABORT

表 519（续）

#	当前状态	事件/条件 =〉动作	下一状态
143	ABORT	**CM_Set_Prov_Status.req(AREP,CREP,D_Status)** =〉 ignore	ABORT
144	ABORT	**CM_Abort.req(AREP)** =〉 ignore	ABORT
145	ABORT	**CPM_Stop.ind(CREP)** =〉 ignore	ABORT
146	ABORT	**CPM_New_Cons_Data.ind(CREP.CPM,APDU_Status,InTime)** =〉 ignore	ABORT
147	ABORT	**PPM_Error.ind** =〉 ignore	ABORT
148	ABORT	**ALPMI_Error.ind** =〉 ignore	ABORT
149	ABORT	**ALPMR_Error.ind** =〉 ignore	ABORT
150	任意状态	**PPM_Set_Prov_Status.cnf(+)(CREP)** =〉 CM_Set_Prov_Status.cnf(+)(AREP,CREP)	相同状态
151	任意状态	**PPM_Set_Prov_Status.cnf(−)(CREP,ERRCLS,ERRCODE)** =〉 CM_Set_Prov_Status.cnf(−)(AREP,CREP,ERRCLS,ERRCODE)	相同状态
152	任意状态	**RM_Connect.ind(AREP,ARBlockReq,ListOfIOCRBlockReq,AlarmCRBlockReq,ListOfExpectedSubmoduleBlockReq,ListOfMCRBlockReq)** =〉 ErrorDecode:=PNIO ErrorCode1:=CMDEV ErrorCode2:=state conflict RM_Connect.rsp(−)(AREP,ErrorDecode,ErrorCode1,ErrorCode2) RM_Abort.req(AREP)	ABORT

表 519（续）

#	当前状态	事件/条件 =〉动作	下一状态
153	任意状态	**CM_Connect.rsp（+）（AREP，ARBlockRes，ListOfIOCRBlockRes，AlarmCRBlockRes，ModuleDiffBlock）** =〉 ignore	相同状态
154	任意状态	**CM_Connect.rsp（－）（AREP，ErrorDecode，ErrorCode1，ErrorCode2，AddData1，AddData2）** =〉 ignore	相同状态
155	任意状态	**RM_Write.ind（AREP，API，slotNumber，subslotNumber，Index，multiple，seqNumber，Length，Data）** =〉 ErrorDecode：=PNIORW ErrorCode1：=state conflict RM_Write.rsp（－）（AREP，multiple，seqNumber，ErrorDecode，ErrorCode1，ErrorCode2，AddData1，AddData2）	相同状态
156	任意状态	**CM_Write.rsp（+）（AREP，multiple，Seq Number，AddData1，AddData2）** =〉 ignore	相同状态
157	任意状态	**CM_Write.rsp（－）（AREP，multiple，seqNumber，ErrorDecode，ErrorCode1，ErrorCode2，AddData1，AddData2）** =〉 ignore	相同状态
158	任意状态	**RM_Read.ind（AREP，API，TargetUUID，slotNumber，subslotNumber，Index，seqNumber，Length）** =〉 CM_Read.ind（AREP，API，TargetUUID，slotNumber，subslotNumber，Index，seqNumber，Length）	相同状态
159	任意状态	**CM_Read.rsp（+）（AREP，Seq Number，AddData1，AddData2，Length，Data）** =〉 RM_Read.rsp（+）（AREP，Seq Number，AddData1，AddData2，Length，Data）	相同状态
160	任意状态	**CM_Read.rsp（－）（AREP，ErrorDecode，ErrorCode1，ErrorCode2，AddData1，AddData2）** =〉 RM_Read.rsp（－）（AREP，ErrorDecode，ErrorCode1，ErrorCode2，AddData1，AddData2）	相同状态

表 519（续）

#	当前状态	事件/条件　=〉动作	下一状态
161	任意状态	**RM_DControl.ind（AREP，ControlBlock）** =〉 ErrorDecode：=PNIO ErrorCode1：=CMDEV ErrorCode2：=state conflict RM_DControl.rsp（－）（AREP，ErrorDecode，ErrorCode1，ErrorCode2）	相同状态
162	任意状态	**CM_DControl.rsp（＋）（AREP，ControlBlock）** =〉 ignore	相同状态
163	任意状态	**CM_DControl.rsp（－）（AREP，ErrorDecode，ErrorCode1，ErrorCode2，AddData1，AddData2）** =〉 ignore	相同状态
164	任意状态	**CM_Release.rsp（＋）（AREP，ControlBlock）** =〉 ignore	相同状态
165	任意状态	**CM_Release.rsp（－）（AREP，ErrorDecode，ErrorCode1，ErrorCode2，AddData1，AddData2）** =〉 ignore	相同状态
166	任意状态	**CM_CControl.req（AREP，ControlBlock，ModuleDiffBlock）** =〉 ErrorDecode：=PNIO ErrorCode1：=CMDEV ErrorCode2：=state conflict CM_CControl.cnf（－）（AREP，ErrorDecode，ErrorCode1，ErrorCode2，AddData1，AddData2）	相同状态
167	任意状态	**RM_CControl.cnf（＋）（AREP，ControlBlock）** =〉 ignore	相同状态
168	任意状态	**RM_CControl.cnf（－）（AREP，ErrorDecode，ErrorCode1，ErrorCode2，AddData1，AddData2）** =〉 ignore	相同状态
169	任意状态	**CM_ReadyForRTC3.rsp** =〉 ignore	相同状态

6.6.5.4 函数

CMDEV 未定义函数。

6.6.5.5 宏

表 520 列出了 CMDEV 使用的宏。

表 520 CMDEV 使用的宏

名 称	功 能
CHECK_ALL_MC_INDATA()	用于 AR 的所有 CR
Stop NRMC_Timer()	停止 MCITimeout 计时器

6.6.5.6 变量

表 521 列出了 CMDEV 所使用的变量。

表 521 CMDEV 使用的变量

名 称	功 能
RM_ApplReady	RM_CControl.req 已由 CMDEV 发送
CM_ApplReady	接收到来自 FSPMDEV 的 CM_CControl.req
Multicast_Comm	此 CR 是多播 CR
NRMC_Timeout	MCITimeout 超时

6.6.5.7 CMDEV(DA)状态表

表 522 包含了 CMDEV(DA)状态机的完整描述。

表 522 CMDEV(DA)状态表

#	当前状态	事件/条件 =〉动作	下一状态
1	POWER-ON	**CM_Init.req** =〉 CM_Init.cnf	W_CIND
2	W_CIND	**RM_Connect.ind(AREP,ARBlockReq)** =〉 Timeout:=calculate(ARBlockReq.CMInitiatorActivityTimeoutFactor) CM_Connect.ind(AREP,ARBlockReq)	W_CRES
3	W_CRES	**CM_Connect.rsp(+)(AREP,ARBlockRes)** =〉 TimeoutStart(Timeout) RM_Connect.rsp(+)(AREP,ARBlockRes) CM_In_Data.ind(AREP)	DATA

表 522（续）

#	当前状态	事件/条件 =〉动作	下一状态
4	W_CRES	**CM_Connect.rsp(－)(AREP,ErrorDecode,ErrorCode1,ErrorCode2,AddData1,AddData2)** =〉 RM_Connect.rsp(－)(AREP,ErrorDecode,ErrorCode1,ErrorCode2)	W_CIND
5	DATA	**CM_Abort.req(AREP)** =〉 TimeoutStop() RM_Abort.req(AREP)	ABORT
6	DATA	**RM_Release.ind(AREP,IODReleaseReq)** =〉 TimeoutStop() CM_Release.ind(AREP,ControlBlock)	ABORT
7	DATA	**Timeout()** =〉 RM_Abort.req(AREP)	ABORT
8	DATA	**RM_Read.ind(AREP,API,TargetUUID,slotNumber,subslotNumber,Index,seqNumber,Length)** =〉 TimeoutStop() CM_Read.ind(AREP,API,slot Number,subslot－Number,Index,Seq Number,Length)	DATA
9	DATA	**CM_Read.rsp(＋)(AREP,Length,Data)** =〉 TimeoutStart(Timeout) RM_Read.rsp(＋)(AREP,Seq Number,AddData1,AddData2,Length,Data)	DATA
10	DATA	**CM_Read.rsp(－)(AREP,ErrorDecode,ErrorCode1,ErrorCode2,AddData1,AddData2)** =〉 TimeoutStart(Timeout) RM_Read.rsp(－)(AREP,ErrorDecode,ErrorCode1,ErrorCode2,AddData1,AddData2)	DATA

表 522（续）

#	当前状态	事件/条件 =〉动作	下一状态
11	DATA	**RM_Write.ind（AREP，API，slotNumber，subslotNumber，Index，multiple，seqNumber，Length，Data）** =〉 TimeoutStop（） CM_Write.ind（AREP，API，slot Number，subslot－Number，Index，Seq Number，Length，Data）	DATA
12	DATA	**CM_Write.rsp（＋）（AREP）** =〉 TimeoutStart（Timeout） RM_Write.rsp（＋）（AREP，multiple，seqNumber，AddData1，AddData2）	DATA
13	DATA	**CM_Write.rsp（－）（AREP，ErrorDecode，ErrorCode1，ErrorCode2，AddData1，AddData2）** =〉 TimeoutStart（Timeout） RM_Write.rsp（－）（AREP，multiple，seqNumber，ErrorDecode，ErrorCode1，ErrorCode2，AddData1，AddData2）	DATA
14	ABORT	**CM_Release.rsp（＋）（AREP，ControlBlock）** =〉 RM_Release.rsp（＋）（AREP，IODReleaseRes） RM_Abort.req（AREP）	ABORT
15	ABORT	**CM_Release.rsp（－）（AREP，ErrorDecode，ErrorCode1，ErrorCode2，AddData1，AddData2）** =〉 RM_Release.rsp（－）（AREP，ErrorDecode，ErrorCode1，ErrorCode2） RM_Abort.req（AREP）	ABORT
16	ABORT	**RM_Abort.cnf（AREP）** =〉 CM_Abort.ind（AREP）	W_CIND
17	任意状态	**RM_Connect.ind（AREP，ARBlockReq）** =〉 ErrorDecode：=PNIO ErrorCode1：=CMDEV ErrorCode2：=state conflict RM_Connect.rsp（－）（AREP，ErrorDecode，ErrorCode1，ErrorCode2）	相同状态

表 522（续）

#	当前状态	事件/条件 =〉动作	下一状态
18	任意状态	**RM_Read.ind(AREP,API,TargetUUID,slotNumber,subslotNumber,Index,seqNumber,Length)** =〉 ErrorDecode:=PNIORW ErrorCode1:=state conflict RM_Read.rsp(－)(AREP,ErrorDecode,ErrorCode1,ErrorCode2,AddData1,AddData2)	相同状态
19	任意状态	**RM_Write.ind(AREP,API,slotNumber,subslotNumber,Index,multiple,seqNumber,Length,Data)** =〉 ErrorDecode:=PNIORW ErrorCode1:=state conflict RM_Write.rsp(－)(AREP,multiple,seqNumber,ErrorDecode,ErrorCode1,ErrorCode2,AddData1,AddData2)	相同状态
20	任意状态	**RM_DControl.ind(AREP,ControlBlock)** =〉 ErrorDecode:=PNIO ErrorCode1:=CMDEV ErrorCode2:=state conflict RM_DControl.rsp(－)(AREP,ErrorDecode,ErrorCode1,ErrorCode2)	相同状态
21	任意状态	**RM_Release.ind(AREP,IODReleaseReq)** =〉 ignore	相同状态
22	任意状态	**CM_Connect.rsp(＋)(AREP,ARBlockRes)** =〉 ignore	相同状态
23	任意状态	**CM_Connect.rsp(－)(AREP,ErrorDecode,ErrorCode1,ErrorCode2,AddData1,AddData2)** =〉 ignore	相同状态
24	任意状态	**CM_Read.rsp(＋)(AREP,Length,Data)** =〉 ignore	相同状态
25	任意状态	**CM_Read.rsp(－)(AREP,ErrorDecode,ErrorCode1,ErrorCode2,AddData1,AddData2)** =〉 ignore	相同状态

表 522（续）

#	当前状态	事件/条件　=〉动作	下一状态
26	任意状态	**CM_Write.rsp(+)(AREP)** =〉 ignore	相同状态
27	任意状态	**CM_Write.rsp(−)(AREP, ErrorDecode, ErrorCode1, ErrorCode2, AddData1, AddData2)** =〉 ignore	相同状态
28	任意状态	**Timeout()** =〉 ignore	相同状态
29	任意状态	**CM_Abort.req(AREP)** =〉 ignore	相同状态
30	任意状态	**CM_Release.rsp(+)(AREP, ControlBlock)** =〉 ignore	相同状态
31	任意状态	**CM_Release.rsp(−)(AREP, ErrorDecode, ErrorCode1, ErrorCode2, AddData1, AddData2)** =〉 ignore	相同状态

6.6.5.8　函数

表 523 列出了 CMDEV(DA)使用的函数。

表 523　CMDEV(DA)使用的函数

名　称	功　能
TimeoutStart(Timeout)	启动定时器以监视连接
TimeoutStop()	停止监视连接的定时器
Timeout()	监视连接的定时器超时

6.6.5.9　宏

表 524 列出了 CMDEV(DA)使用的宏。

表 524 CMDEV(DA)使用的宏

名 称	功 能
RM_Connect.ind(AREP,ARBlockReq)	减少设备访问必需的块的集合
calculate (ARBlockReq. CMInitiatorActivityTimeoutFactor)	IO 设备监视在 IO 控制器的连接响应与随后的 Read 和 Write 记录活动之间的时间

6.6.6 NRMC

6.6.6.1 原语定义

6.6.6.1.1 在 NRMC 与 CMDEV 之间交换的原语

表 525 列出了这些服务原语及其相关参数,它们由 IO 设备的 CM(CMDEV)发出并由 NRMC 来接收。

表 525 由 CMDEV 发给 NRMC 的原语

原语名称	源	相关参数	功 能
NRMC_Activate.req	CMDEV	CREP ProviderStationName CR_Parameter	服务 activate 初始化 NRMC 状态机
NRMC_Close.req	CMDEV	CREP	服务 close 解除初始化 NRMC 状态机

表 526 列出了一些服务原语及其相关参数,它们由 NRMC 发出并由 IO 设备的 CM(CMDEV)来接收。

表 526 由 NRMC 发给 CMDEV 的原语

原语名称	源	相关参数	功 能
NRMC_Activate.cnf(+)	NRMC	CREP	此服务原语指示服务 Activate 已成功
NRMC_Activate.cnf(-)	NRMC	CREP Err	此服务原语指示服务 Activate 已失败
NRMC_Close.cnf	NRMC	CREP	此服务原语指示服务 Close 已成功
NRMC_InData.ind	NRMC	CREP	此服务原语指示已成功地建立 MCR

6.6.6.1.2 在 NRMC 与 CPM 之间交换的原语

表 527 列出了一些服务原语及其相关参数,它们由 CPM 发出并由 NRMC 来接收。

表 527 由 CPM 发给 NRMC 的原语

原语名称	源	相关参数	功　能
CPM_Activate.cnf(－)	CPM	CREP ERRCLS ERRCODE	此服务原语指示 Activate 服务已失败
CPM_Activate.cnf(＋)	CPM	CREP	此服务原语指示 Activate 服务已成功
CPM_Close.cnf	CPM	CREP	此服务原语指示 Close 服务已成功
CPM_New_Cons_Data.ind	CPM	CREP APDU_Status	此服务原语指示已接收到新的 Multicast Consumer Data
CPM_Stop.ind	CPM	CREP	此服务原语指示 Data Hold Time 已超时

表 528 列出了一些服务原语及其相关参数，它们由 NRMC 发出并由 CPM 来接收。

表 528 由 NRMC 发给 CPM 的原语

原语名称	源	相关参数	功　能
CPM_Activate.req	NRMC	CREP DA SA FrameId Prio VLAN Exp_Length StartTon Timeout_Base WatchDogTime DataHoldTime Default_Value Default_Status	服务 Activate 初始化 CPM，并对 DMPM 装载调度表
CPM_Close.req	NRMC	CREP	服务 close 解除对 CPM 始化，并停止数据传输。该调度表被清除

6.6.6.1.3 在 NRMC 与其他状态间交换的原语

表 529 和表 530 列出了一些服务原语及其相关参数，它们由其他状态机发出并由 NRMC 来接收。

表 529　由其他状态机发给 NRMC 的原语

原语名称	源	相关参数	功　能
DCP_Identify.cnf(－)	DCP	CREP ERRCLS ERRCODE	此服务原语指示 M-Provider 站名称的地址解析已失败
DCP_Identify.cnf(＋)	DCP	CREP	此服务原语指示 M-Provider 站名称的地址解析已成功
DCP_Identify.ind	DCP	CREP SA ListofFilters ResponseDelay	此服务原语指示 M-Provider 已应答该标识(Identify)询问
DCPMCS_Activate.cnf(－)	DCPMS	CREP ERRCLS ERRCODE	此服务原语指示 Activate 服务已失败
DCPMCS_Activate.cnf(＋)	DCPMS	CREP	此服务原语指示 Activate 服务已成功

表 530　由 NRMC 发给其他状态机的原语

原语名称	源	相关参数	功　能
DCP_Identify.req	NRMC	CREP DA ListOfFilter ResponseDelay	服务 Identify 启动 M-Provider 的站名称地址解析
DCPMCS_Activate.req	NRMC	CREP VLAN-Prio VLAN-ID DCPMC_Timeout	服务 activate 初始化 DCPMCS 状态机
DiagnosisEvent.ind	NRMC	AREP CREP API Diagnosis Data	此服务原语指示出现诊断事件
CM_Stop.ind	NRMC	CREP	此服务原语指示 MCR 的 Data Hold Tim 已超时的那个应用

6.6.6.1.4　NRMC 原语的参数

在 FAL 服务定义中描述了 NRMC 与 CMDEV 之间交换的原语所使用的参数。

6.6.6.2 状态机描述

对于每个多播消费者都存在 NRMC 机。

本地变量如下：

——RM_ApplReady

此本地变量指示来自 CMDEV 的 RM_CControl.req 总是被启动。

——MC_InData(CREP)

第一次接收到通过 CREP 的一个有效帧。

6.6.6.3 NRMC 状态表

表 531 包含 NRMC 状态机的完整描述。

表 531 NRMC 状态表

#	当前状态	事件/条件 =〉动作	下一状态
1	W-START	**NRMC_Activate.req(CREP,ProviderStationName,CR_Parameter)** =〉 Store CRParameter DCPMCS_Activate.req(CREP, VLAN-Prio, VLAN-ID, DCPMC_Timeout)	ACT1
2	W-START	**NRMC_Close.req(CREP)** =〉 NRMC_Close.cnf(CREP)	W-START
3	W-START	**OTHERS ignore** =〉 ignore	W-START
4	ACT1	**DCPMCS_Activate.cnf(－)(CREP,ERRCLS,ERRCODE)** =〉 NRMC_Activate.cnf(－)(CREP,Err=No_DCPact)	W-START
5	ACT1	**DCPMCS_Activate.cnf(＋)(CREP)** =〉 MCName:=ProviderStationName DA:=DCPMC_add ListofFilter:=DeviceProperties,NameOfStation,mCName ResponseDelay:=1 NRMC_Activate.cnf(＋)(CREP) DCP_Identify.req(CREP,DA,ListOfFilter,ResponseDelay)	W_DCP_I
6	ACT1	**NRMC_Close.req(CREP)** =〉 NRMC_Close.cnf(CREP) DCPMCS_Close.req(CREP)	W-START

表 531（续）

#	当前状态	事件/条件　=〉动作	下一状态
7	ACT1	**OTHERS ignore** =〉 ignore	ACT1
8	W_DCP_I	**DCP_Identify.cnf(CREP,SA,ListOfData)** =〉 storesA	W_DCP_T
9	W_DCP_I	**DCP_Identify.cnf(－)(CREP,ERRCLS,ERRCODE)** =〉 DA:=DCPMC_add ListofFilter:=DeviceProperties,NameOfStation,mCName ResponseDelay:=1 DCP_Identify.req(CREP,DA,ListOfFilter,ResponseDelay)	W_DCP_I
10	W_DCP_I	**DCP_Identify.cnf(＋)(CREP)** =〉 DA:=DCPMC_add ListofFilter:=DeviceProperties,NameOfStation,mCName ResponseDelay:=1 ChannelNumber:=0x8000 ChannelProperties.Type:=0x00 ChannelProperties.Specifier:=0x01 ChannelErrorType:=multicast CRmismatch ExtChannelErrorType:=AddressResolutionFailed DCP_Identify.req(CREP,DA,ListOfFilter,ResponseDelay) DiagnosisEvent.ind(AREP,CREP,API,Diagnosis Data)	W_DCP_I
11	W_DCP_I	**NRMC_Close.req(CREP)** =〉 NRMC_Close.cnf(CREP) DCPMCS_Close.req(CREP)	W-START
12	W_DCP_I	**OTHERS ignore** =〉 ignore	W_DCP_I
13	W_DCP_T	**DCP_Identify.cnf(CREP,SA,ListOfData)** =〉 ChannelNumber:=0x8000 ChannelProperties.Type:=0x00 ChannelProperties.Specifier:=0x01 ChannelErrorType:=multicast CRmismatch ExtChannelErrorType:=AddressResolutionFailed DCP_Identify.req(CREP,DA,ListofFilter,ResponseDelay) DiagnosisEvent.ind(AREP,CREP,API,Diagnosis Data)	W_DCP_I

表 531（续）

#	当前状态	事件/条件 =〉动作	下一状态
14	W_DCP_T	**DCP_Identify.cnf(－)(CREP,ERRCLS,ERRCODE)** =〉 DA:=DCPMC_add ListofFilter:=DeviceProperties,NameOfStation,mCName ResponseDelay:=1 DCP_Identify.req(CREP,DA,ListOfFilter,ResponseDelay)	W_DCP_I
15	W_DCP_T	**DCP_Identify.cnf(＋)(CREP)** =〉 CREP:=create(CPM) MC_InData(CREP):=FALSE StartTon:=FALSE CPM_Activate.req(CREP, DA, SA, FrameId, Prio, VLAN, Exp_Length, startTon, Timeout_Base, WatchDogTime, DataHoldTime, Default_Value,Default_Status)	WF_ACTC
16	W_DCP_T	**NRMC_Close.req(CREP)** =〉 NRMC_Close.cnf(CREP) DCPMCS_Close.req(CREP)	W-START
17	W_DCP_T	**OTHERS ignore** =〉 ignore	W_DCP_T
18	WF_ACTC	**CPM_Activate.cnf(＋)(CREP)** =〉	WF_NRMC_ID
19	WF_ACTC	**CPM_Activate.cnf(－)(CREP,ERRCLS,ERRCODE)** =〉 CPM_Close.req(CREP) DCPMCS_Close.req(CREP)	W-START
20	WF_ACTC	**NRMC_Close.req(CREP)** =〉 NRMC_Close.cnf(CREP) CPM_Close.req(CREP) DCPMCS_Close.req(CREP)	W-START
21	WF_ACTC	**OTHERS ignore** =〉 ignore	WF_ACTC

表 531（续）

#	当前状态	事件/条件　=〉动作	下一状态
22	WF_NRMC_ID	**CPM_New_Cons_Data.ind(CREP,APDU_Status)** /RM_ApplReady==FALSE =〉 MC_InData(CREP):=TRUE NRMC_InData.ind(CREP)	NRMC_ID
23	WF_NRMC_ID	**CPM_New_Cons_Data.ind(CREP,APDU_Status)** /RM_ApplReady==TRUE =〉 MC_InData(CREP):=TRUE	NRMC_ID
24	WF_NRMC_ID	**CPM_Stop.ind(CREP)** =〉 ChannelNumber:=0x8000 ChannelProperties.Type:=0x00 ChannelProperties.Specifier:=0x01 ChannelErrorType:=multicast CRmismatch ExtChannelErrorType:=multicast Consumer CR timed out DiagnosisEvent.ind(AREP,CREP,API,Diagnosis Data) CPM_Close.req(CREP) CM_Stop.ind(CREP)	WF_CLC1
25	WF_NRMC_ID	**NRMC_Close.req(CREP)** =〉 NRMC_Close.cnf(CREP) CPM_Close.req(CREP) DCPMCS_Close.req(CREP)	W-START
26	WF_NRMC_ID	**OTHERS ignore** =〉 ignore	WF_NRMC_ID
27	NRMC_ID	**CPM_Stop.ind(CREP)** /RM_ApplReady==FALSE =〉 MC_InData(CREP):=FALSE CPM_Close.req(CREP) CM_Stop.ind(CREP)	WF_CLC1

表 531（续）

#	当前状态	事件/条件 =〉动作	下一状态
28	NRMC_ID	**CPM_Stop.ind(CREP)** /RM_ApplReady==TRUE =〉 ChannelNumber:=0x8000 ChannelProperties.Type:=0x00 ChannelProperties.Specifier:=0x01 ChannelErrorType:=multicast CRmismatch ExtChannelErrorType:=multicast Consumer CR timed out CPM_Close.req(CREP) CM_Stop.ind(CREP) DiagnosisEvent.ind(AREP,CREP,API,Diagnosis Data)	WF_CLC2
29	NRMC_ID	**NRMC_Close.req(CREP)** =〉 NRMC_Close.cnf(CREP) CPM_Close.req(CREP) DCPMCS_Close.req(CREP)	W-START
30	NRMC_ID	**OTHERS ignore** =〉 ignore	NRMC_ID
31	WF_CLC1	**CPM_Close.cnf(CREP)** =〉 DCP_Identify.req(CREP,DA,ListOfFilter,ResponseDelay)	W_DCP_I
32	WF_CLC1	**NRMC_Close.req(CREP)** =〉 NRMC_Close.cnf(CREP) DCPMCS_Close.req(CREP)	W-START
33	WF_CLC1	**OTHERS ignore** =〉 ignore	WF_CLC1
34	WF_CLC2	**CPM_Close.cnf(CREP)** =〉 DCP_Identify.req(CREP,DA,ListOfFilter,ResponseDelay)	W_DCP_I
35	WF_CLC2	**NRMC_Close.req(CREP)** =〉 NRMC_Close.cnf(CREP) DCPMCS_Close.req(CREP)	W-START
36	WF_CLC2	**OTHERS ignore** =〉 ignore	WF_CLC2

6.6.6.4 函数

NRMC 未定义函数或宏。

6.6.7 CMCTL

6.6.7.1 原语定义

6.6.7.1.1 在 FSPMCTL 与 CMCTL 之间交换的原语

表 532 列出了这些服务原语及其相关参数,它们由 IO 控制器的 FSPM(FSPMCTL)发出并由 CMCTL 来接收。

表 532 由 FSPMCTL 发给 CMCTL 的原语

原语名称	源	相关参数	功 能
Init.req	FSPM		服务 Init 初始化 CMCTL
Release.req	FSPM	AREP ReleaseBlock	服务关闭现有的连接
Connect.req	FSPM	AREP ARBlockReq ListOfIOCRBlockReq AlarmCRBlockReq ListOfExpectedSubmodule-BlockReq PrmCount ListOfWriteBlockReq	服务 Connect 打开应用关系
Read.req	FSPM	AREP SlotNumber SubslotNumber Index SeqNumber Length	服务 Read 请求记录数据的值
Write.req	FSPM	AREP SlotNumber SubslotNumber Index SeqNumber Length Data	服务 Write 传送记录数据的值
Abort.req	FSPM	AREP	服务 Abort 终止该 AR
DControl.req	FSPM	AREP ControlBlockConnect	服务 Dcontrol 传送参数数据的结束

表 533 列出了一些服务原语及其相关参数，它们由 CMCTL 发出并由 IO 控制器的 FSPM(FSPM-CTL)来接收。

表 533 由 CMCTL 发给 FSPMCTL 的原语

原语名称	源	相关参数	功 能
Release.cnf(+)	CM	AREP	此服务原语指示应用关系的释放已成功
Release.cnf(−)	CM	AREP ErrorDecode ErrorCode1 ErrorCode2 AddData1 AddData2	此服务原语指示应用关系的释放已失败
Connect.cnf(+)	CM	AREP	此服务原语是对建立应用关系的正证实
Connect.cnf(−)	CM	AREP ErrorDecode ErrorCode1 ErrorCode2 AddData1 AddData2	此服务原语是负证实，并且未建立所请求的应用关系
Read.cnf(+)	CM	AREP Length Data	此服务原语指示 Read 服务的正证实
Read.cnf(−)	CM	AREP ErrorDecode ErrorCode1 ErrorCode2 AddData1 AddData2	此服务原语指示 Read 服务的负证实
Write.cnf(+)	CM	AREP	此服务原语指示 Write 服务的正证实
Write.cnf(−)	CM	AREP ErrorDecode ErrorCode1 ErrorCode2 AddData1 AddData2	此服务原语指示 Write 服务的负证实

表 533（续）

原语名称	源	相关参数	功　能
CControl.rsp(－)	CM	AREP ErrorDecode ErrorCode1 ErrorCode2 AddData1 AddData2	此服务原语是应用就绪服务的负响应
DControl.cnf(－)	CM	AREP ErrorDecode ErrorCode1 ErrorCode2 AddData1 AddData2	此服务原语是参数服务结束的负证实
New_Input_Data.ind	CM	AREP	此服务原语指示接收到新数据
InData.ind	CM	AREP	此服务原语指示第1次接收到新数据

6.6.7.1.2 CMCTL 原语的参数

在 PNIO 服务定义中描述了 FSPM 与 CMCTL 之间交换的原语所使用的参数。

6.6.7.2 状态机描述

对于IO控制器的每个AR都存在CM控制器协议机。CM Connect 请求服务原语可以被用来直接寻址端点映射方端口(endpointmapper port)或响应方 RPC 服务器端口(Responderserver RPC Port)。应通过本地方法或通过询问响应方的端点映射方来获得响应方 RPC 服务器端口的端口号。此行为由 Connect 服务的 AR RPC Block 服务参数来控制。

注：使用直接寻址 Responderserver RPC 端口，以避免基于 PC 系统上的个人防火墙冲突。使用直接寻址 Initiatorserver RPC 端口(发起方服务器 RPC 端口)，以支持安装在一个 PC 上的多个工程工具。

6.6.7.3 CMCTL 状态表

表 534 包含 CMCTL 状态机的完整描述。

表 534　CMCTL 状态表

#	当前状态	事件/条件　=〉动作	下一状态
1	POWER-ON	**CM_CTL_Init.req(AREP)** =〉	CONNECT

表 534（续）

#	当前状态	事件/条件　=〉动作	下一状态
2	CONNECT	**CM_Connect.req(AREP,ARBlockReq,ListOfIOCRBlockReq,AlarmCRBlockReq,ListOfExpectedSubmoduleBlockReq,PrmCount,ListOfWriteBlockReq)** =〉 Store Args CREP.PPM:=create(PPM) CREP.CPM:=create(CPM) CREP.ALPMR:=create(ALPMR) CREP.ALPMI:=create(ALPMI) ErrorDecode:=PNIO RM_Connect.req(AREP,ARBlockReq,ListOfIOCRBlockReq,AlarmCRBlockReq,ListOfExpectedSubmoduleBlockReq,ARRPCBlockReq)	W_CCON
3	CONNECT	**CM_Release.req(AREP,ControlBlock)** =〉 CM_Release.cnf(+)(AREP,ControlBlock)	CONNECT
4	CONNECT	**CM_Abort.req(AREP)** =〉 CM_Abort.cnf(AREP)	CONNECT
5	W_CCON	**RM_Connect.cnf(+)(AREP,ARBlockRes,ListOfIOCRBlockRes,AlarmCRBlockRes,ModuleDiffBlock,ARRPCBlockRes)** =〉 Store Result StartTon:=TRUE CPM_Activate.req(CREP.CPM,DA,SA,FrameID,Prio,VLAN,startTon,Timeout_Base,WatchdogFactor,DataHoldFactor,Default_Value,Default_Status)	W_PM_O
6	W_CCON	**RM_Connect.cnf(−)(AREP,ErrorDecode,ErrorCode1,ErrorCode2,AddData1,AddData2)** =〉 CM_Connect.cnf(−)(AREP,ErrorDecode,ErrorCode1,ErrorCode2,AddData1,AddData2)	CONNECT
7	W_CCON	**CM_Release.req(AREP,ControlBlock)** =〉 RM_Release.req(AREP,ControlBlock)	ABORT

表 534（续）

#	当前状态	事件/条件 =〉动作	下一状态
8	W_CCON	**CM_Abort.req(AREP)** =〉 RM_Abort.req(AREP)	ABORT
9	W_PM_O	**CPM_Activate.cnf(CREP.CPM)** =〉 PPM_Activate.req(CREP.PPM,DA,SA,FrameID,Prio,VLAN,Tx-Option,ReductionRatio,Phase,Sequence,Default_Values,Default_Status)	W_PM_O
10	W_PM_O	**PPM_Activate.cnf(CREP.PPM)** =〉 ALPMI_Activate.req(CREP.ALPMI,DA,SA,VLAN,RTATime-outFactor,MRetry)	W_PM_O
11	W_PM_O	**ALPMI_Activate.cnf(CREP.ALPMI)** =〉 ALPMR_Activate.req(CREP.ALPMR,DA,SA,VLAN,RTATime-outFactor,MRetry)	W_PM_O
12	W_PM_O	**ALPMR_Activate.cnf(CREP.ALPMR)** /PrmCount > 0 =〉 PrmCount:=PrmCount−1 Get Write Parameter from ListOfWriteParameter RM_Write.req(AREP,slotNumber,subslotNumber,Index,seqNum-ber,Length,Data)	W_PRM
13	W_PM_O	**ALPMR_Activate.cnf(CREP.ALPMR)** /PrmCount=0 =〉 ControlBlockConnect.PrmEnd:=TRUE PrmEndDone:=FALSE ApplRdyDone:=FALSE Rdy4RTC3Done:=FALSE RM_DControl.req(AREP,ControlBlock)	W_ARDY

表 534（续）

#	当前状态	事件/条件 =〉动作	下一状态
14	W_PM_O	**RM_Connect.cnf(+)(AREP, ARBlockRes, ListOfIOCRBlockRes, AlarmCRBlockRes, ModuleDiffBlock, ARRPCBlockRes)** =〉 Store Result StartTon:=TRUE CPM_Activate.req(CREP.CPM, DA, SA, FrameID, Prio, VLAN, startTon, Timeout_Base, WatchdogFactor, DataHoldFactor, Default_Value, Default_Status)	W_PM_O
15	W_PM_O	**CM_Release.req(AREP, ControlBlock)** =〉 RM_Release.req(AREP, ControlBlock)	ABORT
16	W_PM_O	**CM_Abort.req(AREP)** =〉 RM_Abort.req(AREP)	ABORT
17	W_PRM	**RM_Write.cnf(+)(AREP, Seq Number, AddData1, AddData2)** /PrmCount=0 =〉 Store Result ControlBlockConnect.PrmEnd:=TRUE PrmEndDone:=FALSE ApplRdyDone:=FALSE Rdy4RTC3Done:=FALSE RM_DControl.req(AREP, ControlBlock)	W_ARDY
18	W_PRM	**RM_Write.cnf(+)(AREP, Seq Number, AddData1, AddData2)** /PrmCount > 0 =〉 Store Result PrmCount:=PrmCount−1 Get Write Parameter from ListOfWriteParameter RM_Write.req(AREP, slotNumber, subslotNumber, Index, seqNumber, Length, Data)	W_PRM

表 534(续)

#	当前状态	事件/条件 =〉动作	下一状态
19	W_PRM	**RM_Write.cnf(-)(AREP,ErrorDecode,ErrorCode1,ErrorCode2,AddData1,AddData2)** /PrmCount=0 =〉 Store Result ControlBlockConnect.PrmEnd:=TRUE PrmEndDone:=FALSE ApplRdyDone:=FALSE Rdy4RTC3Done:=FALSE RM_DControl.req(AREP,ControlBlock)	W_ARDY
20	W_PRM	**RM_Write.cnf(-)(AREP,ErrorDecode,ErrorCode1,ErrorCode2,AddData1,AddData2)** /PrmCount > 0 =〉 Store Result PrmCount:=PrmCount-1 Get Write Parameter from ListOfWriteParameter RM_Write.req(AREP,slotNumber,subslotNumber,Index,seqNumber,Length,Data)	W_PRM
21	W_PRM	**CPM_New_Cons_Data.ind(CREP.CPM,APDU_Status,InTime)** =〉	W_PRM
22	W_PRM	**CM_Release.req(AREP,ControlBlock)** =〉 RM_Release.req(AREP,ControlBlock)	ABORT
23	W_PRM	**CM_Abort.req(AREP)** =〉 RM_Abort.req(AREP)	ABORT
24	W_PRM	**CPM_Stop.ind(CREP.CPM)** =〉 ErrorCode1:=CMCTL ErrorCode2:=time out RM_Abort.req(AREP) CM_Connect.cnf(-)(AREP,ErrorDecode,ErrorCode1,ErrorCode2,AddData1,AddData2)	ABORT

表 534（续）

#	当前状态	事件/条件 =〉动作	下一状态
25	W_PRM	**PPM_Error.ind(CREP.PPM)** =〉 ErrorCode1:=CMCTL ErrorCode2:=no datasend RM_Abort.req(AREP) CM_Connect.cnf(−)(AREP, ErrorDecode, ErrorCode1, ErrorCode2, AddData1, AddData2)	ABORT
26	W_ARDY	**SomethingChanged()** /(PrmEndDone && ApplRdyDone && Rdy4RTC3Done) =〉	W_IDATA
27	W_ARDY	**SomethingChanged()** /!(PrmEndDone && ApplRdyDone && Rdy4RTC3Done) =〉	W_ARDY
28	W_ARDY	**RM_DControl.cnf(+)(AREP, ControlBlock)** =〉 PrmEndDone:=TRUE SomethingChanged()	W_ARDY
29	W_ARDY	**RM_DControl.cnf(−)(AREP, ErrorDecode, ErrorCode1, ErrorCode2, AddData1, AddData2)** =〉 RM_Abort.req(AREP) CM_Connect.cnf(−)(AREP, ErrorDecode, ErrorCode1, ErrorCode2, AddData1, AddData2)	ABORT

表 534（续）

#	当前状态	事件/条件　=〉动作	下一状态

30	W_ARDY	**RM_CControl.ind(AREP,ControlBlock,modulDiffBlock)**
		/ControlCommand.ApplicationReady
		=〉
		Store Result
		ApplRdyDone:=TRUE
		if ARType ! =singeRTC3:
		　NeedRedRecvPhase:=FALSE
		　Rdy4RTC3Done:=TRUE
		else:
		　NeedRedRecvPhase:=TRUE
		　Rdy4RTC3Done:=(ControlCommand.ReadyForRT_CLASS_3==0x01)
		ControlCommand.Done=1
		RM_CControl.rsp(+)(AREP,ControlBlock)
		CM_Connect.cnf(+)(AREP,ARBlockRes,ListOfIOCRBlockRes,AlarmCRBlockRes,ModuleDiffBlock,Rdy4RTC3Done)
		SomethingChanged()
			W_ARDY

31	W_ARDY	**RM_CControl.ind(AREP,ControlBlock,modulDiffBlock)** /! ControlCommand.ApplicationReady =〉 ErrorCode1:=IOXControl ErrorCode2:=ControlCommand RM_CControl.rsp(−)(AREP,ErrorDecode,ErrorCode1,ErrorCode2,AddData1,AddData2) RM_Abort.req(AREP) CM_Connect.cnf(−)(AREP,ErrorDecode,ErrorCode1,ErrorCode2,AddData1,AddData2)	ABORT
32	W_ARDY	**RM_CControl.ind(AREP,ControlBlock)** /ControlCommand.ReadyForRTCLASS_3 =〉 Rdy4RTC3Done:=TRUE ControlCommand.Done=1 RM_CControl.rsp(+)(AREP,ControlBlock) SomethingChanged()	W_ARDY

表 534（续）

#	当前状态	事件/条件 =〉动作	下一状态
33	W_ARDY	**RM_CControl.ind(AREP,ControlBlock)** /! ControlCommand.ReadyForRTCLASS_3 =〉 ErrorCode1:=IOXControl ErrorCode2:=ControlCommand RM_CControl.rsp(—)(AREP,ErrorDecode,ErrorCode1,ErrorCode2,AddData1,AddData2) RM_Abort.req(AREP) CM_Connect.cnf(—)(AREP,ErrorDecode,ErrorCode1,ErrorCode2,AddData1,AddData2)	ABORT
34	W_ARDY	**CPM_New_Cons_Data.ind(CREP.CPM,APDU_Status,InTime)** =〉	W_ARDY
35	W_ARDY	**CM_Release.req(AREP,ControlBlock)** =〉 RM_Release.req(AREP,ControlBlock)	ABORT
36	W_ARDY	**CM_Abort.req(AREP)** =〉 RM_Abort.req(AREP)	ABORT
37	W_ARDY	**CPM_Stop.ind(CREP.CPM)** =〉 ErrorCode1:=CMCTL ErrorCode2:=time out RM_Abort.req(AREP) CM_Connect.cnf(—)(AREP,ErrorDecode,ErrorCode1,ErrorCode2,AddData1,AddData2)	ABORT
38	W_ARDY	**PPM_Error.ind(CREP.PPM)** =〉 ErrorCode1:=CMCTL ErrorCode2:=no datasend RM_Abort.req(AREP) CM_Connect.cnf(—)(AREP,ErrorDecode,ErrorCode1,ErrorCode2,AddData1,AddData2)	ABORT
39	W_IDATA	**CPM_New_Cons_Data.ind(CREP.CPM,APDU_Status,InTime)** /! NeedRedRecvPhase =〉 CM_InData.ind(AREP)	DATA

表 534（续）

#	当前状态	事件/条件 =〉动作	下一状态
40	W_IDATA	**CPM_New_Cons_Data.ind(CREP.CPM,APDU_Status,InTime)** /NeedRedRecvPhase && InTime =〉 CM_InData.ind(AREP)	DATA
41	W_IDATA	**CPM_New_Cons_Data.ind(CREP.CPM,APDU_Status,InTime)** /NeedRedRecvPhase && ! InTime =〉	W_IDATA
42	W_IDATA	**CM_Write.req(AREP,slotNumber,subslotNumber,Index,seqNumber,Length,Data)** =〉 RM_Write.req(AREP,slotNumber,subslotNumber,Index,seqNumber,Length,Data)	W_IDSND
43	W_IDATA	**CM_Read.req(AREP,API,TargetUUID,slotNumber,subslotNumber,Index,seqNumber,Length)** =〉 RM_Read.req(AREP,API,TargetUUID,slotNumber,subslotNumber,Index,seqNumber,Length)	W_IDSND
44	W_IDATA	**RM_CControl.ind(AREP,ControlBlock,modulDiffBlock)** /(ControlCommand.ApplicationReady || ControlCommand.ReadyForRTCLASS_3) =〉 RM_CControl.rsp(−)(AREP,ErrorDecode,ErrorCode1,ErrorCode2,AddData1,AddData2) RM_Abort.req(AREP)	ABORT
45	W_IDATA	**RM_CControl.ind(AREP,ControlBlock,modulDiffBlock)** /!(ControlCommand.ApplicationReady || ControlCommand.ReadyForRTCLASS_3) =〉 CM_CControl.ind(AREP,ControlBlock,modulDiffBlock)	W_IDATA
46	W_IDATA	**CM_CControl.rsp(+)(AREP,ControlBlock)** =〉 RM_CControl.rsp(+)(AREP,ControlBlock)	W_IDATA

表 534（续）

#	当前状态	事件/条件 =〉动作	下一状态
47	W_IDATA	**CM_CControl.rsp(－)(AREP,ControlBlock)** =〉 RM_CControl.rsp(－)(AREP,ControlBlock)	W_IDATA
48	W_IDATA	**CM_Release.req(AREP,ControlBlock)** =〉 RM_Release.req(AREP,ControlBlock)	ABORT
49	W_IDATA	**CM_Abort.req(AREP)** =〉 RM_Abort.req(AREP)	ABORT
50	W_IDATA	**CPM_Stop.ind(CREP.CPM)** =〉 ErrorCode1:=CMCTL ErrorCode2:=time out RM_Abort.req(AREP)	ABORT
51	W_IDATA	**PPM_Error.ind(CREP.PPM)** =〉 ErrorCode1:=CMCTL ErrorCode2:=no datasend RM_Abort.req(AREP)	ABORT
52	W_IDSND	**CPM_New_Cons_Data.ind(CREP.CPM,APDU_Status,InTime)** /! NeedRedRecvPhase =〉 CM_InData.ind(AREP)	DSND
53	W_IDSND	**CPM_New_Cons_Data.ind(CREP.CPM,APDU_Status,InTime)** /NeedRedRecvPhase && InTime =〉 CM_InData.ind(AREP)	DSND
54	W_IDSND	**CPM_New_Cons_Data.ind(CREP.CPM,APDU_Status,InTime)** /NeedRedRecvPhase && ! InTime =〉	W_IDSND
55	W_IDSND	**RM_Write.cnf(+)(AREP,Seq Number,AddData1,AddData2)** =〉 CM_Write.cnf(+)(AREP,Seq Number,AddData1,AddData2)	W_IDATA

表 534（续）

#	当前状态	事件/条件 =〉动作	下一状态
56	W_IDSND	**RM_Write.cnf（－）（AREP，ErrorDecode，ErrorCode1，ErrorCode2，AddData1，AddData2）** =〉 CM_Write.cnf（－）（AREP，ErrorDecode，ErrorCode1，ErrorCode2，AddData1，AddData2）	W_IDATA
57	W_IDSND	**RM_Read.cnf（＋）（AREP，Seq Number，AddData1，AddData2，Length，Data）** =〉 CM_Read.cnf（＋）（AREP，Seq Number，AddData1，AddData2，Length，Data）	W_IDATA
58	W_IDSND	**RM_Read.cnf（－）（AREP，ErrorDecode，ErrorCode1，ErrorCode2，AddData1，AddData2）** =〉 CM_Read.cnf（－）（AREP，ErrorDecode，ErrorCode1，ErrorCode2，AddData1，AddData2）	W_IDATA
59	W_IDSND	**RM_DControl.cnf（－）（AREP，ErrorDecode，ErrorCode1，ErrorCode2，AddData1，AddData2）** =〉 CM_DControl.cnf（－）（AREP，ErrorDecode，ErrorCode1，ErrorCode2，AddData1，AddData2）	W_IDSND
60	W_IDSND	**RM_CControl.ind（AREP，ControlBlock，modulDiffBlock）** /（ControlCommand.ApplicationReady || ControlCommand.ReadyForRTCLASS_3） =〉 RM_CControl.rsp（－）（AREP，ErrorDecode，ErrorCode1，ErrorCode2，AddData1，AddData2） RM_Abort.req（AREP）	ABORT
61	W_IDSND	**RM_CControl.ind（AREP，ControlBlock，modulDiffBlock）** /！（ ControlCommand.ApplicationReady || ControlCommand.ReadyForRTCLASS_3） =〉 CM_CControl.ind（AREP，ControlBlock，modulDiffBlock）	W_IDSND
62	W_IDSND	**CM_CControl.rsp（＋）（AREP，ControlBlock）** =〉 RM_CControl.rsp（＋）（AREP，ControlBlock）	W_IDSND

表 534(续)

#	当前状态	事件/条件　=〉动作	下一状态
63	W_IDSND	**CM_CControl.rsp(－)(AREP,ControlBlock)** =〉 RM_CControl.rsp(－)(AREP,ControlBlock)	W_IDSND
64	W_IDSND	**CM_Release.req(AREP,ControlBlock)** =〉 RM_Release.req(AREP,ControlBlock)	ABORT
65	W_IDSND	**CM_Abort.req(AREP)** =〉 RM_Abort.req(AREP)	ABORT
66	W_IDSND	**CPM_Stop.ind(CREP.CPM)** =〉 ErrorCode1:=CMCTL ErrorCode2:=time out RM_Abort.req(AREP)	ABORT
67	W_IDSND	**PPM_Error.ind(CREP.PPM)** =〉 ErrorCode1:=CMCTL ErrorCode2:=no datasend RM_Abort.req(AREP)	ABORT
68	DATA	**CPM_New_Cons_Data.ind(CREP.CPM,APDU_Status,InTime)** =〉 CM_New_Input_Data.ind(AREP)	DATA
69	DATA	**CM_Write.req(AREP,slotNumber,subslotNumber,Index,seqNumber,Length,Data)** =〉 RM_Write.req(AREP,slotNumber,subslotNumber,Index,seqNumber,Length,Data)	DSND
70	DATA	**CM_Read.req(AREP,API,TargetUUID,slotNumber,subslotNumber,Index,seqNumber,Length)** =〉 RM_Read.req(AREP,API,TargetUUID,slotNumber,subslotNumber,Index,seqNumber,Length)	DSND
71	DATA	**CM_DControl.req(AREP,ControlBlock)** =〉 RM_DControl.req(AREP,ControlBlock)	DATA

表 534（续）

#	当前状态	事件/条件 =〉动作	下一状态
72	DATA	**RM_DControl.cnf(+)(AREP,ControlBlock)** =〉 CM_DControl.cnf(+)(AREP,ControlBlock)	DATA
73	DATA	**RM_DControl.cnf(−)(AREP,ErrorDecode,ErrorCode1,ErrorCode2,AddData1,AddData2)** =〉 CM_DControl.cnf(−)(AREP,ErrorDecode,ErrorCode1,ErrorCode2,AddData1,AddData2)	DATA
74	DATA	**CM_CControl.rsp(+)(AREP,ControlBlock)** =〉 RM_CControl.rsp(+)(AREP,ControlBlock)	DATA
75	DATA	**CM_CControl.rsp(−)(AREP,ControlBlock)** =〉 RM_CControl.rsp(−)(AREP,ControlBlock)	DATA
76	DATA	**RM_CControl.ind(AREP,ControlBlock,modulDiffBlock)** /(ControlCommand.ApplicationReady || ControlCommand.ReadyForRTCLASS_3) =〉 RM_CControl.rsp(−)(AREP,ErrorDecode,ErrorCode1,ErrorCode2,AddData1,AddData2) RM_Abort.req(AREP)	ABORT
77	DATA	**RM_CControl.ind(AREP,ControlBlock,modulDiffBlock)** /!(ControlCommand.ApplicationReady || ControlCommand.ReadyForRTCLASS_3) =〉 CM_CControl.ind(AREP,ControlBlock,modulDiffBlock)	DATA
78	DATA	**CM_Release.req(AREP,ControlBlock)** =〉 RM_Release.req(AREP,ControlBlock)	ABORT
79	DATA	**CM_Abort.req(AREP)** =〉 RM_Abort.req(AREP)	ABORT

表 534（续）

#	当前状态	事件/条件 =〉动作	下一状态
80	DATA	**CPM_Stop.ind(CREP.CPM)** =〉 ErrorCode1:=CMCTL ErrorCode2:=time out RM_Abort.req(AREP)	ABORT
81	DATA	**PPM_Error.ind(CREP.PPM)** =〉 ErrorCode1:=CMCTL ErrorCode2:=no datasend RM_Abort.req(AREP)	ABORT
82	DSND	**CPM_New_Cons_Data.ind(CREP.CPM,APDU_Status,InTime)** =〉 CM_New_Input_Data.ind(AREP)	DSND
83	DSND	**RM_Write.cnf(+)(AREP,Seq Number,AddData1,AddData2)** =〉 CM_Write.cnf(+)(AREP,Seq Number,AddData1,AddData2)	DATA
84	DSND	**RM_Write.cnf(−)(AREP,ErrorDecode,ErrorCode1,ErrorCode2,AddData1,AddData2)** =〉 CM_Write.cnf(−)(AREP,ErrorDecode,ErrorCode1,ErrorCode2,AddData1,AddData2)	DATA
85	DSND	**RM_Read.cnf(+)(AREP,Seq Number,AddData1,AddData2,Length,Data)** =〉 CM_Read.cnf(+)(AREP,Seq Number,AddData1,AddData2,Length,Data)	DATA
86	DSND	**RM_Read.cnf(−)(AREP,ErrorDecode,ErrorCode1,ErrorCode2,AddData1,AddData2)** =〉 CM_Read.cnf(−)(AREP,ErrorDecode,ErrorCode1,ErrorCode2,AddData1,AddData2)	DATA
87	DSND	**CM_DControl.req(AREP,ControlBlock)** =〉 RM_DControl.req(AREP,ControlBlock)	DSND

表 534（续）

#	当前状态	事件/条件 =〉动作	下一状态
88	DSND	**RM_DControl.cnf(+)(AREP,ControlBlock)** =〉 CM_DControl.cnf(+)(AREP,ControlBlock)	DSND
89	DSND	**RM_DControl.cnf(−)(AREP,ErrorDecode,ErrorCode1,ErrorCode2,AddData1,AddData2)** =〉 CM_DControl.cnf(−)(AREP,ErrorDecode,ErrorCode1,ErrorCode2,AddData1,AddData2)	DSND
90	DSND	**CM_CControl.rsp(+)(AREP,ControlBlock)** =〉 RM_CControl.rsp(+)(AREP,ControlBlock)	DSND
91	DSND	**CM_CControl.rsp(−)(AREP,ControlBlock)** =〉 RM_CControl.rsp(−)(AREP,ControlBlock)	DSND
92	DSND	**RM_CControl.ind(AREP,ControlBlock,modulDiffBlock)** /(ControlCommand.ApplicationReady || ControlCommand.ReadyForRTCLASS_3) =〉 RM_CControl.rsp(−)(AREP,ErrorDecode,ErrorCode1,ErrorCode2,AddData1,AddData2) RM_Abort.req(AREP)	ABORT
93	DSND	**RM_CControl.ind(AREP,ControlBlock,modulDiffBlock)** /!(ControlCommand.ApplicationReady || ControlCommand.ReadyForRTCLASS_3) =〉 CM_CControl.ind(AREP,ControlBlock,modulDiffBlock)	DSND
94	DSND	**CM_Release.req(AREP,ControlBlock)** =〉 RM_Release.req(AREP,ControlBlock)	ABORT
95	DSND	**CM_Abort.req(AREP)** =〉 RM_Abort.req(AREP)	ABORT

表 534（续）

#	当前状态	事件/条件 =〉动作	下一状态
96	DSND	**CPM_Stop.ind(CREP.CPM)** =〉 ErrorCode1:=CMCTL ErrorCode2:=time out RM_Abort.req(AREP)	ABORT
97	DSND	**PPM_Error.ind(CREP.PPM)** =〉 ErrorCode1:=CMCTL ErrorCode2:=no datasend RM_Abort.req(AREP)	ABORT
98	ABORT	**RM_Abort.cnf(AREP)** =〉 CPM_Close.cnf(CREP.CPM)	W_PM_C
99	ABORT	**RM_Release.cnf(+)(AREP,ControlBlock)** =〉 CM_Release.cnf(+)(AREP,ControlBlock) RM_Abort.req(AREP)	ABORT
100	ABORT	**RM_Release.cnf(−)(AREP,ErrorDecode,ErrorCode1,ErrorCode2,AddData1,AddData2)** =〉 CM_Release.cnf(−)(AREP,ErrorDecode,ErrorCode1,ErrorCode2,AddData1,AddData2) RM_Abort.req(AREP)	ABORT
101	ABORT	**RM_Connect.cnf(+)(AREP,ARBlockRes,ListOfIOCRBlockRes,AlarmCRBlockRes,ModuleDiffBlock,ARRPCBlockRes)** =〉 CM_Connect.cnf(−)(AREP,ErrorDecode,ErrorCode1,ErrorCode2,AddData1,AddData2)	ABORT
102	ABORT	**RM_Connect.cnf(−)(AREP,ErrorDecode,ErrorCode1,ErrorCode2,AddData1,AddData2)** =〉 CM_Connect.cnf(−)(AREP,ErrorDecode,ErrorCode1,ErrorCode2,AddData1,AddData2)	ABORT

表 534（续）

#	当前状态	事件/条件 =〉动作	下一状态
103	ABORT	**RM_Write.cnf(＋)(AREP,Seq Number,AddData1,AddData2)** =〉 CM_Write.cnf(－)(AREP,ErrorDecode,ErrorCode1,ErrorCode2,AddData1,AddData2)	ABORT
104	ABORT	**RM_Write.cnf(－)(AREP,ErrorDecode,ErrorCode1,ErrorCode2,AddData1,AddData2)** =〉 CM_Write.cnf(－)(AREP,ErrorDecode,ErrorCode1,ErrorCode2,AddData1,AddData2)	ABORT
105	ABORT	**RM_Read.cnf(＋)(AREP,Seq Number,AddData1,AddData2,Length,Data)** =〉 CM_Read.cnf(－)(AREP,ErrorDecode,ErrorCode1,ErrorCode2,AddData1,AddData2)	ABORT
106	ABORT	**RM_Read.cnf(－)(AREP,ErrorDecode,ErrorCode1,ErrorCode2,AddData1,AddData2)** =〉 CM_Read.cnf(－)(AREP,ErrorDecode,ErrorCode1,ErrorCode2,AddData1,AddData2)	ABORT
107	ABORT	**RM_DControl.cnf(＋)(AREP,ControlBlock)** =〉 CM_DControl.cnf(－)(AREP,ErrorDecode,ErrorCode1,ErrorCode2,AddData1,AddData2)	ABORT
108	ABORT	**RM_DControl.cnf(－)(AREP,ErrorDecode,ErrorCode1,ErrorCode2,AddData1,AddData2)** =〉 CM_DControl.cnf(－)(AREP,ErrorDecode,ErrorCode1,ErrorCode2,AddData1,AddData2)	ABORT
109	ABORT	**RM_CControl.ind(AREP,ControlBlock,modulDiffBlock)** =〉	ABORT
110	ABORT	**CPM_New_Cons_Data.ind(CREP.CPM,APDU_Status,InTime)** =〉	ABORT
111	ABORT	**CM_Abort.req(AREP)** =〉	ABORT

表 534（续）

#	当前状态	事件/条件 =〉动作	下一状态
112	ABORT	**CPM_Stop.ind(CREP.CPM)** =〉	ABORT
113	ABORT	**PPM_Error.ind(CREP.PPM)** =〉	ABORT
114	W_PM_C	**CPM_Close.cnf(CREP.CPM)** =〉 PPM_Close.req(CREP.PPM)	W_PM_C
115	W_PM_C	**PPM_Close.cnf(CREP.PPM)** =〉 ALPMI_Close.req(CREP.ALPMI)	W_PM_C
116	W_PM_C	**ALPMI_Close.cnf(CREP.ALPMI)** =〉 ALPMR_Close.req(CREP.ALPMR)	W_PM_C
117	W_PM_C	**ALPMR_Close.cnf(CREP.ALPMR)** =〉 remove(CREP.PPM) remove(CREP.CPM) remove(CREP.ALPMR) remove(CREP.ALPMI)	CONNECT
118	任意状态	**CM_Connect.req(AREP, ARBlockReq, ListOfIOCRBlockReq, AlarmCRBlockReq, ListOfExpectedSubmoduleBlockReq, PrmCount, ListOfWriteBlockReq)** =〉 ErrorCode1:=CMCTL ErrorCode2:=state conflict CM_Connect.cnf(−)(AREP, ErrorDecode, ErrorCode1, ErrorCode2, AddData1, AddData2)	相同状态
119	任意状态	**RM_Connect.cnf(+)(AREP, ARBlockRes, ListOfIOCRBlockRes, AlarmCRBlockRes, ModuleDiffBlock, ARRPCBlockRes)** =〉	相同状态
120	任意状态	**RM_Connect.cnf(−)(AREP, ErrorDecode, ErrorCode1, ErrorCode2, AddData1, AddData2)** =〉	相同状态

表 534（续）

#	当前状态	事件/条件　=〉动作	下一状态
121	任意状态	**CM_Write.req(AREP,slotNumber,subslotNumber,Index,seqNumber,Length,Data)** =〉 ErrorCode1:=CMCTL ErrorCode2:=state conflict CM_Write.cnf(−)(AREP,ErrorDecode,ErrorCode1,ErrorCode2,AddData1,AddData2)	相同状态
122	任意状态	**RM_Write.cnf(+)(AREP,Seq Number,AddData1,AddData2)** =〉	相同状态
123	任意状态	**RM_Write.cnf(−)(AREP,ErrorDecode,ErrorCode1,ErrorCode2,AddData1,AddData2)** =〉	相同状态
124	任意状态	**CM_DControl.req(AREP,ControlBlock)** =〉 ErrorCode1:=CMCTL ErrorCode2:=state conflict CM_DControl.cnf(−)(AREP,ErrorDecode,ErrorCode1,ErrorCode2,AddData1,AddData2)	相同状态
125	任意状态	**RM_DControl.cnf(+)(AREP,ControlBlock)** =〉	相同状态
126	任意状态	**RM_DControl.cnf(−)(AREP,ErrorDecode,ErrorCode1,ErrorCode2,AddData1,AddData2)** =〉	相同状态
127	任意状态	**CM_Read.req(AREP,API,TargetUUID,slotNumber,subslotNumber,Index,seqNumber,Length)** =〉 ErrorCode1:=CMCTL ErrorCode2:=state conflict CM_Read.cnf(−)(AREP,ErrorDecode,ErrorCode1,ErrorCode2,AddData1,AddData2)	相同状态
128	任意状态	**RM_Read.cnf(+)(AREP,Seq Number,AddData1,AddData2,Length,Data)** =〉	相同状态
129	任意状态	**RM_Read.cnf(−)(AREP,ErrorDecode,ErrorCode1,ErrorCode2,AddData1,AddData2)** =〉	相同状态

表 534（续）

#	当前状态	事件/条件　=〉动作	下一状态
130	任意状态	**CM_Release.req(AREP,ControlBlock)** =〉 ErrorCode1:=CMCTL ErrorCode2:=state conflict CM_Release.cnf(－)(AREP,ErrorDecode,ErrorCode1,ErrorCode2,AddData1,AddData2)	相同状态
131	任意状态	**RM_Release.cnf(＋)(AREP,ControlBlock)** =〉	相同状态
132	任意状态	**RM_Release.cnf(－)(AREP,ErrorDecode,ErrorCode1,ErrorCode2,AddData1,AddData2)** =〉	相同状态
133	任意状态	**CM_CControl.rsp(－)(AREP,ControlBlock)** =〉	相同状态
134	任意状态	**CM_CControl.rsp(＋)(AREP,ControlBlock)** =〉	相同状态
135	任意状态	**RM_CControl.ind(AREP,ControlBlock,modulDiffBlock)** =〉 ErrorCode1:=CMCTL ErrorCode2:=state conflict RM_CControl.rsp(－)(AREP,ErrorDecode,ErrorCode1,ErrorCode2,AddData1,AddData2)	相同状态

6.6.7.4　函数

CMCTL 未定义函数或宏。

6.7　DLL 映射协议机

DLL 映射协议机(DLLmapping Protocolmachines(DMPM))映射应依据 4.16.2。

附 录 A
（资料性附录）
过滤数据库(FDB)

依据 IEEE 802 和本部分,一个交换机包含一个过滤数据库以优化桥接。表 A.1～表 A.3 列出了推荐的登录项表。

表 A.1 单播 FDB 登录项

值 OUI(多播)（十六进制）	值扩展标识符（十六进制）	应用	桥	ORG	含 义
制造商	n	接收[a]	过滤器	No	接口 MAC 地址
制造商	n+1～n+m	接收[a]	过滤器	No	端口 MAC 地址
其他	其他	—	—	—	
[a] 如果可应用的话。					

表 A.2 多播 FDB 登录项

值 OUI(多播)（十六进制）	值扩展标识符（十六进制）	应用	桥	ORG	含 义
01-0E-CF	00-00-00	接收[a]	转发	No	FrameID=0xFEFE 时,用于 DCP-Identify-ReqPDU
01-0E-CF	00-00-01	接收[a]	转发	No	FrameID=0xFEFC 时,用于 DCP-Hello-ReqPDU
01-0E-CF	00-01-01	接收[a]	过滤器[b]	Yes[f]	RT_CLASS_3 目标多播地址
01-0E-CF	00-01-02	接收[a]	过滤器	Yes	RT_CLASS_3 无效的帧多播地址
01-0E-CF	00-02-00～00-02-1F	接收[a]	转发[c]	Yes[f]	RT_CLASS_2 多播通信地址
01-0E-CF	00-02-20～00-02-FF	接收[a]	转发	Yes[f]	RT_CLASS_2 多播通信地址
01-0E-CF	00-04-00	接收[a]	过滤器	Yes	联合 PTCP-AnnouncePDU 和 FrameID(=0xFF00),用于时钟同步
01-0E-CF	00-04-01	接收[a]	过滤器	Yes	联合 PTCP-AnnouncePDU 和 FrameID(=0xFF01),用于时间同步
01-0E-CF	00-04-02～00-04-1F	接收[a]	过滤器	Yes	联合 PTCP-AnnouncePDU 和 FrameID(=0xFFxx),用于同步 其中:xx 是该 MAC 地址的最低有效字节

表 A.2（续）

值 OUI(多播)（十六进制）	值扩展标识符（十六进制）	应用	桥	ORG	含 义
01-0E-CF	00-04-20	接收[a]	过滤器	Yes	联合带后继的 PTCP-RTSyncPDU 和 FrameID(＝0x0020)，用于时钟同步
01-0E-CF	00-04-21	接收[a]	过滤器	Yes	联合带后继的 PTCP-RTSyncPDU 和 FrameID(＝0x0021)，用于时钟同步
01-0E-CF	00-04-22～00-04-3F	接收[a]	过滤器	Yes	联合带后继的 PTCP-RTSyncPDU 和 FrameID(＝0x00xx)，用于同步其中：xx 是该 MAC 地址的最低有效字节
01-0E-CF	00-04-40	接收[a]	过滤器	Yes	联合 PTCP-FollowUpPDU 和 FrameID(＝0xFF20)，用于时钟同步
01-0E-CF	00-04-41	接收[a]	过滤器	Yes	联合 PTCP-FollowUpPDU 和 FrameID(＝0xFF21)，用于时间同步
01-0E-CF	00-04-42～00-04-5F	接收[a]	过滤器	Yes	联合 PTCP-FollowUpPDU 和 FrameID(＝0xFFxx)，用于同步其中：xx 是该 MAC 地址的最低有效字节
01-0E-CF	00-04-80	接收[a]	过滤器	Yes	联合 PTCP-RTSyncPDU 和 FrameID(＝0x0080)，用于时钟同步
01-0E-CF	00-04-81	接收[a]	过滤器	Yes	联合 PTCP-RTSyncPDU 和 FrameID(＝0x0081)，用于时间同步
01-0E-CF	00-04-82～00-04-9F	接收[a]	过滤器	Yes	联合 PTCP-RTSyncPDU 和 FrameID(＝0x00xx)，用于同步其中：xx 是该 MAC 地址的最低有效字节
01-0E-CF	00-05-00	接收[a]	过滤器[b]	Yes	用于无冲突媒体冗余的 MRP 扩展(MRRT-PDU)
01-15-4E	00-00-01	接收[a]	转发	Yes	MC_Test，用于媒体冗余测试帧

表 A.2（续）

值 OUI(多播)（十六进制）	值扩展标识符（十六进制）	应用	桥	ORG	含 义
01-15-4E	00-00-02	接收[a]	转发	Yes	MC_CONTROL,用于媒体冗余链路改变和拓扑改变帧
01-80-C2	00-00-00	接收[a]	过滤器[d]	Yes	IEEE 802.1D-2004 快速生成树协议(RSTP)
01-80-C2	00-00-01～00-00-0D	接收[a]	过滤器	Yes	IEEE 802.1D-2004
01-80-C2	00-00-0E	接收[a]	过滤器	Yes	IEEE 802.1D-2004 用于 LLDP 和 PTCP 联合 PTCP-DelayReqPDU 和 FrameID(＝0xFF40),带后继的 PTCP-DelayResPDU 和 FrameID (＝0xFF41),PTCP-DelayFuResPDU 和 FrameID(＝0xFF42),以及无后继的 PTCP-DelayResPDU 和 FrameID(＝0xFF43),用于延迟测量
01-80-C2	00-00-0F	接收[a]	过滤器	Yes	IEEE 802.1D-2004
01-80-C2	00-00-10	接收[a]	过滤器	Yes	IEEE 802.1D-2004 所有 LAN 桥管理组地址
01-00-5E	40-F8-00～40-FB-FF	接收[a]	—[e]	No	联合 RT_CLASS_UDP 用于多播通信关系
其他	其他	—	—	—	—

[a] 如果可应用的话；

[b] 采用本部分的规则；

[c] 发送取决于多播边界(MulticastBoundary)的设置；

[d] 建议在不支持 RSTP 的交换机内或在具有可选媒体冗余协议(如 MRP)的交换机内转发快速生成树协议(RSTP)帧；

[e] 建议转发这些帧,除非支持 IETF RFC 4604(IGMPv3)；

[f] 对于此协议,与 MRRT 相关时,ORG 标签只能是“Yes”。

表 A.3 广播 FDB 登录项

值 OUI(多播) (十六进制)	值扩展标识符 (十六进制)	应用	桥	ORG	含 义
FF-FF-FF	FF-FF-FF	接收[a]	转发	No	广播
其他[a]	其他	—	—	—	—

[a] 如果可应用的话。

附　录　B
（资料性附录）
建立伙伴 AR

图 B.1 是建立伙伴 AR 的一个示例。从第一个 AR 到第二个 AR 的改变由 IO 设备来控制。IO 设备规定了建立的速度。

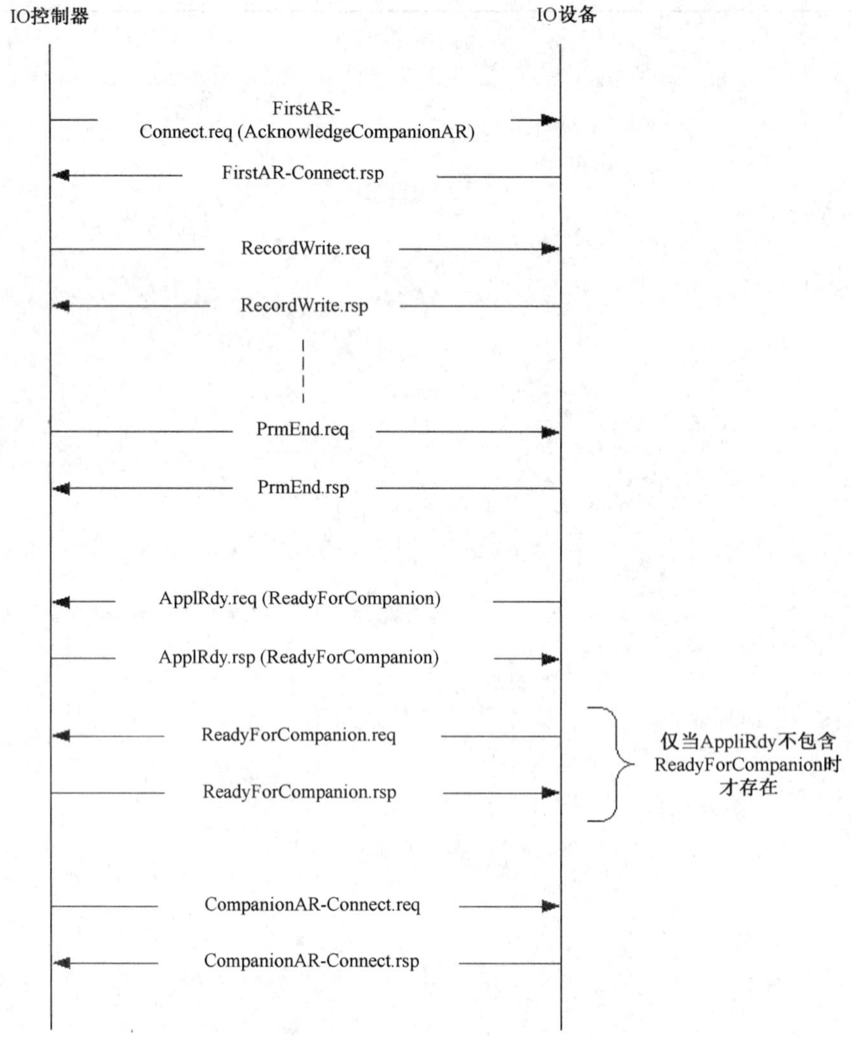

图 B.1　建立伙伴 AR

附 录 C
（资料性附录）
建立设备访问 AR

图 C.1 是建立设备访问 AR 的一个示例。仅使用无连接 RPC 来驱动此类 AR。

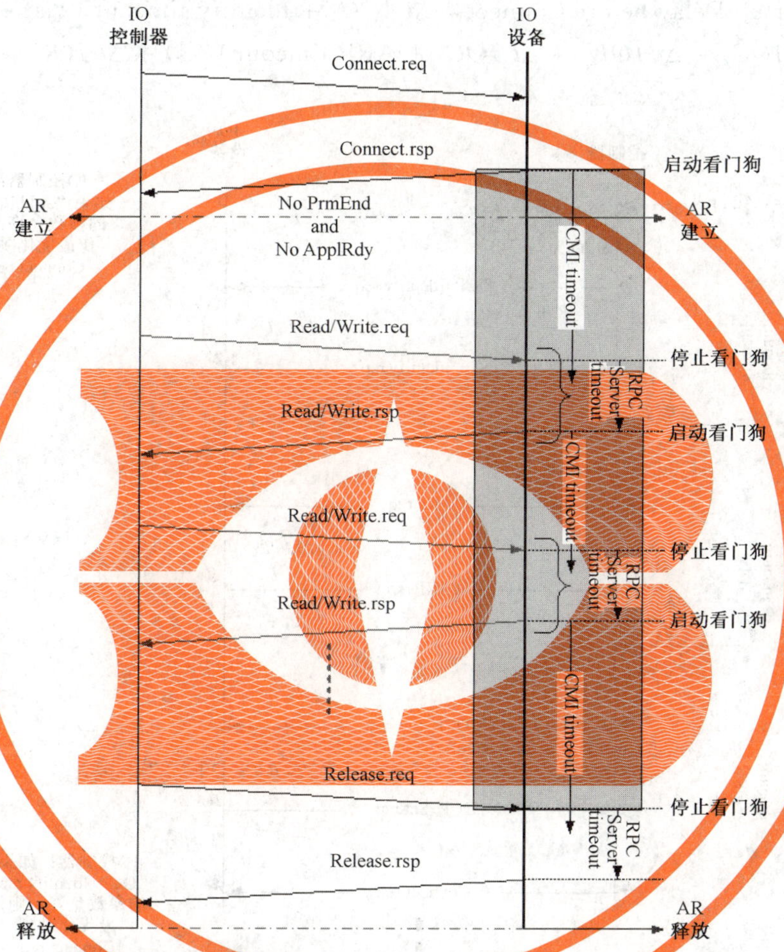

图 C.1 建立设备访问 AR

附 录 D
（资料性附录）
建立 AR（简单过程）

图 D.1 是常规启动的一个示例。此模型串接两个定时器值（Identify timeout 和 ARP timeout）和 5 个运行期延迟（$\Delta t\ IOC_x$ 和 $\Delta t\ IOD_y$），如式(D.1)中所示。

$$\begin{aligned}&\text{Startup Delay before Connect} = \Delta t\ IOC_1 + \text{Identify timeout (1 s)} + \\ &\Delta t\ IOC_2 + \Delta t\ IOD_2 + \Delta t\ IOC_3 + \text{ARP timeout (2 s)} + \Delta t\ IOC_4\end{aligned} \qquad \cdots\cdots\cdots(\text{D.1})$$

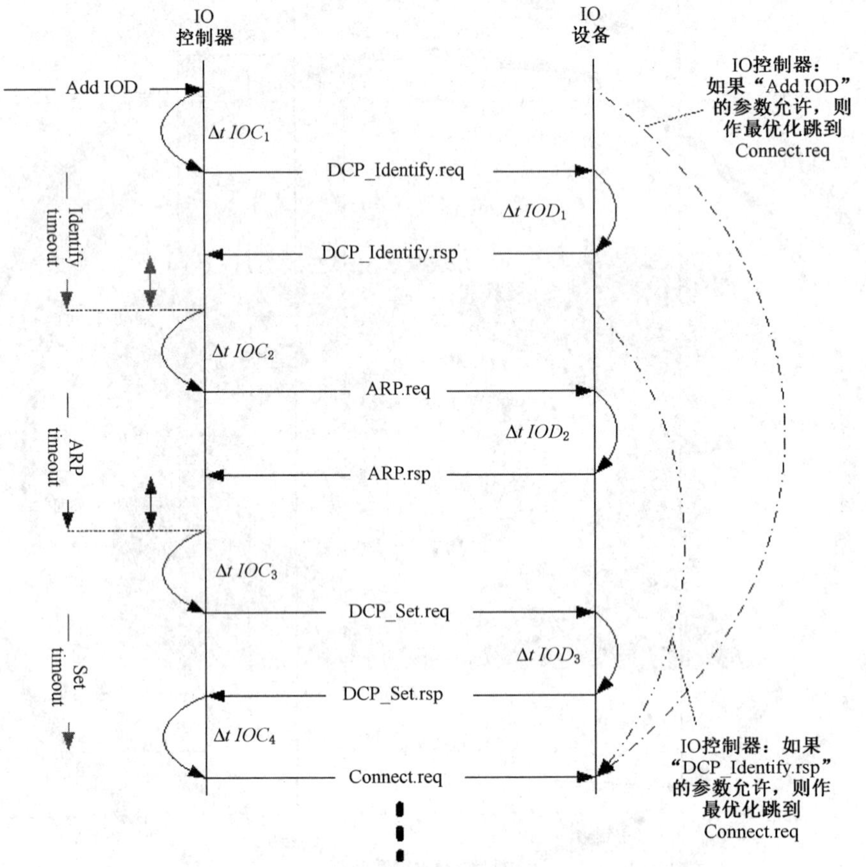

图 D.1 建立 IO AR（简单过程）

附 录 E
（资料性附录）
建立 AR(加速过程)

图 E.1 是加速启动的一个示例。对加速建立的超时/响应控制通过同时运行的定时器来完成。响应后，IO 控制器的状态机立即进到下一个状态。串接 3 个定时器值(Identify timeout，Set timeout 和 ARP timeout)的模型[如式(E.1)所示]由仅串接 $\Delta t\ IOD_x$ 和 $\Delta t\ IOC_y$[如式(E.2)所示]的模型来代替。

$$\text{Startup Delay before Connect} = \Delta t\ IOC_1 + \text{Identify timeout (1 s)} + \Delta t\ IOC_2 + \Delta t\ IOC_3 + \text{ARP timeout (2 s)} + \Delta t\ IOC_4 \quad \cdots\cdots\cdots(E.1)$$

$$\text{Startup Delay before Connect} = \Delta t\ IOC_1 + \Delta t\ IOD_1 + \Delta t\ IOC_2 + \Delta t\ IOD_2 + \Delta t\ IOC_3 + \Delta t\ IOD_3 + \Delta t\ IOC_4 \quad \cdots\cdots\cdots(E.2)$$

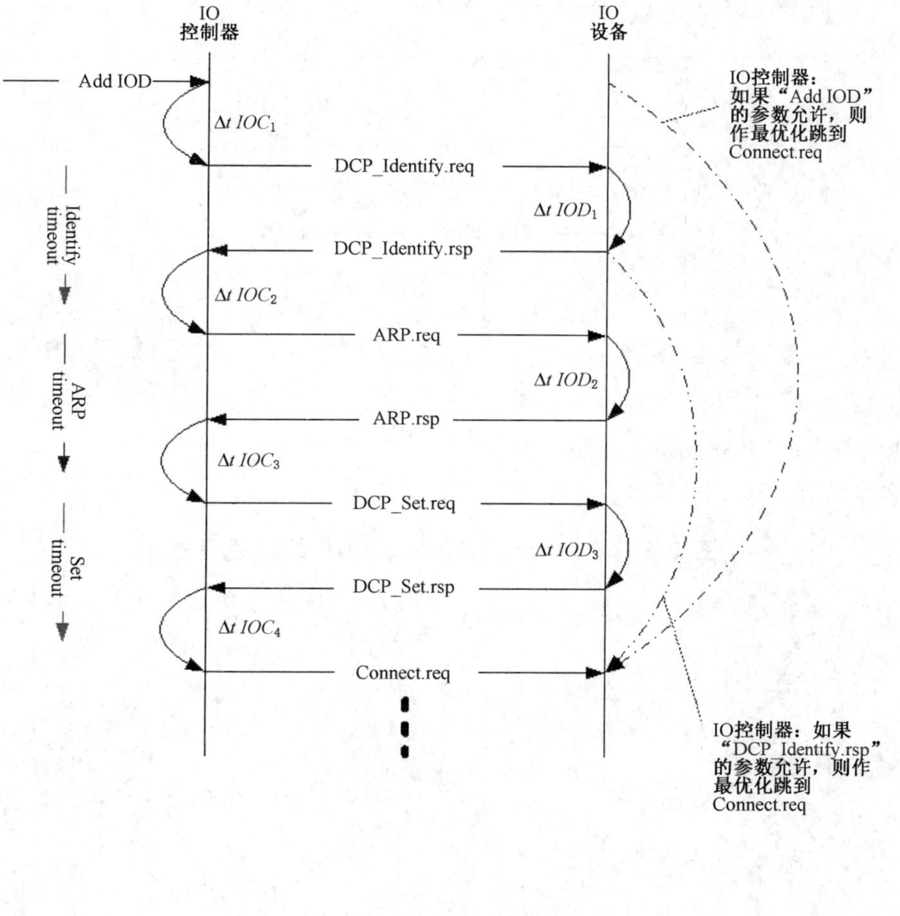

图 E.1 无错误的 IO AR 的加速建立

图 E.2 是具有"late"错误的加速启动的一个示例。在此情况下，应依据 IO 控制器的状态机来中止该连接过程。

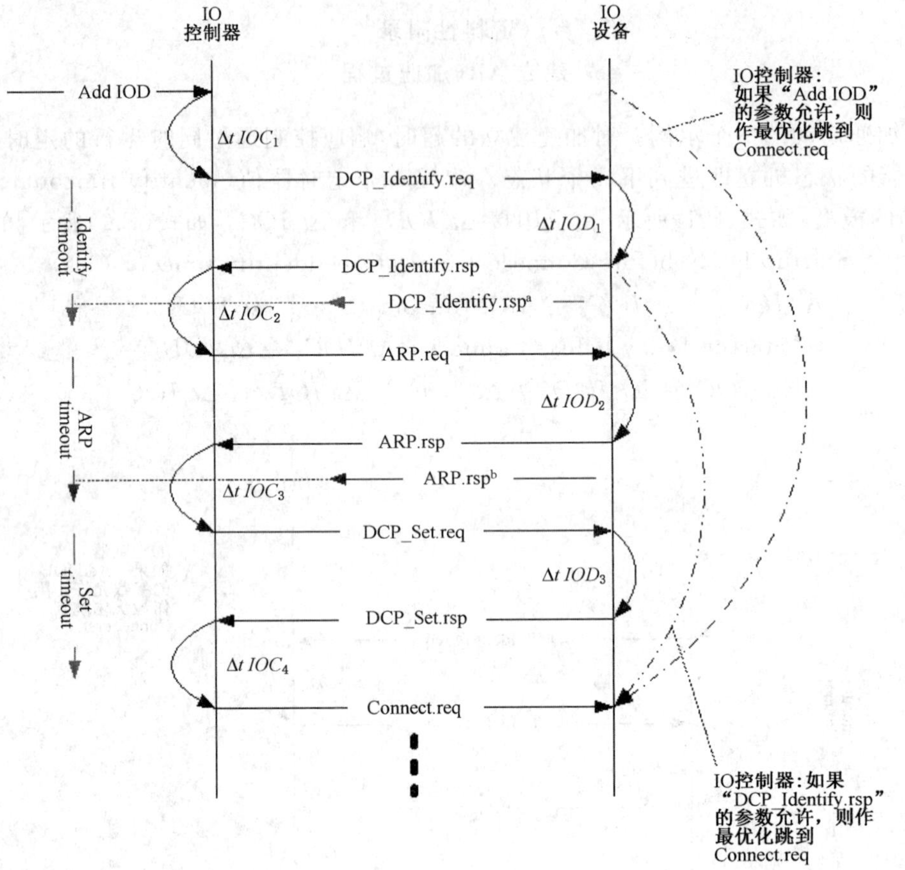

[a] 该 late 故障检测停止 IO AR 的建立。

[b] 该 late 故障检测停止 IO AR 的建立。

图 E.2　带有"late"错误的 IO AR 的加速建立

附　录　F
（资料性附录）
建立 AR（快速启动过程）

在附录 E 中给出的加速启动为较快的系统提供更合适的能力。对于使用不同工具进行生产的系统，如使用带工具套件的机器人，加速启动需要附加的增强性能。这就是图 F.1 中示出的所谓快速启动。在此情况下为了直接跳转到连接服务，IO 设备用 DCP_Hello.req 向 IO 控制器提供需要的所有信息，从而减少了所需要的延迟，如式(F.1)和式(F.2)所示。

$$\text{Startup Delay before Connect} = \Delta t\ IOC_1 + \Delta t\ IOC_2 \quad \cdots\cdots(F.1)$$

如果在接通 IO 设备之前 IO 控制器的启动状态机处于活动状态，则可以采用式(F.2)。

$$\text{Startup Delay before Connect} = \Delta t\ IOC_2 \quad \cdots\cdots(F.2)$$

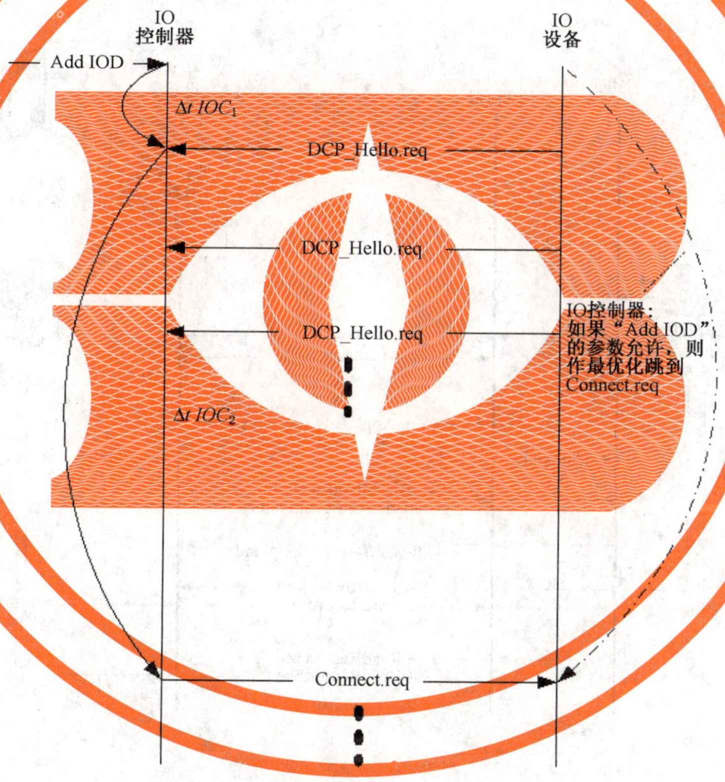

图 F.1　使用快速启动建立 IO AR

附 录 G
（资料性附录）
上载、存储和取回过程的示例

越来越多的IO设备要求它们在执行其任务之前必须进行调试。对于传感器、机器人和光幕，必须对它们进行示教。这项工作由调试工程师来完成，由此生成的参数仅存在IO设备中。

这些调试或示教的参数会永久地存储在该IO设备中，以便在重新上电后它们仍可用。

考虑到IO设备可能出现故障的情况，还应把这些参数存储在该IO设备的外部。此外部存储介质可以是任何一类非易失存储介质，如可移动的存储卡。它也可以是IO控制器的主机内存。

上载(upload)和取回(retieval)报警通知与读记录和写记录相结合，提供完成上载、存储(storage)和取回这些参数的能力。

图G.1是上载、存储的示例，图G.2是取回参数的示例。

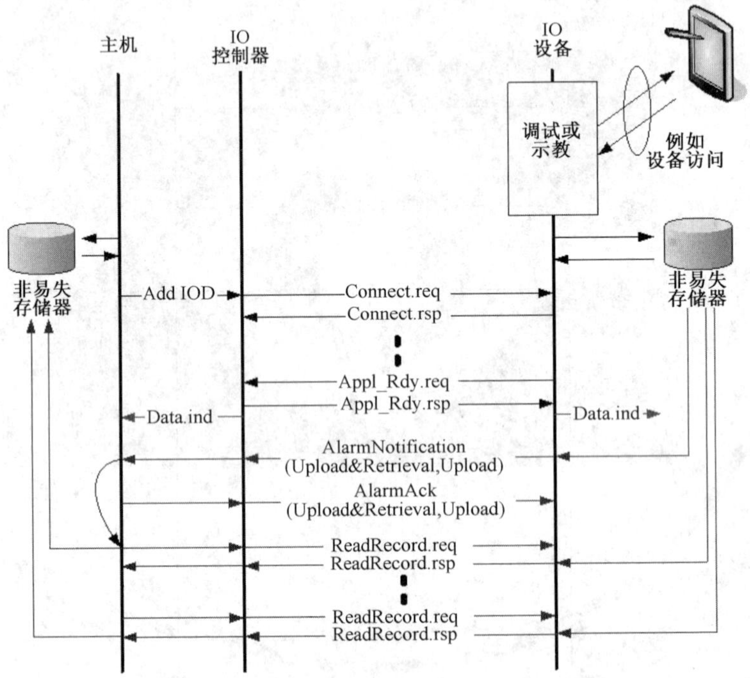

图G.1 上载、存储的示例

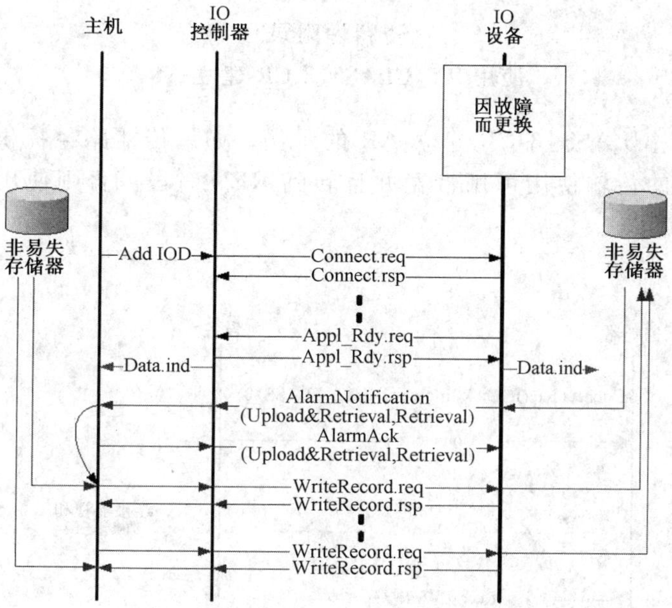
主机
IO
控制器
IO
设备
因故障
而更换
非易失
存储器
非易失
存储器
Add IOD
Connect.req
Connect.rsp
Appl_Rdy.req
Appl_Rdy.rsp
Data.ind
Data.ind
AlarmNotification
(Upload&Retrieval,Retrieval)
AlarmAck
(Upload&Retrieval,Retrieval)
WriteRecord.req
WriteRecord.rsp
WriteRecord.req
WriteRecord.rsp

图 G.2　取回存储的示例

附 录 H
（资料性附录）
使用 RT_CLASS_3 CR 建立 AR

图 H.1 是使用 RT_CLASS_3 CR 建立 AR 的示例。如果传播路径提供了一个已建立的 RT_CLASS_3 通道，则数据的传输使用可用带宽并且转到 RED 时段。否则使用 ORANGE 或 GREEN 时段。

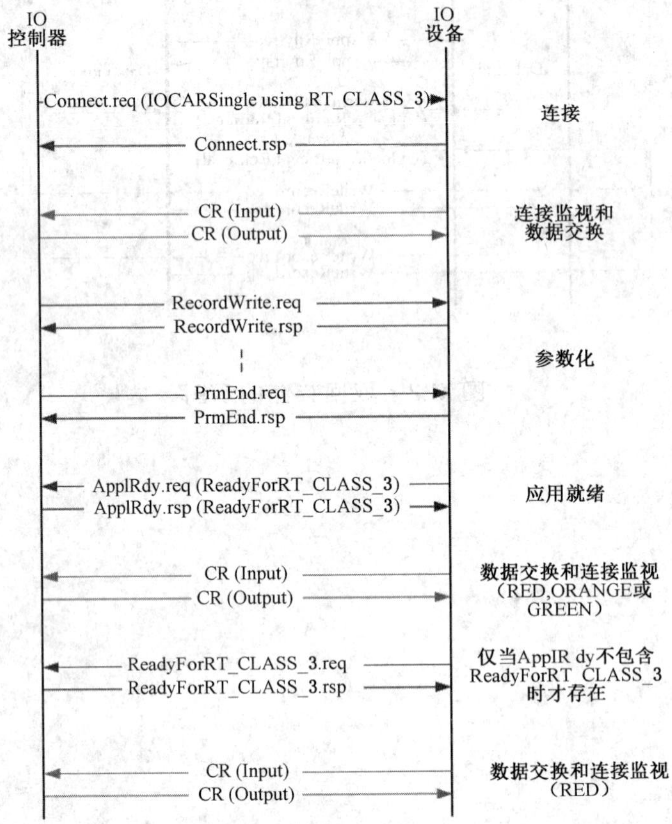

图 H.1 使用 RT_CLASS_3 CRs 建立 AR

附 录 I
（资料性附录）
AlarmCR 概貌

在 IO 控制器与 IO 设备之间对称定义的通信关系用于传输报警。为了避免过载，建立了具有 2 个优先级（高和低）的 2 个 AlarmCR。图 I.1 示出使用高优先级的 AlarmCR，图 I.2 示出使用低优先级的 AlarmCR，二者都使用一个访问点。

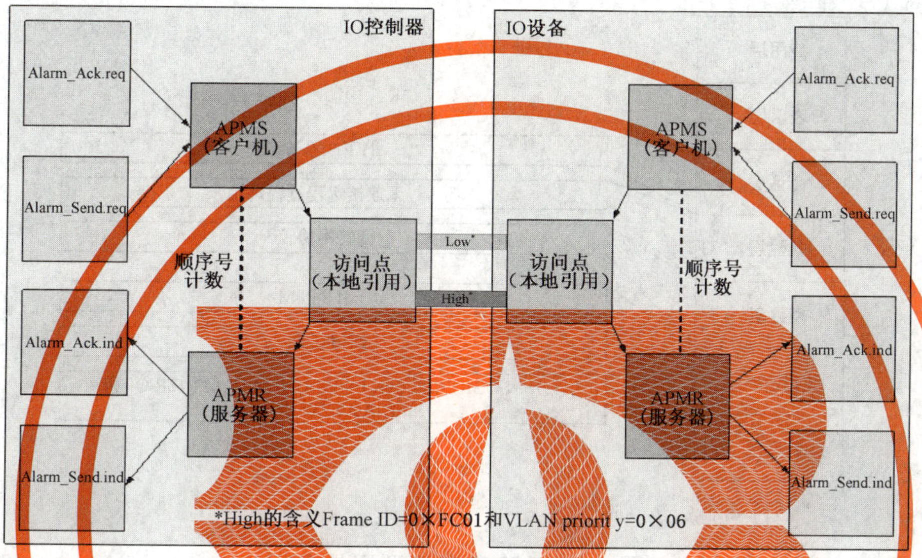

图 I.1 使用高优先级的 AlarmCR 概貌

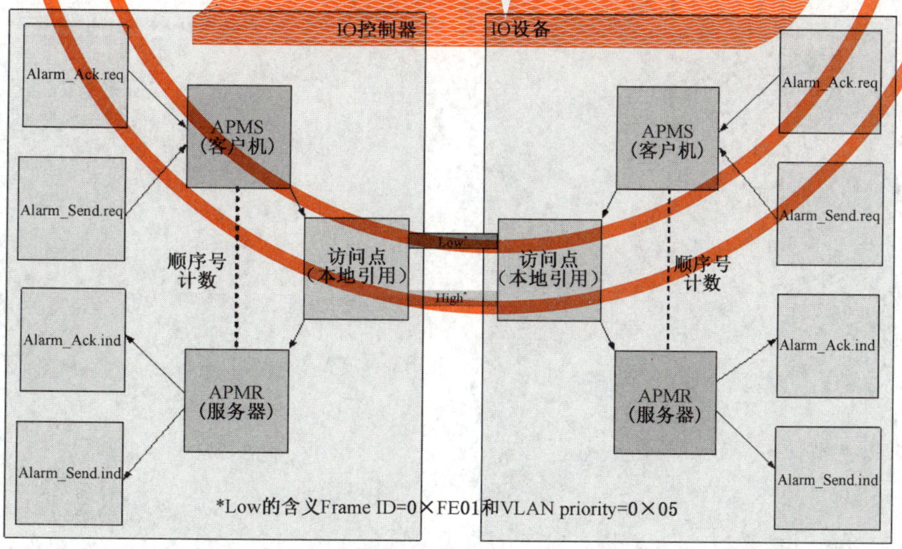

图 I.2 使用低优先级的 AlarmCR 概貌

附 录 J
（资料性附录）
OSI 参考模型的层

图 J.1 示出了所使用的协议到 OSI 参考模型层的分配。

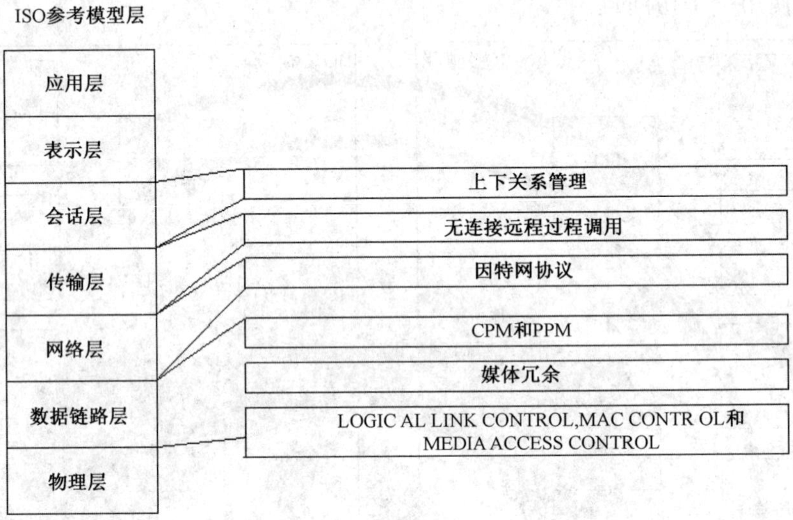

图 J.1 OSI 参考模型层的分配

附 录 K
（资料性附录）
IO 设备状态机概貌

图 K.1 通过示出 IO 设备的状态机及其所使用的服务来说明其 AL 的通用结构。

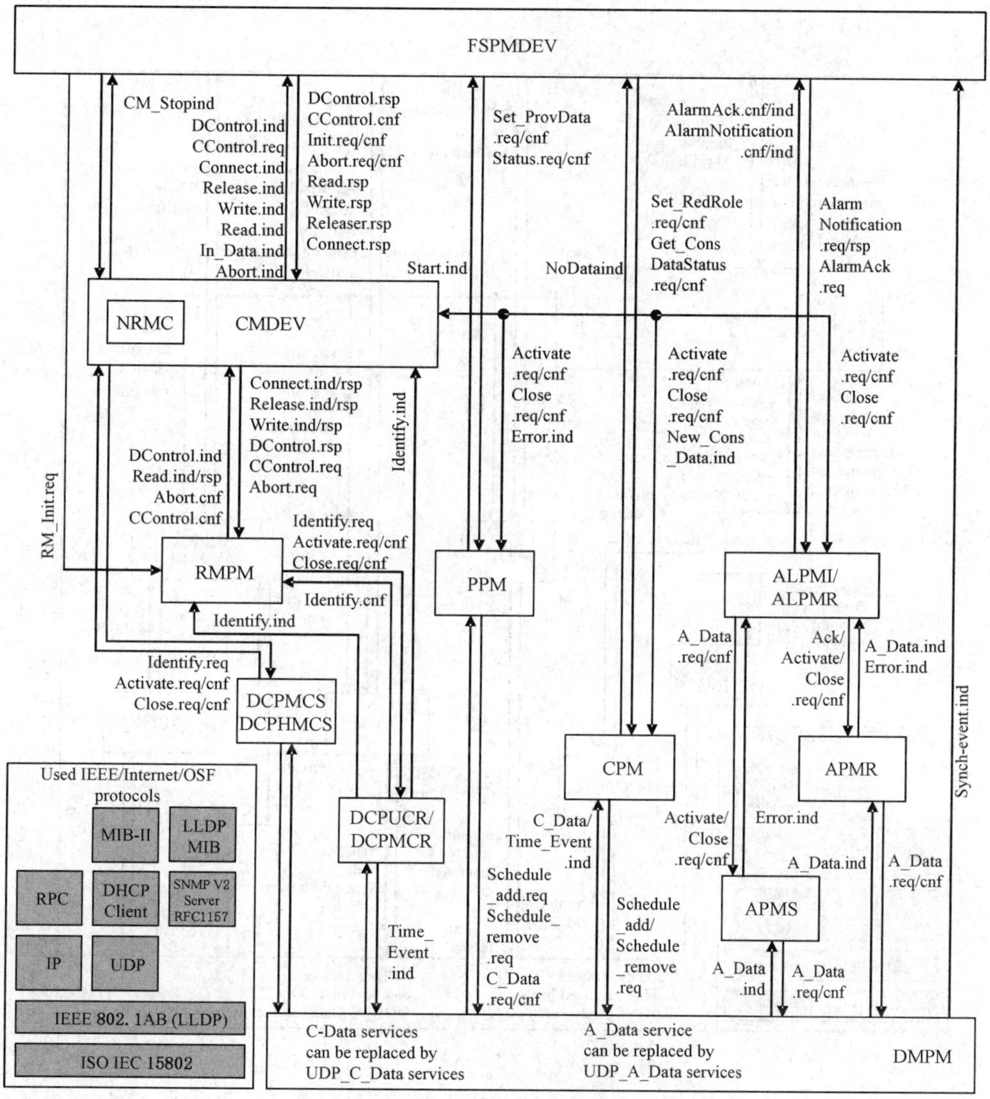

图 K.1 IO 设备状态机概貌

附 录 L
（资料性附录）
IO 控制器状态机概貌

图 L.1 通过示出 IO 控制器的状态机及其所使用的服务来说明其 AL 的通用结构。

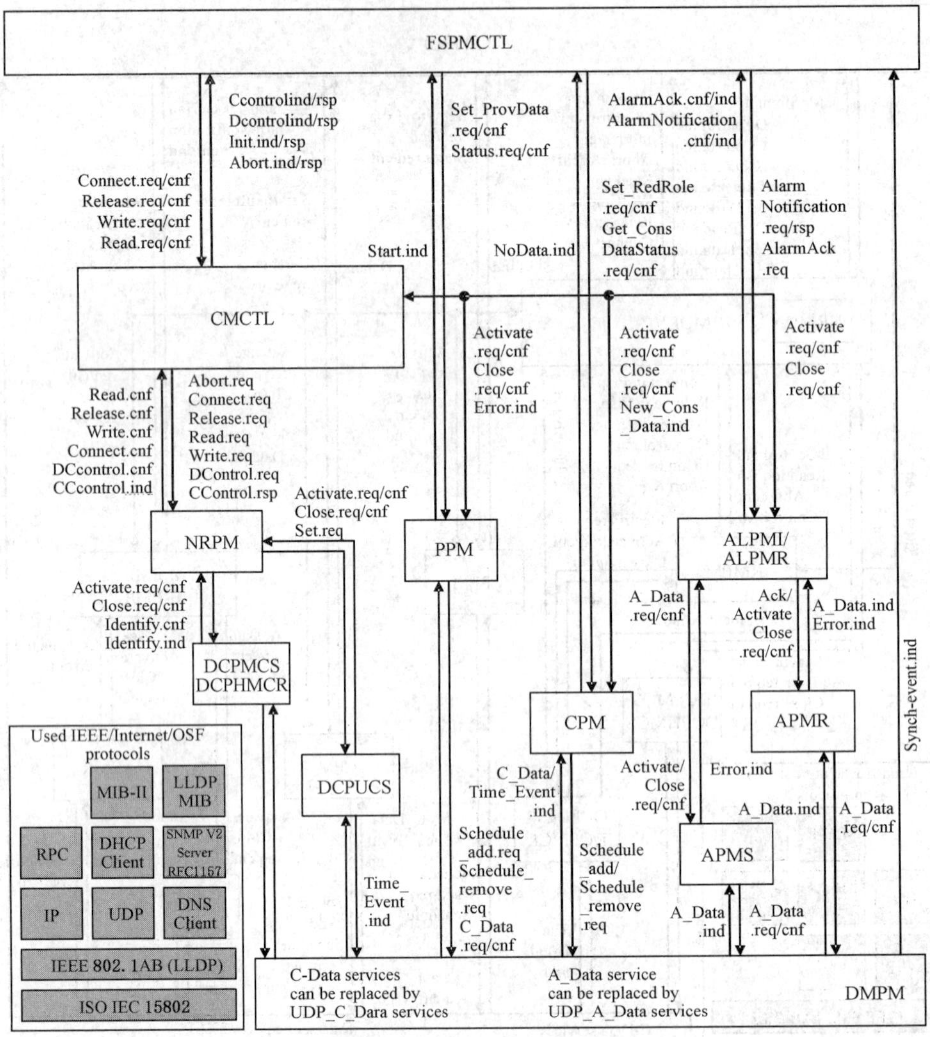

图 L.1 IO 控制器的状态机概貌

附 录 M
（资料性附录）
优先级再生

依据 IEEE 802.1Q—2005 和本部分，表 M.1 列出发送端口的优先级重建。从“网络控制高”行到“2.1”行优先级由高到低排列。

表 M.1 优先级重建和队列用法

优先级	判据(Criteria)	GREEN 时段	ORANGE 时段	RED 时段	含义
网络控制高 (IEEE 802.1D)	没有“RT_CLASS_3 attribute”的 PTCP 同步帧	发送	发送	存储	网络管理 PTCP 同步
网络控制低 (IEEE 802.1D)	其他管理协议	发送	发送	存储	网络管理 LLDP，PTCP 线延迟测量，PTCP 通告，媒体冗余……
7 (IEEE 802.1Q)	VLAN 优先级	发送	存储	存储	
6.2 Red queue (IEEE 802.1Q)	在 RED 时段内接收的具有“RT_CLASS_3 attribute”的 RT_CLASS_3 帧和 PTCP 同步帧	发送	发送	发送	如果 RED 时段已结束，也使用 GREEN 时段或 ORANGE 时段
6.1 Orange queue (IEEE 802.1Q)	在 RED 时段外接收的 RT_CLASS_2 帧和 RT_CLASS_3 帧	发送	发送	存储	在 RED 时段外接收的 RT_CLASS_2 帧和 RT_CLASS_3 帧
LEGACY 6.0a (IEEE 802.1Q)	VLAN 优先级和 RT_CLASS_1	发送	存储	存储	用于继承 RT_CLASS_1 帧
6.0 (IEEE 802.1Q)	VLAN 优先级	发送	存储	存储	报警高
5 (IEEE 802.1Q)	VLAN 优先级	发送	存储	存储	报警低
4 (IEEE 802.1Q)	VLAN 优先级	发送	存储	存储	
3.0 (IEEE 802.1Q)	VLAN 优先级	发送	存储	存储	无 VLAN TAG 的其他帧
2.1 (IEEE 802.1Q)	VLAN 优先级	发送	存储	存储	

附 录 N
（资料性附录）
同步主时钟层次概貌

图 N.1 和图 N.2 解释同步主时钟层次的通用结构。顶层主时钟可以同步其下面的所有层，但较低层的主时钟决不能同步其上层的主时钟。

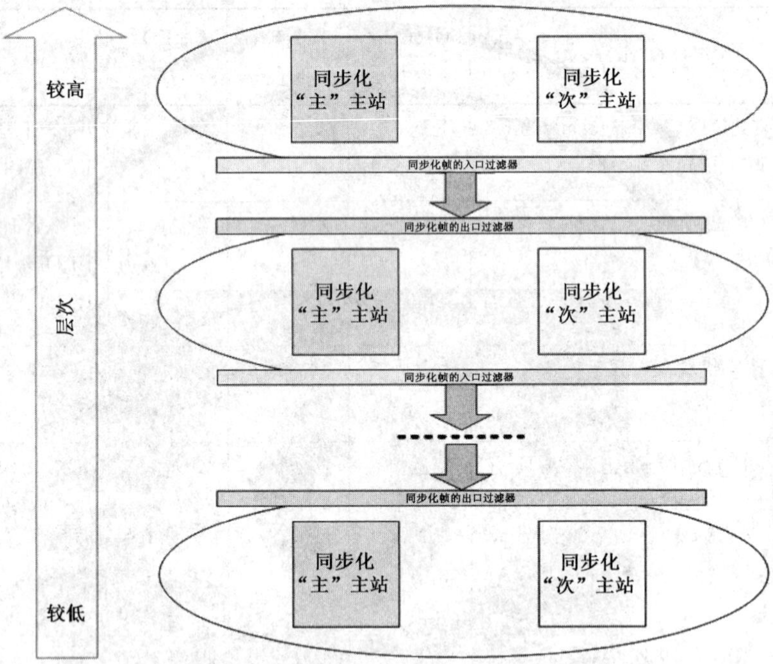

图 N.1 同步主时钟层次的层模型

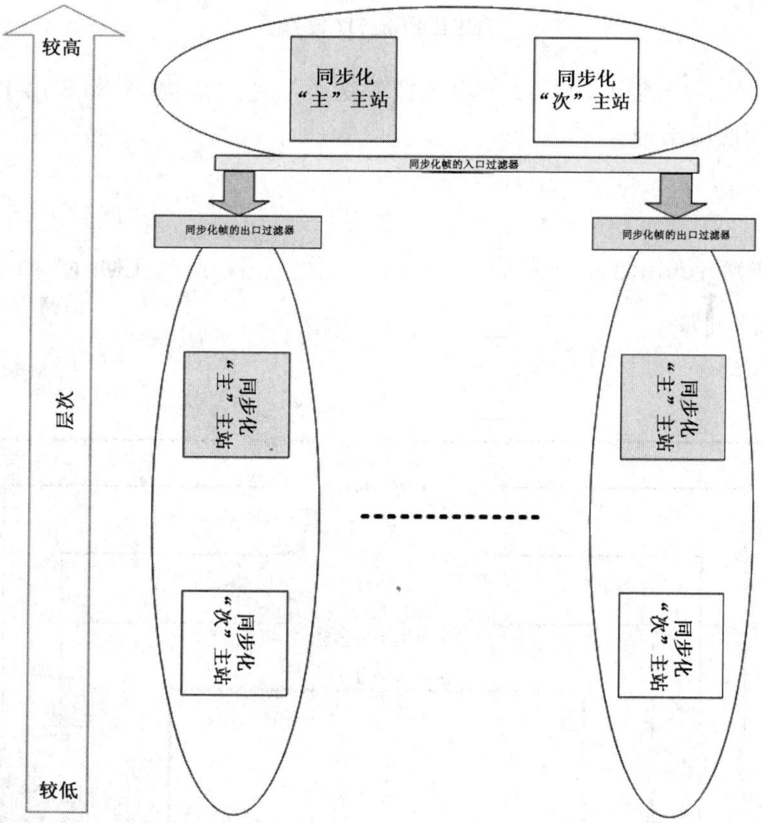

图 N.2　同步主时钟层次的两层变型

附 录 O
（资料性附录）
IEEE 802.1D 模型

图 O.1 给出了桥的通用结构，图 O.2 给出了帧发送器的通用结构，图 O.3 给出了具有必要的类型 10 扩展的帧接收器的通用结构。

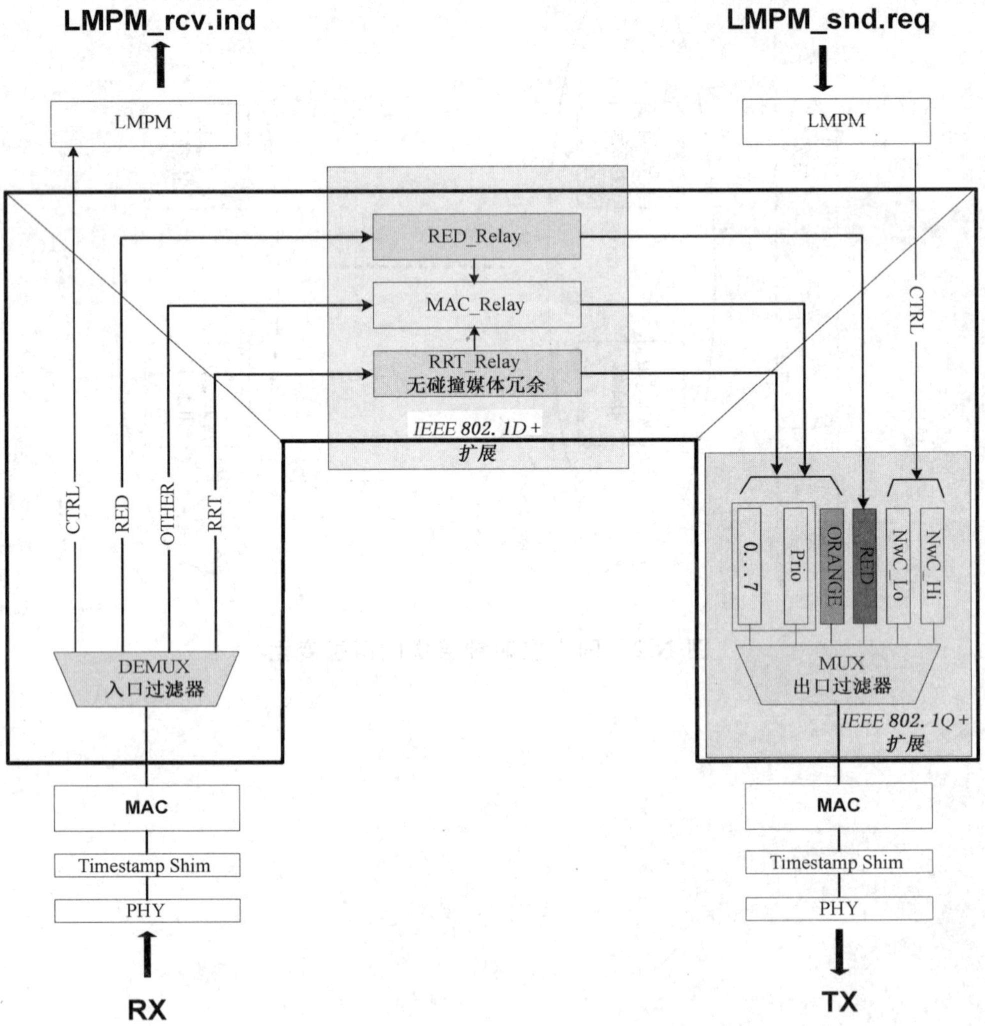

图 O.1 IEEE 802.1D 的"Adapted baggy pants"模型

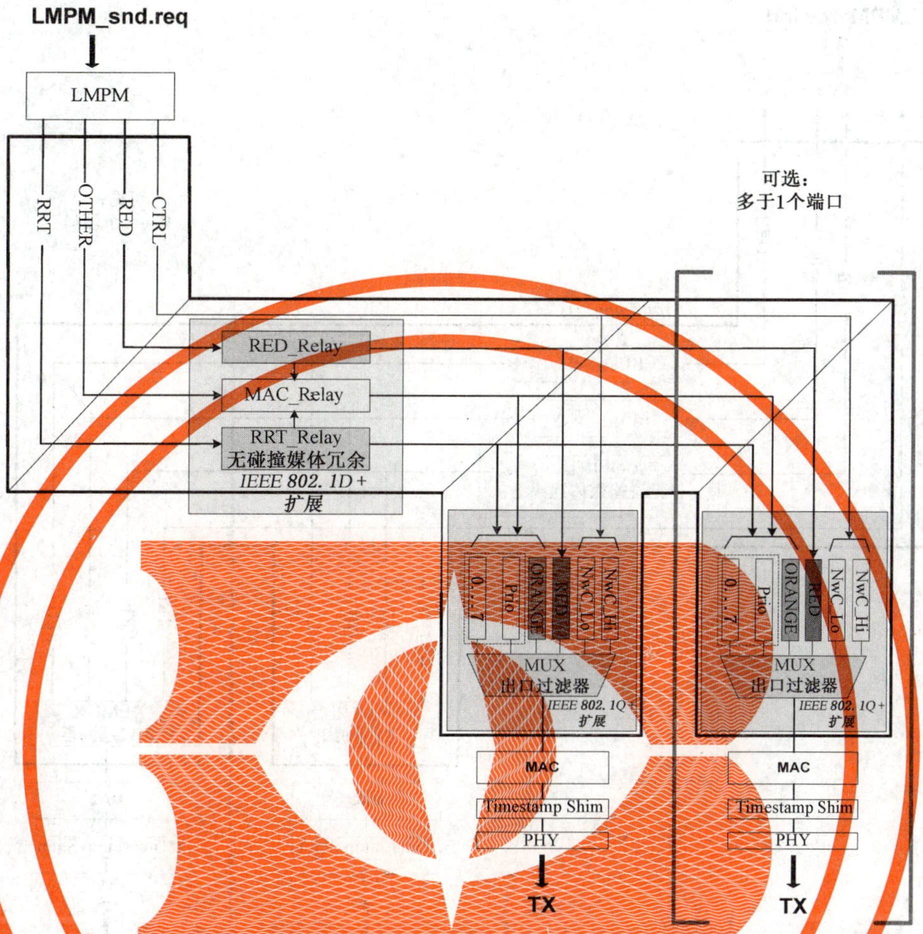

图 O.2　用于帧发送器的 IEEE 802.1D 的"Adapted baggy pants"模型

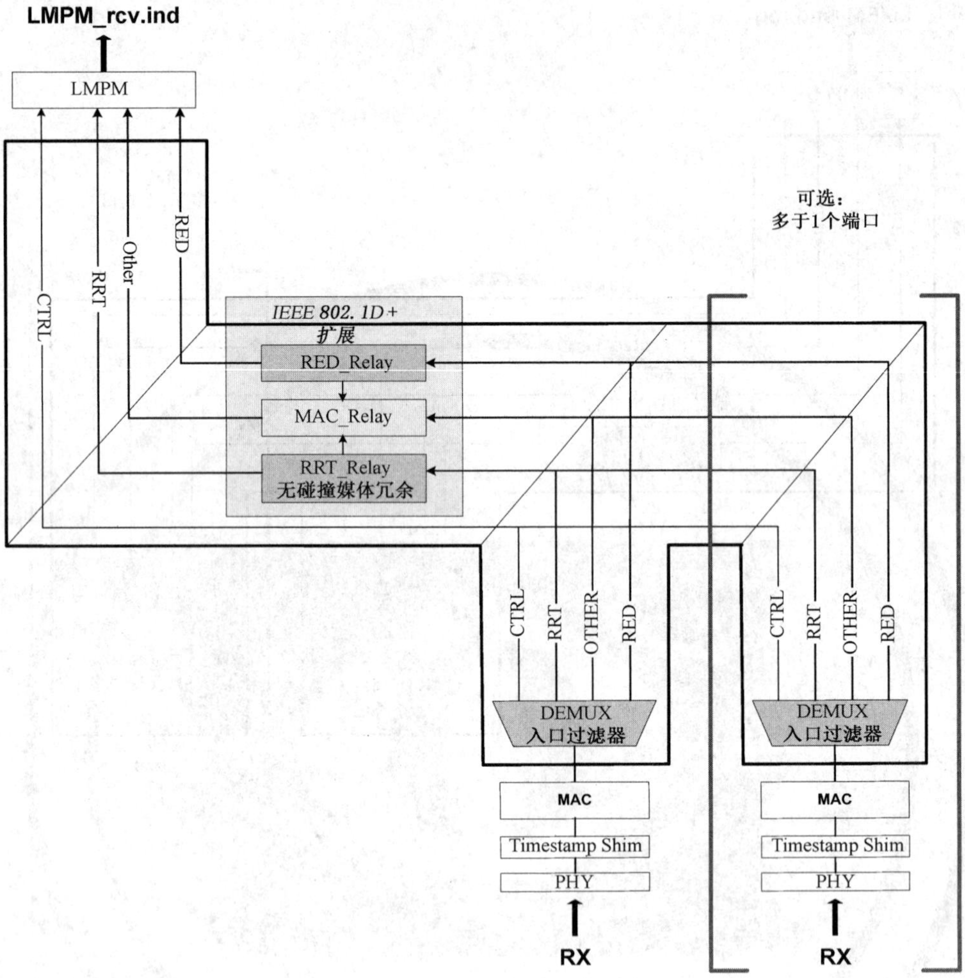

图 O.3　用于帧接收器的 IEEE 802.1D 模型

附 录 P
（资料性附录）
带宽使用的优化

图 P.1 解释线型网络的结构。当传输帧通过此网络时，线延迟和桥延迟在每个节点中对这些传输帧造成延迟。从 IOC 的角度，图 P.2 示出全双工网络中发送方向的帧传播，而图 P.3 示出接收方向的帧传播。

在每个节点将 RED 和/或 ORANGE 周期减少至所要求的时间时，可获得附加的带宽。

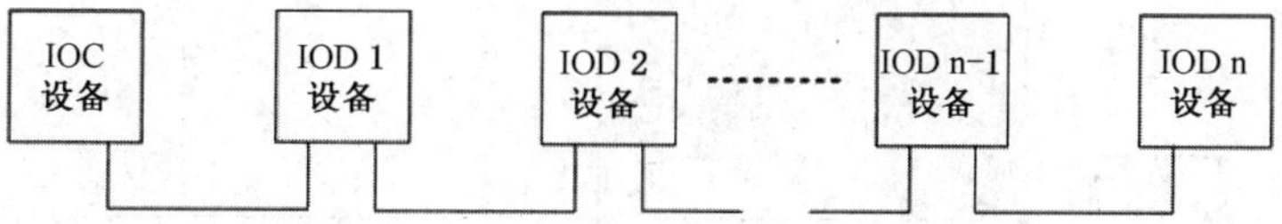

图 P.1 在线型结构中的设备连接

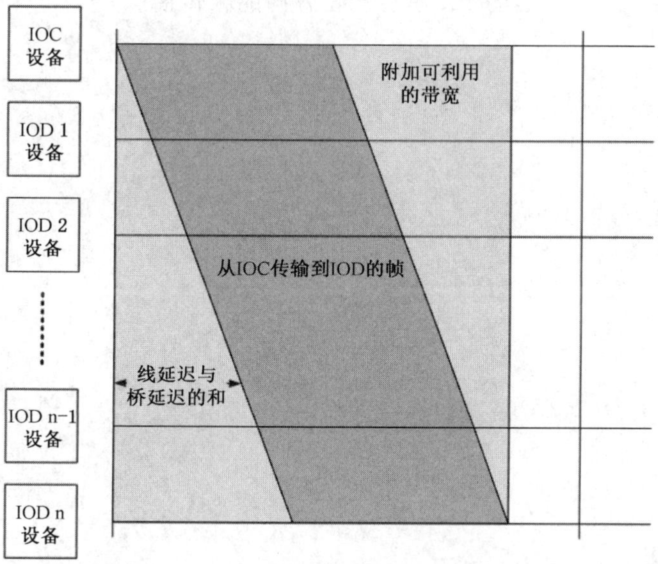

图 P.2 在发送方向的帧传播

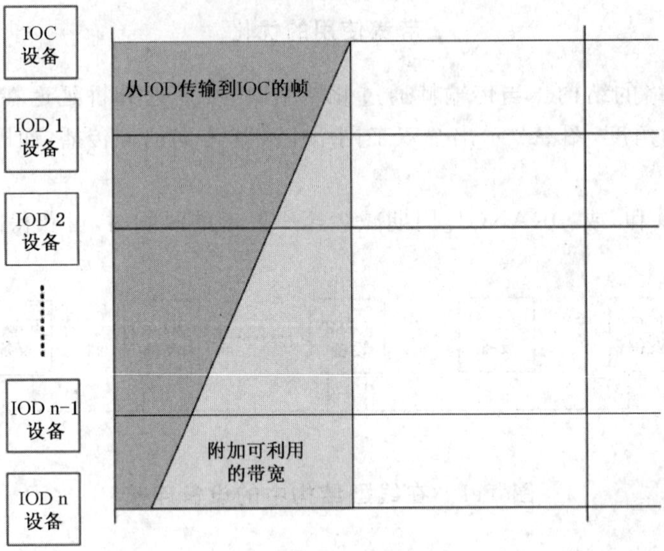

图 P.3　在接收方向的帧传播

附 录 Q
（资料性附录）
用于带宽分配的时间约束

图 Q.1 解释发送端的 RED 或 ORANGE 时段的开始与结束之间的关联和接收端的 RED 或 ORANGE 时段的开始与结束之间的关联。

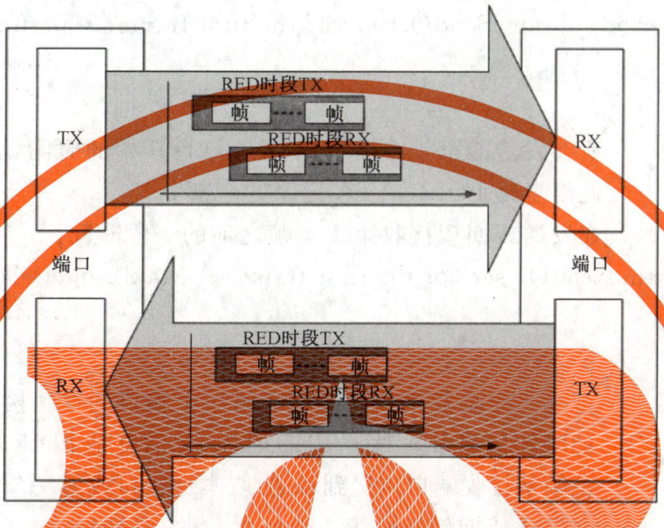

图 Q.1 带宽分配的时间约束概览

图 Q.2 解释一个端口的 RED 时段的计算。此计算使用所设计的有效载荷(payload)、用于时段长度的前部安全裕量(prefixsafetymargin)和尾部安全裕量(trailersafetymargin)。

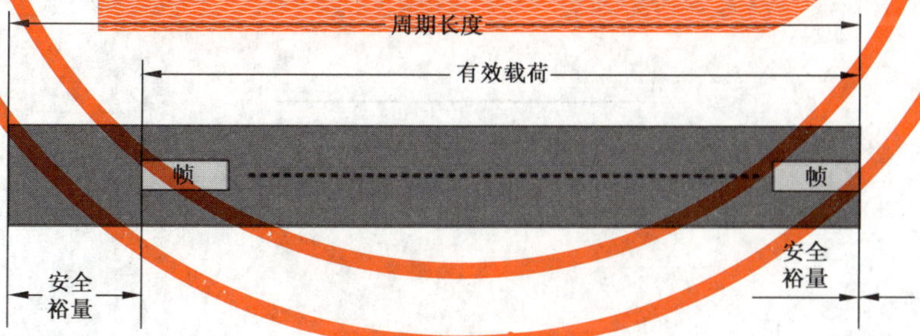

图 Q.2 时段长度的计算

根据式(Q.1)计算端口的 RED 时段。此计算使用符合表 Q.1 的参数。

$$\text{Length of period} = \text{prefixsafetymargin} + \text{payload} + \text{trailersafetymargin} \qquad (Q.1)$$

式中：

prefixsafetymargin——在发送或期望接收第 1 个帧之前的一段时间；

payload——传输此时段的所有帧必需的时间；

trailersafetymargin——在发送或期望接收最后一个帧之后的一段时间。

表 Q.1　用于式(Q.1)的参数

参数	值	含义
prefixsafetymargin	5 μs	用于 100 Mbit/s
trailersafetymargin	0 μs	用于 100 Mbit/s

根据式(Q.2)和式(Q.3)计算端口的时段开始。时段的 TX 开始和时段的 RX 开始都不应是负数。

$$\text{TXstart of period} = \text{FrameSendOffset (of the first frame)} - \text{prefixsafetymargin} \quad \text{(Q.2)}$$

式中：

FrameSendOffset　——所要发送的第 1 个帧周期(见图 13)开始的时间偏移量。对于 RED 时段，此信息是 PDIRDATA 记录的一部分；

Prefixsafetymargin——在发送或期望接收第 1 个帧之前的一段时间。

$$\text{RXstart of period} = \text{FrameSendOffset (of the first frame)} - \text{MaxBridgeDelay} - \text{prefixsafetymargin} \quad \text{(Q.3)}$$

式中：

FrameSendOffset　——把第 1 个帧发送给接收方或另一个端口的本地接口的周期(见图 13)开始的时间偏移量。对于 RED 时段，此信息是 PDIRDATA 记录的一部分；

MaxBridgeDelay　——把帧从接收端口传送到目的地(本地接口或另一个端口)的时间(见图 19)；

Prefixsafetymargin ——在发送或期望接收第 1 个帧之前的一段时间。

设计应通过规划 FrameSendOffset 来使用 LineDelay(或 MaxLineDelay)。因为，LineDelay 和同步抖动总是小于 prefixsafetymargin，每个帧应在所计算的时段内被发送和接收。

YELLOW 时段(在 RED 或 ORANGE 之前，它总是处于活动状态)确保在上述定义的环境中在 RED 时段内只发送和接收 RT_CLASS_3 帧，并且确保在 ORANGE 时段内只发送和接收 RT_CLASS_3 和 RT_CLASS_2 帧。